脑计划出版工程：
类脑计算与类脑智能研究前沿系列
总主编：张　钹

视觉信息处理研究前沿

查红彬　刘成林　吴　思　编著

内容提要

视觉是大脑外部环境感知的主要功能之一，为理解大脑的工作机理具有重要意义。视觉信息处理技术为计算机技术在智能感知、人机交互、网络大数据处理等领域的应用提供核心的理论依据。本书对视觉信息处理的神经基础、视觉认知的计算模型、视觉信息处理的机器学习理论与方法、图像物体分类与检测、视频分析与理解、三维场景几何和语义重建等方面的研究成果进行了系统阐述与总结。

图书在版编目(CIP)数据

视觉信息处理研究前沿／查红彬，刘成林，吴思编著
.—上海：上海交通大学出版社，2019.12(2021.8重印)
(脑计划出版工程：类脑计算与类脑智能研究前沿系列)
ISBN 978-7-313-20995-5

Ⅰ.①视… Ⅱ.①查… ②刘… ③吴… Ⅲ.①计算机视觉-研究 Ⅳ.①TP302.7

中国版本图书馆CIP数据核字(2020)第017251号

视觉信息处理研究前沿

SHIJUE XINXI CHULI YANJIU QIANYAN

编　著：查红彬　刘成林　吴　思
出版发行：上海交通大学出版社
地　址：上海市番禺路951号
邮政编码：200030
电　话：021-64071208
印　制：苏州市越洋印刷有限公司
经　销：全国新华书店
开　本：710 mm×1000 mm　1/16
印　张：28.5
字　数：506千字
版　次：2019年12月第1版
印　次：2021年8月第2次印刷
书　号：ISBN 978-7-313-20995-5
定　价：288.00元

序

人工智能(artificial intelligence, AI)自1956年诞生以来,其60多年的发展历史可划分为两代,即第一代的符号主义与第二代的连接主义(或称亚符号主义)。两代人工智能几乎同时起步,符号主义到20世纪80年代之前一直主导着人工智能的发展,而连接主义从20世纪90年代开始才逐步发展起来,到21世纪初进入高潮。两代人工智能的发展都深受脑科学的影响,第一代人工智能基于知识驱动的方法,以美国认知心理学家A.纽厄尔(A. Newell)和H. A.西蒙(H. A. Simon)等人提出的模拟人类大脑的符号模型为基础,即基于物理符号系统假设。这种系统包括:① 一组任意的符号集,一组操作符号的规则集;② 这些操作是纯语法(syntax)的,即只涉及符号的形式,而不涉及语义,操作的内容包括符号的组合和重组;③ 这些语法具有系统性的语义解释,即其所指向的对象和所描述的事态。第二代人工智能基于数据驱动的方法,以1958年F.罗森布拉特(F. Rosenblatt)按照连接主义的思路建立的人工神经网络(ANN)的雏形——感知机(perceptron)为基础。而感知机的灵感来自两个方面,一是1943年美国神经学家W. S.麦卡洛克(W. S. McCulloch)和数学家W. H.皮茨(W. H. Pitts)提出的神经元数学模型——"阈值逻辑"线路,它将神经元的输入转换成离散值,通常称为M-P模型;二是1949年美国神经学家D. O.赫布(D. O. Hebb)提出的Hebb学习律,即"同时发放的神经元连接在一起"。可见,人工智能的发展与不同学科的相互交叉融合密不可分,特别是与认知心理学、神经科学与数学的结合。这两种方法如今都遇到了发展的瓶颈:第一代基于知识驱动的人工智能,遇到不确定知识与常识表示以及不确定性推理的困难,导致其应用范围受到极大的限制;第二代人工智能基于深度学习的数据驱动方法,虽然在模式识别和大数据处理上取得了显著的成效,但也存在不可解释和鲁棒性差等诸多缺陷。为了克服第一、二代人工智能存在的问题,亟须建立新的可解释和鲁棒性好的第三代人工智能理论,发展安全、可信、可靠和可扩展的人工智能方法,以推动人工智能的创新应用。如何发展第三代人工智能,其中一个重要的方向是从学科交叉,特别是与脑科学结合的角度去思考。"脑计划出版工程:类脑计算与类脑智能研究前沿系列”丛书从跨学科的角度总结与分析了人工智能的发展历程以及所取得的成果，这套丛书不仅可以帮助读者了解人工智能和脑科学发展的最新进展，还可以从中看清人工智能今后的发展道路。

人工智能一直沿着脑启发(brain-inspired)的道路发展至今，今后随着脑科学研究的深入，两者的结合将会向更深和更广的方向进一步发展。本套丛书共7卷，《脑影像与脑图谱研究前沿》一书对脑科学研究的最新进展做了详细介绍，其中既包含单个神经元和脑神经网络的研究成果，还涉及这些研究成果对人工智能的可能启发与影响；《脑-计算机交互研究前沿》主要介绍了如何通过读取特定脑神经活动，构建认知模型获取用户逻辑意图与精神状态，从而建立脑与外部设备间的直接通路，搭建闭环神经反馈系统。这两卷图书均以介绍脑科学研究成果及其应用为主要内容；《自然语言处理研究前沿》《视觉信息处理研究前沿》《听觉信息处理研究前沿》分别介绍了在脑启发下人工智能在自然语言处理、视觉与听觉信息处理上取得的进展。《自然语言处理研究前沿》主要介绍了知识驱动和数据驱动两种方法在自然语言处理研究中取得的进展以及这两种方法各自存在的优缺点，从中可以看出今后的发展方向是这两种方法的相互融合，也就是我们倡导的第三代人工智能的发展方向；视觉信息和听觉信息处理受第二代数据驱动方法的影响很深，深度学习方法的提出最初是基于神经科学的启发。在其发展过程中，它一方面引入新的数学工具，如概率统计、变分法以及各种优化方法等，不断提高其计算效率；另一方面也不断借鉴大脑的工作机理，改进深度学习的性能。比如，加拿大计算机科学家 G. 欣顿(G. Hinton)提出在神经网络训练中使用的 Dropout 方法，与大脑信息传递过程中存在的大量随机失效现象完全一致。在视觉信息和听觉信息处理中，在原前向人工神经网络的基础上，将脑神经网络的某些特性，如反馈连接、横向连接、稀疏发放、多模态处理、注意机制与记忆等机制引入，用以提高网络学习的性能，有关这方面的工作也在努力探索之中，《视觉信息处理研究前沿》与《听觉信息处理研究前沿》对这些内容做了详细介绍；《数据智能研究前沿》一书介绍了除深度学习以外的其他机器学习方法，如深度生成模型、生成对抗网络、自步-课程学习、强化学习、迁移学习和演化智能等。事实表明，在人工智能的发展道路上，不仅要尽可能地借鉴大脑的工作机制，还需要充分发挥计算机算法与算力的优势，两者相互配合，共同推动人工智能的发展。

《类脑计算研究前沿》一书讨论了类脑(brain-like)计算及其硬件实现。脑启发下的计算强调智能行为(外部表现)上的相似性，而类脑计算强调与大脑在工作机理和结构上的一致性。这两种研究范式体现了两种不同的哲学观，前者为心灵主义(mentalism),后者为行为主义(behaviorism)。心灵主义者认为只有具有相同结构与工作机理的系统才可能产生相同的行为,主张全面而细致地模拟大脑神经网络的工作机理,比如脉冲神经网络、计算与存储一体化的结构等。这种主张有一定的根据,但它的困难在于,由于我们对大脑的结构和工作机理了解得很少,这条道路自然存在许多不确定性,需要进一步去探索。行为主义者认为,从行为上模拟人类智能的优点是:“行为”是可观察和可测量的,模拟的结果完全可以验证。但是,由于计算机与大脑在硬件结构和工作原理上均存在巨大的差别,表面行为的模拟是否可行?能实现到何种程度?这都存在很大的不确定性。总之,这两条道路都需要深入探索,我们最后达到的人工智能也许与人类的智能不完全相同,其中某些功能可能超过人类,而另一些功能却不如人类,这恰恰是我们所期望的结果,即人类的智能与人工智能做到了互补,从而可以建立起“人机和谐,共同合作”的社会。

“脑计划出版工程:类脑计算与类脑智能前沿系列”丛书是一套高质量的学术专著,作者都是各个相关领域的一线专家。丛书的内容反映了人工智能在脑科学、计算机科学与数学结合和交叉发展中取得的最新成果,其中大部分是作者本人及其团队所做的贡献。本丛书可以作为人工智能及其相关领域的专家、工程技术人员、教师和学生的参考图书。

张　钹

清华大学人工智能研究院

前　言

视觉信息处理是人工智能领域的重要分支方向之一，是智能机器和智能系统中的关键部分。智能机器通过感知（视觉、听觉、触觉等）获取周边环境信息和与之相处的人类及其他机器的行为和意图等，其中视觉感知最为常用，发挥的作用也最大。在互联网（包括移动互联网）庞大的数据量中，视觉数据占比最大，包括由监控摄像机采集到的和用户上传的大量图片、视频数据。视觉信息处理技术旨在对各种视觉数据（图像、视频）进行分析，提取其中蕴含的语义信息（如人物、目标、文字、动作、关系等）。视觉数据以比特形式存在，它是非结构化的数据，因此计算机对其难以理解，需要通过模式识别和人工智能技术进行处理，从非结构化数据中提取便于计算机处理的结构化符号数据（如人物和目标名称、属性描述及概率置信度等）。过去半个多世纪以来，视觉信息处理技术因其巨大的应用价值及问题的复杂性吸引了众多研究者投身于该领域的研究，同时发表了大量研究成果，相关的理论方法及应用都取得了巨大进展。

视觉信息处理技术又称为计算机视觉技术，这个领域早期是与模式识别、机器学习领域一同发展起来的。模式识别研究如何使机器（包括计算机）模拟人的感知功能，从环境感知数据中检测、识别和理解目标、行为、事件等模式。模式识别的主要处理对象就是视觉感知数据。计算机视觉的主要研究内容是图像与视频的分析、识别与理解，这与模式识别研究是高度交叉的，尤其目标和行为识别是典型的模式识别问题，因此研究人员在计算机视觉中大量使用了模式识别的理论和方法（如分类和学习方法）。计算机视觉研究在 20 世纪 60 年代后期开始于几所顶尖大学（如斯坦福大学、麻省理工学院）。在 1973 年出版的经典教材 *Pattern Classification and Scene Analysis* 一书中提出的物景分析（scene analysis）是典型的计算机视觉工作。David Marr 于 1982 年出版的专著 *Vision* 标志着计算机视觉研究领域正式形成。计算机视觉研究领域中具有代表性的学术会议“计算机视觉与模式识别大会（CVPR）”开始于 1983 年，国际计算机视觉大会（ICCV）开始于 1987 年。更早期的会议还有“国际模式识别大会（ICPR）”，它创办于 1973 年，从 1974 年开始每两年召开一次。这些学术会议与一些专业期刊(如 IEEE T-PAMI、IJCV、PR、CVIU 等)发表了大量视觉信息处理的研究成果。

视觉信息处理的任务按提取信息的层次可分为低层视觉(如图像滤波、边缘检测、纹理分析等)、中层视觉(如图像分割、感知聚合、形状特征提取等)和高层视觉(如目标识别、立体匹配、行为识别、场景理解等)。从方法角度来讲,模式识别和计算机视觉的主要方法包括统计模式识别、句法结构模式识别、人工神经网络、支持向量机、形状匹配、立体匹配、条件随机场等。2006 年,深度学习(深度神经网络方法)被提出并得到快速发展,尤其是 2012 年深度卷积神经网络在大规模图像分类竞赛 Imagenet 中取得巨大成功之后,深度学习方法在模式识别和计算机视觉领域迅速成为主流甚至享有"统治地位"的方法,使得各种图像识别和视觉信息理解问题的性能得以快速提升并实现大面积的推广应用。随着研究的深入和应用的扩展,深度神经网络的不足也日益凸显:需要大量数据训练、对异常数据不鲁棒、结构理解能力差、难以解释等。因此,研究人员对相关理论方法,包括视觉认知机制、计算模型与学习算法等,仍在不断探索和发展中。

本书旨在对视觉信息处理的前沿理论和技术进行系统的介绍。内容包括视觉信息处理的神经机制和认知计算模型、视觉信息处理的机器学习方法(这些是视觉信息处理的共性基础理论与方法),目标识别与检测、视频分析与理解、三维场景几何和三维重建(这些是视觉信息处理的主要任务)。

过去,计算机视觉的很多模型与方法(包括人工神经网络)受到了生物视觉感知神经系统机制的启发;未来,该领域的研究将继续从生物神经和认知机制寻找启发,以汲取生物(包括人)视觉认知功能的优势。

本书第 1 章"视觉信息处理的神经基础"对有关的视觉神经系统与功能做了全面介绍,主要内容包括视网膜的神经元功能和和神经节细胞功能,初级视觉皮层的感受野和视觉信息处理机制等。第 2 章"视觉认知的计算模型"从计算模拟的角度介绍视觉认知机理及认知启发的视觉计算模型,主要包括视觉神经元感受野计算模型、图像统计特性、视觉显著性计算、视觉识别模型、图像分类模型等;模式识别与计算机视觉中的计算模型自动构建和参数估计都属于机器学习问题,因此机器学习技术在该领域起着核心作用。第 3 章"视觉信息处理的机器学习理论与方法"介绍了一些常用的机器学习方法,包括最大间隔学习、多任务学习、迁移学习、度量学习、神经网络与深度学习及在计算机视觉中的应用(如图像分类、行人再辨识和视频行为分类等)。图像中的物体分类和物体检测是研究最多、应用最多的视觉分析技术,相关的研究成果大量涌现。第 4 章"图像物体分类与检测"介绍了物体分类和检测的发展历程、当前基于深度学习的方法研究进展、未来的发展方向分析。视频(图像序列)分析中除了充分利用各种图像分析技术,同时还利用图像序列中的时序信息来进行动态分析和行为识别,或者辅助提高图像内容分析的精度。第 5 章"视频分析与理解"介绍了相关的研究进展,内容包括视频分类、视频目标(标志、行人、文字、人脸)检测、视频检索、视频描述与生成、跨媒体分析与检索。从二维图像重构三维立体表示是高层视觉的一项重要任务,在场景理解、视觉定位和导航、虚拟现实等领域有大量应用。第 6 章"三维场景几何和语义重建"介绍了相关的理论基础、方法和应用,包括三维重建基本流程和几何模型、稀疏点云重建、稠密点云重建、点云网格化建模、三维语义建模、三维矢量建模、三维场景重建的应用(文化遗产数字化、视觉定位、数字城市)。

在此特别感谢各章作者为撰写本书的辛勤付出!我们希望本书的出版能为视觉信息处理领域的科研人员、研究生、应用开发者和用户提供一份有益的技术参考。由于各位作者日常工作繁忙,本书从开始撰写到最终出版完成耗费了一定的时间,与此同时本领域的相关理论方法和技术仍在不断地快速发展,因此本书难免会遗漏一些最新的研究进展。但本书各章介绍的内容都是在该领域发展过程中极具代表性的理论方法与技术,因此本书也一定会为读者带来长远的理论指导与参考价值。

编　者

目　　录

视觉信息处理的神经基础

梁培基　陈　垚

梁培基，上海交通大学生物医学工程学院，电子邮箱：pjliang@sjtu.edu.cn
陈　垚，上海交通大学生物医学工程学院，电子邮箱：yao.chen@sjtu.edu.cn

1.1 视网膜 / 梁培基

视觉系统的作用是让我们可以“看见”周围的环境。所谓视觉的作用包括多个方面，诸如对目标轮廓和形状的辨识、目标颜色的检测、目标定位、深度感知、运动检测，等等。这些过程涉及复杂的神经机制。在人体大脑中，大概有一半左右的皮层区域参与了视觉信息处理的任务。

人体的视觉过程始于眼睛。眼球前半部分的主要功能在于实施光学聚焦，其作用在于通过对光通量的调节以及对入射光的折射，使外界视觉目标清晰地成像在视网膜上。而紧贴眼球后壁内侧的视网膜，则是视觉神经系统的一部分。在视网膜上，外界的光刺激导致光感受器活动的变化，进而产生神经信号，经由光感受器、水平细胞、双极细胞组成的外层视网膜神经元回路处理后，传至由双极细胞、无长突细胞和神经节细胞组成的内层视网膜神经元回路进一步加工（见图 1－1）。最后，视觉神经信号在神经节细胞得到整合，以动作电位的形式沿着由神经节细胞的轴突组成的视神经纤维传递至视觉中枢。在上述过程中，信号在神经元之间的依次传递主要通过神经递质进行，而神经元之间的电耦合对信号起到了侧向调控的作用。同时，神经调质的活动也参与了视信号传递的不同环节，调控视网膜对视觉信息的处理。

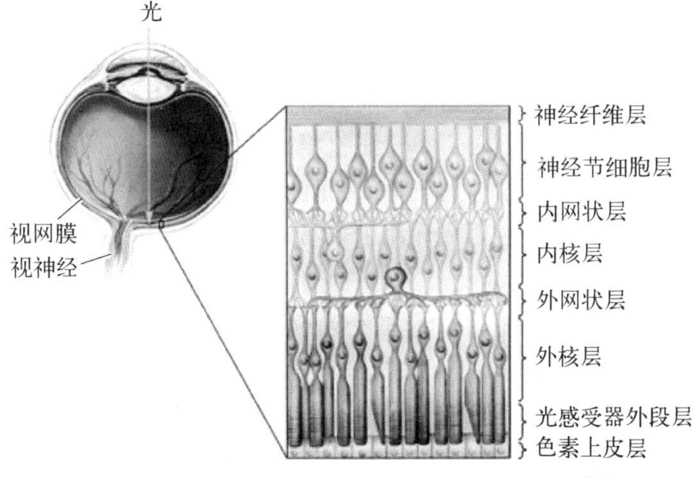

图 1－1　视网膜神经元网络的组成与结构模式[1]

1.1.1 视网膜的基本结构和细胞类型

1. 视网膜的基本结构

视网膜是紧贴在眼球后壁内侧的一个薄层组织，厚度为0.2～0.3 mm，具有良好的透光性。光线进入眼球，经眼球屈光系统聚焦并透过视网膜，作用到位于最靠近眼球壁的光感受器外段。视网膜的纵向切面显示清晰的分层结构，由外至内，依次为(见图1-1)：色素上皮层，由视杆细胞、视锥细胞的外段构成的光感受器外段层，由光感受器胞体构成的外核层，由光感受器、水平细胞和双极细胞间的突触构成的外网状层，由双极细胞、水平细胞和无长突细胞的胞体构成的内核层，由双极细胞、无长突细胞和神经节细胞间突触构成的内网状层，由神经节细胞和移位无长突细胞胞体构成的神经节细胞层和由神经节细胞的轴突构成的神经纤维层。

2. 视网膜的细胞类型

1）光感受器

视网膜光感受器负责将外界光刺激信号转换成神经信号，也是视觉系统中唯一一种能将光学刺激转换成视觉神经信号的细胞。

光感受器从结构上可以分为外段、内段和突触终末3个部分。其外段是接受光刺激的部位，由丰富的膜盘构成，其上分布有对光敏感的视色素；内段为胞体所在；终末部分则是光感受器与水平细胞和双极细胞形成突触的部分。光子与视色素发生作用，通过色素分子的转导作用变为细胞膜电位的变化，继而改变光感受器的递质释放行为，将信号传递至后级神经元。

光感受器可以根据其外段形状呈圆柱还是圆锥而分为视杆和视锥两种。两者的主要不同在于视杆的外段拥有更加丰富的膜盘，且膜盘上具有更加密集的视色素，这样的结构特性赋予了视杆细胞更高的光敏感性(约为视锥的1 000倍)，使其可以检测到微弱的光刺激，从而实施昏暗条件下的光学检测(见图1-2)。但是，视杆细胞在强光作用下容易进入饱和状态，因此在明亮的环境中，视觉系统主要依赖视锥细胞来实施视觉信号的转导。光感受器的感受野和自身膜盘覆盖范围相当，为一个简单的小光点。

除此之外，人体视网膜只有1种视杆细胞，因此在弱光环境下，不能完成色觉辨识的任务；而视锥细胞有3种，分别表达不同光谱敏感特性的视色素，因此在明亮的环境中，通过不同视锥细胞的不同程度激活，人眼可以形成丰富的色觉。白色感知所对应的3种视锥细胞的活动程度相当。1种或1种以上视色素

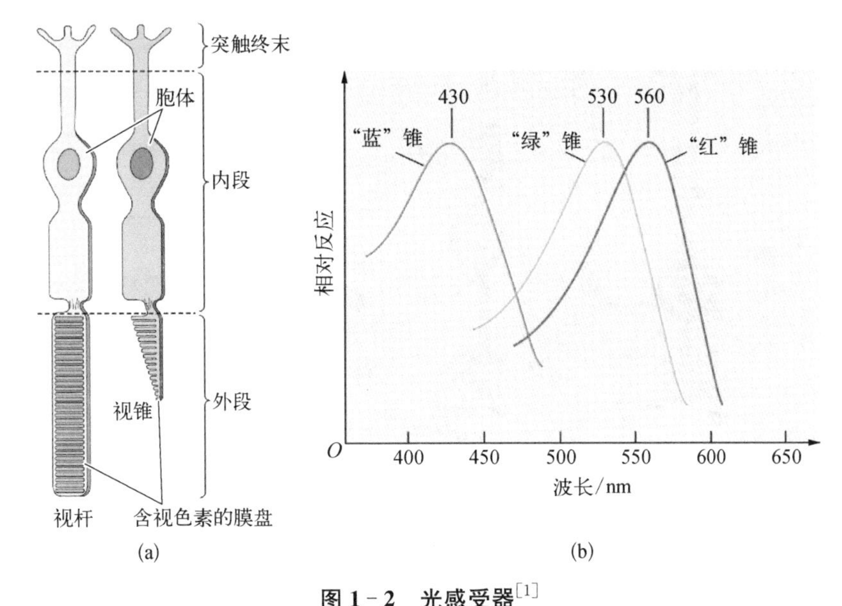

图 1-2 光感受器[1]

(a) 视杆细胞和视锥细胞 (b) 3 种不同视锥细胞的光谱敏感特性曲线

的丢失会导致相应的色盲。这也从另一个方面解释了为什么在黑暗中视锥细胞未被激活的时候,我们不能辨识物体的颜色。

2) 水平细胞

水平细胞的胞体位于内核层,其突起在外网状层伸展。水平细胞的突起与光感受器的突触终末以及双极细胞的树突一起形成突触三联体(见图 1-3)。在这个突触三联体中,水平细胞接受光感受器以谷氨酸为递质的突触输入,同时向其提供以 γ-氨基丁酸(GABA)为递质的反馈信号。一个水平细胞可以和多个光感受器形成这样的双向突触,且邻近的水平细胞之间通过由缝隙连接构成的电突触相互联系,所以水平细胞的感受野远远超过其树突野覆盖的范围,形成一个较大的圆斑。根据其前级光感受器的类型,水平细胞可以分为视杆驱动和视锥驱动两种类型。

3) 双极细胞

双极细胞的胞体位于内核层。与水平细胞类似,双极细胞的树突在外网状层伸展,并和光感受器突触终末、水平细胞的树突共同形成突触三联体。双极细胞接受来自光感受器的谷氨酸能输入以及来自水平细胞的 GABA 能输入。水平细胞的负性输入导致双极细胞中心-外周拮抗的感受野的形成。双极细胞根据对光反应特性的不同分为给光-中心型(ON - center 型)和撤光-中心型

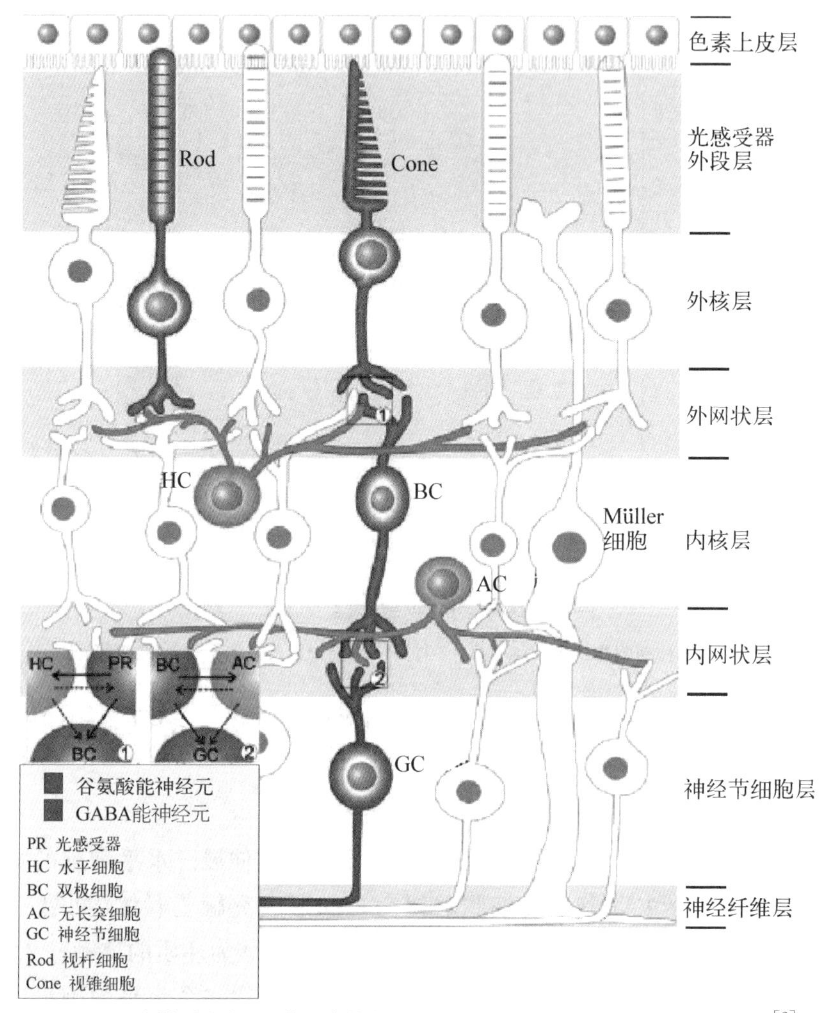

图 1-3　脊椎动物视网膜细胞构筑和突触三联体中的递质受体系统模式[2]

(OFF-center 型),分别对感受野中心的给光和撤光刺激产生去极化反应。另一种分类方法是根据其前级光感受器的类型分为视杆驱动和视锥驱动两种类型。视杆驱动型双极细胞多为 ON 型,视锥驱动的双极细胞则有 ON 和 OFF 两种类型。双极细胞的轴突在内网状层向无长突细胞和神经节细胞提供以谷氨酸为递质的突触信号连接。

4) 无长突细胞

无长突细胞的胞体主要位于内核层,也有少量移位无长突细胞的胞体位于神经节细胞层。无长突细胞是内网状层的主要抑制性中间神经元,其形态差异很大,接受来自双极细胞的谷氨酸能输入,也接受邻近其他无长突细胞的输入;

其输出信号既包括对双极细胞轴突部位的反馈性抑制，又包括对邻近的无长突细胞和神经节细胞的前馈性抑制。按其释放的神经递质 GABA 和甘氨酸，无长突细胞可以相应地分为 GABA 能无长突细胞和甘氨酸能无长突细胞。GABA 能无长突细胞还会释放乙酰胆碱、多巴胺等物质。

5）神经节细胞

神经节细胞是视网膜上唯一的输出神经元，也是唯一以动作电位发放方式来传递信号的神经元。其胞体位于神经节细胞层，树突在内网状层伸展，接受来自双极细胞的兴奋性信号以及无长突细胞的抑制性信号，而轴突则构成视神经纤维，将神经节细胞发放的动作电位传送至视觉中枢。神经节细胞根据其对光反应特性分为 ON - center 型、OFF - center 型。这两个亚型神经节细胞的树突在内网层分别接受来自同种类型的双极细胞的输入，分别对施于其感受野中心的给光和撤光刺激以动作电位发放的方式做出反应。另有一种 ON - OFF 型神经节细胞，其树突在内网状层的两个亚层分别接受 ON - center 和 OFF - center 双极细胞的输入，所以在给光和撤光的瞬间皆有反应。除此之外，尚有少量神经节细胞本身就有感光功能。这些细胞的活动并不参与视觉信息的处理，其功能可能在于参与昼夜节律活动。

6）Müller 细胞

Müller 细胞是视网膜的胶质细胞，在视网膜呈纵向贯穿。其胞体位于内核层，其突起则与视网膜各层神经元形成广泛的接触。不但参与视网膜信号处理的过程，而且对视网膜正常形态的维持也具有极其重要的意义。

1.1.2 视网膜神经元网络对视觉信号的加工处理

视网膜对视觉信号的传递主要有两种方式，一是径向传递；二是侧向传递和整合。径向通路始于光感受器，是视觉信号传递的主要通路。光感受器把视觉信息传递给水平细胞和双极细胞，再由双极细胞传递至无长突细胞和神经节细胞。在这个通路上传递信号的主要神经递质是谷氨酸。双极细胞因表达代谢型谷氨酸受体或非 N-甲醛- D-天冬氨酸（non - NMDA）离子型受体而分别呈现出 ON - center 和 OFF - center 特性。神经节细胞则因表达 NMDA 受体而在前级细胞释放的谷氨酸作用下，发放动作电位。

视网膜神经信号的侧向通路主要由水平细胞和无长突细胞构成，它们的神经递质主要是 GABA 和甘氨酸，也有一些无长突细胞释放多巴胺和乙酰胆碱等作为神经递质。侧向通路对径向通路的影响和调节，赋予视网膜进行复杂的视觉信息处理的能力，比如双极细胞和神经节细胞的中心-外周拮抗感受野的形成,部分神经节细胞对方向和运动信息的编码和处理等。

视网膜神经元对光反应的特点在于,神经节细胞是唯一一种以动作电位方式来对视觉刺激进行反应的神经元,而视网膜上的其他神经元都是以分级电位的方式对光学刺激进行反应的,并产生相应的递质释放行为改变,以此来传递视觉信号。

1. 基于化学突触和电突触的视网膜神经元网络

神经元细胞膜相互靠近并实现信号传递的特化部位称为突触。突触既可在两个神经元的突起之间或者在胞体之间形成,又可以在突起与胞体之间形成。根据突触的结构特性和信号传递的方式,视网膜神经元网络中的突触包括化学突触和电突触两大类。

1)化学突触

化学突触根据其所传递的神经信号,可以分为兴奋性和抑制性两大类。典型的兴奋性突触形成于突触前神经元的轴突终末和突触后神经元的树突之间,通过兴奋性递质的释放导致突触后神经元的膜兴奋。突触前神经元的兴奋信号经细胞内整合在轴丘处形成触发信号,继而产生沿轴突的传递信号,并转化为突触输出部位的递质囊泡释放。神经递质跨过突触间隙,作用于突触后膜的递质受体,引起突触后神经元膜电位的改变,完成一次突触传递(见图 1-4)。抑制

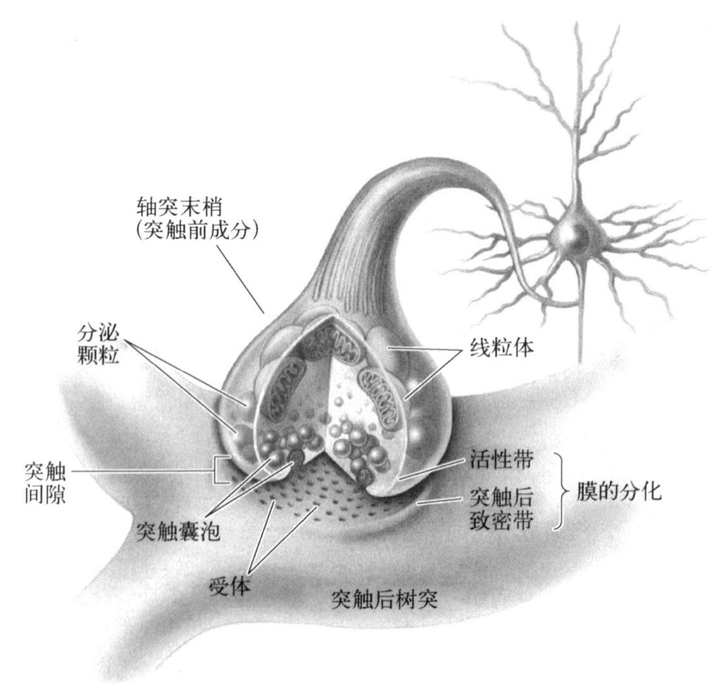

图 1-4 化学突触的突触前膜、突触间隙和突触后膜[1]

性突触可以形成于突触前神经元的轴突终末和突触后神经元的胞体之间，形成突触后抑制；也可以形成于两个神经元的轴突终末之间，形成突触前抑制。

(1) 外网状层。在视网膜外网状层中，化学突触可以在以下细胞之间形成：光感受器-双极细胞、光感受器-水平细胞、水平细胞-光感受器、水平细胞-双极细胞。

光感受器和双极细胞之间的突触传递以谷氨酸为递质，其功能意义在于双极细胞感受野中心的形成。双极细胞的树突可以接受多个光感受器的直接输入，双极细胞感受野的中心区域因此由其树突伸展范围来决定，呈圆形。在暗中，光感受器膜电位处于相对去极化状态，持续释放谷氨酸。光刺激作用使得光感受器膜电位超极化，谷氨酸释放减少，同时由谷氨酸转运体介导的重摄取增加，导致光感受器-双极细胞突触间隙中的谷氨酸浓度迅速下降。

双极细胞根据其细胞膜上表达的谷氨酸受体类型可以分为两大类。一类双极细胞表达代谢型谷氨酸受体，其激活导致阳离子通道关闭，使细胞超极化。因此，当感受野中心呈暗时，这类细胞处于超极化状态；而当其感受野中心呈现给光刺激时，则发生膜电位的去极化。这类细胞称为给光-中心(ON - center)型双极细胞。另一类双极细胞表达离子型谷氨酸受体(non - NMDA 受体)，此类受体和阳离子通道偶联，谷氨酸的作用是使得阳离子通道开启。在这些细胞中，谷氨酸的作用导致膜电位的去极化。当光刺激作用在其突触前的光感受器上的时候，光感受器-双极细胞突触间隙内的谷氨酸浓度降低，突触后膜阳离子流入减少，膜电位超极化；反之，当其感受野中心受到暗刺激时，突触后膜膜电位去极化。这种细胞称为撤光-中心(OFF - center)型双极细胞。

光感受器-水平细胞之间的化学突触亦以谷氨酸为递质。水平细胞主要表达 non - NMDA 型受体。光刺激作用导致突触间隙中谷氨酸浓度迅速下降，继而导致突触后膜超极化。

水平细胞以 γ-氨基丁酸(GABA)为递质，膜电位上升时，其释放量相应增加。视网膜外网状层所表达的离子型 GABA 受体和氯离子通道相偶联，GABA 的作用在于开启氯离子通道。水平细胞-光感受器间 GABA 能突触的功能之一，在于对光感受器形成一个局部负反馈，以调节其对光反应的动态范围。同时，由于水平细胞广泛伸展的突起，使得局部输入导致的兴奋性变化，可以对其在树突野范围中的光感受器形成广泛的侧向抑制。

水平细胞亦和双极细胞形成 GABA 能突触，其功能意义在于通过其大范围延伸的突起，对双极细胞形成侧向抑制。

在双极细胞感受野中心区域接受来自光感受器的谷氨酸能输入的同时，其环形周边区域则接受来自水平细胞的 GABA 能输入,并收到水平细胞调控的光感受器的信号。因此中心区域和外周区域对光反应所产生的膜电位改变的极性正好相反,从而形成了中心-外周拮抗感受野(见图 1-5)。

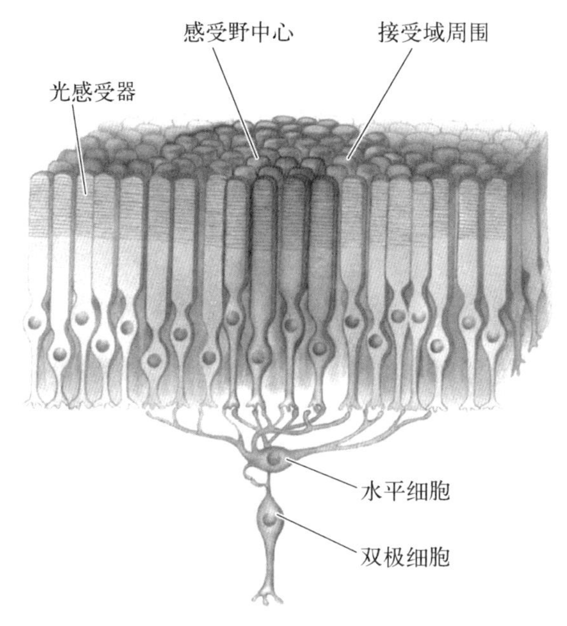

图 1-5 双极细胞中心-外周结抗感受野形成原理[1]

(2) 内网状层。视网膜内网状层包含以下细胞间形成的突触:双极细胞-无长突细胞、双极细胞-神经节细胞、无长突细胞-双极细胞、无长突细胞-神经节细胞;此外,无长突细胞之间也形成丰富的突触连接网络。

双极细胞至无长突细胞和神经节细胞的输出皆为谷氨酸能。作为视网膜输出神经元的神经节细胞接受来自双极细胞的谷氨酸输入,将经由视网膜神经元网络加工处理的视觉刺激信号转化为动作电位,向视觉中枢进行传递。神经节细胞主要表达离子型谷氨酸受体,包括 non-NMDA 型和 NMDA 型。其中 non-NMDA 受体的激活介导了膜电位的快速瞬时反应,而 NMDA 受体的激活则介导了动作电位的发生。与双极细胞类似,神经节细胞的感受野具有中心-外周拮抗特性。一部分神经节细胞的树突在内网状层的 a 亚层伸展,接受 OFF-center 型双极细胞的输出,因此具有 OFF-center 型的感受野特性。此类细胞在其感受野中心给予暗刺激使其动作电位发放增加,而光刺激则会抑制其活动;另一部分神经节细胞的树突则在内网状层的 b 亚层伸展,并与 ON-center 型双极细胞形成突触连接,形成给光中心型的感受野。施于神经节细胞感受野周边区域的给光或撤光刺激，其效应和施于感受野中心区域的刺激正好相反（见图 1-6）。因此，神经节细胞对自身感受野中心和周边区域的亮度差异非常敏感。

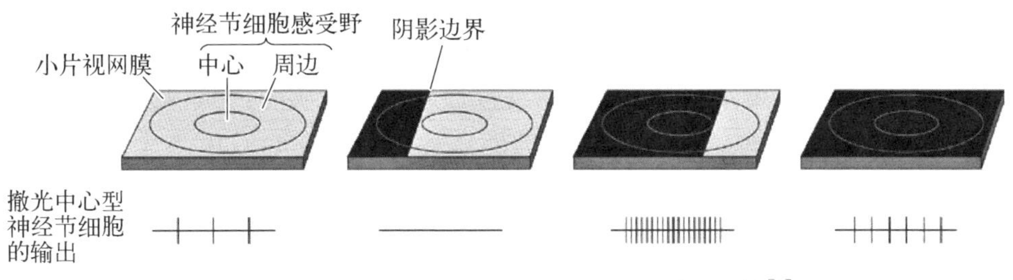

图 1-6 神经节细胞感受野的中心-外周拮抗特性[1]

无长突细胞介导内网状层的信号侧向整合，这个特性与水平细胞在外网状层中的功能相类似，但是更为复杂。根据其形态和功能特性，视网膜无长突细胞具有数十种亚型。所有的无长突细胞都接受来自双极细胞的谷氨酸能输入，但是它们所释放的神经递质则具有多样性，包含 GABA、甘氨酸、多巴胺和乙酰胆碱等。双极细胞对无长突细胞的兴奋性驱动主要是通过突触后膜上表达的离子型谷氨酸受体（包括 NMDA 和 non-NMDA 受体）的激活来实现的。

无长突细胞在内网状层接受双极细胞的谷氨酸能输入，同时也向双极细胞提供抑制性的反馈输出。GABA 能的无长突细胞在双极细胞的轴突终末部位形成突触前抑制，对其输出的谷氨酸信号进行调节。

同时，大约 50%的无长突细胞含有甘氨酸，而双极细胞轴突终末表达有甘氨酸受体。与 GABA 受体相类似，甘氨酸受体与氯离子通道偶联，介导膜电位的超极化反应。AⅡ型无长突细胞在内网状层的 b 亚层接受视杆驱动双极细胞的输入，并以甘氨酸为递质，在 a 亚层向视锥驱动的双极细胞提供输出，以此介导了视杆通路和视锥通路之间的信号相互作用。

GABA 能和甘氨酸能无长突细胞向神经节细胞提供输出，对其放电活动进行调节。来自无长突细胞的 GABA 信号和甘氨酸信号也参与了神经节细胞同心圆式的中心-外周拮抗感受野的形成。也有证据表明 GABA 信号参与了部分神经节细胞运动方向选择特性的形成。由于神经节细胞上表达的谷氨酸受体亚型为 NMDA 受体，其激活过程也受到甘氨酸信号的调控。

在内网状层，无长突细胞之间具有丰富的突触连接网络。GABA 受体在各种无长突细胞上均有表达，而 GABA 能的无长突细胞又接受甘氨酸能细胞的输入，形成两种细胞之间的交互抑制。如此复杂的网络式连接，为视觉信号在内网状层的加工传递过程提供了精细的调控，也介导了视杆通路至视锥通路、ON 通路至 OFF 通路的信号相互作用。

2）电突触

（1）电突触的基本概念。细胞间的快速通信有助于神经信号的整合与传递。由缝隙连接构成的电突触介导了中枢神经系统神经元之间的快捷信号通信。缝隙连接由两侧细胞膜上的一对连接通道对接而成，而缝隙连接处的细胞间隙为 2～4 nm。每一侧细胞膜上的连接通道（connexon）由 6 个连接蛋白（connexin）亚单位组成。缝隙连接允许 1 000 Da① 以下的小分子和离子直接通过（见图 1－7）。

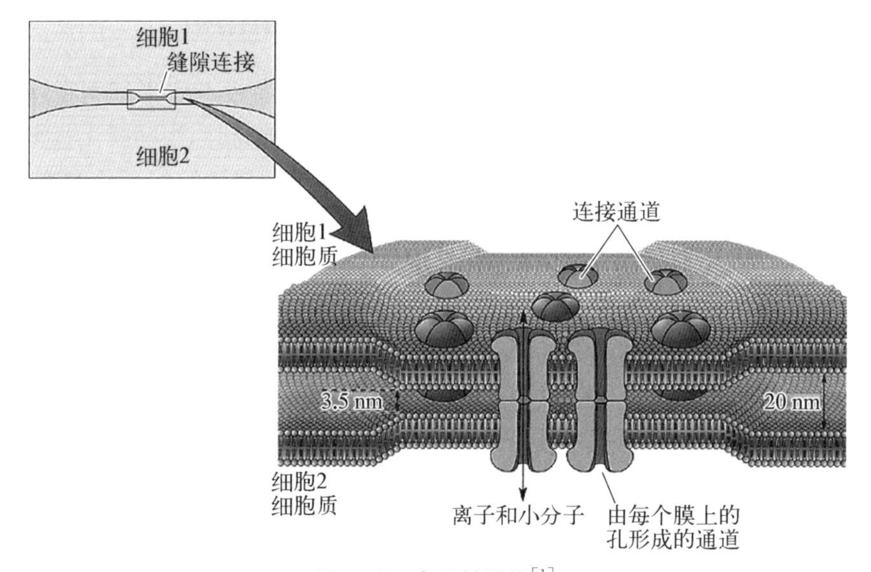

图 1－7　电突触结构[1]

在视网膜神经元网络中，电突触广泛存在于同类神经元之间，其功能意义在于通过信号的侧向耦合，调节视觉信号的空间结构、提高信噪比和信号输出效率。昼夜节律或环境光强的改变，通过多巴胺和一氧化氮等神经调质的活动及其下游的细胞内 cAMP/cGMP 依赖的蛋白激酶的作用，对电耦合的强度形成调节。

（2）光感受器之间的电突触。在光感受器中，电突触形成于终末端，见于视锥细胞之间、视杆细胞之间以及视锥细胞-视杆细胞之间。

视锥细胞的光信号转导过程具有低灵敏度、低信噪比的特性。视锥细胞之间的电突触有助于形成信号的侧向耦合，使具有相同特性的视觉信号得到增强，并将细胞间相互独立的胞内噪声有效滤除，因此提高了视锥信号的灵敏度和可

① Da，道尔顿，原子质量非法定单位。1 Da＝1 u＝1. 660 54×10^{-27} kg。

靠性。但其同时也会使视锥的感受野增大，导致图像模糊和分辨力降低。与大多数视网膜神经元之间的电突触不同，视锥之间的电耦合强度不受环境光强的影响。此外，视杆细胞之间也存在电突触。

哺乳动物视网膜的视杆细胞和视锥细胞分别驱动各自下游的双极细胞，形成相互并行的视杆通路和视锥通路。同时，在视杆和视锥的轴突终末又有电突触形成。视杆信号得以借此流向视锥，驱动视锥驱动的双极细胞，形成辅助视杆信号通路。这个“辅助”通路对光反应的灵敏度低、不易饱和，使得视杆信号的动态范围得到有效扩展。视杆-视锥间电突触的强度受到昼夜节律的影响。明亮环境下释放的多巴胺会降低视杆-视锥间电突触的通透性。其功能意义在于，在昏暗环境下，视锥未被激活，视杆信息可以借助这个辅助通路得到传递，提高了暗中视觉信号的检测；在明亮环境下，视锥信号较强，而视杆-视锥间的电突触解离，以防两类光感受器信号之间的相互干扰。

(3) 水平细胞之间的电突触。水平细胞是视网膜上的第 2 级神经元，在外网状层接受来自光感受器的突触输入。在外网状层侧向伸展的突起上，相邻水平细胞之间因此得以形成广泛的电耦合，也使水平细胞有了远大于自身树突野的感受野，并参与形成了下游的双极细胞和神经节细胞中心-外周拮抗的感受野。水平细胞间的电突触强度受到各种因素的调节。在暗适应和明适应条件下，多巴胺释放的增加，可通过细胞内 cAMP 介导的 PKA 信号通路的活动，使得水平细胞间电突触下调；而在中等强度的光照调节下，多巴胺释放的减少能使得水平细胞间电耦合增强。

(4) 无长突细胞和双极细胞之间的电突触。哺乳动物视网膜视杆通路和视锥通路相互并行，但并不完全相互独立。无长突细胞和双极细胞之间形成的电突触，介导了视杆-视锥信号的耦合。有一种视杆驱动的双极细胞在内网状层向 AⅡ型无长突细胞提供输出，AⅡ型细胞进而和视锥驱动的 ON - center 型双极细胞的轴突终末形成电突触，使得在暗适应条件下，视杆信号可以借助于视锥通路进行传递。然而在明适应条件下，来自视锥双极细胞的信号也可以通过这个电耦合进入无长突细胞网络。这组电突触受到一氧化氮的调控。

(5) 无长突细胞之间的电突触。与水平细胞相类似，无长突细胞之间亦可以通过电突触，在树突部位形成信号的快速传递。此类电突触也受到多巴胺- cAMP - PKA 信号通路的调节，因此在昼夜节律周期中，呈明暗依赖的“三相”变化。

(6) 无长突细胞和神经节细胞之间的电突触。无长突细胞可以通过电突触有效地驱动神经节细胞的活动。如果两个神经节细胞接受来自同一个无长突细胞通过电突触提供的输入信号，则这两个神经节细胞间就能形成协同放电活动。

这种协同放电活动，对神经节细胞层的视觉信息传递具有重要意义。

(7) 神经节细胞之间的电突触。神经节细胞之间也存在丰富的电突触。由于这些电突触通透性比较低，难以形成大范围的侧向整合，因此，神经节细胞的感受野主要由其自身树突野的范围所决定。神经节细胞之间的电突触的主要功能意义在于通过电突触对兴奋性信号的快速传递，形成两个相邻细胞之间的同步化的放电活动。

2. ON 通路和 OFF 通路

在视网膜中，光感受器在光刺激的作用下发生膜电位的超极化，并且伴随着谷氨酸释放的减少。其后级神经元双极细胞的反应可以根据其极性分为两大类，即 ON - center 和 OFF - center 型双极细胞。其中一类在其感受野中心施与光刺激，会导致膜电位的去极化，称为给光-中心型(ON - center)型双极细胞；而另一类则是感受野中心的光刺激会使得膜电位发生超极化，称为撤光-中心(OFF - center)型双极细胞。始于双极细胞的视觉信号 ON 和 OFF 两个并行的通路，将延续至神经节细胞以及后续神经元。

(1) 始于双极细胞的 ON 通路和 OFF 通路的分离。两种双极细胞对谷氨酸反应的极性不同，源于其膜上表达的谷氨酸受体不同。给光-中心型(ON - center)双极细胞表达代谢型谷氨酸受体。谷氨酸作用于其代谢型受体，通过第二信使的作用导致阳离子通道关闭，使膜电位超极化。一旦感受野中心呈现给光刺激，光感受器释放的谷氨酸减少，导致双极细胞发生膜电位的去极化。与此对应，OFF - center 型双极细胞表达离子型谷氨酸受体。谷氨酸作用于其离子型受体，导致阳离子通道的开启，继而导致膜电位去极化。当此类感受野中心呈现暗刺激时，突触前的光感受器谷氨酸释放量处于高位，突触后膜膜电位去极化。由于双极细胞感受野的中心-外周拮抗特性，在感受野外周给予刺激会在同一个细胞上导致与中心刺激极性相反的膜电位变化。在回路结构上，这两类双极细胞也具有较为明显的差异。OFF - center 型和 ON - center 型的双极细胞轴突终末分别位于内网状层的 a、b 亚层，并与相应神经节细胞形成突触联系，实现信号的平行传递。

(2) ON 型和 OFF 型神经节细胞对信号的传递。双极细胞以谷氨酸为递质，神经节细胞表达 NMDA 受体，在谷氨酸的兴奋性输入作用下，发放动作电位。较强的突触前信号往往引发较高频率的动作电位发放。感受野中心的给光刺激在 ON - center 型细胞导致放电频率的增加，而外周区域的光刺激会使得其放电活动减少；OFF - center 型细胞的对光反应特性正好与之相反。邻近细胞之间通常具有相互重叠的树突野，邻近的同类细胞通常具有相似的感受野特性。

1.1.3 神经节细胞的功能实现

1. 神经节细胞的基本功能

所有被送往视觉皮层的视觉信息都要经过神经节细胞的处理。其中最重要的大概有这几个方面：① 光强检测；② 颜色检测；③ 运动检测；④ 视觉适应。

1）对光强和颜色的检测

视觉系统最基本的功能在于对环境照明条件以及光刺激的检测。视觉系统对光刺激的检测始于视网膜光感受器。

在昏暗条件下，通过视杆系统的活动，视觉系统可以对微弱的光刺激进行检测。视杆细胞丰富的膜盘以及膜盘上富集的视色素使得视杆细胞对光刺激非常敏感，甚至可以探测到一个光子的刺激。相应地，视杆通路信号具有很强的汇聚性。一个神经节细胞接收来自数百个视杆细胞提供的输入信号，这就使视杆通路具有对微弱的光强变化进行检测的能力。

而在明亮条件下，视杆细胞往往处于饱和状态而不再具有对环境光强变化进行检测的能力。此时，视网膜主要依靠视锥细胞的活动进行视觉信号转导。人体视网膜拥有 3 种不同类型的视锥细胞，分别为红敏、绿敏和蓝敏，这主要源自其各自独特视色素所具有的独特的光谱敏感特性。特定颜色的光作用于视网膜，会导致 3 种不同的视锥细胞产生一定的激活程度的组合。而双极细胞和神经节细胞，都有特定的亚类所具有的颜色拮抗特性，比如神经节细胞就具有红绿拮抗和黄蓝拮抗等亚型。这就形成了色觉的生理基础。

2）对运动的检测

对光强变化进行检测是视觉系统最为基本的功能。在此基础上，神经节细胞需要对环境光强变化的时间和空间模式进行分辨。对目标运动的检测是视觉系统的一项重要任务，这项功能始于视网膜神经节细胞。从运动的角度而言，无论是视觉目标的移动，还是观察者自身的运动，都会产生视觉目标相对视网膜的运动。

当视觉目标形成相对于视网膜的运动时，光强在视网膜上的部分区域是增强的，然而在另外一部分区域则是减弱的。视网膜神经节细胞可以根据感受野的空间整合特性分为两大亚类。其中一类细胞对其感受野各个亚区内的光强刺激具有空间线性整合能力，因此当目标在其感受野范围内掠过，其整合输出没有变化。这类细胞称为 X 细胞，对运动不敏感。而另一类细胞对其感受野的各个亚区的对光刺激都具有独立整合能力，但整体上不具备空间线性整合能力。因此这类细胞对运动目标敏感，称为 Y 细胞。但是这种 Y 细胞并不具备运动方向选择性。

3）运动方向的检测

有一类视网膜神经节细胞对运动敏感，而且其活动强度受到视觉目标运动方向的调控。对特定细胞而言，当目标运动沿特定方向进行时，细胞放电频度可以达到最大，此运动方向称为该特定细胞的偏好方向。与细胞偏好方向相反的方向称为零方向，如果运动目标沿着零方向进行运动，则不能在细胞引起任何反应。而当目标沿其他方向运动时，细胞的活动性随着运动方向的变化，呈现出方向调谐特性。星爆无长突细胞向神经节细胞提供的 GABA 信号，决定了这种细胞的运动方向选择性。

4）目标运动的检测

所谓运动，一般情况下是指移动目标相对于静止背景的运动。但是观察者的头部或眼睛其实也常常处于运动状态，这就使得背景相对于视网膜也是“运动”的，因此视觉对运动检测的任务在于将目标运动和背景运动加以区分。这个任务由一类视网膜神经节细胞来实施。这类神经元的激活条件在于目标运动和背景运动的差异；而当目标和背景的运动信号呈现一致的时候，这类神经元没有任何响应。这种目标-背景运动差异的检测机制在于，位于神经节细胞感受野中心的目标运动通过双极细胞向神经节细胞提供兴奋性信号；而背景运动则通过无长突细胞向神经节细胞提供抑制性信号。因此，当目标和背景运动一致的时候，兴奋性和抑制性信号会相互抵消；而如果目标运动信号强于背景运动信号，则神经节细胞会在较强的兴奋性信号驱动下产生兴奋性活动。需要强调的是，在目标运动的检测中，神经节细胞的活动仅仅与目标-背景运动的差异有关，而与运动方向、刺激的空间模式等因素无关。

5）空间目标的迫近

如果空间的视觉目标离观察者越来越近，这个目标在视网膜上所成的像会相应地越来越大。有一种特定的神经节细胞可以对这种目标的迫近运动进行检测，其机制在于神经节细胞接受 OFF 通路的兴奋性输入以及 ON 通路的抑制性输入。因此，一个渐行渐近的暗刺激会产生强烈的兴奋性信号而激活这种细胞的活动；而侧向移动的刺激则会同时激活其突触前的 OFF 通路和 ON 通路，产生相互抵消的兴奋性信号和抑制性信号。

2. *神经节细胞的视觉适应*

视网膜的视觉信号处理过程随着视觉环境的变化，呈现出高度的适应性。视觉适应的功能意义在于使神经元可以有效地根据环境条件来对自身的活动性进行动态调整，以便使其以有限的活动范围来编码几近无限的环境变化。从控制论的角度来看，视觉神经元对视觉环境的适应可以看作输入依赖的传递函数的调整——当输入信号较弱的时候，适当地上调神经元的反应性，以提高系统的信噪比，而在输入信号较强的时候，则相应地下调神经元的反应性，以避免系统饱和所导致的信息丢失(见图 1-8)。

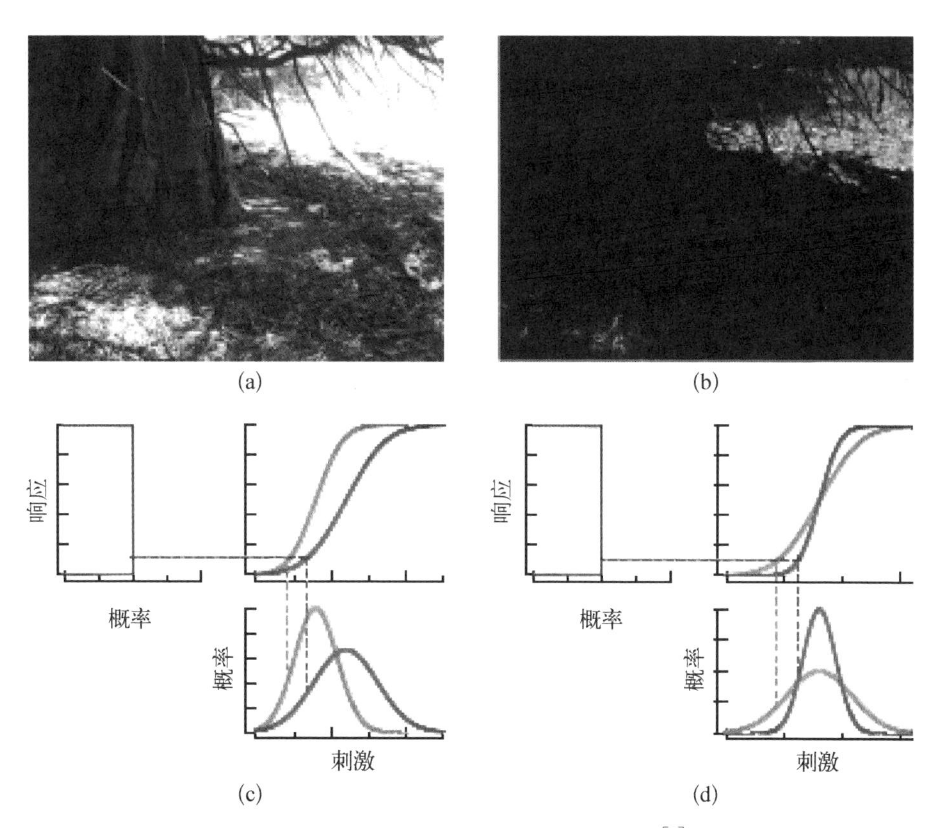

图 1-8 视觉环境的变化以及视觉适应[3]

(a)(b) 不同照度条件下同样的视觉场景 (c)(d) 视觉系统对刺激强度和刺激参数分布的适应

视觉适应表现为多个方面，包括亮度适应、对比度适应和刺激模式的适应等。亮度适应在很大程度上始于光感受器，并由视网膜前级神经元构成的网络所完成，而神经节细胞的功能更多地在于对光刺激强度的变化进行编码。

1) 对比度适应

神经节细胞的活动性随刺激对比度而变，也就是说，当环境平均亮度不变，而光强分布由窄变宽(对比度由小变大)时，神经节细胞的放电活动会随之增加。但是这种高对比度诱导的强反应往往只是持续几百毫秒或更短时间，而在随后的时间中，放电活动会逐渐趋缓，慢慢接近一个稳态的低水平，反映出系统在强刺激的作用下会下调其传递函数的增益，以避免系统饱和。

若将神经节细胞视作一个线性系统，其对视觉刺激的反应可以通过一个传递函数来描述，其一阶维纳核 $k(t)$ 可以写为

$$k(t)=\frac{1}{WC}\ \frac{1}{T}\int_{0}^{T}(I(t')-M)R(t'+t)\mathrm{d}t'$$

式中，$I(t)$ 表示时刻 t 的刺激强度；M 和 W 分别为刺激强度的均值和标准差；$C=W/M$ 则定义为刺激的对比度；而 $R(t)$ 表示时刻 t 的放电频率。在图 1-9 给出的示例中，当刺激对比度由 $C=0.09$ 切换至 $C=0.35$ 时，系统响应的一阶核会有相应的衰减，这个瞬间的改变称为“快适应”；不仅于此，在持续的对比度刺激下，神经元的反应也会不断降低，这个过程的时间常数在 10 s 以上，称为“慢适应”。

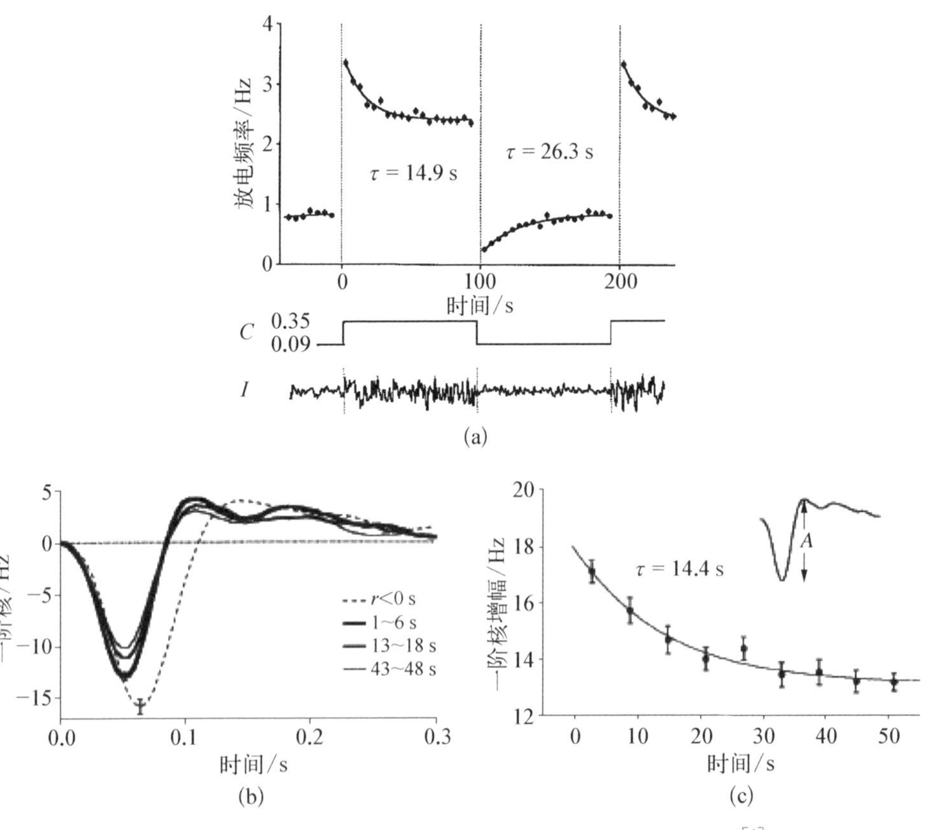

图 1-9　蝾螈神经节细胞在对比度适应过程中的增益控制[4]

(a) 神经节细胞在低对比度和高对比度刺激下的放电频率　(b) 对比度适应不同阶段的一阶核的比较　(c) 一阶核峰峰值(幅值)随时间的变化

从这个例子中我们可以看到两个方面的情况：一方面，当刺激强度变大时，神经元的反应灵敏度会下降，以免超强反应带来的饱和；另一方面，当刺激长时间持续时，传递函数的增益也会慢慢降低，带来神经元放电频率的持续降低。这种慢适应改变的好处在于当有新的刺激模式出现时，神经元可以有合理的反应，以利于信息的传递。

2）空间模式适应

进一步讲，如果刺激在不同的空间模式之间切换，也会导致神经节细胞活动性的适应性变化。从图 1－10 的例子中可以看到，一例视网膜神经节细胞对视觉刺激的空间模式的适应。这个实验涉及两种不同的空间模式，其中模式 A 是全视野均匀的灰度序列刺激，不同的帧具有不同的灰度等级；模式 B 是明暗相间的棋盘格序列，不同的帧具有相同的空间结构，但具有不同的明暗灰度。实验显示，当其中任何一个空间模式持续呈现一定的时间（该例中是 13.5 s），细胞对该模式反应会发生适应，而对另一个模式的反应则相应地增强。

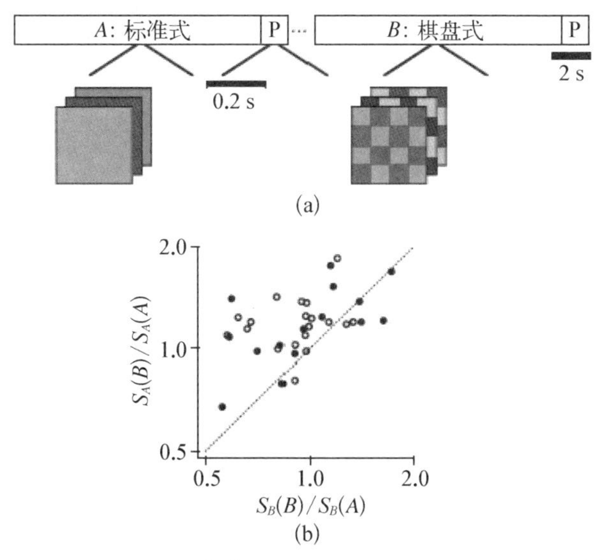

图 1－10 视网膜神经节细胞对视觉刺激空间模式的适应[5]

（a）不同的空间模式，全视野灰度刺激序列和棋盘格序列 （b）大多数细胞对刺激 B 的适应伴随着对刺激 A 反应（S_A）的增强[$S_A(B)/S_A(A)>1$]；反之对刺激 A 的适应伴随着对刺激 B 反应（S_B）的增强[$S_B(B)/S_B(A)<1$]

类似地，另一组实验比较了水平光栅和垂直光栅序列刺激的情况，两组刺激具有相同的平均亮度、空间频率和对比度组合，序列由不同对比度的空间模式组成。在水平光栅序列适应条件下，视网膜对水平光栅刺激的敏感性会下降，而对垂直光栅图案刺激的敏感性会上升，反之亦然（见图 1－11）。

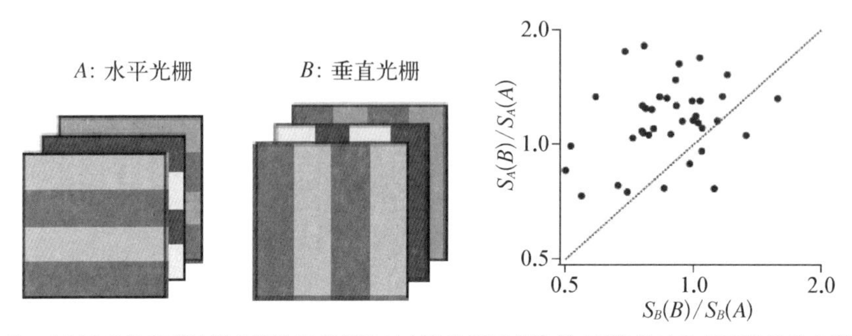

注:对水平光栅序列的适应使神经节细胞对水平光栅反应降低,而使其对垂直光栅的反应增强,反之亦然。

图 1-11 光栅序列适应[5]

3) 目标运动适应

视网膜神经节细胞对刺激的运动模式也会产生适应。前面已讨论过目标运动和背景运动的概念。有一类神经节细胞尤其对目标运动或是差异运动(目标和背景之间的相对运动)敏感,而对全局运动(目标运动与背景运动完全一致)不敏感。实验显示这种细胞的运动检测灵敏度也是在刺激出现的瞬间最高,并且会随着刺激的持续而有所适应,慢慢降低(见图 1-12)。这种现象称为目标运动适应,适应性变化的时间常数与对比度适应相仿。

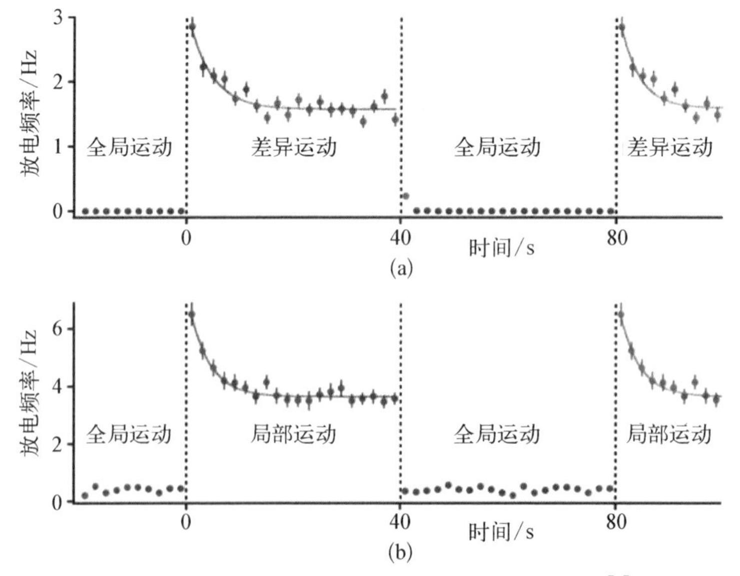

图 1-12 视网膜神经节细胞对目标运动的适应[6]

(a) 目标运动敏感的神经节细胞的活动不能为全局运动所激活,这种细胞对差异运动敏感,但是随着差异运动的持续,细胞反应发生适应现象 (b) 同类细胞对局部运动(模仿目标运动)的反应性和适应特性

3. 视网膜神经节细胞对视觉信息的编码

神经节细胞通过动作电位的发放对视觉信息进行编码。但是,关于神经信息编码和传递尚有一系列的问题未解决,如动作电位是什么方式携带信息?所携带的信息又是如何量化的?等等。传统上,人们趋向于认为神经信息由神经元动作电位发放的频率所携带,但是越来越多的证据也不断表明,动作电位发放序列的精确时间以及群体神经元活动的时间-空间特性,在很大程度上参与了神经信息的编码和传递。

1) 动作电位频率编码

早在 90 多年前,Adrian 就提出感觉神经元动作电位发放的频率与刺激强度有关。长久以来,动作电位发放频率编码刺激参数的概念为人们广泛接受,也得到诸多实验观察结果的支持。

在视网膜上,频率编码的一个例子来自家兔的一种具有运动方向选择性的神经节细胞,这种细胞的放电频率受到视觉目标运动方向的调节(见图 1 - 13)。对一个特定的运动方向选择性细胞来说,当视觉目标沿着一个特定方向进行运动时,细胞的放电频率达到最大,这个方向称为这个细胞的“偏好方向”。而当目标沿着与偏好方向相反的方向进行运动时,细胞不会被激活,相应的方向则称为“零方向”。当运动方向逐渐从偏好方向移至零方向时,细胞的活动性呈单调下降。从图 1 - 13 中还可以看到,除了运动方向,细胞的放电频率还受到其他刺激参数的调控,诸如视觉目标的运动速度、刺激的亮度水平等。当运动速度从 0.71 mm/s 增加至 11.36 mm/s 时,图中示例细胞的放电频率呈单调下降;而当刺激亮度从 1.46 cd/m^2 升至 57.58 cd/m^2 时,细胞的放电频率呈现单调上升。

在另一个蝾螈神经节细胞的例子中,研究者研究了神经元的放电频率和视觉刺激之间的关系。从图 1 - 14 的例子中可以看到,不同的神经节细胞对视觉刺激的反应特性各有所异[见图 1 - 14(a)]。对于 ON - center 型细胞,在其感受野中心区域给予明亮刺激使其发生放电活动,而黑暗刺激会抑制其活动;OFF - center 型细胞的反应特性正好相反[见图 1 - 14(b)]。两种细胞的反应强度都依赖于刺激光强。

既然对每个细胞而言,其放电活动的频率是依赖于刺激强度的,那我们是不是可以根据细胞的放电频率来反推其受到的刺激呢?在同一项研究中,研究者将一幅自然图像分成 40×25 个像素点,并依次呈现给一个感受野特性已知的神经节细胞[见图 1 - 15(a)],然后根据细胞的放电频率[见图 1 - 15(b)]来推测每个像素的灰度等级[见图 1 - 15(c)]。结果可见,虽然存在一定的误差,依然可以

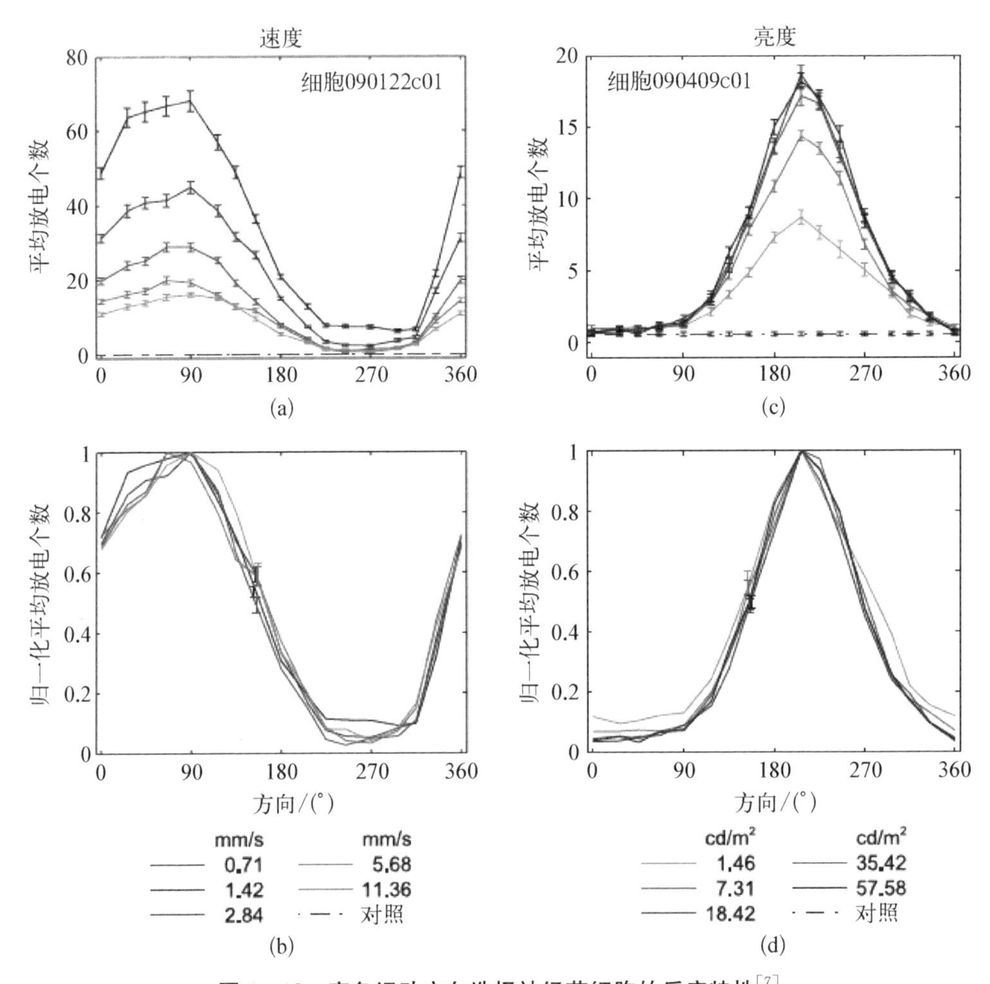

图 1-13 家兔运动方向选择神经节细胞的反应特性[7]

(a)(b) 一个示例细胞在不同运动速度下测得的方向调谐曲线及其归一化结果，刺激亮度为 57.58 cd/m^2 (c)(d) 另一个示例细胞在不同刺激亮度下测得的方向调谐曲线及其归一化结果，运动速度为 2.84 mm/s

根据神经元的放电频率对原始刺激图像进行一个大致的推测。如此结果也证实了动作电位的发放频率对神经节细胞的视觉信息编码有所贡献。

2) 放电精确时间编码

从上面结果可以看到，蝾螈视网膜神经节细胞的放电频率是依赖于视觉刺激的，换言之，神经节细胞的放电频率可以编码视觉刺激。然而，我们从图 1-15(b)中能看到，除了放电频率，神经元放电活动的时延(第一个动作电位相对于刺激起始时间的延迟)也是刺激依赖的，较强的刺激对应于较短的时延。这表明反应时延应该也可以携带刺激信息。通过细胞反应时延对刺激强

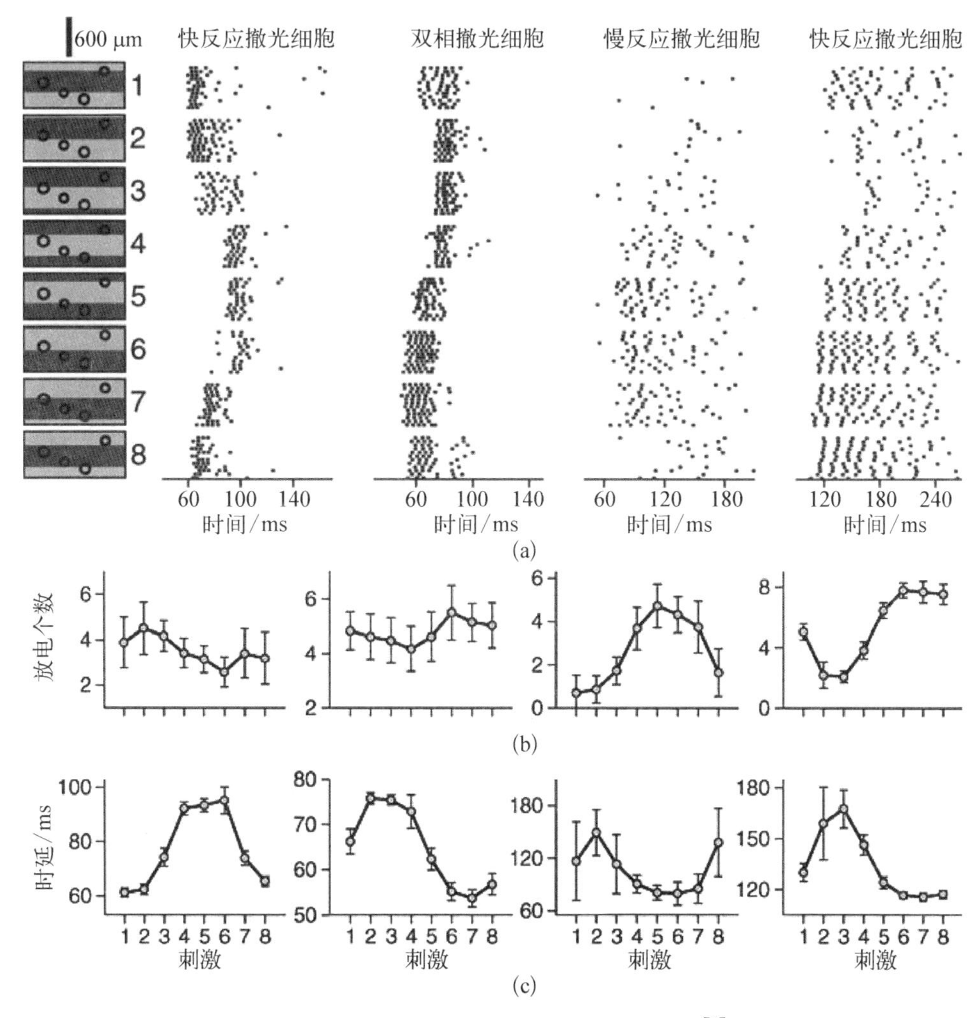

图 1-14 神经节细胞在光栅刺激下的反应[8]

(a) 左侧显示 4 个细胞的感受野分别落在光栅的不同相位上，右侧为各个细胞(感受野依次对应于左侧小圆圈)在不同相位刺激时的放电活动散点图，刺激时长为 150 ms (b) 刺激对放电频率的调谐曲线，误差线指示标准差 (c) 刺激对放电时延的调谐曲线

度进行反推，得到自然刺激图像灰度图像[见图 1-15(c)]，其对原图的还原质量甚至比图 1-15(d)更高，提示动作电位发放的精确时间对信息编码的确是有意义的。

另一组来自灵长类视网膜神经节细胞的记录则反映了放电的精确时间结构对视觉信息的编码也很重要。图 1-16 的结果显示，当给予视网膜一个随时间强弱变化的光刺激序列时，神经节细胞的对光反应放电序列具有很大的可重复

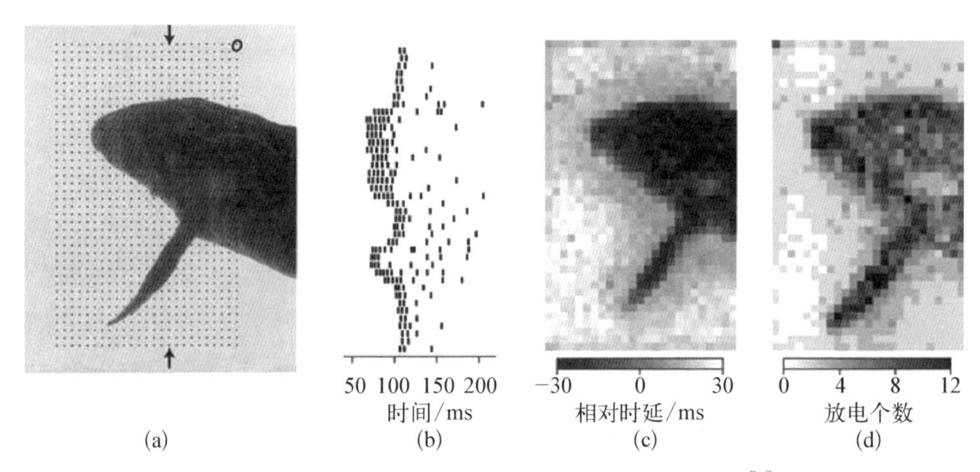

图 1-15 蝾螈神经节细胞在自然图像刺激下的反应[8]

(a) 一幅蝾螈照片由 1 000(40×25)个像素构成,右上角圆圈为一个神经节细胞的感受野形状 (b) 当自然图像的各个像素呈现在图(a)所示神经节细胞感受野中心时,细胞发放的动作电位序列 (c) 根据细胞放电时延重构的蝾螈照片的灰度图像 (d) 根据细胞放电频率重构的蝾螈照片的灰度图像

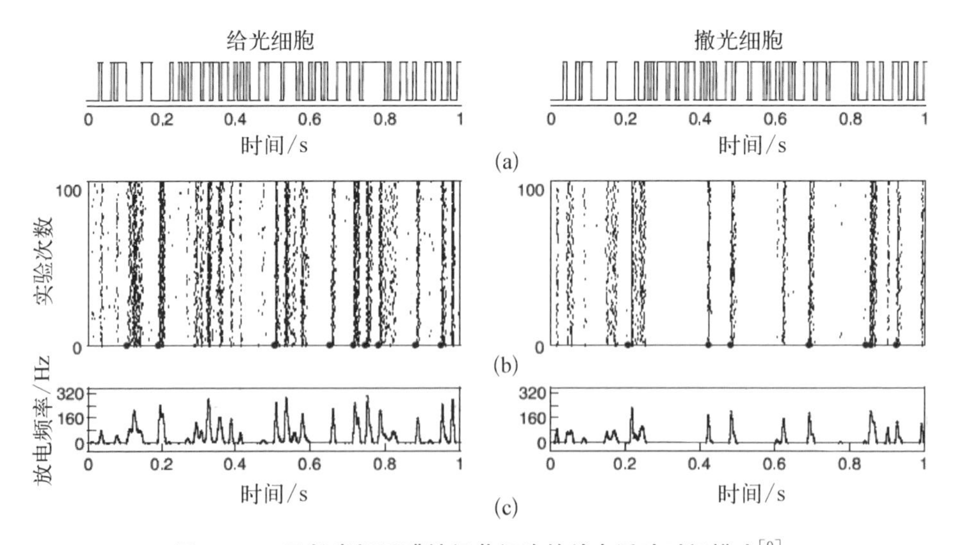

图 1-16 灵长类视网膜神经节细胞的放电活动时间模式[9]

(a) 光刺激模式。光亮度随时间在强和弱两个水平之间切换 (b) 多次重复光刺激诱导的神经元放电序列,可以看出放电活动在时间上具有高度可重复性 (c) 随时间改变的放电频率。左栏和右栏分别为一例 ON-center 型神经节细胞和一例 OFF-center 型细胞的放电活动

性，反映了细胞对光反应时间上的精确性和一致性。从这些例子得知，刺激信息并非仅仅为动作电位的放电频率所携带，放电序列的时间延迟和放电序列的精确时间结构对于刺激信息的携带也同样很重要。

3）群体神经元协同活动编码

尽管传统上很多关于神经元编码功能的考察都是基于对单个神经元的记录和分析的，但是在实际情况下，无论是对外界刺激信息还是对运动信息的传递，都涉及多个，甚至群体神经元的活动。近年来，得益于多通道记录技术的发展，群体神经元的协同活动对神经信息编码的贡献得到了越来越多研究者的关注。在图 1－14 和图 1－15 中提及的蝾螈神经节细胞对刺激编码的研究中，研究者还考察了成对神经元活动的协同特性与视觉刺激之间的关系。图 1－17 所示为一对神经节细胞在特定相位的光栅刺激下的放电活动的时延特性，可以看出，两个细胞的反应时延（L_1，L_2）具有相位调谐的特性，而且这种调谐特性不随对比度的强弱而改变。如果考察两个细胞的相对时延（$L_1 - L_2$），可以发现其也具有很好的相位调谐的特性，而且在不同对比度的情况下，也能保持非常好的一致性，这说明成对细胞的相对反应时延比单个细胞的反应时延更好地编码了刺激的空间特性。

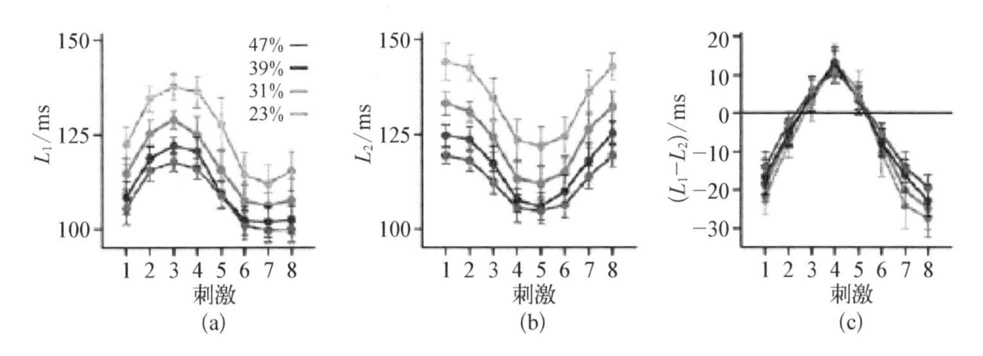

图 1－17　成对神经节细胞放电活动协同特性对视觉信息的编码[8]

(a)(b) 不同对比度条件下，同时记录到的两例神经节细胞反应时延对刺激空间相位的调谐特性
(c) 两个神经元反应时延差异对刺激图像空间相位的调谐特性

4）适应过程中的群体神经元活动编码功能

前述内容已介绍过，动物视觉系统对持续的视觉刺激具有适应性，也就是说，神经元对持续不变的刺激的反应会随时间而衰减。一个直接的问题就是，如果神经元的反应性降低了，它所携带的信息会不会减少？图 1－18 是一例牛蛙 OFF－center 型神经节细胞的视觉刺激反应，视觉刺激在棋盘格闪烁序列和持

续暗刺激之间切换。可以看到当进入暗刺激之后，细胞反应在瞬间达到最高，但是之后在持续刺激的作用下，细胞的反应却是慢慢衰减的，细胞的放电活动大约在 5 s 以后衰减至零。然而与此同时，神经元之间的同步化活动却是随时间加强的。

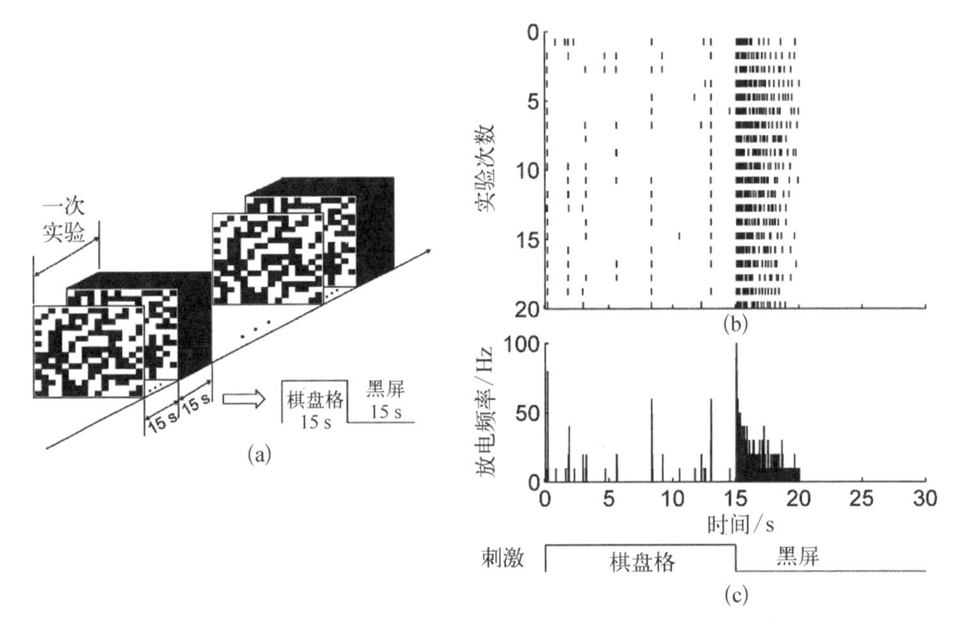

图 1-18 牛蛙 OFF-center 神经节细胞对视觉刺激的反应[10]

(a) 视觉刺激为 15 s 的棋盘格闪烁刺激及跟随其后的 15 s 持续黑屏刺激，重复 20 次
(b)(c) 一例 OFF-center 神经节细胞的放电活动散点图和放电频率图

那么，一个很自然的问题是，视觉适应同时导致神经元放电活动的衰减和同步化活动的增强，那么神经元对视觉信息的编码策略在视觉适应过程中也会有相应的改变吗？图 1-19 显示的实验中所给的刺激模式与图 1-18 大致相仿，每 15 s 棋盘格闪烁之后跟随 15 s 的全屏刺激，只是全屏刺激的灰度有所不同，可以是全黑，也可以是 1 个灰度。如果神经元活动的某个参数参与视觉信息编码，那么应该可以通过这个参数的改变来推测视觉刺激的模式。图 1-19 的分析结果显示，在视觉适应过程中，前期(1 s 之内)根据放电频率可以较好地还原刺激强度，但是后期(2 s 以后)根据同步化强度对刺激强度的还原，其准确性越来越优于基于放电频率做出的推测。这反映了在适应过程中，神经元编码策略从放电频率编码向群体活动编码的转变。

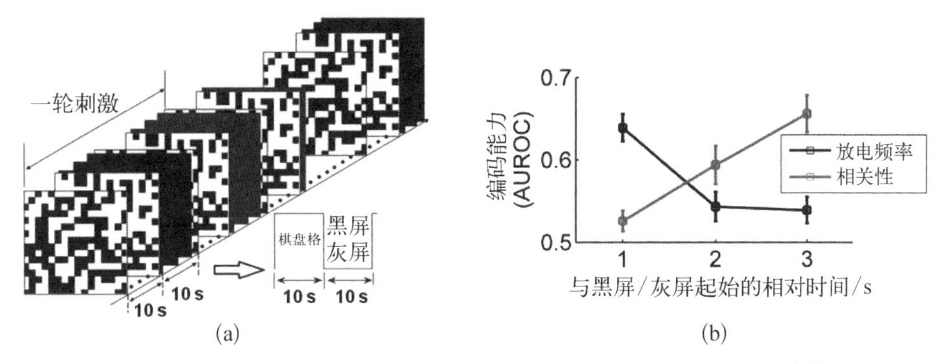

图 1-19 视网膜神经节细胞在视觉适应过程中的编码策略改变[10]

(a) 视觉刺激由 15 s 棋盘格闪烁和跟随其后的持续 15 s 的全屏刺激组成，其中全屏刺激可以是全黑，也可以是 1 个灰度，需要根据神经元的反应特性来进行推测 (b) 当视网膜暴露于全屏刺激之下，在最初的 1 s 内，可以较好地根据细胞的动作电位发放频率对刺激强度进行判断，但是在之后的适应过程中，根据神经元的协同活动，可以更好地对刺激强度进行判断，反映了适应过程中神经节细胞编码策略的改变

1.2 初级视皮层 / 陈 垚

大脑皮层(皮质，又称为新皮层，neocortex)覆盖于哺乳动物端脑，是所有高级神经活动的物质基础，包括感知觉信息处理、躯体运动控制，甚至想象推理等思维活动。人类的大脑皮层有大量下凹的沟或裂，之间又有隆起的回，极大地增加了其面积，可达 2 200 cm^2[11]。然而其厚度仅为 1～4 mm，由神经元胞体及其树突密集的灰质(gray matter)构成，其中排列了约 140 亿个神经元以及 1 000 多亿个神经胶质细胞。皮层中神经元发出大量的突起，与其他神经元通过突触进行信息交换，形成了比现今已知的星辰数目还要庞大得多的神经回路网络节点(约 10 000 亿个/10^{14} 个)。虽然目前的脑科学技术还没有办法全面研究如此复杂的系统，但经过上百年，特别是近几十年研究人员的不懈努力，我们对大脑皮层已经有了较为深入的了解。

视觉皮层(visual cortex)在大脑皮层中主要负责处理视觉信息，大部分位于大脑后部的枕叶，接受来自视网膜神经节细胞经丘脑外侧膝状体(lateral geniculate nucleus)中继的视觉信息输入(见图 1-20)。视觉皮层包括初级视皮层(primary visual cortex)，或称第一视觉脑区(visual area 1，简称 V1 区)以及许多其他脑区(如 V2、V3、V4、V5 等)。在人类的近亲——猴的大脑中，有约 35 个皮层区域的神经元活动与视觉信息处理直接相关。与所有大脑视觉皮层区域相比,我们对初级视皮层的神经环路、解剖学和生理学特性了解得更清楚[12]。以下将从大脑皮层解剖学构筑、神经元生理学特性和神经反馈调节等方面,对猴和人类大脑初级视皮层在视觉信息处理中的作用进行介绍。

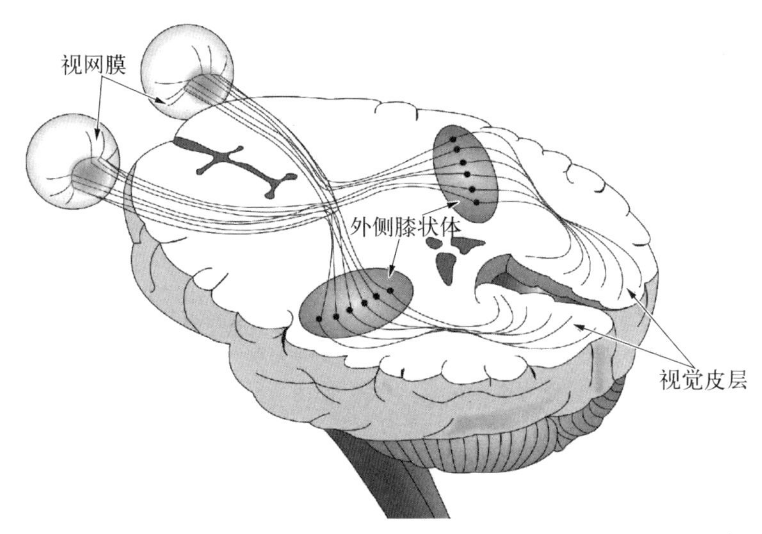

图 1-20 视网膜到视皮层神经通路

1.2.1 初级视皮层的解剖学特性

大脑皮层按神经元与神经纤维排列情况可分为多层,一般自皮层表面的软脑膜(pia matter)到深部髓鞘化神经纤维密集的白质(white matter)可以大致分为 6 层。从表面至深层的分层用罗马数字表示,依次为: Ⅰ. 分子层(molecular layer),神经元小而少,主要是水平细胞和星形细胞,还有许多与皮层表面平行的神经纤维;Ⅱ. 外颗粒层(external granular layer),主要由许多星形细胞和少量小型锥体细胞构成;Ⅲ. 外锥体细胞层(external pyramidal layer),由许多中、小型锥体细胞和星形细胞组成;Ⅳ. 内颗粒层(internal granular layer),主要由星形细胞密集排列组成;Ⅴ. 内锥体细胞层(internal pyramidal layer),主要由中型和大型锥体细胞组成;Ⅵ. 多型细胞层(polymorphic layer),以梭形细胞为主,还包括锥体细胞和颗粒细胞。大脑皮层在不同区域各层的厚薄、神经元的分布和神经纤维排列的疏密都有差异。20 世纪初德国神经科医生 Korbinian Brodmann 根据大脑皮层神经解剖学的细胞组构(cytoarchitecture),即在组织学染色的脑组织中观察到的神经元组织方式,将大脑皮层划分为左右半球各 52 个解剖区域[13]。神经电生理及影像学研究其后证明,Brodmann 分区与不同的大脑认知功能密切相关。例如，第 4 区是初级运动皮层，第 41 和 42 区是初级听觉皮层等，因而被广泛沿用至今(见图 1-21)。

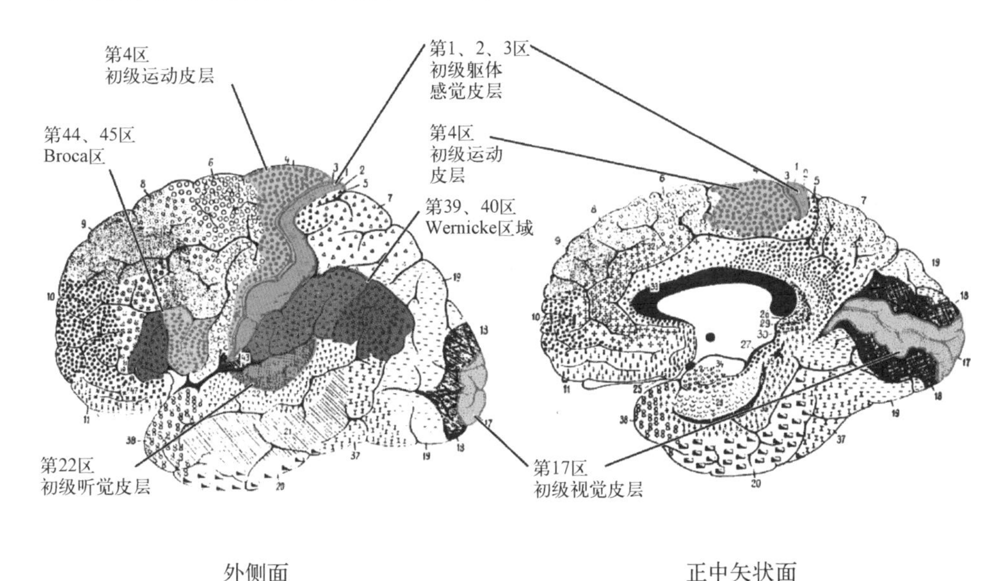

图 1-21 Brodmann 分区

1. *初级视觉皮层的细胞组成及分层*

人类的初级视觉皮层 V1 区坐落于大脑枕叶的距状裂(calcarine fissure)周围，在 Brodmann 分区系统中为第 17 区。猴和人类的 V1 区又称为纹状皮层(striate cortex)，这是因为大量来自外侧膝状体神经元的投射纤维均终止于 V1 区第Ⅳ层，这些髓鞘化的神经纤维形成了一条肉眼可见的平行于皮层表面的白色条带(band of Gennari，见图 1-22)。这一条带于 1776 年由意大利解剖学家 Francesco Gennari 发现，可认为是证明大脑皮层非同质化的第一个证据[14]。而其他视觉相关脑区(如 V2、V3、V4、V5 区等)则称为纹外皮层(extrastriate cortex)，其中 V2、V3 区对应于 Brodmann 分区系统的 18 区，V4、V5 区则对应于 19 区[15]。

如同其他大脑皮层一样，V1 区也可以按神经元与神经纤维排列情况从表面到深层白质分为 6 层。其特点是第Ⅳ层特别厚，有大量星形细胞密集分布，其树突接受由丘脑外侧膝状体经视放射传入大脑皮层的感觉输入。这也是触觉、听觉等大脑感觉皮层的共同特点，是一种典型的感觉型粒状皮层(koniocortex)。锥体细胞则主要分布在第Ⅱ、Ⅲ、Ⅴ、Ⅵ层，它们整齐地并行排列，锥形胞体顶部有顶树突垂直伸向皮层表面，基部有大量侧树突及一根细长的轴突垂直伸向深层白质，这形成了视觉皮层功能构筑的结构基础。

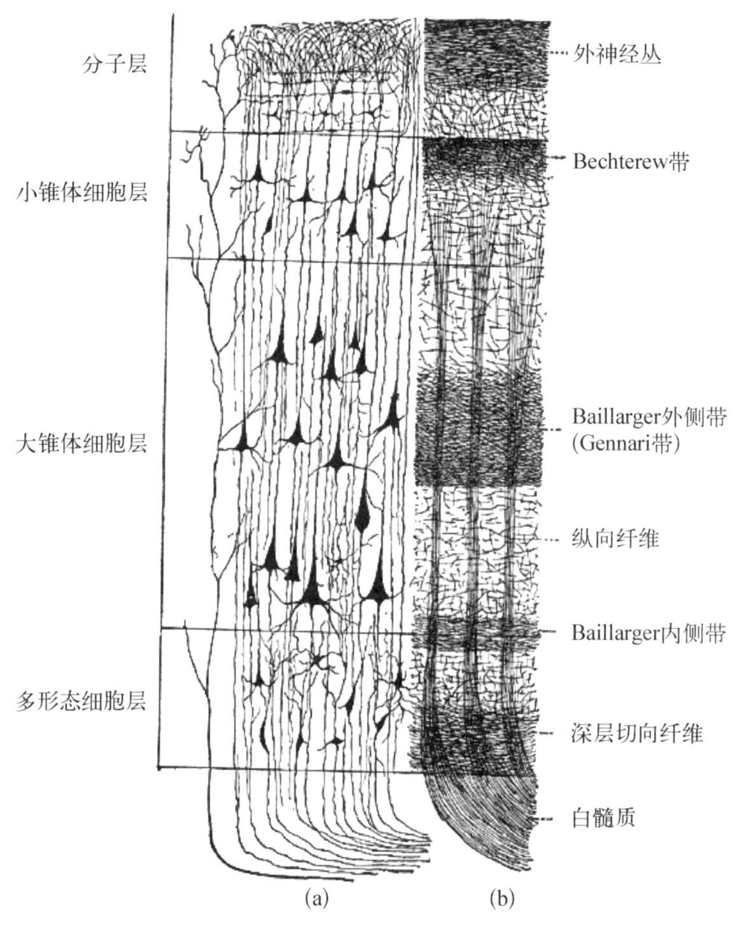

图 1-22 大脑皮层解剖示意图

(a) 神经元胞体 (b) 神经纤维

2. 初级视觉皮层细胞的输入与输出

初级视觉皮层 V1 区的输入主要来自丘脑的外侧膝状体。大脑的两个半球各有一部分视觉皮层,左半球的视觉皮层从右视野接收信息,而右半球的视觉皮层从左视野接收信息。猴的外侧膝状体大细胞和小细胞分别投射到ⅣC_α 和ⅣC_β、ⅣA 亚层;视觉皮层第Ⅱ、Ⅲ层和第ⅣB 亚层神经元的输出投射到其他更高级的皮层区域;视觉皮层第Ⅴ层的输出投射到大脑皮层下的上丘和丘脑枕;第Ⅵ层锥体细胞的轴突下行终止于外侧膝状体,并有部分轴突上行至第Ⅱ、Ⅲ、Ⅳ层(见图 1-23)。这种分层结构反映了皮层复杂的功能组成,不同层神经元在视觉信息处理中又有非常精细的分工,分别对视觉信息的形状、颜色和运动产生选择性反应。

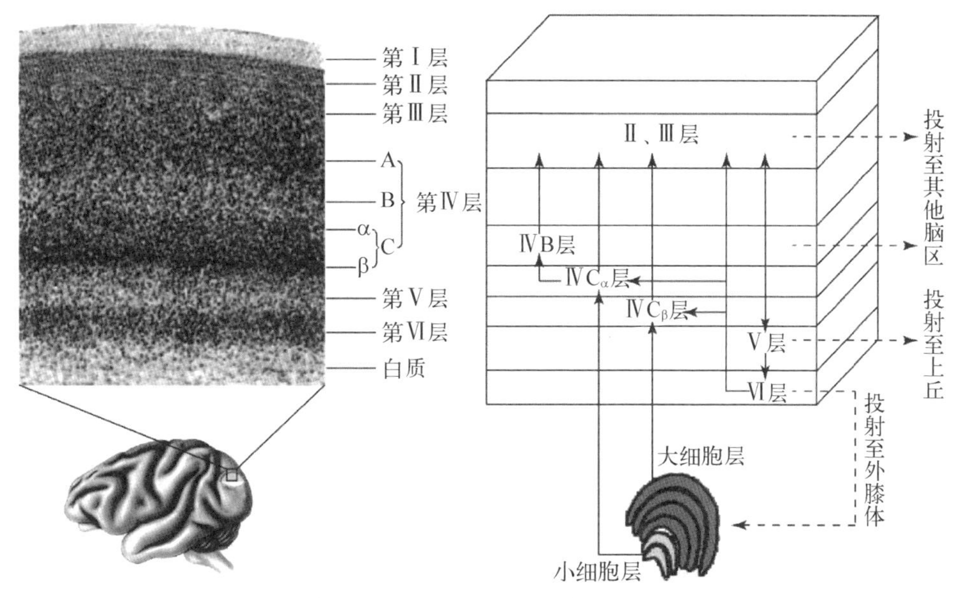

图1-23　初级视觉皮层神经元分层及各层间投射关系

初级视觉皮层(V1区)的输出信息主要有两个投射通路,分别称为背侧通路(dorsal stream)和腹侧通路(ventral stream)。背侧通路起始于V1区,通过V2区,进入中颞区(MT,亦称V5区),然后抵达顶叶。背侧通路常称为"空间通路"(where pathway),参与处理物体的空间位置信息以及相关的运动控制,如快速眼动(saccade)和手部伸取(reaching)。腹侧通路起始于V1区,依次通过V2、V4区,进入下颞叶(inferior temporal lobe)。该通路常称为"内容通路"(what pathway),参与物体识别如面孔,也与长期记忆有关(见图1-24)。

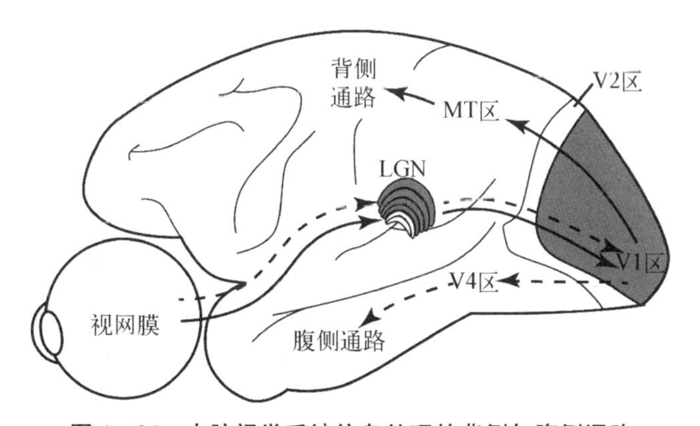

图1-24　大脑视觉系统信息处理的背侧与腹侧通路

1.2.2 初级视觉皮层神经元的感受野与电生理特性

感受野最早由1967年医学生理学诺贝尔奖获得者、美国生理学家Hartline定义[16]。在视觉空间的一个限定区域中若给予光刺激可以引起一个视网膜神经节细胞的电生理活动变化，则视野中这一区域称为此神经元的感受野。Hartline在原文中指出："只有在视网膜的某一限定区域，即视神经纤维的感受野，给予光照才能在这根神经纤维中记录到响应。"在这之后，感受野的概念进一步延伸到视觉系统通路和其他大脑感觉系统通路中的所有神经元。目前计算神经生物学中一个非常重要的研究领域就是建立可靠的感受野结构模型，从而解释神经元对不同视觉刺激的反应。

初级视觉皮层神经元的感受野是视觉空间中的一个二维区域，其大小可以从几弧分（相对于页面中的一个点）到几十度（整个页面）。在视觉皮层信息传导通路的不同处理阶段（如V1区），神经元感受野大小逐步增加；而初级视觉皮层神经元的感受野大小则随着其中心到注视点的距离（偏心度）而增加。感受野位于视野中心的初级视觉皮层神经元，具有最小的感受野，而感受野位于视野周边的神经元具有更大的感受野。这可以解释为什么我们的视觉系统在注视点以外只有非常低的空间分辨率（其他因素包括感光细胞密度和晶状体光学像差）。做一个简单实验就可以知道视野周边区的空间分辨率有多差：试着阅读这段文字，同时用眼睛注视一个字符，这个字符投射到视网膜中央黄斑区，这里的神经节细胞感受野最小，而围绕注视点的字符投射到外周视网膜；你会发现最多只能识别出几个围绕注视点的字符，要想阅读整行文本就必须移动眼睛进行扫视。

1. *初级视觉皮层的细胞分类*

20世纪60年代初，美国神经科学家Hubel和Wiesel[17]首先利用单神经元在体电生理记录技术研究了视皮层神经元的感受野性质。他们发现初级视觉皮层神经元普遍对弥散光刺激没有反应，而对具有特定取向（orientation）的亮暗对比边或条状光刺激有选择性反应。他们因此分享了1981年医学生理学诺贝尔奖。根据他们的经典定义，初级视觉皮层细胞可以按其感受野性质分为简单细胞、复杂细胞和超复杂细胞（后改称为特殊复杂细胞）三类。

简单细胞（simple cell）的感受野较小，呈长条形，其感受野存在空间上分离的给光和撤光反应区，形成一个狭长中心区以及在其一侧或双侧与之平行的拮抗亚区（见图1－25）。简单细胞的最佳刺激是在感受野某个位置上具有特定取向的亮暗对比边或条形刺激，细胞具有很强的取向选择性，越偏离该细胞最优取向（preferred orientation）的刺激引起的响应越弱，垂直于其最优取向的刺激则完全不引起响应。简单细胞对位于拮抗区边界的最优取向刺激和一定宽度的刺激有强烈响应,对边缘位置和取向的选择性高,适合于检测有明暗对比的边界信息。从形态学上看,多数简单细胞可能相当于星形细胞。

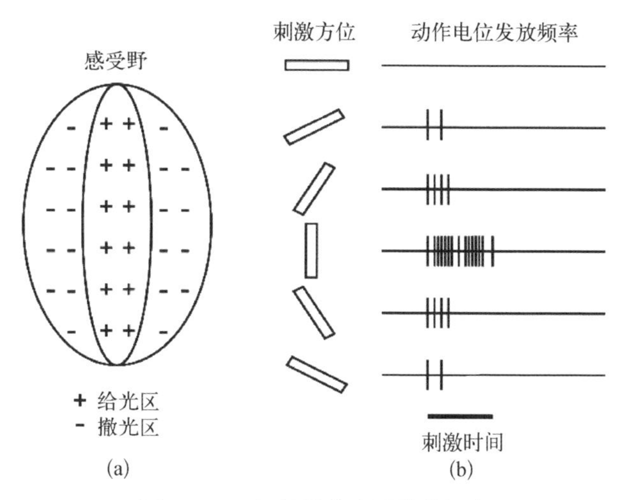

图 1-25 初级视觉皮层简单细胞

(a) 感受野存在空间 (b) 取向选择性

与简单细胞相似,复杂细胞(complex cell)对弥散光也无反应,但具有强烈的取向选择性,不同的是复杂细胞的感受野范围更大,其内不存在明显的给光或撤光反应的拮抗区,因此对于位于感受野中的刺激无严格的位置选择性(见图 1-26)。对平行于最优取向的刺激,细胞呈现出最强的给光或撤光反应;而

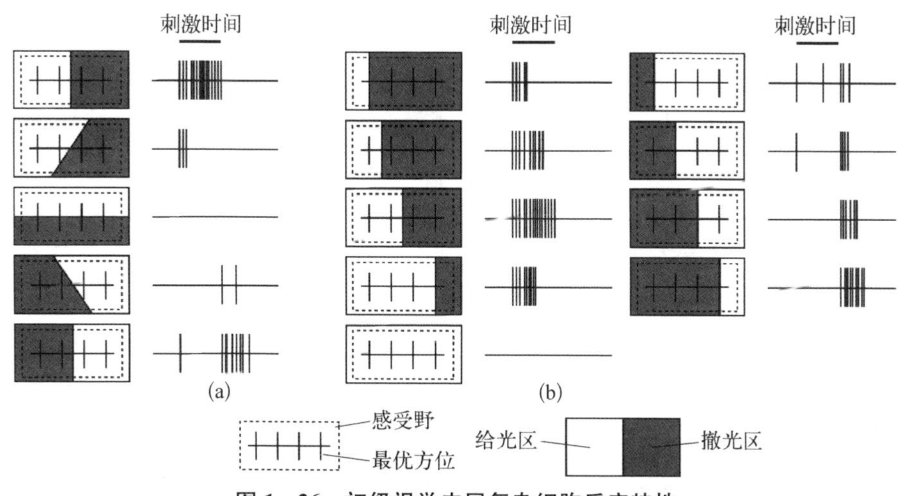

图 1-26 初级视觉皮层复杂细胞反应特性

(a) 取向选择性 (b) 位置相对无关性

对于处在感受野内部的任何位置的明暗边界刺激均能引起反应，且强度差异不大。因此复杂细胞主要参与处理刺激取向信息。复杂细胞多分布在初级视觉皮层 V1 区（占大多数）和 V2 区，形态学上可能是锥体细胞。

超复杂细胞（hypercomplex cell）也是一种对条形刺激有取向选择性的细胞。与复杂细胞不同的是，其感受野存在很强的抑制区，对条形刺激有明显的端点中止反应，即当条形刺激过长，覆盖外侧的抑制区时产生抑制作用，反应减少或消失（见图 1－27）。对于超复杂细胞，最优刺激是在感受野内具有最优取向的端点和拐角等。超复杂细胞主要分布在视觉皮层第 18 区和第 19 区中的第Ⅲ、Ⅴ层内。

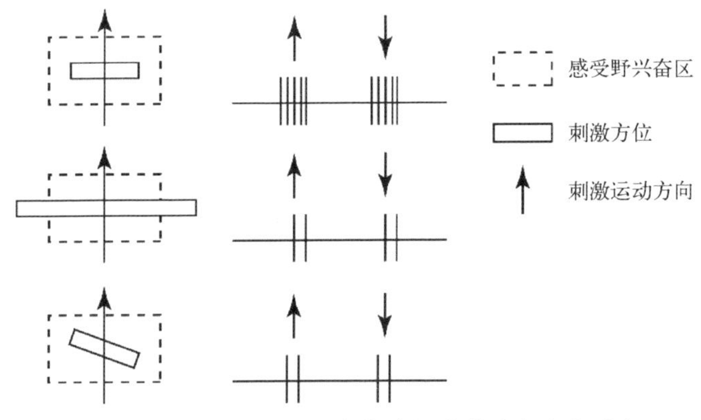

图 1－27　初级视觉皮层超复杂细胞的端点中止反应

在猴的初级视觉皮层上还发现一些与颜色对比有关的简单细胞、复杂细胞和特殊复杂细胞。典型的颜色对比简单细胞，其感受野中间区域对红光和绿光条形刺激呈拮抗反应。中间红光引起给光反应，红光刺激两侧引起撤光反应；中间绿光引起撤光反应，绿光刺激两侧引起给光反应；中间红光、两侧绿光刺激引起强烈的给光反应，中间绿光、两侧红光刺激引起强烈的撤光反应。在猴的颞叶中、下部视皮层，如 V4 区内，分布有较多的颜色敏感细胞。

初级视觉皮层神经元多数为双眼驱动，即对落在两只眼睛的视网膜的视觉刺激均有反应。这是因为 V1 区神经元直接接收经单眼驱动的外侧膝状体神经元的汇聚性投射，因而这里是大脑处理双眼视觉信息的第 1 站。双眼驱动的 V1 区神经元在左、右眼视野中各有一个感受野，它们都对应于对侧视野上相应位置。在双眼感受野内给予同样刺激时，V1 区神经元反应的时间-空间特征相似，但多数情况下反应强度不完全相等，即某一只眼视觉刺激产生的反应较另一只眼更强，这种现象称为眼优势（ocular dominance），而诱发反应更强的左眼或者右眼称该 V1 区双眼神经元的优势眼（dominant eye）。多数神经元同时刺激双眼而产生的反应比单独刺激一只眼时的反应更强，即存在双眼总和作用，但也存在双眼相互抑制的相反情况。通过细胞外电生理记录单神经元活动，发现V1区神经元对双眼感受野间的水平视差(disparity)有选择性反应[18]，称为视差敏感神经元。这些视差敏感神经元多为对落在距双眼聚焦平面更近刺激的反应更强的近细胞(near cell)或与之相反的远细胞(far cell)，只有极少部分偏好零视差双眼刺激。计算机辅助设计的随机点立体图完全没有物体轮廓线索，仅仅依靠双眼水平视差信息就能引起立体感，有研究者发现随机点立体图也可以激活对于光棒刺激有双眼视差选择性反应的V1区视差敏感神经元[19]。这提供了立体深度视觉的神经基础。

2. *初级视觉皮层取向选择性产生的机制*

初级视觉皮层一些神经元表现出强烈的取向调谐，即使对与其最优取向有稍微倾斜的光棒也没有响应，另一些神经元则表现为广泛的取向调谐，对不同取向的光棒刺激都有响应。大多数V1区神经元还对运动方向有选择性，对某一方向的光棒运动有最大的反应，而对相反方向运动的刺激不产生反应或反应很弱。每个神经元对刺激取向和其他参数的选择性在很大程度上取决于感受野结构。Hubel和Wiesel提出简单细胞和复杂细胞感受野中心位置排布产生取向选择性模型，该模型假设，如果同心圆感受野排列成一行的几个外膝体神经元汇聚投射到一个简单细胞并产生突触联系，则可形成简单细胞对刺激取向的选择性，其最优取向与外膝体神经元感受野中心的连线取向一致；若干感受野排列成一行的简单细胞汇聚到一个复杂细胞，则可形成复杂细胞的感受野及其取向选择性。这个简洁明了的模型也得到一些实验的支持。例如，首先将猫的视觉皮层温度降低到9℃使其皮层内神经元活动停止，然后用在位全细胞记录方法测定外膝体输入引起的皮层简单细胞的突触后电位，所测量的取向调谐曲线与降温前的相同，提示简单细胞的取向选择性源于皮层下的兴奋性输入。但也有实验证据表明多数简单细胞所接受的外膝体输入神经元数目可能不足以达到汇聚模型产生取向选择性所需；皮层内的机制对许多皮层细胞取向选择性产生起决定作用，如用药物消除皮层内GABA介导的抑制性作用，则皮层细胞的取向选择性消失。

1.2.3 初级视觉皮层的功能构筑

20世纪50年代，Mountcastle[20]首先在猫的躯体感觉皮层观察到垂直于皮层表面的柱状排列的神经元具有相似的功能特性。之后研究者们陆续发现具有相同感受野、相同取向选择性的神经元也是柱状排列的，人们称这些柱状结构为功能柱(functional column),并认为它们是皮层的基本功能单位。这种柱状排列可以使上一级神经元传递到下一级所需的轴突长度最短;在大脑计算速度相同的前提下,柱状结构能使神经纤维具有最简单的排布方式,因此可以提高大脑的运算效率。

但对以往功能柱的研究进行分析后,发现有一些问题得不到解释:① 眼优势柱只存在于某些物种;② 单一物种内也有某些个体没有眼优势柱;③ 某些个体只在某一部分区域存在眼优势柱。而这些缺失或缺少眼优势柱的个体并没有与其余个体表现出行为上的差别,因此有研究者认为皮层内的柱状结构可能并没有功能意义[21]。

如同体感皮层一样,具有相似功能的神经元在厚度约为 2 mm 的初级视觉皮层内部以垂直于皮层表面的方式柱状(或片状)分布。在同一"柱"内的神经元,其感受野性质基本相同。

1. 眼优势柱

眼优势柱(ocular dominance column)是初级视觉皮层 V1 区的一种重要的功能柱。当微电极垂直于皮层表面穿刺记录时,不同深度的神经元具有相同的眼优势;当微电极平行于皮层表面穿刺记录时,所记录神经元的左、右眼优势交替地有规律地变化(大体每前进约 0.4 mm,左、右优势眼就改变一次)。将放射性同位素标记的脯氨酸(proline)注射到一只眼球内,可被视网膜神经节细胞吸收并跨突触顺行传递至视觉皮层,在 V1 区用放射自显影方法即可显示眼优势柱,如图 1-28 所示左、右眼优势的双眼细胞按垂直于皮层表面的柱状分布并交替排列,左、右眼优势柱的宽度大体相等。

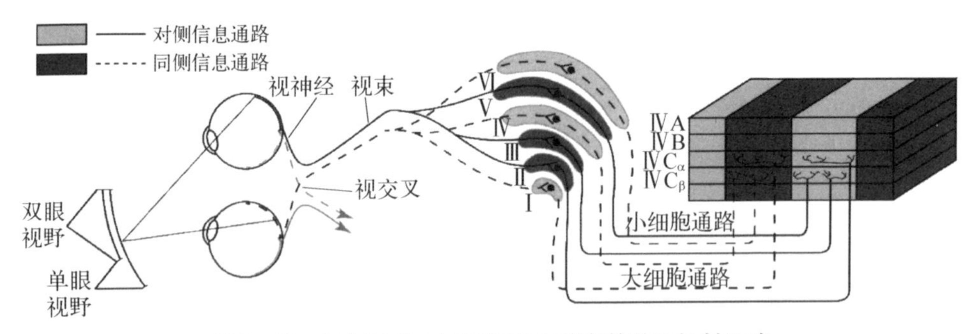

图 1-28 初级视觉皮层双眼视觉信息的并行投射通路

2. 取向功能柱

取向功能柱(orientation column)是初级视觉皮层的另一种独特的功能柱。当微电极沿着垂直于皮层表面方向插入时,相继记录到的神经元都具有重叠的感受野，这些细胞都有几乎相同的最优取向。若微电极以倾斜的角度插入皮层时，所记录到的细胞不但其感受野位置在视野中连续地改变，而且其最优取向也发生连续变化，电极每移动 0.75～1 mm，细胞的最优取向就变化 180°。Hubel 和 Wiesel 使用放射性标记脱氧葡萄糖自显影方法，首次从形态学上显示出对单一取向刺激产生特异反应的取向功能柱分布。近年来，基于脑内源信号的光学成像(intrinsic optical imaging)技术通过测量视觉刺激时动物视皮层表面对照射光的吸收强度变化(主要由于皮层神经元兴奋时引起局部血流流量及其中的血红蛋白氧含量的变化，从而改变光的吸收与反射)，来研究皮层的功能构筑，可以实时显示出活体动物大脑各种功能柱分布图，有研究发现猴视觉皮层的取向优势柱和眼优势柱在皮层表面的分布大体上是正交垂直的。一套完整周期的取向功能柱排列成从简单平行条纹到复杂风车轮的形状结构，而在条纹断裂或风车轮中心的位置，最优取向发生明显的跳变。

3. *颜色功能柱*

细胞色素氧化酶(cytochrome oxidase)是线粒体内膜呼吸链上终端酶，与细胞能量代谢密切相关。Wong - Riley 首次将其用于大脑皮层的组织学染色，在平行于皮层表面的 V1 区组织切片上发现细胞色素氧化酶浓重染色的斑块(blob)，而在 V2 区则呈现粗细相间的条纹(stripe)。V1 区细胞色素氧化酶富集的斑块垂直于皮层表面呈柱状分布，贯穿第Ⅱ、Ⅲ、Ⅴ和Ⅵ层。在平行于皮层表面的组织切片中，这些斑块为 250 mm×150 mm 大小的椭圆形斑点。斑块内 V1 区神经元接受外膝体小细胞和颗粒细胞的输入；而斑块间区域(interblob)主要接受大细胞和小细胞输入。此外，斑块内神经元只投射到斑块区，斑块间区域内神经元只投射到斑块间区域。猴的视觉皮层 V1 区有 7 000～9 000 个斑块，这些斑块在眼优势柱的正中线上排列成行。进一步研究发现，对颜色刺激敏感的神经元集中分布在猴的视觉皮层 V1 区的斑块和 V2 区的细条纹内，可称为颜色功能柱。斑块内和斑块间神经元分别处理视觉刺激的颜色和形状信息，但这种分工并不绝对。

视觉皮层功能柱还包括运动方向功能柱、空间频率功能柱等。方向功能柱内的细胞对具有相同的最优方向运动的目标反应强烈，而对相反运动方向无反应；空间频率柱内的皮层细胞对特定空间频率的光栅刺激反应最强，而对其他空间频率光栅刺激则反应急剧下降或消失。

综上所述，可以假设初级视觉皮层的基本结构功能单元是 1 mm 见方、2 mm 深的小块，这其中包含了一个完整周期的取向功能柱，一个周期的左右眼优势柱以及斑块状的颜色柱和斑块间隙(或许还包括空间频率柱)，这种基本单位称为超柱(hypercolumn)。超柱内基本包含了所有功能和解剖类型的神经元,所处理的视觉信息涉及所有可能的柱状功能,可以根据视觉刺激类型不同而行使一种或几种功能。

1.2.4 初级视觉皮层的神经反馈调节

大脑神经元及突触的神经连接构成了复杂的神经网络,是所有大脑功能活动,包括学习、记忆、思维、意识等高级功能的物质基础。除了少数例外,大脑中的神经连接都是交互的,特别是视觉通路中的脑区和视觉皮层各区之间几乎全是双向投射的关系。可按照信息传递方向将它们分成前向连接(feedforward projection)和反馈连接(feedback projection)两大类。前向连接即神经元从低阶脑区向更高阶脑区的连接,如外侧膝状体到初级视觉皮层的投射,可形成各阶脑区神经元感受野的不同性质;反馈连接正好相反,是高阶到低阶脑区自上而下的投射。以往对大脑视觉信息处理研究的工作多集中在前向连接,较少关注反馈连接。然而大量神经解剖学研究表明,神经反馈连接的数量远远大于前向连接。近年来研究发现,自上而下的反馈投射与视觉注意、搜索等大脑高级功能密切相关,研究初级视觉皮层神经反馈连接的作用及其调控机制,对大脑视觉认知研究有重要的科学意义[22]。

1. *初级视觉皮层对外膝体的反馈调制*

初级视觉皮层第Ⅵ层神经元对外侧膝状体有大量的反馈投射,如在猫及灵长类动物的研究中发现,外侧膝状体神经元接受视网膜前向投射与大脑皮层反馈投射的比例大概在 1∶2 到 1∶6 之间[23]。Sillito 等用药物增加视觉皮层的兴奋性下行输出,发现可以使 43%的外侧膝状体神经元的放电模式从瞬变(transient)型转变为持续(tonic)型,25%的神经元的放电模式从持续型转变为瞬变型。所以,视觉皮层反馈对外膝体反应特性的调节可能提供了一种方法,使得视觉系统对新奇变化产生警觉,同时优化传导视觉精确信息的能力。他们还发现,视觉皮层反馈信号能够加强外侧膝状体神经元感受野周边的抑制性作用,提高其对刺激取向、运动方向、对比度的敏感性,乃至影响空间频率调谐特性。

2. *高阶视觉皮层对初级视觉皮层的反馈调制*

视觉皮层区域之间投射的突触连接基本上是兴奋性神经递质谷氨酸介导的,但由于初级视觉皮层内有大量抑制性神经递质 GABA 能的中间神经元也接受兴奋性投射,形成复杂的局部神经网络,因此单个初级视觉皮层神经元的反应呈现复杂的多样性。神经电生理的实验证据表明,反馈连接主要起着调节大脑功能的作用,而不是决定性的推动作用。Bullier 等的研究表明,高阶视觉皮层

MT 区反馈信号对初级视觉皮层神经元的感受野中心-周边相互作用产生影响，使周边区增强了其对中心区反应的抑制作用，这种周边抑制增强作用在刺激强度弱时特别明显。将高阶视觉皮层 V2、21a、MT 区降温造成细胞失活后，发现下行反馈信息能够使初级视觉皮层神经元产生易化作用，使其对视觉刺激反应增强，但并不明显改变其最优取向。Martinez - Conde 等在大脑次级视觉皮层(V2 区)微量注射抑制性神经递质 GABA，发现 V2 区与 V1 区的反馈连接可以改变 V1 区神经元的反应大小，而不影响其反应特性。

总体而言，高阶视觉皮层对初级视觉皮层的下行反馈连接的作用属于调制类型，其作用特点是平稳的，即投射连接数量大，作用弱而慢，而且影响范围较弥散。与此相比，前馈投射具有“驱动器”的作用，其连接数量少，作用强而集中，很快就产生效果。

3. 初级视觉皮层的反馈调制-视觉注意

神经反馈连接在大脑功能活动中起着非常重要的作用。然而上述的实验证据验证了 Crick 和 Koch 提出的大脑“高强度连接神经回路不存在”(no-strong-loops hypothesis)假说。这个假说提出尽管存在大量神经反馈连接，但它们的兴奋性作用远低于前向连接，否则大脑皮层将出现无法控制的振荡。根据这些实验结果，Edelman 等进一步提出产生意识经验所需的条件是分布在脑各处的神经元群必须强烈而快速(几百毫秒内)“再进入”(reentry)的相互作用。这也表明高阶脑区发送的下行反馈信息“再进入”低阶脑区(特别是初级视觉皮层，因为只有它具有最完整的视网膜-视皮层拓扑投射关系)，可能使视觉皮层各个区域一起活动起来，实现脑在复杂的时间-空间域上的高级功能。因此，神经反馈连接在大脑视觉系统中的重要作用是保持视觉空间注意，进而维持视觉意识[22]。

注意是在纷繁复杂的外周世界中选取最重要信息的同时，滤除无关信号的知觉过程。注意发生在所有其他大脑知觉产生之前，也就是说我们必须首先将注意力放在一个物体上，然后才能感知它的各种特征，因此注意是非常重要的大脑高级功能之一[24]。当我们阅读这个页面时，视网膜的感光细胞被大量字符所刺激，但除非将注意力集中于某个词汇，否则我们是不会“看”(感知)到它的[25]。在大多数情况下，注意力的转移伴随着眼球移动(显性注意)，但注意力转移也可以独立于眼球运动(隐性注意)。例如，我们可以注意到一个人刚刚进入房间而不需要把视线从这个页面移开。隐性注意广泛用于研究视觉注意的神经机制。隐性地把注意力集中于视野中的某个区域，我们可以更快地对发生于这个区域的刺激做出反应。对有些刺激的检测只需要很少或完全不需要注意力的集中

(前注意),比如被白色方块包围的黑色正方形。相比之下,如果增加分散注意力的干扰刺激对它的检测时间会相应增加(如一个被大量黑色三角形包围的黑色方块),则另外一些刺激需要集中注意力才能检测。

注意调控被认为起源于额叶与顶叶皮层,通过广泛的反馈网络到达视觉处理的早期阶段[26]。与这种假说相符,额叶的前眼动区(FEF)与很多受到视觉注意调制的区域有直接的皮层投射,包括 V2、V3、V4、MT、MST、TE、TEO 和 LIP 区,所有上述区域均与 V1 区直接连接。另外,注意调制的时延在下颞叶皮层(0～150 ms)比 V1 区(0～230 ms)明显缩短。因此我们一般认为,视觉注意对视觉系统的调制是自上而下的过程,即对高阶视觉皮层(如中颞叶、MT)有比较强的影响,而对初级视觉皮层的作用较弱。Motter 最早检测到 V1 区存在注意调制的工作[27],受到了广泛质疑,直到 5 年后,更多的功能磁共振成像和电生理记录结果重复了 Motter 的开创性成果,视觉注意在 V1 区的作用才被普遍接受。虽然现在人们普遍认为 V1 区可以被视觉注意调制,但调制的强弱仍然是争论的问题。例如,虽然对人的功能磁共振成像实验显示 V1 区的活动受到很强的注意调制(0～25%),但对猴的单神经元测量结果表明,神经元反应只受到约 8%的注意调制。最近的研究表明,处理高难度注意任务时 V1 区单神经元水平上的注意调制强度(22%)与功能磁共振成像研究的结果相符[28]。因此,越来越多的证据表明,选择性视觉注意在 V1 区起着重要的作用。Heeger 等认为,“V1 区是在大脑中最适宜研究选择性空间注意对神经活动调制的脑区”,因为它有非常精确的视网膜拓扑结构,同时它也在视觉信息流中起到一个瓶颈的作用[12]。V1 区也是研究视觉注意局部神经回路的理想区域,因为与任何其他大脑视觉皮层区相比,我们对它的神经环路、解剖学和生理学特性了解得更清楚。

4. 初级视觉皮层的视觉注意模型

注意模型的建立有助于解释视觉注意如何改变动物行为和大脑活动。较早的模型是纯描述性的,只概述注意的一般机制。最近的模型包括了具体的神经回路,并能够用于实验数据模拟。但大部分模型都认为一个脑区中所有细胞在视觉注意中的作用是完全相同的,它们仅有不同的反应特性,如感受野偏心度、对刺激线条的取向选择性以及对运动刺激的方向选择性等。不同神经元类型在视觉注意的神经机制中可能的功能差异被完全忽视,甚至抑制或兴奋神经元在这些模型中都被相同对待。以下简要介绍几种模型。

1) 临床模型

临床医生使用描述模型来对注意缺陷大致分类,以此制订适当的康复计划。临床模型把注意分为 5 个认知需求逐渐增加的历程,包括对具体感官刺激的反应（注意力集中）；对反复刺激保持反应（保持注意）；在分散注意力的刺激出现时保持注意（选择性注意）；在不同认知要求的任务间转移注意力（交替注意）以及同时响应多个注意任务（分时注意）。

最近的研究表明，使用不同难度的注意任务测试患者在临床诊断中非常重要。例如，对顶叶皮层损伤的患者，少量增加注意中心的任务难度会极大地降低患者对注意中心以外任务的处理能力。这一发现的可能解释是，顶叶病变会引起认知能力的下降，即单位时间内能够感知到的刺激数量的减少。与这种解释相一致，顶部皮层双侧病变的患者无法一次感知多个对象。

2）知觉负载模型

这一模型认为视觉注意的机制受到知觉负载的影响。完成高负载任务时，与任务无关的干扰刺激被早期视觉处理过滤（早选择）。然而，在低负载任务中，注意资源自动溢出去加工干扰刺激，干扰刺激不被过滤因而影响任务的完成。知觉负载模型得到功能磁共振成像实验结果的大力支持。实验表明，完成低负载任务时所有与视觉运动信息加工相关的脑区（MT、V1/V2 区边界、上丘）都对与任务无关的运动刺激有反应。然而，当任务难度增加时，这些脑区的活动明显减少。Rees 等[29]的研究表明，当受试者完成在其视野中心出现的较难的文字辨别任务时，MT 区对周边视野干扰运动刺激的神经反应可以被完全抑制。因此，越是专心致志地完成某项任务，我们对外界无关刺激的抗干扰能力就越强。此外，可以反映 MT 区对运动刺激反应强度的视觉运动后效应的持续时间也会因任务知觉负载的提高而缩短。

知觉负载对选择性注意的影响也表现在正常的衰老过程中。当知觉负载低时，老年人对无关刺激出现后的注意聚焦有困难[30]。然而，当知觉负载高时，他们也能与年轻人一样有效抑制对无关刺激的反应。此外，健康的老人虽然无法抑制与任务不相干刺激的皮层活动，但对任务相关刺激的皮层活动增强与年轻人相同。有趣的是，老年人抑制缺陷似乎与工作记忆相关。这些研究结果支持在视觉皮层中存在注意抑制和注意增强两种不同类型神经元的假说。

3）相似特征增益模型

这个模型认为，当神经元的最优刺激特征与受到注意的刺激特征相似时，注意选择性加强神经元反应，反之则抑制神经元反应。相似特征增益模型主要基于 MT 区研究的实验结果。在这些实验中，当 MT 区神经元的感受野位置、最优运动方向选择与注意目标的位置和运动方向一致时它们的反应提高，否则受到抑制。

此模型也假设注意增强和注意抑制神经元有不同的反应特性。然而相似特征增益模型认为：取决于任务不同，同一神经元反应可以受到视觉注意调制的强烈加强或者抑制。但有研究证明存在专门的注意增强和注意抑制神经元集群。此外该研究也发现注意抑制和注意增强神经元存在显著的反应特性差异[28]。

4）中心外周模型

在某些教科书中，选择性视觉注意仍然被描述为类似于聚光灯或变焦镜头，从而可以增强感受野位于视觉注意中心的神经元活动。然而最近的证据表明，中心-外周模型（墨西哥帽）相比聚光灯模型能更好地描述视觉注意。在这个模型中，注意焦点以外的注意抑制作用扮演了非常重要的角色，甚至比注意增强作用更为重要。

研究者们过去多年积累了很多支持中心-外周模型的证据。Motter[27]第一个提出，研究视觉注意调制增强 V1 区神经元反应时，视觉刺激必须由多个无关刺激所包围。Ito 和 Gilbert 发现用静止光棒刺激 V1 区神经元感受野，只有当它被处于同一直线上但在神经元感受野以外的其他光棒包围时，神经元对光棒的反应才被视觉注意调制，从而支持了 Motter 的实验结果。Connor 等也发现，当猴把注意力放在远离神经元感受野的刺激上，V4 区神经元反应的注意增强作用明显减弱。

最近在前眼动区（FEF）施加微电流刺激的研究也提供了支持中心-外周模型的证据。在 FEF 区注入阈下电流（非常微弱而不能引起快速眼动）可以加强 V4 区神经元对感受野内刺激的反应和对比度敏感性，同时抑制 V4 区神经元对周边视野的反应。注意抑制作用相比增强作用有 60 ms 的延迟，与丘脑中心-外周感受野中外周反应相对中心反应的延迟类似。神经元注意抑制机制的研究不仅对了解注意障碍具有重大意义，还有助于理解弱视的机理。顶叶病变引起注意缺陷的患者可以感知独立的物体，而当无关刺激出现在这个物体周围时则感知困难。同样，弱视患者对孤立的字符有较好的视敏度，对充满字符的书页则辨认困难。一个可能的假设是，这两种认知障碍都是由外周抑制功能失调引起的。

5）标准化模型

2009 年提出的标准化模型为视觉注意的中心-外周模型提供了严密的计算依据[31]。在标准化模型中，注意通过由高斯函数差（DoG）表述的中心-外周机制起作用。通过除以那些感受野在注意焦点外的多个神经元的集群活动，神经元对注意中心刺激的反应被归一化（抑制）。有越多感受野处于注意焦点以外的神经元被激活，则意味着中心/外周的分母越大，从而产生更强的注意抑制作用。

通过计算视觉刺激大小和注意焦点的分布区域，可以解释在过去几十年的实验中得到的大量相互矛盾的结果。例如，它解释了为什么一些研究表明视觉注意对神经元的对比度反应有倍增效应，而其他结果显示视觉注意使神经元的对比度反应曲线沿对比度轴平移，还有一些实验显示了介于视觉注意倍增效应和对比度轴平移效应的中间证据。在对标准化模型的描述中，Reynolds 和 Heeger 强调了研究初级视觉皮层参与局部注意神经回路的具体神经类型的重要性[31]。

1.2.5 初级视觉皮层的信息处理机制

视觉系统中的信息处理机制既有并行又有分级串行，视觉系统通过不同的信息处理通路分别对形状、颜色、运动等进行分析处理；同时在同一通路中相邻的部分，以及各种前向传递和反馈连接中，信息处理又是分级串行的（见图 1-29）。需要注意的是，不同的信息处理通路并非完全相互独立，尤其是在高级视觉中枢中，不同的信息通路相互之间存在许多信息交流，这也使得视觉信息在高级处理中枢得以整合加工。视觉皮层中的柱状功能系统为这种串并行处理通路奠定了基础。在这种特殊柱状结构下，处理相似功能信息的神经元共同接收并行处理通路中特定的信息输入，同时这些神经元彼此之间信息传递距离最短，因此这种结构最大限度地降低了处理不同信息所需的神经元数量，节省了

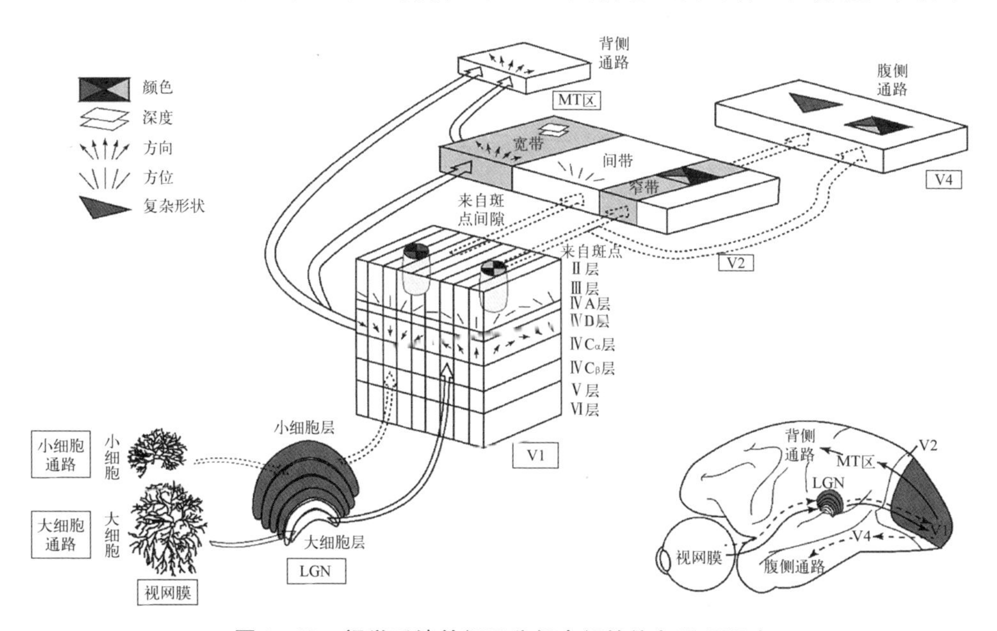

图 1-29 视觉系统并行又分级串行的信息处理通路

大脑的体积,提高了视觉信息的处理速度。

视觉形成的生理机制是十分复杂的,上述介绍的只是一些最基本的知识点,除此之外还涉及不同视觉皮层神经元之间的同步、整合及相互调控等相当复杂且精密的处理机制,在此无法一一详细介绍清楚。随着科学技术的发展,越来越多的科学研究工作者投入视觉系统神经机制的研究中,探究其中的奥秘,本章在此也只是针对其中的基础神经机制稍做介绍,有兴趣的读者可自行查阅其他相关内容。

参考文献

[1] Bear M F, Connors B W, Paradiso M A. 神经科学——探索脑[M]. 王建军,等译. 北京:高等教育出版社,2004.

[2] Yang X L. Characterization of receptors for glutamate and GABA in retinal neurons [J]. Progress in Neurobiology, 2004, 73: 127-150.

[3] Rieke F, Rudd M R. The challenges natural images pose for visual adaptation[J]. Neuron, 2009, 64: 605-616.

[4] Smirnakis S M, Berry M J, Warland D K, et al. Adaptation of retinal processing to image contrast and spatial scale[J]. Nature, 1997, 386: 69-73.

[5] Hosoya T, Baccus S A, Meister M. Dynamic predictive coding by the retina[J]. Nature, 2005, 436: 71-77.

[6] Olveczky B P, Baccus S A, Meister M. Retinal adaptation to object motion[J]. Neuron, 2007, 56: 689-700.

[7] Nowak P, Dobbins A C, Gawne T J, et al. Separability of stimulus parameter encoding by on-off directionally selective rabbit retinal ganglion cells[J]. Journal of Neurophysiology, 2011, 105: 2083-2099.

[8] Gollisch T, Meister M. Rapid neural coding in the retina with relative spike latencies [J]. Science, 2008, 319: 1108-1111.

[9] Uzzell V J, Chichilnisky E J. Precision of spike trains in primate retinal ganglion cells [J]. Journal of Neurophysiology, 2004, 92: 780-789.

[10] Xiao L, Zhang M, Xing D, et al. Shifted encoding strategy in retinal luminance adaptation: from firing rate to neural correlation[J]. Journal of Neurophysiology. 2013, 110: 1793-1803.

[11] Kandel E R, Schwartz J H, Jessell T M, et al. Principles of Neural Science[M]. New York: McGraw-Hill, 2013.

[12] Heeger D J, Gandhi S P, Huk A C, et al. Neuronal correlates of attention in human visual cortex[J]. Visual Attention and Cortical Circuits, 2001, 25-47.

[13] Garey L J. Brodmann's Localisation in the Cerebral Cortex[M]. New York: Springer, 2006.

[14] Clarke E, O'Malley C D. The human brain and spinal cord: A historical study illustrated by writings from antiquity to the twentieth century [M]. Norman Publishing, 1996.

[15] Jacobson S, Marcus E M, Pugsley S. Visual system and occipital lobe. In: neuroanatomy for the neuroscientist[M]. Cham, Switzerland: Springer, 2018.

[16] Hartline H K. The response of single optic nerve fibers of the vertebrate eye to illumination of the retina[J]. American Journal of Physiology, 1938, 121: 400 - 415.

[17] Hubel D H, Wiesel T N. Receptive fields, binocular interaction and functional architecture in the cat's visual cortex [J]. Journal of Physiology, 1962, 160: 106 - 154.

[18] Barlow H B, Blakemore C, Pettigrew J D. The neural mechanism of binocular depth discrimination[J]. Journal of Physiology, 1967, 193: 327 - 342.

[19] Poggio G F. Mechanisms of stereopsis in monkey visual cortex[J]. Cerebral Cortex, 1995, 3: 193 - 204.

[20] Mountcastle V B. Modality and topographic properties of single neurons of cat's somatic sensory cortex[J]. Journal of Neurophysiology, 1957, 20: 408 - 434.

[21] Horton J C, Adams D L. The cortical column: A structure without a function [J]. Philosophical Transactions: Biological Sciences, 2005, 360(1456): 837 - 862.

[22] Macknik S L, Martinez-Conde S. The role of feedback in visual attention and awareness[M]//The new cognitive neuroscience. Gazzaniga MS, ed. Cambridge, MA: MIT Press, 2009: 1165 - 1179.

[23] Sherman, S M, Guillery, R W. The role of the thalamus in the flow of information to the cortex[J]. Philos Trans R Soc Lond B Biol Sci, 2002, 357(1428): 1695 - 1708.

[24] Posner M I. Orienting of attention [J]. The Quarterly Journal Experimental Psychology, 1980, 32: 3 - 25.

[25] Mack A, Rock I. Inattentional blindness[M]. Cambridge, MA: MIT Press, 1998.

[26] Salin P A, Bullier J. Corticocortical connections in the visual system: structure and function[J]. Physiological Reviews, 1995, 75: 107 - 154.

[27] Motter B C. Focal attention produces spatially selective processing in visual cortical areas V1, V2, and V4 in the presence of competing stimuli [J]. Journal of Neurophysiology, 1993, 70: 909 - 919.

[28] Chen Y, Martinez-Conde S, Macknik S L, et al. Task difficulty modulates the activity of specific neuronal populations in primary visual cortex[J]. Nature Neuroscience, 2008, 11: 974 - 982.

[29] Rees G, Frith C D, Lavie N. Modulating irrelevant motion perception by varying attentional load in an unrelated task[J]. Science, 1997, 278: 1616 - 1619.

[30] Lavie N. Capacity limits in selective attention: Behavioral evidence and implications for neural Activity[M]//Visual attention and cortical circuits (Braun J, Koch C, Davis JL, eds). Cambridge, MA: MIT Press, 2001.

[31] Reynolds J H, Heeger D J. The normalization model of attention[J]. Neuron, 2009, 61 (2): 168 - 185.

2 视觉认知的计算模型

李永杰　杨开富　胡晓林

李永杰，电子科技大学生命科学与技术学院，电子邮箱：liyj@uestc. edu. cn
杨开富，电子科技大学生命科学与技术学院，电子邮箱：yangkf@uestc. edu. cn
胡晓林，清华大学计算机科学与技术系，电子邮箱：xlhu@tsinghua. edu. cn

2.1 视觉神经元感受野计算模型 / 李永杰　杨开富

视觉信息是人类和高级动物获取外界信息的主要渠道。视觉系统能对外界的亮度、形状、颜色、运动以及位置等信息进行加工和利用。感受野是视觉神经生理学中的一个基础概念，它贯穿于各级视觉神经元，并在视觉信息加工过程中起着重要的作用。近年来，随着研究手段的不断进步，视觉系统感受野的研究不断深入，视觉信息加工的脑机制也在不断地更新。从空间范围与作用来分类，感受野可以分为两部分：中心的经典感受野与外周大范围的非经典感受野。非经典感受野对经典感受野中的刺激引起的神经元响应起着调制作用。

2.1.1 视觉感知系统

神经生理学和解剖学的研究表明，视觉信息沿着一定的视觉通路进行信息传递和加工。从视网膜至视觉皮层的信息传递主要有两个通路：一个是大部分信息沿着视束纤维经外侧膝状体(lateral geniculate nuclei，LGN)传递至初级视皮层(V1)，称为第一视通路；另一个是小部分信息沿着视束纤维经过上丘投射到丘脑枕，再快速传递至中、高级视觉皮层，称为第二视通路[1]。这里主要介绍前端视觉信息处理过程，如图 2－1 所示。

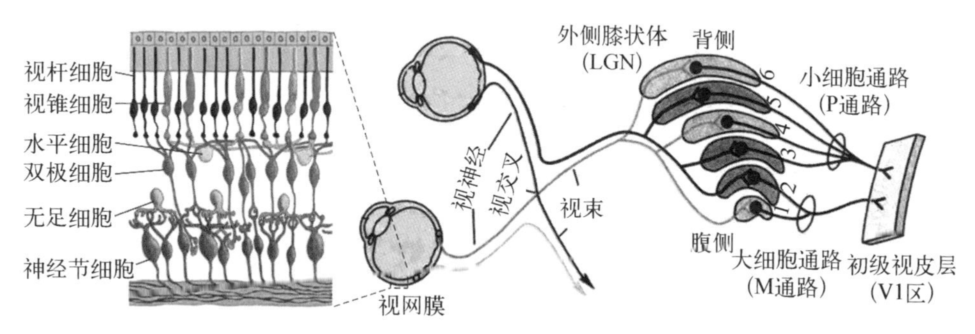

图 2－1　前端视觉信息处理过程

视网膜直接接收外界光信号的输入，是视觉信息处理的第 1 站。视觉信息在视网膜就开始了复杂的信息处理。经视网膜处理的信息主要沿神经纤维经视交叉传递至 LGN。灵长类的 LGN 可分为 6 层，其中 4 层(第 3、4、5 和 6 层)属于小细胞通路(P 通路)，主要接收来自视网膜神经节 P 细胞的输入，处理颜色和高频信息；另外两层(第 1 和第 2 层)属于大细胞通路(M 通路)，主要接收来自视网膜神经节 M 细胞的输入，处理亮度和低频信息。目前普遍认为在 LGN 各个层之间还存在另外一个通路(K 通路)，主要处理蓝黄颜色信息[2]。

视觉信息进入大脑视觉皮层时，一般首先到达初级视皮层(V1 区或 17 区)，进行更为复杂的处理。对 V1 区的大量研究工作表明，V1 区主要负责朝向、颜色等信息的提取，具有局部性和方向选择等特性。早在 1962 年，Hubel 和 Wiesel 就发现初级视皮层神经元具有朝向选择特性，同时发现在视皮层中相邻神经元对外界刺激具有相似的朝向选择性[3]。他们提出了视皮层的基本结构单元——功能柱。功能柱中相同朝向敏感细胞垂直于皮层排列成一列，同时左、右眼优势细胞在另一方向交替排列。最终所有包括对朝向敏感细胞和一组左右眼优势细胞形成了大约 1 mm 大小的柱状结构，称为功能柱[4]。

视觉信息的处理过程是一个既并行又串行的复杂过程。视觉系统具有相对平行的视觉通路来处理不同信息。从视网膜开始，信息由 M、P 和 K 通路平行传递[2]。在大脑皮层中进一步形成了处理对象的形状、大小、颜色等特征信息，用于感知和识别对象的 what 通路(腹侧通路)，以及负责处理对象空间和运动信息的 where 通路(背侧通路)[5]。此外，由视网膜开始，信息经过视觉系统逐级提取，表现出了明显的由局部到整体、由简单到复杂的层次处理特性。主要表现在视觉系统通过信息的压缩和感受野等级特性，能够有效提取对象的不变特征。除此之外，视觉系统的信息处理与高级认知过程紧密相关。视觉系统中大部分连接都是双向的，来自高级皮层的信息反馈对视觉信息的处理同样具有重要作用。视觉信息的处理也与学习、记忆、意识和行为等任务紧密相关。由此可见，视觉信息的处理过程是一个极为复杂的过程，是脑与认知科学研究中的重要部分，对视觉信息处理机制的探索还有很长的路要走。

2.1.2 经典感受野与非经典感受野的生理基础

在视觉通路上，视网膜上的光感受器(包括杆体细胞和锥体细胞)通过接受光并将它转换为输出神经信号来影响许多神经节细胞、外膝状体细胞以及视觉皮层中的神经细胞。反过来，任何一种神经细胞(除了起支持和营养作用的神经胶质细胞外)的输出都依赖于视网膜上的光感受器输入。我们称直接或间接影响某一特定神经细胞的全体光感受器细胞的分布范围为该特定神经细胞的感受野(receptive field)。

1. 经典感受野

在早期，视觉系统神经元的感受野定义为能够影响该神经元放电的视网膜区域。随后进一步的研究表明，视觉系统神经元的感受野都普遍表现出一定的特异性，这种特异性可以从感受野形态和对刺激的响应得以说明。目前人们广泛认为视网膜中的双极细胞、神经节细胞和外膝体中继细胞的经典感受野是同心圆结构，由相互拮抗的经典中心区和经典周边区构成[见图 2-2(a)]，而皮层细胞的感受野具有很强的特异性，且高度依赖于所采用的视觉刺激图形的特性。

视网膜会对视觉信息进行初级的处理和加工，因此又称为“外周脑”。其中的双极细胞和神经节细胞的经典感受野由中心区和外周区组成[6]。在空间分布上，中心区与外周区呈同心圆拮抗结构，即中心区与外周区在刺激的响应方式正好相反。如图 2-2 所示，根据中心区对刺激的相应方式不同，可以分为给光型感受野(即 ON-中心型感受野)和撤光型感受野(即 OFF-中心型感受野)。ON-中心型细胞的感受野由作用相反的中心兴奋区与外周抑制区组成。当刺激光点在中心兴奋区域内不断变大时，细胞响应也逐渐增强；但当光点范围超过中心区时，细胞响应会由于外周拮抗区的作用而逐渐减小。OFF-中心型细胞的响应则与 ON-中心型细胞相反。

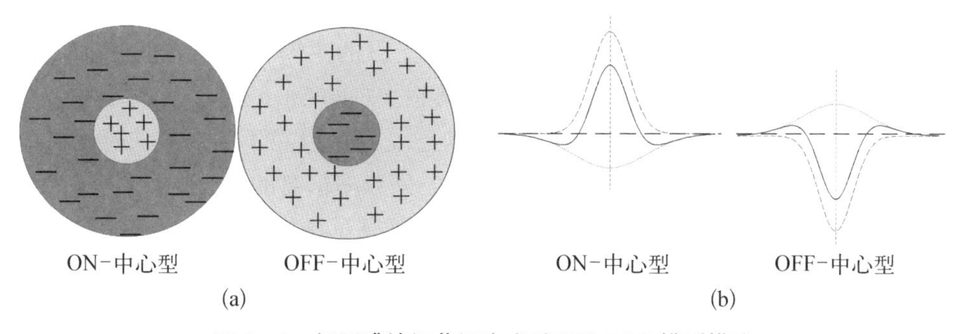

图 2-2 视网膜神经节细胞感受野及 DOG 模型描述

(a) 感受野示意图，“+”代表兴奋区，“-”代表抑制区 (b) DOG 模型描述的感受野，实线为感受野响应曲线，虚线和点线分别为兴奋区和抑制区的响应曲线

外膝体细胞的经典感受野与视网膜神经节细胞的感受野结构基本相似，也可以用同心圆拮抗结构进行描述[3]。

视皮层神经元细胞的感受野由于视觉信息处理的层次不同而呈现出不同强度的特征特异性，对外表现为特征的选择性，即只对具有某一种或几种特征的刺激响应[3,7]。如在初级视皮层中大量来自外膝体视觉信息输入的神经元，其感受野特性与侧膝体细胞的性质相似，为同心圆结构。但是在空间范围上要大许多，而且大多数初级视皮层细胞对光点刺激不起反应，而只对具有特定特征的刺激产生响应。简单细胞会对具有特定朝向和宽度的条形刺激产生响应，且当朝向信息或宽度信息发生变化时，细胞的反应会急剧降低。相对于简单细胞，复杂细胞表现出更高级的特征选择性，它能对朝向进行选择，而对于刺激的位置和光棒的宽度表现出一定的鲁棒性。更高级的视觉中枢神经元的感受野对特征的选择性表现出更强的特异性，如有的细胞会对特定的形状（如拐角）刺激起反应。

总的来说，各级神经元的经典感受野都呈现出拮抗结构，这种结构可以有效地检测出刺激的差异，如速度、颜色、方向、朝向等差异可以很容易地通过感受野检测出来[1,7]。经过几十年的探索，对于经典感受野的研究已经比较透彻。科学家们如今把更多的精力投入空间范围更大的非经典感受野及其与经典感受野相互作用机理的研究中。

2. 非经典感受野

非经典感受野是位于经典感受野外的一个区域，这个区域也称为感受野外区、调制区、整合野或大周边等。此区域对于视觉刺激不产生反应，但它会对经典感受野的响应起调制作用，这种调制作用可能是抑制（inhibition）、易化（excitation）或者去抑制（disinhibition）。非经典感受野几乎存在于各级别的视觉信息处理层次，如视网膜神经元、侧膝体神经元、初级视皮层神经元等。

Li 等发现在视网膜中，神经元非经典感受野的主要作用表现为去抑制作用，且这个去抑制区域可到 10°～15°，是经典感受野的 3～6 倍[8-9]。对于视网膜细胞非经典感受野的作用，他们认为非经典感受野可以在不削弱经典感受野的边缘增强效应的同时，在一定程度上补偿低空间频率信息的损失，对于传递大面积亮度和灰度梯度起着重要的作用。Shou 等研究了中心区和非经典感受野的空间频率反应和中心区与非经典感受野的方位选择性，发现当用低空间频率的运动光栅刺激大外周时，能够诱发明显反应；同时，细胞感受野的方位选择性不但可以由中心决定，也可能由大周边区决定，它们之间存在着复杂的相互作用[10]。非经典感受野的调制作用可能会因为具体的实验方法不一样而得到不同的结果，但是各种实验得到的结果都表明，各级神经元接收信息输入的有效空间范围远远大于以前的认识，这就为理解视觉系统在自然环境下检测大范围复杂图形提供了生理基础。

由于不同皮层区处理的信息不同，视皮层神经元也会表现出不同的特性。如 V1、V2 和 IT 区的神经元细胞对图形和形状会有选择性，而 V4 区可能会对色彩更具敏感性；另外一些区域的神经元可能对运动会产生特定的响应。非经典感受野在这些信息的加工中起着重要的作用。Knierim 通过小光条实验发现，猴的 V1 区细胞在背景光条的方位与中心刺激光条的方位相同时，背景对细胞的抑制较强；当背景光条与中心光条垂直时，背景对细胞的抑制较弱[11]。该实验结果表明，V1 区细胞可以检测感受野内外图形方位的差异。Li 等此后通过实验发现，非经典感受野作用的强度取决于外周刺激光栅的方位、移动方向、空间频率和移动速度等因素[12-13]，且非经典感受野对这些特征的响应与经典感受野相似，都有相同最佳的运动速度、方向和空间频率。当非经典感受野内的刺激与经典感受野内的刺激相似时，非经典感受野对经典感受野的调制作用达到最大。由此可见，非经典感受野与经典感受野的相互作用是图形背景分离的基础[13]，这也是现在很多轮廓检测模型中引入非经典感受野特性的一个重要原因。

除此之外，非经典感受野与感受野之间的作用也是动态变化的。Song等[14]发现在不同对比度的刺激条件下，非经典感受野的调制特性可能会因为对比度下降而从抑制性反转为易化性；非经典感受野与经典感受野之间的作用还随着时间的变化而呈现出一定的时空特性；非经典感受野与经典感受野的面积也会因为刺激条件的变化和时间的变化而发生变化；非经典感受野的形态也呈现出不同特性，有学者指出非经典感受野是一个完整的区域，而另一些研究却表明非经典感受野可以继续划分为不同的亚区，而且各个亚区都可以有不同的调制模式[15]。在对经典感受野的作用中，非经典感受野的亚区也分别表现出不同的调制特性。

3. 经典感受野与非经典感受野的特性

自从 Hubel 和 Wiesel 发现感受野对刺激的位置和朝向信息敏感，人们对于感受野的理解和认识不断深入。非经典感受野的发现说明经典感受野的外周区域对于感受野有复杂的调制作用。另外一些研究表明，感受野并不是固定不变的，它具有动态特性。这些动态特性不仅可以用来解释一些视觉错觉，同时在图像处理中也有重要的应用，另外对我们更好地理解感受野的神经机制有很大的帮助。

1）感受野的动态特性

该特性是指根据刺激的不同，感受野的大小会动态地变化，或者朝向、对比度、空间频率等调谐曲线动态变化。在猫的 17 区，掩盖经典感受野使其产生盲区，移动的光条刺激经典感受野外区域，研究人员发现大约在 10 min 以后经典感受野的范围平均扩大到原来的 5 倍。DeAngelis 等的研究[16]表明，初级视皮层感受野可以分为时空可分和时空不可分两类。时空可分感受野神经元的响应强度和极性随时间的变化而变化；时空不可分感受野神经元的位置或者空间结构会随时间变化而变化。这些研究表明在视觉通路中感受野都存在动态特性。

根据刺激特性的不同，感受野的调谐曲线会动态变化，经典感受野与非经典感受野的动态特性大概可分为 3 类：朝向调谐动态特性、空间频率调谐动态特性以及对比度调谐动态特性。

2）朝向调谐动态特性

1962 年，Hubel 和 Wiesel 的研究发现猫的初级视皮层对于刺激的朝向有很强的选择性，对于最优朝向的轮廓响应很强而对于其正交方向的响应却很弱。之后，人们对于感受野朝向性做了很多研究，李朝义在猫视皮层的简单细胞上发现[12]，非经典感受野的朝向与经典感受野的最优朝向相同时抑制作用最强，而当非经典感受野的朝向与之垂直时易化作用最强。这些研究反映了感受野的朝向特性，而一些研究表明感受野的调谐是动态变化的。

Ringach 等的研究表明，在 V1 区存在一些神经元，它们的朝向调谐曲线带宽会随时间变化而变窄，最佳朝向也会发生改变[17]。Schummers 等随后的研究发现，猫的初级视皮层神经元细胞中 26%(15/58)的细胞有显著的最佳朝向的偏移，而 17%(10/58)的细胞调谐曲线变窄，7%(4/58)的细胞调谐曲线变宽[18]。这种动态特性说明，在刺激图形作用一段时间后，感受野的朝向选择性变强。另外，在不同对比度下的刺激对于朝向调谐也有影响。高对比度下非经典感受野对相同朝向经典感受野有最大抑制，而在低对比度下这种抑制性调制作用减弱或消失。

对于朝向调谐的动态特性有两种神经机制来解释，一种是外膝体前馈模型，另一种是反馈模型。但是用何种模型能更好地解释动态特性依然存在争议。尽管如此，感受野朝向的动态特性能为我们提供一些启示。朝向性已经在图像处理中得到了很好的应用，特别是在边缘提取。朝向动态性的发现可以为图像处理中的应用提供新思路。

3）空间频率调谐动态特性

Bredfeldt 和 Ringach 发现大部分空间频率调谐在时间上具有不可分离性，即动态性[19]。他们利用比经典感受野大 1.5～3 倍的光栅来刺激，发现在 V1 区不可分离性神经元上的空间频率调谐带宽随时间变化减小，而最佳频率从低频向高频移动。虽然还有研究认为 V1 区神经元大部分是空间频率可分离的，但是他们也发现了不可分离神经元。这些神经元感受野也具有同样的动态特性。这种动态特性可能与感受野的抑制作用有关，Bredfeldt 和 Ringach 的研究同时发现在低空间频率的抑制性成分相对于兴奋性成分有延时，这使得感受野空间频率调谐选择性随时间变化逐渐尖锐。

朝向和空间频率选择性动态特性说明，皮层到皮层的放大(cortico-cortical amplification)和皮层内的抑制(intracortical inhibition)作用相当重要。根据 Shapley 等的研究，从输入层($4C_\alpha$ and $4C_\beta$)到输出层(2, 3, 4B, 5, 6)动态特性

的复杂性会增加[20]。而空间频率动态特性可能支持由粗到细(coarse-to-fine)的信息处理理论,这一理论是说在视觉图像处理中为了计算的便利先使用低空间频率的信息,然后再用高空间频率的信息进行分析。因此感受野的空间频率动态特性,让我们可以从细胞层次来解释这种视觉机制。

4) 对比度调谐动态特性

1999 年 Kapadia 等发现经典感受野的大小受到对比度的影响,经典感受野的兴奋性中心在低对比度下的长度比高对比度下的长 4 倍[21]。Sceniak 等也发现了类似的结论,猴的 V1 区神经元经典感受野的范围依赖于对比度,在低对比度下这个范围要比平时大 2.3 倍[22]。这些结论说明经典感受野的大小随刺激的变化动态改变,也就是说原来非经典感受野的区域在低对比度时变为经典感受野。

刺激对比度的改变对一些调谐曲线也会有影响。猴的 V1 区神经元感受野的空间频率调谐曲线会随对比度的不同而变化,在低对比度时的调谐带宽要比高对比度时窄。另外感受野对不同刺激运动速度的调谐曲线也发生变化,在低对比度时最佳速度要减慢。还有研究表明,在高对比度刺激下非经典感受野的朝向与经典感受野朝向相同时有最大的抑制作用,而在低对比度刺激下这种抑制作用减弱或者消失。

这些动态特性可能与非经典感受野的调制作用有关,在 Kapadia 的研究中发现有条纹刺激非经典感受野时的效果与在低对比度刺激下的效果相同[21]。另外,空间频率调谐的变化可能与感受野空间结构的变化有关。尽管对于对比度调谐的感受野动态特性的神经机制并不是十分清楚,但是对比度信息在图像处理领域是最常使用的。在一幅图像中,差异范围越大代表对比越大,差异范围越小代表对比越小,好的对比度容易显示生动、丰富的色彩。在图像增强中常常采用对比度增强来实现。感受野对于不同对比度的动态特性说明人的视觉系统是一个复杂的动态系统,因而利用感受野的这种动态特性来动态地处理图像是一个非常新颖的思路。例如,在低对比度下,图像的边缘特性可能并不太明显;而利用感受野在低对比度下对与中心朝向相同的外周朝向时抑制减弱这一特性,可以加强这种边缘信息的检测。

Solomon 等通过电生理实验研究了狨猴的外膝体细胞感受野的大小和响应强度与刺激对比度的关系[23]。他们在实验中记录了 61 个外膝体细胞的响应情况和它们感受野的变化情况。统计分析发现,感受野中心兴奋区在低对比度时会扩大,对于 Parvocellular 细胞(小细胞),感受野中心兴奋区在低对比度(50%)时的大小是高对比度(100%)时大小的 1.45 倍;对于 Magnocellular 细胞(大细胞的),感受野中心兴奋区在低对比度(10%)时的大小是高对比度

(20%)时大小的2.37倍;对于Koniocellular细胞(K通路),感受野中心兴奋区在低对比度(50%)时的大小是高对比度(98%)时大小的1.16倍。平均来说,外膝体细胞在低对比度时的响应是高对比度时的1.18倍。

Nolt等在69个猫外膝体细胞上做了电生理实验,发现外膝体细胞感受野的空间特性与外界刺激对比度是相关的[24]。外膝体细胞感受野中心兴奋区在低对比度时的平均大小是高对比度时的1.75倍。当外界刺激对比度变大时,感受野的外周抑制强度呈下降的趋势,而不是期望中的增大。

Lesica等用高对比度和低对比度的图像对外膝体细胞进行刺激,研究了感受野抑制区的抑制强度和中心兴奋区大小与外界刺激对比度的关系[25]。结果表明,感受野抑制区的抑制强度是随着外界刺激对比度的降低而减小的,而不论外界刺激对比度降低或是升高,其中心兴奋区大小不会有明显的变化。对于后一结论不同于以往研究的现象,作者认为是由于刺激方式的不同所造成的。

2.1.3 经典感受野与非经典感受野的计算模型

为了进一步研究视觉系统感受野的特性以及其在视觉信息处理过程中所发挥的作用,人们从数学建模方面对神经元进行模拟研究。同时,感受野特性在很多工程应用中也得了广泛的关注。

1. 视网膜神经节细胞的经典感受野数学模型

为了对视网膜神经节细胞感受野的"输入-输出"特性进行定量描述,Rodieck等于1965年提出了双高斯差函数模型(DoG模型)[26],其表达式为

$$G(x,\ y)=Ae^{-(x^2+y^2)/\sigma_1^2}-Be^{-(x^2+y^2)/\sigma_2^2} \tag{2-1}$$

式中,x和y都表示空间变量;A和B分别代表感受野中心区的兴奋敏感度和抑制区的抑制敏感度;σ_1和σ_2分别代表感受野兴奋性和抑制性成分的空间散布程度(兴奋区半径和抑制区半径)。

在DoG模型中,神经节细胞感受野的中心兴奋区和外周抑制区被描述为同心圆结构,分别用二维高斯分布函数来表示这两个部分的敏感性分布,并且以此为权重计算落到细胞上总的光通量,可以得出细胞的输出。DoG模型成功模拟了视网膜神经节细胞感受野的同心圆结构及其空间特性,同时也很好地模拟了在生理学实验中受到小光点刺激时,感受野所表现出来的性质。

对于此例,式(2-1)描述的DoG模型的参数A、B取值使得中心二维高斯函数下的积分与外周二维高斯函数下的积分值相同(符号相反)($\sigma_2=3\sigma_1$)。

但是,其仅对感受野的"输入-输出"特性做出了描述和模拟,无法说明感受

野的其他特性。比如,并没有解释图像通过 DoG 模型处理后的亮度梯度信息是如何传递的。如图 2-3 所示,场景信息通过 DoG 模型后,其由亮度差别定义的边缘信息得到了增强,但低频变化的亮度梯度信息却丢失了,而这些信息对于高级视觉感知(如立体视觉的形成)是必不可少的。

(a)

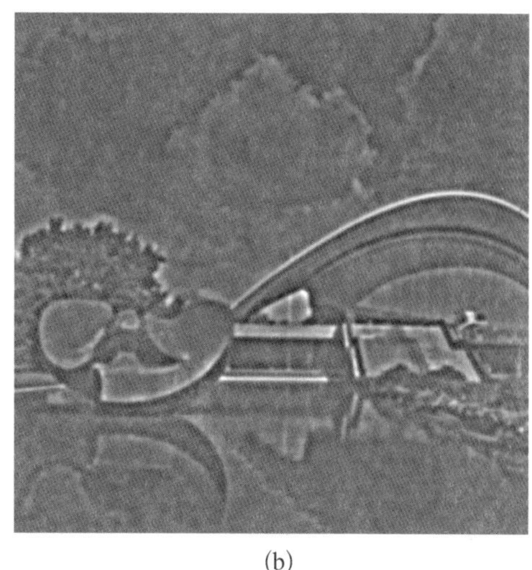
(b)

图 2-3 DoG 模型的场景信息处理效果

(a) 原始图像 (b) DoG 模型的输出结果

此外,汪云九从 20 世纪 70 年代开始,对视网膜神经感受野的特性从模型方面进行了大量研究,包括对视网膜方向选择性的建模研究,以及对神经编码的研究,并提出了广义 Gabor 函数来对感受野特性进行模拟[27]。寿天德、顾凡及等对视网膜感受野的方向选择性进行了建模研究,探寻了早期视觉朝向选择性的原理[28-29]。

2. 视网膜神经节细胞的非经典感受野数学模型——三高斯模型

视网膜神经节细胞和外膝体细胞感受野同心圆结构的提出和 DoG 函数模型的建立为某些视觉机制和特性做出了解释。而随着对感受野的进一步研究,许多研究者发现,在传统的感受野外还存在着一个大范围的区域,对该区域进行刺激会对感受野中心的响应起到调制的作用。这一现象是由 Mcllwain 最早发现的[30],他于实验中在视网膜神经节细胞的感受野范围以外来回移动一个刺激光点,并且发现这个细胞对传统感受野的响应有增强的作用,这一现象 Mcllwain 称其为外周效应(periphery effect)。在之后的很长一段时间中,虽然很多研究者也发现视网膜神经节细胞和外膝体细胞感受野以外的大范围区域会对感受野中心起调制作用，但是这种现象并没有引起学术界的关注。

近几十年，越来越多的研究者发现，许多复杂的视觉机制和现象有可能通过感受野外的大范围区域，在细胞水平上做出解释。因此，对感受野外周区域的研究才逐渐受到研究者们的重视。

李朝义等对猫的神经节细胞和外膝体细胞进行了电生理实验研究，发现在传统感受野外的大范围区域能够部分抵消感受野抑制区对中心兴奋区的抑制作用，这一大范围区域称为去抑制区(disinhibitory region, DIR)或整合野[9,31]。DIR 能够在一定程度上恢复图像的低频信息，同时又不会减弱传统感受野对物体边缘的增强效果。基于上述事实，李朝义等提出了一个三高斯函数模型代替原来的 DoG 模型来模拟神经节细胞和外膝体细胞的感受野[8]，其结构如图 2－4 所示。

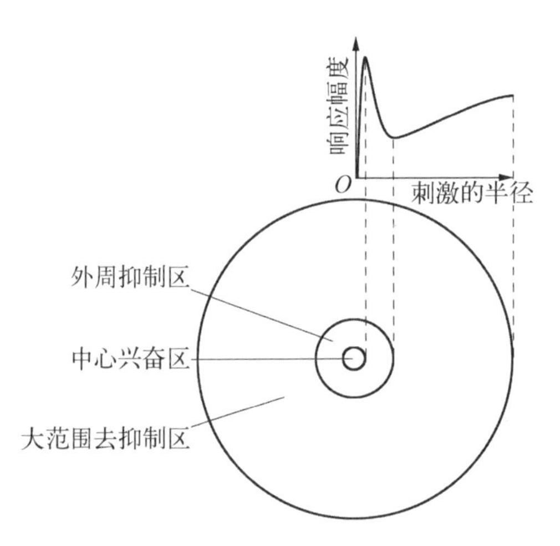

图 2－4 感受野的三高斯函数模型结构示意图

在图 2－4 中整个圆表示传统感受野及其外周整合野。因此，可以用三个高斯函数来分别表示其中心兴奋区(excitatory center)、外周抑制区(inhibitory surround)和大范围去抑制区(disinhibitory region)的敏感性分布，细胞的输出取决于 3 个区域的相互作用。

在图 2－4 中圆上方的曲线图表示传统感受野及其外周整合野受到刺激后，不同区域的响应情况。保持刺激强度不变，当只有中心兴奋区受到刺激时，细胞响应随着刺激面积的扩大而增强；当刺激范围延伸至抑制区时，细胞响应随着刺激面积的扩大而减弱；当刺激范围延伸至外周整合野时，细胞响应随着刺激面积的扩大而增强。

三高斯函数模型表示为

$$I(x,\ y)=A_1\mathrm{e}^{\left[\frac{-(x^2+y^2)}{\sigma_1^2}\right]}-\left\{A_2\mathrm{e}^{\left[\frac{-(x^2+y^2)}{\sigma_2^2}\right]}-A_3\mathrm{e}^{\left[\frac{-(x^2+y^2)}{\sigma_3^2}\right]}\right\} \tag{2-2}$$

式中，$I(x,\ y)$表示感受野内某一点的兴奋反应大小；A_1、A_2、A_3 分别表示中心兴奋区、外周抑制区、大范围去抑制区的敏感度峰值；σ_1、σ_2、σ_3 分别表示中心兴奋区、外周抑制区、大范围去抑制区的半径。细胞的响应是感受野内所有点响应的代数和。感受野的三高斯函数模型很好地模拟了感受野外周区域对中心响应的去抑制作用,解释了图像信息经视觉处理时亮度的梯度信息的传递机制。

用图像 Lenna 作为刺激输入,通过三高斯函数模型的滤波处理,观测其输出。图 2-5 是用三高斯函数模型对图像 Lenna 进行处理的结果。我们可以从结果中看到,图像的整体对比度和边缘轮廓得到了较为显著的增强,与 DoG 模型处理结果相比,原始图像的低频信息得到了较好恢复。但图像中局部的对比度(如帽子处)和明暗对比的提升并不理想。

(a)

(b)

图 2-5 三高斯函数模型处理结果与原始图像 Lenna 的比较

(a) 原始图像 Lenna (b) 经过三高斯函数模型处理后的图像

虽然视网膜神经节细胞和外膝体细胞感受野的三高斯模型成功地模拟了视觉系统在对图像进行处理过程中,对低频信息的恢复结果,但它并没有解释传统感受野外整合野产生去抑制性的电生理机制。

3. 初级视皮层神经元的经典感受野模型——Gabor 滤波器

1) 生理特性

与视网膜和 LGN 神经元的感受野相比,初级视皮层神经元的经典感受野表现出更复杂的空间结构和功能特性。Hubel 和 Wiesel 在 20 世纪 60 年代对初级视皮层神经元经典感受野特性做了大量研究,首先发现初级视皮层单个神经元对特定朝向和宽度的条形刺激响应,随着刺激朝向偏离神经元响应的最优朝向时,神经元响应逐渐减小甚至消失[3]。这种细胞称为简单细胞,图 2-6 给出了几个简单细胞经典感受野示意图。很显然,具有这种空间结构感受野的细胞对具有特定朝向的刺激具有最大的响应。这种朝向选择特性在图像边界、边缘等朝向信息提取中发挥着重要作用。

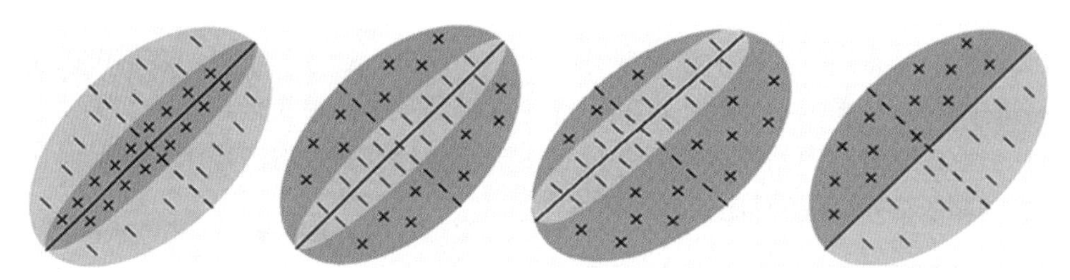

图 2-6 具有特定朝向选择性的几种简单细胞经典感受野空间结构

2) 模型描述

尽管人类视觉能够清晰感知图像中的物体轮廓,但如何用数学模型来描述这一机制并不容易。1980 年 Marcelja 用一维 Gabor 滤波器来描述视皮层中的非对称型感受野的剖线图[32]。20 世纪 80 年代,Daugman 等在经典感受野模型方面做了一系列工作,他指出哺乳动物视皮层简单细胞的感觉野可用二维 Gabor 函数很好地描述[33]。这一模型在描述经典感受野的空间调谐特性上得到广泛应用。二维 Gabor 函数是一个正弦(或余弦)函数调制下的高斯函数,其表达式为

$$g(x,\ y;\ \theta)=\frac{1}{2\pi\sigma^2}\exp\left(-\frac{\tilde{x}^2+\gamma^2\tilde{y}^2}{2\sigma^2}\right)\cos\left(2\pi\frac{\tilde{x}}{\lambda}+\varphi\right) \tag{2-3}$$

式中,$(\tilde{x},\ \tilde{y})=(x\cos\theta+y\sin\theta,\ -x\sin\theta+y\cos\theta)$;$\theta$ 表示滤波器朝向,即该滤波描述神经元响应的最优方向,通过选择 θ 可以构造出任意朝向的经典感受野模型;椭圆率 γ 控制经典感受野的纵宽比例,与滤波器的朝向带宽有关;σ 决定了经典感受野的大小;λ 表示波长(滤波器中心频率为 $1/\lambda$),σ/λ 与空域滤波器间频率带宽有关。根据皮层感受野的相关研究成果,γ 一般为 0.23~0.92,而空间频率带宽大约为一倍频程。一种常用的设置为 $\gamma=0.5$,$\sigma/\lambda=0.56$;φ 为相位参数,当 $\varphi=0$ 或 π 时得到偶对称滤波器,当 $\varphi=-\pi/2$ 或 $\pi/2$ 时得到奇对称滤波器。

当刺激图像视觉通路到达 V1 区时,V1 区简单细胞对刺激的响应可以用 Gabor 滤波器很好地描述。如图 2-7 所示,不同朝向简单细胞对刺激 $f(x,\ y)$ 的响应可以通过计算图像经过不同朝向 Gabor 滤波器后的响应来模拟

$$h(x,\ y;\ \theta_i)=\iint f(x-u,\ y-v)g(u,\ v;\ \theta_i)\mathrm{d}u\mathrm{d}v \tag{2-4}$$

$$\theta_i = \frac{(i-1)\pi}{N_\theta},\ i=1,\ 2,\ \cdots,\ N_\theta \tag{2-5}$$

如图 2-7 所示，我们描述 4 个不同朝向(0°、45°、90°和 135°)的 Gabor 滤波器的 4 个不同朝向的简单细胞感受野。不同朝向滤波器的输出作为具有不同朝向感受野的简单细胞响应。这样，当刺激中包含某一朝向的特征时，以该朝向对应的简单细胞有最大的响应；同样选择不同的滤波器尺度能够描述对不同频率敏感的简单细胞响应。

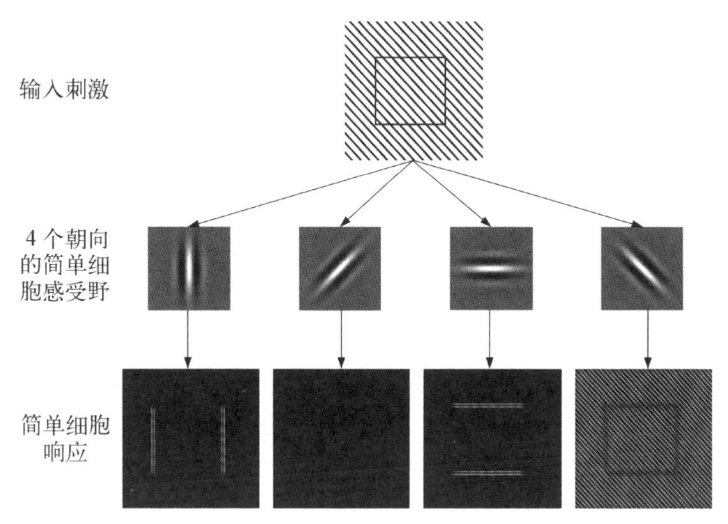

图 2-7 Gabor 滤波器模拟简单细胞提取图像特征

与简单细胞相比，复杂细胞具有一定程度的、对相位变化和位移等的不敏感性。早期 Morrone 和 Burr 的研究指出视觉系统的特征提取是一个局部能量的计算过程[34]。2001 年，Chan 和 Coghill 使用 Gabor 能量描述视皮层复杂细胞的响应特性[35]。一个复杂细胞接收多个简单细胞输入实现相位不变性，计算方面，Gabor 能量为两个正交相位的 Gabor 滤波器输出响应的平方和的平方根，可表示为

$$E(x,\ y;\ \theta_i) = \sqrt{[h_e(x,\ y;\ \theta_i)]^2 + [h_o(x,\ y;\ \theta_i)]^2} \tag{2-6}$$

式中，$h_e(x,\ y;\ \theta_i)$ 和 $h_o(x,\ y;\ \theta_i)$ 分别是输入刺激经过偶对称[即式(2-3)中 $\varphi=0$ 或 π]和奇对称[即式(2-3)中 $\varphi=-\pi/2$ 或 $\pi/2$]Gabor 滤波器后的响应[由式(2-4)计算]。

使用 Gabor 滤波器可以很好地模拟皮层神经元对输入刺激的响应特性，提

取朝向、频率等局部特征。基于 Gabor 滤波的特征提取方法已广泛应用于轮廓检测、纹理分析的图像处理任务。

4. 描述非经典感受野的 DoG$^+$ 模型

对于非经典感受野的研究一直是一个热点问题，最近几十年产生了许多的研究成果。1992 年 Knierim 等发现[11]，V1 区经典感受野的响应受到经典感受野外周刺激的抑制，其抑制程度取决于中心与外周的朝向角度差，也即当它们朝向一致时抑制最强，而朝向正交时抑制最弱。另外的研究表明，这种抑制作用，与在外周(非经典感受野)的输入刺激到中心(经典感受野)的距离成反比关系。描述这种外周抑制特性，较为著名的有 Sceniak 等提出的高斯差函数(difference of Gaussian, DoG)模型[36]以及 Cavanaugh 等提出的高斯比(ratio of Gaussian, RoG)模型[37](见图 2-8)。对于初级视觉皮层神经元，其非经典感受野特性可以表示为一个 DoG$^+$ 模型

$$\mathrm{DoG}^+_{\sigma,k}(x, y) = H\left[\frac{1}{2\pi(k\sigma)^2}\exp\left(-\frac{x^2+y^2}{2(k\sigma)^2}\right) - \frac{1}{2\pi\sigma^2}\exp\left(-\frac{x^2+y^2}{2\sigma^2}\right)\right] \tag{2-7}$$

式中，$H(x)$ 为一个非负运算函数，当 $x > 0$ 时 $H(x) = x$，而当 $x \leqslant 0$ 时 $H(x) = 0$；k 是中心高斯函数标准差与外周标准差的比率，它表示感受野中心与外周之间的大小关系。

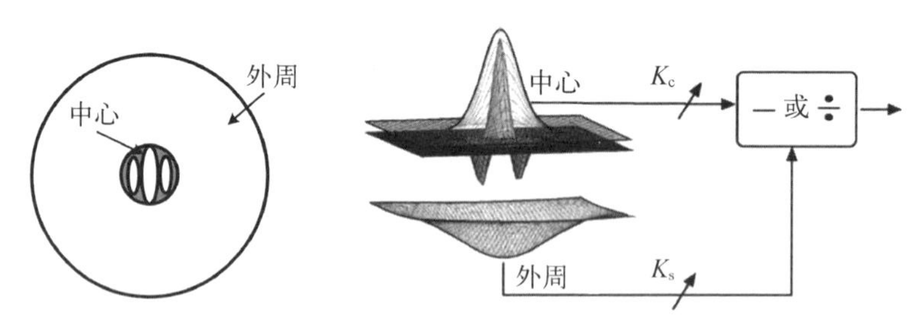

注：当中心与外周相减时，是 DoG 模型；当中心与外周相除时，是 RoG 模型。

图 2-8 非经典感受野与经典感受野的关系模型

而 DoG$^+$ 模型的抑制模板为

$$W_{\mathrm{DoG}^+}(x, y) = \frac{\mathrm{DoG}^+_{\sigma,k}(x, y)}{\|\mathrm{DoG}^+_{\sigma,k}(x, y)\|_1} \tag{2-8}$$

式中，$\|\cdot\|_1$ 表示一阶范数。利用 W_{DoG^+} 与经典感受野复杂细胞响应的卷积即求得非经典感受野(外周)对于经典感受野(中心)的抑制能量大小。由于该模型

结构十分简单，已得到广泛应用，并在轮廓提取中取得不错的效果。但是该模型依然存在一些问题。在许多的文献中发现，非经典感受野的结构并不是如此简单。非经典感受野对经典感受野的调制作用大致可以分为 4 种[15]：① 端区－/侧区－；② 端区＋/侧区＋；③ 端区＋/侧区－；④ 端区－/侧区＋。其中＋表示非经典感受野对中心呈易化作用，－表示抑制作用。

2.1.4 初级视皮层神经元感受野机制在图像处理中的应用

视觉神经元感受野特性已经广泛应用在图像处理中。最普遍的应用为对 DoG 模型的改进和应用，如图像平滑与增强、角点的检测、边缘检测、运动检测、图像匹配、图像识别等；另外用 Gabor 模型进行图像的分析和压缩也是对经典感受野模型的应用。

其中，目标轮廓信息是目标感知和识别的重要信息，因此轮廓检测是计算视觉任务（如基于形状的目标识别等）的基本问题。传统的边缘检测方法（如梯度算子、Sobel 算子、Canny 算子等）主要依赖图像的灰度变化，而不能区分主体目标的轮廓与背景纹理边缘。因此，有效地抑制纹理边缘而保留完整的目标轮廓成为轮廓检测的关键问题之一，该问题的解决也将为基于轮廓或形状的目标识别等计算机视觉技术提供重要支持。

1. 基于感受野机制的灰度图像轮廓检测

近年来，研究者们已经开始考虑引入视觉特征提取机制来解决复杂场景中的目标轮廓检测问题。基于对初级视皮层（V1 区或 17 区）神经元感受野与非经典感受野特性的深入研究，目前普遍认为初级视皮层在轮廓检测、纹理分析等视觉任务中起着重要作用。Daugman 等使用二维 Gabor 函数来模拟初级视皮层简单细胞的经典感受野，其具有的朝向选择、带通等性质能够很好地刻画感受野响应特性[33]。Chan 等则使用 Gabor 能量来描述复杂细胞相位不变特性，将之用于图像纹理分析并取得了较好的效果[35]。

模型研究发现，外周抑制在轮廓检测中有着重要的作用。Grigorescu 等在边缘检测中引入外周抑制作用，实现了检测目标轮廓，抑制纹理边缘的目的[38]。外周抑制机制用于提取非经典感受野轮廓、抑制纹理边缘的原理如图 2－9 所示，对于孤立线条中 A 点，

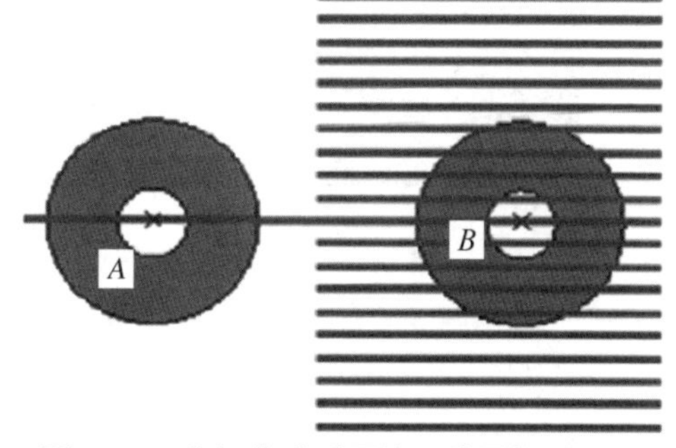

图 2－9 非经典感受野纹理外周抑制原理

由于外周刺激较少，所以对中心的抑制作用较小，从而 A 点被判断为轮廓点保留下来。相反 B 点位于纹理区域，外周刺激较大，对中心产生强力的抑制作用，因此 B 点被判断为纹理边缘点而去除。这样，外周抑制能够有效抑制图像中的纹理边缘，保留轮廓。

尽管 Grigorescu 等提出的外周抑制模型在轮廓检测中取得了较好的结果，由于使用圆环型抑制区域，存在自抑制效应而不利于检测完整轮廓，如图 2-10(a)所示。Papari 等在进一步的工作[39]中，使用间隔一定距离的两个半圆构成外周抑制区域，从而减小轮廓自身的抑制作用，利于检测较长的直线轮廓

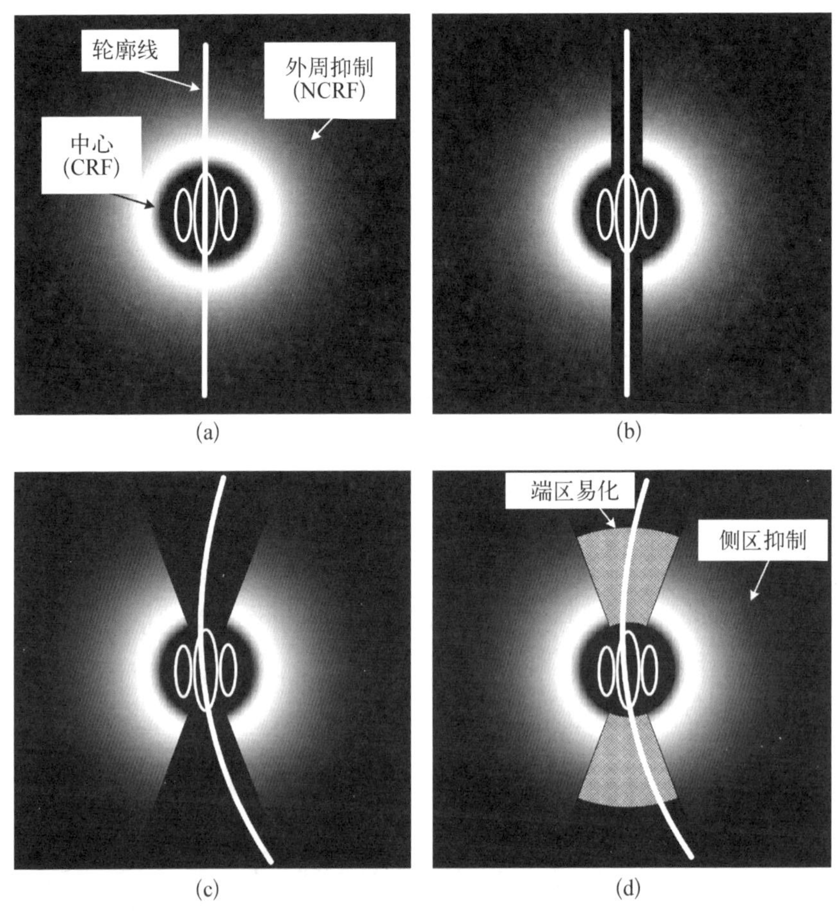

图 2-10　非经典感受野抑制模型

(a) 圆环形外周抑制模型，该模型轮廓先会产生自抑制作用　(b) 一对半圆形外周抑制模型，对直线轮廓能够有效消除自抑制效应，但对一定曲率的曲线轮廓仍会产生自抑制　(c) 蝶形外周抑制模板，能够有效检测曲线轮廓　(d) 端区易化侧区抑制模型，能够修复断裂轮廓线

线,如图 2-10(b)所示。同时,自然图像中轮廓并非总是直线,桑农等使用蝶形的抑制区域模型更适合于检测曲线轮廓,如图 2-10(c)所示。他们也引入了另一重要的外周特性——易化特性,能够有效连接、修复断裂的轮廓线,使得轮廓检测算法能够应对复杂的自然场景,同时也更符合生理机制,如图 2-10(d)所示。

为了进一步实现图像中突出主体目标轮廓、抑制纹理边缘的目的,李永杰等在 2011 年模拟国际上众多课题组的生理实验研究中发现的非经典感受野动态特性,提出了一种具有自适应机制的外周抑制模型[40](见图 2-11),取得了满意的效果(见图 2-12)。该模型的核心机制为非经典感受野端区和侧区的不同抑制特性。其基本思想是,侧区抑制为恒定抑制,由小尺度 Gabor 能量计算得到。而端区抑制为动态抑制,由小的空间尺度和大尺度 Gabor 能量一起决定。

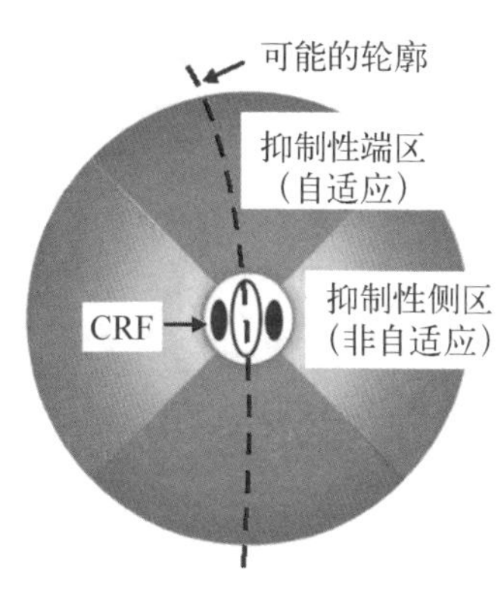

图 2-11 一种具有自适应特性的外周抑制模型

值得注意的是,目前已有的研究工作大多集中于关注朝向特征对外周作用的影响,这或许与初级视皮层细胞具有的朝向选择性以及早期实验大多采用正弦光栅等简单刺激作为视觉刺激有关。然而自然场景远比光栅等简单刺激的情况要复杂得多。在自然场景中,除朝向特征外,亮度、对比度、颜色等特征在视觉处理中同样发挥着重要作用。自然图像的轮廓信息通常也有多种视觉特征定义。对初级视皮层细胞非经典感受野的相关研究发现,非经典感受野的抑制作用受到多种视觉特征(如朝向、亮度、对比度、空间频率和空间相位等)的调制[13],即当中心-外周的特征差别较小时,非经典感受野表现出较强的抑制作用,神经元放电减弱;中心-外周的特征差别较大时,非经典感受野的抑制作用会减小甚至消失,神经元放电增强。早期的非经典感受野模型主要讨论非选择性外周抑制或朝向特征在外周抑制中的调制作用,这样导致模型对复杂图像的处理效果较差。

如何在非经典感受野模型中引入中心-外周对朝向、亮度、对比度、空间频率和空间相位等特征的选择性调制作用需要进一步研究[41]。在自然环境中,颜色信息对于场景分析同样具有重要作用。在视觉系统中,与亮度信息处理不同,颜色信息处理有着特有的处理通路和特性(如颜色拮抗机制[42-43]等)。因此对于颜色信息的处理机制和模型是值得研究的主题。此外,目前已有的多数模型只考虑了非经典感受野的抑制作用,这对纹理分析和轮廓连接等任务是远远不够

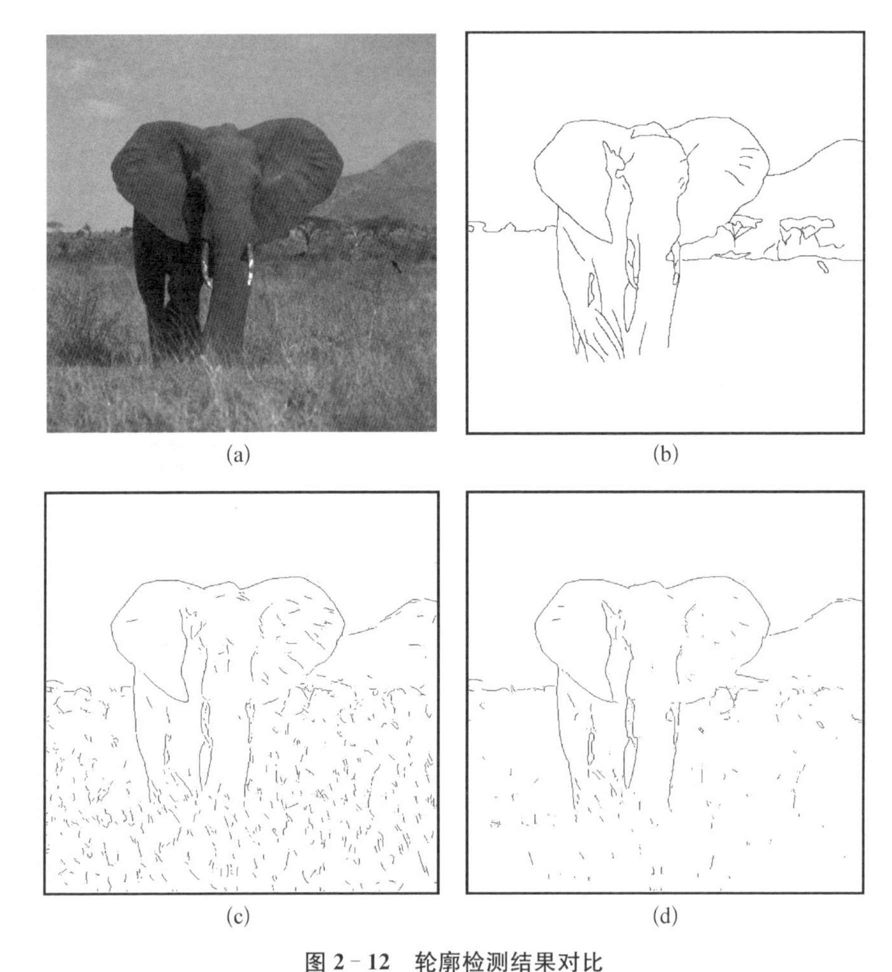

图 2－12 轮廓检测结果对比

(a) 原始图像 (b) 理想结果 (c) Isotropic 模型的结果 (d) 自适应模型的结果

的。因此非经典感受野的另一重要特性——易化作用[44]，也将是下一步非经典感受野模型的研究重点之一。

2. 基于感受野机制的彩色图像轮廓检测

颜色信息在生物视觉通路中以拮抗的方式进行处理。其中，初级视觉皮层中存在着一种具有朝向选择性的双拮抗(double opponent)神经元[42]，其感受野结构如图 2－13(a)所示。为了实现彩色图像的轮廓检测，杨开富等通过模拟拮抗感受野特性建立了从视网膜至 V1 区的多层次颜色拮抗模型[45-46]（见图 2－13(b)）。该模型的基本假设是 V1 区中具有朝向选择性的双拮抗神经元接收多个 LGN 单拮抗神经元的输入，而神经节细胞中的单拮抗神经元接收互为拮抗的两类视锥细胞的输入（如 $L+$，$M-$）。这样，该模型能够利用感受野的朝向选择特性检测彩色图像中的边缘信息(见图 2-13(c)),同时,模型中两类视锥细胞与神经节细胞之间的相对连接强度将影响双拮抗感受野模型对颜色和亮度差异的敏感度。

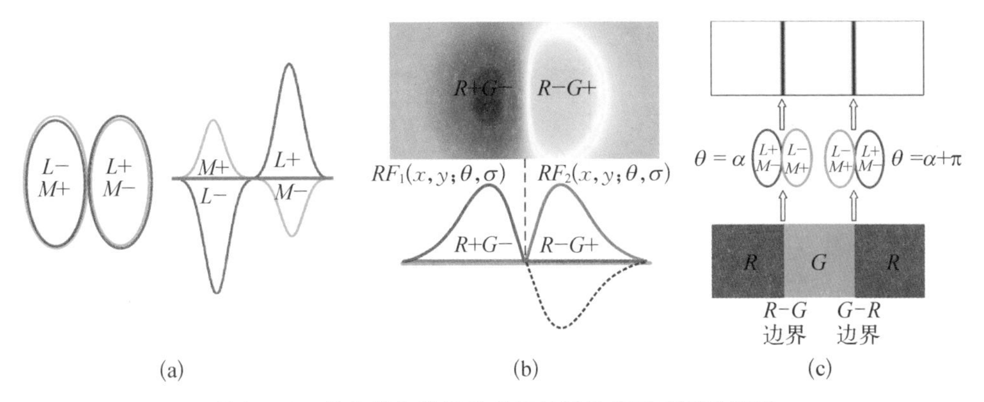

图 2-13 具有朝向选择性的双拮抗神经元感受野模型

(a) 双拮抗感受野结构 (b) 双拮抗感受野模型 (c) 轮廓检测

具体来说,以红-绿拮抗为例,其单拮抗神经元的响应可表示为

$$S_{RG}(x,\ y)=\omega_1\cdot C_R(x,\ y)+\omega_2\cdot C_G(x,\ y)$$
$$\omega_1\cdot\omega_2\leqslant 0, \text{且} \ |\omega_1|,\ |\omega_2|\in[0,\ 1] \tag{2-9}$$

式中,ω_1 和 ω_2 表示视锥细胞与视网膜神经节细胞之间的连接强度;而 $C_R(x,\ y)$ 和 $C_G(x,\ y)$ 分别表示来自两类视锥细胞的输入。ω_1 和 ω_2 的符号始终相反,当 $\omega_1>0$ 且 $\omega_2<0$ 时,式(2-9)将获得 $R+/G-$(或 $L+/M-$)类型的单拮抗细胞响应;当 $\omega_1<0$ 且 $\omega_2>0$ 时,式(2-9)将获得 $G+/R-$(或 $M+/L-$)类型的单拮抗细胞响应。此外,单拮抗感受野的作用在于分离输入图像中的亮度和颜色信息。当视锥连接强度相等且极性相反时(即 $|\omega_1|=|\omega_2|$),单拮抗神经元对亮度信息不响应。这是因为图像灰色区域的红、绿、蓝通道像素值相等(即 $R=G=B$),在单拮抗过程中被完全抵消。而当视锥连接强度不相等时(即 $|\omega_1|\neq|\omega_2|$),由于两个拮抗通道信息不能完全抵消,单拮抗感受野模型同时对亮度和颜色信号响应。这个特性对于后续的双拮抗感受野分离或整合亮度和颜色轮廓非常重要。

随着视锥连接权重的变化,颜色拮抗感受野模型能够灵活地调节其对亮度边缘和颜色轮廓的相对响应强度。从图 2-14 中可以看出,当 $|\omega_1|=|\omega_2|$,双拮抗模型仅仅对颜色定义的轮廓响应;随着 $|\omega_1|$ 和 $|\omega_2|$ 差异逐渐变大,模型对亮度轮廓的响应逐渐增强。

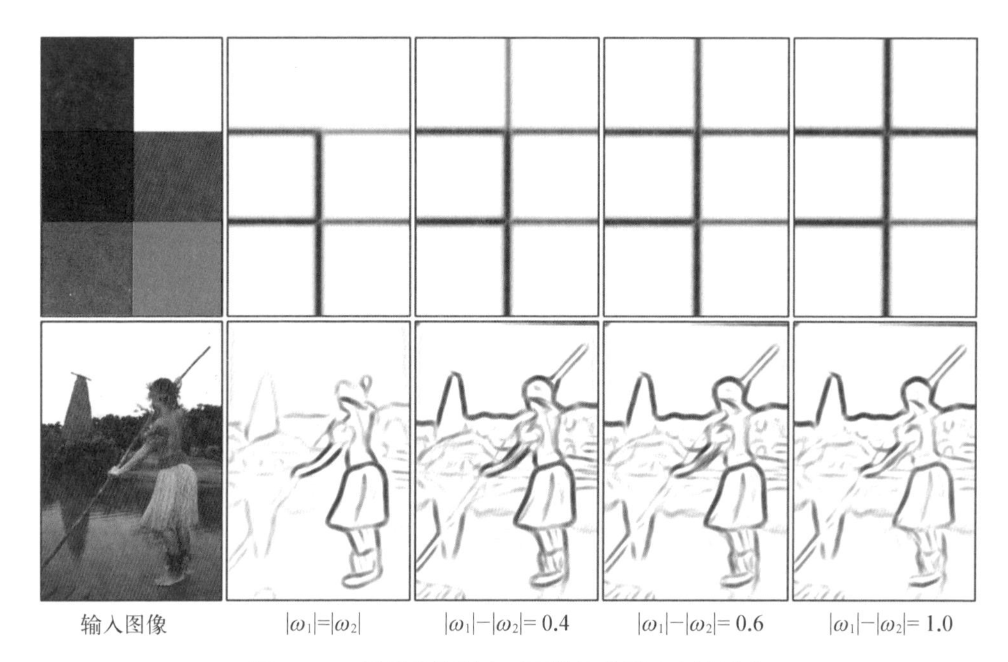

图 2-14　视锥连接强度对双拮抗模型响应的影响

Johnson 等的电生理实验研究也揭示了视锥连接强度比值的多样性，暗示了不同的双拮抗神经元具有不同的颜色敏感性[47]。从计算模型的角度而言，视锥连接参数能够调节模型对亮度轮廓或颜色轮廓的敏感性。根据图像局部信息自适应地选择最优视锥连接参数有望进一步提高模型的轮廓检测能力。因此，分别从电生理和计算模型的角度研究颜色拮抗神经元的颜色及亮度信息整合机制将是下一步的研究重点之一。

2.2 通过对图像强度外积建模的方式在自然图像中学习非线性统计规律 / 胡晓林　梁　鸣　齐　鹏

在自然图像中存在非线性的统计规律是广为人知的。现存的寻找这些规律的方法总是假设图像强度是一种参数化的分布并学习这些参数。本节将通过假设一个高斯分布的方式来对图像强度的外积建模。模型为两层结构，其中第一层是非线性的，而第二层是线性的。在自然图像中训练后，第一层的基底类似于初级视觉皮层（V1）中简单细胞的感受野。同时，第二层的单元展现了一些 V1 中复杂细胞的特性，包括相位不变性和屏蔽效应。这个模型可以看作是一种

Karklin 和 Lewicki[48]提出的协方差模型的近似，但是有更加鲁棒和高效的学习算法。本节内容主要基于作者已发表的专题论述[49]。

2.2.1 引言

对初级视觉皮层的简单细胞和复杂细胞有许多计算模型。由于简单细胞对于边的敏感性，它们通常表示为 Gabor 函数。而复杂细胞是执行一种对简单细胞的池化操作来在保持方向选择性的同时得到相位不变性。

学术界通过对图像像素点强度建模的方式已经对简单细胞的特性有了很长时间的研究。出于信息理论和生物经济上的考虑，这些模型的输出通常被限制成稀疏的形式或是相互独立的形式。典型的模型有独立成分分析(ICA)[50]、稀疏编码[51]、稀疏受限玻耳兹曼机[52]和 K - means[53]。这些模型的主要想法是通过对稀疏性或是独立性的正则化来重建图像强度。所有这些模型在自然图像中训练时都可以在空间和频率域上产生类 Gabor 滤波器。

这些模型并不能获得自然图像中的非线性的统计规律。事实上，训练后的基向量是非独立的[54]。这个发现已经引发了大量对复杂细胞的建模。过去的几十年已经见证了学术界在这个方向上的大量努力。为了解释 ICA 基底之间残存的相关性，Hyvärinen、Hoyer 和 Inki[55]在隐变量之间引入拓扑非线性相关性，该模型称为拓扑 ICA(TICA)。其他的 ICA 变种，如独立子空间分析[56-58]提出的双层模型，产生了复杂细胞的方向敏感性和相位不变性等特性。在这些模型里，第一层是线性的，而第二层是非线性的。

并非像稀疏编码[51]那样对图像强度直接建模，Karklin 和 Lewicki[48]提出对图像强度的协方差建模。这个模型不仅解释了相位不变性，还解释了在生理学实验中发现的更复杂的特性，如周围抑制和屏蔽效应。Ranzato 和 Hinton[59]提出了一种用玻耳兹曼机对图像协方差建模的方法。他还将均值和协方差统一到一个能量函数中。之后，Coates 等[53]将 spike and slab 先验加入玻耳兹曼机中，最后的模型统一了协方差 RBM(CRBM)[59]中的不同隐含层神经元。

本节提出的模型受到 Karklin 和 Lewicki[48]的启发。该模型对图像强度的外积建模，这个外积与图像协方差非常相关。主要的思想是对图像强度的外积假设一个均值参数化的高斯分布，并在自然图像中学习参数。这个模型有两层，其中第一层有非线性的特性。整体形式化与稀疏编码[51,60]的形式化方法类似，并且可以视为是一种对 Karklin 和 Lewicki 的模型近似。本节将会展示的模型与 Karklin 和 Lewicki 的模型类似，同样可以获得一些 V1 区简单细胞和复杂细胞的特性,不同的是使用了更加高效、稳定和生物合理的方法。

2.2.2 模型

本节假设图像块 x 的均值是 0,而这可以简单地通过减去样本的均值得到。目标是对图像块的外积 $\boldsymbol{x}\boldsymbol{x}^{\mathrm{T}}$ 建模。这相当于对所有元素对的非线性关系的高阶作用 $x_i x_j$ 建模。相较而言,稀疏编码的方法[51]是对所有元素 x_i 的高阶作用建模,而这是一种线性量。

在介绍模型前,我们先引入一些记号。令 $\|\cdot\|_{\mathrm{F}}$ 表示 Frobenius 矩阵范数, $\|\cdot\|_2$ 表示 L_2 向量范数。vec($\boldsymbol{A}$) 表示一个由矩阵 $\boldsymbol{A}$ 的列从左向右堆积出的向量。diag 表示一个将向量转变为一个对角矩阵的操作,其中对角元素对应于向量的元素,或是表示一个方阵的对角元素构成的向量。两种含义可以根据上下文来区分。

假设 $\boldsymbol{x}\boldsymbol{x}^{\mathrm{T}}$ 遵循一个非零均值和常数协方差矩阵的高斯分布,对于均值的学习和推断与稀疏编码[51]类似。首先,这个均值被参数化为一个基向量集 $\{\boldsymbol{b}_1, \boldsymbol{b}_2, \cdots, \boldsymbol{b}_k\}$ 的外积的加权求和,所以有

$$p(\mathrm{vec}(\boldsymbol{x}\boldsymbol{x}^{\mathrm{T}}) \mid \boldsymbol{u}, \boldsymbol{B}) = N\left(\mathrm{vec}\left(\sum_k u_k \boldsymbol{b}_k \boldsymbol{b}_k^{\mathrm{T}}\right), \frac{1}{\gamma}\boldsymbol{I}\right)$$

式中, $\boldsymbol{B}$ 是由 b_i 组成的矩阵; $\boldsymbol{u}$ 是隐变量; $\boldsymbol{I}$ 是单位矩阵; γ 是一个常数。不失一般性,我们假设高斯分布的协方差矩阵是各向同性的。

这个模型通过引入隐变量 $\boldsymbol{y}$、$\boldsymbol{u}$ 和 $\boldsymbol{y}$ 的连接权重 $\boldsymbol{W}$ 的方式扩展成两层的模型

$$u_k = \sum_j y_j w_{kj}$$

那么有

$$p(\mathrm{vec}(\boldsymbol{x}\boldsymbol{x}^{\mathrm{T}}) \mid \boldsymbol{y}, \boldsymbol{B}, \boldsymbol{W}) = N\left(\mathrm{vec}\left(\sum_{j,k} y_j w_{kj} \boldsymbol{b}_k \boldsymbol{b}_k^{\mathrm{T}}\right), \frac{1}{\gamma}\boldsymbol{I}\right)$$

隐变量(或者说模型响应) $\boldsymbol{y}$ 通过拉普拉斯分布正则化

$$p(\boldsymbol{y}) = L(0, 1)$$

这样联合分布就是

$$p(\mathrm{vec}(\boldsymbol{x}\boldsymbol{x}^{\mathrm{T}}) \mid \boldsymbol{y}, \boldsymbol{B}, \boldsymbol{W}) \propto \exp\left(-\frac{1}{2}\left\|\boldsymbol{x}\boldsymbol{x}^{\mathrm{T}} - \sum_{j,k} y_j w_{kj} \boldsymbol{b}_k \boldsymbol{b}_k^{\mathrm{T}}\right\|_{\mathrm{F}}^2 - \gamma \sum_j |y_j|\right)$$

目标是最大化数据的似然，即 $p(\mathrm{vec}(\boldsymbol{x}\boldsymbol{x}^{\mathrm{T}}) \mid \boldsymbol{B}, \boldsymbol{W})$。注意到

$$p(\mathrm{vec}(\boldsymbol{x}\boldsymbol{x}^{\mathrm{T}}) \mid \boldsymbol{B}, \boldsymbol{W}) = \sum_{\boldsymbol{y}} p(\mathrm{vec}(\boldsymbol{x}\boldsymbol{x}^{\mathrm{T}}), \boldsymbol{y} \mid \boldsymbol{B}, \boldsymbol{W})$$

但是这个量很难处理。我们把它近似为

$$\max_{\boldsymbol{y}} p(\mathrm{vec}(\boldsymbol{x}\boldsymbol{x}^{\mathrm{T}}), \boldsymbol{y} \mid \boldsymbol{B}, \boldsymbol{W})$$

这样模型变成了

$$\max_{\boldsymbol{B}, \boldsymbol{W}}\left[\max_{\boldsymbol{y}} \log p(\mathrm{vec}(\boldsymbol{x}\boldsymbol{x}^{\mathrm{T}}), \boldsymbol{y} \mid \boldsymbol{B}, \boldsymbol{W})\right]$$

或者等价的

$$\min_{\boldsymbol{B}, \boldsymbol{W}, \boldsymbol{y}} \frac{1}{2} \| \boldsymbol{x}\boldsymbol{x}^{\mathrm{T}} - \boldsymbol{B}\mathrm{diag}(\boldsymbol{W}\boldsymbol{y})\boldsymbol{B}^{\mathrm{T}} \|_{\mathrm{F}}^2 + \gamma \sum\nolimits_j y_j$$

使之满足 $$\| b_k \|_2^2 \leqslant 1, \ \| w_j \|_2^2 \leqslant 1, \ w_{kj} \geqslant 0, \ y_j \geqslant 0 \tag{2-10}$$

$$\forall j \in \{1, 2, \cdots, J\}, k \in \{1, 2, \cdots, K\}$$

注意到 $\boldsymbol{B}$、$\boldsymbol{W}$ 和 $\boldsymbol{y}$ 结合在一起，前两个约束条件可以防止基向量无限增大。后两个约束条件保证了 $\boldsymbol{B}\mathrm{diag}(\boldsymbol{W}\boldsymbol{y})\boldsymbol{B}^{\mathrm{T}}$ 是半正定的，因为 $\boldsymbol{x}\boldsymbol{x}^{\mathrm{T}}$ 也是半正定的。

提出的这个模型有一个分层的结构，第一层的单元是 u_k，第二层的单元是 y_k。但是 u_k 并没有在式(2-10)里显示出现，并且 y_i 通过权重 w_{kj} 直接连接第一层的基向量 $\boldsymbol{b}_k$。

2.2.3 与已有模型的联系

模型式(2-10)与已有模型的关系如下：

它与稀疏编码模型[60]比较类似，后者的形式如下：

$$\min_{\boldsymbol{B}, \boldsymbol{y}} \| \boldsymbol{x} - \boldsymbol{B}\boldsymbol{y} \|_2^2 + \gamma \sum_k | y_k |$$

使之满足 $$\| \boldsymbol{b}_k \|_2^2 \leqslant 1, \ y_k \geqslant 0, \ \forall k \in \{1, 2, \cdots, K\} \tag{2-11}$$

关键的不同是式(2-11)是对一个线性量 $\boldsymbol{x}$ 建模，而式(2-10)是对一个非线性量 $\boldsymbol{x}\boldsymbol{x}^{\mathrm{T}}$ 建模。

与假设 $p(\boldsymbol{x} \mid \boldsymbol{y})$ 是一个有着参数化均值 $\boldsymbol{B}\boldsymbol{y}$ 的高斯分布的稀疏编码模型不

同，Karklin 和 Lewicki[48]介绍了一种方法来学习自然图像的协方差统计量，该方法假设 $p(\boldsymbol{x} \mid \boldsymbol{y})$ 是一个零均值和参数化的协方差矩阵的高斯分布

$$p(\boldsymbol{x} \mid \boldsymbol{y}, \boldsymbol{W}, \boldsymbol{B}) = N(0, \boldsymbol{C}) \tag{2-12}$$

其中

$$\boldsymbol{C} = \exp\Big(\sum_{j,\,k} y_i w_{kj} \boldsymbol{b}_k \boldsymbol{b}_k^{\mathrm{T}}\Big)$$

并且 $\exp(\cdot)$表示矩阵指数函数 ($\exp(\boldsymbol{A}) = \sum_{i=0}^{\infty} A^i$)。通过一个在 $\boldsymbol{y}$ 上的稀疏先验分布，我们可以学习第一层的基底 $\boldsymbol{B}$ 和第二层的基底(或者说是池化矩阵) $\boldsymbol{W}$。

根据式(2-12)的分布，对于给定的 $\boldsymbol{y}$，$\boldsymbol{x}$ 的样本协方差矩阵是

$$\boldsymbol{Q} = \frac{1}{N-1} \sum_{n=1}^{N} \boldsymbol{x}_n \boldsymbol{x}_n^{\mathrm{T}}$$

这是对 $\boldsymbol{C}$ 近似。注意到在 $\boldsymbol{C}$ 的表达式中使用了矩阵指数函数来保证协方差矩阵的正定性。此时，若我们假设这个算符不存在，而正定性通过其他的技巧保证；那么 $\boldsymbol{Q}$ 近似的是 $\sum_{j,\,k} y_j w_{kj} \boldsymbol{b}_k \boldsymbol{b}_k^{\mathrm{T}}$。如果忽略掉分母，并且令 $N = 1$，那么有

$$\boldsymbol{x}\boldsymbol{x}^{\mathrm{T}} \approx \sum_{j,\,k} y_j w_{kj} \boldsymbol{b}_k \boldsymbol{b}_k^{\mathrm{T}}$$

这正好是我们在式(2-10)提出的模型中需要实现的(见式中目标函数的第1项)。因此，我们的模型可以看成是一种对 Karklin 和 Lewicki[48]中协方差模型的近似。

Karklin 和 Lewicki 的模型有一些数值计算上的难点，这是由于协方差矩阵 $\boldsymbol{C}$ 的矩阵指数函数。我们的模型并没有包含矩阵指数函数，而这使得构建一个高效的学习算法成为可能。

2.2.4 推断和学习

在模型式(2-10)中，给定基底 $\boldsymbol{B}$ 和 $\boldsymbol{W}$，隐变量 $\boldsymbol{y}$ 的推断相当于解一个(凸)二次规划问题

$$\min_{y} f_1 = \frac{1}{2} \| \boldsymbol{x}\boldsymbol{x}^{\mathrm{T}} - \boldsymbol{B}\,\mathrm{diag}(\boldsymbol{W}\boldsymbol{y})\boldsymbol{B}^{\mathrm{T}} \|_{\mathrm{F}}^{2} + \gamma \sum_{j} y_j$$

使之满足

$$y_j \geqslant 0, \ \forall j \in \{1, 2, \cdots, J\} \tag{2-13}$$

可以发现(见 2.2.7 节)这个问题等价于

$$\min_{y} f'_1 = \frac{1}{2}\boldsymbol{y}^{\mathrm{T}}\boldsymbol{A}\boldsymbol{y} + \boldsymbol{b}^{\mathrm{T}}\boldsymbol{y}$$

使之满足 $$y_j \geqslant 0, \forall j \in \{1, 2, \cdots, J\}, \tag{2-14}$$

其中

$$\boldsymbol{A} = \boldsymbol{W}^{\mathrm{T}}((\boldsymbol{B}^{\mathrm{T}}\boldsymbol{B}) * (\boldsymbol{B}^{\mathrm{T}}\boldsymbol{B}))\boldsymbol{W},\ \boldsymbol{b} = -\boldsymbol{W}^{\mathrm{T}}((\boldsymbol{B}^{\mathrm{T}}\boldsymbol{x}) * (\boldsymbol{B}^{\mathrm{T}}\boldsymbol{x})) + \gamma\boldsymbol{1} \tag{2-15}$$

在这些方程中,* 表示 Hadamard(按元素的)矩阵乘积,并且 **1** 表示一个全部分量均为 1 的向量。这是一个标准的二次规划问题,并且所有算法,如共轭梯度下降算法,都是可行的。我们提出一种修改的 Feature - Sign 算法[60]来计算它(见算法 2 - 1)。算法的收敛性见定理 2.1(证明见 2.2.7 节)。

定理 2.1 改进的 Feature - Sign 算法在有限步内收敛到式(2 - 14)的解。

这个算法适合对数据的 minibatch 进行并行化。M 个数据样本的 1 个 minibatch 的损失函数为

$$f = \frac{1}{M}\sum_{i=1}^{M}\left(\|\boldsymbol{x}^{(i)}\boldsymbol{x}^{(i)\mathrm{T}} - \boldsymbol{B}\mathrm{diag}(\boldsymbol{W}\boldsymbol{y}^{(i)})\boldsymbol{B}^{\mathrm{T}}\|_{\mathrm{F}}^{2} + \gamma\sum_{j} y_j^{(i)}\right)$$

不同样本的推断可以在多核上并行。

算法 2 - 1: 修改的 Feature - Sign 算法

步骤 1 初始化 $\boldsymbol{y} := 0$, $\boldsymbol{\theta} := 0$, active set(有效集):$= \{\ \}$, 其中 $\boldsymbol{\theta}_i \in \{0, 1\}$ 表示 $\mathrm{sign}(\boldsymbol{y}_i)$。

步骤 2 从 $\boldsymbol{y}$ 的零系数开始,选择 $i = \arg\max_{i}\left[-\dfrac{\partial\left(\frac{1}{2}\boldsymbol{y}^{\mathrm{T}}\boldsymbol{A}\boldsymbol{y} + \boldsymbol{b}^{\mathrm{T}}\boldsymbol{y}\right)}{\partial\boldsymbol{y}_i}\right]$。

如果 $-\dfrac{\partial\left(\frac{1}{2}\boldsymbol{y}^{\mathrm{T}}\boldsymbol{A}\boldsymbol{y} + \boldsymbol{b}^{\mathrm{T}}\boldsymbol{y}\right)}{\partial\boldsymbol{y}_i} > 0$, 那么使 $\boldsymbol{\theta}_i := 1$, active set: $= \{i\} \cup$ active set。

步骤 3 Feature - Sign 算法步骤:

令 $\hat{\boldsymbol{A}}$ 表示一个 $\boldsymbol{A}$ 的子矩阵,只包含与 active set 对应的行和列。

令 $\hat{\boldsymbol{b}}$、$\hat{\boldsymbol{y}}$ 和 $\hat{\boldsymbol{\theta}}$ 表示 $\boldsymbol{b}$、$\boldsymbol{y}$ 和 $\boldsymbol{\theta}$ 与 active set 对应的子向量。

计算无约束二次规划 $\left(\min\limits_{\hat{y}} \frac{1}{2}\hat{\boldsymbol{y}}^{\mathrm{T}}\hat{\boldsymbol{A}}\hat{\boldsymbol{y}}+\hat{\boldsymbol{b}}^{\mathrm{T}}\hat{\boldsymbol{y}}\right)$ 的解析解：

$$\hat{\boldsymbol{y}}_{\mathrm{new}} := -\hat{\boldsymbol{A}}^{-1}\hat{\boldsymbol{b}}$$

在 $\hat{\boldsymbol{y}}$ 到 $\hat{\boldsymbol{y}}_{\mathrm{new}}$ 的闭线段上执行一个线性搜索：
检验在 $\hat{\boldsymbol{y}}_{\mathrm{new}}$ 和所有改变系数符号的点(而其他保持非负)上的计算目标值。
更新 $\hat{\boldsymbol{y}}$（和对应的 $\boldsymbol{y}$ 的条目)到有最小目标值的点处。
从 active set 中移除 $\hat{\boldsymbol{y}}$ 的零系数并且更新 $\boldsymbol{\theta} := \mathrm{sign}(\boldsymbol{y})$。

步骤 4　检查最优性：
(1) 非零系数的最优性条件

$$\frac{\partial\left(\frac{1}{2}\boldsymbol{y}^{\mathrm{T}}\boldsymbol{A}\boldsymbol{y}+\boldsymbol{b}^{\mathrm{T}}\boldsymbol{y}\right)}{\partial \boldsymbol{y}_i}=0,\ \forall\, \boldsymbol{y}_j \neq 0$$

如果条件(1)没有被满足，则跳到步骤 3(不进行任何新的激活)；否则检查条件(2)。
(2) 零系数的最优化条件

$$-\frac{\partial\left(\frac{1}{2}\boldsymbol{y}^{\mathrm{T}}A\boldsymbol{y}+\boldsymbol{b}^{\mathrm{T}}\boldsymbol{y}\right)}{\partial \boldsymbol{y}_i}\leqslant 0,\ \forall\, \boldsymbol{y}_j = 0$$

如果条件(2)没有被满足，那么跳到步骤 2；否则返回 $\boldsymbol{y}$ 作为解。

在式(2-10)中给定 $\boldsymbol{y}$ 学习参数 $\boldsymbol{B}$ 和 $\boldsymbol{W}$ 相当于解

$$\min_{\boldsymbol{B},\boldsymbol{W}} f_2 = \frac{1}{2}\left\|\boldsymbol{x}\boldsymbol{x}^{\mathrm{T}}-\boldsymbol{B}\mathrm{diag}(\boldsymbol{W}\boldsymbol{y})\boldsymbol{B}^{\mathrm{T}}\right\|_{\mathrm{F}}^2$$

使之满足

$$\|\boldsymbol{b}_k\|_2^2 \leqslant 1,\ w_{kj} \geqslant 0$$

$$\forall j \in \{1,\ 2,\ \cdots,\ J\},\ k \in \{1,\ 2,\ \cdots,\ K\}$$

这是一个非凸优化问题，可以用投影梯度下降法来解。参数先朝着负梯度方向以一个固定的步长更新，然后投影到一个约束空间上，也就是所有 $\boldsymbol{W}$ 的负的分量都设为 0，并且每个 $\boldsymbol{W}$ 和 $\boldsymbol{B}$ 的列向量都归一化到单位长度。

由于 $\boldsymbol{W}$ 和 $\boldsymbol{B}$ 之间具有耦合性，可以采用一个分层的方法。首先，将第二层的基底 $\boldsymbol{W}$ 设为单位矩阵，并学习第一层的基底 $\boldsymbol{B}$。那么模型本质上就变成了一个单层模型[见式(2-10)]。重复接下来的两个步骤，直到达到某终止标准。首先更新 $\boldsymbol{B}$

$$\frac{\partial f_2}{\partial \boldsymbol{B}} = (\boldsymbol{B}\mathrm{diag}(\boldsymbol{W}\boldsymbol{y})\boldsymbol{B}^{\mathrm{T}}-\boldsymbol{x}\boldsymbol{x}^{\mathrm{T}})\boldsymbol{B}\mathrm{diag}(\boldsymbol{W}\boldsymbol{y}), \tag{2-16}$$

并且通过算法 2-1 推断 $\boldsymbol{y}$。然后，修正 $\boldsymbol{B}$ 并且学习 $\boldsymbol{W}$。类似地，更新 $\boldsymbol{W}$

$$\frac{\partial f_2}{\partial \boldsymbol{W}}=\boldsymbol{B}^{\mathrm{T}}(\boldsymbol{B}\operatorname{diag}(\boldsymbol{W}\boldsymbol{y})\boldsymbol{B}^{\mathrm{T}}-\boldsymbol{x}\boldsymbol{x}^{\mathrm{T}})\boldsymbol{B}\boldsymbol{y} \tag{2-17}$$

并且通过算法 2-1 推断 $\boldsymbol{y}$，直到达到某终止标准。

另外两种可以选择的学习基底的方式是，从第一个阶段学习到的值或者从各自的随机初始值来同时更新 $\boldsymbol{B}$ 和 $\boldsymbol{W}$。实验表明，这两个方式可以得到数值上相近的结果，但是会花费更多的时间。

2.2.5 实验

在 Kyoto 自然图像数据集[61]上训练我们提出的模型，所有的图像转换成了灰度值，并且从这些图像中随机抽样出了大量的 20×20 像素的图像块。在去掉平均像素强度后，我们对图像块用主成分分析法（principal component analysis，PCA）做了白化。

$$\left(\sum_m \| \boldsymbol{x}^{(m)}-\boldsymbol{x}^{(m)}_{\text{whitened}} \|_{\mathrm{F}}^2\right)/\left(\sum_m \| \boldsymbol{x}^{(m)} \|_{\mathrm{F}}^2\right)\leqslant 0.01$$

也就是说，损失的方差在白化之后不超过 1%。在白化后，265 个主成分被保留。本节所有结果的展示都转换回了原来的图像空间。在实验中用了 1 000 个第一层单元和 100 个第二层单元。

训练方法如下：首先，将 $\boldsymbol{W}$ 固定为单位矩阵 $\boldsymbol{I}$，而 $\boldsymbol{B}$ 从随机初始值开始进行 5 000 轮更新。在开始的 4 000 轮中，学习率固定到 0.1，并且在每一轮中，随机选取 200 个基底来进行更新。在最后 1 000 轮中，所有的基底一起更新，学习率为 0.03。训练模型时用 1 000 个样本的 minibatch。使用并行化，在一个 8 核的 Linux 工作站上，每一个 minibatch（包括推断和基底的更新）在两个阶段平均花费 0.7 s。

1. 第一层的结果

第一层的基底学习后是不同大小、位置、方向的边缘检测器，如图 2-15(a)所示。在图 2-15(b)中，对基底拟合了参数化的 Gabor 函数，并且用线段可视化。每一个线段的长度表示了 Gabor 函数的高斯包络线的长度，方向表示 Gabor 函数沿着低通滤波的方向，位置表示 Gabor 函数的位置。图 2-15(c)提供了基底形状的另一个视角，对每个基元的空间频率极值（以负对数的形式）和朝向的关系。基底较均匀地覆盖了空间-频率平面。

我们比较了模型训练后基底的空间-频率的性质和 V1 区简单细胞的感受野（见图 2-16）。作为一个参考，我们还提供了 ICA 的结果，这是用 Hyvärinen、Hurri 和 Hoyer 等[62]的代码得到的，进行了如下比较。

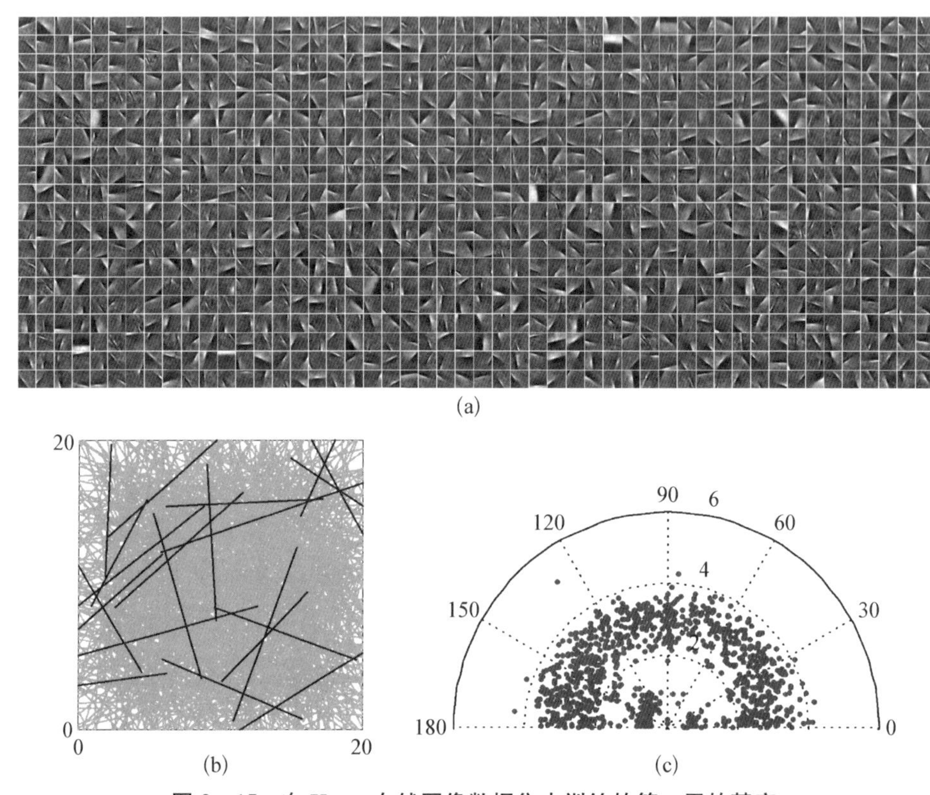

图 2-15 在 Kyoto 自然图像数据集中训练的第一层的基底

(a) 1 000 个第一层基底的可视化 (b) 在一个 20×20 像素的图像块中对基底拟合的 Gabor 函数的线段形式的可视化 (c) 拟合的 Gabor 函数在极坐标中的可视化，每一个点代表一个 Gabor 函数，角度对应着空间频率方向的极大值，半径对应着取 log 后的频率极大值

(1) 空间频率的带宽——每个滤波器沿着幅值频谱极大处方向的半极大处全宽度(FWHM)。

(2) 朝向带宽——每个滤波器沿着幅值频谱极大处方向，在一个圆上的 FWHM。

(3) 空间频率极值和朝向极值——幅值频谱极大处的空间频率和朝向。

(4) 基底或是感受野的长度和长宽比——长度是沿着滤波器低通滤波的方向的频率包络线的 FWHM。宽度是沿着滤波器带通滤波方向的 FWHM。纵横比是长和宽的比值。

在空间频率带宽[见图 2-16(a)]和空间频率极值[见图 2-16(e)]上，学习后的基底与 V1 区简单细胞的感受野有着类似的分布。但是基底更趋向于形成一个更窄的频率带宽，使其对方向更加敏感[见图 2-16(b)]，并且它们有更长的形状，因此有更高的长宽比[见图 2-16(d)]。这种与生理数据的差异可以同

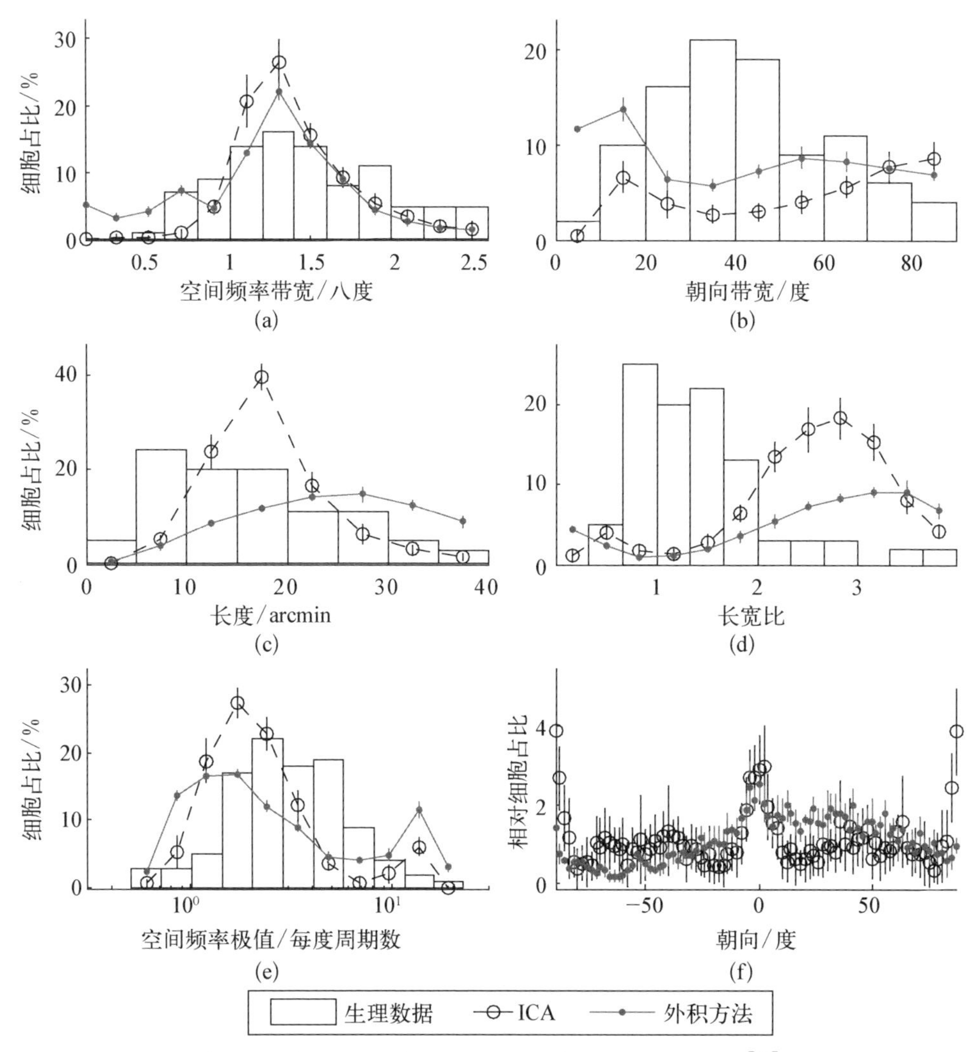

图 2-16 第一层的基与 ICA 滤波器以及猴子初级视觉皮层数据[63]的定量比较

样在 ICA 的结果中发现(见图 2-16 和 Van Hateren 和 Van der Schaaf 的论文[50])。剩余自由度(PCA 白化保留的维数)、图像块大小、隐含单元的数量不同的数据源都存在这种区别。另外,提出的模型与 ICA 在基底方向的性质上类似[见图 2-16 的(f)]。但是在这些例子中,没有可用的生理数据。

2. 第二层的结果

1 000 个拟合的 Gabor 滤波器以线段的形式在一个 20×20 像素的单图像块中展示[见图 2-15(b)]。每个第二层的单元根据其于第一层基底的连接权重大小,通过对线段明暗处理的方式被可视化。图 2-17 提供了 3 个例子。第二层的单元在图像块中对一些长条形状有选择性，有类似的方向，但是位置不同。这与 V1 区简单细胞的相位不变性一致。

我们接下来比较了第二层单元的性质与一些 V1 区复杂细胞的生理结果。给定一个响应栅格输入最强烈的模型细胞，我们改变它的方向和相位，或者叠加上另一个栅格输入，并且记录响应，归一化使得最大的值为 1。图 2－18 展示了第二层单元(实心圈)的平均响应，与生理数据一致(×号标记)。

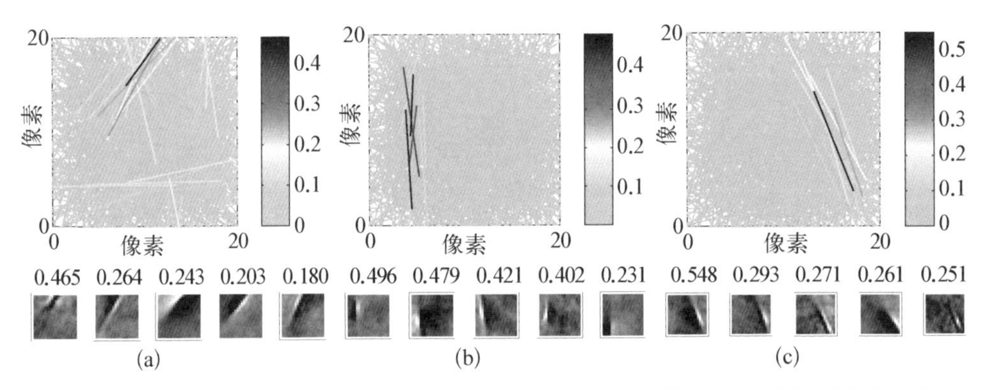

注：图(a)(b)(c)分别表示一个第二层单元。位于上方的大图表示与所有第一层基底连接的权重，每个基元用一条线段表示，其颜色深浅表示权重大小；位于下方的 5 张小图分别表示 5 个与之相连接的，有着最强权重的第一层的基底，小图上方的数字表示权重值。

图 2－17　3 个第二层单元和它们与 1 000 个第一层基底连接的可视化结果

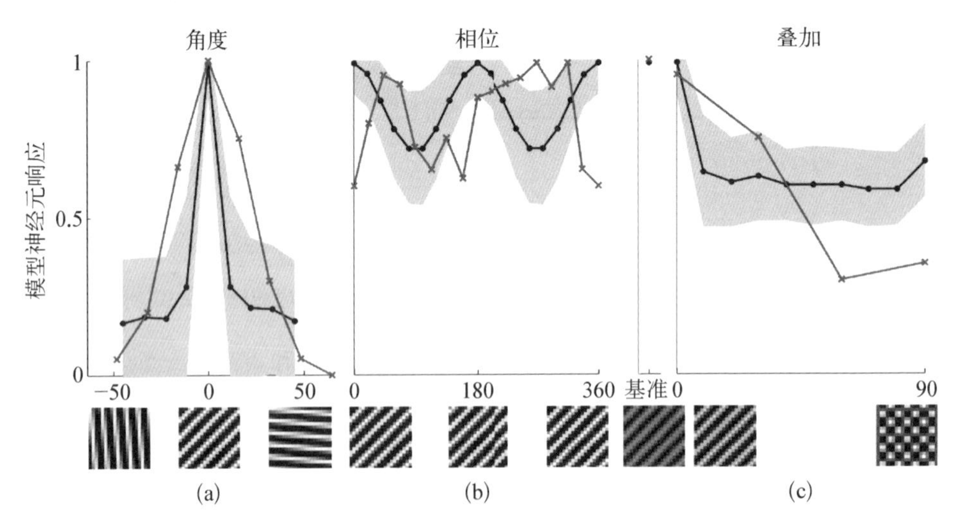

注：对于每一个单元，响应最强烈的栅格输入优先被决定；然后它的角度(a)和相位(b)是变化的，另一个不同方向的栅格输入叠加在最强响应的栅格输入上，图(c)有实心圆圈的曲线表示 100 个第二层单元的平均响应，而灰色的区域表示标准差。从左到右的有×号标记的曲线表示 V1 区细胞的发放率[64-66]。这些数据用从原曲线中除以最大值的方式归一化。

图 2－18　第二层单元的响应性质与 V1 区简单细胞的生理学数据类似

在描述自然图像的非线性统计特征中，模型总的能力比稀疏编码模型要更好。与 Karklin 和 Lewicki[48] 做的类似，我们将自然图像中的模型响应投射到一个低维空间中，来对模型在不同图像类别的能力进行可视化。从瀑布、树叶、水纹、水平波浪这 4 个不同类别的自然图像中随机抽取 1 000 个 20×20 像素的图像块[见图 2-19(a)(b)]。我们将未经处理的像素[见图 2-19(c)]和稀疏编码模型的响应用线性区别的分析[64] 透射到二维平面。提出模型的响应在四个图像类中，表现出了一种聚集效应。有着类似结构的稀疏编码模型并不能找到这些统计规律。稀疏编码模型的结果是通过 Lee 等[60] 的代码实现的。

更进一步的结果显示，模型的这个性质不是由于分层的结构，而是由于第一层的非线性造成的。当我们设置 $\boldsymbol{W}=\boldsymbol{I}$ 后，模型退化成一个单层的模型，这个退化模型的二维透射依然展现出了一个聚类效应[见图 2-19(f)]。

与在 2.2.3 节中讨论的相同，矩阵 $\sum_{j,k} y_j w_{kj} \boldsymbol{b}_k \boldsymbol{b}_k^{\mathrm{T}}$ 近似于一个式(2-11)中定义的协方差矩阵。每个第二层单元 j 的贡献可以从总和 $\widetilde{\boldsymbol{C}}_j = \sum_k w_{kj} \boldsymbol{b}_k \boldsymbol{b}_k^{\mathrm{T}}$ 中分离出来。与 Karklin 和 Lewicki[48] 的讨论类似，我们对所有 j 对应的 $\widetilde{\boldsymbol{C}}_j$ 计算特征值和特征向量。图 2-20 表示在图 2-17 中的第一个单元的结果。对这个单元，只有一些特征值明确比零大，而其他的都与零相近。最大特征值的特征向量对应图像空间最大延伸的方向，也是图像特征激活单元的最大程度。这些特征与第一层基底与单元之间有最强的连接的方向(见图 2-17)一致。但是其余的特征向量并不表现出任何有意义的图像。这也是大多数其他第二层单元的情况。与 Karklin 和 Lewicki[48] 的研究相反，对第二层的单元没有找到任何一个特征向量代表抑制图像特征或是其他更加复杂的特征。

2.2.6 结论

我们提出对图像强度外积建模，这里假设这个量服从高斯分布，其均值是由隐变量参数化的，并且协方差矩阵是一个常数。隐变量用稀疏性正则化。模型是两层的。与生理数据量化的比较表现出第一层的单元有朝向选择性，并且与 V1 区复杂细胞类似的，有相位不变性。

我们的模型与分层模型[55-58,65] 在非线性上有所不同。在这些模型里，非线性都是在第二层中，而本模型则是在第一层中。通过在图像中寻找一些非线性统计规律，我们的模型产生了与这些模型类似的结果(即朝向选择性和相位不变性的特点，见图 2-17 和图 2-18)。

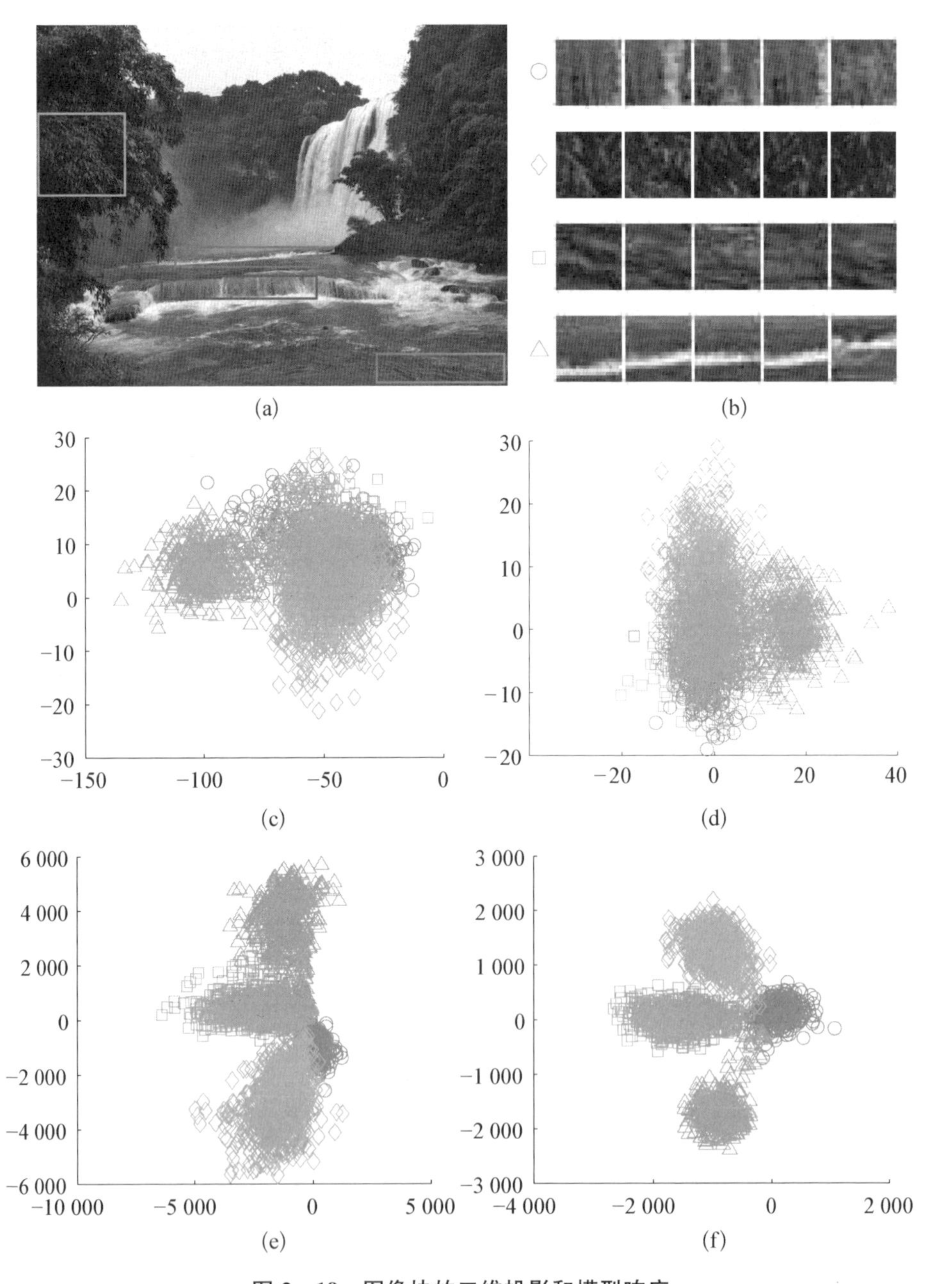

图 2-19 图像块的二维投影和模型响应

(a) 一个自然场景中 4 个不同区域 (b) 每个区域中 5 个随机的图像块 (c) 未经处理的像素强度的二维投影 (d) 稀疏编码响应的二维投影 (e) 两层模型响应的二维投影 (f) 简化模型响应的二维投影

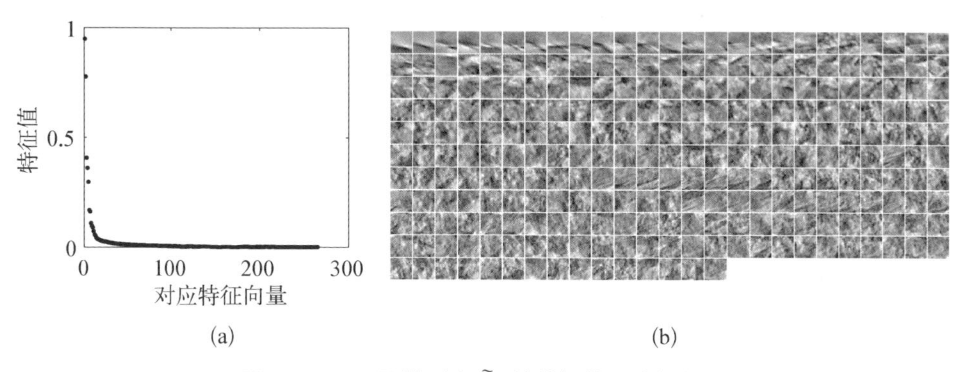

图 2-20 两层模型中 $\tilde{C}_j$ 的特征值和特征向量

(a) 265 个降序的特征值 (b) 从左到右和从顶至底的对应的特征向量

在一些其他的分层模型中[49,53,59]，非线性在第一层中体现，而对图像的协方差建模。我们提出的图像外积与 Karklin 和 Lewicki 假设强度的协方差非常相关。那么在提出的模型中，即使并没有明确地提出一般化的问题，仍然对输入图像的数据描述得很好。

提出的模型比 Karklin 和 Lewicki 的模型的好处之一是，它并不需要矩阵指数算符。在他们的模型里，这个算符用来保证协方差矩阵的半正定性。但是显然从生物学角度上讲，包含这样一个复杂的算符显得不是很直接。另外，这个算符需要很大的计算代价。我们在实现这个模型中遇到了很多阻碍，因为其学习算法有不稳定的趋向，需要对学习率很小心地调节，但在我们的经验中这是很花费时间的。实验已经体现我们的模型在学习过程中更加鲁棒，这会使它可能在许多应用中有很重要的作用。

即使外积模型得到了很多 V1 细胞的性质，如方向拟合、相位不变性、遮蔽效应(见图 2-18)等，但是却没有产生 V1 区细胞中的周围抑制效应[66]。最后这个效应在协方差模型[48]中成功地重现，并且特征值-特征向量分解的分析指出学习外积模型的第二层神经元并没有像在 Karklin 和 Lewicki 中展示的结果那样多样。这或许是因为在提出的模型中缺少矩阵指数算符和第二层的抑制单元。

2.2.7 推断问题的标准化

式(2-13)和式(2-14)是等价的。注意 $\|A\|_F^2 = \text{trace}(\boldsymbol{A}^T\boldsymbol{A})$ 并且 $\text{trace}(\boldsymbol{ABC}) = \text{trace}(\boldsymbol{BCA})$；式(2-13)的中的目标函数可以展开为

$$f_1 = \frac{1}{2} \| \boldsymbol{x}\boldsymbol{x}^{\mathrm{T}} - \boldsymbol{B}\mathrm{diag}(\boldsymbol{W}\boldsymbol{y})\boldsymbol{B}^{\mathrm{T}} \|_F^2 + \gamma \sum_j y_j$$

$$= \frac{1}{2}\mathrm{trace}((\boldsymbol{x}\boldsymbol{x}^{\mathrm{T}} - \boldsymbol{B}\mathrm{diag}(\boldsymbol{W}\boldsymbol{y})\boldsymbol{B}^{\mathrm{T}})^{\mathrm{T}}(\boldsymbol{x}\boldsymbol{x}^{\mathrm{T}} - \boldsymbol{B}\mathrm{diag}(\boldsymbol{W}\boldsymbol{y})\boldsymbol{B}^{\mathrm{T}})) + \gamma \sum_j y_j$$

$$= \frac{1}{2}\mathrm{trace}(\boldsymbol{B}\mathrm{diag}(\boldsymbol{W}\boldsymbol{y})\boldsymbol{B}^{\mathrm{T}}\boldsymbol{B}\mathrm{diag}(\boldsymbol{W}\boldsymbol{y})\boldsymbol{B}^{\mathrm{T}}) - \mathrm{trace}(\boldsymbol{x}\boldsymbol{x}^{\mathrm{T}}\boldsymbol{B}\mathrm{diag}(\boldsymbol{W}\boldsymbol{y})\boldsymbol{B}^{\mathrm{T}}) +$$

$$\gamma \sum_j y_j + \mathrm{const}(\boldsymbol{y})$$

$$= \frac{1}{2}\mathrm{trace}(\boldsymbol{B}\boldsymbol{B}^{\mathrm{T}}\mathrm{diag}(\boldsymbol{W}\boldsymbol{y})\boldsymbol{B}^{\mathrm{T}}\boldsymbol{B}\mathrm{diag}(\boldsymbol{W}\boldsymbol{y})) - \mathrm{trace}(\boldsymbol{B}^{\mathrm{T}}\boldsymbol{x}\boldsymbol{x}^{\mathrm{T}}\boldsymbol{B}\mathrm{diag}(\boldsymbol{W}\boldsymbol{y})) +$$

$$\gamma \boldsymbol{1}^{\mathrm{T}}\boldsymbol{y} + \mathrm{const}(\boldsymbol{y})$$

其中 $\mathrm{const}(\boldsymbol{y})$ 表示一个与 $\boldsymbol{y}$ 无关的项。令 $\boldsymbol{T} = \boldsymbol{B}^{\mathrm{T}}\boldsymbol{B}\mathrm{diag}(\boldsymbol{W}\boldsymbol{y})$，其中

$$t_{ik} = \sum_j w_{kj} y_j \boldsymbol{b}_i^{\mathrm{T}} \boldsymbol{b}_k$$

其中 t_{ik} 表示 $\boldsymbol{T}$ 的元素。于是我们有

$$f_1 = \frac{1}{2}\sum_i \Big(\sum_k t_{ik} t_{ki}\Big) + \sum_i \Big(\sum_j w_{ij} y_j (\boldsymbol{B}^{\mathrm{T}}\boldsymbol{x})_i (\boldsymbol{B}^{\mathrm{T}}\boldsymbol{x})_i\Big) + \gamma \boldsymbol{1}^{\mathrm{T}}\boldsymbol{y} + \mathrm{const}(\boldsymbol{y})$$

$$= \frac{1}{2}\sum_{j_1, j_2} y_{j_1} y_{j_2} \Big(\sum_{i, k} w_{kj_1} w_{kj_2} (\boldsymbol{b}_i^{\mathrm{T}}\boldsymbol{b}_k)^2\Big) +$$

$$\sum_j y_j \Big(\sum_i w_{ij} ((\boldsymbol{B}^{\mathrm{T}}\boldsymbol{x})(\boldsymbol{B}^{\mathrm{T}}\boldsymbol{x}))_i\Big) + \gamma \boldsymbol{1}^{\mathrm{T}}\boldsymbol{y} + \mathrm{const}(\boldsymbol{y})$$

$$= \frac{1}{2}\boldsymbol{y}^{\mathrm{T}}(\boldsymbol{W}^{\mathrm{T}}((\boldsymbol{B}^{\mathrm{T}}\boldsymbol{B})(\boldsymbol{B}^{\mathrm{T}}\boldsymbol{B}))\boldsymbol{W})\boldsymbol{y} + (\boldsymbol{W}^{\mathrm{T}}((\boldsymbol{B}^{\mathrm{T}}\boldsymbol{x})(\boldsymbol{B}^{\mathrm{T}}\boldsymbol{x})) +$$

$$\gamma \boldsymbol{1})^{\mathrm{T}}\boldsymbol{y} + \mathrm{const}(\boldsymbol{y})$$

这样，式(2－13)和式(2－14)就是等价的。

2.2.8 定理 2.1 的证明

定理 2.1 的证明是根据 Lee 等的研究[60]。如果 $\mathrm{sign}(y_i) \times \mathrm{sign}(\hat{y}_i) \geqslant 0$，并且令 $f_1' = \frac{1}{2}\boldsymbol{y}^{\mathrm{T}}\boldsymbol{A}\boldsymbol{y} + \boldsymbol{b}^{\mathrm{T}}\boldsymbol{y}$，$\hat{f}_1' = \frac{1}{2}\hat{\boldsymbol{y}}^{\mathrm{T}}\hat{\boldsymbol{A}}\hat{\boldsymbol{y}} + \hat{\boldsymbol{b}}^{\mathrm{T}}\hat{\boldsymbol{y}}$，则我们称 $\boldsymbol{y}$ 和 $\hat{\boldsymbol{y}}$ 在每个维度 i 上是符号一致的。在条件中，$\hat{\cdot}$ 表示 active set(有效集)对应的子矩阵或是子向量。

引理 2.1 如果解是可行的(也就是非负的)，那么最优化条件(步骤 4 中

(1)和(2))保证了算法能够找到二次规划问题的最优解。

证明 式(2-14)的 KKT 条件是

$$\boldsymbol{y}^{\mathrm{T}} \nabla f'_1(\boldsymbol{y})=0,\ \boldsymbol{y}\geqslant 0,\ \nabla f'_1(\boldsymbol{y})\leqslant 0$$

注意式(2-14)是一个凸优化问题。那么 KKT 条件是最优解的充要条件。显然算法 2-1 步骤 4 中的条件(1)和(2)对于以上条件是等价的。

引理 2.2 每个 Feature-Sign 步骤(算法 2-1 步骤 3)保证了目标函数 f'_1 的严格下降,而不违反非负性条件。

证明 显然对任意的 $\boldsymbol{y}$ 和对应的对 active set 提供任何元素的子向量,下面的函数有着一样的值:

$$f'_1(\boldsymbol{y})=\hat{f}'_1(\hat{\boldsymbol{y}})$$

而剩下的分量并不对函数值有贡献。那么,直观上 $\hat{\boldsymbol{y}}_{\mathrm{new}}$ 与 $\hat{\boldsymbol{y}}$ 是符号一致的(也就是说 $\hat{\boldsymbol{y}}_{\mathrm{new}}\geqslant 0$),并且由于 $\hat{\boldsymbol{y}}_{\mathrm{new}}$ 是二次规划问题 $\min_{\hat{\boldsymbol{y}}} f'_1(\hat{\boldsymbol{y}})$ 的最优解,$f'_1(\boldsymbol{y}_{\mathrm{new}})\leqslant f'_1(\boldsymbol{y})$。

如果 $\hat{\boldsymbol{y}}_{\mathrm{new}}$ 与 $\boldsymbol{y}$ 并不符号一致,那么便需要用一个线性搜索来在保持非负性约束的条件下更新 $\hat{\boldsymbol{y}}$,而仅当非负性满足时,L_1 范数可以简化为一个一阶项。假设线性搜索步长是 $\alpha(0\leqslant\alpha<1)$。那么从二次规划问题的凸性来看,新的点 $\hat{\boldsymbol{y}}'=\hat{\boldsymbol{y}}+\alpha(\hat{\boldsymbol{y}}_{\mathrm{new}}-\hat{\boldsymbol{y}})$ 满足 $\hat{f}'_1(\hat{\boldsymbol{y}}')\leqslant\alpha\hat{f}'_1(\hat{\boldsymbol{y}}_{\mathrm{new}})+(1-\alpha)\hat{f}'_1(\hat{\boldsymbol{y}})\leqslant\hat{f}'_1(\hat{\boldsymbol{y}})$,也就是说,$\hat{f}'_1(\boldsymbol{y}')\leqslant\hat{f}'_1(\boldsymbol{y})$。

实际上,显然除非找到最优解,否则等号不成立。那么,每个 Feature-Sign 步骤在保证非负性的情况下严格减小目标函数。

利用以上这些引理,定理 2.1 的证明就变得很直接。定理 2.1 的证明由于 $\boldsymbol{y}$ 的符号构型是有限的,根据引理 2.2,算法不会重复之前的构型,因为目标函数是严格递减的。那么,算法就会在有限步内收敛,引理 2.1 保证了解的最优性。

2.3 运用分层 K-means 模型对 V2 神经细胞的反应特性进行建模 / 胡晓林 梁 鸣 齐 鹏

为了解释初级视皮层细胞(V1 区)的特性,人们曾提出过许多计算模型,但是很少有人提出可以解释在 V1 区以外视觉区域细胞特性的模型。近年来,人们发现稀疏深度信念网络(deep belief network, DBN)在用自然图像进行训练的时候，可以复现一些次级视觉皮层细胞(V2 区)的特性。我们通过研究稀疏 DBN 网络能够行之有效的主要影响因素，提出了一个基于简单 K-means 算法的分层结构，通过竞争的赫布型学习实现，生成的模型展示了一些 V2 区神经细胞的响应特性，并且相比于稀疏 DBN，这个模型在生物学上更有意义，同时其计算效率更高。本节内容主要基于作者已发表的专题论述[67]。

2.3.1 引言

由于关于初级视皮层神经细胞(V1 区)的突破性研究成果表明这种细胞的感受野与边缘相似[68]，因此人们一直在研究这种细胞的响应特性。为了对这些特性建模，人们提出了很多计算模型，包括两个众所周知的模型：稀疏编码[69-70]和独立成分分析(independerdt component analysis, ICA)[71]。这两个方法可以看作单层的线性网络，其输入为图像像素并且假设输出是稀疏的，这样的输出与 V1 区中的简单细胞的响应机制是相符的，稀疏响应意味着输出的单元只是偶尔激活，大部分时间是休眠状态，这表明稀疏约束在复现 V1 区中简单细胞的边缘类似感受野时起到了很重要的作用。一些新近的非线性模型在加入稀疏性约束的条件后也能够复现 V1 区简单细胞的边缘类似感受野，包括受限玻耳兹曼机(restricted Boltzmann machine, RBM)[72]、自动编码机[73]以及K-means 算法[74-75]。

对于沿皮层腹侧通路上 V1 区上层的神经元(如 V2 区或者 V4 区)的特性的定量研究相对较少。著名的分层模型 HMAX[76]已被证实可以复现 V4 区神经元的一些特性[77]，但是这个模型低层单元的参数是手动设置的。对于计算神经科学领域来说一个可以通过分层的方式模仿视觉通路，并且在不同的层中共享相同的学习策略的模型更有意义。这样一个模型也许可以更好地解释发生在大脑中的学习过程。深度信念网络(DBN)[78]就是一个这样的网络。一个 DBN 包含了很多受限玻耳兹曼机(RBM)层，并且其学习过程从模型的底部开始，以类似的形式逐层推进直至顶层。可以看到当每一层都有稀疏限制条件时，一个两层的 DBN 可以将 V1 区神经元和 V2 区神经元的部分感受野的特性都复现出来[72, 79]。但是，RBM 是一种高度抽象的模型，并且其学习算法，也就是对比分歧算法[80]，对于生物学系统来说过于复杂。另外，训练 RBM 模型计算成本很高，这也是这个模型广泛应用的阻碍之一，找到一个简单又有效的替代方法是十分必要的，这就是本节的研究目的。

与之前只能靠实施稀疏约束来模仿 V1 区简单细胞响应特性的模型相比，DBN 的成功很大程度上依赖于其第一层输出中的非线性。在本节中，我们将要展示的第二层输出的稀疏性同样对取得这样的结果至关重要。具体来说，第二层的模型相应地不应该过于稀疏。当我们在寻找解决类似问题的替代模型时，这两个特性都需要考虑到。

在这些观察结果的启发下，我们提出了一个非常简单但非常有效的V2神经元的模型。这个模型源于K-means聚类算法，可以理解为一个极度稀疏的单层模型，其输入为图片像素并且只有一个输出单元可以取到非零值，为了控制这个算法的稀疏程度，我们需要采取一些修正手段。

2.3.2 稀疏深度信念网络

受限玻耳兹曼机(RBM)包括一层可见单元$\boldsymbol{v}$、一层隐藏单元h和一组在两层之间的对称连接权重$\boldsymbol{W}$。可见单元和隐藏单元都有偏置，分别用c_i和b_j来表示[80]。可见单元和隐藏单元都是随机取0或者1，给定参数$\boldsymbol{W}$、$\boldsymbol{b}$、$\boldsymbol{c}$，RBM将可见单元和隐藏单元的联合概率分布定义为

$$p(\boldsymbol{v}, h) = \frac{1}{Z}\exp[-E(\boldsymbol{v}, h)] \tag{2-18}$$

式中，$E(\boldsymbol{v}, h) = -\boldsymbol{v}^{\mathrm{T}}Wh - \boldsymbol{c}^{\mathrm{T}}v - \boldsymbol{b}^{\mathrm{T}}h$称为能量方程，并且$Z = \int_{\boldsymbol{v}}^{h}\exp[-E(\boldsymbol{v}, h)]$称为分配函数，一个标准的RBM在其可见单元和隐藏单元上没有限制条件，如图2-21(a)所示。

稀疏RBM在隐藏单元中引入了一个稀疏的激活条件[72]，稀疏RBM用一组训练数据$v_1, \cdots, v_N$，其中$v_n \in \mathbf{R}^D$，使如下的函数最小化

$$-N\log\sum_{h}\langle p(\boldsymbol{v}, h)\rangle + \lambda\sum_{j=1}^{K}\| p - \langle E(h_j \mid \boldsymbol{v})\rangle \|^2 \tag{2-19}$$

给定w_{ij}、c_i和b_j，其中

$$-\log p(\boldsymbol{v}, h) = \frac{1}{2\sigma^2}\sum_{i}v_i^2 - \frac{1}{\sigma^2}\left(\sum_{i}c_iv_i + \sum_{j}b_jh_j + \sum_{i,j}v_iw_{ij}h_j\right) \tag{2-20}$$

并且$\lambda, \sigma > 0$，在式(2-19)中，$\langle \cdot \rangle$表示样本的平均值，$E(\cdot)$表示给定数据的条件期望。参数p是隐藏单元所需要的激活概率，这个参数控制着隐藏单元的稀疏程度。值得注意的是，在这些方程中，能量函数进行了调整，使用了高斯可见单元变量，可以取真实的数值而非二值化的数据，以此更好地表示自然图像的像素值[81]。

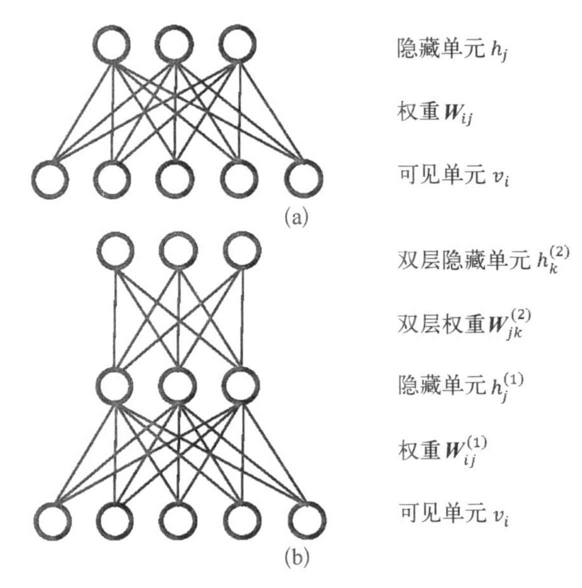

注：RBM 和稀疏 RBM 都可以用图(a)来表示，两者的差别只是后者在隐藏单元中加入了一个稀疏的激活条件，K - means 和多激活的 K - means 算法也可以用这个图来表示，差别在于前者一次只能激活一个隐藏单元，后者可以同时激活多个隐藏单元；图(b)示意稀疏 DBN 和分层 K - means 模型。

图 2-21　模型结构示意[67]

(a) 单层结构模型示意图　(b) 双层结构模型示意图

RBM 的一个优点是给定可见单元，隐藏单元是条件独立的，并且反之亦然。这就可以直接使用一种有效的方法，即用块 Gibbs 抽样来进行学习。具体说，下面的概率分布是用来对统计单元的状态进行采样的[72]

$$\begin{aligned} p(v_i \mid h) &\sim N\left(c_i + \sum_j w_{ij} h_j ,\ \sigma^2\right) \\ P(h_j = 1 \mid \boldsymbol{v}) =) &= logistic\left[\frac{1}{\sigma^2}\left(b_j + \sum_i w_{ij} v_i\right)\right] \end{aligned} \tag{2-21}$$

式中，$N(\cdot)$ 表示高斯分布；$logistic(x) = 1/[1+\exp(-x)]$。

运用一个改进的对比分歧学习法则[72]，稀疏 RBM 可以在类似 V1 区简单细胞感受野的自然图像中学习权重。图 2-22 给出了与 200 个隐藏单元有关的权重，这是在一堆从 10 张 512×512 像素自然图像中随机选取的大量的 14×14 像素的局部图像块[69]，在训练之前经过了频率的低频滤波和 $1/f$ 的白化，稀疏程度设定为 $p = 0.02$。

为了复现 V2 区神经元类似的响应特性，我们在第一层加入了另一个有 200 个隐藏单元的稀疏 RBM，并且在训练第二层的权重和偏置时固定第一层的

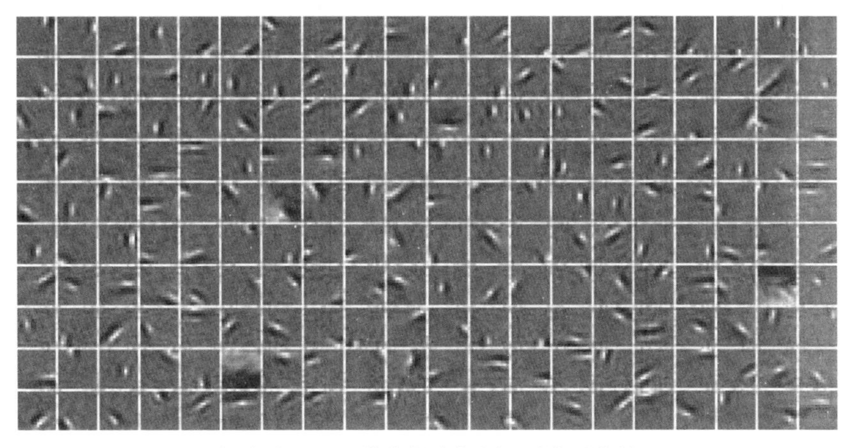

注：每个 14×14 像素的图片对应一个权重向量。

图 2－22　200 个稀疏 DBN 的第一层权重向量的可视化结果[67]

参数，其感受野类似边缘的连接点或者角点，与 V2 区神经元的特性相符合[见图 2－23(b)(c)]。第一层的非线性输出，也就是由式(2－21)中的 *logistic* 函数所控制的二值化结果起了重要的作用。这是因为一个两层的线性系统与单层的线性系统是等价的，并且一个线性系统最多只能复现 V1 区简单细胞的特性。

如图 2－23 所示，当稀疏程度 p 增大的时候，第二层单元的感受野变得越来越复杂。事实上，当 $p=0.02$ 时，其感受野和那些第一层单元的看起来差别不是很大，这个观测结果说明非线性不是使得稀疏 DBN 产生 V2 区神经元感受野的唯一影响因素，并且相对宽松的第二层的稀疏约束也起到了重要的作用。因此，如果要寻找复现 V2 区细胞特性的替代模型方案，这两个因素都应该考虑到。

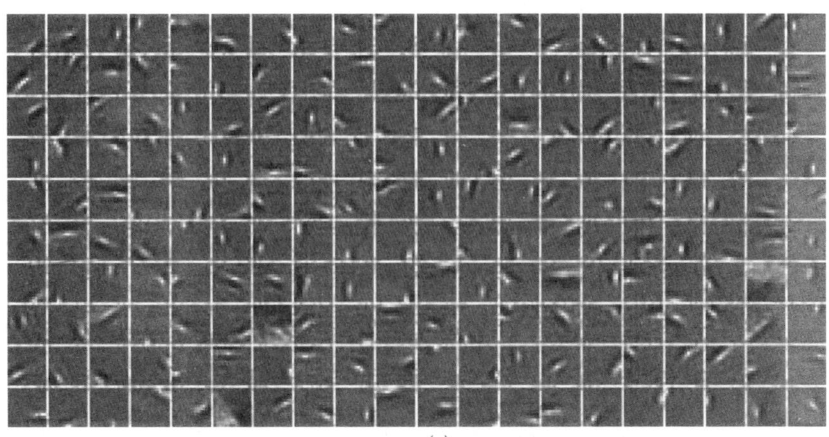

(a)

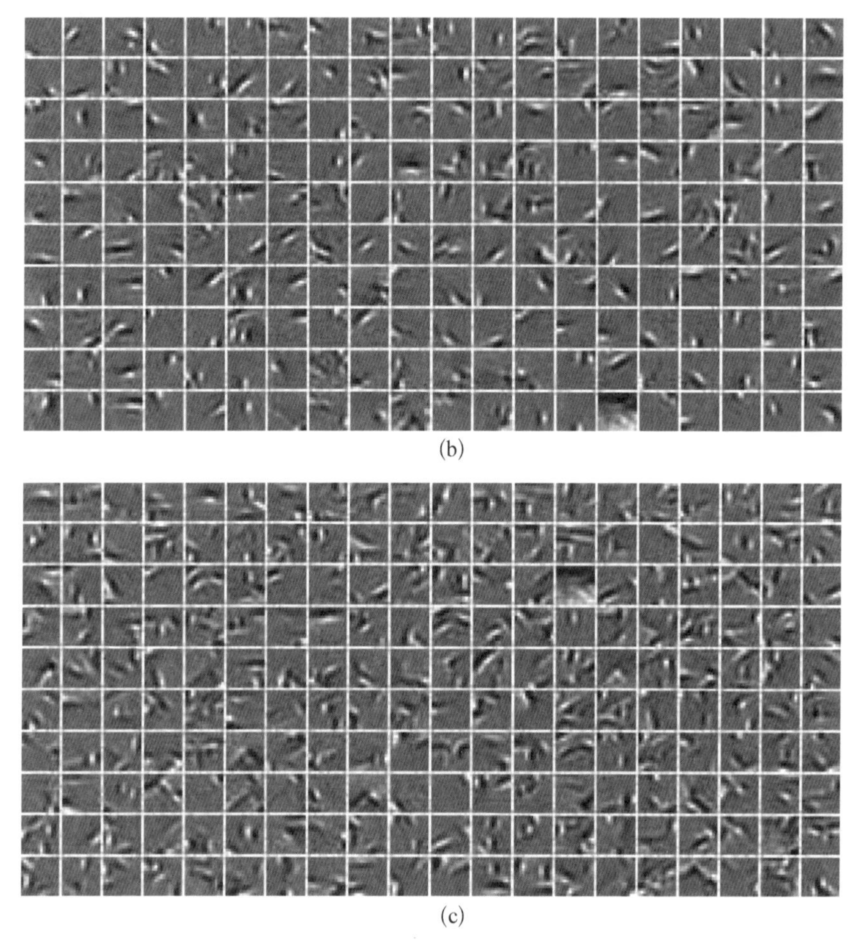

图 2-23 200 个稀疏 DBN 的第二层权重向量的可视化结果[67]

(a) $p=0.02$ (b) $p=0.03$ (c) $p=0.04$

2.3.3 分层 K-means 算法

1. *K*-means 算法

K-means 算法的目标是将数据集 v_1, …, v_N 分到 K 类,用 w_j 来表示第 j 类的均值或者中心, $j=1$, …, K, 目标就是来识别这些 w_j, 用期望最大化来作为学习机制,其包括两个迭代步骤[82]。

(1) E 步。对于每个输入 v_n 确定其属于的类别,在数学上,这相当于确定 $j^*=\underset{j}{\operatorname{argmin}}\|v_n-w_j\|$。

(2) M 步。随着数据增多对第 j 类的数据取平均值或者中心点来更新

$j=1,\cdots,K$ 对应的 w_j，也就是说 $w_j=\sum_{t=1}^{T}v_t/T$ 中 v_t 表示属于第 j 类的输入。

在算法收敛之后，每个数据点 v_n 可以分配一个二进制的指示向量 $\boldsymbol{h}$，如果这个点属于第 j 类那么 $h_j=1$，否则 $h_j=0$，如果隐变量 h_j 可以看作神经元的话，那么这些神经元的激活机制是非常稀疏的，对于每个输入只有一个神经元会被激活。

这个算法可以在生物学系统中很方便地实现。事实上，E 步可以用一个赢家通吃的电路[83]来实现，而 M 步可以用一个赫布型学习法则来实现。为了展示 M 步的可行性，我们将接下来的赫布可塑性规则具体化，这是针对当出现一个新的输入 v_n 时，h_j 和 v_{na} 之间的联合权重发生的变化而设定的[84]，表示为

$$\Delta w_{ja}=h_j(v_{na}-w_{ja})$$

其中，h_j 只能取值 0 或 1，这个规定对所有的 a 限制了权重 w_{ja}。因此当 h_j 被 v_n 激活的时候可更好地与输入 v_{na} 匹配，联合权重按照如下的方式更新为

$$w_{ja}=w_{ja}+\Delta w_{ja}=w_{ja}+(v_{na}-w_{ja})=v_{na}$$

对于一组输入，学习法则为

$$w_{ja}=w_{ja}+\frac{1}{T}\sum_{t=1}^{T}(v_{ta}-w_{ja})=\sum_{t=1}^{T}v_{ta}$$

此处 t 表示激活了单元 h_j 的输入的标签（使得 $h_j=1$）。这实际上是上述的 E 步。

2. 多激活的 K - means 算法

这里我们放松在原始 K - means 算法上的稀疏限制条件，让一个输入可以激活多个隐藏单元。具体来说，对于每个输入 v_n，我们为其分配 L 个类别，其中心点与输入最近。在计算方面，这相当于定义了一个集合 $\Omega\subset V=\{1,2,\cdots,K\}$，$|\Omega|=L$ 并且 $\|v_n-w_s\|\leqslant\|v_n-w_j\|$，$s\in\Omega$，$j\in V/\Omega$。

对于每个输入 v_n，设

$$h_j(v_n)=\begin{cases}v_n, & v_n \text{ 属于第 } j \text{ 类}, j=1,2,\cdots,K\\ 0, & \text{其他}\end{cases}\tag{2-22}$$

那么就会一直有 L 个隐藏单元被激活，并且给定一个期望的稀疏水平 p，L 就可以简单地表示为 $L=pK$，因此这个算法称为多激活的 K - means 算法，这个结构也在图 2-21(a)有说明，我们采取与原始 K - means 算法类似的 EM 方法，这个算法按如下理论收敛。

理论： 多激活的 K - means 算法中 EM 算法的每一步都会降低以下函数的值

$$J=\left\langle \sum_{j=1}^{K} h_j \| v-w_j \|^2 \right\rangle^2 \tag{2-23}$$

直到收敛。

证明： 在 E 步中，w_j 是固定的，因此易得，对 j 设定 $h_j=1$，并且对 j 设定 $h_j=0$，相当于在每个输入总有 L 个元素等于 1 的条件下，最小化 J 中的 h。在 M 步中，h 是固定的，因此这一步相当于使得 J 对 w_j 的偏导为 0，这相当于最小化 J 中 w_j，因此每一步都会导致 J 的下降直到收敛(见图 2-24)。

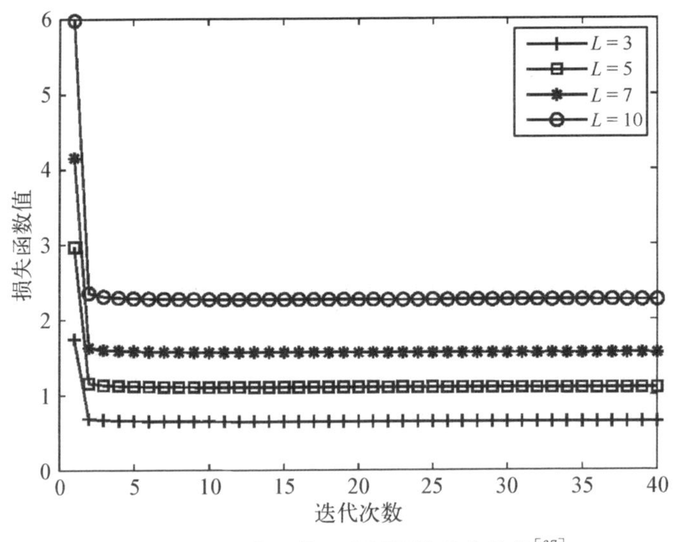

图 2-24　损失函数 J 在不同迭代中的值[67]

正如上文描述的，这个算法的生物学实现方法类似于标准的 K - means 算法。唯一的差别在于 M 步中，需要采取前 L 个赢者通吃的策略[85-86]。

3. 分层结构

与稀疏 DBN 类似，我们可以将其他多激活 K - means 模型放在第一层之上，也就是说将第一层的输出当作输入，并且在固定第一层的中心之后学习第二层的中心[见图 2-21(b)],称最终的模型为分层 K-means 模型。

2.3.4 实验

1. 第一层的输出结果

标准 K-means 算法已经被证实可以复现 V1 区细胞 Gabor 函数类似的感受野[74-75],我们将证明多激发的 K-means 算法也有相同的能力。我们随机地从 10 张自然图片中提取大量 14×14 像素的图片局部,经过与第二部分相同的处理过程,也就是经过 $1/f$ 白化并且在频域经过一个低通滤波。在每个迭代组中,50 000 图片碎片输入算法中,并且一组更新一次中心点,根据检查式(2-16)中的成本函数 J 来判断是否达到了收敛。

图 2-24 分别给出了 $L=3, 5, 7, 10$ 的时候 J 每一迭代组的演变过程,可以看到在经过几组迭代之后,J 的值即达到了相对稳定的一个状态。在 $L=3$ 的情况下,40 个迭代组的 200 个中心点在图 2-25 中展示出来。很明显这些都是边缘检测器,与标准 K-means[74-75]、稀疏 DBN[72] 以及一些稀疏编码算法[69, 71]中的结果类似。在 $L=5, 7, 10$ 的情况下结果与这个图片看起来类似(结果并没有展示出来)。

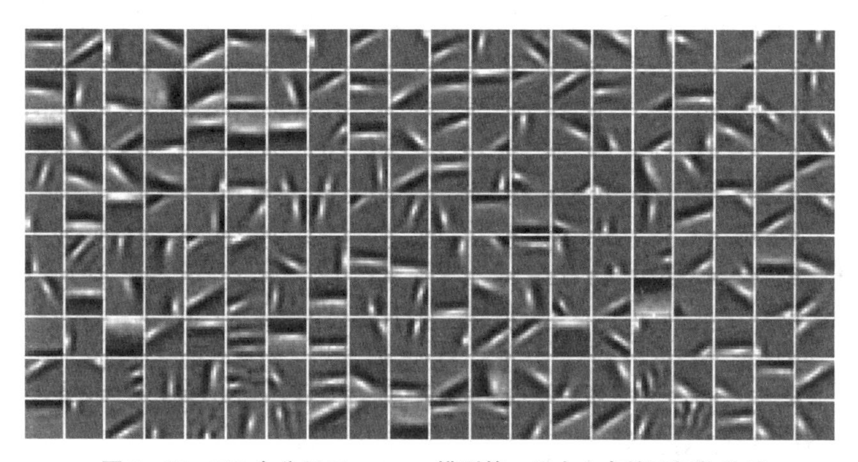

图 2-25 200 个分层 K-means 模型第一层中心点的可视化结果

$L=3$(相当于 $p=0.015$)[67]

2. 第二层的输出结果

我们在第一层之上堆积了第二层多激活的 K-means 算法,第二层有 200 个单元,并且 L 被设定为 10(相当于设定 $p=0.05$),在迭代 20 次后,算法收敛。

研究发现在学习好的第二层中之后极个别元素收敛到明显大于 0 的值，图 2-26 以箱线图的方式展示了这些元素在第二层的 10 个随机选取的中心点中的分布，可以看到大部分元素是很接近 0 的。

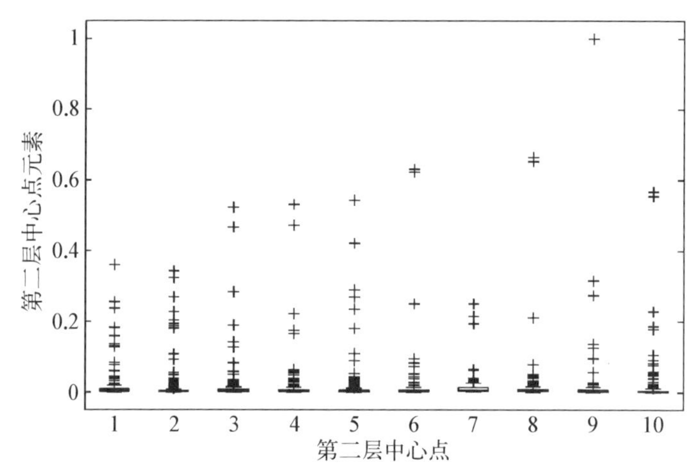

图 2-26　10 个随机的第二层中心点的元素的箱线图[67]

图 2-27 所示为第二层中心点的可视化结果（与图 2-23 的方式类似），即展示第一层的加权中心点。可以看到许多第二层中心点是角点或者边缘的交汇点，这与一些 V2 区细胞的特性定性相符[87]。

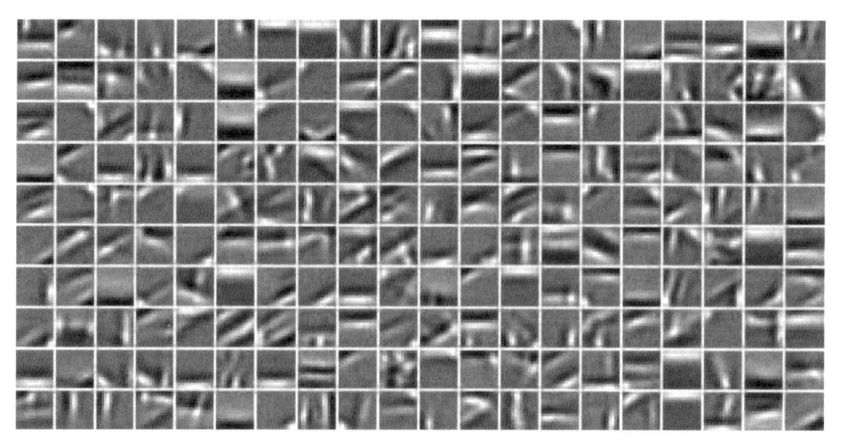

图 2-27　分层 *K*-means 模型的 200 个层的中心点的可视化结果[67]

3. 与生理实验结果的对比

为了检测分层 K-means 模型中第二层单元获取的特性，我们生成了一组角度刺激，如图 2-28 所示[87]。每个刺激是一张 14×14 像素的局部图片，代表

了在 $\{2\pi/M, 4\pi/M, \cdots, 2(M-1)\pi/M\}$ 不同方向上的一种角度，这样就有 $M(M-1)$ 种不同的刺激，具体在文献[87]中有说明。另外，每个刺激都经过了均值为 0、方差为 1 的正则化。实验中的角度刺激是黑底(像素值为 0)白图(像素值为 1)的。为了更好地可视化，图 2-28 中的图片经过了黑白反转。

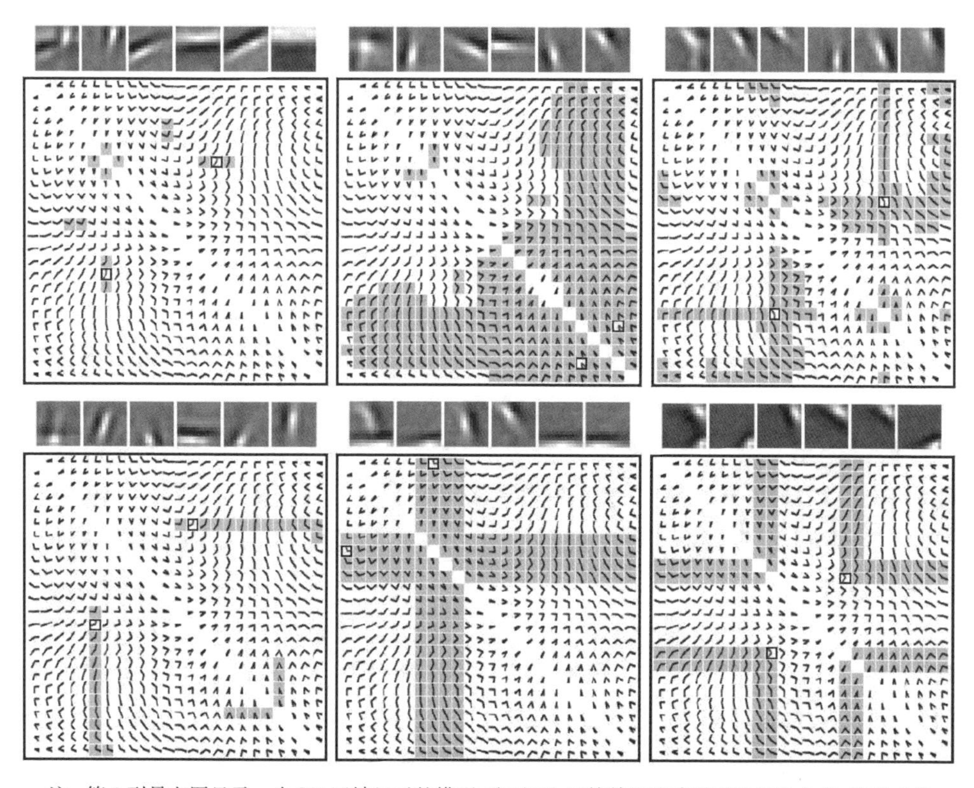

注：第 1 列最左图显示一个 V2 区神经元的模型，取了 V1 区简单细胞感受野的权重之和，接下来的 5 张图 pain 显示了那些和 V2 区神经元有最强的连接的 V1 区简单细胞的感受野，下方图片的暗区表示 V2 区神经元对其感受强烈的刺激区域，小的黑色方块表示整体的峰值响应。

图 2-28　6 个 V2 区神经元在一组角度刺激的响应情况示例[67]

对于局部的每一个角度刺激，我们一开始根据式(2-22)计算了第一层单元的输出，至于第二层的响应，为了与生理实验结果相比较，我们调整了对响应的定义。采取了两层之间的距离作为连续的输出，而不是将其二值化离散后输出。另外，为了与实际的神经元通常所定义的响应相符(刺激越接近感受野，就会诱发越高的响应)，输入 v 引起的一个中心点为 w 的二层单元的响应定义为

$$r = C - \| w - v \|^2 \tag{2-24}$$

此处 $C=\max_{w,v}\|w-v\|^2$ 是为了保证响应非负值的常数，最大化操作在所有第二层的单元对任意位置的任意角度都进行了实施。

图 2-28 给出了 $M=24$ 时的刺激数据集以及 6 个典型的第二层单元的响应输出。在每个子图中，一个小的黑色方块表示了可以引发二层细胞（或者 V2 神经元模型）响应峰值的角度并且阴影的方块表示响应值为峰值的 70%的角度，这些角度沿对角线对称。有的细胞要对特定角度进行响应（左上），有的响应许多角度（中上，右上），有的响应角度的一条边（左下），有的响应角度的任意一边（右下），有单组响应（中下）也有两组都响应（右下）。值得强调的是，这些在我们的模型中都是非常典型的。

为了在仿真结果和文献[87]中的生理数据中得到定量的比较，生成了一组 $M=12$ 的刺激数据集。我们针对模型神经元在刺激集上的响应数据提取了 5 个物理量计算并在图 2-29 中展示出来。这 5 个物理量的定义可以在文献[86]中找到。生物结果以及稀疏 DBN 结果也在图片中展示出来。可以看到分层 K-means 模型能够得到相似的结果。

另一个用来分析 V2 区神经元模型特征的方法是用小的栅格覆盖其感受野并观测响应的差别。这是文献[88]应用的方法，该文研究了猴子的 V2 区神经元，它发现一些 V2 区神经元在它们的感受野上有一致的响应性，另一些没有。

我们在一个直径 9 像素的圆中生成了 18 个正弦栅格，方向均不一样（在 0°和 180°之间等间距分布）。在感受野的周围用 0 填充来得到一个较大的 24×24 像素的局部图片，并且每个栅格在这个区域内进行转化，这会形成一个 16×16 的响应矩阵。为了让栅格原始感受野较靠外围，我们扩大感受野，在每个位置有 18 个感受野，因此最终可以得到 18 个响应结果。一个神经细胞的响应由式(2-24)定义，此处 C 是此神经元与扩大过的感受野中任意位置任意刺激最大距离的平方，然后取向调谐曲线可以在极坐标(r, θ)中画出图像，此处 r 是响应，θ 是上颚的方向。

图 2-30 给出了 V2 区神经元模型的 4 个例子，每个神经元只有 8×8 个调整过的曲线展示出来，我们是在 16×16 的响应矩阵中以每个边步长为 2 的方法采样的。左上展示了一个统一响应模式的神经元模型，也就是在任何位置（除了几乎没有响应的位置），这个神经元大致与一个垂直栅格一致，与其他三个神经元的响应机制并不一致。右上的神经元展示了在感受野的中心，这个神经元与一个 135°的栅格相符，但是在它的右上角会与 80°的栅格相符。底部的两个展示了两个感受野为正 L 形（左）水平翻转和 L 形（右）的神经元，这些结果与猴子大

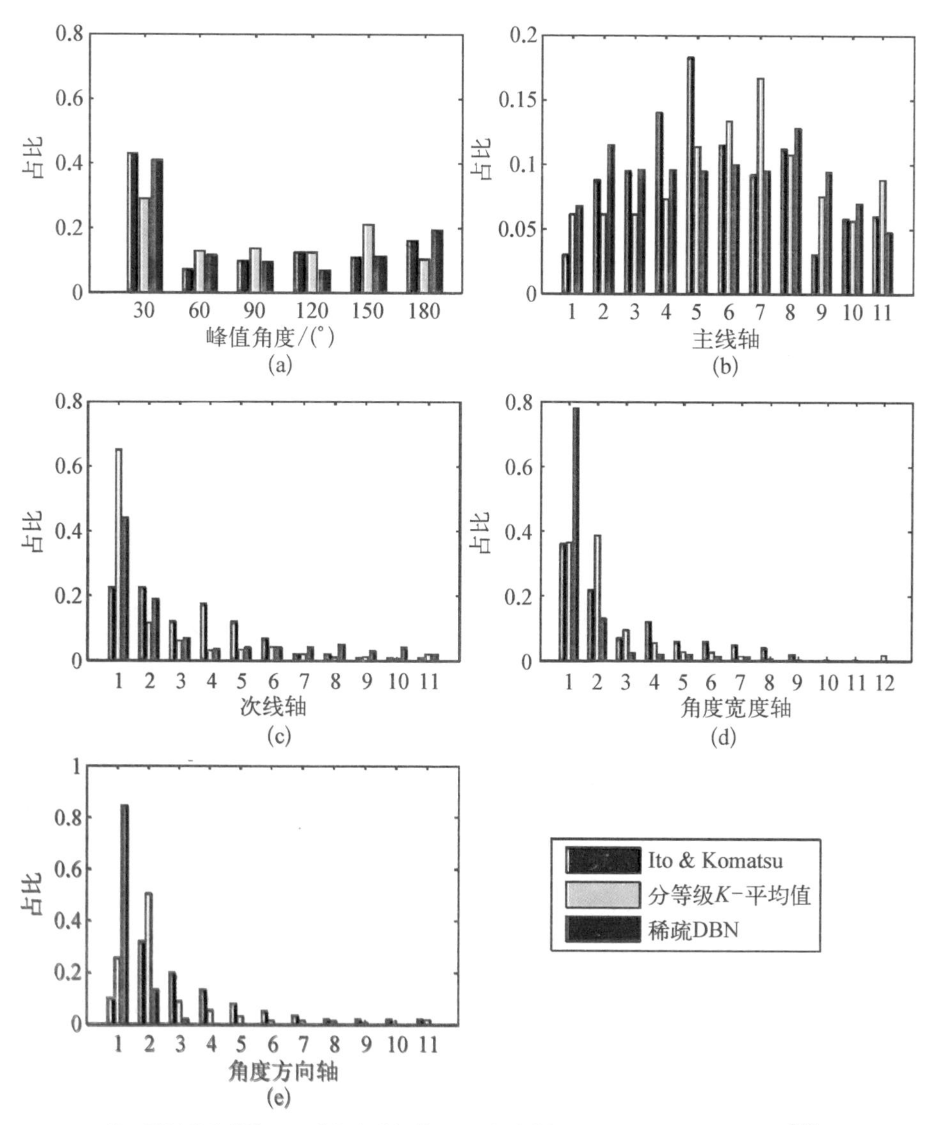

注：可以从文献[72, 86]中查看细节，生理实验数据以及稀疏 DBN 数据选自[72]。

图 2-29 在角度刺激上的响应统计数据分布[67]

(a) 峰值角度响应 (b) 主线组成的容错性 (c) 次线组成的容错性 (d) 角度宽度的容错性
(e) 角度方向的容错性上的分布

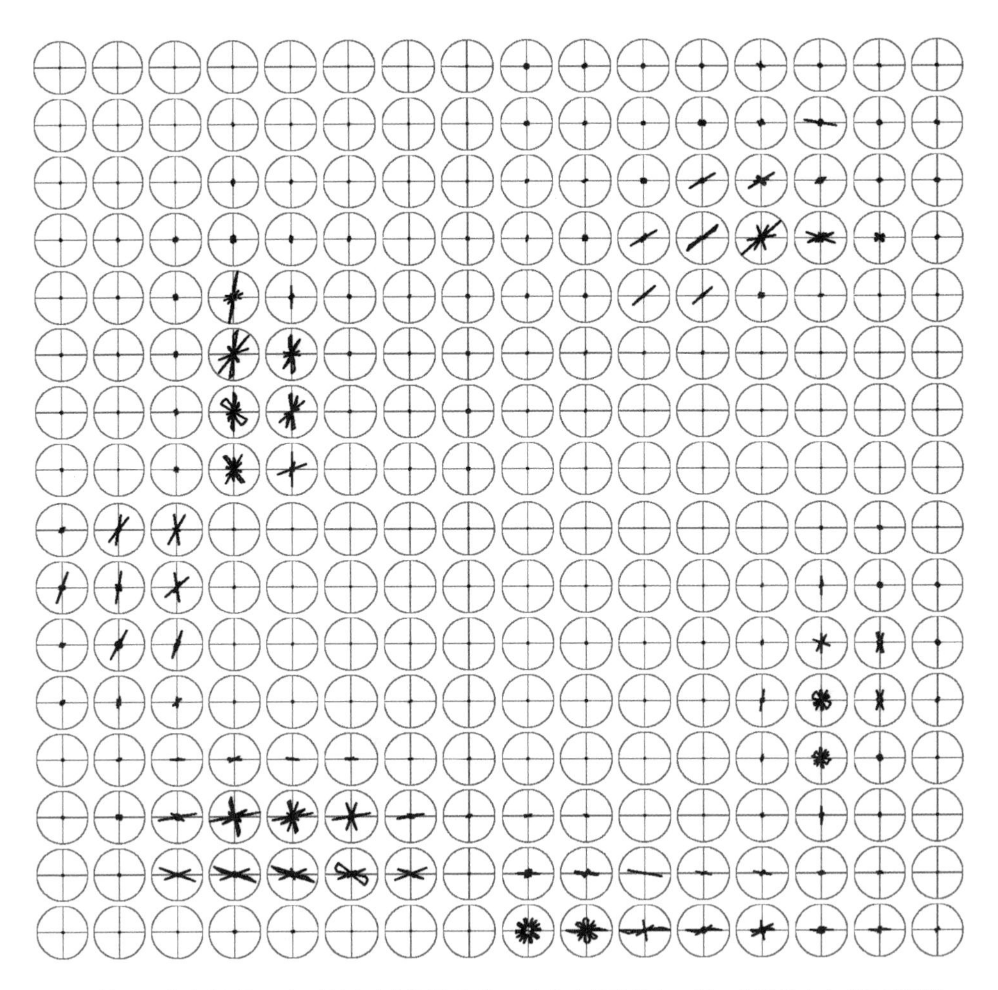

注：神经元的响应用极坐标下的在空间网格中的 64 个方向函数给出。每一个圆的中心表示感受野的位置，圆的半径表示最大感受野。每个圆中方向从 12 点钟指针的位置顺时针增加。

图 2-30　4 个 V2 神经元的方向特征感受野的示例[67]

脑中的结论定性相符[88]，但是这些结果包含了更多的噪声，这是因为我们的响应矩阵并不像真实 V2 区神经元的响应矩阵一样光滑（文献[88]中的图 1），可能部分因为在第一层输出用到的严格的非线性函数，也就是式（2-22）中提到的二值化操作。

4. 计算效率

分层 K-means 模型和稀疏 DBN 可以生成相似的结果，那么它们的计算效率是怎样的呢？这不是计算神经科学的问题，但在工程应用方面非常重要，考虑到深度学习网络一直是一个非常热门的话题[78, 89-90]。事实上，一个出色的计算机视觉模型，CDBN[89]就是在稀疏 DBN 的基础上建立的。

我们进行这种比较的难点在于缺乏一个通用的终止条件(注意它们最终的结果并不相同，尽管比较相似)。不过我们的实验可以看出两个算法在生成看起来相似的结果时相差悬殊的计算时间。表 2-1 比较了两个模型在同一个计算机上计算的时间(英特尔核心 i5-2320 3 GHz×4RAM 8 GB)，在 10 次实验中取平均，分别生成与图 2-22、图 2-23(c)、图 2-25 和图 2-27 视觉上相似的图片。对于稀疏 DBN，第一层 $p=0.02$、第二层 $p=0.04$ 时，另外在每一层以一个 0.99 的参数在每一迭代组之后衰减，初始值为 0.4，如文献[79]所示。其他的参数为调到高效率而调整。每一层在 800 次迭代后结束学习，并且在每次迭代中有 100 000 张图片输入模型中，一次输入 200 张，对于分层 K-means 模型，第一层在 40 次迭代后结束，第二层在 20 次迭代后结束，在每次迭代中又把 50 000 张图片一起输入模型中。可以看到在每层的学习中，分层 K-means 模型比稀疏 DBN 模型快 10 倍。

表 2-1 在秒量级上对计算时间进行比较

模型	V1 区/s	V2 区/s
稀疏 DBN	2 536.7±21.0	2 693.1±37.3
分层 K-means	68.9±3.9	43.2±4.2

2.3.5 结论

目前有很多可以产生类似边缘的 V1 区神经元感受野的结构，但是除了稀疏的 DBN，很少有模型可以复现 V2 区神经元的感受野，以及边缘连接结构。本节提出了一个分层的 K-means 模型来模拟 V2 神经元的响应特性。经过在自然图像上的无监督训练后，本节所提出的模型展现出的特性能够定性地与猴子所记录的生理信号相吻合。与稀疏的 DBN 相比，该模型更有生物学上的意义，同时其计算也更加高效。

由于本节模型在生物上的合理性，这个结构也许可以用来解释大脑中的视觉处理机制，由于其计算高效，在计算机视觉领域这个模型值得更深入的研究。例如，可以扩展模型将其用于学习物体的部分如卷积 DBN[89]。我们期望在这个模型中融入卷积可以产生更强大的模型，也许在一些有挑战性的计算机视觉任务上会有一定的作用。

2.4 应用于视觉识别的稀疏 HMAX 模型 / 胡晓林 梁 鸣 齐 鹏

2000 年左右，MIT 的研究者基于视觉皮层的特点提出了一个简单且生物合理的物体识别模型 HMAX。然而该模型没有涵盖神经元稀疏发放的特性，而这是视觉通路中所有阶段的一个标志。本节提出了一种改进的模型，称为稀疏 HMAX 模型，它集成了神经元稀疏发放特性。该模型能够在未标记的训练图像上学习物体的高级特征。与大多数其他逐层显式考虑全局图像结构的深层学习模型不同，通过基于图像块的学习方式应用于前一层的输出，稀疏 HMAX 沿着层次结构逐渐地考虑图像局部到全局的结构。学习方法可以是两种起源于神经科学的方法：标准稀疏编码（SSC）或独立成分分析（ICA）。本节内容主要基于作者已发表的专题论述[91]。

2.4.1 引言

灵长类动物大脑以分层的方式处理视觉信息。在腹侧识别路径上不同阶段的神经元具有不同的反应特性。例如，许多视网膜和 LGN 神经元对中心环绕图案有响应，主要视觉区域（V1 区）神经元对特定朝向的条形状有响应，V2 区神经元对拐角有响应[92]，V4 区神经元对特定的轮廓片段的聚集有响应[93]，下颞叶皮层（ITC）神经元对面部复杂的模式有响应[94]。

基于这些发现的启发，研究者们提出了一些分层模型来模拟大脑中的视觉识别过程。一个早期的代表模型是 Neocognitron[95]，其中特征复杂度和平移不变性在不同层次上交替增加。换句话说，使用不同的计算机制来实现不变性和特异性的双重目标。这个策略用在之后的模型中，包括 HMAX[96]，它引入了最大池化操作，以实现尺度和平移不变性。它由两个 *S* 层、两个 *C* 层和视角调谐单元层（view-tuned units layer）组成，作为 Hubel 和 Wiesel 的简单到复杂单元层次结构的扩展[97]。*S* 层执行模板匹配，较高级别的神经单元只有在其传入信息显示特定的激活模式时才会触发。*C* 层执行最大池化，较高层次的神经单元指定为较低层单元的响应最大值。较高的 *C* 层单元和顶层的视角调谐单元能够分别在猴子的 V4 区和 IT 区域产生神经元的一些特性[96,98]。心理物理学研究表明 HMAX 准确地预测了快速掩蔽动物与非动物分类任务上的人类表现，这表明该模型可以描述视觉皮层中腹侧通路信息处理的前馈过程[99]。

尽管 HMAX 成功地重现了一些生理和心理结果，但它的学习策略简单。事实上，低级功能（S1 单元的感受野）是人为指定而不是学习出来的。中级功能（S2 单元的感受野）是上一层响应的随机提取块。HMAX 的一个改进版提出了几项重要的修改[100]，但是学习方法仍然缺乏提取更高层次特征的能力。

稀疏编码是用于学习 V1 区简单神经元感受野的无监督学习技术[101-102]，它的提出是基于这样的发现，即 V1 区细胞大部分时间都是沉默不发放的，只是偶尔发放。该模型可以再现 V1 区简单细胞类似于 Gabor 函数形状的感受野。生理研究表明，不仅在 V1 区中，稀疏发放是腹侧通路中几乎所有阶段的神经元发放的标志。例如，猕猴 IT 细胞对视频图像稀疏地发放[103]。最近的一项研究表明，稀疏编码能更好地说明猕猴 V4 区细胞的感受野性质[104]。大脑内侧颞叶（MTL）中的神经元也是如此：对于只有少数的视觉刺激（如熟悉的个体或地标建筑物）而言，无论其方向和角度如何，它们的选择性都很强[105]。所有这些结果都意味着神经元稀疏发放在构建外部世界的内部表征中起着重要的作用。因此我们假设在 HMAX 中可以使用稀疏编码来学习不同级别的特征。我们将展示模型中的最大池化操作引入稀疏编码可以处理的线性高阶统计规则。

之前有一项研究[106]试图结合 HMAX 和稀疏编码来解释人类 MTL 中对物体的稀疏不变表示的出现[107]，但稀疏编码仅应用于 HMAX 的输出。此外，稀疏不变表征只是利用分类准确率来间接地探测。在本研究中，我们在 HMAX 的每个 S 层上应用稀疏编码，明确地展示了一些中级和高级特征可以通过直接可视化的方式展现。此外，当应用于没有标签的混合类别的图像时，所提出的模型可以为粗略（如人脸与动物）和精细（如不同个体的面部）的分类提供鲁棒的内部表示，而这与在人类 MTL 数据上的发现[105]一致。

2.4.2 方法

1. HMAX 和稀疏编码

图 2-31 展示了 HMAX 模型[106-108]的典型设置，它由 4 层组成分别为 S_1、C_1、S_2 和 C_2。视图调节单元层可以在 C_2 层之后添加，但这里未显示。一组人工设定的 Gabor 滤波器与输入图像进行卷积，产生一组 S_1 特征图。S_1 特征图根据滤波器的大小和位置分组在不同的带中。最大池化应用于具有相同带内的滤波器的 S_1 特征图，产生一组 C_1 特征图。在训练阶段，从 C_1 特征图中随机提取一组图片块作为原型或基底。将 C_1 特征图上的所有提取块与这些基底进行比较，并根据差异计算 S_2 特征图；较小的距离产生更强烈的响应。之后再将最大池化应用于所有位置和尺度的 S_2 特征图，以获得平移和尺度不变的 C_2 特征图。

注意，用于生成 S_1 特征图的 Gabor 滤波器不是任意的。它们是 V1 区简单

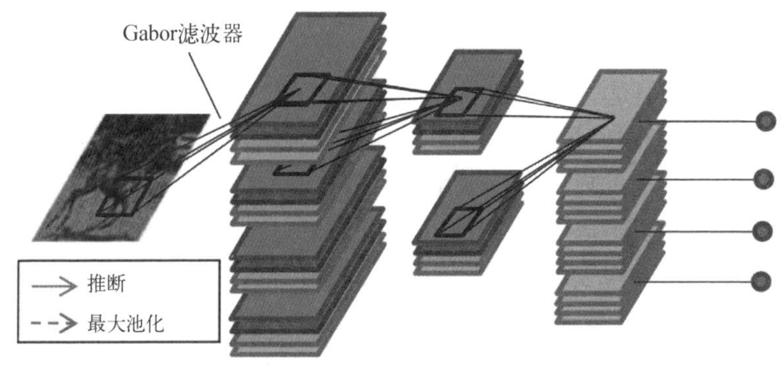

注：推断过程是通过模板匹配实现的，S_1 和 C_1 层中的不同颜色对应于 Gabor 滤波器的4种不同朝向[91]。

图 2-31　HMAX 模型的典型设置

细胞感受野的优秀描述模型[109]。计算神经科学表明，稀疏编码可能导致出现这样的感受野[102]，其本质上是从与像素对之间的有更高阶依赖性的视觉输入中提取依赖性。

对给定 k 个图片块 $\boldsymbol{x}_i \in \mathbf{R}^n$，稀疏编码寻找一组基向量 $\boldsymbol{a}_i \in \mathbf{R}^n$，使得 $\boldsymbol{x}_i = \sum_{j=1}^{n} \boldsymbol{a}_i s_j$。其中 s_j 代表了稀疏的系数，即其中只有几个是非零的。按照矩阵的形式，表达式变为

$$\boldsymbol{X} = \boldsymbol{AS} \tag{2-25}$$

式中，$\boldsymbol{X}$ 中的每一列是一个提取块 $\boldsymbol{x}_i$；$\boldsymbol{A}$ 中的每一列是一个基向量 $\boldsymbol{a}_i$；$\boldsymbol{S}$ 中的每一列是一个向量 $\boldsymbol{s}_i \in \mathbf{R}^m$，包含了重构 $\boldsymbol{x}_i$ 的 m 个基底的系数。一个常见的表示是

$$\min \| \boldsymbol{X} - \boldsymbol{AS} \|_{\mathrm{F}}^2 + \lambda \sum_{i=1}^{k} \| \boldsymbol{s}_i \|_1$$

$$\text{subject to } \| \boldsymbol{a}_i \|^2 \leqslant 1, \ \forall i = 1, \cdots, m \tag{2-26}$$

式中，$\| \cdot \|_{\mathrm{F}}$ 指的是 Frobenius 范数；λ 是一个正的常数；隐向量 $\boldsymbol{S}$ 与基底 $\boldsymbol{A}$ 的推理需要解决无约束的 L_1 范数最小化问题。

如果 $m = n$ 且假设 $\boldsymbol{A}$ 为可逆的，那么独立成分分析(ICA)[110]就可以用来解决式(2-25)，并且推断隐向量过程变成以下简单形式

$$\boldsymbol{S} = \boldsymbol{WX} \tag{2-27}$$

其中$\boldsymbol{W}=\boldsymbol{A}^{-1}$。ICA 的最大似然表达式是

$$\max\sum_{i=1}^{k}\sum_{j=1}^{m}\lg f_j(\boldsymbol{w}_j^{\mathrm{T}}\boldsymbol{x}_i)+k\lg|\det\boldsymbol{W}| \tag{2-28}$$

式中，$\boldsymbol{W}$的行是正交的；$\boldsymbol{w}_j^{\mathrm{T}}$指的是$\boldsymbol{W}$的第$j$行；$\boldsymbol{x}_i$指的是$\boldsymbol{X}$的第$i$列；$f_j(\cdot)$是一个稀疏概率分布函数。

在本节中，稀疏编码模型同时涉及式(2-26)和式(2-28)，因为ICA与稀疏编码密切相关[110]。为了避免混淆，模型式(2-26)称为标准稀疏编码或SSC。此外，$\boldsymbol{A}$列和$\boldsymbol{W}$列分别称为基数和滤波器。SSC和ICA学习得到的基数和滤波器类似于皮层中V1简单细胞的感受野。

稀疏编码模型的灵感来自实验观察，大多数时间内视觉皮层感觉区域中的神经元保持沉默，只是偶尔发放。实验数据表明，稀疏发放是整个视觉层级中的神经元属性[103, 105, 111-112]，但HMAX仅利用了V1区神经元的这种特性。一个自然的疑问便是稀疏编码是否可以集成到较高层的HMAX(如S_2层)中，以及是否可以用于学习更高级别的视觉层级(如ITC和MTL)的神经元的属性。事实上，HMAX的S_2层使用随机选择的C_1提取块作为基向量，这不太可能与任何神经元的感受野具有直接的对应关系。我们提出用稀疏编码来代替这种简单的学习方法，并将这一策略扩展到更高的层次。通过这种修改，不同层次的学习和推理过程是一致的。

注意到SSC和ICA都是线性模型，其最多可以从输入中提取线性统计规律。然而，自然图像包含非线性统计规律[110]。事实上，线性输出的方差是相关的[113]，这个发现促使许多研究从图像中提取非线性统计规律[114-116]。接下来，我们的研究证明了在HMAX中使用的非线性运算(最大池化)使线性稀疏编码模型能够从图像中提取非线性统计规律。

2. 空间最大池化导致线性统计规律的出现

在原始的HMAX中，最大池化应用在不同的位置和尺度上。由于本研究的目的是建立一个没有人为指定特征的模型，因此计划通过ICA或SSC学习S_1滤波器或基底，但是很难直接估计学习到的滤波器或基底的大小。构建不同大小的滤波器或基底的一个简单策略是调整已知滤波器或基底的大小，并在下一步中引入尺度池化。然而，这一策略在生物学上是不可行的。幸运的是，单独的空间池化就可以取得很好的效果，因此本节仅考虑空间最大池化。接下来将会展示这一操作在相同和不同位置的不相关输出之间引入突出的相关性，而这激发了对图像中高阶统计规律的进一步探索。

通过使用 ICA 学习得到 64 个 10×10 的滤波器。所用数据来自京都数据集的 62 个自然场景图像(可从 http://www.cnbc.cmu.edu/cplab/data_kyoto.html 下载;预处理到灰度图),使用 PCA 进行降维和白化[110]。为了与 HMAX 一致,将每个滤波器与输入图像进行卷积,以获得特征图(S_1 层),然后通过非重叠的最大池化进行下采样 C_1 层,如图 2-32 所示。在 S_1 和 C_1 层之间,相关系数在以下响应之间计算:

(1) 在同一位置处的不同滤波器,例如图 2-32 中的 S_1^A 与 S_2^A 和 C_1^A 与 C_2^A。

(2) 在不同位置处的同一滤波器,例如图 2-32 中的 S_1^A 与 S_1^B 和 C_1^A 与 C_1^B。

(3) 在不同位置处的不同滤波器,例如图 2-32 中的 S_1^A 与 S_2^B 和 C_1^A 与 C_2^B。

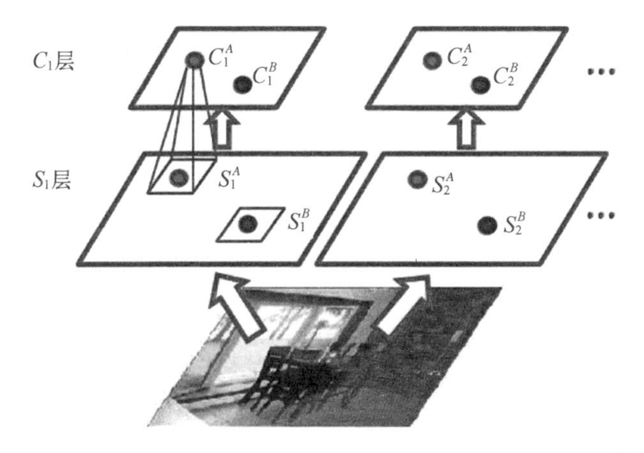

注:下标表示滤波器标签,上标表示位置。最大池化仅适用于不同位置[91]。

图 2-32 HMAX 前两层的示意图

在 S_1 层或 C_1 层上,在第一和第三种情况下有 64×64−64 个系数(64×64 相关矩阵除去对角线以外的项)和第二种情况下的 64 个系数(64×64 相关矩阵的对角项)。从 ImageNet(http://www.image-net.org/)随机选择 100 张图像,并使用 PCA 白化后的图像空间中的 64 个滤波器计算 S_1 特征图。C_1 特征图是通过非重叠的最大池化获得的,池化比为 r,即 S_1 特征图上的 $r \times r$ 提取块减少到相应 C_1 特征图上的单个点,该点的值是 $r \times r$ 提取块的最大值。为了计算 S_1 层上的第一个量,使用 100 000 个随机位置(每个图像上有 1 000 个位置)。为了计算 S_1 层上的其他两个量,使用了另外 100 000 个位置,这些位置是通过将距离 d 添加到先前选择的 100 000 个位置的垂直和水平坐标上来获得的(选择的前 100 000 个位置使得新位置不会在 S_1 特征图之外)。以相同的方式,在 C_1 层上计算 3 个量。为了使 S_1 和 C_1 层的距离一致,C_1 特征图上不同位置之

间的距离设置为 d/r。

图 2-33 中的第 1 行和第 2 行分别是 S_1 和 C_1 层（$r=3$，$d=50$）的相关系数的直方图。显然，S_1 层上不存在相关性，但在空间最大池化之后出现相关性。

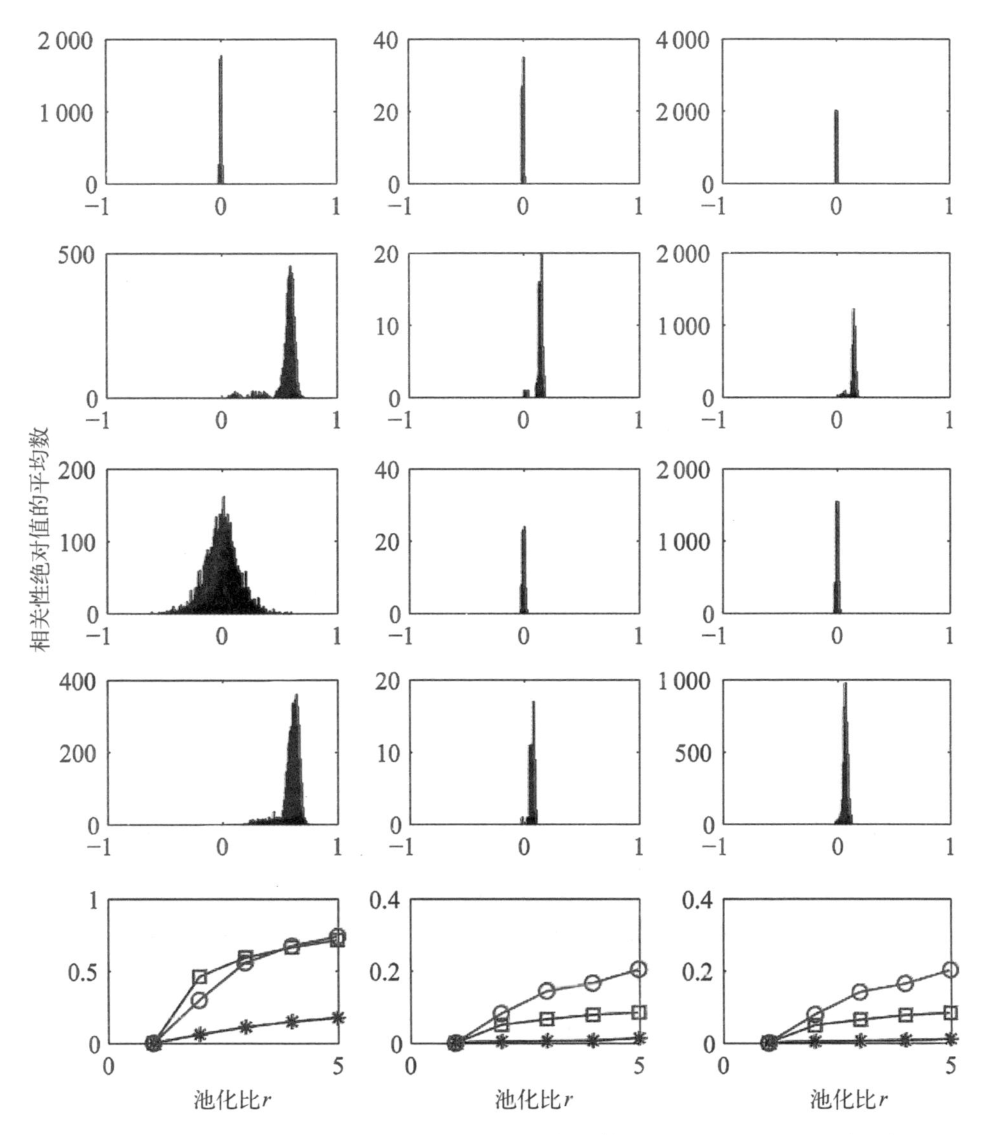

注：第 1 列：在相同位置的不同滤波器的响应之间的相关性；第 2 列：在不同位置的相同滤波器的响应之间的相关性；第 3 列：不同滤波器在不同位置的响应之间的相关性。位置之间的距离 d 在原始图像空间上为 50 像素。第 1 行：图 2-32 中 S_1 层的结果；第 2 行到第 4 行：图 2-32 中 C_1 层的结果，分别为最大池化、平均池化和平方池化，其中池化比 $r=3$；第 5 行：相对于池化比 r 的相关系数的绝对值的平均值，其中空心圆圈○、星号 * 和正方形□分别表示最大池化、平均池化和平方池化[91]。

图 2-33 相关系数统计

此外，最后一行显示，随着池化比的增大，相关性会增强。这些观察结果表明，S_1 层上可能不存在高阶线性相互作用，但可能存在于 C_1 层上。第一个假设在先前的一项研究中得到验证[117]，其中一个没有任何池化方法的基于二层提取块的稀疏编码模型只会产生类似 Gabor 的函数。在本研究中验证了第二个假设。

上述分析表明，除局部不变性之外，最大池化在滤波器之间产生二阶线性交互作用，无论它们位于相同还是不同的位置。请注意，这不是最大池化独有的属性，因为其他类型的非线性转换也可能具有此属性。图 2－33 给出了平方池化（即计算 S_1 特征图上的 $r \times r$ 区域内的平方和的平方根）的情况。然而，平均池化（即计算 S_1 图上的 $r \times r$ 区域的平均值）只能在相同位置的不同滤波器之间产生相互影响；对于不同位置处的相同滤波器和不同位置处的不同滤波器，相关系数接近于零。

3. 稀疏 HMAX

基于观察到的最大池化引入的线性依赖关系的现象，我们提出在每个 S 层的 HMAX 上通过 ICA 或 SSC 学习线性滤波器或基底。一定数量的基底（称为"S 基"）学习得到之后，可用于计算 S 层特征图。每个 C 层由前面的 S 特征图最大池化后得到。图 2－34 给出了 3 个 S 层和 3 个 C 层，以及 4 个 S_1 基、3 个 S_2 基和 5 个 S_3 基。SSC 和 ICA 用于学习 S 基。SSC 可以学习不完备的基底，这对于图像分类通常是有利的，因为它产生较大的字典规模。ICA 不能学习过完备的基，但是在推断特征图方面非常有效，因为它可以像原始的 HMAX 一样，获得一组滤波器并与输入进行卷积，以直接生成特征图。

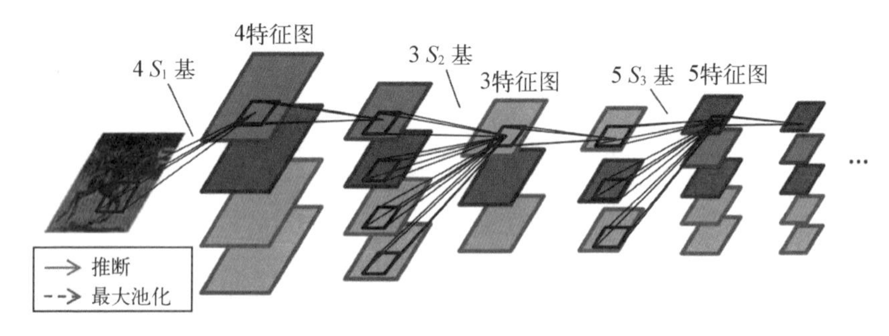

图 2－34　1 个 6 层的稀疏 HMAX 模型[91]

SSC 和 ICA 应用在从 C 特征图的随机位置处采样的特征块上。在一个 C 层上采样特征块意味着在相同位置的每个特征图上采集同样大小的特征块。这意味着在 C_k 层学到的基具有维数 $p \times p \times m_k$，其中 p 表示每个 C_k 图上的特征块的边长(不失一般性地假定提取块为正方形)，m_k 表示 C_k 图的数量。

在我们的模型中，基的维数通常高于基的个数。例如，典型的 S_2 基的大小为 $12\times12\times36=5\,184$，而 S_2 层只有 100 个 S_2 基。这对于 SSC 不构成问题，因为它不会对这两个数字有限制要求。然而，ICA 要求这两个数相等，解决办法是 PCA 降维(与 PCA 白化同时进行)。由于采样的特征块中存在大量冗余(部分来源于权重共享)，剩余维数可能包含足够的信息以供进一步分析。

对于图像分类，最终的 C 层特征图用于表征图像。在原始 HMAX 中，由于在所有位置处都使用了最大池化，则每个 S_2 随机基向量都会产生图像的单个 C_2 特征，然而，空间金字塔最大池化已经证明是更有效的[118]，此处我们也采用了这种方法。网格分辨率的典型设置为{1, 2, 4}，使得稀疏 HMAX 的最终 S 层中的每个 S 基产生 21 个特征。此外，与以前的方法[118]相同，最大池化应用于每个网格内的响应的绝对值。注意，与原始 HMAX 产生的 S_2 编码不同，通过稀疏编码推断的 S 编码可以是正的或负的。

4. 高层特征的可视化

与之前的研究[119]类似，高层单元的基通过线性组合之前各层的基来实现可视化。请注意，在向输入空间投射更高层神经元单位的基时，应扩大提取块大小，以抵消掉由于最大池化产生的尺寸缩减。尽管只为池化区域中的任意一个位置赋予正值，并将其他位置置零已经足够好了，但我们还是发现，如果将所有位置都分配相同的激活值时，则可视化效果会更好。

5. 与原始 HMAX 模型对比

模型的主要差异在于，在稀疏 HMAX 中，S_2 基是通过稀疏编码来学习的，因此 S_2 编码是通过稀疏编码来计算的。相比之下，在原来的 HMAX [107-108]中，S_2 基底是从 C_1 特征图上随机提取的块，S_2 编码是根据 C_1 提取块和基底之间的距离计算出来的。

稀疏 HMAX 中的其他差别还包括如下内容：

(1) S_1 滤波器或者基底是学习得到而不是人为指定的。

(2) S_1 和 S_2 滤波器或基底具有单个尺寸而不是多个尺寸，因此在不同尺寸上没有最大池化。

(3) 允许比 C_2 更高的层次出现。

(4) 在最后的 C 层中使用空间金字塔最大池化[118]进行图像分类，而不是在所有位置上的最大池化。这其实对应于具有最粗分辨率的空间金字塔。

但这些差异并不是必不可少的，可以很容易地去掉。例如，S_1 基可以调整到多个尺度，并且可以以不同的尺度学习 S_2 基。

6. 基准模型

这里将展示所提出的模型增强了 HMAX 的能力。然而，如上所述，两个模型在许多方面有所不同，并且不清楚哪些变化是增强的。需要一些具有替代模块的基准模型来解决这个问题。我们对稀疏编码的贡献特别感兴趣，它有两个部分，即基底学习和编码推理。基底学习可以用原始 HMAX 中使用的简单策略来替代，即在先前 S 层上随机提取块。类似地，编码推断可以用在原始 HMAX 中使用的基于距离的方法来代替。以这种方式，可以获得与一些基准模型的对比。

另外，稀疏编码模型式(2-26)和式(2-28)可以用基于 L_2 正则化的学习规则来代替

$$\begin{aligned} &\text{minimize} \quad \frac{1}{2}\|\boldsymbol{X}-\boldsymbol{AS}\|_F^2+\frac{\lambda}{2}\|\boldsymbol{S}\|_F \\ &\text{subject to} \quad \|\boldsymbol{a}_i\|^2\leqslant 1,\ \forall i=1,\cdots,m \end{aligned} \tag{2-29}$$

隐向量 $\boldsymbol{S}$ 的推断需要求解一个无约束的 L_2 范数最小化问题，它具有闭式解。基底 $\boldsymbol{A}$ 的学习算法与文献[120]中的相同。类似于稀疏编码，该模型可用于基底学习和编码推理。

7. 刺激

本研究使用的视觉刺激都是来自以下 4 个数据集的图像：

(1) 京都数据集：该数据集可在 http//www.cnbc.cmu.edu/cplab/ data_kyoto.html 获得。它由 62 个尺寸为 640×500 像素或 500×640 像素的自然场景图像组成。

(2) Caltech-101：该数据集可从 http://www.vision.caltech.edu/Image_Data-sets/Caltech101/获得，其中包含来自 102 个类别(如动物、人脸、花卉)的 9 144 张图像。每个类别的图像数量从 31 到 800 不等。大多数图像是中等分辨率(约 300×300 像素)，并且在一些变动情况下有很好的对齐。

(3) ImageNet：此数据集可从 http://www.image-net.org 获得，其中包含大量图像，并以层次化结构组织起来。层次结构的每个节点信息由数百到数千个图像进行刻画。

(4) Labeled Faces in the Wild(LFW)：该数据集可从 http://vis-www.cs.umass.edu/lfw/获取，其中包含从网络收集的超过 13 000 个 250×250 像素未对齐的人脸。每张脸都标注了被拍摄者的名字。

在 2.4.3 节实验 2 和实验 4 中使用 Caltech-101。在实验 2 中，将图像大小

调整到较短的边长为 120 像素，同时保持横纵比。在实验 4 中，被调整为长边不超过 300 个像素，同时保持横纵比。在实验 3 中使用 ImageNet 和 LFW，其中从两个数据集中随机选择一组图像，并被调整到短边为 150 像素，同时保持横纵比。实验中使用的所有图像都被预处理成灰度级。

8. 实验

在 2.4.3 节实验 1 至实验 3 中，我们在不同的数据集训练了五层稀疏 HMAX 模型，它有 36 个 S_1 基，维度为 10×10，100 个 S_2 基，维度为 $12\times12\times36$，以及一些 S_3 基，维度为 $13\times13\times100$。在实验 2 和实验 3 中，S_3 基的数量取决于任务难度。S_1 特征图和 S_2 特征图上的最大池化比例分别为 3 和 2。通过从图像中随机提取 100 000 个区域或 C 个区域，并利用 ICA 来学习得到基底。

在实验 1 中，模型在京都数据集中的所有 62 幅图像上进行训练。在实验 2 中，首先，模型分别在 Caltech 中的 101 类上进行训练，其中每一类最多选取 100 张图像。其次，模型在两组不同的图像上进行了训练和测试。训练集包括 50 张人脸图像(来自 face-easy 类别中的 10 个人，每个人 5 张图像)、61 个 car-side 类别中的汽车图像、32 个大象类别图像和 40 个朱鹭类别图像。测试集包括 100 张 face-easy 类图像(每个人 10 张图像)、62 张 car-side 类别的汽车图像、32 张大象类别图像和 40 张朱鹭类别图像。训练集和测试集中的 10 人相同。在实验 3 中，该模型对 150 张 LFW 图像和 1 350 张 ImageNet 图像进行了训练，然后在 5 000 张 LFW 图像和 5 000 张 ImageNet 图像上进行了测试。人脸图像从 ImageNet 中手动排除。

在实验 4 中，使用两种网络结构进行 Caltech－101 数据集上的对象分类。首先，对四层结构进行训练。参数如下：ICA 在京都图像上获得 8 个 8×8 的 S_1 基；由 SSC 在 Caltech－101 图像上学习得到 1 024 个 S_2 基；池化比 $r=6$。为了学习 S_2 基，式(2－38)中使用了 20 000 个随机特征块，取 $\lambda=0.15$。在 C_2 层中，在 S_2 响应的绝对值上使用网格分辨率{1, 2, 4}的三级空间金字塔。最大池化应用于每个网格以产生特征。因此每个特征向量具有 $1\,024\times21=21\,504$ 维。

其次，一个六层结构也被训练成与上述相同的 S_1 和 C_1 层。其他参数如下：大小为 4×4 的 256 个 S_2 基和大小为 1×1 的 1 024 个 S_3 基，均由 SSC 学习得到；池化比 $r_1=6$，$r_2=5$；C_3 层上的空间金字塔网格分辨率为{1, 2, 4}。与以前的实验不同，为了在 C_2 层保留足够的信息，C_2 图上的最大池化应用于步长为 2 的重叠提取块上。稀疏参数为 $\lambda_1=0.11$ 和 $\lambda_2=0.15$。式(2－26)分别用于学习 S_2 基和 S_3 基。在这两种情况下，使用了 20 万个随机特征块。注意，除了仅使用 256 个 S_2 基外，该结构的前三层(即 S_1、C_1 和 S_2)与结构Ⅰ的前三层相同。为了节省计算成本，C_2、S_3 和 C_3 层不直接堆叠在结构Ⅰ的 S_2 层之上(因为学习 1 024×1 024 基矩阵是费时的)。

为了降低光照变化影响，在 SIFT 特征[121]的启发下，我们从两种结构中推断 S 响应时(S_1 响应除外)首先将其归一化为单位长度，然后用最大值 0.2 截断响应，再重新归一化为单位长度。

最后，将两个模型提取的特征拼接在一起，得到 2 048×21=43 008 维特征向量。使用多类线性 SVM 进行分类。我们按照 Caltech-101 的常规实验设置，每个类别使用 15 张和 30 张图像进行训练，其余用于测试。

该模型在 Matlab 中实现，所有实验都在笔记本电脑(Intel Core i7-3520M CPU 2.90 GHz，双核，RAM 12.0 GB)上进行。研究[120]中的 SSC 算法和研究[122]中的 fastICA 算法用于 S 层的学习和推理。

2.4.3 结果

1. 实验 1：在自然场景图片上的学习

对 62 个京都自然景观图像进行了五层模型的训练，其中有 36 个 S_1 基、100 个 S_2 基和 40 个 S_3 基。所学习的基绘制在图 2-35 中。由于池化比 $r_1=3$ 和 $r_2=2$，因此 S_2 和 S_3 基分别覆盖 S_1 基大约 3 倍和 6 倍的面积。请注意，此处所示的基底已从白化空间转换回原始空间。如图 2-35 所示，除了 1 个平均基之外，大多数 S_1 基类似于边缘，一些 S_2 基类似于曲线，大多数 S_3 基表现出复杂的图案。S_1 的平均基是由于在 PCA 白化之前没有减去采样提取块的平均值。这有助于基的可视化，因为一些表面信息以及轮廓信息可以用这种平均基来表示。

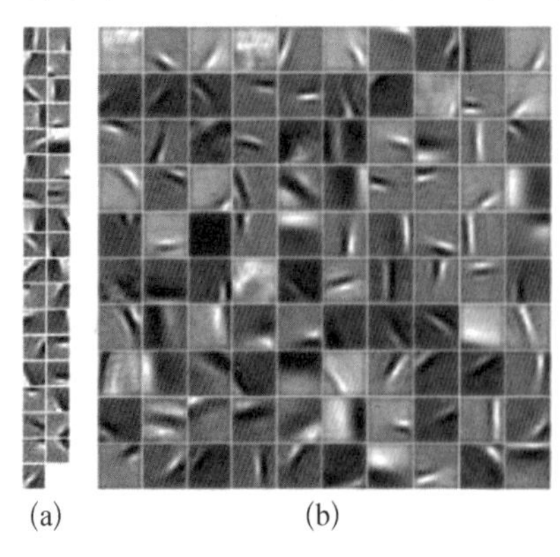
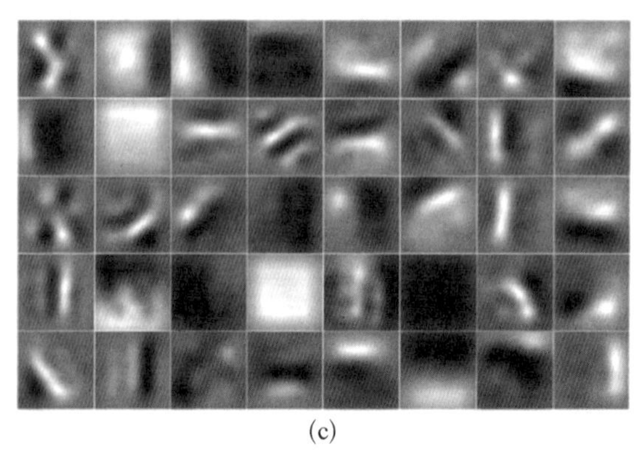

(a) (b) (c)

注：均在京都数据集上进行训练[91]。

图 2-35 S_1 基(a)、S_2 基(b)和 S_3 基(c)的可视化结果

2. 实验 2：学习对齐图像上的物体高层特征

在 Caltech－101 图像上训练了相同的五层稀疏 HMAX，但是直接使用了实验 1 中获得的 S_1 基，因为众所周知，如果只在自然图像上训练，ICA 学习的基总是像 Gabor 函数一样[110]。对于 Caltech－101 数据集的每个类别，最多每类使用 100 张图像进行训练。图 2－36 显示了在 face-easy、car-side、elephant、ibis 类别上学习得到的相应的 S_2 和 S_3 基。可以看出，在某些类别（faces-easy、car-side）上，一些 S_2 基类似于物体的一部分；在所有类别中，大多数 S_3 基类似于整个物体。

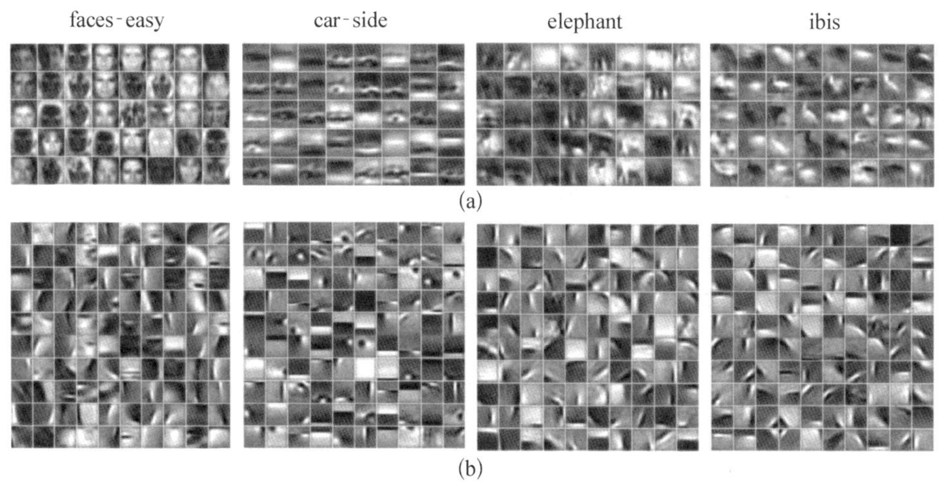

注：从左到右，这些列分别显示在 4 个类别图像上训练得到的结果：face-easy、car-side、elephant、ibis[91]。

图 2－36　在 Caltech－101 数据集上学到的 S_2 基(a)和 S_3 基(b)的可视化结果

随后，我们在没有类别标签的情况下对来自 4 个类别的图像进行了模型训练，没有类别标签。此外，我们想定量检查这种无监督学习的表现，所以分别指定了 183 个图像和 234 个图像的训练集和测试集。faces-easy 类别的 50 张训练图像来自 10 个人（每个人 5 张图像），而来自该类别的 100 张训练图像来自相同的 10 个个体（每个个体 10 张图像）。该模型与上述相同，只是 S_3 基数量为 160，这是因为任务比以前更难，因此需要更多的高级单元来代表更多的概念。图 2－37 展示出了在训练集上学习的对象特定的 S_3 基（即它们按类别隐含地对图像进行聚类）。

为了进行定量分析，我们将每个输入图像的 S_3 单元的响应计算为所有位置的响应绝对值的最大值。每个单元使用阈值来对一组输入执行二分类。通过改变阈值，获得 ROC 曲线，并且使用曲线下方面积（area under curve，AUC）来表

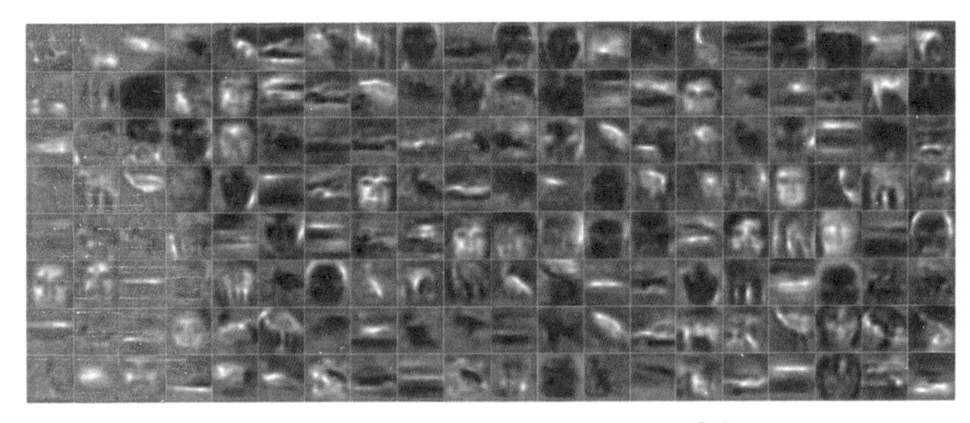

注：包括类别图像：face-easy、car-side、elephant、ibis[91]。

图 2－37　从 Caltech－101 数据集的混合类别的图像中学习到的 S_3 基可视化结果

征单位对特定二分类任务的能力(例如，是朱鹭与非朱鹭)。一个对不同类别有随机响应的单元将有一个接近对角线的 ROC 曲线，而一个选择性地对一个类别进行响应的单元将具有一个远离对角线的曲线，AUC 接近 1。

我们研究了该模型是否在 faces-easy 类别中为特定个体学习出不变的表示。在测试集上，对于每个人，具有最高 AUC 的 S_3 单元定义为特定个体的最有选择倾向性单元。在图 2－38 中，顶行显示最有选择倾向性的单元。对于 10 个人，第 2 行显示相应的 ROC。ROC 远离对角线，表明不同个人的单元表现出色。图 2－38 的第 3 行和第 4 行分别示出了对第 1 和第 2 S_3 单元(显示在顶行)中分

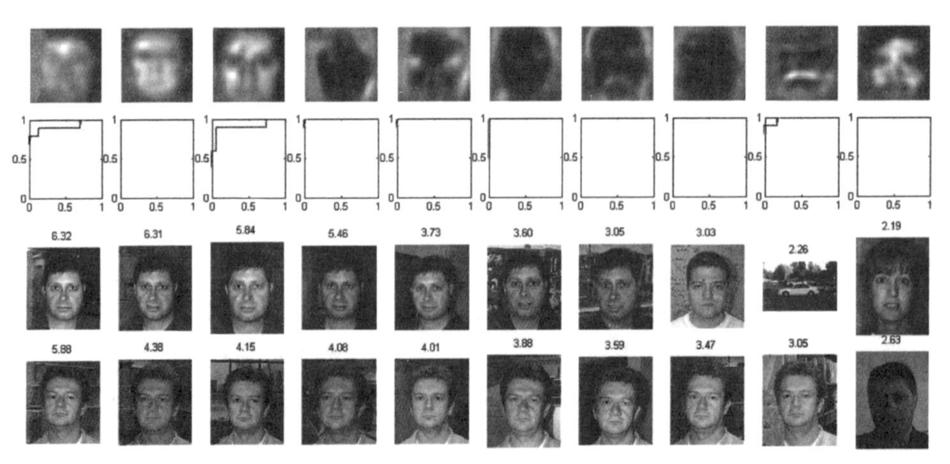

注：第 1 行：最有选择倾向性单元。第 2 行：这些单元的 ROC 用于识别相应的个人。横轴：假阳性率；纵轴：真阳性率。第 3 和第 4 行：分别对第 1 行所示的第 1 和第 2 单元产生最高响应的图像，每个图像上方的数字是相应单元的响应值[123]。

图 2－38　不同的人特征表示

别产生最高响应的10张图像。这些数据表明两个神经元在一定程度上编码了两个人。注意，为了获得对个体的不变选择性，以前的模型[106]仅在面部图像上训练，而在我们的研究中，该模型不仅训练了脸部图像，还训练了其他图像。

为了进一步探索 S_3 学习单元的属性，进行了类似于研究[101]的方法的多类别分类。共有13个类别：10个不同人的面部，car-side、大象和朱鹭的其他类别。首先，每个单元根据训练集上所有类别的最大AUC分配了一个类别标签。其次，对于每个测试图像，将预测标签设置为具有最高响应的单位的类别标签。通过比较预测标签和真实标签，我们获得了84.91%的总体准确率，远高于随机预测的7.69%。

为了确定该模型是否已经为更一般的类别学习出了不变的表示，所有的面部图像都被标记为一个类别，而car-side、elephant和ibis则包含其他类别。图2-39显示了根据AUC标准的每个类别的最有选择倾向性单元。这4个单元可以代表这4个类别。

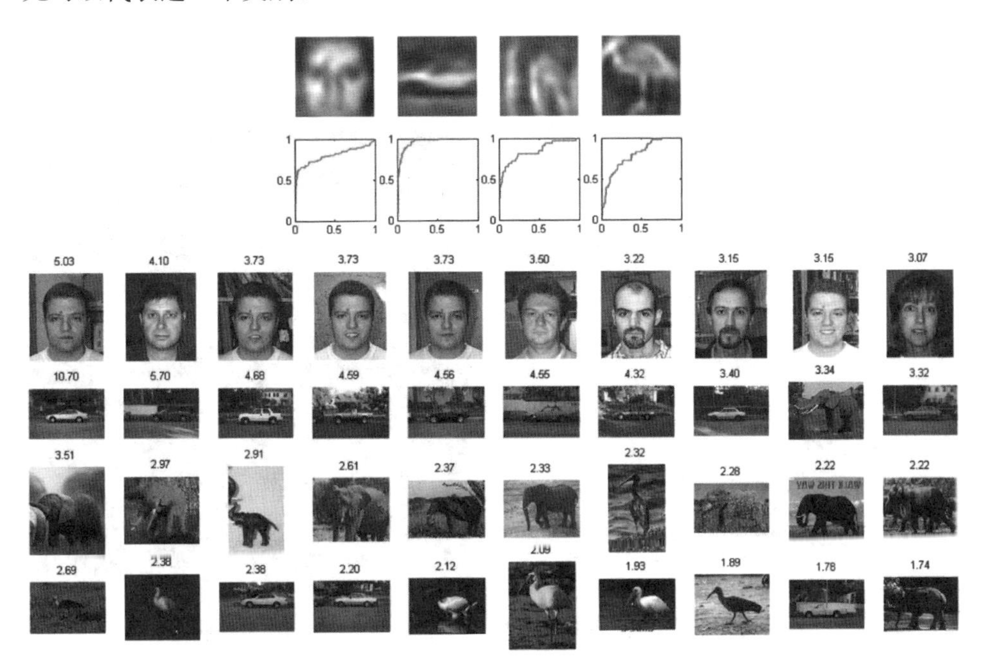

注：第1行：最有选择倾向性的单元分为4类。第2行：这些单元的ROC用于识别相应的类别。横轴：假阳性率；纵轴：真阳性率。第3到第6行：分别对第1行中显示的4个单元产生最高响应的图像，每个图像上方的数字是相应单元的响应值。

图2-39 一般类别的特征表示

3. 实验3：学习未对齐图像上的物体高层特征

Caltech-101图像是对齐的，但我们更需要从不对齐的图像中学习更高级别的特征。为了研究人类 ITC 中面部特异性神经元的形成，我们尝试在未对齐和未标记的图像上学习“面部神经元”。共使用 150 张 LFW 图像和 1 350 张 ImageNet 图像进行训练。并且共使用 5 000 张 LFW 图像和 5 000 张 ImageNet 图像进行测试，其中 LFW 图像作为正样本，ImageNet 图像用作负样本。

由于训练集中的变异性比实验 2 更多，因此需要更多的高级单元。我们用了 400 个 S_3 基。实验在 1 500 张训练图像上花了约 2 h。然后将每个已学习的 S_3 单元与阈值相关联。如果对该图像的最大响应超过阈值，则将测试图像分类为正确；否则归类为否定。对于每个 S_3 单元，我们在训练图像的最小和最大激活值之间测试了 20 个等间隔的阈值。然后选择基于分类精度的最优阈值，并将其用于对 10 000 张测试图像进行分类。

400 个神经元中只有几个对面部有选择性(即测试精度高于随机率 50%)。图 2-40(a)显示了 6 个单元，其测试精度在其顶部。图 2-40(b)分别显示了测试数据集中最佳单元与正负样本的最大激活值的直方图。面部图像和干扰物引起了该单元的两种不同的激活模式。图 2-40(c)显示了 36 张图像，引起了最大单元的最大激活；它们大多数都包含着面孔。

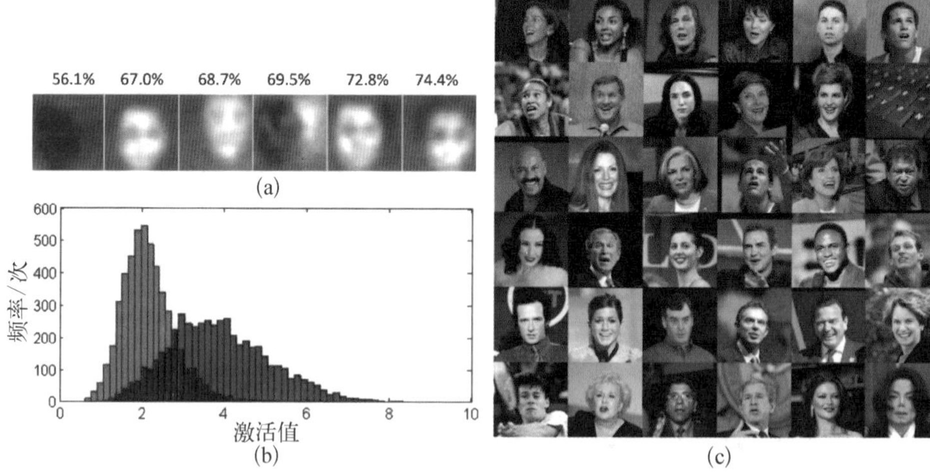

图 2-40 对混合的 LFW 数据和 ImageNet 数据进行训练和测试

(a) 6 个对人脸敏感的单元的基，图上方的数值表示测试准确率 (b) 5 000 个正样本(蓝色)和 5 000 个负样本(红色)对最佳单元[图(a)中 74.4%准确率]的激活值的直方图 (c) 引起最佳单元最大激活的 36 张图像[91]

最后，类似于研究[117]，我们测试了这些“面部神经元”的不变性质。在 10 张随机选择的脸部图像上应用了一些标准的图像失真，包括缩放、旋转和平移。我们也应用遮挡。这种失真的样本如图 2-41 所示。所有单元都在一定范围内抵抗这些失真，表明它们编码了一些更高级别的特征。图 2－42 绘制了样本单元[见图 2－40(a)的第 5 单元]在失真图像上的平均激活值。

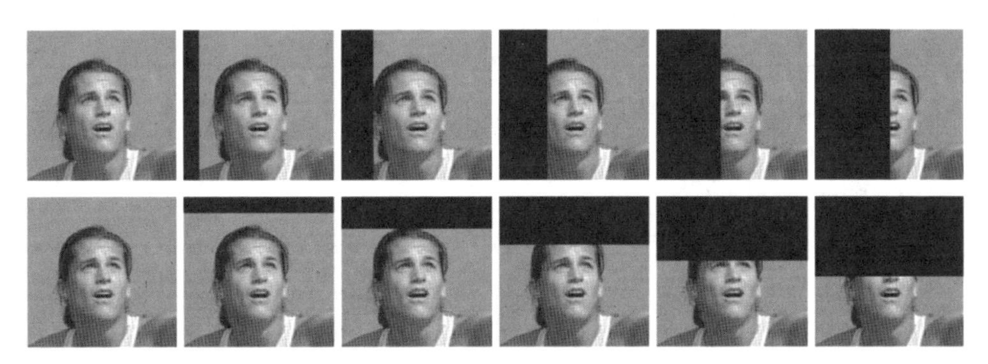

注：这里显示的所有遮挡部分对应于高于第 2 最佳单元的阈值的激活值(见图 2－48)[91]。

图 2－41　水平遮挡(顶部)和垂直遮挡(底部)的失真样本序列

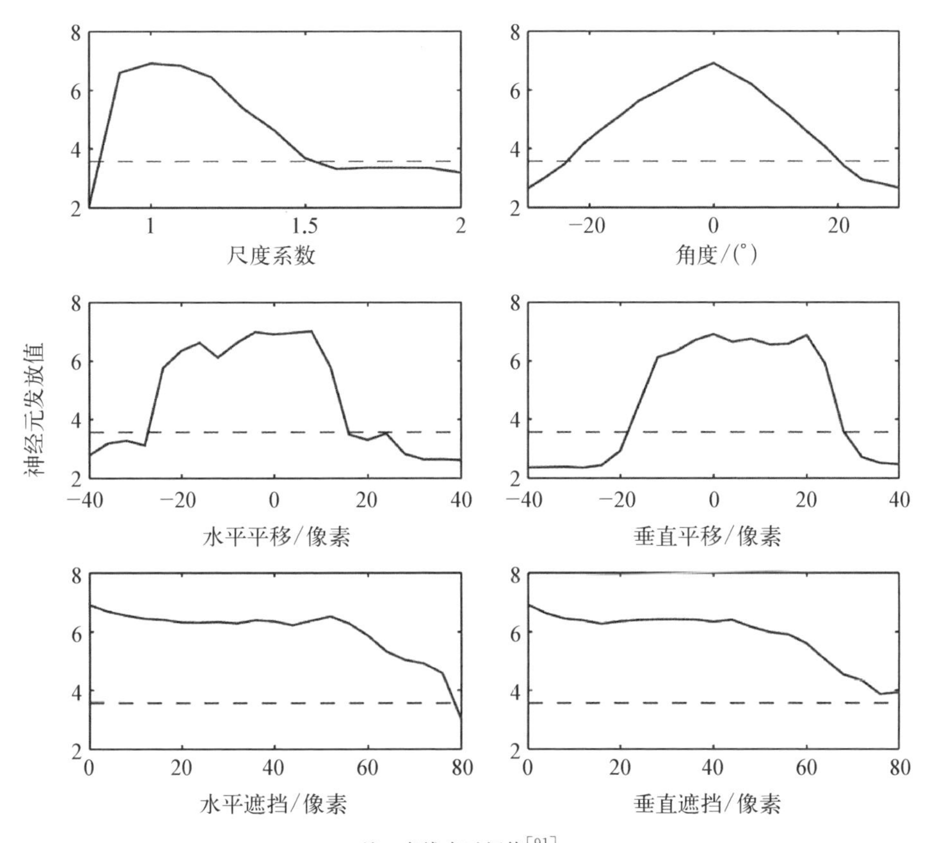

注：虚线表示阈值[91]。

图 2－42　失真图像上第 2 最佳单位的平均激活值

在训练集中，约有10%的图像包含脸部。研究发现，这3个单位的比例和数量都影响了最终结果。具体来说，在训练集中有10%的脸部图像，具有160个S_3单元的模型未能生成任何面部特定单元。然而，如果在训练集中有30%的脸部图像，那么具有160个S_3单元的模型至少产生一个面部特定单元。这些结果表明，在训练集中具有较低概率的那些对象出现更高级别的特征需要更多的单位。

4. 实验4：物体分类

稀疏HMAX用于对来自Caltech-101数据集的对象进行分类。两个网络结构(四层结构Ⅰ和六层结构Ⅱ)分别用来训练(见2.5.2节)。使用多类线性SVM进行分类。表2-2详细列出了在训练和测试样本的10次随机划分中平均的结果。该表还总结了最近从像素级别学习的一些模型的结果。据我们所知，研究[118]和[119]报告的结果代表了最好水平。虽然在研究[120]中报道了更高的准确率，但是它使用了显著图，这与表2-2列出的模型截然不同。结构Ⅰ优于先前的HMAX模型，而结构Ⅰ和Ⅱ的结合甚至产生了更高的准确率。

表2-2 在Caltech-101数据集上分类准确率百分比(结果显示为均值±标准差)

训练大小	15	30
结构Ⅰ	66.45±0.52	73.67±1.23
结构Ⅱ	66.26±0.80	72.60±0.80
结构Ⅰ+Ⅱ	68.98±0.64	76.13±0.85
随机基+距离	45.86±0.76	54.56±0.67
随机基+SSC	65.48±0.79	72.72±1.02
HMAX[108]	44±1.14	—
Mutch和Lowe[100]	51.0	56.0
Lee等[119]	57.7±1.5	65.4±0.5
Kavukcuoglu等[124]	—	65.4±0.5
Zeiler等[125]	—	71.0±1.0
Yu等[126]	—	74.0
Zou等[127]	—	74.6

结构Ⅰ具有与原始HMAX相同数量的层[107-108]。为了评估在S_2层引入的稀疏编码的贡献，我们用原始HMAX使用的学习方法代替了结构Ⅰ中的SSC。具体而言，随机提取1 024个大小为4×4像素的C_1特征块作为基，并根据距离这些基的距离计算出S_2响应(较短的距离表示较高的响应)。其他

设置与结构Ⅰ中的相同。如表2-2所示，该模型的性能不如原始HMAX的性能好（参见表中的“随机基+距离”）。有趣的是，使用相同的一组随机基，但使用SSC进行推理，结果与结构Ⅰ的性能非常相似（见表中的“随机基+SSC”）。这些数据表明，稀疏HMAX的性能提升主要是由于稀疏编码，特别是推理算法。

为了进一步阐明稀疏编码的贡献，我们用L_2正则化模型代替了结构Ⅰ中的SSC（见方法）。用不同的正则化系数λ对所得模型进行了测试。图2-43显示了每个类别有30个训练样本的结果。在$\lambda=10$时，最佳准确率达到63.66%，比结构1的准确率低10%。

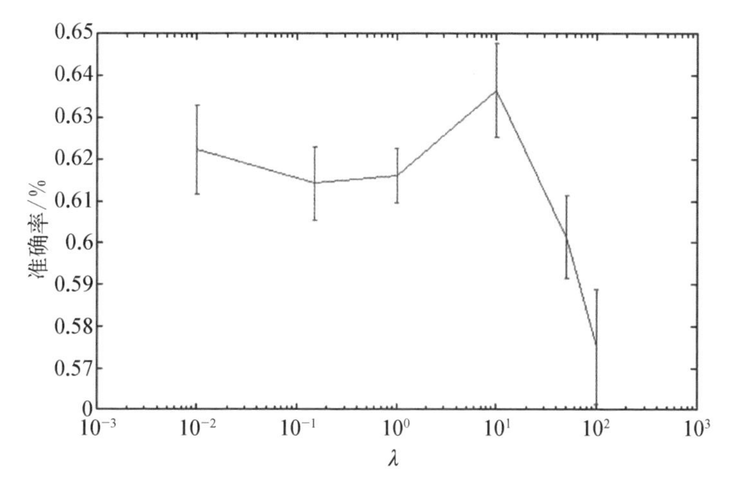

注：折线显示了训练和测试样本的10次随机划分的平均结果，误差线显示标准偏差。x轴为对数刻度[91]。

图2-43 Caltech-101数据集中正则化参数λ取不同值时的L_2正则化HMAX的分类准确率

2.4.4 讨论

本节的主要贡献是将稀疏编码技术整合到HMAX这一受皮层启发的视觉识别模型，以创建一个简单而强大的变体模型，称为稀疏HMAX。通过使用SSC或ICA，可以沿着层次结构学习越来越抽象的概念。我们已经证明，稀疏HMAX可以学习对象的不变表示，并保持一些选择性，这与人类ITC和MTL的观察结果一致。

1. 非线性池化和稀疏编码

HMAX的标志是最大池化，它具有超过平均池化的优势[96]，因为通过这个操作可以知道一个诱导特定输出的模式是否实际存在，这保留了一些模式特异性。这项研究揭示了最大池化超过平均池化的另一个优势：它在不同位置的滤波器输出之间引入线性高阶统计规律，这有助于使用稀疏编码技术学习更高级别的功能。平方池化也有这个属性，这已经在某些模型中被验证[90, 114]。一些其他非线性变换也能够引入线性高阶依赖性[128-129]，但是它们复杂得多，不能诱导较大的感受野，因为它们在相同位置的不同滤波器上进行操作。

SSC 和 ICA 这两个紧密相关的技术被认为能够学习 V1 区简单神经元的感受野。从计算的角度来看，它们为 V1 区中神经元的稀疏发放奠定了理论基础。稀疏发放也是包含 V1 区在内阶段的许多神经元的一种特性[103-105, 111-112]。从代谢观点来看，理解在视觉层次上的稀疏发放是容易的。然而，它在较高阶段的计算意义尚不清楚。这项工作以及其他最近的研究，如[114, 117]表明，V1 区神经元的稀疏发放的理论影响可以扩展到沿着视觉层级的更高阶段。

HMAX 的成功主要是由于交替的模板匹配和最大池化，这增加了层次结构的选择性和不变性[96]。我们的改进，即施加稀疏发放约束，对模板匹配步骤起到了作用，从本质上增强了模型的选择性。虽然在 HMAX 的顶层添加稀疏性可以产生一些结果，并且与 MTL 记录的数据一致[106]，但是我们的结果表明，将该属性集成到模型的每一层上更有利于学习物体的更高级别表示。

2. 与已有模型对比

目前的结果与近年来提出的许多其他分级视觉识别模型(通常称为深度学习模型)的研究结果[90, 117, 119, 124-125]相似。这是因为稀疏 HMAX 基本上使用与以前的模型相似的原理。其中一个主要区别是稀疏 HMAX 使用基于随机提取块的稀疏编码算法，而许多其他模型通常将卷积集成到稀疏规则化算法中以解决图像的全局结构[117, 119, 124-125]，可参见研究[130]，这导致了复杂的算法。换句话说，稀疏 HMAX 在当前层进行局部交互，并由包含具有较大感受叶的神经元的后续层来处理更长距离的交互。这产生了两个不平凡的后果。第一，它使稀疏 HMAX 有效，因为存在许多高效和可扩展的学习算法[121, 122, 131]。第二，基于特征块的学习使得使用信息理论更容易理解视觉皮层中的信息处理[110]。例如，最小熵编码和信息传输原理可以在这些阶段稍做修改并进行研究。

传统的基于特征块的稀疏编码算法的成功以及简单的最大池化验证了先前深度学习模型采用的稀疏正则化和非线性池化的关键作用。在这个意义上，我们提出的模型——一个改进版本的 HMAX，也可以看作是这些模型的扩展。

另一个区别在于生物可行性。事实上，先前的模型(如受限玻耳兹曼(RBM)[132]、自动编码器[133]和聚集聚类)包含学习部分，并且经常需要复杂的优化技术(如卷积稀疏编码)[125]。这些方法从神经科学的角度来看并不是很适宜。相比之下,本节所提出的 HMAX,最大池化和基于特征块的稀疏编码中的两个操作被认为是生物可行的,因为它们具有详细的生物物理模型[91, 102, 134-135]。

3. 和生理学数据对比

目前的结果只与生理数据的一些一般观察结果一致(如精细和粗略类别的稀疏及不变表示的出现)。定量测试视觉皮层的模型准确性仍然是一个挑战。其中的一个障碍是缺少在视觉途径的较高阶段中无偏的生理数据。由于它们对变异的耐受性难以准确量化大脑中较高级神经元的反应性质。传统的策略是向动物呈现预定义的刺激,并测量目标区域的神经元反应,如文献[92]。所获得的结果不可避免地偏向所用的刺激物。一些最近的技术,如自适应刺激设计[104],可能会提供更好的解决方案。

测试模型有效性的另一种方法是广泛地对动物以及模型进行全新的刺激训练,并将实验数据与模型输出进行比较。这种策略将限制在小空间内寻找神经元的最佳刺激。据预测,在这两种情况下都会出现一些受控的中级和高级模式。

4. 计算机视觉的应用

作为一个皮层启发的模型,HMAX 首先在 2005 年用于图像分类[107]。尽管有一些改进版本[100,108],但它已经落后于其他计算机视觉模型,如研究[117-118, 125-126],尽管通过增加稀疏正则化,我们已经表明 HMAX 在物体分类基准测试中优于许多从像素级别学习的先进模型,这表明它仍然是计算机视觉研究中的有用模型。

在研究[90]中,对 1 000 万张图像进行了一个稀疏深度自动编码器的训练,在一台拥有 1 000 台机器(16 000 个核心)的群集中花了 3 天时间。最后,从 Youtube 视频的图像中获得“面部神经元”“猫神经元”和“身体神经元”。在研究[130]中,基于两个经典聚类算法并在 250 个核上训练的深度学习模型也证明能够学习“面部神经元”。我们已经表明,稀疏的 HMAX 也可以学习“面部神经元”,但具有低得多的计算资源(2 个核)。尽管问题被简化,但是结果显著表明稀疏 HMAX 可能对于大规模数据集上的图像分类更有效。

如果不受模型生物可行性的约束,还可以改善模型的表现。例如,可以通过调整学习基的大小来构建不同尺度的滤波器,并将多尺度池化集成到模型中。这会产生一些尺度不变性,对于视觉识别会有帮助。另一个可能改进是整合显著图检测技术[136]。

2.5 基于递归卷积神经网络的图像分类和场景标注 / 胡晓林 梁 鸣

本节提出了一种深层递归结构的神经网络模型，并通过图像分类的任务对模型结构进行了分析。相比其他先进水平的模型，本节的模型在参数更少的情况下取得了更好的分类效果。本节的内容主要基于作者已发表的专题论述[137-138]。

2.5.1 研究背景

近年来，深层卷积神经网络(convolutional neural network, CNN)[139-140]在计算机视觉中取得了很大的成功。在很多基准数据集上[141-146]，CNN 的性能都超越了传统模型。CNN 在结构上有两个显著的特点：局部连接和权值共享。这两个特点一方面使得 CNN 能够充分利用自然图像局部相关的特性，并从中发掘出有意义的特征，另一方面使得可变参数数量相比多层感知机(multilayer perceptron, MLP)大大减少，从而降低了训练难度。Saxe 等[147]在实验中发现随机权值的 CNN 仍然具有较好的效果，说明 CNN 的优异性能很大程度上与其特殊的结构有关。

2.5.2 研究动机

受神经科学的启发，McCulloch 和 Pitts[148]第一次提出了人工神经网络。作为一种特殊的人工神经网络，CNN 与神经科学的联系更为密切。历史上的几种层次视觉模型，包括 CNN[139]、CNN 的前身神经感知机(neocognitron)[149]、HMAX 模型[150]，都与 Hubel 和 Wiesel 对 V1 区简单神经元和复杂神经元的实验[151-152]有直接关系。这些模型均采用了纯前馈的网络结构，这可以看作是对视觉神经系统的粗略地近似。

然而解剖学证据表明：除了前馈连接，层内的递归连接和高层到低层的反馈连接也在大脑皮层中广泛存在，其中反馈连接的数量与前馈连接相当，而递归连接的数量是三者中最多的[153]。递归连接和反馈连接的存在导致视觉神经系统的网络存在环路连接，因此视觉处理实质上是一个动态过程。即使视觉输入是静态的图像，视觉神经系统也会以递归迭代的方式动态产生处理结果。

递归连接在视觉感知中起着重要的作用，它的一个重要功能便是视觉上下文的调节。在视觉处理过程中，神经元对视觉输入的感知会受到来自周围其他神经元的影响。虽然正常情况下人们无法感觉到这个过程，但是这种影响在一些特殊的实验设计下便会很明显，比如著名的弗雷泽螺旋幻觉(Fraser spiral illusion)[154]。上下文调节作用在视觉系统神经元的电生理实验中也能观察到。通过调整感受野(经典感受野)范围外的刺激，研究者可以改变 V1 区神经元的发放率[155]。这就是所谓的非经典感受野现象。

上下文信息对视觉处理非常重要。以物体识别为例(见图 2-44)，大范围的全局信息对正确分辨鼻子非常重要。要获取全局信息，在前馈模型中只能通过增大感受野或者增加层数以使高层神经元具有较大的感受范围。第 1 种方法会使参数急剧增加；在第 2 种方法中，高层神经元虽然得到了全局信息，但该信息不能被低层神经元所利用，无法对低层细节的识别起到辅助作用。对非前馈的网络而言有两种方式可以获取全局信息，分别对应层间的反馈连接和层内的递归连接。考虑到层内递归连接在神经系统内的数量更多，我们期望它们在视觉处理中起到更重要的作用。

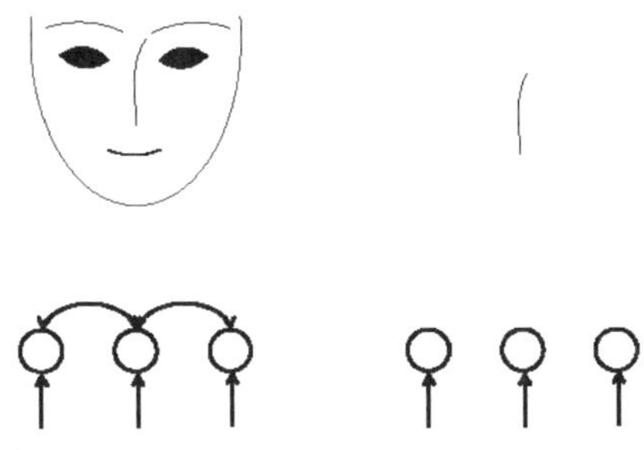

注：左上：鼻子的简化轮廓放在人脸图像中非常容易识别；右上：单独的鼻子的简化轮廓很难识别出来；左下：每一个圆圈代表递归神经网络中的一个神经元，中间的神经元通过经典感受野接收来自鼻子的输入，并通过递归连接接收来自周围其他神经元的输入；右下：每一个圆圈代表前馈神经网络中的一个神经元，中间的神经元无法接收到鼻子以外的上下文信息[137]。

图 2-44 上下文调节作用对物体识别的影响

场景标注又称场景解析，是通向高级图像理解的一个重要的步骤。场景标注的任务是对输入图像的每一个像素进行分类，输出这些像素所属的语义类别。相比图像识别，场景标注试图同时解决分割和识别的任务，是个很有挑战性的研究问题。由于场景标注既依赖像素所处局部区域的信息又依赖上下文信息，所以传统模型一般都包含两个步骤。首先从输入图像中提取局部手工特征作为对像素的描述[156-160]，然后利用概率图[156, 161-162]等模型[163-164]来融入全局信息。近年来深层神经网络[141]在特征学习中获得了很大的成功，场景标注模型也开始使用卷积神经网络[139]来提取特征。由于 CNN 所学的特征并未明确地描述上下文信息，一些模型使用了条件随机场(conditional random field, CRF)[161]或循环解析树(recursive parsing tree)[164]来融合全局的场景信息。这些模型的缺点在于包含多个不同的模块，难以实现端对端(从输入数据直接训练出模型，不需要额外的中间步骤)的学习，而端对端学习正是神经网络模型的一个优点。在神经网络模型中，递归连接往往被用来建模上下文的依赖关系。递归神经网络广泛用于各种序列学习任务中，如在线手写体识别[165]、语音识别[166]和机器翻译[167]。序列数据在一维时间轴上存在很强的统计相关性,而递归神经网络正好擅长对这些长程依赖进行建模。图像可以看作二维的“序列”,其中像素的位置对应一维序列中的时间点。从这个意义上讲,递归神经网络可能也适合用在依赖上下文信息的图像处理任务中,但是这方面的研究工作相对较少。近期的一个工作[168]使用了自顶向下的递归CNN(反馈CNN)来处理场景标注。该模型利用从CNN顶层到底层的递归连接来融合全局信息,在没有使用额外预处理或后处理步骤的情况下取得了比较好的效果。这种递归连接利用顶层的全局信息来调节底层神经元的活动,但是并没有直接去建模二维空间中的像素或隐层神经元之间的依赖关系。

2.5.3 前馈模型

1. 递归卷积

RNN的一般形式可以表示为

$$\boldsymbol{x}(t)=F(\boldsymbol{u}(t),\ \boldsymbol{x}(t-1),\ \theta)$$

其中,$\boldsymbol{u}(t)$ 是 t 时刻的前馈输入;$\boldsymbol{x}(t)$ 是 t 时刻所有单元的状态;F 是描述网络动态行为的函数;θ 表示模型的参数。

RCNN的基本模块是递归卷积层(recurrent convolutional layer, RCL),它将局部的递归连接引入了卷积层。图2-45比较了卷积层和递归卷积层的差别。图(a)卷积层中每个单元只接收来自前一层单元的输入,而图(b)中每个单元同时接收前一层单元和当前层周围邻近单元的输入。RCL可以看作一种二维RNN,其中前馈和递归连接都通过卷积的方式实现。

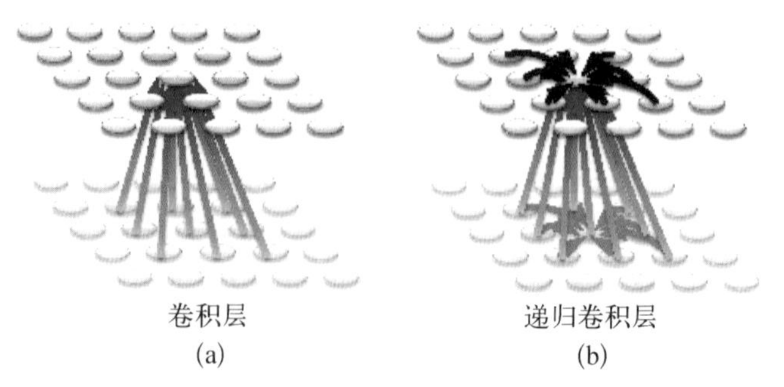

注:在递归卷积层中,每个单元不仅接收到来自前一层单元的输入,也接收来自同层内周围邻近单元的输入[137]。

图2-45 卷积层(a)和递归卷积层(b),其中紫色的箭头表示前馈连接,棕色箭头表示层内递归连接

本节所使用的 RCL 具有下面的形式

$$x_{ijk}(t)=N(\sigma((\boldsymbol{w}_k^f)^{\mathrm{T}}\boldsymbol{u}^{(i,j)}(t)+(\boldsymbol{w}_k^r)^{\mathrm{T}}\boldsymbol{x}^{(i,j)}(t-1)+b_k)) \tag{2-30}$$

其中 $x_{ijk}(t)$ 表示 RCL 第 k 张特征图上 (i, j) 位置的单元在第 t 次迭代时的状态；$\boldsymbol{u}^{(i,j)}$ 是前一层的特征图上以 (i, j) 为中心被前馈卷积覆盖的区域；$\boldsymbol{x}^{(i,j)}$ 是当前层的特征图上以 (i, j) 为中心被递归卷积覆盖的区域；$\boldsymbol{w}_k^f$ 和 $\boldsymbol{w}_k^r$ 分别是前馈卷积滤波器和递归卷积滤波器对第 k 个特征图的权值；b_k 是偏差项的第 k 个元素。第1项 $(\boldsymbol{w}_k^f)^{\mathrm{T}}\boldsymbol{u}^{(i,j)}(t)$ 是卷积层中本来就有的；第2项 $(\boldsymbol{w}_k^r)^{\mathrm{T}}\boldsymbol{x}^{(i,j)}(t-1)$ 是由层内递归连接引入的。σ 是非线性激发函数，本节的 σ 使用了 ReLU[169] 函数

$$\sigma(z_{ijk})=\max(z_{ijk},\ 0) \tag{2-31}$$

N 是局部响应正则化(local response normalization, LRN)[138] 函数

$$N(\sigma(z_{ijk}))=\frac{\sigma(z_{ijk})}{\left(1+\dfrac{\alpha}{L}\sum_{k'=\max(0,\ k-L/2)}^{\min(K,\ k+L/2)}(\sigma(z_{ijk'}))^2\right)^{\beta}} \tag{2-32}$$

其中 K 是当前层特征图的个数，分母中的求和是对同一位置的 N 个特征来做的，α 和 β 是控制正则化强度的常数。LRN 模拟了皮层中的横向抑制机制，它表现为多个神经元之间的互相竞争。注意以上只是 RCL 的一种特定实现形式，其中的递归计算可以由当前的卷积替换为多层卷积，σ 可以采用其他激发函数，N 也可以用其他的正则化方式如批正则化(batch normalization, BN)[170] 来实现。

式(2-30)描述了 RCL 的动态行为。与时序数据处理中所用的 RNN 类似，RCL 在使用时会先沿时间展开成一个前馈网络，对 RCL 来说时间 t 是指递归迭代的步数。将 RCL 根据展开 T 次所得到的前馈网络深度为 T(不考虑前馈计算的深度)。图 2-46 是一个 RCL 沿时间展开的例子。第 1 次迭代时只有来自前馈卷积的输入，在之后的迭代中同时存在来自前馈卷积和递归卷积的输入。前馈输入在全部迭代过程中保持不变，而递归输入则随时间而持续更新。展开的网络从输入到输出有多条路径，其中最长的路径经过了所有的递归卷积(深度为 T)，而最短的路径不经过任何递归卷积直接连到输出(深度为 0)。RCL 单元的有效感受野(即覆盖的特征图区域大小)也会随着递归迭代次数的增多而扩大。设递归卷积滤波器是方形的，其边长为 L。在不考虑前馈卷积的情况下，RCL 单元的有效感受野也是方形的，其边长为 $(L-1)T+1$。 图 2-45 展示的示例中递归滤波器的大小是 3×3，经过两次迭代后，中心的神经元通过递归

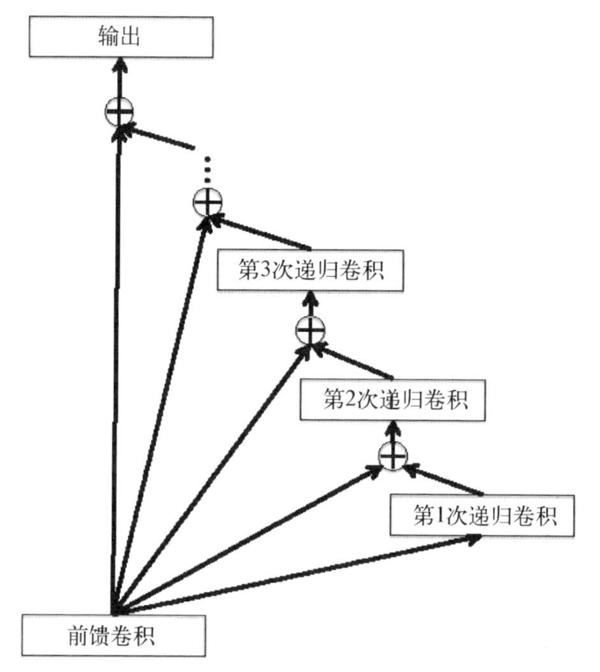

图 2-46 递归卷积层沿时间(递归迭代次数)展开成一个前馈的卷积网络[137]

连接能够接收来自周围 5×5 大小区域的神经元的输入。

在场景标注任务中，对于前馈输入，采用了更一般的形式。假设前馈输入为 $\boldsymbol{u}_0$，则

$$\boldsymbol{u}(t)=\gamma\boldsymbol{u}_0$$

其中，$\gamma\in[0,1]$ 是折扣因子，它决定了恒定的前馈输入和变化的递归输入之间的相对强弱。当 $\gamma=0$ 的时候，前馈输入在第 1 次递归迭代后便不再使用。

2. 多尺度递归卷积神经网络

自然图像中的物体呈现出各种各样的大小。为了处理这种尺度上的多变，模型最好具有一定的尺度不变性。全局的上下文信息对场景标注十分重要，而粗尺度的输入可以使神经元有更大的有效感受野，从而利用更大范围的信息。多尺度 CNN[161] 曾用于场景标注，实验结果表明它比单尺度在性能上有明显的提升。

本节也采用了多尺度的方式来处理场景标注。多尺度 RCNN 的训练和测试如图 2-47 所示。原始图像对应了最精细的尺度输入，其他尺度的输入是通过对原始图像进行平均值池化降采样得到的。各个尺度的 RCNN 有完全相同的结构和共享的权值。所有 RCNN 的输出连接生成最终的特征向量。像素 p

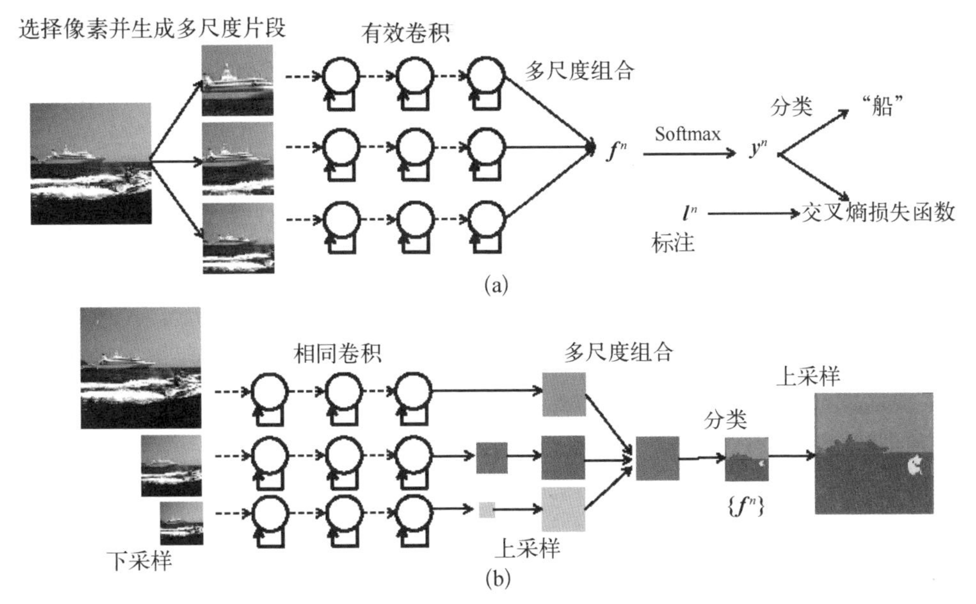

注：虚线表示前馈连接，实线表示递归连接。训练过程中随机选择图像和该图像上的片段作为输入，这样可以避免同一批次的输入有很高的相关性，从而加快收敛速度。测试过程中直接输入全图并输出所有像素的类别，这样可以避免对邻近像素的重复卷积运算，提高速度[138]。

图 2－47 用于场景标注的多尺度递归卷积神经网络的训练和测试过程

(a) 像素方式训练 (b) 图像方式测试

落在第 c 类的概率通过 Softmax 层来计算

$$y_c^p = \frac{\exp(\boldsymbol{w}_c^{\mathrm{T}} \boldsymbol{f}^p)}{\sum_{c'} \exp(\boldsymbol{w}_{c'}^{\mathrm{T}} \boldsymbol{f}^p)} \quad (c = 1, 2, \cdots, C)$$

其中，$\boldsymbol{f}^p$ 表示像素 p 的特征向量，w_c 是第 c 类的 Softmax 层的权值。损失函数使用了模型预测概率 y_c^p 与真实标注 $\hat{y}_c^p$ 之间的交叉熵

$$\mathcal{L} = -\sum_p \sum_c \hat{y}_c^p \log y_c^p$$

如果像素 p 被标注为第 p 类，那么 $\hat{y}_c^p = 1$，否则 $\hat{y}_c^p = 0$。模型使用 BPTT 算法来训练[171]，即先展开所有的 RCNN，然后使用 BP 算法。

3. 像素方式训练和图像方式测试

大部分用于场景标注的神经网络模型都是通过像素方式来训练的。训练样本是随机图像上的随机片段，该片段的标注取其中心像素的标注。训练中的整个计算过程都使用有效卷积（valid convolution）。有效卷积和池化均会使得特

征图缩小，片段大小和模型结构被设置为使得输出正好是 1×1 的大小，对应输入像素的分类结果。

图像方式与像素方式不同，它使用全图作为模型的输入，同时输出所有像素的类别。也就是说，输入和输入有相同的大小。损失函数是一张图像所有像素的交叉熵的平均。我们对使用像素方式和图像方式的训练都进行了实验。实验表明图像方式的训练会导致严重的过拟合。一个可能原因是一张图像上的所有像素之间有很强的相关性，而这种相关性不利于随机梯度法的收敛。因此本节所有的实验都使用了像素方式训练。以往的研究[172]认为像素方式和图像方式训练出的模型有相同的性能，但后者收敛速度更快，他们的实验是基于 VGG 模型[143]微调而来的。VGG 模型已经使用了 ImageNet[173]数据集的 120 万张图片来预训练，而我们的模型是从头训练的，因此他们的结论并不一定适合我们的实验。像素方式在测试阶段非常耗费时间，这是因为每张图片都有数以万计的像素需要处理。在卷积的过程中，邻近的像素之间会有很多冗余计算。图像方式的测试可以避免这种冗余计算，但是在池化层存在的情况下会导致降采样的输出。

有两种方式可以使图像方式测试得到与输入图像同样大小的输出，本节的实验均有使用。第 1 种是移位交叉拼接(shift-and-stitch)[168,174]的方式。当输出以 s 的倍数被降采样，我们对原始图像进行 s^2 次的平移，并对每次平移后的图像进行处理，产生相应的输出，再将这 s^2 个输出组合起来得到与原图像同样大小的最终输出。在每一次操作中，图像会向右下平移 (x, y) 个像素。其中，$x, y \in \{0, 1, 2, \cdots, s-1\}$，平移后的图像会在左上边界补零以保证大小不变。所有平移图像的输出会交叉拼接在一起，使得每个输入像素都有其对应的输出类别。移位交叉拼接需要对一张图像处理 s^2 次，就能产生与输入图像有相同分辨率的输出。

第 2 种是上采样方式。当输出的尺寸由于池化层的处理而变小时，使用简单的插值方法将输出变换到与输入图像一样的尺寸。插值方法可以有多种，本节的实验使用了双线性插值(bilinear)，图示请见图 2-47 的下半部分。这种方法由于采用了插值导致精度会有一定的损失，但是有很高的效率。我们使用了反卷积层[172]来实现插值操作，该计算层的实质是卷积层的向后传播过程。在实验中反卷积层的权值被初始化成双线性插值的参数，这些参数的值在训练中固定不变。

2.5.4 实验

1. 分类实验

CIFAR-10[175] 数据集包含 60 000 张彩色图片，每张图片的大小是

32×32 像素，共有 10 个类别。数据集被划分为包含 50 000 张图片的训练集和包含 10 000 张图片的测试集。最后 10 000 张训练图片用作验证集用以确定超参数的值。当超参数确定之后，我们使用全部 50 000 张训练图片重新训练网络。

1）与基准模型的比较

为了分析 RCNN 的结构特性，我们构造了两种基准模型并与之进行了实验比较，如图 2－48 所示。第一个基准模型是通过移除 RCNN 中的递归连接而得到的，也就是说，该模型是标准的 CNN。为了比较的公平，我们增加了该基准模型每层特征图的个数，以保证与 RCNN 有大致相等的参数数量。为了强调这一点，我们将该模型表示为 Wide CNN（WCNN）。注意，WCNN 大量使用了 3×3 的卷积滤波器，这点上它与 VGG 的深层卷积神经网络模型[143]相似。第 2 种基准模型将 RCNN 中递归连接移除的同时又增加了几个串联的卷积层，并且这几个卷积层的权值是共享的。这种模型称为循环 CNN（recursive CNN，rCNN）。rCNN 中共享权值的串联卷积层可以理解为沿时间展开的 RCL，只不过前馈输入只在第 1 次迭代时存在。也就是说，在 RCL 中每次的递归迭代中前馈输入都存在，而在 rCNN 中前馈输入在第 1 次迭代之后便不再使用。构造 rCNN 的目的是研究多路径的影响，这是因为 rCNN 只有从输入到输出的一条路径，没有任何由前馈连接构成的短路径。rCNN 与 RCNN 有完全相等数量的参数。

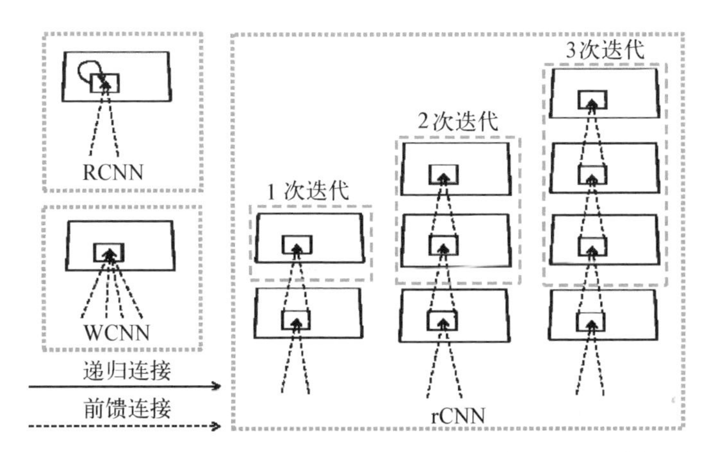

注：左上是 RCNN 的基本模块 RCL；左下是 WCNN 的基本模块，这是一个标准的卷积层，它相对 RCL 有更多的特征通道，与 RCL 有大致相同数量的参数；右边是 rCNN 的基本模块，它们是串联起来的卷积层，与 RCL 有相同的参数；虚线框内卷积层的参数是共享的，从左到右依次对应 1 次、2 次和 3 次迭代[137]。

图 2－48　RCNN、WCNN 和 rCNN 的基本模块结构的比较

我们以“网络-特征数”的方式来命名模型，比如 RCNN－96 表示所有层都使用 96 特征维数的 RCNN。实验使用了 RCNN－96 来做比较。因为 cuda－convnet2[141]要求卷积滤波器的数量必须是 32 的整数倍，所以我们选择了 WCNN－128（600 000 个参数）来做比较，它与 RCNN－96 及 rCNN－96（670 000 个参数）的参数数量最为接近。对 RCNN 和 rCNN，我们都测试了 1 次迭代、2 次迭代和 3 次迭代的情况。表 2－3 展示了比较的结果。

表 2－3 递归、循环和前馈结构的模型在 CIFAR－10 上的实验比较

模　　型	参数数量×10^6	错误率/%	
		训练集	测试集
rCNN－96（1 次迭代）	0.67	4.61	12.65
rCNN－96（2 次迭代）	0.67	2.26	12.99
rCNN－96（3 次迭代）	0.67	1.24	14.92
WCNN－128	0.60	3.36	10.27
RCNN－96（1 次迭代）	0.67	4.99	9.95
RCNN－96（2 次迭代）	0.67	3.58	9.63
RCNN－96（3 次迭代）	0.67	3.06	9.31

WCNN－128 的测试准确率要远远好于 rCNN。实际上，WCNN－128 已经比表 2－3 中的大多数其他模型更好，这说明[143]模型中大量采用 3×3 大小的卷积滤波器是非常有效的。然而，RCNN 的准确率要显著好于 WCNN。

2）与其他模型的比较

接下来我们比较了 RCNN 和一些先进水平的模型在 CIFAR－10 上的结果，表 2－4 列出了实验结果。实验比较了 3 种大小的 RCNN，包括 RCNN－96、RCNN－128 和 RCNN－160。递归迭代的总次数设为 3。所有 3 种 RCNN 在分类准确率上都比其他模型更好，而且随模型参数的增加 RCNN 的分类准确率持续稳定地提升。值得注意的是，Maxout Net、Network in Network（NIN）和 Deeply Supervised Net（DSN）模型在预处理中都使用了全局对比度正则化和 ZCA 白化处理，而 RCNN 仅仅采用了移除逐像素均值的简单处理。

在其他参与比较的模型中，NIN 和 DSN 有最少的参数，大约为 1 000 000 个。相比这两个模型，RCNN－96 的参数只有 670 000 个，但效果却更好。为了使训练过程中的梯度传递更加容易，DSN 在中间层增加了额外的目标函数，这些目

表 2-4 CIFAR-10 上的实验结果

模　　型	参数数量×10^6	测试错误率/%
没有数据增广		
Maxout Networks[176]	18.60	11.68
Probabilistic Maxout[177]	18.60	11.35
Network in Network[144]	0.97	10.41
Deeply Supervised Net[178]	0.97	9.69
RCNN-96	0.67	9.31
RCNN-128	1.19	8.98
RCNN-160	1.86	8.69
RCNN-96 (不使用 Dropout)	0.67	13.56
Network in Network (不使用 Dropout)[144]	0.97	14.51
有数据增广		
Probabilistic Maxout[177]	18.60	9.39
Maxout Networks[176]	18.60	9.38
DropConnect (12 networks)[179]	—	9.32
Network in Network[144]	0.97	8.81
Deeply Supervised Net[178]	0.97	7.97
RCNN-96	0.67	7.37
RCNN-128	1.19	7.24
RCNN-160	1.86	7.09

标函数带来了一些新的超参数。相对而言，RCNN 中的短路径会辅助梯度传输，不需要引入额外的超参数。

Dropout 对于 RCNN 抑制过拟合有重要的作用。在不使用 Dropout 的情况下，RCNN 的分类错误率是 13.56%，明显要高于使用 Dropout 时的 9.31%。在都不使用 Dropout 的情况下，RCNN 的分类错误率仍然要低于 NIN(14.51%)。

2. 场景标注实验

实验使用了 Sift Flow 数据集，它包含 2 688 张大小为 256×256 像素的彩色图片，其中训练图片有 2 488 张，测试图片有 200 张。该数据集一共有 33 个语义类别，而且各类像素的分布非常不平衡。Stanford Background 数据集包含 715 张彩色图片，大部分图片的大小是 320×240 像素。按照以往研究的惯例，我们对该数据集使用了 5 折交叉验证来进行实验，每次都有 572 张训练图片和 143 张测试图片。

大部分实验所使用的 RCNN 都有 3 个参数层。第 1 个参数层是卷积层，后面跟着 2×2 的非重叠最大值池化层。这样设置的目的是快速缩小特征图的尺寸以节省计算时间和内存。其他两层都是递归卷积层，两层之间有另外一个池化层。各层特征图的数目依次是 32、64 和 128。卷积层的卷积滤波器大小是 7×7，两个 RCL 的前馈滤波器和递归滤波器的大小都是 3×3。模型共有 3 个尺度，相邻尺度间相隔的倍数是 2。该模型在实验中表示为 RCNN，它每个 RCL 的最大递归迭代次数是 5。

为了研究不同参数对模型性能的影响，部分实验还用到另外两个基于 RCNN 的模型，分别表示为 RCNN - small 和 RCNN - large。RCNN - small 和 RCNN 只有一点不同，RCNN - small 各层特征图的数目依次是 16、32 和 64，正好是 RCNN 的 1/2。RCNN - large 有 1 个卷积层和 4 个 RCL，各层的特征通道数目为 128 和 32、64、64、128，每个 RCL 最大的递归迭代次数是 3。图 2 - 49 展示了 RCNN、RCNN - small 和 RCNN - large 的结构。

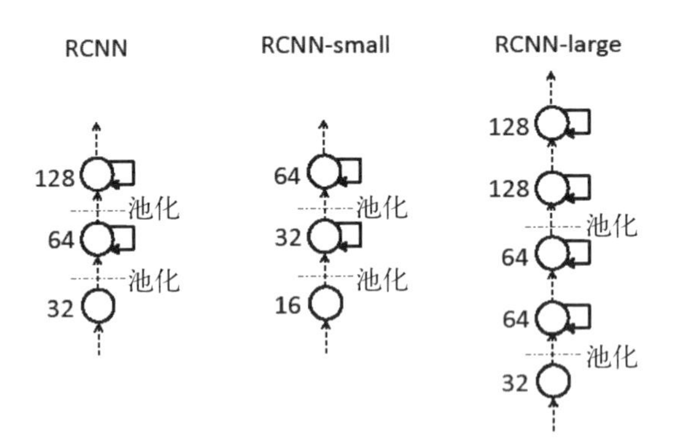

注：实验中用到的基于 RCNN 的模型，图中只展示了一个尺度下的模型，不同尺度的模型是一样的。从左到右依次是 RCNN、RCNN - small 和 RCNN - large。RCNN 和 RCNN - small 的结构几乎一样，除了前者每层的特征数目是后者的两倍。RCNN - large 包含更多的 RCL。在实验中，前两个模型的最大递归迭代数目都是 5，而 RCNN - large 的最大递归迭代次数是 3[138]。

图 2 - 49 RCNN、RCNN - small 和 RCNN - large 的结构

场景标注的模型[161, 164]经常会使用数据增广的技巧来抑制过拟合。数据增广通过对训练图像做各种变换来扩大训练样本的容量，从而使得训练出的模型泛化性能更好。为了实验的公平性,我们在与这些模型的比较中也使用了数据增广,包括水平翻转和随机改变图像的大小。

1) 模型分析

我们通过实验来分析了 RCNN 的结构对场景标注性能的影响,实验在 Sift Flow 数据集上进行。实验使用了两种准确率的衡量方法:像素平均的准确率(per-pixel accuracy, PA)和类别平均的准确率(per-class accuracy, CA)。PA 是测试数据集中正确分类的像素数目占像素总数的百分比,CA 是各类别像素分类正确率的平均值。表 2-5 列出了实验结果,这些结果都是使用移位交叉拼接方式得到的,实验没有使用任何数据增广。

表 2-5 在 Sift Flow 数据集上的模型分析结果

模型	片段大小	参数数量 $\times 10^6$	PA/%	CA/%
RCNN, $\gamma = 1$, $T = 3$	232	0.28	80.3	31.9
RCNN, $\gamma = 1$, $T = 4$	256	0.28	81.6	33.2
RCNN, $\gamma = 1$, $T = 5$	256	0.28	82.3	34.3
RCNN-large, $\gamma = 1$, $T = 3$	256	0.65	83.4	38.9
RCNN, $\gamma = 0$, $T = 3$	232	0.28	80.5	34.2
RCNN, $\gamma = 0$, $T = 4$	256	0.28	79.9	31.4
RCNN, $\gamma = 0$, $T = 5$	256	0.28	80.4	31.7
RCNN-large, $\gamma = 0$, $T = 3$	256	0.65	78.1	29.4
RCNN, $\gamma = 0.25$, $T = 5$	256	0.28	82.4	35.4
RCNN, $\gamma = 0.5$, $T = 5$	256	0.28	81.8	34.7
RCNN, $\gamma = 0.75$, $T = 5$	256	0.28	82.8	35.8
RCNN,不共享参数, $\gamma = 1$, $T = 5$	256	0.28	81.3	33.3
CNN1	88	0.33	74.9	24.1
CNN2	136	0.28	78.5	28.8

我们首先研究了式(2-31)中的 γ 对模型性能的影响,其中重点研究了两个特定取值 $\gamma=1$ 和 $\gamma=0$ 在递归迭代次数 T 取不同值时的影响。T 的最大值是 5。我们也考察了 $T=5$ 时 γ 取其他值的影响。当 $\gamma=1$ 时,RCNN 的两个准确率随递归迭代次数的增加而单调增加。当 $\gamma=0$ 时情况却不是这样的,随着

递归迭代次数的增加 RCNN 出现了过拟合的现象。为了进一步研究这个问题，我们又测试了 RCNN - large。当 $\gamma=1$ 时，RCNN - large 的准确率明显高于 RCNN。然而当 $\gamma=0$ 时，RCNN - large 的准确率反而低于 RCNN。当 γ 为其他值如 0.25、0.5 和 0.75 时，模型的性能比 $\gamma=1$ 时略好，但是差别很不明显。

我们还分析了递归连接中权值共享的作用。为了这个目的，我们构造了一个非共享的“RCNN”，它在各次递归卷积中使用不同的权值，因此比正常的 RCNN 多很多参数。我们测试了 $\gamma=1$ 且 $T=5$ 时的结果，非共享参数的设置导致了更低的 PA 和 CA，一个可能的原因是更多的参数导致了模型的过拟合。

2) 与其他模型的对比

我们接着比较了 RCNN 和其他模型的性能，RCNN 的 γ 和 T 分别设为 1 和 5。由于其他模型[161, 164]使用了数据增广，为了公平比较，RCNN 的训练过程也使用了数据增广。输入图像经过了减去像素均值的简单预处理，这些均值在训练集上计算得到。

表 2 - 6 列出了 Sift Flow 数据集上的实验对比结果。除了 PA 和 CA 外，还列出了每张图片的处理时间作为效率指标。各种神经网络模型的参数数量也列了出来。当不使用额外的训练数据时，RCNN 的 PA 显著高于其他模型的 PA。

表 2 - 6　Sift Flow 数据集上的实验对比结果

模　　型	参数数量	PA/%	CA/%	时间/s
Liu 等[157]	NA	76.7	NA	31(CPU)
Tighe 和 Lazebnik[160]	NA	77	30.1	8.4(CPU)
Eigen 和 Fergus[180]	NA	77.1	32.5	16.6(CPU)
Singh 和 Kosecka[159]	NA	79.2	33.8	20 (CPU)
Tighe 和 Lazebnik[158]	NA	78.6	39.2	≥8.4 (CPU)
多尺度 CNN + cover[161]	0.43×10^6	78.5	29.6	NA
多尺度 CNN + cover (类别平衡)[161]	0.43×10^6	72.3	50.8	NA
反馈 CNN[168]	0.09×10^6	77.7	29.8	NA
多尺度 CNN + rCPN[164]	0.80×10^6	79.6	33.6	0.37(GPU)
多尺度 CNN + rCPN (类别平衡)[164]	0.80×10^6	75.5	48	0.37(GPU)

(续表)

模　　型	参数数量	PA/%	CA/%	时间/s
RCNN	0.28×10^6	83.5	35.8	0.03(GPU)
RCNN (类别平衡)	0.28×10^6	79.3	57.1	0.03(GPU)
RCNN - small	0.07×10^6	81.7	32.6	0.02(GPU)
RCNN - large	0.65×10^6	84.3	41	0.04(GPU)
FCN[143]（*由 VGG 模型微调而来[143]）	134×10^6	85.1	51.7	~0.33 (GPU)

RCNN 的参数比除了反馈 CNN 之外的大多数神经网络模型要更少。我们也测试了 RCNN - small 的性能，它比反馈 CNN 有更少的参数。RCNN - small 的 PA 和 CA 各是 81.7 和 32.6，显著高于反馈 CNN 的对应值。

2.5.5 结论

神经解剖学的结果表明大脑中存在大量的层内递归链接。受此启发，我们提出了一种新型的递归卷积神经网络模型，并在图像分类和场景标注的任务中对模型进行了深入的实验分析。

本节提出的模型的基本想法是对前馈的卷积层增加递归连接，从而得到了递归卷积层。这种结构使得神经元的活动能够被同层内其他神经元的活动所调节，从而提高了模型利用上下文信息的能力。RCNN 可以沿时间展开成一个深层的前馈 CNN。递归连接的存在使得在参数数量不变的条件下，展开后的网络深度可以任意增加。

实验结果表明 RCNN 在物体识别中相比前馈的 CNN 有更好的效果。在分类基准数据集上，RCNN 在使用更少参数的情况下取得了更高的分类准确率，而且准确率会随着参数增加而上升。在场景标注任务上的实验结果表明多尺度 RCNN 的准确率和速度都优于其他模型。这些结果支持了利用神经科学的启发来改进深度学习模型的可行性。

参考文献

[1] 寿天德. 视觉信息处理的脑机制(第 2 版)[M]. 合肥：中国科学技术大学出版社，2010.

[2] Kaplan E. The M, P, and K pathways of the primate visual system [J]. The Visual Neurosciences, 2004, 1: 481 - 493.

[3] Hubel D H, Wiesel T N. Receptive fields, binocular interaction and functional

architecture in the cat's visual cortex [J]. The Journal of Physiology, 1962, 160(1): 106 - 154.

[4] Hubel D H, Wiesel T N. Receptive fields and functional architecture of monkey striate cortex [J]. The Journal of Physiology, 1968, 195(1): 215 - 243.

[5] Ungerleider L G, Haxby J V. "What" and "where" in the human brain [J]. Current Opinion in Neurobiology, 1994, 4(2): 157 - 165.

[6] Kuffler S W. Discharge patterns and functional organization of mammalian retina [J]. Journal of Neurophysiology, 1953, 16(1): 37 - 68.

[7] Hubel D H. Exploration of the primary visual cortex, 1955 - 1978 [J]. Nature, 1982, 299(5883): 515 - 524.

[8] Li C Y, Pei X, Zhou Y X. Role of the extensive area outside the X-cell receptive field in brightness information transmission [J]. Vision Research, 1991, 31(9): 1529 - 1540.

[9] Li C Y, Zhou Y X, Pei X, et al. Extensive disinhibitory region beyond the classical receptive field of cat retinal ganglion cells [J]. Vision Research, 1992, 32(2): 219 - 228.

[10] Shou T, Wang W, Yu H. Orientation biased extended surround of the receptive field of cat retinal ganglion cells [J]. Neuroscience, 2000, 98(2): 207 - 212.

[11] Knierim J J, Van Essen D C. Neuronal responses to static texture patterns in area V1 of the alert macaque monkey [J]. Journal of Neurophysiology, 1992, 67(4): 961 - 980.

[12] Li C Y. Integration fields beyond the classical receptive field: organization and functional properties [J]. Physiology, 1996, 11(4): 181 - 186.

[13] Shen Z M, Xu W F, Li C Y. Cue-invariant detection of centre-surround discontinuity by V1 neurons in awake macaque monkey [J]. The Journal of Physiology, 2007, 583(2): 581 - 592.

[14] Song X M, Li C Y. Contrast-dependent and contrast-independent spatial summation of primary visual cortical neurons of the cat [J]. Cerebral Cortex, 2008, 18(2): 331 - 336.

[15] Li C Y, Li W. Extensive integration field beyond the classical receptive field of cat's striatecortical neurons: classification and tuning properties [J]. Vision Research, 1994, 34(18): 2337 - 2355.

[16] DeAngelis G C, Ohzawa I, Freeman R D. Receptive-field dynamics in the central visual pathways [J]. Trends in Neurosciences, 1995, 18(10): 451 - 458.

[17] Ringach D L, Hawken M J, Shapley R. Dynamics of orientation tuning in macaque primary visual cortex [J] Nature, 1997, 387(6630): 281 - 284.

[18] Schummers J, Cronin B, Wimmer K, et al. Dynamics of orientation tuning in cat

V1 neurons depend on location within layers and orientation maps [J]. Frontiers in Neuroscience, 2007, 1: 145 - 159.

[19] Bredfeldt C E, Ringach D L. Dynamics of spatial frequency tuning in macaque V1 [J]. Neurosci, 2002, 22: 1976 - 1984.

[20] Shapley R, Hawken M, Ringach D L. Dynamics of orientation selectivity in the primary visual cortex and the importance of cortical inhibition [J]. Neuron, 2003, 38: 689 - 699.

[21] Kapadia M K, Westheimer G, Gilbert C D. Dynamics of spatial summation in primary visual cortex of alert monkeys [J]. Proceeding of the National Academy of Sciences, 1999, 96: 12073 - 12078.

[22] Sceniak M P, Ringach D L, Hawken M J, et al. Contrast's effect on spatial summation by macaque V1 neurons [J]. Nat Neurosci, 1999, 2: 733 - 739.

[23] Solomon S G, White A J R, Martin P R. Extraclassical receptive field properties of parvocellular, magnocellular, and koniocellular cells in the primate lateral geniculate nucleus [J]. The Journal of Neuroscience, 2002, 22(1): 338 - 349.

[24] Nolt M J, Kumbhani R D, Palmer L A. Contrast-dependent spatial summation in the lateral geniculate nucleus and retina of the cat [J]. Journal of Neurophysiology, 2004, 92(3): 1708 - 1717.

[25] Lesica N A, Jin J, Weng C, et al. Adaptation to stimulus contrast and correlations during natural visual stimulation [J]. Neuron, 2007, 55(3): 479 - 491.

[26] Rodieck R W, Stone J. Analysis of receptive fields of cat retinal ganglion cells [J]. Journal of Neurophysiology, 1965, 28(5): 833 - 849.

[27] 汪云九. 神经信息学-神经系统的理论和模型[M]. 北京：高等教育出版社，2006.

[28] 黎臧，寿天德. 视网膜神经节细胞感受野的一种新模型：Ⅰ. 含大周边的感受野模型[J]. 生物物理学报，2000，16(2)：288 - 295.

[29] 邱志诚，黎臧，顾凡及，等. 视网膜神经节细胞感受野的一种新模型Ⅱ. 神经节细胞方位选择性中心周边相互作用机制[J]. 生物物理学报，2000，16(2)：296 - 302.

[30] Mcllwain J T. Receptive fields of optic tract axons and lateral geniculate cells: peripheral extent and barbiturate sensitivity [J]. Journal of Neurophysiology, 1964, 27(6): 1154 - 1173.

[31] Li C Y, He Z J. Effects of patterned backgrounds on responses of lateral geniculate neurons in cat [J]. Experimental Brain Research, 1987, 67(1): 16 - 26.

[32] Marcelja S. Mathematical description of the responses of simple cortical cells [J]. Journal of the Optical Society of America, 1980, 70(11): 1297 - 1300.

[33] Daugman J G. Uncertainty relation for resolution in space, spatial frequency, and orientation optimized by two-dimensional visual cortical filters [J]. Journal of the

Optical Society of America, 1985, 2(7): 1160 - 1169.

[34] Morrone M C, Burr D. Feature detection in human vision: A phase-dependent energy model [J]. Proceedings of the Royal Society of London. Series B, Biological Sciences, 1988, 235(1280): 221 - 245.

[35] Chan W, Coghill G. Text analysis using local energy [J]. Pattern Recognition, 2001, 34(12): 2523 - 2532.

[36] Sceniak M P, Hawken M J, Shapley R. Visual spatial characterization of macaque V1 neurons [J]. Journal of Neurophysiology, 2001, 85(5): 1873 - 1887

[37] Cavanaugh J R, Bair W, Movshon J A. Nature and interaction of signals from the receptive field center and surround in macaque V1 neurons [J]. Journal of Neurophysiology, 2002, 88(5): 2530 - 2546.

[38] Grigorescu C, Petkov N, Westenberg M A. Contour detection based on nonclassical receptive field inhibition [J]. IEEE Transactions on Image Processing, 2003, 12(7): 729 - 739.

[39] Papari G, Campisi P, Petkov N, et al. A biologically motivated multiresolution approach to contour detection [J]. EURASIP Journal on Applied Signal Processing, 2007, 2007(1): 119.

[40] Zeng C, Li Y, Li C. Center-surround interaction with adaptive inhibition: a computational model for contour detection [J]. NeuroImage, 2011, 55(1): 49 - 66.

[41] Yang K F, Li C Y, Li Y J. Multifeature-based surround inhibition improves contour detection in natural images [J]. IEEE Transactions on Image Processing, 2014, 23 (12): 5020 - 5032.

[42] Shapley R, Hawken M J. Color in the cortex: single -and double -opponent cells [J]. Vision Research, 2011, 51(7): 701 - 717.

[43] Conway B R, Chatterjee S, Field G D, et al. Advances in color science: from retina to behavior [J]. The Journal of Neuroscience, 2010, 30(45): 14955 - 14963.

[44] Polat U, Sagi D. Lateral interactions between spatial channels: suppression and facilitation revealed by lateral masking experiments[J]. Vision Research, 1993, 33 (7): 993 - 999.

[45] Yang K, Gao S, Li C, et al. Efficient color boundary detection with color-opponent mechanisms [C]//IEEE Conference on Computer Vision and Pattern Recognition, 2013: 2810 - 2817.

[46] Yang K F, Gao S B, Guo C F, et al. Boundary detection using double-opponency and spatial sparseness constraint [J]. IEEE Transactions on Image Processing, 2015, 24(8): 2565 - 2578.

[47] Johnson E N, Hawken M J, Shapley R. Cone inputs in macaque primary visual cortex

[J]. Journal of Neurophysiology, 2004, 91(6): 2501 - 2514.

[48] Karklin Y, Lewicki M S. Emergence of complex cell properties by learning to generalize in natural scenes [J]. Nature, 2009, 457(7225): 83 - 86.

[49] Qi P, Hu X. Learning nonlinear statistical regularities in natural images by modeling the outer product of image intensities[J]. Neural Computation, 2014, 2014(26), 4: 693 - 711.

[50] Van Hateren J H, Van der Schaaf A. Independent component filters of natural images compared with simple cells in primary visual cortex [J]. Proceedings of the Royal Society of London B: Biological Sciences, 1998, 265(1394): 359 - 366.

[51] Olshausen B A, Field D J. Emergence of simple -cell receptive field properties by learning a sparse code for natural images [J]. Nature, 1996, 381(6583): 607.

[52] Lee H, Ekanadham C, Ng A Y. Sparse deep belief net model for visual area V2 [C]// Advances in neural information processing systems, 2008: 873 - 880.

[53] Coates A, Ng A, Lee H. An analysis of single-layer networks in unsupervised feature learning [C]//Proceedings of the Fourteenth International Conference on Artificial Intelligence and Statistics, 2011: 215 - 223.

[54] Schwartz O, Simoncelli E P. Natural signal statistics and sensory gain control [J]. Nature Neuroscience, 2001, 4(8): 819 - 825.

[55] Hyvärinen A, Hoyer P O, Inki M. Topographic independent component analysis [J]. Neural Computation, 2001, 13(7): 1527 - 1558.

[56] Hyvärinen A, Hoyer P. Emergence of phase -and shift-invariant features by decomposition of natural images into independent feature subspaces [J]. Neural Computation, 2000, 12(7): 1705 - 1720.

[57] Karklin Y, Lewicki M S. A hierarchical Bayesian model for learning nonlinear statistical regularities in nonstationary natural signals [J]. Neural Computation, 2005, 17(2): 397 - 423.

[58] Köster U, Hyvärinen A. A two-layer model of natural stimuli estimated with score matching [J]. Neural Computation, 2010, 22(9): 2308 - 2333.

[59] Ranzato M, Hinton G E. Modeling pixel means and covariances using factorized third-order Boltzmann machines [C]//IEEE Conference on Computer Vision and Pattern Recognition, 2010: 2551 - 2558.

[60] Lee H, Battle A, Raina R, et al. Efficient sparse coding algorithms [C]//Advances in Neural Information Processing Systems, 2007: 801 - 808.

[61] Doi E, Inui T, Lee T W, et al. Spatiochromatic receptive field properties derived from information-theoretic analyses of cone mosaic responses to natural scenes [J]. Neural Computation, 2003, 15(2): 397 - 417.

[62] Hyvärinen A, Hurri J, Hoyer P O. Independent component analysis [J]. Natural Image Statistics, 2009: 151 - 175.

[63] De Valois R L, Albrecht D G, Thorell L G. Spatial frequency selectivity of cells in macaque visual cortex [J]. Vision Research, 1982, 22(5): 545 - 559.

[64] Cai D, He X, Han J. SRDA: An efficient algorithm for large-scale discriminant analysis [J]. IEEE Transactions on Knowledge and Data Engineering, 2008, 20(1): 1 - 12.

[65] Schwartz O, Sejnowski T J, Dayan P. Soft mixer assignment in a hierarchical generative model of natural scene statistics [J]. Neural Computation, 2006, 18(11): 2680 - 2718.

[66] Bonds A B. Role of inhibition in the specification of orientation selectivity of cells in the cat striate cortex [J]. Visual Neuroscience, 1989, 2(1): 41 - 55.

[67] Hu X, Zhang J, Qi P, et al. Modeling response properties of V2 neurons using a hierarchical *K*-means model [J]. Neurocomputing, 2014, 134: 198 - 205.

[68] Hubel D H, Wiesel T N. Receptive fields and functional architecture in two nonstriate visual areas (18 - 19) of the cat [J]. Journal of Neurophysiology, 1965, 28: 229 - 289.

[69] Olshausen B A, Field D J. Emergence of simple-cell receptive field properties by learning a sparse code for natural images [J]. Nature, 1996, 381(6583): 607 - 609.

[70] Olshausen B A, Field D J. Sparse coding with an overcomplete basis set: a strategy employed by V1? [J]. Vision Research, 1997, 37(23): 3311 - 3325.

[71] Bell A J, Sejnowski T J. The "independent components" of natural scenes are edge filters [J]. Vision Research, 1997, 37(23): 3327 - 3338.

[72] Lee H, Ekanadham C, Ng A Y. Sparse deep belief net model for visual area V2 [C]// Conference on Neural Information Processing Systems, Vancouver, British Columbia, Canada, December. DBLP, 2007: 873 - 880.

[73] Ranzato M, Boureau Y L, Lecun Y. Sparse feature learning for deep belief networks [C]//Advances in Neural Information Processing Systems, 2007: 1185 - 1192.

[74] Coates A, Ng A Y, Lee H. An analysis of single-layer networks in unsupervised feature learning [J]. Journal of Machine Learning Research, 2011, 15: 215 - 223.

[75] Saxe A, Bhand M, Mudur R, et al. Unsupervised learning models of primary cortical receptive fields and receptive field plasticity [J]. Advances in Neural Information Processing Systems, 2011, 24: 1971 - 1979.

[76] Maximilian Riesenhuber, Tomaso Poggio. Riesenhuber, M. & Poggio, T. Hierarchical models of object recognition in cortex. Nat. Neurosci. 2, 1019 - 1025 [J]. Nature Neuroscience, 1999, 2(11): 1019 - 1025.

[77] Cadieu C, Kouh M, Pasupathy A, et al. A model of V4 shape selectivity and invariance [J]. Journal of Neurophysiology, 2007, 98(3): 1733 - 1750.

[78] Hinton G E, Osindero S, Teh Y W. A fast learning algorithm for deep belief nets [J]. Neural Computation, 2014, 18(7): 1527 - 1554.

[79] Ekanadham C. Sparse deep belief net models for visual area V2 [J]. Advances in Neural Information Processing Systems, 2008, 20: 873 - 880.

[80] Hinton G E. Training products of experts by minimizing contrastive divergence [J]. Neural Computation, 2014, 14(8): 1771 - 1800.

[81] Hinton G E. A practical guide to training restricted boltzmann machines [J]. Momentum, 2012, 9(1): 599 - 619.

[82] Bishop C. Bishop, C. M.: Pattern recognition and machine learning. Springer [M]// Stat Sci. 2006: 140 - 155.

[83] Coultrip R, Granger R, Lynch G. A cortical model of winner-take-all competition via lateral inhibition [J]. Neural Networks, 1992, 5(1): 47 - 54.

[84] Dayan P, Abbott L F. Theoretical neuroscience: computational and mathematical modeling of neural systems [J]. Philosophical Psychology, 2005, 15(1): 154 - 155.

[85] Hu X, Wang J. An improved dual neural network for solving a class of quadratic programming problems and its, k-winners-take-all application [J]. IEEE Transactions on Neural Networks, 2008, 19(12): 2022 - 2031.

[86] Hu X, Zhang B. A new recurrent neural network for solving convex quadratic programming problems with an application to the k-winners-take-all problem [J]. IEEE Transactions on Neural Networks, 2009, 20(4): 654 - 664.

[87] Ito M, Komatsu H. Representation of angles embedded within contour stimuli in area V2 of macaque monkeys [J]. Journal of Neuroscience the Official Journal of the Society for Neuroscience, 2004, 24(13): 3313 - 3324.

[88] Anzai A, Peng X, Essen D C V. Neurons in monkey visual area V2 encode combinations of orientations [J]. Nature Neuroscience, 2007, 10(10): 1313 - 1321.

[89] Lee H, Grosse R, Ranganath R, et al. Convolutional deep belief networks for scalable unsupervised learning of hierarchical representations [C]//International Conference on Machine Learning. ACM, 2009: 609 - 616.

[90] Le Q V, Ranzato M, Monga R, et al. Building high-level features using large scale unsupervised learning [C]//Proceedings of The 29th International Conference on Machine Learning. Edinburgh, Scotland, GB, 2012: 81 - 88.

[91] Hu X, Zhang J, Li J, et al. Sparsity-regularized HMAX for visual recognition [J]. PLoS one, 2014, 9(1): e81813.

[92] Ito M, Komatsu H. Representation of angles embedded within contour stimuli in area

V2 of macaque monkeys [J]. Journal of Neuroscience, 2004, 24(13): 3313 - 3324.

[93] Pasupathy A, Connor C E. Population coding of shape in area V4 [J]. Nature Neuroscience, 2002, 5(12): 1332 - 1338.

[94] Desimone R, Albright T D, Gross C G, et al. Stimulus-selective properties of inferior temporal neurons in the macaque [J]. Journal of Neuroscience, 1984, 4 (8): 2051 - 2062.

[95] Fukushima K. Neocognitron: A self-organizing neural network model for a mechanism of pattern recognition unaffected by shift in position [J]. Biological Cybernetics, 1980, 36(4): 193 - 202.

[96] Riesenhuber M, Poggio T. Hierarchical models of object recognition in cortex [J]. Nature Neuroscience, 1999, 2(11): 1019 - 1025.

[97] Hubel D H, Wiesel T N. Receptive fields and functional architecture of monkey striate cortex [J]. The Journal of Physiology, 1968, 195(1): 215 - 243.

[98] Cadieu C, Kouh M, Pasupathy A, et al. A model of V4 shape selectivity and invariance [J]. Journal of Neurophysiology, 2007, 98(3): 1733 - 1750.

[99] Serre T, Oliva A, Poggio T. A feedforward architecture accounts for rapid categorization [J]. Proceedings of the National Academy of Sciences, 2007, 104(15): 6424 - 6429.

[100] Mutch J, Lowe D G. Multiclass object recognition with sparse, localized features [C]//Computer Vision and Pattern Recognition, 2006 IEEE Computer Society Conference on. IEEE, 2006, 1: 11 - 18.

[101] Olshausen B A, Field D J. Emergence of simple-cell receptive field properties by learning a sparse code for natural images [J]. Nature, 1996, 381(6583): 607.

[102] Olshausen B A, Field D J. Sparse coding with an overcomplete basis set: A strategy employed by V1? [J]. Vision Research, 1997, 37(23): 3311 - 3325.

[103] Baddeley R, Abbott L F, Booth M C A, et al. Responses of neurons in primary and inferior temporal visual cortices to natural scenes [J]. Proceedings of the Royal Society of London B: Biological Sciences, 1997, 264(1389): 1775 - 1783.

[104] Carlson E T, Rasquinha R J, Zhang K, et al. A sparse object coding scheme in area V4 [J]. Current Biology, 2011, 21(4): 288 - 293.

[105] Quiroga R Q, Reddy L, Kreiman G, et al. Invariant visual representation by single neurons in the human brain [J]. Nature, 2005, 435(7045): 1102 - 1107.

[106] Waydo S, Koch C. Unsupervised learning of individuals and categories from images [J]. Neural Computation, 2008, 20(5): 1165 - 1178.

[107] Serre T, Wolf L, Poggio T. Object recognition with features inspired by visual cortex [C]. Computer Vision and Pattern Recognition, 2005. IEEE Computer Society

Conference on IEEE 2005, 2: 994 - 1000.

[108] Serre T, Wolf L, Bileschi S, et al. Robust object recognition with cortex-like mechanisms [J]. IEEE Transactions on Pattern Analysis and Machine Intelligence, 2007, 29(3): 411 - 426.

[109] Dayan P, Abbott L F. Theoretical neuroscience: computational and mathematical modeling of neural systems [J]. Journal of Cognitive Neuroscience, 2003, 15(1): 154 - 155.

[110] Hyvärinen A, Hurri J, Hoyer P O. Natural Image Statistics: A Probabilistic Approach to Early Computational Vision [M]. New York: Springer Science & Business Media, 2009.

[111] Willmore B D B, Mazer J A, Gallant J L. Sparse coding in striate and extrastriate visual cortex [J]. Journal of Neurophysiology, 2011, 105(6): 2907 - 2919.

[112] Barth A L, Poulet J F A. Experimental evidence for sparse firing in the neocortex [J]. Trends in Neurosciences, 2012, 35(6): 345 - 355.

[113] Schwartz O, Simoncelli E P. Natural signal statistics and sensory gain control [J]. Nature Neuroscience, 2001, 4(8): 819 - 825.

[114] Hyvärinen A, Hoyer P. Emergence of phase -and shift-invariant features by decomposition of natural images into independent feature subspaces [J]. Neural Computation, 2000, 12(7): 1705 - 1720.

[115] Karklin Y, Lewicki M S. A hierarchical Bayesian model for learning nonlinear statistical regularities in nonstationary natural signals [J]. Neural Computation, 2005, 17(2): 397 - 423.

[116] Hyvärinen A, Gutmann M, Hoyer P O. Statistical model of natural stimuli predicts edge-like pooling of spatial frequency channels in V2 [J]. BMC Neuroscience, 2005, 6(1): 12.

[117] Zeiler M D, Krishnan D, Taylor G W, et al. Deconvolutional networks [C]//IEEE Conference on Computer Vision and Pattern Recognition, 2010 IEEE Conference on. IEEE, 2010: 2528 - 2535.

[118] Yang J, Yu K, Gong Y, et al. Linear spatial pyramid matching using sparse coding for image classification [C]//IEEE Conference on Computer Vision and Pattern Recognition, 2009: 1794 - 1801.

[119] Lee H, Grosse R, Ranganath R, et al. Convolutional deep belief networks for scalable unsupervised learning of hierarchical representations [C]//Proceedings of the 26th Annual International Conference on Machine Learning. ACM, 2009: 609 - 616.

[120] Lee H, Battle A, Raina R, et al. Efficient sparse coding algorithms [C]. Advances in Neural Information Processing Systems, 2007: 801 - 808.

[121] Lowe D G. Distinctive image features from scale -invariant keypoints [J]. International Journal of Computer Vision, 2004, 60(2): 91 - 110.

[122] Hyvärinen A, Oja E. Independent component analysis: algorithms and applications [J]. Neural Networks, 2000, 13(4): 411 - 430.

[123] Liu T, Yuan Z, Sun J, et al. Learning to detect a salient object [J]. IEEE Transactions on Pattern Analysis and Machine Intelligence, 2011, 33(2): 353 - 367.

[124] Kavukcuoglu K, Sermanet P, Boureau Y L, et al. Learning convolutional feature hierarchies for visual recognition [C]. Advances in Neural Information Processing Systems, 2010: 1090 - 1098.

[125] Zeiler M D, Taylor G W, Fergus R. Adaptive deconvolutional networks for mid and high level feature learning [C]. IEEE International Conference on Computer Vision, 2011: 2018 - 2025.

[126] Yu K, Lin Y, Lafferty J. Learning image representations from the pixel level via hierarchical sparse coding [C]. IEEE Conference on Computer Vision and Pattern Recognition, 2011: 1713 - 1720.

[127] Zou W, Zhu S, Yu K, et al. Deep learning of invariant features via simulated fixations in video [C]. Advances in neural information processing systems, 2012: 3203 - 3211.

[128] Shan H, Zhang L, Cottrell G W. Recursive ica [C]. Advances in neural information processing systems, 2007: 1273 - 1280.

[129] Gutmann M U, Hyvärinen A. A three-layer model of natural image statistics [J]. Journal of Physiology-Paris, 2013, 107(5): 369 - 398.

[130] Coates A, Karpathy A, Ng A Y. Emergence of object-selective features in unsupervised feature learning [C]. Advances in Neural Information Processing Systems, 2012: 2681 - 2689.

[131] Mairal J, Bach F, Ponce J, et al. Online dictionary learning for sparse coding [C]// Proceedings of the 26th Annual International Conference on Machine Learning. ACM, 2009: 689 - 696.

[132] Hinton G E. Training products of experts by minimizing contrastive divergence [J]. Neural Computation, 2002, 14(8): 1771 - 1800.

[133] Poultney C, Chopra S, Cun Y L. Efficient learning of sparse representations with an energy-based model [C]. Advances in neural information processing systems, 2007: 1137 - 1144.

[134] Hyvärinen A, Oja E. Independent component analysis by general nonlinear Hebbian-like learning rules [J]. Signal Processing, 1998, 64(3): 301 - 313.

[135] Kouh M, Poggio T. A canonical neural circuit for cortical nonlinear operations

[J]. Neural Computation, 2008, 20(6): 1427 - 1451.

[136] Kanan C, Cottrell G. Robust classification of objects, faces, and flowers using natural image statistics [C]. Computer Vision and Pattern Recognition, 2010 IEEE Conference on. IEEE, 2010: 2472 - 2479.

[137] Liang M, Hu X. Recurrent Convolutional Neural Network for Object Recognition [C]//Computer Vision and Pattern Recognition. 2015: 3367 - 3375.

[138] Liang M, Hu X, Zhang B. Convolutional Neural Networks with Intra-layer Recurrent Connections for Scene Labeling [C]//Annual Conference on Neural Information Processing Systems, 2015: 937 - 945.

[139] Lecun Y, Boser B, Denker J S, et al. Backpropagation applied to handwritten zip code recognition [J]. Neural Computation, 1989, 1(4): 541 - 551.

[140] Lecun Y, Boser B, Denker J, et al. Handwritten digit recognition with a back-propagation network [C]//Annual Conference on Neural Information Processing Systems, 1990: 396 - 404.

[141] Krizhevsky A, Sutskever I, Hinton G E. Imagenet classification with deep convolutional neural networks [C]//Annual Conference on Neural Information Processing Systems, 2012: 1097 - 1105.

[142] Szegedy C, Liu W, Jia Y, et al. Going deeper with convolutions [C]//Computer Vision and Pattern Recognition. 2015.

[143] Simonyan K, Zisserman A. Very Deep convolutional networks for large-scale image recognition [C]//Conference on Learning Representations (Virtual), 2015.

[144] Lin M, Chen Q, Yan S. Network in network [C]//Conference on Learning Representations (Virtual), 2014.

[145] Chatfield K, Simonyan K, Vedaldi A, et al. Return of the devil in the details: delving deep into convolutional nets [C]//British Machine Vision Conference. 2014.

[146] Sharif R A, Azizpour H, Sullivan J, et al. CNN features off-the-shelf: an astounding baseline for recognition [C]//The CVPR Workshops. 2014.

[147] Saxe A, Koh P W, Chen Z, et al. On random weights and unsupervised feature learning [C]//International Conference on Machine Learning, 2011: 1089 - 1096.

[148] McCulloch W S, Pitts W. A logical calculus of the ideas immanent in nervous activity [J]. The Bulletin of Mathematical Biophysics, 1943, 5(4): 115 - 133.

[149] Fukushima K. Neocognitron: a self-organizing neural network model for a mechanism of pattern recognition unaffected by shift in position [J]. Biological Cybernetics, 1980, 36(4): 193 - 202.

[150] Riesenhuber M, Poggio T. Hierarchical models of object recognition in cortex [J]. Nature Neuroscience, 1999, 2: 1019 - 1025.

[151] Hubel D H, Wiesel T N. Receptive fields of single neurones in the cat's striate cortex [J]. The Journal of Physiology, 1959, 148(5 - 3): 574.

[152] Hubel D H, Wiesel T N. Receptive fields, binocular interaction and functional architecture in the cat's visual cortex [J]. The Journal of Physiology, 1962, 160 (5 - 1): 106.

[153] Dayan P, Abbott L F. Theoretical neuroscience [M]. Cambridge, MA: MIT Press, 2001.

[154] Fraser J. A new visual illusion of direction [J]. British Journal of Psychiatry, 1908, 2: 307 - 320.

[155] Zhu M, Rozell C. Visual nonclassical receptive field effects emerge from sparse coding in a dynamical system [J]. PLOS Computational Biology, 2013, 9 (8): e1003191.

[156] Gould S, Fulton R, Koller D. Decomposing a scene into geometric and semantically consistent regions [C]//International Journal of Computer Vision, 2009: 1 - 8.

[157] Liu C, Yuen J, Torralba A. Nonparametric scene parsing via label transfer [J]. IEEE Transactions on Pattern Analysis and Machine Intelligence, 2011, 33(12): 2368 - 2382.

[158] Tighe J, Lazebnik S. Finding things: image parsing with regions and per-exemplar detectors [C]//Conference on Computer Vision and Pattern Recognition, 2013: 3001 - 3008.

[159] Singh G, Kosecka J. Nonparametric scene parsing with adaptive feature relevance and semantic context [C]//IEEE Conference on Computer Vision and Pattern Recognition, 2013: 3151 - 3157.

[160] Tighe J, Lazebnik S. Superparsing: scalable nonparametric image parsing with superpixels [J]. International Journal of Computer Vision, 2013, 101(5 - 2): 329 - 349.

[161] Farabet C, Couprie C, Najman L, et al. Learning hierarchical features for scene labeling [J]. IEEE Transactions on Pattern Analysis and Machine Intelligence, 2013, 35(8): 1915 - 1929.

[162] Mottaghi R, Chen X, Liu X, et al. The role of context for object detection and semantic segmentation in the wild [C]//Conference on Computer Vision and Pattern Recognition, 2014: 891 - 898.

[163] Socher R, Lin C C, Manning C, et al. Parsing natural scenes and natural language with recursive neural networks [C]//International Conference on Machine Learning, 2011: 129 - 136.

[164] Sharma A, Tuzel O, Liu M-Y. Recursive context propagation network for semantic

scene labeling [G]//Annual Conference on Neural Information Processing Systems, 2014: 2447 - 2455.

[165] Graves A, Liwicki M, Fernández S, et al. A novel connectionist system for unconstrained handwriting recognition [J]. IEEE Transactions on Pattern Analysis and Machine Intelligence, 2009, 31(5): 855 - 868.

[166] Graves A, Mohamed A-R, Hinton G. Speech recognition with deep recurrent neural networks [C]//ICASSP. 2013: 6645 - 6649.

[167] Sutskever I, Vinyals O, LE Q V. Sequence to sequence learning with neural networks [C]//NIPS. 2014: 3104 - 3112.

[168] Pinheiro P H, Collobert R. Recurrent convolutional neural networks for scene parsing [C]//International Conference on Machine Learning, 2014.

[169] Glorot X, Bordes A, Bengio Y. Deep sparse rectifier networks [C]//Proceedings of the 14th International Conference on Artificial Intelligence and Statistics. 2011, 15: 315 - 323.

[170] Ioffe S, Szegedy C. Batch normalization: accelerating deep network training by reducing internal covariate shift [C]//International Conference on Machine Learning. 2015, 37: 448 - 456.

[171] Werbos P J. Backpropagation through time: what it does and how to do it [J]. Proceedings of the IEEE, 1990, 78(10): 1550 - 1560.

[172] Long J, Shelhamer E, DARRELL T. Fully convolutional networks for semantic segmentation [C]//Conference on Computer Vision and Pattern Recognition, 2015.

[173] Deng J, Dong W, Socher R, et al. Imagenet: a large-scale hierarchical image database [C]//Conference on Computer Vision and Pattern Recognition, 2009: 248 - 255.

[174] Sermanet P, Eigen D, Zhang X, et al. Overfeat: integrated recognition, localization and detection using convolutional networks [C]//International Conference on Learning Representations, 2014.

[175] Krizhevsky A, Hinton G. Learning multiple layers of features from tiny images [D]. Computer Science Department, University of Toronto, 2009.

[176] Goodfellow I J, Warde-F D, Mirza M, et al. Maxout networks [C]//International Conference on Machine Learning, 2013: 1319 - 1327.

[177] Springenberg J T, Riedmiller M. Improving deep neural networks with probabilistic maxout units [C]//Conference on Learning Representations (Virtual), 2014.

[178] Lee C-Y, Xie S, Gallagher P, et al. Deeply-supervised nets [C]//NIPS, Deep Learning and Representation Learning Workshop. 2014.

[179] Wan L, Zeiler M, Zhang S, et al. Regularization of neural networks using

dropconnect [C]//International Conference on Machine Learning, 2013: 1058 - 1066.

[180] Eigen D, Fergus R. Nonparametric image parsing using adaptive neighbor sets [C]// IEEE Conference on Computer Vision and Pattern Recognition, 2012: 2799 - 2806.

视觉信息处理的机器学习理论与方法

郑伟诗　胡建芳　杨沛沛

郑伟诗，中山大学计算机学院，电子邮箱：wszheng@ieee.org
胡建芳，中山大学计算机学院，电子邮箱：hujf5@mail.sysu.edu.cn
杨沛沛，中国科学院自动化研究所，电子邮箱：ppyang@nlpr.ia.ac.cn

视觉特征构建和特征表示学习是视觉信息处理中的两个核心任务。对于视觉特征构建方面，在以深度学习为主的端到端学习模式出现之前，人们往往需要根据自身对任务的理解等先验信息来设计视觉特征。例如，尺度不变特征变换(scale-invariant feature transform, SIFT)和方向梯度直方图(histogram of oriented gradient, HOG)特征。由于构造的特征往往具有一定的冗余，且不同特征信息在不同任务中的表现也不相同，因此如何从构建的特征中学习到具有一定判别性的特征表示来进行识别或检测等问题，在计算机视觉应用中显得特别重要。因此，本章将主要介绍视觉信息处理中经常用到的机器学习理论与方法，其中包括最大间隔学习(max margin)、多任务学习(multi-task learning)、迁移学习(transfer learning)、度量学习(metric learning)以及神经网络与深度学习(neural network and deep learning)。具体地说，多任务学习和迁移学习主要用于学习跨任务的视觉特征；最大间隔学习和度量学习主要用于特征选取；而神经网络与深度学习则集合了特征构建和特征学习，实现端到端的任务学习。然而，在实际的视觉信息处理过程中，以上的机器学习方法并不是相互独立的，有些视觉处理模型会同时涉及上述的两个或者多个机器学习方法。例如，最大间隔学习和度量学习算法中的关键技术也可以用于深度学习中，以此提升深度学习算法的性能。

在介绍完相关机器学习方法基础理论之后，本章将结合计算机视觉应用中的一些经典实例(如行人再识别、人脸再鉴别等)来展现机器学习方法在视觉问题中的具体应用。

3.1 最大间隔学习及其在计算机视觉中的应用

在有监督机器学习，特别是分类问题中，怎样确定一个好的分割面来将不同类别样本分开是一个重要的研究课题。本节将主要介绍最大间隔学习的算法及其在计算机视觉中的应用。

3.1.1 分割超平面

最大间隔(maximum margin)学习算法是一种线性分类算法。对于二分类问题而言，如果存在至少一个超平面(hyper plane)能够将不同的样本分开，我们就称这些样本为线性可分(linear separable)的，否则称为线性不可分的，如图3-1所示。

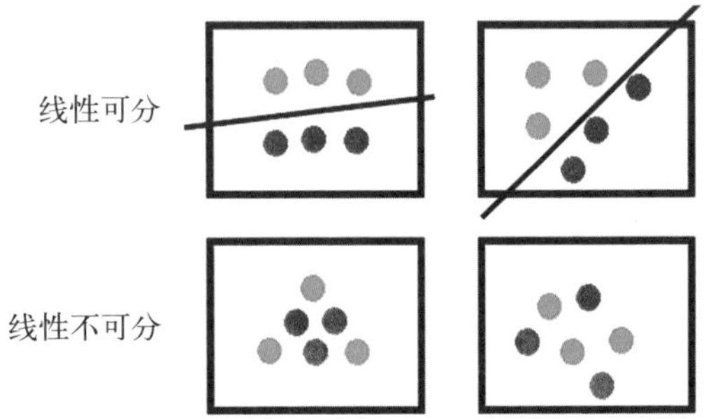

线性可分

线性不可分

图 3-1 线性可分与线性不可分的例子

用数学语言来描述这个过程，一个分割超平面可以表示为一个线性函数

$$z = \boldsymbol{w}^{\mathrm{T}}\boldsymbol{x} + b$$

线性分类算法则根据线性函数的结果进行分类决策

$$y = g(z) = g(\boldsymbol{w}^{\mathrm{T}}\boldsymbol{x} + b)$$

我们不妨取定 $g(z)$ 为

$$g(z) = \begin{cases} 1, & z \geqslant 0 \\ -1, & z < 0 \end{cases}$$

即分类由 z 的符号决定。

3.1.2 最大间隔

对于许多线性可分的例子，能正确分割出两类样本的超平面往往不止一个，如图 3-2 所示。那么在满足分类要求的基础上，什么样的超平面才是“最好”的呢？分割超平面 z_1 和 z_3 离样本都太近了，如果采用这样的超平面进行分类，则鲁棒性太差，一旦数据稍有偏差，就非常容易被分错。相反，超平面 z_2 离两类样本都比较远，分类的效果更好。最大间隔学习算法正是基于这种思想来选择最佳分割超平面的。

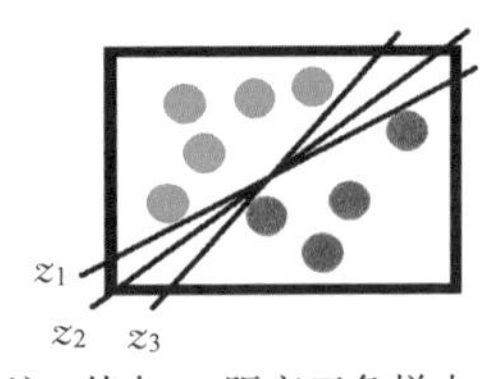

注：其中 z_2 距离正负样本的距离最远，因此是最“好”的。

图 3-2 多个符合分类的超平面

最大间隔学习算法，顾名思义就是要最大化间隔。这里的“间隔”(margin)定义为离分类超平面最近的正(负)样本的距离，即

$$M = \min\{\mathrm{dist}(\boldsymbol{z},\ \boldsymbol{x}_i) \mid i = 1,\ 2,\ 3,\ \cdots,\ N\}$$

式中，N 为样本个数。对于分割超平面 $\boldsymbol{z} = \boldsymbol{w}^{\mathrm{T}}\boldsymbol{x} + b$，我们知道其法向量是 $\boldsymbol{w}$，设某个样本点 $\boldsymbol{x}_i$，它在超平面上的投影 $\hat{\boldsymbol{x}}_i$，则有

$$\hat{\boldsymbol{x}}_i - \boldsymbol{x}_i = \text{dist}(\boldsymbol{z}, \boldsymbol{x}_i) \cdot \frac{\boldsymbol{w}}{\|\boldsymbol{w}\|}$$

式中，$\frac{\boldsymbol{w}}{\|\boldsymbol{w}\|}$ 即为超平面的单位法向量。等式两边同时左乘 $\boldsymbol{w}^{\mathrm{T}}$ 并加上 b，根据 $\boldsymbol{w}^{\mathrm{T}}\hat{\boldsymbol{x}}_i + b = 0$，我们得

$$\text{dist}(\boldsymbol{z}, \boldsymbol{x}_i) = \frac{|\boldsymbol{w}^{\mathrm{T}}\boldsymbol{x}_i + b|}{\|\boldsymbol{w}\|}$$

接着，设 y_i 为第 i 个样本的类标，有

$$y_i = \begin{cases} 1, & i \in \text{正类} \\ -1, & i \in \text{负类} \end{cases}$$

于是，$\text{dist}(\boldsymbol{z}, \boldsymbol{x}_i) = \frac{y_i(\boldsymbol{w}^{\mathrm{T}}\boldsymbol{x}_i + b)}{\|\boldsymbol{w}\|}$。因此，间隔表示为

$$M = \min\left\{\frac{y_i(\boldsymbol{w}^{\mathrm{T}}\boldsymbol{x}_i + b)}{\|\boldsymbol{w}\|} \mid i = 1, 2, 3, \cdots, N\right\}$$

由此，问题转化为如下优化函数的求解

$$\max_{\boldsymbol{w}, b} M = \max_{\boldsymbol{w}, b}\min\left\{\frac{y_i(\boldsymbol{w}^{\mathrm{T}}\boldsymbol{x}_i + b)}{\|\boldsymbol{w}\|} \mid i = 1, 2, 3, \cdots, N\right\} \tag{3-1}$$

不妨设 $M = \frac{y_0(\boldsymbol{w}^{\mathrm{T}}\boldsymbol{x}_0 + b)}{\|\boldsymbol{w}\|}$，于是式(3-1)转化为

$$\begin{aligned} &\max_{\boldsymbol{w}, b} \frac{y_0(\boldsymbol{w}^{\mathrm{T}}\boldsymbol{x}_0 + b)}{\|\boldsymbol{w}\|} \\ &\text{s.t.} \quad y_i(\boldsymbol{w}^{\mathrm{T}}\boldsymbol{x}_i + b) \geqslant y_0(\boldsymbol{w}^{\mathrm{T}}\boldsymbol{x}_0 + b),\ i = 1, 2, 3, \cdots, N \end{aligned}$$

再者，定义 $\boldsymbol{w}' = \frac{\boldsymbol{w}}{y_0(\boldsymbol{w}^{\mathrm{T}}\boldsymbol{x}_0 + b)}$，$b' = \frac{b}{y_0(\boldsymbol{w}^{\mathrm{T}}\boldsymbol{x}_0 + b)}$，又因 $\max_{\boldsymbol{w}, b}\frac{1}{\|\boldsymbol{w}'\|}$ 与 $\max_{\boldsymbol{w}', b}\frac{1}{\|\boldsymbol{w}'\|^2}$ 等价，于是得到等价的优化问题

$$\begin{aligned} &\max_{\boldsymbol{w}', b} \frac{1}{\|\boldsymbol{w}'\|^2} \\ &\text{s.t.} \quad y_i(\boldsymbol{w}'^{\mathrm{T}}\boldsymbol{x}_i + b') \geqslant 1,\quad i = 1, 2, 3, \cdots, N \end{aligned}$$

3.1.3 松弛变量

对于以上的最大化间隔的讨论,我们一直坚持要以“分类完全正确”为前提条件。然而,由于真实数据中往往存在异常值,硬性要求分类完全正确往往无法得到最佳的分类器。如图 3-3 所示,由于右边蓝色异常点的影响,得出的虚线分割超平面间隔非常小。如果我们放宽对于分类准确度的限制,就可以在一定程度上忽略异常训练样本带来的影响,得出的实线超平面要优于虚线超平面。

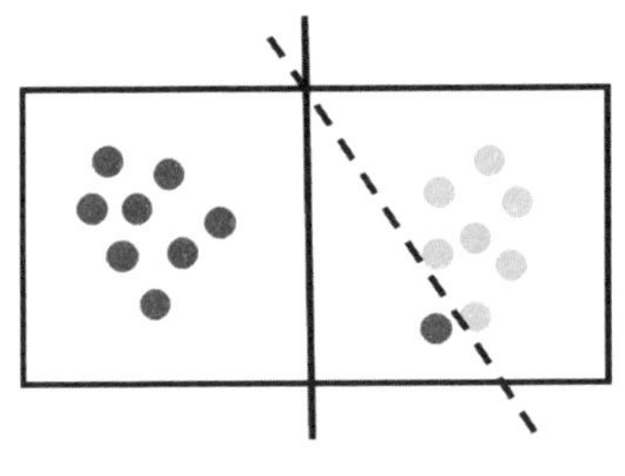

图 3-3 引入松弛变量

于是,我们引入“松弛变量”(slack variable) ε_i 来放宽对分类要求的限制,则原式转化为

$$\max_{w',b}\frac{1}{\|\boldsymbol{w}'\|^2}$$

$$\text{s.t.}\quad y_i(\boldsymbol{w}'^{\mathrm{T}}\boldsymbol{x}_i+b')\geqslant 1-\varepsilon_i,\quad i=1,2,3,\cdots,N$$

3.1.4 对偶问题

使用拉格朗日乘子法可以得到上述问题的“对偶问题”(dual problem)。具体而言,上述问题的每条约束添加拉格朗日乘子 α_i,以将这些约束和原目标函数全部纳入同一个目标函数——拉格朗日函数中。又因为最大化 $\dfrac{1}{\|\boldsymbol{w}'\|^2}$ 等价于最小化 $\dfrac{1}{2}\|\boldsymbol{w}'\|^2$。上述问题的拉格朗日函数可以转化为

$$L(\boldsymbol{w}',b',\alpha)=\frac{1}{2}\|\boldsymbol{w}'\|^2+\sum_{i=1}^{N}\alpha_i[(1-\varepsilon_i)-y_i(\boldsymbol{w}'^{\mathrm{T}}\boldsymbol{x}_i+b')]$$

其中 $\alpha=(\alpha_1,\alpha_2,\cdots,\alpha_N)$。令 $\boldsymbol{L}(\boldsymbol{w}',b',\alpha)$ 对 $\boldsymbol{w}'$ 和 b' 的偏导为 0,可得

$$\boldsymbol{w}'=\sum_{i=1}^{N}\alpha_i y_i\boldsymbol{x}_i$$

$$0=\sum_{i=1}^{N}\alpha_i y_i$$

代入拉格朗日函数中,消去 $\boldsymbol{w}'$ 和 b' 得到原问题的对偶问题

$$\max_{w',b}\sum_{i=1}^{N}\alpha_i(1-\varepsilon_i)-\frac{1}{2}\sum_{i=1}^{N}\sum_{j=1}^{N}\alpha_i\alpha_j y_i y_j\boldsymbol{x}_i{}^{\mathrm{T}}\boldsymbol{x}_j$$

$$\text{s. t.}\quad \sum_{i=1}^{N}\alpha_i y_i = 0,\quad i = 1, 2, 3, \cdots, N$$

解出 α，然后可得

$$\boldsymbol{z} = \boldsymbol{w}'^{\mathrm{T}}\boldsymbol{x} + b' = \sum_{i=1}^{N}\alpha_i y_i \boldsymbol{x}_i^{\mathrm{T}}\boldsymbol{x} + b'$$

上述对偶问题需要满足 KKT 条件，即

$$\begin{cases}\alpha_i \geqslant 0 \\ y_i z_i - 1 + \varepsilon_i \geqslant 0 \\ \alpha_i(y_i z_i - 1 + \varepsilon_i) = 0\end{cases}$$

上述 KKT 条件可以理解为最优解在边界点处取得。

3.1.5 核函数

以上讨论都是以线性可分样本为基础的，那么对于非线性样本是否有办法应用该算法呢？对于非线性样本在原空间内确实无法找到合适的分割超平面，但是如果将样本通过适合的映射关系，映射到更高维的空间，那么就可以将问题转化为高维空间上的线性可分问题。

如图 3-4 所示，通过恰当的核函数将二维样本映射到三维空间，则可以在三维空间找到一个超平面将两类样本区分开。

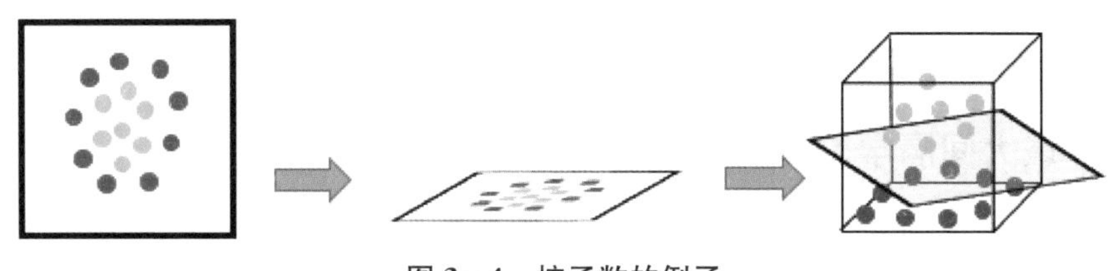

图 3-4 核函数的例子

不妨设低维空间向高维空间的映射为 $\phi(\cdot)$。那么，对于线性可分问题，我们需要在原始空间中计算 $\boldsymbol{w}'^{\mathrm{T}}\boldsymbol{x}_i$，即向量内积 $<\boldsymbol{w}', \boldsymbol{x}_i>$；对于线性不可分问题，我们则需要计算 $<\phi(\boldsymbol{w}'), \phi(\boldsymbol{x}_i)>$。先算映射 $\phi(\cdot)$，再计算高维空间的内积运算复杂度较高。于是我们考虑将这个复杂的内积计算简化为在原始低维空间上运算。计算两个向量在隐式映射过后的空间中的内积的函数称为核函数(kernel function)。

例如，令 $\boldsymbol{p}$、$\boldsymbol{q}$ 为两维的向量，以及低维空间到高维空间的映射 $\phi(\cdot)$：$\phi(\boldsymbol{p}) = (p_1^2, p_2^2, \sqrt{2}p_1p_2, \sqrt{2}p_1, \sqrt{2}p_2, 1)$，$\phi(\boldsymbol{q}) = (q_1^2, q_2^2, \sqrt{2}q_1q_2,$

$\sqrt{2}q_1,\ \sqrt{2}q_2,\ 1)$，那么有

$$<\phi(\boldsymbol{p}),\ \phi(\boldsymbol{q})> = p_1^2q_1^2 + p_2^2q_2^2 + 2p_1p_2q_1q_2 + 2p_1q_1 + 2p_2q_2 + 1$$

又因为

$$(<\boldsymbol{p},\ \boldsymbol{q}>+1)^2 = (p_1q_1 + p_2q_2 + 1)^2 = p_1^2q_1^2 + p_2^2q_2^2 + 2p_1p_2q_1q_2 + 2p_1q_1 + 2p_2q_2 + 1$$

所以有

$$<\phi(\boldsymbol{p}),\ \phi(\boldsymbol{q})> = (<\boldsymbol{p},\ \boldsymbol{q}>+1)^2 = K(\boldsymbol{p},\ \boldsymbol{q})$$

在这里，$K(\boldsymbol{p},\ \boldsymbol{q}) = (<\boldsymbol{p},\ \boldsymbol{q}>+1)^2$ 即为一个核函数(事实上，这是一个多项式核函数)。

常用的 3 种核函数如表 3-1 所示。

表 3-1 常用的核函数

核函数类别	核函数形式
线性核函数	$K(\boldsymbol{p},\ \boldsymbol{q}) = <\boldsymbol{p},\ \boldsymbol{q}>$
多项式核函数	$K(\boldsymbol{p},\ \boldsymbol{q}) = (<\boldsymbol{p},\ \boldsymbol{q}>+R)^2$
高斯核函数	$K(\boldsymbol{p},\ \boldsymbol{q}) = \exp(-\Vert \boldsymbol{p}-\boldsymbol{q} \Vert^2/2\sigma^2)$

对基于传统的最大间隔学习算法进行创新，可以启发出许多改进版本，并在识别和特征学习等方面有许多应用。

3.1.6 最大间隔学习算法的应用

1. SVM 与识别问题

最大间隔学习算法在计算机视觉的识别问题上应用广泛。在基础的手写识别库 MNIST 中，最大间隔学习算法早已达到了 90%以上的识别率。比如研究[1]中利用 SVM 算法，针对输入视频的局部时空特征(local space-time feature)进行分类，以达到良好的动作识别效果。研究[2]应用 SVM 进行人脸的检测与识别，通过设计一个保证有全局最优的分解算法，利用 SVM 进行对大数据的寻优而完成。

2. One-class SVM 与异常检测问题

对传统最大间隔学习算法进行改进而得的 one-class SVM，是考虑当训练集中只有一类数据时，需要学习的不再是分类的边界，而是这类数据的边界。其

在异常检测上的应用更加广泛。由于正常事件往往是分布集中的,而异常事件往往多种多样并且分布十分不集中,难以获得。在只有正常事件的情况下,可以采用 one-class SVM 来学习正常事件的边界,从而达到异常检测的目的,这种思想在如研究[3]和[4]的工作上得到了有效的应用。

3. SVR 与回归问题

启发自传统的最大间隔学习算法,面向回归问题而改进的 SVR 不再学习分类面,而是在一类数据中找到一个超平面(当然也要通过核函数映射到高维空间),使得所有的点离这个超平面都尽可能地近。这里的支持向量定义为离平面最远的点,要使得该"支持向量"离该平面尽量近。这也是一种非监督的算法,在以回归为基础的识别问题研究[5]和[6]中也有应用。研究[5]应用 SVR 进行语音情感识别,由于语音情感的标注是三元组的实数,因此需要采用 SVR 回归模型来进行拟合。

4. 多核学习

在利用最大间隔学习算法进行训练时,会涉及核函数的选择问题,为了照顾到异构的特征,在核函数的设计上可以改进为多核学习。"多核"即为融合几种不同的核来训练。在学习过程中可以采用多种核函数线性组合的方式,得到新的核函数。比如最终的核函数 $K = w_1 K_{1\text{poly}} + w_2 K_{2\text{linear}} + w_3 K_{3\text{Gaussian}}$。通过训练,得到 w_1、w_2、w_3 的值。比起使用传统的核函数,多核学习在特征学习上的模型表达更充分,因此也广泛用于计算机视觉的各类任务中[7-9],比如文献[7]中利用多核学习的思想,融合多种特征,包括色彩、质地和 SIFT 特征,从而进行食物的图片分类。

3.2 多任务学习及其在计算机视觉中的应用

3.2.1 多任务学习概述

作为机器学习中的一类重要的学习范式,多任务学习的正式提出一般认为是以 Caruana 于 1997 年发表在 *Machine Learning* 期刊上的文章 *Multi-task Learning* 为标志[10]。文章发表后引起了机器学习领域的广泛兴趣,特别是进入 2000 年以后,学者们在方法和应用上都展开了大量研究,发表了丰富的成果。随着计算机视觉的迅速发展,多任务学习在视觉信息处理中的应用也越来越受到重视,至今仍活跃在机器学习和计算机视觉的研究中,几乎每年的重要会议上都有相关的研究成果发表。

首先介绍一下多任务学习的基本概念。在实际问题中,我们会遇到同时面临多个相似或相关学习任务的情形,传统机器学习处理这种情况的方式是独立地学习每一个任务。对于一些应用问题,数据的采集较为困难,由于训练样本不足,模型的泛化性往往较差,即模型在训练数据上的精度很高,但在测试数据以及真实场景中的性能明显下降。多任务学习采用的策略是联合学习这些任务,由于任务间的相似或相关性,可以实现模型的部分共享,让有效的信息在任务之间相互流动,从而增加了每个任务实际使用的训练数据,提高模型的泛化性。图 3-5 展示了传统的独立学习方式与多任务学习方式的区别,在多任务学习中,尽管不同任务是联合训练的,但每个任务的输出仍然保持独立,它兼顾了这些任务间的共性与特点。

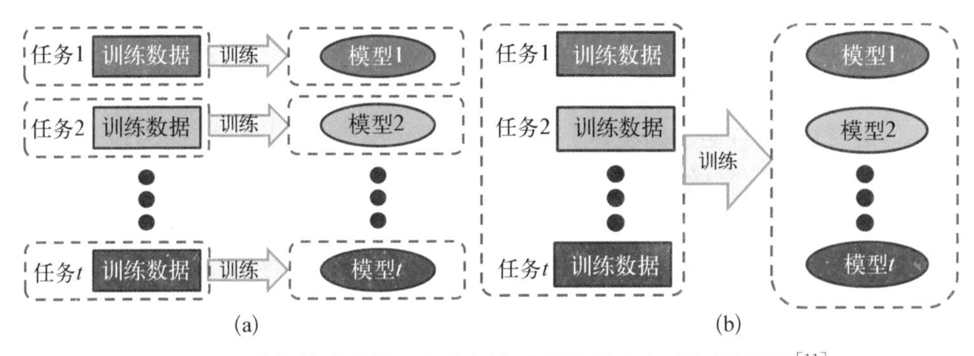

图 3-5 传统的独立学习方式(a)与多任务学习方式(b)的区别[11]

多任务学习与 3.3 节介绍的迁移学习有着密切的关系,它们都涉及不同学习任务之间的协同,但也有明显的区别。第一,迁移学习是利用源域辅助目标域任务的学习,信息从源域单向传入目标域,而多任务学习是多个任务同时学习、相互协助,信息在任务间双向传递。第二,迁移学习中源域不仅有数据可用,还有训练好的模型,对于迁移学习算法来说,源域模型的训练是离线的,而多任务学习中所有任务的模型都是在线同步训练的,没有训练好的模型可用。第三,多任务学习的目标是提高所有任务的综合性能,而迁移学习只需要考虑改善目标域性能。这些差异的存在,使得两类学习方法有较明显的区别。本节将简单介绍多任务学习的一些重要方法及其在视觉信息处理中的应用。

自从多任务学习的概念提出以来,学者们提出了纷繁多样的方法,这些方法根据不同的依据可分为多种类别。我们这里借鉴 Zhang 的综述文章中提出的分类方法[12]:依据两个问题进行分类——任务间共享什么和如何共享(what to share and how to share)。根据任务间共享什么(what to share),多任务学习的实现方式主要包括特征共享、参数共享、样本共享。再根据如何共享(how to share)进一步细分,常见的多任务学习方法可分为以下几类:特征学习方法(包括特征变换方法和特征选择方法)、低秩方法、任务聚类方法、任务关系学习方法、参数分解方法等,如图 3-6 所示。

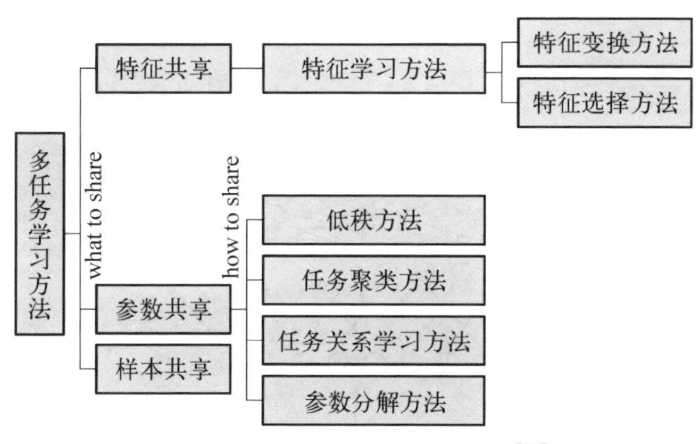

图 3-6 多任务学习方法分类树[12]

这些方法大多可以归为特征共享和参数共享两个大类,其中有些特征共享的方法实际上是通过参数共享的手段实现的,但看作特征共享具有更清晰的意义,因此仍归类于特征共享方法。下面将对一些比较典型的方法进行介绍。

3.2.2 多任务学习方法介绍

1. 特征共享的多任务学习方法

首先介绍基于特征共享的多任务学习方法。最早的多任务学习方法即属于这种类别,至今仍广泛使用。该方法的基本思想是,既然任务之间是相似或相关的,则对这些任务有效的特征很有可能也相同。当每个任务的训练样本有限时,单独一个任务可能学习不到所有这些有用的特征,如果使这些任务共享特征提取,则可以收到互补的效果,使每个任务的特征提取质量得到提升,进而提高它们的性能。

1) 面向神经网络的特征共享方法

首先介绍 Caruana 的经典工作[10],其以两层神经网络为基础模型,认为非线性的隐含层是特征提取层,而线性输出层则构成一个线性分类器,直接令这些独立的神经网络共享非线性层,即可使这些任务共享特征,其结构如图 3-7 所示。这种做法简单直接,却能明显提升所有任务的性能。

上述方法中的所有任务都是对称的,作者还提出了一种非对称多任务学习,

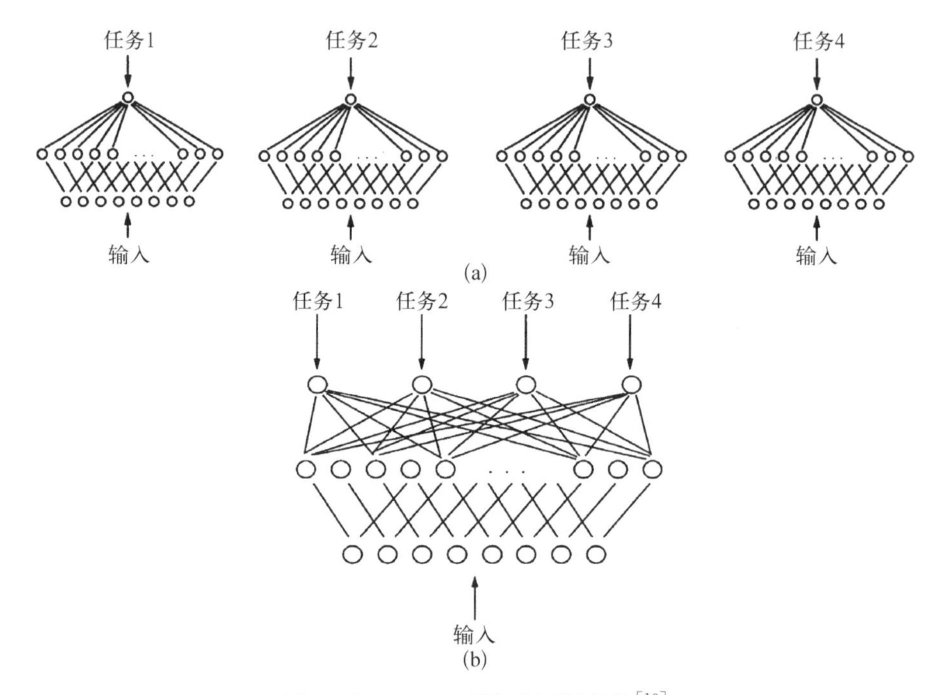

图 3-7 Caruana 的神经网络结构[10]

(a) 神经网络单任务学习 (b) 多任务学习

其想法很巧妙。它的核心思想是，为了提高某个学习任务的性能(称为主任务)，引入与主任务相关的辅助学习任务；然后构造多任务学习，利用辅助任务提高主任务的性能。这种做法之所以有效，是因为它通过相关的辅助任务引入了更多的监督信息，并通过多任务学习的方式传递给主任务。尽管辅助任务的模型是不需要的，但它的存在却可以给主任务的性能提升带来帮助。

在研究[10]中，作者以肺炎的死亡率评级(mortality rank)预测任务为例介绍了这种做法(见图 3-8)：一个肺炎患者入院时会进行一系列的检查，其结果构成 65 维特征，以此为输入预测该患者的死亡率等级，以区分治疗。然而直接训练发现结果不理想，随后发现另有一些实验室数据如红细胞压积(hematocrit)、白细胞计数(white blood cell count)、血钾(potassium)等与死亡率评级比较相关，但它们在入院时无法获得，只有在较长时间后才能获得。为了充分利用这些历史数据，其构造了多任务学习网络，联合预测以上这些实验室数据作为辅助任务并共享特征，可提升预测死亡率评级的精度。直接原因是这些辅助任务的引入提高了隐含层提取特征的质量。另一种解释是，实验室数据对主任务是有价值的，但它们原本要较长时间才能获得，多任务学习间接使得主任务得以提前利用它们。

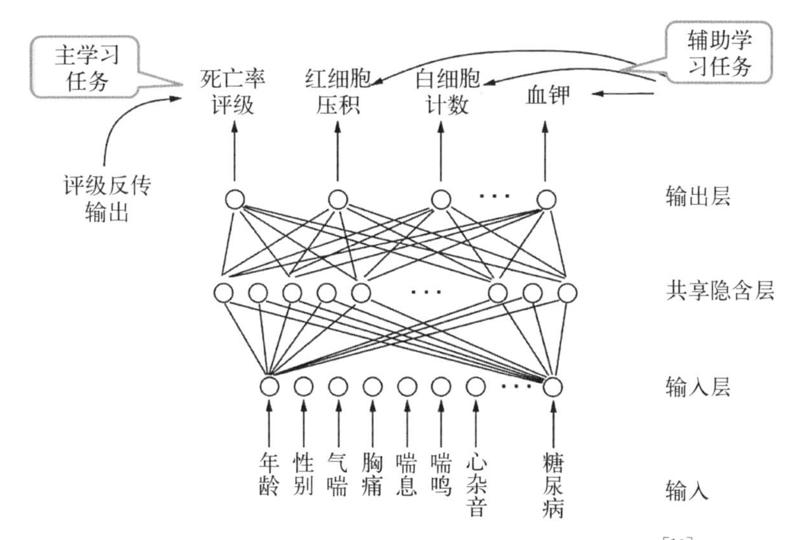

图 3-8 基于多任务学习预测肺炎病人的死亡率评级[10]

对于深度神经网络,以上方法可以直接用于构造多任务学习。然而随着网络层数的加深,出现了一些新的问题,例如对于深层神经网络,应该共享多少层才能达到最优的效果？更进一步,现有方法假设不同任务的特征在某一层突然全部汇集成相同的特征,那么这些特征是否有可能是逐层渐渐汇聚起来的？是否存在更优的汇聚组合方式？为了探讨这些可能性,一些新的方法陆续提了出来。

2) 十字绣网络

十字绣网络(cross-stitch networks)[13]引入了十字绣单元(cross-stitch unit),这是一个交叉结构的线性单元,它有两个输入和两个输出,每个输出是两个输入的线性组合,如图 3-9 所示。

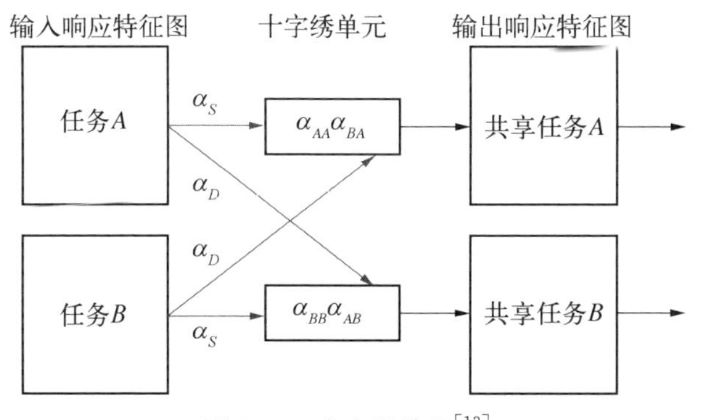

图 3-9 十字绣单元[13]

用十字绣单元替代两个任务的网络层间连接，可以打通两个任务间的信息传递，通过学习十字绣单元的系数，自动学习两个任务在不同网络层的信息传递强度，从而实现自动结构学习，如图 3-10 所示。

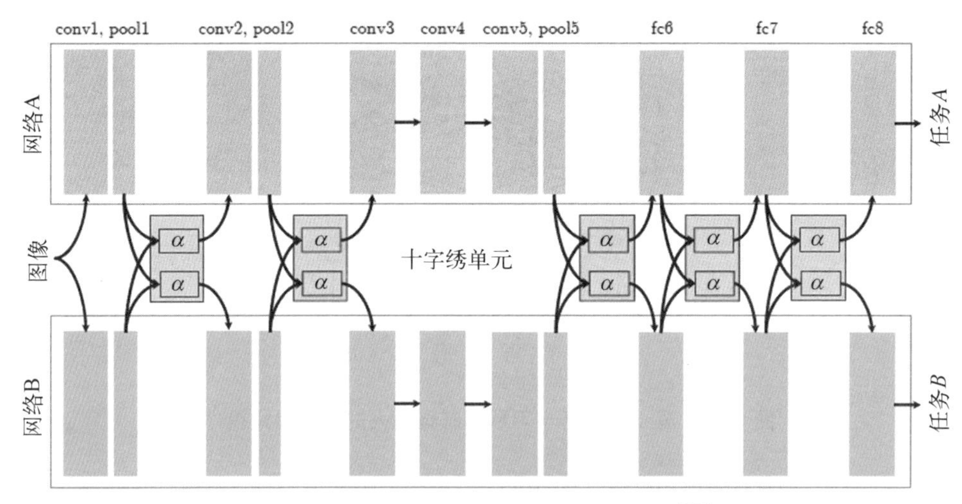

图 3-10 基于十字绣网络的多任务学习[13]

3）全自适应特征共享

全自适应特征共享方法[14]则使用逐层聚类和拓宽的方式，自动发现最优多任务网络结构。它的大致流程是先将预训练网络用 SOMP 方法进行压缩，得到顶端分叉的初始窄网络，然后开始一边训练网络一边对模型进行拓宽。拓宽的过程是从顶层开始逐层向下，对当前层的任务节点进行聚类（任务节点是已经聚到一起的任务超类），然后将网络在下一层的节点数拓宽为聚类数，从而自适应地找到多任务网络的共享结构，其过程如图 3-11 所示。

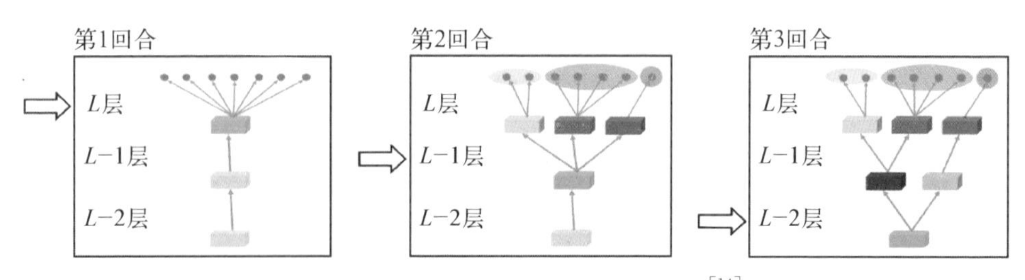

图 3-11 全自适应特征共享学习过程[14]

4）联合特征选择

对于非神经网络模型，也可以从特征共享的角度构建多任务学习，这里介绍两种方法。第 1 种是联合特征选择的方法，它假设多个任务共享相同的有效

特征,因此可以联合多任务进行特征选择,以学到更准确的特征[15]。如图 3-12 所示是一个简化的示意图,$\boldsymbol{W}$ 是待学习的 k 个任务的参数,它的每一列对应一个任务,每一行对应样本 $\boldsymbol{X}$ 的一维特征,因此如果令学到的 $\boldsymbol{W}$ 具有行稀疏的特点,即 $\boldsymbol{W}$ 中的一些整行全部为零,则实现了联合特征选择。该目标可以通过对 $\boldsymbol{W}$ 施加结构稀疏正则化来实现,由 $\boldsymbol{W}$ 的 $L_{2,1}$ 范数实现:$\|\boldsymbol{W}\|_{2,1}=\sum_{i=1}^{p}\|\boldsymbol{W}(i,:)\|_2$,它可以看作由 $\boldsymbol{W}$ 中每个行向量的 L_2 范数构成一个新向量,再求 L_1 范数,由于 L_1 范数具有促进稀疏性的性质,因此 $L_{2,1}$ 范数会促进 $\boldsymbol{W}$ 的行稀疏性。

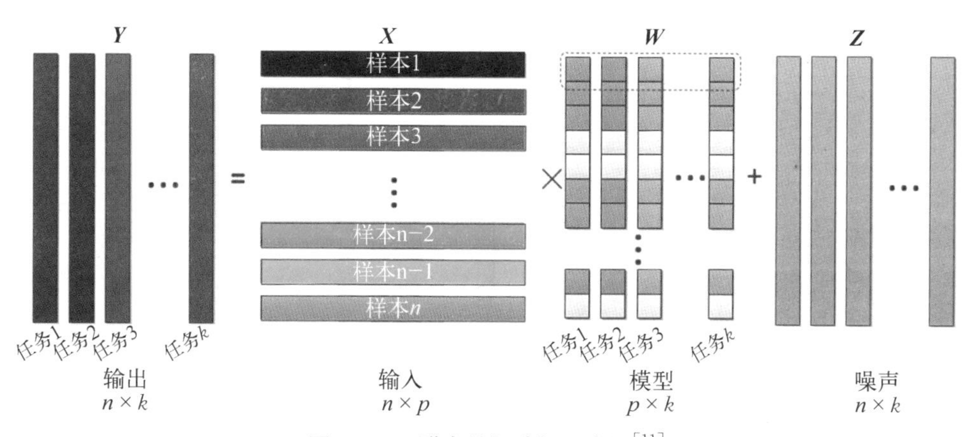

图 3-12 联合特征选择示意图[11]

5) 联合特征变换

相比联合特征选择,联合特征变换的方法更为灵活,它假设联合特征选择发生在某个特征变换之后。例如在凸的多任务特征学习(convex multi-task feature learning)方法中[16],用如下模型同时学习特征变换 U 与结构稀疏系数

$$\min_{A,\boldsymbol{U},b}\sum_{i=1}^{m}\sum_{j=1}^{n_i}l(y_j^i,(\boldsymbol{a}^i)^{\mathrm{T}}\boldsymbol{U}^{\mathrm{T}}\boldsymbol{x}_j^i+b_i)+\lambda\|A\|_{2,1}^2$$
$$\text{s.t.}\quad \boldsymbol{U}\boldsymbol{U}^{\mathrm{T}}-\boldsymbol{I}$$

该优化问题可以转换为如下凸问题用轮替法进行求解

$$\min_{\boldsymbol{W},\boldsymbol{D},b}\sum_{i=1}^{m}\sum_{j=1}^{n_i}l(y_j^i,(\boldsymbol{w}^i)^{\mathrm{T}}\boldsymbol{x}_j^i+b_i)+\lambda\ \mathrm{tr}(\boldsymbol{W}^{\mathrm{T}}\boldsymbol{D}^{+}\boldsymbol{W})$$
$$\text{s.t.}\quad \boldsymbol{D}\succeq\boldsymbol{0},\ \mathrm{tr}(\boldsymbol{D})\leqslant 1$$

2. 参数共享的多任务学习

该类方法假设不同任务的参数之间存在特定的关联，根据不同的关系假设衍生出一系列的方法。

1) 低秩方法

这一类方法假设所有任务的参数共享一组基(视为隐参数)，每个任务的参数都是这些基的线性组合，图 3-13 展示了当学习任务的参数是向量时该假设的情形。

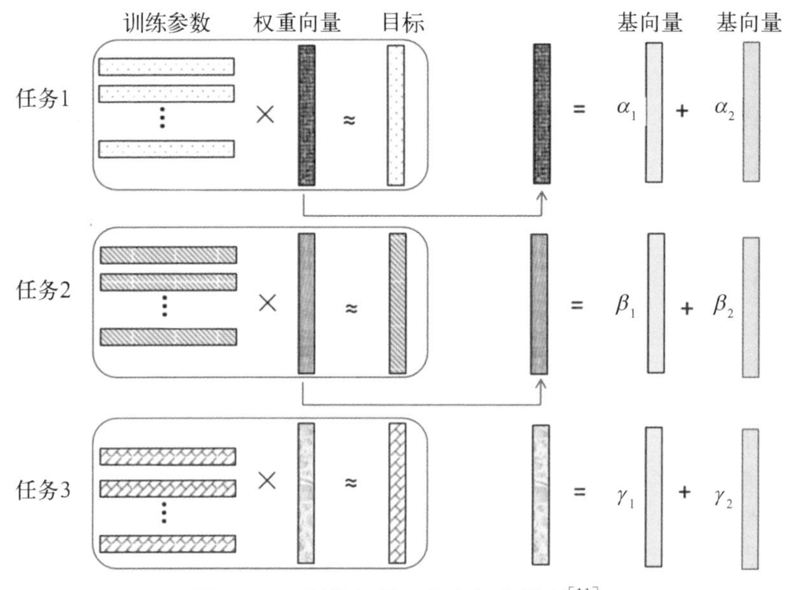

图 3-13 低秩假设下的多任务模型[11]

由于基和重构系数都未知，因此这种低维结构需要与任务同步学习。将所有任务的向量拼成矩阵 $\boldsymbol{W}$，对 $\boldsymbol{W}$ 施加正则化，最小化它的秩，以学到多任务参数的低维组合：$\min_{\boldsymbol{W}} \mathrm{Loss}(\boldsymbol{W}) + \lambda \cdot \mathrm{Rank}(\boldsymbol{W})$。考虑到最小化 $\mathrm{Rank}(\boldsymbol{W})$ 是 NP-Hard 问题，对其进行凸放松，用最小化核范数(nuclear norm)的方式获得低秩

$$\min_{\boldsymbol{W}} \mathrm{Loss}(\boldsymbol{W}) + \lambda \cdot \|\boldsymbol{W}\|_{\mathrm{tr}}$$

其中，$\|\boldsymbol{W}\|_{\mathrm{tr}} = [\mathrm{tr}(\boldsymbol{W}\boldsymbol{W}^{\mathrm{T}})]^{\frac{1}{2}}$，它等于 $\boldsymbol{W}$ 的奇异值之和，是 $\mathrm{Rank}(\boldsymbol{W})$ 的凸包络[17]。从另一个角度看，可以将其视为 $\boldsymbol{W}$ 奇异值组成向量的 L_1 范数，最小化该范数将提高 $\boldsymbol{W}$ 奇异值向量的稀疏性，进而促使 $\boldsymbol{W}$ 低秩。该模型推广到多输出任务时，每个任务的参数是一个矩阵，组合起来构成一个张量，便引出了基于张量分解的多任务学习[18]，这里不再详述。

2）任务聚类方法

任务聚类方法假设不同任务依据相似度聚成几个类，着眼于发现和利用这种聚类关系。首先介绍一种特例——均值正则化多任务学习[19]，它假设每个任务参数都由一个公共部分和独立部分组成，即 $\boldsymbol{w}_t = \boldsymbol{w}_0 + \boldsymbol{v}_t$，同时对公共部分和独立部分正则化，通过公共部分建立所有任务之间的关联

$$\min_{\boldsymbol{w}_0,\boldsymbol{v}_t} \sum_{t=1}^{T} \mathcal{L}_t(\boldsymbol{w}_0 + \boldsymbol{v}_t) + \frac{\lambda_1}{T} \sum_{t=1}^{T} \| \boldsymbol{v}_t \|_2^2 + \lambda_2 \| \boldsymbol{w}_0 \|_2^2$$

该优化问题与式(3-2)等价[19]，从该式可以看出，该模型假定所有任务都聚在其均值点的周围，即所有任务都具有相同的聚类中心，是一种比较强的假设。

$$\min_{\boldsymbol{w}_t} \sum_{t=1}^{T} \mathcal{L}_t(\boldsymbol{w}_t) + \rho_1 \sum_{t=1}^{T} \| \boldsymbol{w}_t \|_2^2 + \rho_2 \sum_{t=1}^{T} \left\| \boldsymbol{w}_t - \frac{1}{T} \sum_{s=1}^{T} \boldsymbol{w}_s \right\|_2^2 \tag{3-2}$$

扩展到一般的情况是任务自由聚类[20]，不对任务间具体的聚类结构做假设，在学习过程中自由聚类，并促使同一个聚类中的任务之间变得更相似，如图 3-14 所示。其中一种实现方法是引入正则化项使同一个聚类内的任务参数之间距离更近：$\min_{I} \sum_{j=1}^{k} \sum_{v \in I_j} \| \boldsymbol{w}_v - \bar{\boldsymbol{w}}_j \|_2^2$，其中 I_j 是第 j 个聚类的样本索引集合。其求解过程比较复杂，在此不再赘述。

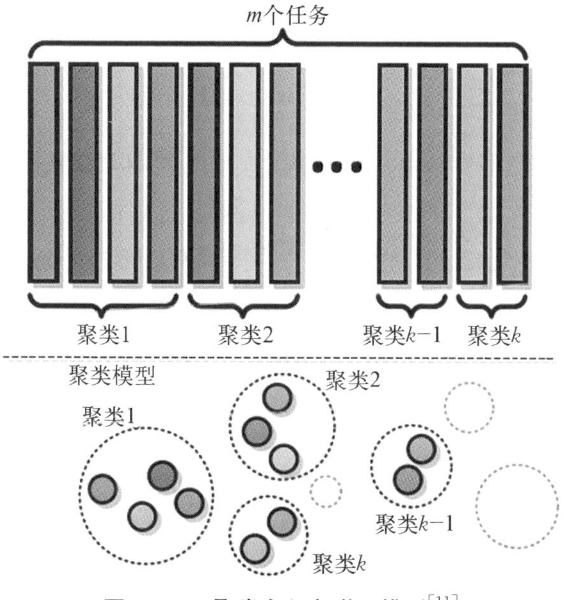

图 3-14　聚类多任务学习模型[11]

3）基于关系学习的方法

基于关系学习方法的基本想法是，在学习过程中发现任务间的关系，如相关度、协方差等，并利用它指导多个任务的联合学习。具体做法是，对任务间的关系进行建模，然后同时学习各任务的参数和描述任务间关系的参数，学到的任务间关系反过来影响各任务的学习。

早期代表性工作是 Zhang 提出的多任务关系学习（multi-task relationship learning）[21]，每个任务的参数是一个向量，用 $\boldsymbol{W}$ 表示各任务参数向量组合成的矩阵，每列对应一个任务，每行对应一维特征，然后假设各任务的参数服从矩阵正态分布：

$$q(\boldsymbol{W})=\mathcal{MN}_{d\times m}(\boldsymbol{W}\mid \boldsymbol{0}_{d\times m},\boldsymbol{I}_d\otimes\boldsymbol{\Omega}).$$

在分布 $\mathcal{MN}_{d\times m}(\boldsymbol{M},\boldsymbol{A}\otimes\boldsymbol{B})$ 中，$\boldsymbol{M}\in\mathbf{R}^{d\times m}$ 是均值，$\boldsymbol{A}\in\mathbf{R}^{d\times d}$ 是行协方差矩阵，这里描述特征之间的关系，$\boldsymbol{B}\in\mathbf{R}^{m\times m}$ 是列协方差矩阵，这里描述任务之间的关系。在没有更多先验的情况下，采用一般的假设：令均值为零，特征间独立，即 $\boldsymbol{M}=\boldsymbol{0}_{d\times m}$，$\boldsymbol{A}=\boldsymbol{I}_d$；而任务间的关系矩阵则不做假设，与任务一起学习，再利用最大后验准则可得到优化式，并将其放松为如下凸问题进行求解：

$$\min_{\boldsymbol{W},b,\boldsymbol{\Omega}}\sum_{i=1}^{m}\sum_{j=1}^{n_i}(y_j^i-\boldsymbol{w}_i^{\mathrm{T}}\boldsymbol{x}_j^i-b_i)^2+\frac{\lambda_1}{2}\mathrm{tr}(\boldsymbol{W}\boldsymbol{W}^{\mathrm{T}})+\frac{\lambda_2}{2}\mathrm{tr}(\boldsymbol{W}\boldsymbol{\Omega}^{-1}\boldsymbol{W}^{\mathrm{T}})$$

$$\text{s.t.}\quad \boldsymbol{\Omega}\succeq\boldsymbol{0},\ \mathrm{tr}(\boldsymbol{\Omega})=1$$

当每个任务的模型参数是一个矩阵时，可以利用张量正态分布来描述和控制这种更为复杂的关系。多线性关系学习网络[22]利用张量正态分布建立和学习神经网络全连接层之间的关系。令网络第 ℓ 层的非线性变换为 $\boldsymbol{h}_n^{t,\ell}=a^{\ell}(\boldsymbol{W}^{t,\ell}\boldsymbol{h}_n^{t,\ell-1}+\boldsymbol{b}^{t,\ell})$，该层所有任务的变换矩阵构成张量 $\boldsymbol{W}^{\ell}$，其中第 3 个维度对应任务。在全连接层引入共同先验，如图 3－15 所示，并假设它服从张量的正态分布

$$p(\boldsymbol{W}^{\ell})=\mathcal{TN}_{\boldsymbol{D}_1^{\ell}\times\boldsymbol{D}_2^{\ell}\times T}(\boldsymbol{O},\boldsymbol{\Sigma}_1^{\ell},\boldsymbol{\Sigma}_2^{\ell},\boldsymbol{\Sigma}_3^{\ell}).$$

与多任务关系学习类似，假设均值为 $\boldsymbol{O}$，3 个协方差矩阵分别描述了 3 种不同的关系：$\boldsymbol{\Sigma}_1^{\ell}\in\mathbf{R}^{\boldsymbol{D}_1^{\ell}\times\boldsymbol{D}_1^{\ell}}$ 描述特征之间的协方差；$\boldsymbol{\Sigma}_2^{\ell}\in\mathbf{R}^{\boldsymbol{D}_2^{\ell}\times\boldsymbol{D}_2^{\ell}}$ 描述类别之间

的协方差；$\boldsymbol{\Sigma}_3^{\ell} \in \mathbf{R}^{T\times T}$ 描述任务之间的协方差，具体的求解过程请参考文献[22]。

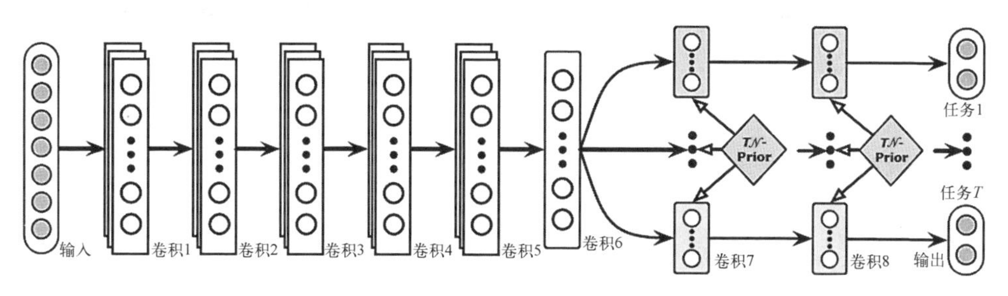

图 3-15 多线性关系学习网络[22]

3.2.3 多任务学习在视觉信息处理中的应用

多任务学习在视觉信息处理的很多场合中发挥了重要的作用，如图像分类、图像分割、人脸识别与验证、人脸关键点检测、多摄像机行人再识别等[12]。当训练样本不够充分时，除了可以将现有的多个任务一同训练外，还可以通过主动构造多任务学习来提高性能。本节将用两个应用展示多任务学习在视觉信息处理中的作用，它们使用最基础的多任务学习方法取得了很好的效果。

1. 联合人脸识别与人脸认证的深度人脸特征学习

人脸识别和人脸认证都是视觉信息处理的经典应用，构造一种有效的特征表示对它们的性能至关重要。好的特征表示应该能够降低类内变化并增强类间差异[23]，该研究提出以深度学习为基础，联合学习人脸识别任务和人脸认证任务，以实现该目标。在该多任务学习模型中，人脸识别任务促使不同个体的特征表示尽量分开，从而增强特征的类间差异；人脸认证任务促使同一个体的特征表示汇聚到一起，从而降低特征的类内变化。

2. 多任务人脸特征点检测

为了提高人脸特征点检测的精度，研究[24]提出使用多任务学习，引入了4个辅助分类任务：是否戴眼镜、表情是否为笑容、性别、姿态，如图3-16所示。这些任务都与特征点检测的主任务共享卷积层特征，而各自有独立的全连接层和损失函数，通过构造多任务学习，有效地提高了人脸特征点检测的性能，网络结构如图3-17所示。

多任务学习在视觉信息处理中的应用还有很多，涉及的领域也很广，有兴趣的读者可进一步查询相关文献。

图 3-16 人脸特征点检测与辅助任务

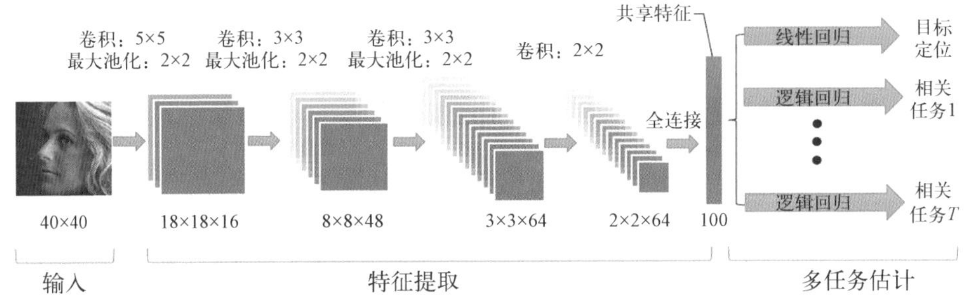

图 3-17 多任务人脸特征点检测结构图

3.3 迁移学习及其在计算机视觉中的应用

3.3.1 迁移学习概述

随着计算机视觉在人类生活中的应用越来越广泛，其面临的应用场景也越来越多样和复杂，这对算法提出了更高的要求。其中一个重要问题是当前大多数的模型和算法都需要大量的训练样本以获得较好的性能，因此研究者们开始寻求使用少量标记样本学习可靠模型的方法。

迁移学习(transfer learning)是解决该问题的重要策略之一，它的基本思想是，充分利用学习领域之间的相似性，将相关领域中的有效信息迁移到训练样本不足的学习任务中，从而弥补其信息不足的问题，帮助提高性能。其中，提供辅助信息的领域称为源域，通常是曾经学习过已经存在的任务，有比较充足的标记信息；获得辅助信息的领域称为目标域，我们要学习的任务在这个领域中，当两个领域较为相似时，迁移学习算法将利用源域中的信息有效地提高目标域中学习任务的性能。

由于迁移学习本身是一种学习范式,不同学者从不同角度出发提出了各种各样的方法,并出现了大量与之密切相关的研究方向和名称,例如学会学习(learning to learn)[25]、终身学习(life-long learning)[26]、知识迁移(knowledge transfer)[27]、知识强化(knowledge consolidation)[28]、上下文敏感学习(context-sensitive learning)[29]、基于知识的归纳偏置(knowledge-based inductive bias)[30]、元学习(meta-learning)[31]、增量学习[32](cumulative learning)等,因此一直以来它并没有严格统一的定义。Pan 和 Yang 于 2010 年在 *Transaction on Knowledge and Data Engineering*(TKDE)上发表了关于迁移学习的综述[33],对迁移学习中的相关概念进行了统一并系统总结了一系列迁移学习方法,得到了比较广泛的认可,在此我们也使用该文中提出的定义。

我们首先给出了“域”和“任务”的定义[33]。域 $\mathcal{D}$ 包含数据的特征空间 $\mathcal{X}$ 与生成数据的边缘概率分布 $P(X)$,给定任意一个域 $\mathcal{D}=\{\mathcal{X}, P(X)\}$,任务包含一个标签空间 $\mathcal{Y}$ 和一个目标预测函数 $f(\cdot)$,记作 $\mathcal{T}=\{\mathcal{Y}, f(\cdot)\}$。于是,迁移学习便可定义如下:给定一个源域 $\mathcal{D}_S$ 及任务 $\mathcal{T}_S$,一个目标域 $\mathcal{D}_T$ 及任务 $\mathcal{T}_T$,迁移学习利用 $\mathcal{D}_S$ 和 $\mathcal{T}_S$ 中的知识帮助提高定义在 $\mathcal{D}_T$ 中的目标预测函数 $f_T(\cdot)$ 的学习性能,其中 $\mathcal{D}_S \neq \mathcal{D}_T$ 或者 $\mathcal{T}_S \neq \mathcal{T}_T$。

1) 迁移学习的发展历程

我们观察人类的学习行为会发现,人类往往可以只用少量的学习样本轻松地完成学习。尽管我们目前尚未弄清楚这种能力是如何获得的,但人类的学习方式仍带给我们很多启发,其中重要的一点就是人类学习中的迁移能力。

早在 18 世纪,英国经验哲学家 John Locke 指出,先验经验对于解决新问题具有帮助作用,他最早提出知识迁移的概念,并以此奠定了学校教育的意义[34]。19 世纪,美国心理学家 Edward Lee Thorndike 指出,知识迁移的有效性取决于任务之间的相似程度,进一步将知识迁移问题的研究抽象到理论层面[35]。Woodworth 和 Thorndike 则在 1901 年《心理学评论》上发表文章指出:人类能够将某种知识或技能迁移到另一种相似的领域中[35]。

在机器学习领域,迁移学习的研究一般认为开始于 20 世纪 90 年代,1995 年的“国际神经信息处理系统大会(NIPS 1995)”举办了为期两天的题为“学会学习”(Learning to Learn)的研讨会[36],以此为标志揭开了迁移学习研究的序幕,并激发了一场研究热潮,学者们将一系列成果发表于期刊 *Connection Science* (1996)和 *Machine Learning* (1997)的专刊[37]以及名为 *Learning to Learn* 的专著[25]上。进入 2000 年以后,在 2004 年前后再次爆发了该领域的研究热潮，在 NIPS2005 上举办了特别研讨会[38]，专程纪念 NIPS1995 对于 Learning to Learn 的提出，期刊 *Machine Learning* 也继续推出了迁移学习的专刊[39]。此后，迁移学习的研究受到学者的长期关注，提出了多种多样的方法。2010 年以后，迁移学习相关研究在计算机视觉领域开始流行起来，至今仍未褪去，我们常常可以在计算机视觉的主流会议上看到相关的报告，每年都有不少新的研究成果得以发表。

2）迁移学习的分类

迁移学习是机器学习领域中长期的研究热点，同时也受到计算机视觉领域研究人员的广泛关注；针对不同场景和问题，学者提出了一系列方法和模型。在 Pan 和 Yang 关于迁移学习的综述中，对这些方法进行了系统的分类和总结[33]。根据不同的角度，可以将迁移学习方法按照不同的方式进行分类，这里简要介绍该文献中对迁移学习的分类方法。

首先，根据迁移的内容，迁移学习方法可以分为基于样本的迁移、基于特征表示的迁移、基于参数的迁移和基于关系的迁移，如图 3－18 所示。基于样本的迁移方法直接在目标域中使用源域的样本信息，由于两个域之间的差异，通常从源域中挑选有用的样本进行重新加权，使其与目标域的分布相似，进而直接用于目标域的训练。基于特征表示的方法则通过变换特征表示来实现迁移，它将两个域的样本变换到同一个特征表示下，并使得两域之间的差异在该特征表示下最小，实现域的统一。基于参数迁移的方法探索两域模型之间的关系，发现其模型中的共享部分并对其参数进行共享，从而实现域间信息的迁移。基于关系的迁移方法则构建源域和目标域之间关系信息的映射，用于关系域之间的迁移学习。

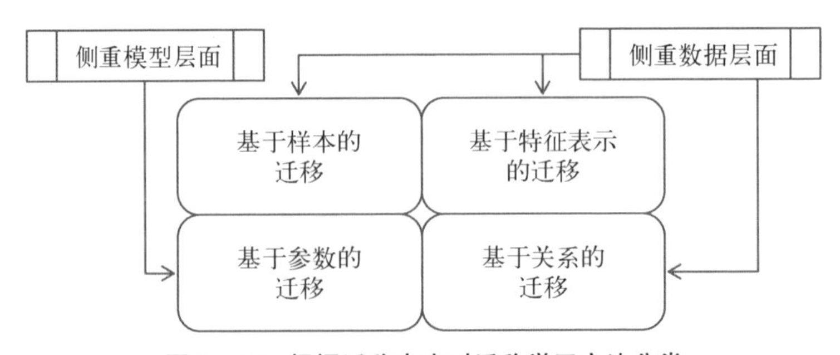

图 3－18　根据迁移内容对迁移学习方法分类

根据源域和目标域中的标记信息情况，迁移学习方法可以分为归纳式迁移学习、直推式迁移学习、无监督迁移学习，如图 3－19 所示。其中，目标域中包含标记信息的迁移学习方法都归类为归纳式迁移学习（inductive transfer），由于目标域本身已有监督信息，无论源域中是否存在监督信息，它对目标域的学习发挥着辅助性的作用，可以弥补目标域中信息不足的问题。在这类方法中两域中的任务通常是相关却不同的，因此目标域不能简单地直接使用源域中的数据而需要专门设计迁移学习算法。此类方法与多任务学习较相似，主要区别为归纳式迁移学习主要面向目标域的学习，而多任务学习则同时学习所有任务。如果将多任务学习方法中的某些任务固定而只更新其余任务，则可以视为一种归纳式迁移学习。

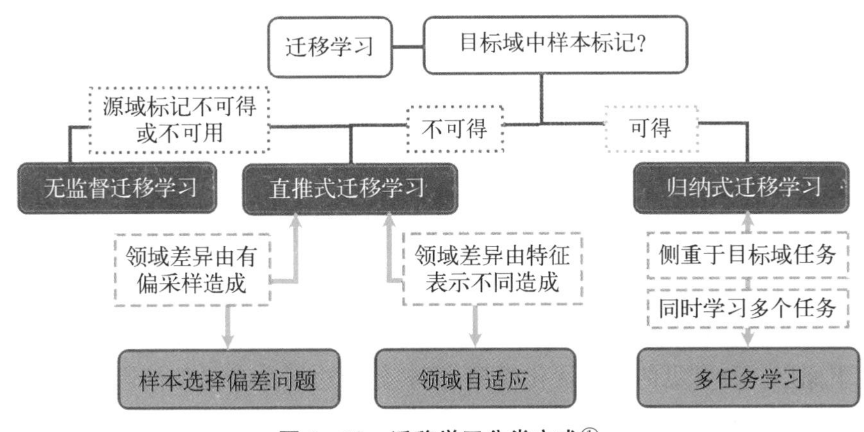

图 3-19 迁移学习分类方式①

当目标域中没有标记信息且源域中有标记信息时，该类迁移学习方法归类为直推式迁移学习(transductive transfer)，由于目标域本身没有监督信息，它只能将源域中的监督信息“传递”至目标域中使用，在这类方法中两域中的任务通常是相同的(尤其是标记集合要一致，否则无法使用)，但两域信息(如样本的分布或特征表达等)存在差异，因此使用迁移学习方法进行学习。直推式迁移学习还可以进一步分为两种情况，一种情况是两域差异集中在样本分布，而它们的特征空间是相同的，该问题与统计中的样本选择偏差问题(sample selection bias)[40]较为相似；另一种情况是两域的特征表达不同，在一些文献中用领域自适应特指这种情形。

当目标域和源域中均无标记信息，或源域标记集合与目标域不同而不可用时，归类为无监督迁移学习。该类方法利用源域中的域信息提高无监督学习算法的性能，其中目标域和源域中的域和任务都可以不同。

需要说明的是，以上对迁移学习方法的划分并非是严格的，不同类别之间

① 图 3-19 出自 Sinno Jialin Pan 在 MLSS-11 上关于 Transfer Learning 的课件。

也未必互斥，比如神经网络模型的部分层可以看作特征提取层，当共享这些层的网络参数时，实际也同时共享了特征表示。进行分类的主要目的是为认识繁杂的迁移学习方法提供一个宏观的视角，读者学习某种方法时不必拘泥于其分类。

3.3.2 迁移学习方法介绍

为了在目标域中正确利用源域中的信息，学者们提出了多种多样的迁移学习方法，本节将介绍几种比较典型方法的基本思想。

1. *数据分布调整方法*

当源域和目标域共享相同的标记空间、预测函数和特征表示空间，而差异仅存在于数据特征的边缘分布时，即 $\mathcal{Y}_S=\mathcal{Y}_T$，$P_S(y \mid x)=P_T(y \mid x)$，$\mathcal{X}_S \approx \mathcal{X}_T$，$P(\mathcal{X}_S) \neq P(\mathcal{X}_T)$。这种情况通常称为数据集偏差（dataset bias）或协变量偏移（covariate shift），在实际应用中很常见。例如在医学图像分类中，A 医院收治的患者与 B 医院收治的患者，不同病种的患者分布可能有明显差异，如果使用 A 医院的数据训练得到分类模型用于 B 医院，就可能带来分类准确度的明显下降。

下面以一种常见的学习优化模型为例，分析边缘分布是如何影响模型学习的，并展示如何进行修正[41]。

$$
\begin{aligned}
\theta^* &= \operatorname{argmin} E_{(x,\, y)\sim P_T}[l(x,\, y,\, \theta)] \\
&= \operatorname{argmin} E_{(x,\, y)\sim P_T}\left[\frac{P_S(x,\, y)}{P_S(x,\, y)} l(x,\, y,\, \theta)\right] \\
&= \operatorname{argmin} \int_y \int_x P_T(x,\, y)\left(\frac{P_S(x,\, y)}{P_S(x,\, y)} l(x,\, y,\, \theta)\right) \mathrm{d}x\, \mathrm{d}y \\
&= \operatorname{argmin} \int_y \int_x P_S(x,\, y)\left(\frac{P_T(x,\, y)}{P_S(x,\, y)} l(x,\, y,\, \theta)\right) \mathrm{d}x\, \mathrm{d}y \\
&= \operatorname{argmin} E_{(x,\, y)\sim P_S}\left[\frac{P_T(x,\, y)}{P_S(x,\, y)} l(x,\, y,\, \theta)\right]
\end{aligned} \tag{3-3}
$$

从式(3-3)中可以看出，要使用源域中的数据进行优化以得到对目标域数据最优的模型，需要对目标函数中不同样本对应的损失权重进行调整，从而间接地调整了源域数据分布，使其适应于目标域的数据分布。由于直接计算它们的概率密度比较困难，实际上多采用估算概率密度比值的方式来获得适应于目标域数据的最优解，即令 $\beta_i=\dfrac{P_T(x_{S_i})}{P_S(x_{S_i})}$，优化以下目标函数以得到最优模型参数。

$$\theta^* = \operatorname{argmin} \sum_{i=1}^{n_S} \beta_i l(x_{S_i}, y_{S_i}, \theta) + \lambda \Omega(\theta)$$

1）有偏采样修正

关于如何估计合适的 β_i，在早期的方法中[41]，针对源域是目标域的有偏采样子集这种情况，直接训练一个二分类器，用来判断目标域中的某样本是否会被源域“选中”，进而用分类器输出的概率值来估计 β_i；或者用域分类器估算样本属于两个域的似然值，用此计算得到 β_i，进而训练修正的目标函数从而得到适用于目标域的最优模型。

2）核均值匹配方法

基于核均值匹配的方法[42]是更常用的一类估算 β_i 的方法，它基于以下结论：两批数据的分布差异可以用它们在再生核 Hilbert 空间中映射的均值距离来衡量，即给定 $X_S = \{x_{S_i}\}_{i=1}^{n_S}$，$X_T = \{x_{T_i}\}_{i=1}^{n_T}$ 服从于分布 $P_S(x)$，$P_T(x)$，则这两个分布之间的差异可以用式(3-4)来计算

$$\mathrm{Dist}(P_S(x), P_T(x)) = \left\| \frac{1}{n_S} \sum_{i=1}^{n_S} \Phi(x_{S_i}) - \frac{1}{n_T} \sum_{j=1}^{n_T} \Phi(x_{T_j}) \right\|_{\mathcal{H}} \quad (3-4)$$

利用这个特性，对源域中的数据进行重加权，并最小化核均值距离，从而学习加权系数

$$\underset{\beta}{\operatorname{argmin}} \left\| \frac{1}{n_S} \sum_{i=1}^{n_S} \beta(x_{S_i}) \Phi(x_{S_i}) - \frac{1}{n_T} \sum_{j=1}^{n_T} \Phi(x_{T_j}) \right\|$$

$$\text{s.t.} \quad \beta(x_{S_i}) \in [0, B] \text{ 和 } \left| \frac{1}{n_S} \sum_{i=1}^{n_S} \beta(x_{S_i}) - 1 \right| \leqslant \varepsilon$$

该模型可转化为二次规划问题求解，从而实现利用源域数据匹配目标域数据分布的目标。

3）迁移 AdaBoost 算法

以上介绍的两种方法只用到两个域的样本特征进行数据的分布迁移，而未使用标记信息，因此属于直推式迁移学习，可用于目标域中没有标记数据的情况，所有的标记信息都从源域获得。当目标域中有少量标记数据时，则应首先充分利用目标域内的这些数据，同时用源域中的数据作为辅助，这类方法中 Transfer AdaBoost (TrAdaboost)[43]是比较典型的一种，它对原始 AdaBoost 算法中的样本权重更新策略进行了修正，在每一轮迭代中，在目标域中仍使用原策略更新权重，错分的样本权重会被放大，以使分类器更好地适应该样本，而在源

域中,错分的样本权重会被降低,因为这些样本可能与目标域相冲突,应逐渐减弱其作用,更新策略为

$$w_i^{t+1}=\begin{cases}w_i^t\beta^{|h_t(x_i)-c(x_i)|}, & x_i\in X_{\mathrm{S}}\\ w_i^t\beta_t^{-|h_t(x_i)-c(x_i)|}, & x_i\in X_{\mathrm{T}}\end{cases}$$

式中,w_i^t 为样本权重,而参数 β, $\beta_t<1$。

4) 局部分类器与全局分类器

需要指出的是,并非所有学习器的结果都会受到这种数据集偏差的影响。Zadrozny 对该问题展开了详细的讨论[41],将分类器分为局部分类器和全局分类器,其中局部分类器的学习结果只依赖于 $P(y\mid x)$ 而不受 $P(x)$ 的影响,如逻辑回归、硬间隔支持向量机等,而全局分类器的学习结果则同时依赖于 $P(y\mid x)$ 和 $P(x)$,如朴素贝叶斯、决策树、软间隔支持向量机等,使用这类模型时,则需要进行数据集分布的迁移。

2. *特征迁移方法*

在实际问题中,更为常见的情况是源域与目标域的特征表示存在差异,因而需要通过特征变换将两个域进行统一,从而使得源域中的数据可以为目标域中的任务所用。由于神经网络很多中间层的输出可以看作自动提取的特征,随着深度神经网络的广泛应用,这类方法也受到较多的重视。

特征变换方法一般假设源域和目标域具有不同的数据特征空间或预测函数,但存在合适的特征变换,使得变换后两域得到统一,即 $\mathcal{X}_{\mathrm{S}}\neq\mathcal{X}_{\mathrm{T}}$ 或 $P_{\mathrm{S}}(y\mid x)\neq P_{\mathrm{T}}(y\mid x)$,存在 ϕ_{S}, ϕ_{T} 使得 $P_{\mathrm{S}}(\phi_{\mathrm{S}}(X_{\mathrm{S}}))=P_{\mathrm{T}}(\phi_{\mathrm{T}}(X_{\mathrm{T}}))$, $P_{\mathrm{S}}(Y_{\mathrm{S}}\mid\phi_{\mathrm{S}}(X_{\mathrm{S}}))=P_{\mathrm{T}}(Y_{\mathrm{T}}\mid\phi_{\mathrm{T}}(X_{\mathrm{T}}))$,其中 ϕ_{S}, ϕ_{T} 可以相同也可以不同。下面介绍几种具体实现的方法。

1) 谱特征对准

谱特征对准(spectral feature alignment, SFA)[44]的提出是用于解决不同领域的文本情感分析的,对其他特征同样具有借鉴性。在该问题中,源域和目标域的特征不同,但有部分维度上的特征是重合的,称为中心特征(pivot features)。该方法的基本思想是,先在两域中分别计算中心特征与其他特征的相似度,再利用中心特征建立两个域特征之间的二分图,图上的边即特征间相似度,然后在该二分图上做谱聚类,便可得到特征变换的映射 ϕ_{S}、ϕ_{T}:属于同一个聚类中的特征都被映射到同一维特征,从而实现了源域与目标域的统一。

2) 风格迁移变换

基于风格迁移变换(style transfer mapping, STM)的分类器适应[45]是一类重

要的方法。它假设有多个源域(需要说明的是,本节中源域和目标域的概念与一般迁移学习中的相应概念意义不同,请读者注意区分),每个源域中的样本是带有某种固有风格的,它可以通过对应的仿射变换统一到无风格的目标域中,这个变换过程称为去风格化,分类器可以在目标域中实现,因而容易通过学习去风格化自适应到不同的源域中。该方法用于文字书写人自适应的基本框架如图 3-20 所示。

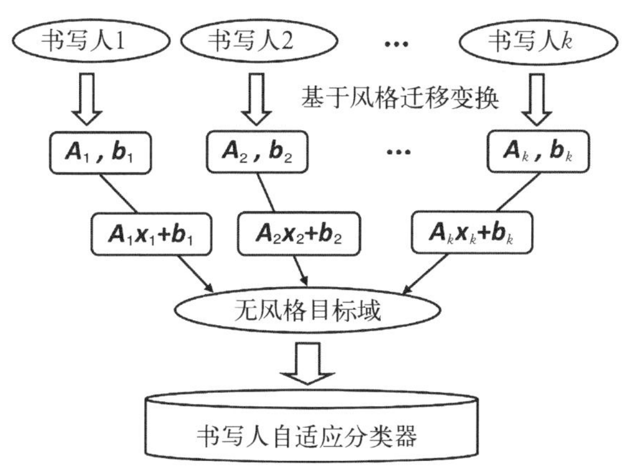

图 3-20 风格迁移变换方法用于文字书写人自适应的基本框架[45]

令 $S=\{s_i\in\mathbf{R}^d \mid i=1,\cdots,n\}$ 和 $T=\{t_i\in\mathbf{R}^d \mid i=1,\cdots,n\}$ 分别为源域和目标域的样本,去风格仿射变换的变换矩阵和偏移向量分别为 $\boldsymbol{A}$ 和 $\boldsymbol{b}$,则风格迁移变换 STM 的目标函数为

$$\min_{\boldsymbol{A}\in\mathbf{R}^{d\times d},\ \boldsymbol{b}\in\mathbf{R}^d}\sum_{i=1}^{n}f_i\|\boldsymbol{A}s_i+\boldsymbol{b}-t_i\|_2^2+\beta\|\boldsymbol{A}-\boldsymbol{I}\|_F^2+\gamma\|\boldsymbol{b}\|_2^2$$

其中,$\|\cdot\|_F$ 是矩阵的 Frobenius 范数;$\|\cdot\|_2$ 是向量的 L_2 范数;后面两项是对去风格变换的正则化。该优化问题是一个凸二次规划问题,具有闭式解 $\boldsymbol{A}=QP^{-1}$ 和 $\boldsymbol{b}=\frac{1}{\hat{f}}(\hat{t}-\boldsymbol{A}\hat{s})$,可以较为方便地计算出来。该框架可以与多种分类器结合,根据数据的标记情况可以适用于有监督自适应、半监督自适应和无监督自适应。

3) 基于反向传播的无监督领域自适应

在神经网络模型中,有一种受到对抗学习启发的特征迁移方法受到了较为广泛的关注——基于反向传播的无监督领域自适应①[46]。这种方法的基本思想

① 这里作者使用"无监督领域自适应"的名称,其中"无监督"是指目标域中可以没有标记,属于直推式迁移学习,与本文"无监督迁移学习"中的"无监督"意义不同。

是令神经网络的特征提取层学习到的特征对两个领域不具有鉴别性，从而在特征层面上统一了两个领域。网络的特征提取层一方面要使特征有利于任务本身（如分类等），另一方面还承担了本节开头所定义特征变换 ϕ_S、ϕ_T 的功能且 $\phi_S=\phi_T=\phi$，学习合适的 ϕ 使得 $P_S[\phi(X_S)]=P_T[\phi(X_T)]$。

为了实现这个目的，网络在特征提取层后面分裂为两个分支：一支对应原分类任务的损失，最小化该损失使得特征有利于分类，提高类别鉴别性；另一支则对应于领域分类器的损失，最大化该损失使得特征无法区分来自哪个领域，实现源域与目标域的统一。因此，该模型的目标就是求解以下鞍点：

$$(\hat{\theta}_f,\hat{\theta}_y)=\arg\min_{\theta_f,\theta_y}E(\theta_f,\theta_y,\hat{\theta}_d)$$
$$\hat{\theta}_d=\arg\max_{\theta_d}E(\hat{\theta}_f,\hat{\theta}_y,\theta_d)$$

在训练过程中，作者提出在特征层与领域分类器之间加入一个梯度反转层，用来实现领域分类损失的最大化，它的整体结构如图 3-21 所示。这种方法设计巧妙，思路清晰，是受到关注较多的一种方法。

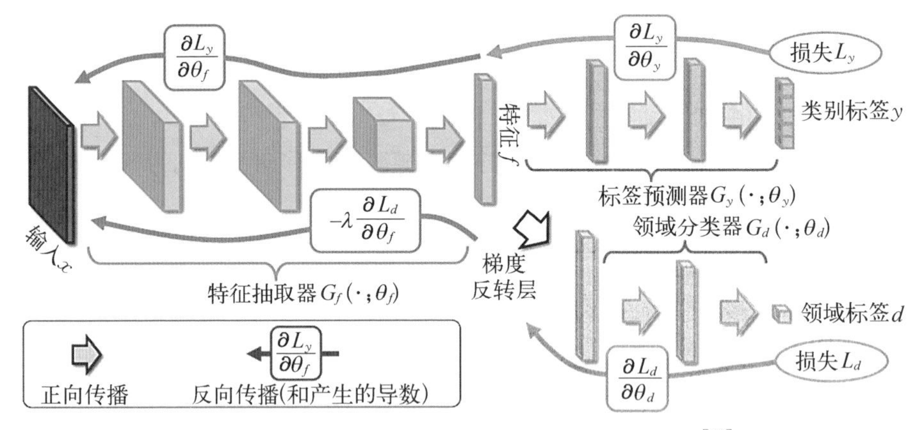

图 3-21 基于反向传播的无监督领域自适应方法[46]

3. 无监督的迁移方法

当源域中没有标记信息，或源域中的标记信息无法被目标域使用时，目标域仍可以利用源域中的样本信息来提高性能。在实际应用中，这种无标记数据或无关的标记数据更容易大量获得，因此无监督的迁移学习方法得到了很广泛的应用。

1）自我学习

自我学习（self-taught learning）[47]是一种利用大量无标记数据辅助监督学习的方法，其思想非常简单，它首先从互联网上随机下载大量的无标记数据构成源域,由于不需要标记,这是很容易做到的。然后在源域上做稀疏编码重构,学到一个编码字典。最后用这个字典在目标域上对标记数据进行编码,得到高级特征表达,再用该特征训练目标域中的分类器完成迁移。由于字典是使用大量的无标记数据学习的高层表达,它可以学到很多有用的信息,例如对于图像数据,它可以发现在大多数图像中存在很多边,因此可以得到更好的性能。

2）网络微调

网络微调(fine-tuning)是在深度学习中常用的一些技巧[48]。在使用卷积神经网络做图像分类时,往往先使用一个很大的数据集(如 ImageNet)训练模型,然后固定部分层(通常是前面的层,用来提取图像的通用特征),并替换掉全连接层,用目标域的数据对网络进行微调,不仅可以提高收敛速度;然而当训练数据少时,往往还能取得更好的性能。这种做法蕴含了迁移学习的思想,充分利用从源域的大规模数据中学习到的有用信息(多数情况下由于标签集合不同,源域中的监督信息不能为目标域所用),获得更优的特征提取,提高目标域中学习任务的性能。

3.3.3 迁移学习在视觉信息处理中的应用

机器学习目前是视觉信息处理的重要手段之一,很多视觉信息处理任务都是使用机器学习方法来解决的,而迁移学习作为机器学习的重要分支,可以很自然地与这些视觉信息处理任务相结合。例如图像分类任务可以采用先提取人工设计特征,再使用分类器模型(如 SVM 等)进行分类的策略实现,因此面向浅层模型的迁移学习方法可以用于图像分类任务的迁移学习。类似地,面向神经网络的迁移学习方法则可以用于基于深度学习模型的图像分类任务。

迁移学习在图像信息中的应用很广泛,例如在不同条件下采集的图像中的目标识别、跨库图像检索与识别、跨媒体的视频中的事件识别、跨领域的视频行为识别、不同姿态下的人脸识别、不同书写人的手写文字识别等[49]。下面用两个例子说明迁移学习在图像信息中的应用,这里不再对具体的方法展开介绍,感兴趣的读者请自行参考相关文献。

1. 手写文字识别中的书写人自适应

文字识别是一个经典的视觉信息处理任务,是一项非常实用的技术,而手写文字识别又是比较有挑战性的任务,其中一个原因就是不同书写人写的样本具有明显的风格差异。如图 3 - 22 所示,如果针对每个人分别训练一个分类器,不仅费时费力,而且很难提供足够的训练样本。如果只使用一个分类器,当换一种风格时,往往不能很好地适应而造成性能下降。因此,Zhang 提出使用风格迁移变换 STM 的方法[45]，训练一个无风格的分类器，利用去风格化的手段，将源域中不同风格的样本统一到目标域中，从而明显地提高了识别的精度。

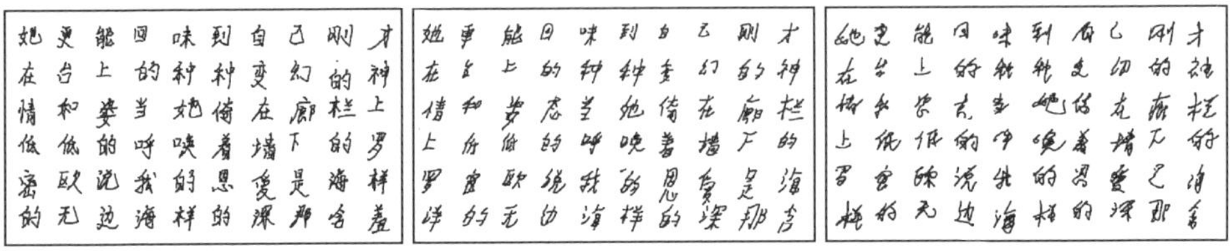

书写人1258　　书写人1289　　书写人1242

图 3-22　不同书写人的手写文字样本

2. 跨模态图像场景定位

基于图像的场景定位是视觉信息处理的一项重要应用，它根据手机的街拍图像判断用户所处的位置，在一些封闭环境内是对 GPS 定位很好的补充。常用的一种做法是将拍到的图像与数据库内有位置标记的参考图像进行匹配，而参考图像的采集是一项比较费力的工作，为了解决该问题，在研究[50]中，Liu 提出利用监控设备来实施采集。由于现在视频监控在受限环境中已经分布得较为密集，常常可以很好地覆盖各个角落，且位置准确已知，因此利用监控设备可以极低的成本获得参考图像及位置标签，还可以随环境变化实时更新。

然而，用户提交的查询图像是使用手机拍摄的，角度、光照、成像品质都与监控设备的图像有较大差异，而且由于监控图像不动，有标记的参考图像实际有效样本数很少，如图 3-23 所示。为了解决这个问题，作者将半监督学习方法与子空间对齐的领域自适应方法结合，实现了从监控拍摄图像到手机拍摄图像的迁

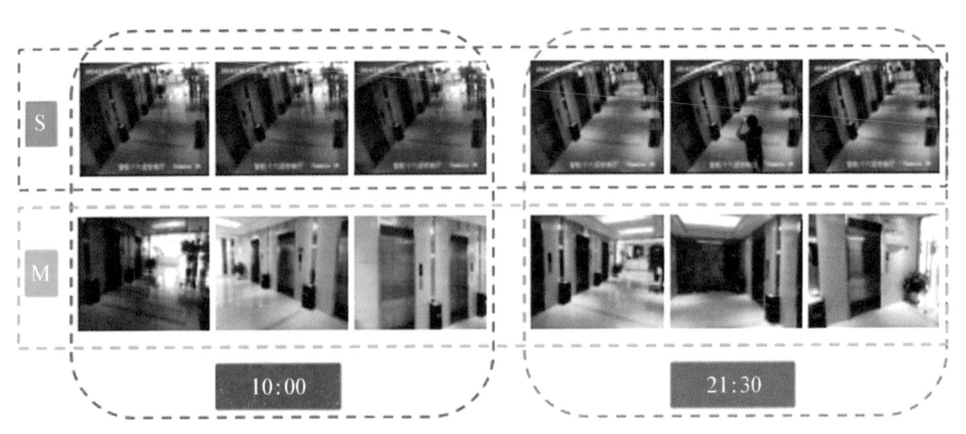

注：图中 S 表示监控拍摄图像；M 表示手机拍摄图像。

图 3-23　同一场景监控拍摄图像与手机拍摄图像对比

移，进而实现了跨监控-手机的图像场景定位。

由于迁移学习的应用涉及面非常广，不同应用之间差异也较大，我们无法展开列举，但无论应用领域如何多变，不变的是其中的思想和方法，对其他应用感兴趣的读者请自行查询相关文献。

3.4 度量学习及其在计算机视觉中的应用

3.4.1 度量学习介绍

度量是指一种刻画指定元素集合中各元素之间距离的函数。度量学习的目的就是为了学习一个合适的元素度量衡量样本之间的相似程度，使得同类样本之间的距离尽可能小，不同类样本之间的距离尽可能大。具体地，度量学习通常建模如下：对于一个三元组 $\{\boldsymbol{x}_p, \boldsymbol{x}_n, \boldsymbol{x}_a\}$，其中 $\boldsymbol{x}_a$ 和 $\boldsymbol{x}_p$ 为来自同一类的样本，$\boldsymbol{x}_a$ 和 $\boldsymbol{x}_n$ 为不同类的样本。一般而言，对于正样本对 $(\boldsymbol{x}_a, \boldsymbol{x}_p)$ 和负样本对 $(\boldsymbol{x}_a, \boldsymbol{x}_n)$，度量学习的目标是使得

$$d(\boldsymbol{x}_a, \boldsymbol{x}_p) < d(\boldsymbol{x}_a, \boldsymbol{x}_n)$$

式中，d 表示样本之间的距离。度量学习算法的目的是学习一个合适的 d 来满足上述条件，使得相同类别样本的距离很小，而不同样本之间的距离很大。在度量学习中，常用的度量是马氏距离 $d_{\boldsymbol{M}}$，其定义为

$$d_{\boldsymbol{M}}(\boldsymbol{x}_i, \boldsymbol{x}_j) = \sqrt{(\boldsymbol{x}_i - \boldsymbol{x}_j)^{\mathrm{T}} \boldsymbol{M} (\boldsymbol{x}_i - \boldsymbol{x}_j)}$$

这里的 $\boldsymbol{M}$ 是要学习的度量矩阵，它是一个对称半正定的矩阵。

度量学习常用的思想是优化相对距离约束。其中最具代表性的算法是大间隔最近邻算法[51] (large-margin nearest neighbors, LMNN)，其目标是最小化，即

$$\min_{\mathbf{A} \geqslant 0} \sum_{(i, j) \in S} d_{\mathbf{A}}(\boldsymbol{x}_i, \boldsymbol{x}_j) + \lambda \sum_{(i, j, k) \in \mathbf{R}} [1 + d_{\mathbf{A}}(\boldsymbol{x}_i, \boldsymbol{x}_j) - d_{\mathbf{A}}(\boldsymbol{x}_i, \boldsymbol{x}_k)]_+$$

式中，$\boldsymbol{A}$ 是马氏距离度量矩阵；S 是正样本对集合；$\mathbf{R}$ 是包含正负样本对的三元组集合。其中，第一项的目标是拉近正样本对的距离，第二项的目标是使负样本对距离比正样本对距离多出大小为 1 的间隔距离。

上述介绍的 LMNN 算法使用线性变换进行度量学习。考虑到线性变换对复杂数据分布建模的局限性，基于 LMNN 的非线性变体也有所研究。其中一种

实现非线性建模的方法是局部马氏距离学习。多度量 LMNN[52] (multiple metric LMNN, MM-LMNN)的思想是：对每个类分别学习不共享的马氏距离度量，以实现不同局部的建模。

LMNN 还有其他非线性的扩展，比如 χ^2-LMNN 和 GB-LMNN[53]。其优化的目标函数和传统的 LMNN 相同，但把其中的马氏距离度量替换成 χ^2 距离

$$\chi^2(x, y) = \frac{1}{2}\sum_{i=1}^{d}\frac{(x(i)-y(i))^2}{x(i)+y(i)}$$

通过以下方式把问题转换为学习经过投影矩阵 $\boldsymbol{G}$ 映射后的 χ^2 距离

$$\chi_{\boldsymbol{G}}^2(x, y) = \chi^2(\boldsymbol{G}_x, \boldsymbol{G}_y)$$

通过优化 χ^2 距离实现非线性映射，也是一种非线性距离度量学习的方式。

相比于 LMNN 优化相对距离约束的思想，基于信息理论的度量学习(information-theoretic metric learning, ITML)[54]是另一种经典的代表性算法。ITML 用 logDet 的正则化项保证距离度量矩阵在对称半正定的空间之中，对同类和异类距离用上下界约束的形式表达，其目标函数为

$$\begin{aligned}&\min_{\boldsymbol{A}} r(\boldsymbol{A}) = \mathrm{tr}(\boldsymbol{A}) - \mathrm{logDet}(\boldsymbol{A})\\&d_{\boldsymbol{A}}(x, y) \leqslant u, (x, y) \in S\\&d_{\boldsymbol{A}}(x, y) \geqslant l, (x, y) \in D\end{aligned}$$

式中，$\boldsymbol{A}$ 是需要学习的距离度量矩阵；u 是同类集合 S 的距离上界；l 是异类集合 D 的距离下界。通过上下界常数 u 和 l 的约束，可以达到同类距离小于异类距离的效果。

随着深度学习的发展，基于深度神经网络的度量学习方法也受到了越来越多的关注[55-56]。其思想是通过神经网络来拟合从输入到特征空间的映射，使得样本在特征空间的距离满足给定的约束。深度神经网络强大的拟合能力可以大大提升特征的判别性。

3.4.2 度量学习的优化问题

距离度量学习优化的难点在于，由于目标函数带有半正定矩阵的约束，无法直接使用一般针对无约束优化的梯度下降算法。直接求解带有半正定约束的优化问题是一个很难的非凸优化问题，通常涉及复杂流形空间(如 Grassman 流形)上的梯度运算等，其往往收敛较慢且收敛结果不唯一。优化方法一般有两种：矩阵分解和投影梯度下降。

1）矩阵分解

由矩阵分解原理可知，对称半正定矩阵 $\boldsymbol{M}$ 可以通过 Cholesky 分解转换为两个矩阵的乘积，即 $\boldsymbol{M}=\boldsymbol{P}^{\mathrm{T}}\boldsymbol{P}$，则马氏距离可以写成

$$d_{\boldsymbol{P}}(\boldsymbol{x}_i,\ \boldsymbol{x}_j)=\sqrt{(\boldsymbol{P}\boldsymbol{x}_i-\boldsymbol{P}\boldsymbol{x}_j)^{\mathrm{T}}(\boldsymbol{P}\boldsymbol{x}_i-\boldsymbol{P}\boldsymbol{x}_j)}$$

因此在一些算法中，马氏度量学习的目标可以从学习半正定矩阵 $\boldsymbol{M}$ 转化为学习一个仿射矩阵 $\boldsymbol{P}$，从而化简了半正定约束，大大减小了优化难度。

2）投影梯度下降

投影梯度下降的思想是：除了在梯度下降算法中使用梯度更新的步骤，还加上了通过正交投影把度量矩阵映射到半正定锥空间的操作，以保证解空间满足对称半正定的约束。具体的方法是：对使用梯度下降算法更新后的度量矩阵 $\boldsymbol{M}$ 进行特征值分解，把负的特征值设为 0 后，再重构成满足约束的度量矩阵 $\boldsymbol{M}'$。

另外，基于深度神经网络的度量学习则是使用随机梯度下降（stochastic gradient descend，SGD）进行优化，与一般神经网络优化的方法相同。

子空间学习算法是与度量学习非常相关的一类算法。其思想是通过学习投影，实现高维特征向低维空间的映射，其中的投影矩阵 $\boldsymbol{P}$，可以通过 $\boldsymbol{M}=\boldsymbol{P}^{\mathrm{T}}\boldsymbol{P}$ 转换为马氏距离度量。因此一部分传统子空间学习的算法也可以看作是马氏距离度量学习，比如，主成分分析（principal component analysis，PCA）[57]、线性判别分析（linear discriminant analysis，LDA）[58]、相关成分分析（relevant components analysis，RCA）[59]、局部保持投影（locality preserving projections，LPP）[60]等。

不同的距离度量学习算法适用于不同的任务和应用场景，很难找到一种普遍适用于所有问题的距离度量学习算法。在实际应用中，应该根据不同的应用场景去选择不同的距离度量学习算法。

3.4.3 度量学习在视觉信息处理中的应用

度量学习在行人再标识、人脸识别等计算机视觉领域中的应用相当广泛。以行人再标识为例，行人再标识通常分为两个部分，首先是特征提取，其次是特征的距离度量学习。在提取了行人的特征之后，通过对要搜索的行人图片特征和图片集中的图片特征进行相似度度量，得到相似行人的排序。如图 3－24 所示，左边第一列为查询图片，右边为对应左边每张图片的排序结果。

在行人再标识的度量学习中，首先使用无监督学习的 L_1 范数距离和 L_2 范

图 3-24 行人再标识排序结果图(用红框标识的为正确匹配的行人)

数距离。接着,Prosser 等利用排序学习思想提出了基于支持向量排序模型的匹配方法[61],将行人相似性计算问题转化为行人相对关系排序问题,改善了行人重识别的效果。Zheng 等发展了相对距离比较学习算法[62],提出了利用基于距离比较的优化准则弱化最大化不同行人间距的约束,避免了行人重识别模型的过学习问题,显著地提高了行人重识别的准确率。Kostinger 等提出了基于等价约束的距离度量模型[63]。此外,行人重识别也从仅仅依赖于孤立图片扩展使用视频信息,因此最近一系列的基于视频的行人重识别方法也被提出,包括 Top-push 度量学习的方法[64]、基于视频帧选择与视频排序的模型[65-66]、基于循环卷积神经网络的模型[67]等。

在众多方法中,KISSME[68](keep it simple and straightforward metric)度量是一种很常见的度量学习方法,其本质上是在学习马氏距离中的 $\boldsymbol{M}$ 矩阵。首先计算出样本对的协方差矩阵 $\boldsymbol{\Sigma}_I$ 和 $\boldsymbol{\Sigma}_E$

$$\boldsymbol{\Sigma}_I=\sum_I(\boldsymbol{x}_i-\boldsymbol{x}_j)(\boldsymbol{x}_i-\boldsymbol{x}_j)^{\mathrm{T}}$$

$$\boldsymbol{\Sigma}_E=\sum_E(\boldsymbol{x}_i-\boldsymbol{x}_j)(\boldsymbol{x}_i-\boldsymbol{x}_j)^{\mathrm{T}}$$

式中,I 表示 $\boldsymbol{x}_i$, $\boldsymbol{x}_j$ 为同一类别的样本;E 表示 $\boldsymbol{x}_i$, $\boldsymbol{x}_j$ 为不同类别的样本。然后对矩阵 $\boldsymbol{M}'=(\boldsymbol{\Sigma}_I^{-1}-\boldsymbol{\Sigma}_E^{-1})$ 进行特征值分解,将小于等于 0 的特征值设置为很小的正数,再重构矩阵,得到马氏距离度量中的矩阵 $\boldsymbol{M}$。得到 $\boldsymbol{M}$ 矩阵之后,便可计算出各个样本之间的马氏距离,对行人图片进行排序匹配。

此外,Liao 等在 2015 年提出一种新的度量方法——交叉视角的二次判别分析法(XQDA)[69]。XQDA 是在 KISSME 和贝叶斯人脸方法的基础上提出的。该方法用高斯模型分别拟合类内和类间样本特征的差值分布。根据两个高斯分布的对数似然比推导出马氏距离(与 KISSME 相同)

$$d_{\boldsymbol{M}}(\boldsymbol{x}_i,\ \boldsymbol{x}_j)=\sqrt{(\boldsymbol{x}_i-\boldsymbol{x}_j)^{\mathrm{T}}(\boldsymbol{\Sigma}_I^{-1}-\boldsymbol{\Sigma}_E^{-1})(\boldsymbol{x}_i-\boldsymbol{x}_j)}$$

定义子空间 w,那么样本 x, z 投影到子空间的样本距离表示为

$$d_w(\boldsymbol{x},\ \boldsymbol{z})=\sqrt{(\boldsymbol{x}-\boldsymbol{z})^{\mathrm{T}}\boldsymbol{w}(\boldsymbol{\Sigma}_I^{-1}-\boldsymbol{\Sigma}_E^{-1})\boldsymbol{w}^{\mathrm{T}}(\boldsymbol{x}-\boldsymbol{z})}$$

因此,为了将样本分开,减小类间方差,提高类外方差,得到下面优化公式求解 $\boldsymbol{w}$

$$J(\boldsymbol{w})=\frac{\boldsymbol{w}^{\mathrm{T}}\boldsymbol{\Sigma}_E\boldsymbol{w}}{\boldsymbol{w}^{\mathrm{T}}\boldsymbol{\Sigma}_I\boldsymbol{w}}$$

从而计算出样本之间的距离,再根据距离进行排序,得到最后的匹配结果。

随着深度学习的发展,也有一些深度度量学习方法得到广泛应用,下面以人脸验证(face verification)为例。如图 3-25 所示,Wang 等[70]将深度度量学习应用在人脸验证中。

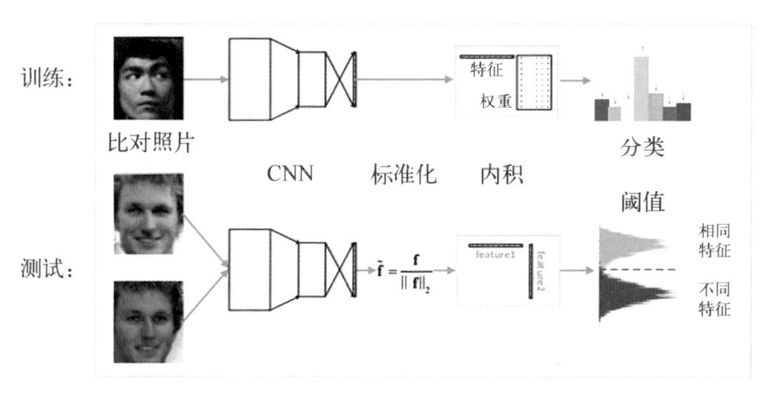

图 3-25 深度度量学习在人脸验证中的应用[70]

首先在训练阶段,输入原始图片后使用深度 CNN 网络提取特征,利用

Softmax loss 指导网络训练。然后在测试阶段，输入两张需要比对的人脸图片，分别使用训练好的深度 CNN 网络提取特征，对两个特征直接计算余弦相似度，相似度大于设定的阈值就验证通过。

与传统的方法对比，其优点在于不再需要复杂的人工算法设计和提取特征的过程，而是利用大量的数据驱动深度 CNN 网络学习特征提取函数。但是不论是哪种度量学习方法，都有一个统一的目的，就是要"拉近"统一类别样本的距离，"拉远"不同类别样本的距离。

3.5 神经网络与深度学习及其在计算机视觉中的应用

3.5.1 深度神经网络

深度神经网络(deep neural network)又称为多层感知器(multilayer perceptrons)，是深度学习算法的基础模型。由于在现实应用中，数据大多都是非线性的，因此一般的线性模型（如 Logistic 回归和线性回归）不能满足现实应用的需要。因此，可以利用线性模型对数据 x 的非线性变换 $\phi(x)$ 进行表达。为了找到这样的非线性变换，神经网络利用参数 θ 和非线性激活函数 f 对非线性变换进行拟合，即 $\phi(x)=f(x;w)$。以分类问题为例，输入数据 x 和对应类别 y 存在映射 $y=\phi(x)$。深度神经网络定义映射 $y=f(x;w)$，通过对参数 w 的学习从而找到最优的近似映射。进一步地，通过层叠不同的非线性函数 f，即增加神经网络的深度，可以得到更好的非线性特征表达，中间层成为隐含层(hidden layer)，每个隐含层一般为向量，隐含层中的每个单元成为神经元(neurons)。

1. 前向

以两层全连接网络(fully connected network)为例，神经网络的前向计算一般包括线性变换 $\boldsymbol{w}^{\mathrm{T}}x+\boldsymbol{b}$ 和非线性激活函数(non-linear activation function) φ，即 $h=\varphi(\boldsymbol{w}_1^{\mathrm{T}}x+\boldsymbol{b}_1)$ 和 $y=\varphi(\boldsymbol{w}_2^{\mathrm{T}}x+\boldsymbol{b}_2)$。一般常见的激活函数包括 Sigmoid 函数、tanh 函数、ReLU 函数、PReLU 函数和 Softmax 函数等。

2. 后向

对于获得的神经网络输出结果 y，我们的目的是使其与目标 $\hat{y}$ 相近，因此定义损失 $L(\boldsymbol{W})=\mathrm{cost}(y,\hat{y})$。根据损失函数，我们可以计算得到每一层参数相对于损失函数的梯度，通过梯度下降(gradient descent)方法，通过每次迭代更

新参数 $\boldsymbol{W}$，使得损失函数 $L(\boldsymbol{W})$ 减小，因此神经网络的输出 y 与目标 $\hat{y}$ 更加接近。

同样以分类问题为例，常用的损失函数为交叉熵(cross entropy)函数。给定输入特征 x，利用两层分别带 Sigmoid 函数和 Softmax 函数的神经网络，得到对特征的预测类标为

$$y = \mathrm{Softmax}[\boldsymbol{w}_2^{\mathrm{T}}\mathrm{ReLU}(\boldsymbol{w}_1^{\mathrm{T}}x + b_1) + b_2]$$

损失函数为 $L(\boldsymbol{W}) = \sum_{k=1}^{K}[\hat{y}_k \log(y_k) - (1-\hat{y}_k)\log(y_k)]$。根据参数梯度 $\frac{\partial L(\boldsymbol{W})}{\partial \boldsymbol{W}}$，利用梯度下降算法更新参数 $\boldsymbol{W} = \boldsymbol{W} + \lambda \frac{\partial L(\boldsymbol{W})}{\partial \boldsymbol{W}}$，其中 λ 称为学习率。通过不断迭代进行前向计算和后向计算，并通过梯度下降算法达到训练网络的目的。

3. 梯度消失与梯度爆炸

梯度消失指的是在利用梯度的链式法则求解深度神经网络的反向传播时，参数的梯度等于零或接近于零的现象。由于梯度下降算法是根据参数的梯度数值对参数进行更新的，当参数梯度接近于零时，参数几乎不更新，导致网络不能学习，性能下降。考虑一个三层的以 Sigmoid 函数为激活函数的神经网络，其第一层参数的梯度可以表达为

$$\frac{\partial y}{\partial w_1} = \sigma'(x_3)w_3\sigma'(x_2)w_2\sigma'(x_1)$$

式中，$\sigma'(x)$ 为 Sigmoid 函数的导数，因此有 $0 < \sigma'(x) \leqslant 0.25$。又因为参数 $\boldsymbol{W}$ 在初始化时一般都是小于 1 的，因此根据链式法则，层数越深，则参数的梯度越小，因而出现了梯度消失的现象。

梯度爆炸是因为参数 $\boldsymbol{W}$ 在学习的过程中出现很大的数值，又因为链式法则的乘积作用，导致梯度变得很大，从而出现梯度爆炸。在出现梯度爆炸时，参数有可能从一个很小的数值突然变得很大，导致整个参数的平衡被打破，从而使得模型不能很好地训练。

下面将介绍一些缓解梯度消失的方法，包括使用整流线性激活函数(ReLU)和批正则化(batch normalization)等方法。

3.5.2 卷积神经网络

卷积神经网络(convolutional neural network, CNN)是深度神经网络的一种变体。顾名思义，卷积神经网络指的是在神经网络中利用“卷积”操作对输入

的特征进行变换。卷积操作可以看作是一种特殊的线性操作，其特殊之处在于对利用同一组参数对特征进行局部的线性变换。卷积神经网络利用卷积核(convolutional kernel)参数，通过卷积操作和非线性激活函数对输入图片或特征进行局部非线性变换，来近似全局非线性变换，并利用池化(pooling)层对得到的特征输出进行降维整合，最终得到对应的特征表达，如图 3-26 所示。

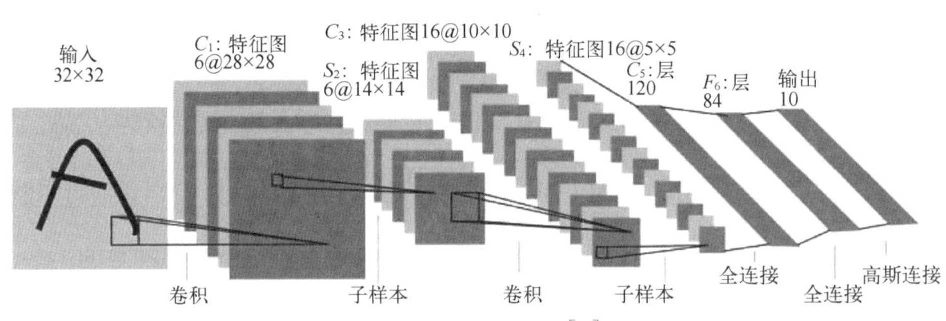

图 3-26 LeNet 图示[71]

1. 卷积操作

卷积操作作为卷积神经网络的核心操作，考虑两个一维时间信号 $x(t)$ 和 $w(t)$，回忆卷积操作是两个信号相乘后累加得到的响应，即

$$s(t)=\int x(a)w(t-1)\mathrm{d}a$$

可以记为 $s(t)=(x*w)(t)$。在卷积神经网络中，x 一般指输入信号，w 指卷积核，s 为输出的特征图。对于离散信号(如语音信号等)，积分会用求和代替，即

$$s(t)=\sum_{-inf}^{inf}x(a)w(t-a)$$

在实际应用中，我们假设信号在有限点外的数值均为 0，因此我们可以利用有限点的求和替换以上的无限点的求和。

除了一维时间信号外，在二维信号(如图像)上同样定义卷积操作

$$S(i,\ j)=(I*K)(i,\ j)=\sum_{m}\sum_{n}I(i-m,\ j-n)K(m,\ n)$$

其中，i 和 j 均为像素位置。卷积神经网络正是利用卷积的性质，使得卷积核 K 能够遍历图像的每个位置，从而获得输出特征图。实际上，通过将输入构造成常对角矩阵(toeplitz matrix)，离散卷积可以通过矩阵乘法实现。通过将卷积的实现转化成矩阵乘法，卷积能很好地利用 GPU 进行并行计算，从而加快

计算效率。

2. 池化操作

池化(pooling)操作是另外一种在卷积神经网络中常见的操作,一般跟随在激活函数层后出现。常见的池化操作包括平均池化(average pooling)和最大值池化(max pooling)。由于池化操作是根据一个特征图的邻域的数值进行降采样,因此池化操作能够使得特征具有一定的局部不变性。池化后的特征对细微的变换不敏感,因此得到的特征表达更加具有一般性且更加鲁棒。此外,池化操作能够减少输出特征的维度,因此能够减少后续计算需要的存储空间以及提升计算效率。

3. 卷积神经网络的优点

在卷积神经网络中,卷积操作的主要优点有以下两点:

(1) 稀疏连接。传统神经网络利用参数的矩阵乘法表征输入单元和输出单元之间的关系,因此每个输出单元与每个输入单元都相互连接。卷积神经网络通过卷积的方式,利用相对较小的卷积核参数,使得输出单元只与某个区域的输入单元通过参数相互关联,该区域称为感受野(receptive field)。该优点使得卷积神经网络能够捕获类似于图像的边缘等局部特征,并且能够有效地降低参数的存储量和特征变换的运算量。通过卷积层的堆叠,网络不同层的卷积参数能够捕捉更丰富的局部特征表达,比如物体的形状等。

(2) 在卷积神经网络中,进行卷积操作时,每个卷积核会作用到图片的每个位置:参数共享指的是在同一个卷积核中,作用于每个位置时用的参数都是同一组参数。参数共享使得模型的参数量大大减少,因此使得卷积操作更加有效。同时,由于参数共享,使得卷积神经网络具有等变换表达的性质。直观来说,当图片出现了一些变换(如图片的偏移),卷积神经网络的输出特征图也会出现对应的变换(偏移)。具体而言,令 g 为输入的任意变换函数,卷积函数为 f,则有 $f[g(x)]=g[f(x)]$。因此,利用卷积神经网络在一定程度上能够获得更加鲁棒的特征描述。

3.5.3 常见的卷积神经网络结构

1. LeNet

LeNet 是 LeCun 提出的一种典型的用于识别数字的卷积神经网络[71]。LeNet-5 一共有 7 层,如图 3-26 所示。其中,降采样过程如下:将特征图相邻 4 个像素求和后乘以标量参数 w 和增加偏置 b,最后通过一个 Sigmoid 激活函数获得为原来 1/4 大小的特征图。

LeNet 的前向传导流程如下：

(1) 对于输入为 32×32 像素的灰度图片，通过 6 个卷积核大小为 1×5×5 的 C1 层卷积得到 6 个大小为 28×28 像素的特征图(feature map)。

(2) 这些特征图通过 S2 降采样层(subsampling)，获得 6 个大小为 14×14 像素的特征图。

(3) 通过 16 个卷积核为 6×5×5 的 C3 层后得到 16 个 10×10 大小的特征图。

(4) 再经过 S4 层的降采样得到 16 个 5×5 像素大小的特征图。

(5) 将这 16 个 5×5 像素大小的特征图，在 C5 层用 120 个 5×5 像素大小的卷积核卷积得到 120 维的特征。

(6) 将 120 维的特征利用全连接进一步降维得到 84 维的特征。

(7) 最后输出层由欧式径向基函数(Euclidean radial basis function, RBF)单元组成，利用 RBF 计算类标的 one-hot 编码和输出特征之间的距离。输出特征与类标编码距离越远，RBF 的输出越大。

(8) 通过训练使得 RBF 输出最小化，从而得到对输入图片的类标输出。

由于 LeNet 提出时的计算设备仍然相对落后，LeNet 的层数相对较少，此外当时仍使用类似 Sigmoid 函数这类会使得神经网络出现梯度消失的激活函数，这使得卷积神经网络无法很好地学习到高层语义信息，因此只能在简单手写数字识别库(MNIST)上获得一定的识别效果。

2. AlexNet

在 2012 年 NIPS 上，由 Alex Krizhevsky 等提出的 AlexNet[72] 因为赢得了当时的 ImageNet 竞赛而声名鹊起。AlexNet 利用卷积神经网络的结构，将 ILVRC-2012 图像识别数据库的测试集 Top-5 准确率从当时的 73.8%提升到 84.7%，AlexNet 结构如图 3-27 示。

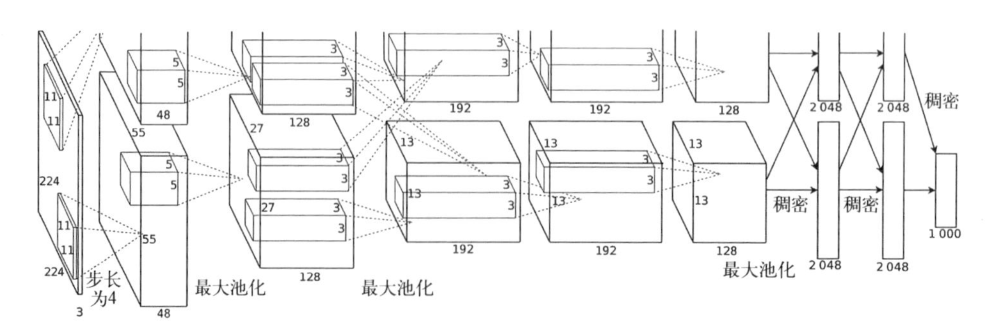

图 3-27 AlexNet 图示[72]

与 LeNet 相比，AlexNet 具有更深的层数，数量更多的卷积核。但是 AlexNet 具有如此好的性能，原因之一是其中使用了整流线性激活函数(ReLU)。ReLU 函数为 $\mathrm{ReLU}(x)=\max\{0, x\}$，当 x 小于 0 时，激活函数输出值为 0，当 x 大于 0 时，激活函数输出 x 本身。ReLU 函数在线性激活时能让梯度完整通过，这一定程度上能缓解梯度消失的问题，因此 AlexNet 也能训练更深的网络。此外，AlexNet 通过数据增广(data argumentation)和随机截止层(dropout)的方法降低网络的过拟合情况。数据增广通过对输入图像进行裁剪、翻转和色彩变换等方法对数据进行扩增，使得网络有更多更一般化的数据进行训练，网络能够学习到更加一般化的图片特征，从而降低模型的过拟合。Dropout 层通过在训练时对神经元的随机截止(输出值设零)，从而使得下层网络仅依靠上层网络的一部分作为输入，因此网络学习更加鲁棒，从而在一定程度上降低过拟合的风险。关于 Dropout 的详细讨论可以参考文献[73]。除此之外，AlexNet 还引入了局部相应归一化层(local responce normalization)对数据进行正则化，并且通过 GPU 计算大大提升计算效率。

3. VGGNet、GoogLeNet 和 ResNet

Simonyan 等[74]提出了 VGG 网络(VGGNet)，VGG 网络主要使用了 3×3 大小的卷积核，从而在降低了参数数目的同时，他们发现把网络的深度加深能够获得更好的结果。GoogLeNet 由 Szegedy 等[75]在 2015 年提出，其主要的意义在于提出了 Inception 的模块，使得在较少参数的情况下，该模块能等效成一个较深的网络，因此能更好地加深网络结构从而得到更好的效果。

随后，He 等提出了 ResNet 结构网络[76]，其主要贡献是提出了残差模块。与传统卷积模块不同，残差模块的输出是输入特征与下层输入特征的差值，由于残差模块包含了一个恒等映射通路，在计算梯度时，梯度能够分别传导到两条不同的通路之中，使得梯度的传播更加有效。此外，残差网络的堆叠同时也等效为多个不同深度的网络堆叠，因此建模会更加有效。以残差模块为核心，ResNet 能搭建超深的神经网络，并获得十分优秀的识别结果。

3.5.4 卷积神经网络在视频行为分类上的应用

除了图片分类以外，卷积神经网络还在别的分类任务上取得重大突破，如视频行为分类。与图片不同，视频中包含了时间和运动的信息，如何利用神经网络挖掘视频中的运动信息是目前研究的重点。Simonyan 等[77]提出了双流卷积神经网络(two-stream convolutional neural network)，如图 3-28 所示。通过分别对 RGB 颜色通道和光流通道进行卷积，再通过训练得到分别属于颜色通道和光流通道对于行为的得分。随后，将两个通道最后得到的全连接层进行加权平均，进一步利用支持向量机模型进行分类，最终得到视频的行为分类。这个工作第一次成功地将卷积神经网络应用于视频行为分类领域，并且取得了超前的结果。究其原因，是因为卷积神经网络是以单帧图片作为输入的，并不能获得视频中的时间和运动的信息，但是提供了图片内容的信息。而光流图能较好地表达视频中的运动信息，两者进行互补，从而得到更好的分类结果。传统的卷积神经网络不能捕获视频中的时间信息，是因为传统定义的卷积操作只在单帧图像平面上进行，因此通过将卷积操作扩展到三维卷积，则在一定程度上能让卷积神经网络获得视频的时间和运动信息，从而进行更好的分类。Tran 等提出的三维卷积神经网络（3D convolutional networks, C3D）[78]正是根据上述的思想，将卷积核拓展到三维，根据视频的输入进行卷积，从而对视频进行分类。

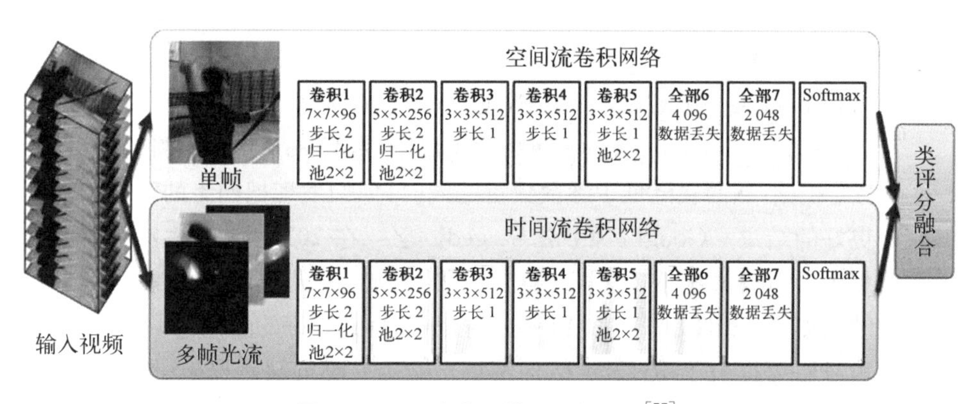

图 3-28 双流卷积神经网络图示[77]

3.5.5 递归神经网络

递归神经网络（RNN）是神经网络的一种，其中包括时间递归神经网络（recurrent neural network）和结构递归神经网络（recursive neural network）。递归神经网络将输入序列 $X=\{x_1, x_2, \cdots, x_t\}$ 编码成状态序列 $H=\{h_1, h_2, \cdots, h_t\}$，其中每一个时刻的状态 $\boldsymbol{h}_t$ 是根据上一时刻的状态 $\boldsymbol{h}_{t-1}$ 和当前的输入信号 x_t 计算得到的，即 $\boldsymbol{h}_t=f(x_t, \boldsymbol{h}_{t-1})$。同时，通过递归计算状态 $\boldsymbol{h}_t$，递归神经网络可以随时间展开，如图 3-29 所示。

由于递归神经网络能处理任意长的数据序列，因而主要用于处理序列数据（如文本、语音等）。

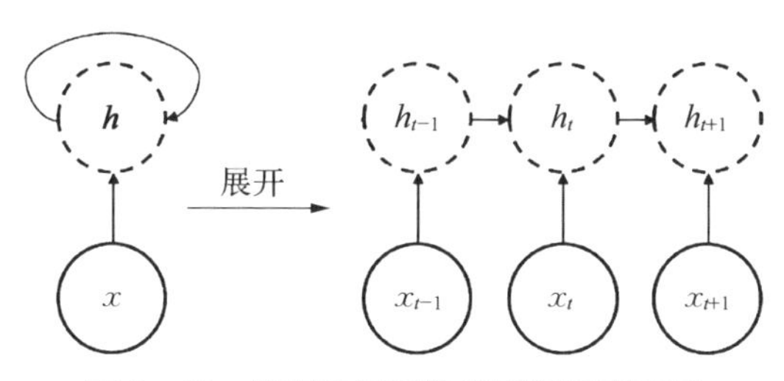

图 3-29 递归神经网络随时间展开图示

1. 一般递归神经网络

对于一般递归神经网络(vanilla RNN),网络函数 $f(x)$ 定义为 Sigmoid(x;w)。因此,对于 t 时刻的状态 $\boldsymbol{h}_t$,其计算方式为

$$\boldsymbol{h}_t = \text{Sigmoid}(\boldsymbol{w}_x^{\mathrm{T}} x_t + \boldsymbol{w}_h^{\mathrm{T}} \boldsymbol{h}_{t-1} + b)$$

以预测任务为例,希望根据某个时刻前的输入估计输出类标,即 $p(y_t \mid \{x_1, x_2, \cdots, x_T\})$。利用递归神经网络,我们可以根据输入序列 $\{x_1, x_2, \cdots, x_T\}$ 得到第 t 时刻状态 $\boldsymbol{h}_t$ 后,利用 Softmax 函数对 $\boldsymbol{h}_t$ 进行映射,得到预测类标 y_t,即

$$y_t = \text{Sigmoid}(\boldsymbol{w}_0^{\mathrm{T}} \boldsymbol{h}_t + b_o)$$

但是,由于一般递归神经网络仍然沿用 Sigmoid 函数作为非线性激活函数,当递归神经网络展开足够长的时候,同样会发生梯度消失的问题,下面将介绍两种改进的递归神经网络单元,它们均可缓解梯度消失的问题。

2. 长短时记忆单元

长短时记忆单元(long short-term memory, LSTM)是 Hochreiter 等[79]提出的一种利用门限(gate)的方式对通过 LSTM 单元的信息进行控制的改进单元。其中包括遗忘门限(forget gate)、输入门限(input gate)和输出门限(output gate),分别记为 $\boldsymbol{f}_t$、$\boldsymbol{i}_t$ 和$\boldsymbol{o}_t$。通过不同门限对相应的信号进行流通或截断,LSTM 网络能够很好地让梯度在长时间范围内通过,从而达到训练一定长度的递归神经网络的目的。除了状态向量 $\boldsymbol{h}_t$ 之外,LSTM 还引入了单元状态向量 $\boldsymbol{c}_t$,使得信息能够通过单元状态向量向后面时刻的 LSTM 单元传播。具体而言,LSTM 单元各个部分可以表示为

$$\text{forget gate: } \boldsymbol{f}_t = \sigma(\boldsymbol{w}_{fx}^{\mathrm{T}} x_t + \boldsymbol{w}_{fh}^{\mathrm{T}} \boldsymbol{h}_{t-1} + b_f)$$

$$\text{input gate: } \boldsymbol{i}_t = \sigma(\boldsymbol{w}_{ix}^{\mathrm{T}} x_t + \boldsymbol{w}_{ih}^{\mathrm{T}} \boldsymbol{h}_{t-1} + b_i)$$

$$\text{output gate: } \boldsymbol{o}_t = \sigma(\boldsymbol{w}_{ox}^{\mathrm{T}} x_t + \boldsymbol{w}_{oh}^{\mathrm{T}} \boldsymbol{h}_{t-1} + b_o)$$

cell state：$\boldsymbol{c}_t = \boldsymbol{f}_t \boldsymbol{c}_{t-1} + \boldsymbol{i}_t \tanh(\boldsymbol{w}_{cx}^{\mathrm{T}} x_t + \boldsymbol{w}_{ch}^{\mathrm{T}} \boldsymbol{h}_{t-1} + b_c)$

output gate：$\boldsymbol{h}_t = \boldsymbol{o}_t \tanh(\boldsymbol{c}_t)$

通过利用门限机制对信号进行流通或截断，LSTM 单元在许多递归神经网络任务上取得了十分优秀的结果。

3. 门限递归单元

LSTM 单元在递归神经网络任务上的成功，在很大程度上是因为引入了门限的机制，使得梯度在递归神经网络中的传播更加有效。Cho 等[80]提出门限递归单元(gate recurrent unit, GRU)，利用与 LSTM 相似的门限思想简化网络，减少网络的参数，并且达到了与 LSTM 单元相当的性能。GRU 将 LSTM 中的输入门和遗忘门合并成一个更新门(update gate)，并且将 LSTM 中的单元状态向量和状态向量合并成一个向量表示

$$\boldsymbol{z}_t = \sigma(\boldsymbol{w}_{zx}^{\mathrm{T}} x_t + \boldsymbol{w}_{zh}^{\mathrm{T}} \boldsymbol{h}_{t-1} + b_z)$$

$$\boldsymbol{r}_t = \sigma(\boldsymbol{w}_{rx}^{\mathrm{T}} x_t + \boldsymbol{w}_{rh}^{\mathrm{T}} \boldsymbol{h}_{t-1} + b_r)$$

$$\bar{\boldsymbol{h}}_t = \sigma(\boldsymbol{w}_{hx}^{\mathrm{T}} x_t + \boldsymbol{w}_{hh}^{\mathrm{T}} \boldsymbol{h}_{t-1} + b_h)$$

$$\boldsymbol{h}_t = (1 - \boldsymbol{z}_t) \boldsymbol{h}_{t-1} + \boldsymbol{z}_t \bar{\boldsymbol{h}}_t$$

4. 沿时间的反向传播

对于递归神经网络参数的梯度计算，可以通过将递归神经网络展开，再根据反向传播计算梯度，这种方法称为沿时间的反向传播(back-propagation through time, BPTT)。考虑以下的递归神经网络

$$\boldsymbol{h}_t = \tanh(u x_t + w \boldsymbol{h}_{t-1})$$

$$\hat{y} = \tanh(v \boldsymbol{h}_t)$$

定义损失函数为交叉熵损失函数，即有

$$E(y, \hat{y}) = \Sigma_t E_t(y_t, \hat{y}_t) = -\Sigma_t y_t - \log \hat{y}_t$$

因此，对于一个样本，参数的梯度可以表示为

$$\frac{\partial E}{\partial W} = \Sigma_t \frac{\partial E_t}{\partial W}$$

5. 图片描述生成

在计算机视觉领域中，一个常用的递归神经网络问题是图片描述生成(image captioning)问题。图片描述生成问题就是希望计算机从图片自动生成一段描述

性的文字。对于计算机来说,生成对图片描述需要让计算机知道图片中有哪些物体,物体之间的相互关系,而且要用合适的语言表达其内容。Vinyals 等[81]提出了一种基于递归神经网络的图片描述生成的框架,如图 3-30 所示。这是一种目前比较常用的图片描述生成框架,主要由卷积神经网络和递归神经网络构成。首先利用卷积神经网络对图片进行特征提取,将提取到的特征输入 LSTM 中进行解码,每个时刻生成一个单词,最终根据整个图片的特征生成句子。在这个框架中,递归神经网络主要用于句子的生成,根据输入的图片特征产生每个时刻的状态,以此确定每个时刻生成的单词。

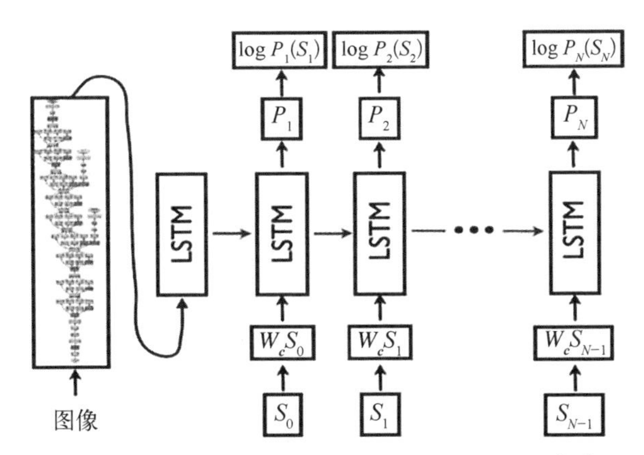

图 3-30 基于递归神经网络的图片描述生成[80]

3.5.6 其他神经网络算法

1. 自动编码器

自动编码器(autoencoder)是一种用于编码的神经网络,通过把输入信号利用神经网络编码成一个向量 $\boldsymbol{h}=f(x)$,再利用这个向量将信号进行解码 $x=g(h)$,得到的向量 $\boldsymbol{h}$ 称为输入信号的编码。一般情况下,编码向量 $\boldsymbol{h}$ 的维度小于输入信号 x 的维度,这种编码器称为非完备的。通过学习一个非完备的编码 $\boldsymbol{h}$,我们希望 $\boldsymbol{h}$ 能捕获到关于输入信号有用的信息,使其在解码的时候能够获得与输入信号相近的信号。在训练的时候,我们最小化的是输入信号和解码信号的距离,即 $L(x, g(f(x)))$。

2. 受限玻耳兹曼机

受限玻耳兹曼机(restricted Boltzmann machine)是一种基于能量的模型(energy-based model),通过能量函数对可见层 $\boldsymbol{v}$ 和隐层 $\boldsymbol{h}$ 的联合概率分布进行建模

$$P(\boldsymbol{v}, \boldsymbol{h}) = \frac{1}{Z}\exp\left(-E(\boldsymbol{v}, \boldsymbol{h})\right)$$

式中,能量函数定义为 $E(\boldsymbol{v}, \boldsymbol{h}) = -\boldsymbol{b}^{\mathrm{T}}\boldsymbol{v} - \boldsymbol{c}^{\mathrm{T}}\boldsymbol{h} - \boldsymbol{v}^{\mathrm{T}}\boldsymbol{W}\boldsymbol{h}$;$Z$ 为归一化函数。

3. 深度信念网络

深度信念网络(deep belief network)是一种生成图模型,同时也是一种神经网络。其包含了多层层间相连的隐含层。通过对可见层(visible layer)和隐含层(hidden layer)的概率分布进行建模,深度信念网络可以看作是多层的自动编码器或受限玻耳兹曼机的叠加。

参考文献

[1] Schuldt C, Laptev I, Caputo B. Recognizing human actions: A local SVM approach [C]//IEEE International Conference on Pattern Recognition, 2004.

[2] Osuna E, Freund R, Girosi F. Training support vector machines: An application to face detection [J]. Proceedings of IEEE Conference on Computer Vision and Pattern Recognition, 2002.

[3] Zhang T, Wang J, Xu L, et al. Fall detection by wearable sensor and one-class SVM algorithm[M]//Intelligent Computing in Signal Processing and Pattern Recognition. 2006: 858-863.

[4] Perdisci R, Gu G, Lee W. Using an ensemble of one-class SVM classifiers to harden payload-based anomaly detection systems [C]//IEEE International Conference on Data Mining, 2006.

[5] Grimm M, Kroschel K, Narayanan S. Support vector regression for automatic recognition of spontaneous emotions in speech [C]//IEEE International Conference on Acoustics. IEEE, 2007.

[6] Li Y, Gong S, Liddell H. Support vector regression and classification based multi-view face detection and recognition [C]//Proc Fourth IEEE International Conference on Automatic Face and Gesture Recognition. IEEE, 2000.

[7] Joutou T, Yanai K. A food image recognition system with multiple kernel learning [C]//International Conference on Image Processing. IEEE, 2010.

[8] Yang J, Li Y, Tian Y H, et al. Group-sensitive multiple kernel learning for object categorization [C]//IEEE International Conference on Computer Vision, 2009.

[9] Liang P, Teodoro G, Ling H, et al. Multiple kernel learning for vehicle detection in wide area motion imagery [C]//2012 15th International Conference on Information Fusion. IEEE, 2012.

[10] Caruana R. Multi-task Learning [J]. Machine Learning, 1997, 28(1): 41-75.

[11] Zhou J, Chen J, Ye J. Multi-task learning: theory, algorithms, and applications [R]//The Twelfth SIAM Information Conference on Data Mining, 2012.

[12] Zhang Y, Yang Q. A survey on multi-task learning[J/OL]. IEEE Transactions on Knowledge and Data Engineering, 2021.

[13] Misra I, Shrivastava A, Gupta A, et al. Cross-stitch networks for multi-task Learning [C]//IEEE Conference on Computer Vision and Pattern Recognition. 2016: 3994 - 4003.

[14] Lu Y, Kumar A, Zhai S, et al. Fully-adaptive feature sharing in multi-task networks with applications in person attribute classification [C]//IEEE Conference on Computer Vision and Pattern Recognition, 2017: 5334 - 5343.

[15] Zhou J, Yuan L, Liu J, et al. A multi-task learning formulation for predicting disease progression [C]//Proceedings of the 17th ACM SIGKDD International Conference on Knowledge Discovery and Data Mining, 2011: 814 - 822.

[16] Argyriou A, Evgeniou T, Pontil M. Convex multi-task feature learning [J]. Machine Learning, 2008, 73(3): 243 - 272.

[17] Fazel M, Hindi H, Boyd S P. A rank minimization heuristic with application to minimum order system approximation[C]//American Control Conference, 2001, 6: 4734 - 4739.

[18] Yang Y, Hospedales T. Deep multi-task representation learning: A tensor factorisation approach [C]//The International Conference on Learning Representations, 2017.

[19] Evgeniou T, Pontil M. Regularized multi-task learning [C]//Proceedings of the Tenth ACM SIGKDD International Conference on Knowledge Discovery and Data Mining, Seattle, Washington, USA, ACM, 2004.

[20] Jacob L, Bach F, Vert J P. Clustered multi-task learning: A convex formulation [M]. New York: Springer-Verlag, Inc. 2009: 745 - 752.

[21] Zhang Y, Yeung D Y. A convex formulation for learning task relationships in multi-task learning [C]//UAI 2010, Proceedings of the Twenty-Sixth Conference on Uncertainty in Artificial Intelligence, Catalina Island, CA, USA: AUAI Press, 2010: 733 - 742.

[22] Long M, Cao Z, Wang J, et al. Learning multiple tasks with multilinear relationship networks [J]. Computer Science, 2017: 1594 - 1603.

[23] Sun Y, Wang X, Tang X. Deep learning face representation by joint identification-verification[J]. Advances in Neural Information Processing Systems, 2014, 27: 1988 - 1996.

[24] Zhang Z, Luo P, Loy C C, et al. Facial landmark detection by deep multi-task learning [C]//European Conference on Computer Vision. Springer, Cham, 2014: 94 - 108.

[25] Thrun S, Pratt L. Learning to Learn [M]. New York: Springer, 1998.
[26] Tanaka F. An approach to lifelong reinforcement learning through multiple environments [C]//European Workshop on Learning Robots. 1997: 93 - 99.
[27] Banerjee B, Stone P. General game learning using knowledge transfer [C]//IJCAI 2007, Proceedings of the 20th International Joint Conference on Artificial Intelligence, Hyderabad, India, January 6 - 12, 2007. Morgan Kaufmann Publishers Inc. 2007.
[28] Silver D L. The consolidation of task knowledge for lifelong machine learning [C]// Aaai Spring Symposium-lifelong Machine Learning, 2013.
[29] Silver D L, Poirier R, Currie D. Inductive transfer with context-sensitive neural networks [J]. Machine Learning, 2008, 73(3): 313 - 336.
[30] Caruana R A. Multitask learning: A knowledge-based source of inductive bias [J]. Machine Learning Proceedings, 1993, 10(1): 41 - 48.
[31] Schweighofer N, Doya K. Meta-learning in reinforcement learning [J]. Neural Networks, 2003, 16(1): 5 - 9.
[32] Lee J M. Cumulative learning [J]. Encyclopedia of the Sciences of Learning, 2012.
[33] Pan S J, Yang Q. A survey on transfer learning [J]. IEEE Transactions on Knowledge and Data Engineering 22(10): 1345 - 1359, 2010.
[34] 杨卫星,张梅玲. 迁移研究的发展与趋势[J]. 心理学动态,2000,8(1): 46 - 53.
[35] Woodworth R S, Thorndike E L. The influence of improvement in one mental function upon the efficiency of other functions. II. The estimation of magnitudes [J]. Psychological Review, 1913, 8(3): 247 - 261.
[36] Baxter J, Caruana R, Mitchell T, et al. Learning to learn: Knowledge consolidation and transfer in inductive systems [J/OL]. NIPS Post-Conference Workshop. Website, 1995. http://plato. a-cadiau. ca/courses/comp/dsilver/NIPS95_LTL/transfer. workshop. 1995. html.
[37] Pratt L, Thrun S. Guest Editors' Introduction: Special issue on inductive transfer. Machine Learning 28(5), 1997.
[38] Silver D, Bakir G, Bennett K, et al. Inductive transfer: 10 years later [R]. NIPS 2005 Workshop, 2005.
[39] Silver D L, Bennett K P. Guest editor's introduction: special issue on inductive transfer learning [J]. Machine Learning, 2008, 73(3): 215 - 220.
[40] Heckman J J. Sample selection bias as a specification error [J]. Econometrica, 1979, 47(1): 153 - 161.
[41] Zadrozny B. Learning and evaluating classifiers under sample selection bias [C]// International Conference on Machine Learning, 2004.
[42] Huang J, Smola A, Gretton A, et al. Correcting Sample Selection Bias by Unlabeled

Data [M]. Cambridge, MA: MIT Press, 2007.

[43] Dai W, Yang Q, Xue G R, et al. Boosting for transfer learning [C]//International Conference on Machine Learning, Corvallis, Oregon, USA, June 20 - 24, 2007: 193 - 200.

[44] Pan S J, Ni X, Sun J T, et al. Cross-domain sentiment classification via spectral feature alignment [C]//International Conference on World Wide Web. DBLP, 2010: 751 - 760.

[45] Zhang X Y, Liu C L. Writer adaptation with style transfer mapping [J]. IEEE Transactions on Pattern Analysis and Machine Intelligence, 2013, 35 (7): 1773 - 1787.

[46] Ganin Y, Lempitsky V. Unsupervised domain adaptation by backpropagation [C]// International Conference on Machine Learning, 2015: 1180 - 1189.

[47] Raina R, Battle A, Lee H, et al. Self-taught learning: transfer learning from unlabeled data [C]//Proceedings of the 24th International Conference on Machine Learning, 2007: 759 - 766.

[48] Glorot X, Bordes A, Bengio Y. Domain adaptation for large-scale sentiment classification: a deep learning approach [C]//International Conference on Machine Learning, 2011: 513 - 520.

[49] Csurka G. Domain adaptation for visual applications: a comprehensive survey [J]// Domain Adaptation in Computer Vision Applications. 2017.

[50] Liu P C, Yang P, Wang C, et al. A semi-supervised method for surveillance-based visual location recognition [J]. IEEE Transactions on Cybernetics, 2016, 47(11): 3719 - 3732.

[51] Weinberger K Q, Saul L K. Distance metric learning for large margin nearest neighbor classification [J]. Journal of Machine Learning Research, 2009, 10(1): 207 - 244.

[52] Weinberger K Q, Saul L K. Fast solvers and efficient implementations for distance metric learning [C]//Proceedings of the 25th International Conference on Machine Learning. ACM, 2008: 1160 - 1167.

[53] Kedem D, Tyree S, Sha F, et al. Non-linear metric learning [C]//Advances in Neural Information Processing Systems, 2012: 2573 - 2581.

[54] Davis J V, Kulis B, Jain P, et al. Information-theoretic metric learning [C]// International Conference on Machine Learning. ACM, 2007: 209 - 216.

[55] Hu J, Lu J, Tan Y P. Discriminative deep metric learning for face verification in the wild [C]//Proceedings of the IEEE Conference on Computer Vision and Pattern Recognition. 2014: 1875 - 1882.

[56] Yi D, Lei Z, Liao S, et al. Deep metric learning for person re-identification [C]//

IEEE International Conference on Pattern Recognition, 2014 22nd International Conference on. IEEE, 2014: 34 - 39.

[57] Wold S, Esbensen K, Geladi P. Principal component analysis [J]. Chemometrics and Intelligent Laboratory Systems, 1987, 2(1 - 3): 37 - 52.

[58] Mika S, Ratsch G, Weston J, et al. Fisher discriminant analysis with kernels [C]// Neural Networks for Signal Processing IX, 1999. Proceedings of the 1999 IEEE Signal Processing Society Workshop. IEEE, 1999: 41 - 48.

[59] Shental N, Hertz T, Weinshall D, et al. Adjustment learning and relevant component analysis [C]//European Conference on Computer Vision. Springer, Berlin, Heidelberg, 2002: 776 - 790.

[60] He X. Locality preserving projections [J]. Advances in Neural Information Processing Systems, 2003, 16(1): 186 - 197.

[61] Prosser B, Zheng W S, Gong S, et al. Person re-identification by support vector ranking [C]//British Machine Vision Conference, Aberystwyth, 2010: 21. 1 - 21. 11.

[62] Zheng W S, Gong S, Xiang T. Reidentification by relative distance comparison [J]. IEEE Transactions on Pattern Analysis and Machine Intelligence, 2013, 35(3): 653 - 668.

[63] Kostinger M, Hirzer M, Wohlhart P, et al. Large scale metric learning from equivalence constraints [C]//IEEE Conference on Computer Vision and Pattern Recognition, 2012: 2288 - 2295.

[64] You J, Wu A, Li X, et al. Top-push Video-based person re-identification [C]//IEEE Conference on Computer Vision and Pattern Recognition, 2016.

[65] Wang T, Gong S, Zhu X, et al. Person re-identification by video ranking [C]// European Conference on Computer Vision, Zurich, Springer Berlin Heidelberg, 2014: 688 - 703.

[66] Wang T, Gong S, Zhu X, et al. Person re-identification by discriminative selection in video ranking [J]. IEEE Transactions on Pattern Analysis and Machine Intelligence, 2016.

[67] Mclaughlin N, Rincon J M D, Miller P. Recurrent convolutional network for video-based person re-identification [C]//Computer Vision & Pattern Recognition. IEEE, 2016: 1325 - 1334.

[68] Koestinger M, Hirzer M, Wohlhart P, et al. Large scale metric learning from equivalence constraints [C]//IEEE Conference on Computer Vision and Pattern Recognition, 2012: 2288 - 2295.

[69] Liao S, Hu Y, Zhu X, et al. Person re-identification by local maximal occurrence representation and metric learning [C]//Proceedings of the IEEE Conference on

Computer Vision and Pattern Recognition. 2015: 2197 - 2206.

[70] Wang F, Xiang X, Cheng J, et al. NormFace: L_2 Hypersphere embedding for face verification [J/OL]. https://arxiv.org/pdf/1704.06369.pdf, 2017.

[71] LeCun Y, Bottou L, Bengio Y, et al. Gradient-based learning applied to document recognition [J]. Proceedings of the IEEE, 1998, 86(11): 2278 - 2324.

[72] Krizhevsky A, Sutskever I, Hinton G E. Imagenet classification with deep convolutional neural networks [C]//Advances in Neural Information Processing Systems, 2012: 1097 - 1105.

[73] Hinton G E, Srivastava N, Krizhevsky A, et al. Improving neural networks by preventing co-adaptation of feature detectors [J/OL]. https://arxiv.org/pdf/1207.0580.pdf, 2012.

[74] Simonyan K, Zisserman A. Very deep convolutional networks for large-scale image recognition [J/OL]. https://arxiv.org/pdf/1409.1556.pdf, 2014.

[75] Szegedy C, Liu W, Jia Y, et al. Going deeper with convolutions [C]//IEEE Conference on Computer Vision and Pattern Recognition, 2015: 1 - 9.

[76] He K, Zhang X, Ren S, et al. Deep residual learning for image recognition [C]// IEEE Conference on Computer Vision and Pattern Recognition, 2016: 770 - 778.

[77] Simonyan K, Zisserman A. Two-stream convolutional networks for action recognition in videos[C]//Advances in Neural Information Processing Systems, 2014: 568 - 576.

[78] Tran D, Bourdev L, Fergus R, et al. Learning spatiotemporal features with 3d convolutional networks [J/OL]. 2014. https://arxiv.org/pdf/1412.0767.pdf.

[79] Hochreiter S, Schmidhuber J. Long short-term memory [J]. Neural Computation, 1997, 9(8): 1735 - 1780.

[80] Cho K, Van Merrienboer B, Gulcehre C, et al. Learning phrase representations using RNN encoder-decoder for statistical machine translation [J]. Computer Ence, 2014.

[81] Vinyals O, Toshev A, Bengio S, et al. Show and tell: A neural image caption generator [C]//IEEE Conference on Computer Vision and Pattern Recognition, 2015: 3156 - 3164.

4 图像物体分类与检测

黄凯奇　李乔哲

黄凯奇，中国科学院自动化研究所，电子邮箱：kaiqi. huang@nlpr. ia. ac. cn
李乔哲，中国科学院自动化研究所，电子邮箱：liqiaozhe2015@ia. ac. cn

4.1 概述

4.1.1 物体识别相关理论

物体识别是计算机视觉研究的重要组成部分，也被认为是计算机视觉研究的中心问题，其中认知科学的发展对其理论发展具有重要的指导意义。追溯脑与认知科学在这200多年的研究历史来看，理论上讲，认知领域的一些科学家从“原子论”和“整体论”两种角度开展了研究，形成了不同的学术观点。最近半个世纪以来，“原子论”占据认知科学的主导地位。其中，较有影响的近代知觉理论主要有麻省理工学院D. Marr提出的“视觉计算理论”、加州大学伯克利分校A. M. Treisman提出的“特征整合理论”、哈佛大学J. L. McClelland与D. E. Rumelhakt提出的“相互作用激活理论”、南加州大学I. Biederman提出的“成分识别理论”。他们都持“原子论”的观点，认为知觉过程是“由局部向大范围推进”。1982年，中国科学院生物物理研究所陈霖院士在*Science*上发表了不同于其他学者的一个理论思想——视知觉中的拓扑结构(*Topological Structure in Visual Perception*)。陈霖院士认为，知觉活动以拓扑形式体现，即“从大范围向局部推进”。这一理论是格式塔心理学家(Gestalt)及其后续者提出的知觉组织(perceptual organization)理论的拓展和延续，目前已成为国际上比较公认的初期知觉学说之一。美国科学院Desimone院士认为“近年来根据神经生理学数据的提示可以认为，陈的模型的确是正确的，即知觉活动是从大范围到局部的拓扑模型，这将激励神经生理学家对视觉特征分析采取强调物体特征在变换下不变性质上开展新方向的研究工作。”这一理论对计算机视觉有着重要的影响。本节将首先对目前物体识别领域的主要理论流派进行简要介绍。

1. Marr视觉计算理论

20世纪80年代初，D. Marr发表了综合信息处理、心理学及神经生理学的研究成果，从信息科学的角度提出了第一个较为完整的视觉计算理论(后简称为Marr视觉计算理论)，极大地推动了计算机视觉的发展与应用。这一理论的提出突破了以往仅在心理学与生理学领域对人类视觉系统的定性描述，首次将视觉系统的计算提高到数学理论的严密水平。Marr[1-2]提出的理论对神经科学的发展和人工智能的研究产生了深远的影响。Marr从信息处理系统的角度出发，认为视觉系统的研究应该分为3个层次，即计算理论层次、表达(representation)与算法层次以及硬件实现层次。Marr 视觉计算理论的核心问题是设法从图像结构推导出外部世界的三维结构。他认为视觉是一个信息处理过程，这个过程根据外部世界的图像产生对观察者有用的描述。这些描述依次由许多不同但固定的、每个都记录了外界的某方面特征的表象（representation）所构成或组合而成。一种新的表象之所以提高了一步是因为新的表象表达了某种信息，而这种信息将便于对信息做进一步解释。

Marr 视觉计算理论首次系统地提出了关于视觉的计算理论，对计算机视觉的研究起到了巨大的推动作用。然而，图像是真实世界中物体的二维投影，物体在图像中的表征虽然仅仅是灰度的分布，但由于几何特征、光照、物体材料、摄像机参数等多种因素的影响，由物体二维图像投影反推三维结构时，如果缺乏足够的约束条件，则三维重建将成为一个病态问题。这也是 Marr 视觉计算理论中存在的富有争议的问题。在该理论的指导下，许多研究人员提出了物体识别的方法，如基于三维模型的物体识别方法等[3-5]，这类方法利用了物体的先验知识，能够解决遮挡等问题，但对结构模型的获取与表达没有较好的解决方法。

2. 特征整合理论

特征整合理论[6]认为视觉的加工过程分为两个阶段：特征登记阶段（前注意阶段）和特征整合阶段（物体直觉阶段）。在特征登记阶段，Treisman 假定视觉早期阶段只能检测独立的特征，包括颜色、大小、反差、倾斜性、曲率和线段端点等，还可能包括运动和距离的远近差别。这些特征处于自由漂浮状态（free floating state），不受所属客体的约束，其位置在主观上是不确定的。知觉系统对各个维量的特征进行独立的编码，这些个别特征的心理表征称为特征图（feature map）；在特征整合阶段，知觉系统把彼此分开的特征（特征表征）正确地联系起来，形成能够对某一物体的表征。在此阶段要求对特征进行定位，即确定特征的边界位置在哪里，这就是位置图（map of locations）。特征整合发生在视觉处理的后期阶段，是一种非自动化的、序列的处理。

Treisman 既重视自下而上的加工在知觉中的作用，又承认物体文件和识别网络的相互作用。在这个意义上讲，注意的特征整合模型是一个以自上而下的加工为主要特征的并且具有局部交互作用的模型。在此理论基础上，加州理工大学的 Itti 等提出了 Attention 注意机制理论[7-8]，较早地建立了模拟早期灵长类动物神经结构的视觉注意机制系统。在该系统中，多层次的图像特征被整合到一个注意程度图中，然后通过动态神经网络来选择注意焦点的位置以降低该区域的注意程度，使得系统能够不断地转移并选择新的注意焦点。通过迅速选择注意焦点进行细节分析，大大地降低了整个场景理解的复杂程度，西安交通大学的郑南宁[9]，国防科学技术大学 ATR 国防科技重点实验室的王润生[10]等在这一方面也做了相关研究。

3. 相互作用激活理论

相互作用激活理论（interactive activation model）[11]由 J. L. McClelland 与 D. E. Rumelhart 于 1981 年提出，主要处理在语境（context）作用下的字词知觉。该理论假设，知觉本质上是一个相互作用的过程，即自上而下的加工与自下而上的加工同时起作用，通过复杂的限制作用共同决定人们的知觉。例如，对某种语言中单词的知识与输入的特征信息，共同决定着人们对单词中字母的知觉性质与时间长短。

McClelland 和 Rumelhart 认为知觉系统是由许多加工单元组成的。每个相关的单元都有一个实体称为结点（node），即最小的加工单元。结点被组织在层次中，每个结点通过兴奋和抑制两种连接方式与大量其他结点联结在一起。每个结点在某一时间都有一个激活值（activation value），它既受到直接输入的影响，又受到相邻各结点的兴奋或抑制的影响。由于同层次和不同层次的结点之间存在兴奋和抑制的各种关系，因而构成了异常复杂的网络（特征-字母-单词）。知觉加工发生在一系列相互作用的层次上。每个层次都与其他一些层次联系在一起。这种联系是通过一种激活扩散机制（spreading activation mechanism）来进行的。这种机制使一个层次的激活作用扩散到邻近的层次。模型不但肯定了自下而上的加工，而且重视自上而下的加工。因此，单元间的联系不仅存在来自低层次的兴奋与抑制，还存在来自高层次对低层次的兴奋与抑制。

相互作用激活模型既重视自下而上的感觉信息在知觉和模式识别中的作用，又重视自上而下的人的知识表征的作用，因此从理论上解决了模式识别中两种处理的相互作用问题。该模型主要针对字词识别，但其基本原理与假设同样适用于各种非词的刺激模式的识别。所以，该模型出现以后受到了学术界的高度重视，在字词识别和阅读理解的研究中被许多心理学家广泛采用，这一模型也更多地用于汉语字词的识别[12]。

4. 成分识别理论

Biederman 在 Marr 视觉计算理论的基础上提出了成分识别理论（recognition by component theory）[13]。该模型的观点是，通过将复杂对象的结构拆分为简单的部件形状来进行模式识别。这一理论的中心假设是，物体由一些基本形状（shapes）或成分（components），也就是几何离子（geon）组成。几何离子包括方块（block）、圆柱（cylinder）、球面（sphere）、圆弧（arc）、楔子（wedge）。Biederman

认为几何离子大约有 36 种，能够对物体进行充分描述，部分原因在于几何离子之间的各种空间关系可形成很多种组合，足以让我们识别所有物体。按照 Biederman 模型的假设，我们是通过感知或恢复基本的几何离子来识别物体的：如果出现足够的信息，我们就能够觉察出几何离子，那么就能识别物体，但如果物体向我们呈现信息的方式不能让我们觉察出个别的原始离子，我们就无法识别物体。

总的来说，Biederman 提出的这一理论是有一定实验支持的，在该理论的指导下，Fei-Fei Li 发展了用于物体识别的词袋模型(bag of features/bag of words)[14-16]，成为目前物体识别领域中比较有代表性的研究。然而，该理论的中心假设并没有得到直接证明。例如，并无信服的证据支持 Biederman 提出的 36 个成分或几何离子确实构成了物体识别的主体框架。

5. *以格式塔心理学为代表的从整体到局部的思想*

由于只根据图像数据本身不能对相应的物体空间结构提供充分的约束，也就是说这是一个约束不充分(underconstrained)的问题。因此，为了理解图像的内容必须要有附加的约束条件。格式塔(Gestalt)心理学家发现的感知组织现象是一种非常有力的关于像素整体性的附加约束[17]，从而为视觉推理提供了基础。格式塔是德文 Gestalt 的音译，英文中常译成 form(形式)或 shape(形状)。格式塔心理学家所研究的出发点是“形”，它是指从由知觉活动组成的经验中聚集成的整体。在视觉研究中，格式塔理论认为把点状数据聚集成整体特征的聚集过程是所有其他有意义的处理过程的基础。人的视觉系统具有在对景物中的物体一无所知的情况下从景物的图像中得到相对的聚集(grouping)和结构的能力。这种能力称为知觉组织。按格式塔理论来讲，那些在特定条件下的视觉刺激被组织得最好、最规则(对称、统一、和谐)，具有最大限度的简单明了的“形”。人的视觉系统具有很强的检测多种图案和随机的、但又有显著特色的图像元素排列的能力。例如，人可从随机分布的图像元素中立即检测出对称性、集群性、共线性、平行性、连通性和重复的纹理等特征。知觉组织把点状的传感数据变换成客观的表象。在这些表象中用于描述的辞藻不是在点状定义的图像中的灰度，而是如形状、形态、运动和空间分布这样的描述。总之，知觉组织对传感器数据进行整体分析，得到一组宏观表象。这样的宏观表象就是我们进行认知活动时的基本构件，用它们可构成我们对外部世界的描述。

格式塔理论反映了人类视觉本质的某些方面，在知觉组织尤其是图像分割方面部分研究人员开展了相关工作[18-19]，但该理论对知觉组织的基本原理只是一种公理性的描述，而不是一种机理性的描述。因此该理论自提出以来未能对视觉研究产生根本性的指导作用。

6. 拓扑知觉组织理论

中国科学院生理物理研究所陈霖院士提出的拓扑知觉组织理论[20-21]源于早期的全局匹配理论(early holistic registration theory)和格式塔心理学(Gestalt psychology)。在这些理论的基础上,拓扑知觉组织理论进一步发展了格式塔心理学。围绕该理论,陈霖院士及其团队进行了多方面的心理学和生理学研究,得出了以下结论:① 视觉组织是从全局到局部的;② 整体优先于局部;③ 拓扑不变的特征能够良好地表达全局属性。在拓扑知觉理论中,全局与局部之间存在两重关系:在时间上,全局先于局部被描述;在重要性上,全局强于局部。

在拓扑知觉组织理论中,最重要的概念就是"知觉物体"。它被定义为拓扑变化中的不变量。一个拓扑变化是指一对一连续的变化。直观上来看,我们可以将其想象成一种类似"橡皮泥"的东西,它可以实现任意形变,但要保证原本分离的点不会被连接在一起,而原本连接的点也不会被分离,比如一个实心圆光滑地变成一个实心椭圆。Klein[22]证明了拓扑变化是所有几何变化中最稳定的。令人惊讶的是,神经生理学实验也证明了在人类视觉系统中的所有几何变化刺激中,拓扑变化是最强烈的。

关于陈霖院士提出的拓扑知觉组织理论,其详尽的描述和讨论已在国际权威期刊 *Visual Cognition* 中作为一整期特别专刊进行了发表[20-21]。随着神经科学和认知科学的发展,基于生物认知的物体识别得到了越来越多的关注,利用来自生物学和神经心理学的研究成果来指导物体识别取得了令人鼓舞的进展。Poggio 教授等就采用生物认知的方法研制出了人脸识别系统,其效果优于现有最好的基于机器学习的人脸识别系统[23-24]。陈霖院士及其团队在认知科学中提出的"大范围优先"的理论以强有力的证据动摇了传统的关于视觉感觉的观点,并且被视觉心理学家广泛接受。这一理论开启了新的研究方向,值得计算机视觉领域的研究者借鉴。

总之,物体识别是计算机视觉领域中的一个既具有重要科学意义又拥有巨大应用前景的研究方向,也是其他视觉研究的基础,得到国内外学术界的广泛关注,尤其是受到认知科学发展的影响和推动。本章将对物体识别这一研究方向进行系统而深入的阐述。

4.1.2 困难与挑战

计算机视觉理论的奠基者,英国神经生理学家 Marr[25]认为,视觉要解决的问题可归结为"What is where",即"什么东西在什么地方"。在计算机视觉的研究中,判断图片中有没有物体是物体分类问题;判断图片中物体的具体位置是物体检测问题;判断图片中哪些像素是属于物体的是物体分割问题,总体而言,这是一个从粗到细的问题,物体分类、检测与分割是视觉识别中的基本研究问题。如图 4-1(a)所示,给定一张图片,物体分类要回答的问题是这张图片中是否包含某类物体(如飞机);物体检测要回答的问题是物体(飞机)出现在图中的什么地方,一般通过物体外接矩形框的方式给出,如图 4-1(b)所示;物体分割要回答的问题是图片中的哪些像素属于物体,如图 4-1(c)所示。物体分类、检测和分割的研究是整个计算机视觉研究的基石,也是解决跟踪、场景理解等其他复杂视觉问题的基础。鉴于物体分类、检测和分割在计算机视觉领域的重要地位,研究鲁棒、准确的物体分类、检测和分割算法,无疑有着重要的理论意义和实际意义。通常来讲,视觉识别任务涵盖物体分类和物体检测[26]。因此,本章主要对物体分类和物体检测任务进行介绍。

(a)

(b)

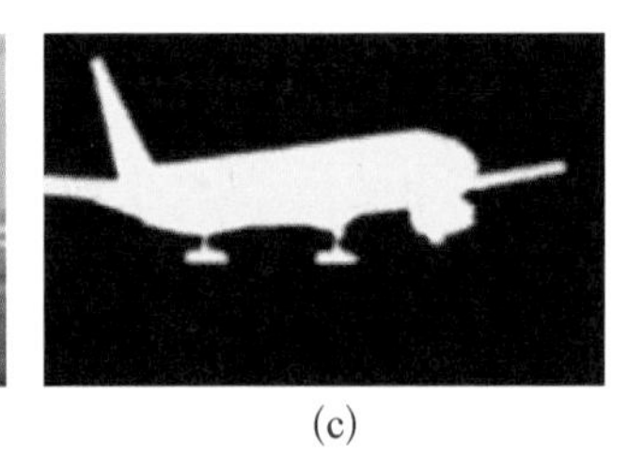
(c)

图 4-1 视觉识别中的物体分类、检测与分割

(a) 物体分类 (b) 物体检测 (c) 物体分割

目前,物体分类与检测在很多领域得到了广泛应用,包括安防领域的人脸识别、行人检测、智能视频分析、行人跟踪等,交通领域的交通场景物体识别、车辆计数、逆行检测、车牌检测与识别以及互联网领域的基于内容的图像检索、相册自动归类等。图像物体分类和检测的相关应用已经深入人们生活的方方面面,对我们的生活方式有着持续而深刻的影响。

尽管在过去几十年中该领域取得了突飞猛进的进展,但是物体分类与检测仍然是一个非常具有挑战性的问题。这里将这些挑战概括为 3 个层次:实例层次、类别层次和语义层次[27],如图 4-2 所示。

(1) 实例层次。针对单个物体实例而言,通常由于图像采集过程中光照条件、拍摄视角、距离的不同、物体自身的非刚体形变以及其他物体的部分遮挡,使得物体实例的表观特征产生很大的变化,给视觉识别算法带来了极大的困难。

(2) 类别层次。该层次存在的困难与挑战通常来自 3 个方面:① 类内差别大,即属于同一类的物体表观特征差别比较大,其原因有前面提到的各种实例层

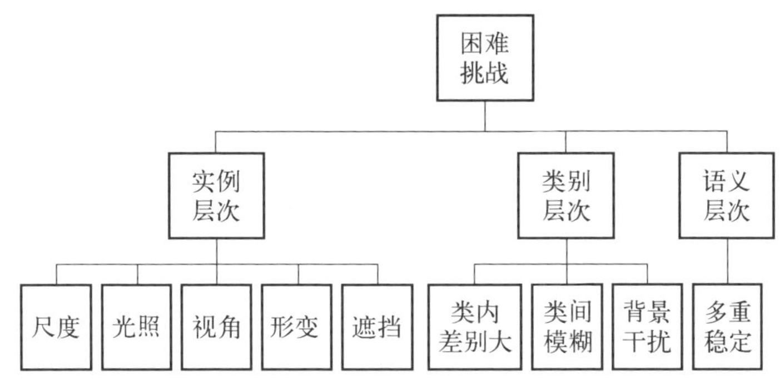

图 4－2　物体分类与检测研究中存在的困难与挑战

次的变化，但这里更强调的是类内不同实例的差别，如图 4－3(a)所示，同样都是椅子，外观却千差万别，而从语义上来讲，具有“坐”的功能的器具都可以称为椅子；② 类间模糊性，即不同类别的物体实例具有一定的相似性，如图 4－3(b)所示，左侧图是一只狼，而右侧图是一只哈士奇犬，但从外观上却很难将两者分清；③ 背景的干扰。在实际场景下，物体不可能出现在一个非常干净的背景下，情况往往相反，背景可能是非常复杂的，并且对我们感兴趣的物体存在干扰，这大大增加了识别问题的难度。

(3) 语义层次。该层次存在的困难和挑战与图像的视觉语义相关，这个层

图 4－3　类别层次存在的困难与挑战举例

次的困难往往非常难以处理,特别是对目前的计算机视觉理论水平而言。一个典型的问题称为多重稳定性,如图 4-3(c)所示,左侧图既可以看成是两个面对面的人,又可以看成是一支燃烧的蜡烛;右侧图则可以看成兔子或者鸭子的头。同样的图像,不同的解释,这不仅与人的观察视角、关注点等物理条件有关,还与人的性格、经历等有关,而这恰恰是视觉识别系统难以很好处理的部分。

4.1.3 相关数据库及竞赛

算法和数据是计算机视觉模型的两大支柱,随着大数据时代的到来以及深度模型的大规模应用,数据的重要性日益凸显,各种视觉图像数据库也不断涌现。以时间为序可以发现,随着研究水平的深入,数据库的规模也不断增大。在深度学习出现以前,图像物体分类与检测的规模仅以数千计。以最有代表性的 PASCAL VOC 2007 数据库为例,该训练和测试集的最大规模为 9 963 张,而图像类别也仅有 20 类。到了深度学习时代,一系列大规模图像识别数据库纷纷出现。以 ImageNet 为例,图片集规模突破千万,涉及的图像类别超过了 2 万类。此外,随着研究的逐步深入,数据库进一步朝着精细化和多元化的方向发展,如同时带有分类、检测、分割以及语义标注的 Microsoft COCO 数据库即为其中的代表。此外,随着计算机视觉技术在工业领域的应用发展,还出现了一些面向特定领域应用的数据库,如自动驾驶领域的 KITTI 数据库,不仅方便研究人员针对真实特定应用场景进行深入的算法研究,还极大地推动了该领域的发展。随着成像传感器的不断发展,研究人员也发布了如基于 RGB-D 多模态的图像分类与检测数据库,这一部分内容在本节中不再赘述。总体来看,面向图像物体分类与检测的数据库一方面沿着大规模、多类别维度的方向呈现良好的发展态势,极大地推动了研究及工业领域的进展,另一方面也开始根据应用或研究的一些特定垂直方向进一步细化探索。

1. 早期数据库

(1) MNIST 数据库[27]。早期的物体识别研究集中于一些较为简单的特定任务,其中最为经典的为 MNIST 手写数字识别数据库。MNIST 数据库于 20 世纪 90 年代提出,数据包含 60 000 张图像,10 类阿拉伯数字,每类数字提供 5 000 张图像进行训练,1 000 张进行测试。MNIST 的图像大小为 28×28 像素,即 784 维。

(2) CIFAR-10[28] 与 CIFAR-100[29] 数据库。CIFAR-10 与 CIFAR-100 数据库分别包含了 10 类和 100 类物体类别。这两个数据库的图像大小都是 32×32 像素,而且是彩色图像。CIFAR-10 包含 6 万张图像,其中 5 万张用于模型训练，1 万张用于测试，每一类物体有 5 000 张图像用于训练，1 000 张图像用于测试。CIFAR－100 与 CIFAR－10 组成类似，不同之处在于 CIFAR－100 包含更多的类别，共有 20 个大类，每一大类又分为 100 个小类别，每一小类包含 600 张图像。CIFAR－10 和 CIFAR－100 数据库的尺寸较小，但是数据规模相对较大，非常适合复杂模型，特别是深度学习模型训练，因而已成为深度学习领域主流的物体识别评测数据库。

（3）Caltech－101[30] 与 Caltech－256[31] 数据库。Caltech－101 是第一个规模较大的一般物体识别标准数据库，除了背景类别外，它共包含 101 类物体，共 9 146 张图像，每一类中的图像数目从 40 张到 800 张不等，图像尺寸也达到 300 像素。Caltech－101 是以物体为中心构建的数据库，每张图像基本只包含一个物体实例，且居于图像中间位置，物体尺寸相对图像尺寸比例较大，且变化相对实际场景来说不大，比较容易识别。Caltech－101 的每一类的图像数目差别较大，有些类别只有很少的训练图像，这也约束了可以使用的训练集大小。Caltech－256 与 Caltech－101 类似，区别是物体类别从 101 类增加到了 256 类，每类包含至少 80 张图像。图像类别的增加，也使得 Caltech－256 上的识别任务更加困难，使其成为检验算法性能与扩展性的新基准。

2. 现代大规模竞赛研究数据库

（1）PASCAL VOC 数据库[32]。PASCAL VOC 于 2005—2012 年每年发布关于分类、检测、分割等任务的数据库，并在相应数据库上举行了算法竞赛，极大地推动了视觉研究的发展进步。2005 年，PASCAL VOC 数据库只包含人、自行车、摩托车、汽车 4 类；到了 2006 年，类别数目增加至 10 类；从 2007 年开始类别数目固定为 20 类，以后每年只增加部分样本。PASCAL VOC 数据库中物体类别均为日常生活常见的物体，如交通工具、室内家具、人、动物等。PASCAL VOC 2007 数据库共包含 9 963 张图片，图片来源包括 Filker 等互联网站点以及其他数据库，每类大概包含 96～2 008 张图像，均为一般尺寸的自然图像。与 Caltech－101 数据库相比，PASCAL VOC 2007 数据库虽然类别数更少，但由于图像中的物体变化极大，每张图像可能包含多个不同类别的物体实例，且物体尺度变化很大，因而分类与检测难度都非常大。该数据库的提出，对物体分类与检测的算法提出了极大的挑战，也催生了一大批优秀的理论与算法，将物体识别研究推向了一个新的高度。

（2）SUN 数据库[33]。SUN 数据库的构建是希望为研究人员提供一个覆盖较大场景、位置、人物变化的数据库。该数据库中的场景名是从 WordNet 中的所有场景名称中得来的。SUN 数据库包含两个评测集：一个是场景识别数据集，称为

SUN-397,共包含397类场景,每类至少包含100张图像,共有108 754张图像;另一个评测集为物体检测数据集,称为SUN2012,包含16 873张图像。

(3) ImageNet数据库[34]。ImageNet数据库是由Fei-Fei Li主持构建的大规模图像数据库,图像类别按照WordNet构建。截至2013年,该数据库共包含1 400万张图像,2.2万个类别,平均每类包含1 000张图像。这是目前视觉识别领域最大的有标注自然图像分辨率的数据库,尽管图像本身基本是以目标为中心构建的,但是海量的数据和海量的图像类别使得该数据库上的分类任务依然极具挑战性。依托上述数据,ImageNet构建了一个包含1 000类物体、120万图像的子集,并以此作为ImageNet大规模视觉识别竞赛(The ImageNet Large Scale Visual Recognition Challenge, ILSVRC)的数据平台,发布了包括分类、定位和检测在内的一系列挑战任务。相比于PASCAL VOC 2007数据库,ILSVRC检测数据库中的物体类别和每个类别所包含的图像数量得到了大幅度扩充。该数据库包括了200个物体类别。在ILSVRC-14挑战赛中,共包含了约5.1万张图像和5.3万个标注框。

(4) MS COCO数据库[35]。为了进一步推动图像理解任务的发展,微软公司发布了一个可以同时进行图像分类、识别、分割的MS COCO数据库。MS COCO数据库更关注于日常场景中的常见物体,更贴近真实的生活环境。该数据库共有91类、328 000张图像。相比于PASCAL VOC 2007数据库和ILSVRC检测数据库,MS COCO数据库除了能提供检测框的标注信息之外,还提供了每一个实例的分割标注信息来进一步辅助物体的定位。除此之外,MS COCO数据库中物体尺寸的变化幅度更大,并包括了相当一部分比例的小尺寸物体,该数据库场景中物体间的关系也更复杂,并存在遮挡等问题。

(5) OICOD数据库[36]。OICOD数据库以Open Images V4[37]为基础,是目前最大规模的图像物体检测数据库。相比于ILSVRC数据库和MS COCO数据库,OICOD数据库不仅包括了更多的物体类别、图像数量、检测框和实例分割掩模的标注,在数据的标注方式上也略有不同。在ILSVRC数据库和MS COCO数据库中,构建者对所有类别的物体实例采用穷举的方式进行标注。而在Open Images V4中,构建者使用预先训练的分类器对每张图像进行打分,得分高于某个阈值的物体类别才会得到进一步的人工标注。除了物体检测这一基本任务之外,该数据库还可以用于物体间的关系检测(visual relationship detection)研究。

以上主要介绍了几个代表性的现代大规模竞赛研究数据库,其中部分图像样例如图4-4所示。

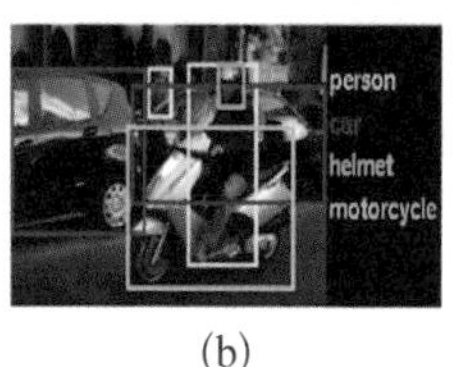

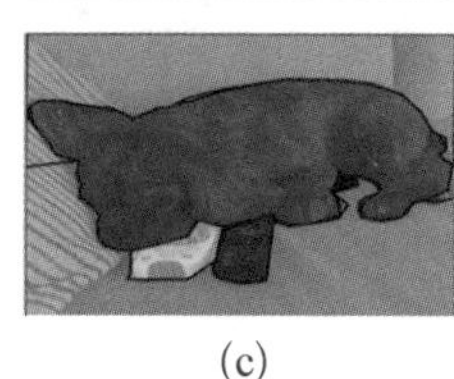

(a) (b) (c) (d)

图 4-4 部分现代大规模竞赛研究数据库

(a) PASCAL VOC 2007 (b) ILSVRC (c) MS-COCO (d) OICOD

4.2 物体分类

本节将对物体识别中的分类任务进行介绍，并对其发展历程、里程碑式的工作、代表性的研究方向以及发展趋势进行系统回顾、梳理与展望。

4.2.1 物体分类的发展历程

物体分类的目的是判断图像或视频中是否包含某种物体，对图像或视频进行特征描述是物体分类的主要研究内容。在这类工作中，最具有代表性的就是词包模型(bag-of-words)。在较长的一段时间内，词包模型以及基于词包模型的改进方法成为物体分类的主流。2012 年，Krizhevsky 等[38]在 ImageNet 物体分类竞赛中成功使用了卷积神经网络(convolutional neural network，CNN)取得了挑战赛的冠军。从此以后，深度学习模型引起了计算机视觉领域研究人员极大的关注和研究热情，并逐渐成为物体识别的主流方法。以此时间节点为界，物体识别模型的研究可以大致可以分成两个阶段：传统物体分类方法阶段和深度学习方法阶段。概括来讲，传统物体分类方法主要通过手工特征设计或者特征学习的方法对整个图像或视频进行全局描述，然后使用分类器判断是否存在某类物体。与传统方法不同，深度学习方法主要依靠卷积神经网络等深度模型，以端到端的方式同时完成特征提取和分类器的学习。下面按照时间顺序分别对传统物体分类方法阶段和深度学习方法阶段的发展历程和代表性工作进行介绍。

1. *传统物体分类方法*

词包模型最初产生于自然语言处理领域，通过建模文档中单词出现的频率来对文档进行描述与表达。在信息检索中[39]，词包模型将一个文档看成若干个词汇的集合，不考虑单词顺序和语法、句法等要素。2004 年，Csurka[40]首次将词包的概念引入计算机视觉领域，并提出了一个针对图像场景分类的视觉词包模型算法。由此开始研究者对词包模型展开了大量的研究，而词包模型也成为前深度学习时代最重要的图像识别方法。对于物体分类来说，为了表示一张图像，可以将图像看成一个“文档”，即若干个“视觉词汇”的集合。图像中的局部特征可以看作“单词”，比如图 4-5 中人脸的眼睛、鼻子等。在一系列工作的推动下，图像分类领域逐渐形成了由底层特征提取、特征编码、特征汇聚、分类器 4 个部分组成的标准物体分类框架。以词包模型为基础的物体分类框架如图 4-6 所示。

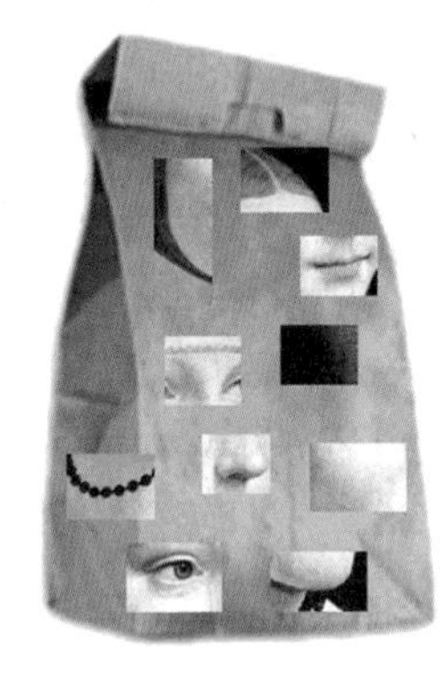

图 4-5　图像分类中的词包模型

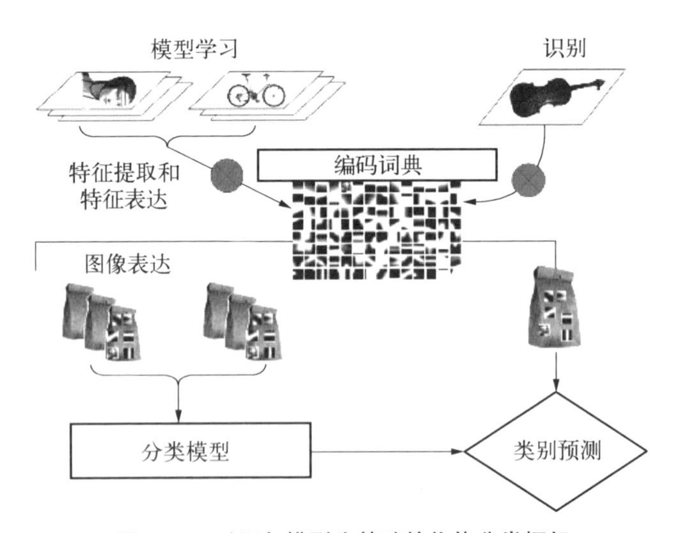

图 4-6　以词包模型为基础的物体分类框架

（1）底层特征提取。底层特征提取是物体识别的第一步。底层特征的提取方式有两种：一种是兴趣点检测方式；另一种是密集提取方式。兴趣点检测算法通过某种准则选择具有明确定义的、局部纹理特征比较明显的像素点、边缘、角点、区块等，并且通常获得一定的几何不变性而在较小的开销下得到更有意义的表达，最常用的兴趣点检测算子有 Harris 算子、FAST（features from accelerated segment test）算子、LoG（Laplacian of Gaussian）算子、DoG（difference of Gaussian）算子等。相比于兴趣点检测方法，物体分类领域使用更多的是密集提取方式，从图像中按固定的步长和尺度提取出大量的局部特征描述。大量的局部描述尽管具有更高的冗余度，但信息更加丰富，以此为基础使用词包模型进行有效表达后，通常可以得到比兴趣点检测方式更好的性能。常用的局部特征包括尺度不变特征转换（scale-invariant feature transform，SIFT）[41]、方向梯度直方图（histogram of oriented gradient，HOG）[42]、局部二值模式（local binary pattern，LBP）[43]等。在 2005—2012 年的 PASCAL VOC 竞赛中，历年最好的物体分类算法都采用了多种特征，采样方式采用密集提取与兴趣点检测相结合的方式，底层特征描述也采用了多种特征描述子。这样做的好处是，在底层特征提取阶段，通过提取到大量的冗余特征，最大限度地对图像进行底层描述，防止丢失过多的有用信息。事实上，近年来得到广泛关注的深度学习理论中的一个重要观点就是：如果将手工设计的底层特征描述子作为视觉信息处理的第一步，往往会过早地丢失有用的信息，因此直接从图像像素学习与任务相关的特征描述是比手工特征更为有效的手段。

（2）特征编码。密集提取的底层特征中包含了大量的冗余与噪声，为提高特征表达的鲁棒性，需要使用一种特征变换算法对底层特征进行编码，从而获得更具区分性、更加鲁棒的特征表达，这一步对物体识别的性能具有至关重要的作用，因而大量的研究工作都集中在寻找更加强大的特征编码方法，代表性的特征编码算法包括向量量化编码[44]、核词典编码[45]、稀疏编码[46]、局部线性约束编码[47]、显著性编码[48]和 Fisher 向量编码[49]等。随后将对这些代表性的编码算法进行详细介绍。

（3）特征汇聚。特征汇聚是特征编码后进行的特征集整合操作。通过对编码后特征的每一维度都取最大值或者平均值的操作，就可以得到一个紧致的特征向量作为图像的特征表达。这一步得到的图像表达具备一定的特征不变性，同时也避免了使用特征集进行图像表达的高额代价。最大值汇聚在绝大部分情况下的性能要优于平均值汇聚，在物体分类中使用最为广泛。值得一提的是，空间金字塔匹配（spatial pyramid matching，SPM）[16]是特征汇聚阶段的一个标准步骤。空间金字塔匹配是将图像均匀分块，然后每个区块里面单独做特征汇聚操作并将所有特征向量拼接起来作为图像最终的特征表达。通过这种方式，可以有效地描述图像的空间结构信息。

（4）分类器。当得到图像的特征表达之后，就可以使用一个固定维度的向量对图像进行描述，随后就可以学习相应的分类器对图像进行分类。可以选择的分类器有多种，常用的分类器有支持向量机[50]、K 近邻分类器[51]、Boosting 方法[52]和随机森林[53]等。基于最大化边界的支持向量机是使用最广泛的分类器之一，在图像分类任务上性能很好，特别是使用了核方法的支持向量机。随着物体分类研究的发展，使用的视觉单词大小不断增大，得到的图像表达维度也不断增加，达到了几十万的量级。这样高的数据维度，相比于几万量级的数据样本，都与传统的模式分类问题有着很大的不同。随着处理的数据规模不断增大，基于在线学习的线性分类器成为首选，得到了广泛的关注与应用。

下面简要介绍几种代表性的编码模型和算法。

1）空间金字塔匹配模型

如前所述，词包模型广泛应用于图像表达中。然而，词包模型完全忽略了特征点的位置，因此可能缺乏对图像的结构信息进行有效描述的能力。为了对图像中的空间结构约束进行描述，有研究[16]提出了经典的空间金字塔匹配（spatial pyramid matching，SPM）模型。空间金字塔匹配模型（见图 4－7）首先将图像分成若干块（sub-regions），分别在每个子块里面单独进行特征汇聚操作，并将所有特征向量拼接起来作为图像最终的特征表达。此外，SPM 方法采用了一种多尺度的分块方法，呈现出一种多层金字塔的结构。空间金字塔操作简单而且可以在原有方法上取得明显的性能提升，因而在后续的基于词包模型的图像分类框架中成为标准步骤。在实际使用中，在 Caltech－101/256 等数据库上通常使用 1×1、2×2、4×4 的空间分块，因而特征维度是全局汇聚得到的特征向量的 21 倍，在 PASCAL VOC 数据库上，则采用 1×1、2×2、3×1 的分块，因而得到最终特征表达的维度是全局汇聚的 8 倍。

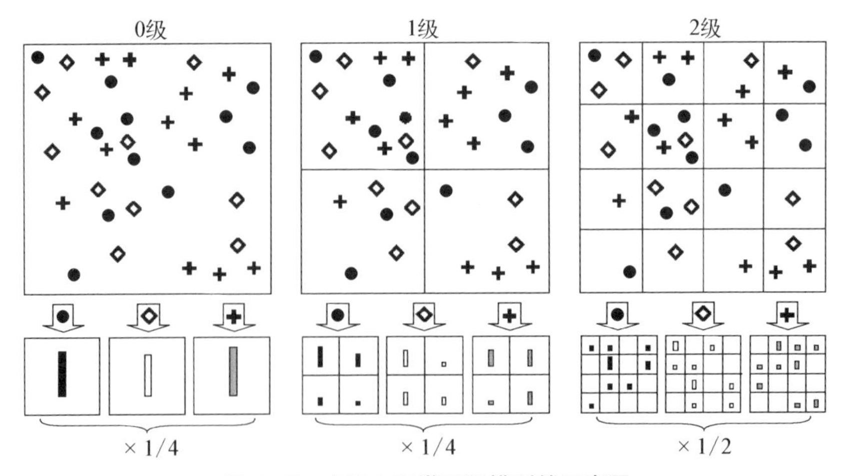

图 4－7　空间金字塔匹配模型的示意图

2）向量量化编码模型

在特征编码中，最简单的方式是向量量化编码（vector quantization, VQ）[44]。向量量化编码通过一种量化的思想，使用一个较小的特征集合（视觉词典）来对底层特征进行描述，达到特征压缩的目的。向量量化编码只在最近的视觉单词上响应为1，因而又称为硬量化编码或硬投票编码。向量量化编码思想简单、直观，也比较容易高效实现，因而从2005年的第1届“PASCAL VOC竞赛”以来，就得到了广泛的使用。假设给出1张图像，令 X 代表从图像中提取的维度为 D 的局部描述子的集合，其中 $X=[x_1, x_2, \cdots, x_N] \in \mathbf{R}^{D\times N}$。令 $\boldsymbol{B}=[b_1, b_2, \cdots, b_M] \in \mathbf{R}^{D\times M}$ 代表由 M 个向量组成的码本。不同的编码策略通过不同的方式将每一个描述子转化为 M 维的编码来生成最终的图像表达。而量化编码通过最小二乘拟合的方式来解决编码的问题

$$\begin{aligned}&\underset{C}{\operatorname{argmin}}\sum_{i=1}^{N}\|x_i-\boldsymbol{B}c_i\|^2\\ &\text{s. t.}\quad \|c_i\|_{l^0}=1,\ \|c_i\|_{l^1}=1,\ c_i\geqslant 0,\ \forall i\end{aligned}\tag{4-1}$$

式中，$C=[c_1, c_2, \cdots, c_N]$ 是 X 的编码集合；基数约束 $\|c_i\|_{l^0}=1$ 表示在每一个编码 c_i 中只能有一个非零元素对应 x_i 的量化编码；非负约束 $\|c_i\|_{l^1}=1$，$c_i\geqslant 0$ 意味着 x_i 的编码权重之和为1。因此，量化编码过程可以理解为寻找唯一最近邻的过程。

向量量化编码只能对局部特征进行很粗糙的重构。在实际图像中，图像局部特征常常存在一定的模糊性，即一个局部特征可能和多个视觉单词差别很小，这个时候若使用向量量化编码将只利用距离最近的视觉单词，而忽略了其他相似性很高的视觉单词。为了克服这种模糊性问题，Gemert 等[45]提出了软量化编码（又称为核视觉词典编码）算法，局部特征不再使用一个视觉单词描述，而是由距离最近的 K 个视觉单词加权后进行描述，有效地解决了视觉单词的模糊性问题，提高了物体识别的精度。

3）稀疏编码空间金字塔

稀疏表达理论近年来在视觉研究领域得到了大量的关注，研究人员最初在生理实验中发现细胞在绝大部分时间内处于不活动状态，即细胞的激活信号在时间轴上是稀疏的。稀疏编码通过最小二乘重构加入稀疏约束来实现在一个过完备基上响应的稀疏性。l_0 约束是最直接的稀疏约束，但通常很难进行优化，近年来更多使用的是 l_1 约束，可以更加有效地进行迭代优化，得到稀疏表达。2009年，Yang 等[54]将稀疏编码应用到物体分类领域中，替代了之前的向量量化

编码和软量化编码，得到一个高维的高度稀疏的特征表达，大大提高了特征表达的线性可分性，仅仅使用线性分类器就得到了当时最好的物体分类结果，将物体分类的研究推向了一个新的高度。这一方法也称为稀疏编码空间金字塔(sparse coding SPM, ScSPM)。为了改进向量量化编码的量化损失，式(4-1)中的约束项 $\| c_i \|_{l^0}=1$ 被更为松弛的稀疏性约束所代替，该约束项以 L_1 范数的形式作用到 c_i 上，并对每个描述子 x_i 进行编码

$$\underset{C}{\operatorname{argmin}} \sum_{i=1}^{N} \| x_i - \boldsymbol{B} c_i \|^2 + \lambda \| c_i \|_{l^1} \tag{4-2}$$

在 ScSPM 编码过程中，稀疏约束项起到了若干重要的作用：① 码本 $\boldsymbol{B}$ 通常是过完备的，这意味着 $M > D$，因此 L_1 可以确保欠定系统(under-determined system)有唯一解；② 稀疏性先验可以使得学到的表达捕捉局部描述子的显著性；③ 相对于量化编码，稀疏性编码可以实现更少的量化损失。相应地，在仅使用线性分类器时，ScSPM 编码在 Caltech-101 数据库上的性能明显优于采用非线性分类器的 SPM 方法。稀疏编码在物体分类上的成功也不难理解，对于一个很大的特征集合(视觉词典)，一个物体通常只与其中较少的特征有关，例如，自行车通常与表达车轮、车把手等部分的视觉单词密切相关，而与飞机机翼、电视机屏幕等关系很小；行人则通常与头、四肢等对应的视觉单词上有强响应。

4) 局部线性约束编码

尽管稀疏编码取得了一定的成功，但是其仍然存在着一定的问题，即相似的局部特征可能经过稀疏编码后在不同的视觉单词上产生响应，这种变换的不连续性会导致编码后特征的不匹配，影响特征的区分性能。局部线性约束编码(locality-constrained linear coding, LLC)[47]的提出就是为了解决这一问题，它通过加入局部线性约束，在一个局部流形结构上对底层特征进行编码重构，这样既可以保证得到的特征编码，又不会有稀疏编码存在的不连续问题，保持了稀疏编码的特征稀疏性。在局部线性约束编码中，局部性是局部线性约束编码中的一个核心思想，通过引入局部性，在一定程度上改善了特征编码过程的连续性问题，即距离相近的局部特征在经过编码之后应该依然能够落在一个局部流形结构上。LLC 编码可以写为

$$\begin{gathered}\underset{C}{\operatorname{argmin}} \sum_{i=1}^{N} \| x_i - \boldsymbol{B} c_i \|^2 + \lambda \| d_i \odot c_i \|^2 \\ \text{s.t.} \quad \mathbf{1}^{\mathrm{T}} c_i = 1, \ \forall i \end{gathered} \tag{4-3}$$

式中，⊙指的是点积操作；而 $d_i \in \mathbf{R}^M$ 描述的是描述子 x_i 与词典 $\boldsymbol{B}$ 中每一个基的相似度，并根据相似度赋予不同的基向量不同的自由度

$$d_i = \exp\left(\frac{\text{dist}(x_i, \boldsymbol{B})}{\sigma}\right) \tag{4-4}$$

式中，$\text{dist}(x_i, \boldsymbol{B}) = [\text{dist}(x_i, b_1), \text{dist}(x_i, b_2), \cdots, \text{dist}(x_i, b_M)]$ 且 $\text{dist}(x_i, b_j)$ 指的是 x_i 与 b_j 的欧氏距离。LLC 方法与 VQ 方法、ScSPM 方法的区别及关系如图 4-8 所示。该方法的优势在于，相似的描述子之间可以有相似的编码，因此可以保留编码的相关性。而 sparse coding 的方法为了最小化重建误差，可能引入了不相邻的约束项，而无法保证平滑性。当然，这两种方法都要明显优于量化编码方式。

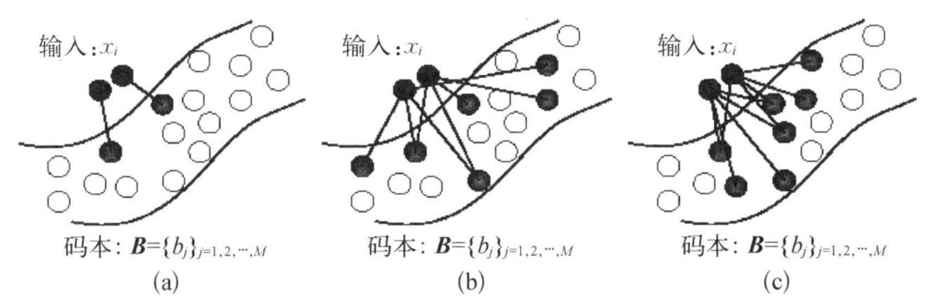

图 4-8 LLC 方法与 VQ 方法、ScSPM 方法的区别及关系

(a) VQ 方法 (b) ScSPM 方法 (c) LLC 方法

5）显著性编码

不同于稀疏编码和局部线性约束编码，显著性编码[48]引入了视觉显著性的概念。如果一个局部特征到最近和次近的视觉单词的距离差别都很小，则认为这个局部特征是“不显著的”，从而编码后的响应也很小。在显著性编码过程中，显著程度(saliency degree)的定义为

$$\Psi(x, \tilde{b}_i) = \Phi\left(\frac{\| x - \tilde{b}_i \|_2}{\frac{1}{K-1}\sum_{j \neq i}^{K} \| x - \tilde{b}_j \|_2}\right) \tag{4-5}$$

式中，$\Psi(x, \tilde{b}_i)$ 指的是使用 $\tilde{b}$ 来描述 x 时的显著性；Φ 是一个单调递减函数；$[\tilde{b}_1, \tilde{b}_2, \cdots, \tilde{b}_k]$ 是 x 的 K 个最近邻的集合。在给出显著性程度的定义下，显著性编码可以通过以下方式来计算

$$c_i = \begin{cases} \Psi(x, \tilde{b}_i), & 若\ i = \underset{j}{\text{argmin}}(\| x - \tilde{b}_j \|_2) \\ 0, & 其他 \end{cases} \tag{4-6}$$

相比于其他方法，显著性编码不依赖于重建，因此不存在 LLC 编码过程中出现的欠定问题，而且由于是解析的结果，其编码速度也比稀疏编码快很多。通过这样很简单的编码操作，显著性编码在 Caltech－101、Caltech 256、PASCAL VOC 2007 等数据库上取得了非常好的结果，有研究[48]指出显著性表达配合最大值汇聚在特征编码中有重要的作用，并认为这正是稀疏编码、局部约束线性编码等之所以在图像分类任务上取得成功的原因。

6）超向量编码和 Fisher 向量编码

超向量编码和 Fisher 向量编码是后续提出的性能最好的特征编码方法，其基本思想有相似之处，都可以认为是编码局部特征和视觉单词的差。Fisher 向量编码同时融合了产生式模型和判别式模型的能力，与传统的基于重构的特征编码方法不同，它记录了局部特征与视觉单词之间的一阶差分和二阶差分。超向量编码则直接使用局部特征与最近的视觉单词的差来替换之前简单的硬投票。这种特征编码方式得到的特征向量表达通常是传统基于重构编码方法的 M 倍（M 是局部特征的维度）。尽管特征维度要高出很多，超向量编码和 Fisher 向量编码在 PASCAL VOC 2007、ImageNet 等极具挑战性、大尺度数据库上获得了当时最好的性能，并在图像标注、图像分类、图像检索等领域得到应用。2011 年，ImageNet 分类竞赛冠军采用了超向量编码，2012 年 PASCAL VOC 竞赛冠军则采用了向量量化编码和 Fisher 向量编码。

如前所述，针对物体分类任务，大量的方法对词包模型的特征编码和特征池化操作方式进行了研究。针对多样的特征编码和特征池化方式，在不同的场景中应该如何应用成为一个现实的问题。为了解决这一问题，有研究[55]分析了 5 种编码策略与 2 种池化操作策略之间的关系，充分考虑了不同编码和池化策略组合的方式对物体识别结果的影响。在考虑大范围字典尺寸变化（16～100 万个）的前提下，有研究[55]在 15 Scenes、Caltech－101、PASCAL VOC 2007、Caltech 256 和 ImageNet 这 5 个数据库上验证了不同方法组合的性能。通过大量实验和分析可以得出一系列结论：① 稀疏编码取得的最好性能优于硬投票和软投票；② 最大汇聚操作的最好性能优于平均汇聚操作；③ 在使用最大汇聚操作的情况下，更大的视觉词典可以带来更高的分类性能。此外，考虑到精度、效率、存储等问题，研究同时给出了不同应用场合下的应用准则，来帮助研究人员和工业界技术人员更好地将词包模型应用到不同的场景中。

2. *深度学习方法*

1）深度学习的起源与发展

1943 年，由神经科学家 W. S. McCilloch 和数学家 W. Pitts 联名发表论文

《神经活动内在思想的逻辑演算》(*A Logical Calculus of the Ideas Immanent in Nervous Activity*),建立了神经网络的数学模型,称为 MCP 模型,人工神经网络的研究由此开启;1958 年,计算机科学家 Rosenblatt 提出了两层神经元组成的神经网络,称为"感知器"(perceptrons),并首次应用于分类问题;1962 年该方法被证明收敛,从而引起神经网络研究的第一次高潮。但是在 1969 年,人工智能先驱 Marvin Minsky 证明了感知器在本质上是一种线性模型,对最简单的 XOR 问题都无法正确分类,从此神经网络的研究陷入了将近 20 年的僵局。

1959 年,David Hubel 和 Torsten Wiesel 对猫和猴的大脑进行了研究,揭示了动物视觉皮层的功能。研究发现,许多神经元具有小的局部接受性,即仅对整个视野的一小块有限区域有反应。某些神经元会对某些特定模式做出反应,例如水平线、垂直线和其他圆形。其他神经元具有更大的感受野并且被更复杂的模式刺激,这些模式是由较低水平神经元收集的信息组合。凭借着上述发现,David Hubel 和 Torsten Wiesel 获得了"1981 年诺贝尔医学奖"。这个发现激发了人们对神经系统的思考。简略来说,人的视觉系统的信息处理是分级的。从低级的 V1 区提取边缘特征,再到 V2 区的形状或者目标的部分,再到更高层,如整个目标、目标的行为等,也就是说高层的特征是低层特征的组合,从低层到高层的特征表示越来越抽象,越来越能表现语义或者意图。而抽象层面越高,存在的可能猜测就越少,也就越有利于分类。这一发现促进了人工智能的突破性进展。

1988 年,Hinton 等[56]发明了用于人工神经网络的反向传播算法(back propagation, BP 算法),掀起了基于统计模型的机器学习热潮。利用 BP 算法,人工神经网络可以从大量训练样本中学习统计规律,从而对未知事件进行预测。这种基于统计的机器学习方法比起过去基于人工规则的系统,在很多方面显示出优越性。这个阶段的人工神经网络也称为多层感知机(multi-layer perceptron)。神经网络在当时受到很多关注,但是很快人们发现 BP 算法存在梯度消失等问题。因此,它随后慢慢淡出了研究者的视线。与此相对应的是 20 世纪 90 年代浅层机器学习的兴起。这些模型包括支撑向量机(support vector machines, SVM)模型和 Boosting 模型等。这些模型的结构基本上可以看作带有一层隐层节点或没有隐层节点的分类模型。这些模型在当时获得了巨大的成功。从现在的角度回顾来看,这些模型仍然存在着一定问题:① 浅层模型的抽象能力有限;② 浅层模型并不能充分利用无标注的数据。

2006 年,Hinton 和他的学生在 *Science*[57]上发表了一篇文章,开启了深度学习在学术界和工业界的浪潮。这篇文章有两个主要观点:① 多隐层的人工神经网络具有优异的特征学习能力,学习得到的特征对数据有更本质的刻画,从而有利于可视化或分类；② 深度神经网络在训练上的难度，可以通过“逐层初始化”(layer-wise pre-training)[58]来有效克服。在这篇文章中，逐层初始化是通过无监督学习实现的。Hinton 也指出，当前多数分类、回归等学习方法为浅层结构算法，其局限性在于有限样本和计算单元情况下对复杂函数的表示能力有限，针对复杂分类问题，其泛化能力受到一定制约。深度学习可通过学习一种深层非线性网络结构，实现复杂函数逼近，表征输入数据分布式表示，并展现了强大的从少数样本集中学习数据集本质特征的能力。

2006 年末，研究人员开始使用图形处理单元(GPU)来加速深度神经网络模型的训练[59-61]。NVIDIA 在 2007 年推出了 CUDA 编程平台，该平台可以在更大程度上利用 GPU 的并行处理功能[62-63]。从本质上讲，使用 GPU 进行神经网络训练和其他硬件的改进是深度神经网络研究得以复兴的主要因素[64]。2010 年，Fei-Fei Li 等建立了大规模 ImageNet 图像数据库[34]，其中包含数百万个带有标签的图像。依托该数据库，ImageNet 大规模视觉识别挑战赛(ILSVRC)得以举办，对各种模型的性能进行了评估和评分。这些因素对于提升深度神经网络的性能和推动深度学习的普及起到了重要的作用。

2012 年，Hinton 教授和他的学生提出了 AlexNet 并参加 ImageNet 图像识别竞赛，一举夺冠，成绩远超第二名，从此彻底引爆了各个领域对深度学习的关注。而 AlexNet 也为过去 5 年中各类深度学习模型的发展奠定了坚实的基础，提供了丰富的经验，如 ReLU 激活函数的引入，有效抑制了梯度消失问题；AlexNet 完全采用有监督训练，启发了近几年最主流的深度学习方法；提出 Dropout 层，减少了过拟合问题；首次使用 GPU 加速模型训练等。每一个贡献都深刻地影响了深度学习的发展。在 AlexNet 模型的启发下，深度学习基本按照“如何设计更深更宽的模型来进一步提升模型的表征能力”的思路发展着。随后，学界提出了 VGG、GoogLeNet 等模型。为了解决模型更深、参数更多等问题，研究人员又不断提出一些新的技术，特别是 ResNet 的提出将深度学习模型的研究推上了新的高度，并创新地提出了基于残差建模的思路解决极度深度的网络训练问题。以 ImageNet 竞赛为例，Top5 的错误率很快从 AlexNet 模型的 16.4%下降到 ResNet 模型的 3.57%，进展非常迅猛。

2) 深度学习网络

相比于词包模型，深度学习模型是另一类物体识别算法，其基本思想是通过有监督或者无监督的方式学习层次化的特征表达，以此来对物体进行从底层到高层的描述。到目前为止，主流的深度学习模型包括自动编码器(autoencoder)[65]、受限玻耳兹曼机(restricted Boltzmann machine, RBM)[66]、深度信念网(dccp belief nets，DBN)[67]、卷积神经网络(convolutional neural networks)[27]等。

自动编码器[65]是于20世纪80年代提出的一种特殊的神经网络结构，在数据降维、特征提取等方面得到了广泛应用。自动编码器由编码器和解码器组成，编码器将数据输入变换到隐藏层表达，解码器则负责从隐藏层恢复到原始输入。隐藏层单元数目通常少于数据输入维度，起到类似“瓶颈”的作用，保持数据中最重要的信息，从而实现数据降维与特征编码。自动编码器是基于特征重构的无监督特征学习单元，加入不同的约束，可以得到不同的变化，包括去噪自动编码器(denoising autoencoder)[68]、稀疏自动编码器(sparse autoencoder)[69]等，这些方法在数字手写识别、图像分类等任务上取得了非常好的结果。

受限玻耳兹曼机[66]是一种无向二分图模型，是一种典型的基于能量的模型(energy-based models，EBM)。之所以称为“受限”，是指在可视层和隐藏层之间有连接，而在可视层内部和隐藏层内部不存在连接。RBM的这种特殊结构使得它具有很好的条件独立性，即给定隐藏层单元，可视层单元之间是独立的，反之亦然。这个特性使得它可以实现同时对一层内的单元进行并行Gibbs采样。RBM通常采用对比散度(contrastive divergence，CD)算法进行模型学习。它作为一种无监督的单层特征学习单元，类似于前面提到的特征编码算法，事实上增加了稀疏约束的RBM可以学到类似稀疏编码那样的Gabor滤波器模式。

深度信念网(deep belief nets，DBN)[67]是一种层次化的无向图模型。DBN的基本单元是RBM，首先以原始输入为可视层，训练一个单层的RBM，然后固定第一层RBM权重，以RBM隐藏层单元的响应作为新的可视层来训练下一层的RBM，以此类推。通过这种贪婪式的无监督训练，可以使整个DBN模型得到一个比较好的初始值，然后可以加入标签信息，通过产生式或者判别式方式，对整个网络进行有监督的精调，进一步改善网络性能。DBN的多层结构使得它能够学习得到层次化的特征表达，实现自动特征抽象，而无监督预训练过程则极大地改善了深度神经网络在数据量不够时严重的局部极值问题。Hinton等通过这种方式成功地将其应用于手写数字识别、语音识别、基于内容检索等领域。

卷积神经网络(CNN)最早出现于20世纪80年代，最初应用于数字手写识别[27]，取得了一定的成功。然而，由于受到硬件的约束，CNN的高强度计算消耗使得它很难应用到实际尺寸的目标识别任务上。CNN的思想来自Hubel和Wiesel在猫视觉系统研究工作的基础上提出的简单细胞与复杂细胞理论。CNN主要包括卷积层和汇聚层：卷积层通过使用固定大小的滤波器与整个图像进行卷积来模拟Hubel和Wiesel提出的简单细胞；汇聚层则是一种降采样操作，通过取卷积得到的特征图中局部区块的最大值、平均值来达到降采样的目的，并在这个过程中获得一定的不变性。汇聚层用来模拟 Hubel 和 Wiesel 提出的复杂细胞。在每层的响应之后通常还会有几个非线性变换，如 Sigmoid、Tanh、Relu 等函数，使得整个网络的表达能力得到增强。在网络的最后通常会增加若干全连通层和一个分类器，如 Softmax 分类器、RBF 分类器等。卷积神经网络中卷积层滤波器的各个位置是共享的，因而可以大大降低参数的规模，这对防止模型过于复杂是非常有益的。另外，卷积操作保持了图像的空间信息，因而特别适合对图像进行表达。由于卷积神经网络在识别任务中得到了广泛应用，下面将重点对卷积神经网络模型的发展和里程碑式的工作进行介绍。

4.2.2 基于深度学习的物体分类模型

自 CNN 被提出至今，其结构已经有了巨大的改进，这些改进可以归纳为参数优化、正则化、结构重构等。而 CNN 性能改进的主要原因来自处理单元的重组和新模块的设计。本节将对其中有代表性的卷积神经网络分类模型进行介绍，包括 LeNet 模型[27]、AlexNet 模型[38]、NIN 模型[70]、VGG 模型[71]、GoogLeNet 模型[72]、ResNet 模型[73]和 DenseNet 模型[74]等。

1. LeNet 模型

LeNet 模型[27]是最早的深度神经网络模型，它由 LeCun 于 1998 年提出，是一种非常高效的用于手写体字符识别的卷积神经网络，LeNet 模型的网络结构如图 4－9 所示。LeNet 模型在对数字进行有效分类的同时，不会受到较小的失真、旋转以及位置和比例变化的影响。LeNet 模型通过巧妙的设计，利用卷积、参数共享、池化等操作提取特征，避免了大量的计算成本，之后再使用全连接神经网络进行分类识别，取得了一定的成功。但在当时，深度学习领域还没有取得太多的突破，深度学习的重要性也没有引起人们的过多关注。

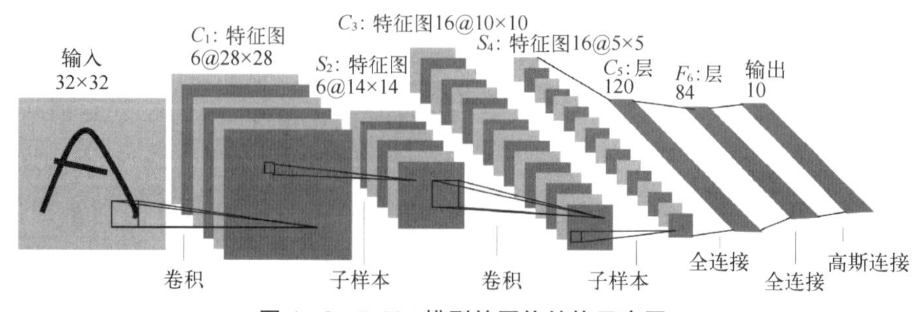

图 4－9 LeNet 模型的网络结构示意图

2. AlexNet 模型

LeNet 模型虽然开启了“CNN 时代”的纪元,但其仅限于手写体字符识别任务,并不能很好地适用于所有类别的图像。2012 年,Krizhevsky 等[38]提出了具有里程碑意义的 AlexNet 模型,在当年的“ImageNet 图像分类竞赛”中取得了最好成绩,Top5 错误率比前一年的冠军下降了 16.4%,并且远远超过当年的第 2 名。AlexNet 模型确立了 CNN 在计算机视觉的统治地位,从此更深、更复杂的神经网络不断被提出。Alexnet 模型包含 6 亿 3 000 万个连接、6 000 万个参数和 65 万个神经元,共有 5 个卷积层和 3 个全连接层,实验表明减少任何一层卷积层都会影响最终的分类结果,具体的网络结构如图 4-10 所示。

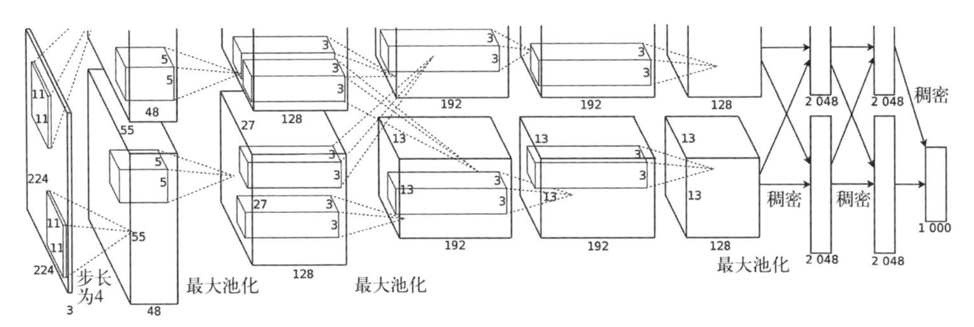

图 4-10 AlexNet 模型的网络结构示意图

AlexNet 模型之所以能够成功,除了结构上的加深之外,还有以下几个重要的因素。

(1) 以 ReLU 函数代替 Sigmoid 非线性激活函数。在传统的机器学习过程中一般采用 Sigmoid 函数作为激活函数,但其在梯度下降过程中存在梯度弥散问题,导致在复杂的神经网络中,传统激活函数效率低,不能满足实际需要。为了解决这个问题,AlexNet 网络中采用 ReLU 作为非线性激活函数,缩短学习周期的同时,提高速度和效率。ReLU 函数的数学公式为 $\mathrm{ReLU}(x)=\max(x,0)$,其在收敛速度方面有很大的优势。

(2) 以最大池化操作代替平均池化操作。AlexNet 模型中的池化层全部使用最大池化操作,避免了平均池化的模糊效果,并且步长比池化核的尺寸小,池化层的输出之间会有重叠和覆盖,使得学习的特征更加丰富。

(3) 提出局部响应归一化层(LAN),LAN 层对局部神经元的活动创建竞争机制,使得其中响应比较大的值变得相对更大,并抑制其他反馈较小的神经元,增强了模型的泛化能力,将模型 Top1 和 Top5 的错误率分别降低了 1.4%和 1.2%。

(4) Dropout 方法防止过拟合。使用多个模型共同进行预测是一个降低测试错误率的基本方法,但是单独训练多个模型组合会导致整个训练过程的成本增加,由此 Hinton 提出了 Dropout 策略,通过修改神经网络自身的结构来有效地防止过拟合。对于每一个隐层,以 50%的概率将其神经元输出随机设置为 0,被"删除(dropped out)"的神经元既不参与前向传播,也不参与反向传播。在训练中,对于网络的某一层,随机删除一些神经元,然后按照神经网络的学习方法进行参数更新,在下一次迭代中重新随机删除一些神经元,直至训练结束。对于每一个输入样本来说,都使用了不同的网络结构,但这些结构之间共享权重。这样求得的参数能够适应不同情况下的网络结构,也就是提高了系统的泛化能力。AlexNet 模型在前两个全连接层中使用了这个策略。

(5) 进行数据增强防止过拟合,使用百万级 ImageNet 图像数据进行训练时,AlexNet 将 256×256 像素的图像进行随机裁切到 224×224 像素并允许水平翻转,相当于将样本增加$(256-224)^2\times 2=2\ 048$倍。在测试时,对左上、右上、左下、右下、中间做了 5 次裁切并翻转,共得到 10 个裁切后的图像,并对 10 张图像分类结果求平均。使用数据增强可以在很大程度上减轻过拟合,提升模型泛化能力。AlexNet 模型还对图像的 RGB 数据进行 PCA 处理,为主成分添加一个 0.1 的高斯扰动并增加一些噪声,使错误率又下降了 1%。

(6) 使用 GPU 和 CUDA 加速卷积神经网络训练,AlxeNet 模型使用 2 张 GTX 580 GPU 进行训练,减小了 GPU 显存对网络规模的限制。AlexNet 模型将网络分布在两个 GPU 上,在每一个 GPU 的显存中存储一半的神经元参数,它们能够直接从另一个 GPU 的显存中进行读出和写入操作而不需要通过主机内存。AlexNet 模型在特定层上进行 GPU 之间的通信,控制了性能损耗。

3. VGG 模型

2014 年,牛津大学计算机视觉组(Visual Geometry Group)和 Google DeepMind 公司共同提出了 VGG 模型[71]。VGG 模型在 2014 年的 ILSVRC 比赛中分别取得了定位和分类任务的第 1 名和第 2 名。它最大的贡献是将深度学习从 AlexNet 时代推入更深层的模型时代——第一次将模型深度提高到 16 层以上,使得其在识别和定位等任务上的性能得到了大幅度的提高。VGG 的思想核心是模型深度,研究者希望通过堆叠更多的卷积层来增加网络的深度以提高模型的性能,但是如果只在原始较浅层模型上简单地通过复制权重层来堆叠,势必会出现参数量过大、模型过于复杂的问题,相应模型的优化求解将会更难。

针对如上问题,VGG 模型提出:2 个 3×3 卷积层堆叠的效果与 1 个 5×

5 的卷积层具有相同的感受野；3 个 3×3 卷积层堆叠的效果与 1 个 7×7 的卷积层具有相同的感受野。因此，VGG 模型将原始网络中的 7×7 和 5×5 卷积层换成多个 3×3 卷积层的堆叠以达到同样的效果，模型深度加深的同时参数量也大大减少。卷积层堆叠的另外一个优势是，每一个卷积层后都跟随有一个 ReLU 层，因此随着卷积层数的增加，模型的判别性也会相应增加。

训练时，VGG 模型网络的输入是大小为 224×224 的 RGB 图像。预处理这一步仅仅把训练集中图像的像素减去 RGB 均值。随后，图像经过一系列卷积层处理，在卷积层中重复使用 3×3 卷积，甚至在配置 C 中使用了 1×1 的卷积，这种 1×1 的卷积可以看作是对输入通道的线性变换。卷积步长设置为 1，3×3 卷积层的填充设置为 1。池化层采用最大池化操作，共有 5 个池化层分布在每一组卷积层后。一系列卷积层之后跟随着 3 个全连接层，前 2 个全连接层均有 4 096 个单元，第 3 个全连接层有 1 000 个单元用来进行分类。所有网络的全连接层配置相同，所有隐藏层都使用 ReLU 非线性激活函数。VGG 模型网络不再使用局部响应归一化层，因为其并不能在 ILSVRC 数据集上提升性能，却导致更多的内存消耗和计算时间。此外，VGG 模型网络针对卷积层给出了 A～E 5 种不同的配置，卷积层数从 8 层递增到 19 层。

VGG 模型证明了增加网络的深度能够在一定程度上影响网络最终的性能。实验表明虽然 VGG 模型具有更多的参数和更深的层次，但是训练模型到其收敛只花费了较少的轮次，这是源于 VGG 模型更深的深度和更小的卷积滤波器尺寸隐式地增强了正则化。VGG 模型对某些层执行了预初始化，模型先训练配置 A，8 层网络使用随机初始化进行训练。然后在训练更深的配置结构时对前 4 个卷积层和最后 3 个全连接层使用配置 A 的参数进行初始化，而中间层使用随机初始化。同时，VGG 模型训练时使用了多尺度的训练方法，具体做法是把原始图像缩放到最小边不小于 224 的尺寸，然后在整幅图像上提取 224×224 片段来进行训练，这种数据增强方法也使 VGG 模型的性能得以提升。

4. NIN 模型

Network in Network（NIN）模型[70] 由新加坡国立大学的颜水成等人于 2014 年提出，该模型也属于比较早期的工作，但是对后续的模型发展产生了很大的影响。相比于 AlexNet 模型，NIN 模型采用较少的参数就取得了相当不错的效果（AlexNet 参数大小为 230×10^6，而 NIN 模型仅为 29×10^6）。图 4-11 所示为 NIN 模型的网络结构示意图。

在经典的卷积神经网络中，通常由卷积层和池化层交替堆叠，最后添加全连接层完成模型的构建。卷积通过线性滤波器计算输入特征图对应位置的响应，

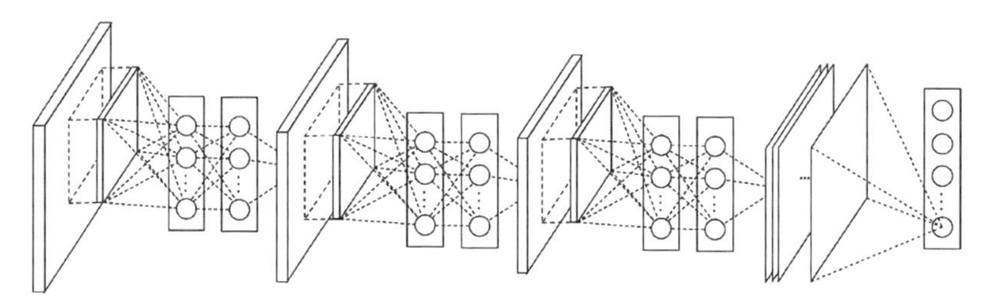

图 4-11 NIN 模型的网络结构示意图

然后通过非线性激活得到输出特征图。一般来说,线性模型足以抽象线性可分的隐含特征。然而,实际中的特征通常是高度非线性的。常规的卷积神经网络可以采用一组超完备滤波器提取潜在特征的各种变体,但是使用太多的滤波器会给下一层带来额外的负担,而且需要考虑来自前一层所有变化的组合。在常规的卷积神经网络中,来自更高层的滤波器会映射到原始输入的更大区域,并且通过结合低层感受野内的特征生成高层的概念。与传统方式不同,NIN 模型提出对网络局部模块做特征抽象,通过在每个卷积层内引入一个微型网络来计算和抽象每个局部区域的特征。

在潜在特征分布未知的情况下,需要学习一个通用的函数逼近器提取局部区域特征,尽可能地逼近潜在特征的抽象表示。径向基网络(radial basis network)和多层感知器(multilayer perceptron)是两种通用的函数逼近器,NIN 模型选择使用多层感知器,因为多层感知器与卷积神经网络的结构一样,都是通过反向传播来训练。其次,多层感知器本身就是一个深度模型,符合特征再利用的原则。研究人员指出,普通卷积层及广义线性模型(generalized linear model, GLM)相当于单层网络,其抽象能力有限。为了提高模型的抽象能力,NIN 模型使用 MLP 卷积层代替了传统的 GLM 层。MLP 卷积层的本质是在常规卷积层(感受野大于1 的)后接若干 1×1 卷积层。NIN 模型首先提出使用 1×1 卷积层,具有里程碑式的意义。受其影响,后续的 GoogLeNet、ResNet、SqueezeNet、MobileNet、ShuffleNet 等模型都使用了 1×1 卷积这种方式。作为 NIN 函数逼近器的基本单元,1×1 卷积除了增强网络局部模块的抽象表达能力之外,还可以实现跨通道的特征融合和通道升维与降维。

传统的卷积神经网络在较低层进行卷积运算。对于分类任务,需要将最后一层卷积层的特征图向量化然后送入全连接层,并添加 Softmax 逻辑回归层。通过这种方式,卷积结构与传统神经网络分类器连接起来。然而,全连接层参数量是非常庞大的,模型通常会容易过拟合。因此,NIN 模型提出用全局平均池化(global average pooling)代替全连接层,具体做法是对最后一层的特征图进行平均池化操作,平均池化操作之后向量直接送入 Softmax 层。这样做的优点之一是使得特征图与分类任务直接关联,另一个优点是全局平均池化不需要优化额外的模型参数,因此模型大小和计算量较全连接大大减少,并且可以避免过拟合。

5. GoogleNet 模型

在 2014 年的"ImageNet 大规模物体识别竞赛"中,Szegedy 等设计的 GoogleNet[72]模型取得了最好成绩。GoogleNet 模型是一个 22 层的深度卷积神经网络,该模型开发人员将提出的网络模型中的核心结构命名为 Inception 结构。GoogleNet 模型设计的主要目标是在降低计算成本的同时实现高精度,其网络结构如图 4-12 所示。

要设计具有更深层次的网络结构面临两个主要挑战:① 更深的网络往往需要更多的数据。在数据有限的情况下,参数的增加会带来过拟合的问题。② 更深的网络往往需要更大的计算资源,而且随着层数的增加,参数的增加往往是更剧烈的。一种解决方法是将全连接层替代为更稀疏的层。在实际中广泛应用的卷积层就属于这一策略。但是卷积层仅在空间上进行了稀疏连接,在滤波器层面,它仍使用了稠密连接的方式。于是,Szegedy 等提出一个方案,即利用多个稠密的子矩阵来近似拟合稀疏的主矩阵。体现在网络上就是用已有的一些稠密连接层来近似一个稀疏的结构,通过拆分、变换和合并思想整合了多尺度卷积变换。这也是 Inception 结构的核心,如图 4-13 所示。

为了捕获不同尺度的空间信息,Inception 结构包括了不同大小卷积核(1×1、3×3、5×5)的卷积层。受到 NIN 模型的启发,传统卷积层也被替换为小的模块。GoogleNet 模型中的分割、变换与合并思想有助于解决相同类别图像中存在的由多种因素导致的类内差距问题。除了提升学习能力外,GoogleNet 模型的重点还在于提高 CNN 参数的效率。为了减少参数,研究人员还在 3×3 和 5×5 卷积前先使用了 1×1 卷积进行降维操作,保证了参数量不会急剧扩大。

在池化操作后,研究人员也同样加入了 1×1 的卷积进行降维。此外,GoogleNet 模型在最后一层使用全局平均池化来代替全连接层。这些调整使参数量从 4 000 万大大减少到了 500 万。随着层数的加深,另一个问题是梯度消减,为了解决这个问题,研究人员使用了连接在中间层的辅助分类器。在训练中辅助分类器和主分类器共同学习,但是辅助分类器的权重更低。在测试中,辅助分类器将被去掉。

GoogleNet 模型不仅在多个物体分类和检测数据集上可以得到最好的结

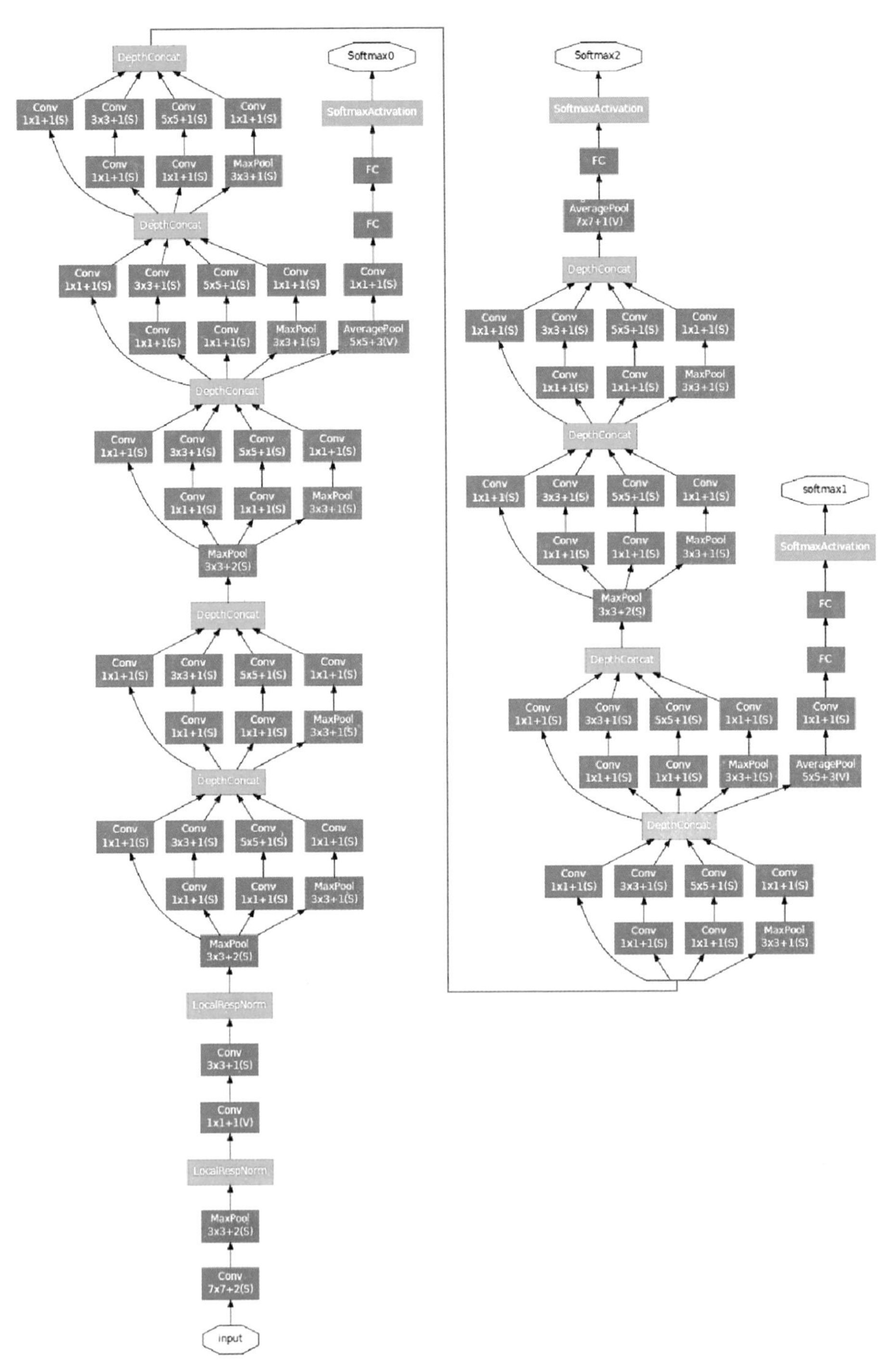

图 4-12　GoogleNet 模型的网络结构示意图

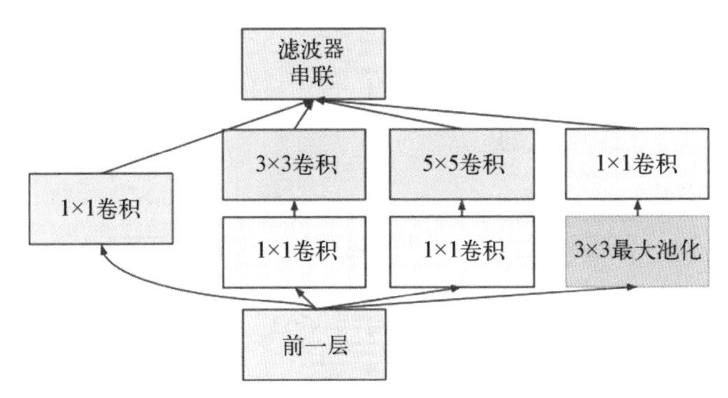

图 4-13 Inception 结构的核心

果,其参数量也比之前 ILSVRC 竞赛中获胜的方法大大减少,是当时最为有效的网络结构之一。

6. ResNet 模型

在 2015 年的"ImageNet 大规模物体识别竞赛"中,He 等提出的残差网络(residual network, ResNet)[73]模型获得了第一名的成绩。同时,ResNet 模型在多个任务上都取得了领先的结果,包括 ImageNet 数据集上的检测、定位任务,COCO 数据集上的检测、分割任务等。

随着 CNN 网络的发展,尤其是 VGG 模型的提出,人们意识到层数越深的网络效果越好。在比赛中 ResNet 模型可以达到 152 层,后续的版本更是可以达到 1 000 层,这是其分类结果大大提升的主要原因。对于如此深的网络,核心的问题是怎样在保持网络层数很深的同时仍可以使模型得到有效训练(网络加深时容易发生梯度消失问题,从而导致训练难以收敛)。这个问题可以用标准的初始化和正则化来解决。而训练收敛后,作者在实验中发现,随着网络深度的加深,分类精度饱和后会迅速下降,而且下降原因并非是过拟合。因此,作者提出一个方法来构建更深层数的模型,即添加自身映射层(identity mapping),这样深度更深的模型不会出现比浅层模型精度低的情况。

ResNet 网络的核心是残差模块,如图 4-14 所示。先前的工作通常希望每层能直接拟合一个映射,而残差模块希望一些层去拟合残差映射。通过对多层残差模块进行堆叠可构建 ResNet 模型网络,其中一种 34 层的网络结构如图 4-15 所示。在设计网络结构时,该模型研究人员通过实验验证提出了 2 个设计准则:① 对于输出尺寸相同的层,每层必须含有相同数量的过滤器;② 如果输出

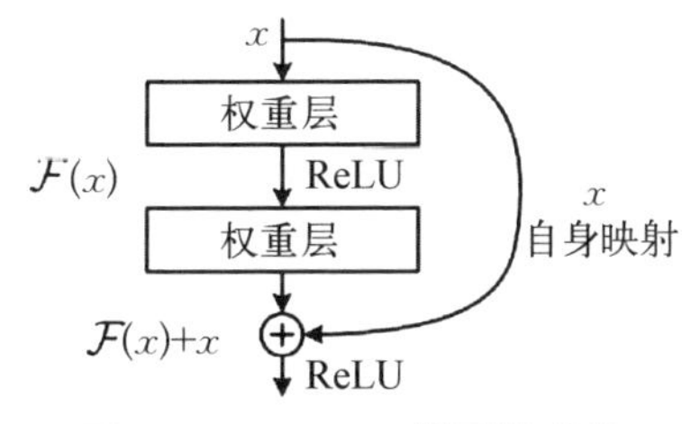

图 4-14 ResNet 模型的残差模块示意图

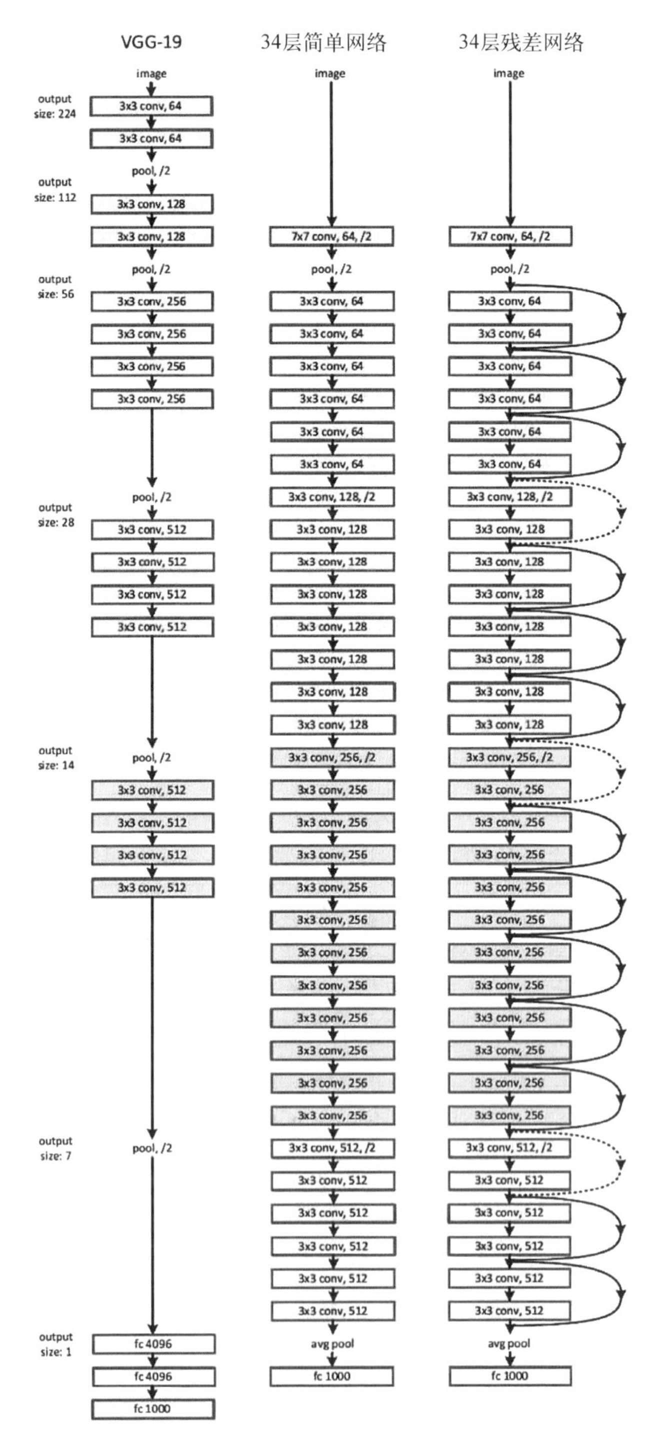

图 4-15　ResNet 模型中的一种 34 层网络结构

特征尺寸减半,则过滤器数量加倍。在遇到跳层连接起始与末端尺寸不同的层时,研究人员使用了两个策略:① 对增加的维度补 0;② 在跳层连接上增加投影以匹配尺寸。值得一提的是,ResNet 模型不仅大大提升了测试精度,还比之前的方法使用了更少的参数。

7. DenseNet 模型

Gao 等在 2016 年进一步提出了稠密连接网络(densely connected convolutional network, DenseNet)[74]模型。对于 ResNet 模型来说,由于其通过额外的全等变换显式地保留了信息,因此许多层可能贡献很少,甚至没有贡献。为了解决此问题,DenseNet 模型使用另一种方式实现跨层的连接。在 DenseNet 模型网络结构中,每一层都与其他各层有连接关系,并且可以达到上百层的深度。DenseNet 模型有许多显著的优点。它不仅减轻了较深的网络结构训练时出现的梯度消失问题,增强了特征之间的信息交互以及信息互用,还可以有效地大量减少模型参数。DenseNet 在一些经典的识别任务数据集上都得到了很好的效果,包括 CIFAR-10、CIFAR-100、SVHN 和 ImageNet 等模型。

DenseNet 模型的主要结构如图 4-16 所示,每一层的输入都是前面所有层输出的拼接。这样可能带来的问题是,后面层的特征维度会变得非常高。为解决这个问题,研究人员主要做了两个方面的考虑:① 利用卷积栈的想法,将网络分解为若干个稠密连接卷积块(dense block),如图 4-17 所示。在一个稠密块里,各层的尺度一样,通过控制每个块的层数,即可以控制不产生维度爆炸。

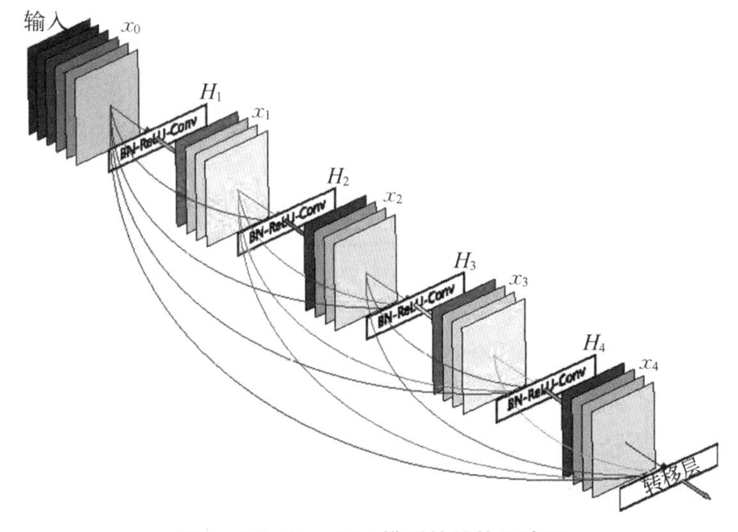

图 4-16 DenseNet 模型的结构示意图

② 控制增长率。不同于其他经典方法中的卷积层，DenseNet 模型中每一个卷积层的特征方向维度代表增长率，为了不使参数急剧增加，增长率取值一般很小，研究人员的取值为 32。

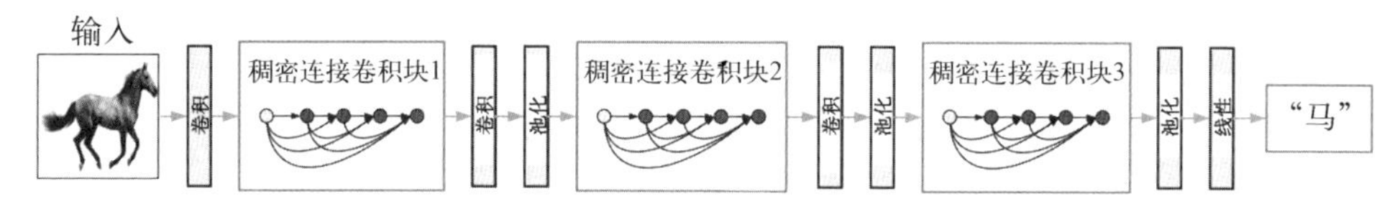

图 4-17 利用卷积栈将网络分解为若干稠密连接卷积块

为了进一步减小参数，研究人员还提出了利用 1×1 的卷积构造瓶颈结构(bottleneck layer)。具体来说，在每一层的输入使用 1×1 卷积将维度进行缩减。另外也可以在转移层(transition layer)中通过控制其输出来减小参数。DenseNet 模型最显著的一个特点是在保持精度的同时，可以大大减少所需的参数，反过来讲就是大大提高参数效率。

4.2.3 深度分类模型的发展方向

1. 基于特征选择和增强的分类模型

CNN 之所以能够如此流行，与其具备多层级学习和自动特征提取的能力密不可分[75]。在物体分类、检测和分割任务中，特征选择往往会对最终结果产生巨大的影响。在卷积神经网络中，特征一般是通过学习核(掩码)的权重来进行动态选择的。此外，采用多阶段的特征提取方式，可以获得多种类型的特征(在 CNN 中称为特征图或特征通道)。然而，某些特征图在物体识别中发挥的作用微乎其微[76]。而巨大的特征集可能会导致噪声的出现并且导致网络的过拟合问题。这也意味着在网络的结构设计之外，特征的有效选择在改善网络的泛化性能方面也可以发挥重要作用。因此，研究者也围绕着基于特征图和特征通道的特征选择和增强问题展开研究。

挤压和激活网络(squeeze and excitation network, SE-Network)[76]是一种比较有代表性的特征选择网络，其结构如图 4-18 所示。该网络提出了一种新模块，称为 SE-block。SE-block 的主要作用是抑制不太重要的特征图，而为与类别相关的特征图分配较高的权重。SE-block 是一种以通用方式设计的处理单元，因此可以在任何卷积神经网络的任意卷积层之前添加。该模块主要包含了两个操作：挤压和激活。

在卷积神经网络中，卷积核可以描述局部信息，但是它忽略了感受野内特征与感受野外特征的上下文关系[77]。为了获得特征图的全局信息，压缩模块通过

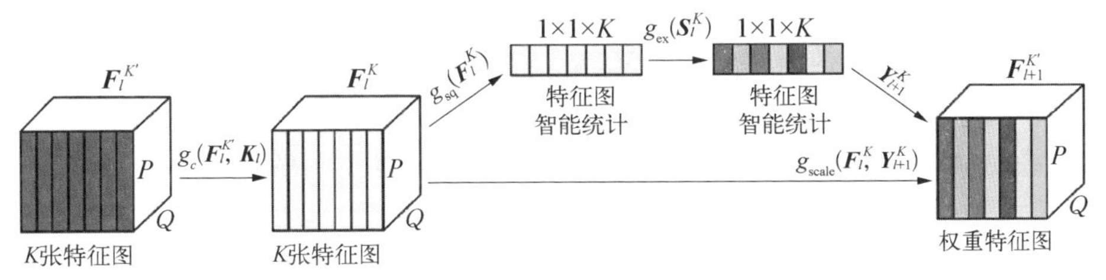

图 4-18 挤压和激活网络的结构示意图

压缩卷积输入的空间信息来生成特征图的统计信息[70, 78]。由于全局平均池化操作具备有效学习目标对象范围的潜力,因此挤压操作 $g_{sq}(\cdot)$ 表示为

$$\boldsymbol{S}_l^K = g_{sq}(\boldsymbol{F}_l^K) = \frac{1}{P \times Q}\sum_{p,\, q} f_l^K(p,\, q) \tag{4-7}$$

式中,$\boldsymbol{S}_l^K$ 代表第 l 层的第 K 张特征图的特征描述子;$P \times Q$ 是特征图 $\boldsymbol{F}_l^K$ 的空间维度。针对第 l 层的 K 张卷积特征图,挤压操作的输出为 $\boldsymbol{S}_l^K = [S_l^1,\, S_l^2,\, \cdots,\, S_l^K]$。该输出作为激活操作的输入,通过使用门控机制来建模基于主题的相关性。激活操作使用两层前馈神经网络将权重分配给特征图,表示为

$$\boldsymbol{Y}_{l+1}^K = g_{ex}(\boldsymbol{S}_l^K) = g_{s_g}[w_2,\, g_t(\boldsymbol{S}_l^K,\, w_1)] \tag{4-8}$$

式中,$\boldsymbol{Y}_{l+1}^K$ 代表 $l+1$ 层的输入特征图 $\boldsymbol{F}_{l+1}^K$ 的权重;$g_t(\cdot)$ 和 $g_{s_g}(\cdot)$ 分别使用 ReLU 函数和 Sigmoid 函数实现非线性变换。类似地,$\boldsymbol{Y}_{l+1}^K = [Y_{l+1}^1,\, Y_{l+1}^2,\, \cdots,\, Y_{l+1}^K]$ 代表 K 张卷积特征图的权重,在将特征图送入 $l+1$ 层时进行重新调整。概括来讲,SE-block 通过将卷积输入与主题响应相乘来自适应地重新校准网络中每层的特征图。

在 SE-Network 的基础上,有研究提出了 competitive inner-imaging squeeze and excitation for residual network(也称为 CMPE-SE 网络)[79]。这一方法旨在通过 SE-block 的思想来改善深度残差网络的学习。SE-Network 根据特征图对分类的判别性贡献来重新校准特征图。然而对于 SE-Network 来讲,在 ResNet 模型中,其仅考虑了残差信息来确定每个通道的权重。这种操作方式使得 SE-block 的影响降到了最低而且使 ResNet 的部分信息变得多余。而研究根据残差和全等映射的特征图生成合理的统计信息来解决此问题。在这种情况下,全局平均池化操作可以用来生成特征图的全局表示,而特征图的相关性可以通过建立基于残差和全等映射的描述子之间的竞争来估计。这种现象也称为 inner imaging。CMPE-SE 模块不仅对残差特征图之间的关系进行建模,还考

虑了全等特征图之间的关系。

2. 基于注意力机制的分类模型

不同层级的抽象知识会对深度神经网络的判别能力起到重要作用。在学习多层级的抽象知识之外,关注与上下文相关的特征也在图像识别中起着重要作用。在人类视觉系统中,这一现象也称为注意力机制。当人们的视线扫过场景时会注意到与上下文相关的部分内容。这一过程不仅可以用于将注意力聚焦到特定的区域,还可以用来推断该位置处的物体的不同解释,从而有助于更好地捕获视觉结构。递归神经网络,如 RNN、LSTM 等[80-81],都或多或少地具有与上述机制类似的可解释性。RNN 和 LSTM 网络利用注意力模块生成序列化的数据,新数据的权重分配往往取决于之前的迭代过程。受到上述机制和模型的启发,注意力机制的概念同样也被研究人员引入卷积神经网络的研究中,用于提升网络的表达能力并克服计算限制。此外,注意力机制模块同样有助于深度模型从杂乱的背景和复杂的场景中有效识别出物体。

在基于注意力机制的深度识别模型中,比较有代表性的是一种用于提升特征表达能力的残差注意力机制网络(residual attention network, RAN)[82]。该模型的网络结构如图 4-19 所示,它将注意力机制纳入卷积神经网络中的动机是使网络学习物体感知特征的能力。RAN 模型本质上属于前馈卷积神经网络,由残差模块与注意力机制模块堆叠而成。注意力机制模块分为主干分支和掩模分支,分别采用自下而上和自上而下的学习策略。通过将两种不同的学习策略集成到注意力机制模块中,使得在单个前馈过程中同时进行快速前馈处理和自上而下的注意力反馈成为可能。自下而上的前馈结构产生具有较强语义信息的低分辨率特征图,而自上向下的体系结构会产生稠密特征,以便对每个像素进行推断。

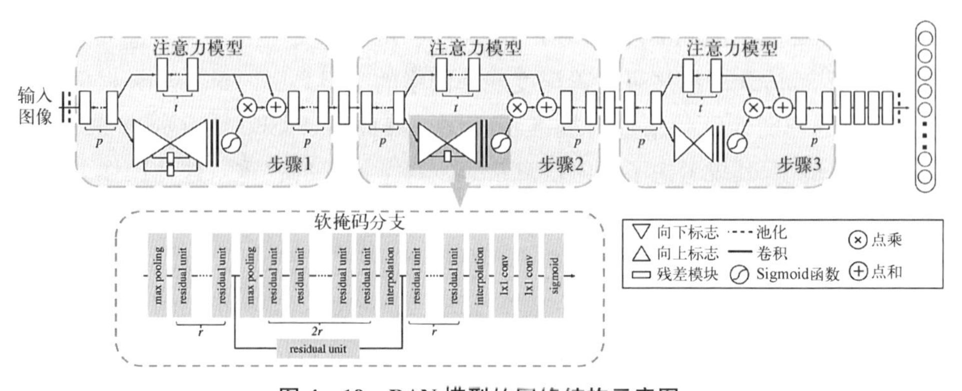

图 4-19 RAN 模型的网络结构示意图

在先前提到的研究中，受限玻耳兹曼机就是使用了自上而下和自下而上的学习策略[83]。类似地，有很多研究[67, 84]都采用自上而下的学习策略全局优化整个网络。RAN 模型中的注意力机制模块针对每一层输入特征 $\boldsymbol{F}_l^K$ 生成相应的物体感知软掩模 $g_{\mathrm{sm}}(\cdot)$。软掩模 $g_{\mathrm{sm}}(\cdot)$ 通过式(4-11)面向物体分配注意力权重，重新校准主干分支 $g_{\mathrm{tm}}(\boldsymbol{F}_l^K)$ 的输出。因此，软掩模的行为类似于控制门，调制每个神经元输出为

$$g_{\mathrm{am}}(\boldsymbol{F}_l^K)=g_{\mathrm{sm}}(\boldsymbol{F}_l^K)\cdot g_{\mathrm{tm}}(\boldsymbol{F}_l^K) \tag{4-11}$$

这里需要指出的是，Transformation Network[85-86]也通过一种简单的方式将注意力机制的想法引入卷积模块之中。然而，Transformation Network 中的注意力机制模块的设计相对固定，适应变化的能力不强。通过堆叠多层注意力模块，RAN 模型能够有效地识别混乱、复杂和存在噪声的图像[82]。RAN 模型的多层级结构使其具备根据每个特征图在各层中的相关性，为每个特征图自适应地分配权重的能力。而残差单元有效地支持了深层次结构的学习。在此基础上，包括混合注意力机制、通道注意力机制和空间注意力机制在内的 3 种不同类型的注意力机制也相应被提出，用于更好地描述不同层级的物体感知特征的能力[82]。

注意力机制和特征图利用的重要性已经在 RAN 模型和 SE-Network 上得到了验证。在此基础上，有研究[87]也提出了一种基于注意力机制的卷积模块注意力模组(convolutional block attention module, CBAM)。CBAM 设计的思想类似于 SE-Network。需要注意的是，SE-Network 仅考虑了特征图在图像分类中的作用，但忽略了图像中物体的局部空间位置，而物体的空间位置信息在识别中也具有重要作用。CBAM 先使用特征图通道注意力机制，然后再使用空间注意力机制来依次推断注意力图，进而获得改进的特征图。通常情况下，可以使用 1×1 卷积和池化操作实现空间注意力机制的计算。该研究[87]也表明沿空间轴进行池化特征操作可以生成有效的特征描述子。CBAM 将平均池化与最大池化拼接在一起，从而生成强大的空间注意力特征图。这一方式同样用于特征图统计的建模，研究表明，最大池化可以提供物体特征的判别信息，而全局平均池化可以得到特征图注意力的次优推断。同时利用平均池化和最大池化可提高网络的表达能力。由于 CBAM 的简单性，它也可以比较容易地嵌入任意卷积神经网络之中。

3. 物体分类模型的加速和轻量化

自 2012 年 AlexNet 模型诞生以来，卷积神经网络在图像物体分类和检测等

领域获得了广泛应用。随着性能要求的不断提升，越来越多性能更加优越的网络纷纷被提出。由于神经网络的性质，为了获得更高的精确度，网络层数不断增加，网络结构的设计越来越复杂。回顾前述内容可以发现，卷积神经网络的总体发展趋势是使用更深、更复杂的网络来实现更高的准确度。然而不容忽视的是，准确度的提升也导致网络在尺寸和计算速度方面不再占据优势。

在模型尺寸方面，传统卷积神经网络拥有大量参数，保存这些参数对设备的存储空间提出了较高的要求。在模型速度方面，大量实际应用对计算速度也提出了较高的要求。为了满足实际应用的需求，一是着力于提升存储计算硬件设备的性能；二是降低网络本身的计算复杂度。当前，移动和嵌入式设备大量普及，如机器人、自动驾驶汽车和手机等，这些移动设备的存储空间和处理器性能往往有限。因此，如何设计、调整深度神经网络结构使其在准确度、尺寸和速度之间实现最佳平衡也成为物体分类领域的一个重要研究方向。

为了解决上述问题，一种可行的做法是对现有的卷积神经网络模型进行压缩，使得网络拥有更少的参数，同时能降低模型的计算复杂度。这些压缩算法大致可以分为 4 类。

(1) 网络修剪(network pruning)[88-92]。网络修剪旨在删除深度网络中不重要或不必要的参数，提高了网络参数的稀疏性，修剪后的稀疏参数需要较少的磁盘存储空间，且省略了网络中不重要参数的计算，降低了网络的计算复杂度。

(2) 低秩分解(low-rank decomposition)[93-94]。利用矩阵或张量分解技术估计并分解深度模型中的原始卷积核，通过分解四维卷积核张量，可以有效地减少模型内部的冗余性，从而降低网络的参数和计算量。

(3) 网络量化(network quantization)[95-96]。将计算程序中使用的浮点数由 32bit 或者 64bit 存储大小替换为 1bit、2bit 的方式，减少程序内存占用空间，以此来减少计算复杂度和参数占用内存大小。

(4) 知识蒸馏(knowledge distillation)[97]。使用大型深度网络训练一个更加紧凑的神经网络模型，即利用大型网络的知识，并将其知识迁移至紧凑模型中。

这些方法可以有效地将现有的神经网络压缩成较小的网络。但它们的性能在很大程度上依赖于给定的预先训练的网络模型，若没有架构层面的改进，则无法进一步提高准确性。

除了对现有的网络模型进行压缩，还可以设计新的网络结构，使其在参数量减少、速度提升的同时，依然保持较高的准确度，这也就是设计轻量化卷积神经网络模型的目的。最近几年，众多轻量化模型纷纷被提出，其中比较有代表性的包括 SqueezeNet[98-99]、MobileNet[100-101]和 ShuffleNet[102-103]等模型。轻量化网络模型的核心在于设计特殊的结构化运算核或紧凑计算单元（主要针对卷积方式），从而减少网络的计算量和参数量，并且不损失网络性能。

1）SqueezeNet 模型

SqueezeNet[98]是由美国加州大学伯克利分校和斯坦福大学的研究人员合作提出的一种轻量化网络模型。SqueezeNet 模型的核心架构模块是 fire module。fire module 包含两部分：挤压（squeeze）层和扩张（expand）层。挤压层采用 1×1 的卷积核对输入特征图进行卷积，其主要目的在于减少输入特征的通道数，即特征降维；扩张层分别采用 1×1 和 3×3 的卷积核对挤压层的特征进行卷积运算，然后将两次卷积后的结果进行拼接，得到 fire module 的输出特征。

SqueezeNet 模型所提出的 fire module 与 Inception 模型[104]的思想有类似的地方，而挤压和扩张层的操作也可以追溯到 Inception 模型。此外，SqueezeNet 模型还将下采样操作延后，使网络较低的卷积层具有较大的激活图。卷积网络的每一层都会输出一个激活图，激活图的高度和宽度由输入数据和网络结构中的下采样操作共同控制。在其他因素不变的情况下，较大的激活图可以产生更高的分类准确度。因此，SqueezeNet 模型大部分层的步长都是 1，而步长大于 1 的层都集中在网络末端，使得 SqueezeNet 模型网络中大部分的层都会有更大的激活图。

SqueezeNext 模型[99]是在 SqueezeNet 模型基础上进一步改进的轻量化网络。相比于 SqueezeNet 模型，SqueezeNext 模型主要做了 4 点改变：① 通过两级挤压层来减少输入特征的通道数，使得参数量进一步减少；② 采用可分离的 3×3 卷积来减少模型参数，并在挤压层之后取消了 1×1 卷积；③ 借鉴了 ResNet 模型的经典结构，在网络中采用了全等映射连接，使得在训练更深的网络时不会出现梯度消失问题；④ 在多处理器的嵌入式系统上进行实验，并根据实验结果指导网络设计，使得网络推理速度更快。

2）MobileNet 模型

MobileNetV1[100]模型是由谷歌提出的第 1 个小尺寸、小计算量，适用于移动设备的卷积神经网络。MobileNetV1 的基本单元是深度可分离卷积（depthwise separable convolution）。整个网络基于流线型架构，以堆叠深度可分离卷积模块的方式来构建。除此之外，MobileNetV1 使用了两个简单的超参数：宽度因子和分辨率因子，在计算速度和准确度之间取得平衡。

深度可分离卷积实际上是一种分解卷积操作，把标准卷积分解成一个深度卷积（depthwise convolution）和一个逐点卷积（pointwise convolution）。对于卷积操作来说，假设输入特征的尺寸为 $W \times H \times N$，经过一个标准卷积之后输出特征为 $W \times H \times M$，其中 $W \times H$ 为特征图的空间尺寸；N 为输入特征的通道数；M 为输出特征的通道数。标准卷积核的尺寸为 $K \times K \times N$，数量为 M，则标准卷积的计算复杂度为 $HWNK^2M$，参数量为 K^2MN。在 MobileNetV1 模型中，将标准卷积分解成深度卷积和逐点卷积之后，深度卷积核尺寸为 $K \times K \times 1$，其中 $K \times K$ 为卷积核空间尺寸，通道数为 1，卷积核的数量为 N，则深度卷积运算的计算复杂度为 $HWNK^2$，参数量为 NK^2。在深度卷积之后再进行 1×1 的逐点卷积，卷积核通道数为 N，卷积核的数量为 M，逐点卷积运算的计算复杂度为 $HWMN$，参数量为 MN。因此深度可分离卷积总的计算复杂度为 $HWNK^2 + HWMN$，是标准卷积的 $1/M + 1/K^2$。因为网络结构中 $M \gg K^2$，卷积核空间尺寸 K 一般设为 3，深度可分离卷积计算复杂度和参数量都明显低于标准卷积。

为了进一步降低网络的计算量，MobileNetV1 模型对输入输出特征通道维度 N 和 M 设置了宽度因子 α，$\alpha \in (0, 1)$，典型值为 0.25、0.50、0.75 和 1.00，对输入特征空间维度设置了分辨率因子 β，深度可分离卷积的计算复杂度可以进一步降低为 $\alpha\beta^2 HWNK^2 + \alpha^2\beta^2 HWNM$。

MobileNetV1 模型的创新在于使用深度可分离卷积替代标准卷积，极大地减小了模型规模，降低了计算复杂度。在网络中还引入了两个压缩超参数，进一步地减小了网络的尺寸。

MobileNetV1 模型设计时参考了传统的 VGG 等链式架构，即以堆叠卷积层的方式来构建网络模型，但堆叠过多的卷积层会出现梯度消失问题。在继续沿用 MobileNetV1 模型的深度可分离卷积的基础上，MobileNetV2 模型[101]借鉴了 ResNet 模型的残差连接方式，主要在两方面做了改进：① 引入线性瓶颈结构，去掉 MobileNetV1 模型中低维度输出层后面的非线性激活层，进一步保证了模型的表达能力。MobileNetV1 模型使用宽度因子来进行模型通道的缩减，这样特征信息就能更加集中在缩减后的通道中，如果此时加上一个非线性激活层，就会有较大的信息丢失。因此，为了减少信息丢失，在维度缩减后不采用非线性激活层，而使用线性瓶颈；② 引入了反向残差结构。该结构与 ResNet 模型残差模块中通道维度“先缩减后扩展”的方式正好相反，即通道维度“先扩展后缩减”。残差连接的是通道维度缩减后的特征图，因此称为反向残差结构。

3）ShuffleNet 模型

ShuffleNetV1[102]模型是由旷视科技公司提出的一种轻量化模型，其基本构建模块是在残差单元的基础上改进而成的。相比于残差模块，ShuffleNetV1 模型的模块做了以下改进：① 将密集的 1×1 卷积替换成 1×1 分组卷积，在第一个 1×1 卷积之后增加了一个 Channel Shuffle 操作；② 去除 3×3 卷积之后的 ReLU 激活函数。对于捷径（shortcut）连接，如果卷积步长为 1，此时输入与输出特征的空间尺寸一致，特征直接相加。而当卷积步长为 2 时，输出特征空间尺寸减半，对原输入采用步长为 2 的 3×3 平均池化操作，得到和输出一样大小的特征图，然后将得到的特征图与输出进行拼接，使通道数加倍，以降低计算复杂度与参数量。

ShuffleNetV1 模型的本质是将卷积运算限制在每个分组内，这样模型的计算量显著下降。然而这样做会导致模型的信息被限制在各个分组内，组与组之间没有信息交换，进而影响模型的表达能力。因此，需要增加组间信息交换的机制，即 Channel Shuffle 操作，对分组卷积之后的特征图进行“重组”，这样可以保证接下来的分组卷积输入来自不同组，使得信息在不同组之间流转。

ShuffleNetV2[103]模型是在 ShuffleNetV1 模型上进一步改进的网络模型。ShuffleNetV2 模型的创新在于其提出了高效网络架构设计应考虑的两个基本原则：一是用直接指标（如速度）替换间接指标（如 FLOPs）；二是指标应该在目标平台上进行评估。除此之外，还提出了高效网络设计的 4 个实用准则：① 相同通道宽度的卷积可最小化内存访问成本；② 过度的分组卷积会增加内存访问成本；③ 网络碎片化会降低并行度；④ 元素级运算不可忽视。这些原则和实用准则在 ShuffleNet 模型的改进过程中得到了体现。

4. 自动设计的分类模型

相比于传统的物体分类方法，深度学习方法可以自动学习有判别性的特征，从而脱离了对手工特征设计的依赖。这种成功在很大程度上得益于新网络结构的出现，如 ResNet、DenseNet 模型等。然而，设计高性能的神经网络需要大量的专业知识与反复试验，成本极高，这限制了神经网络在很多问题上的应用。因此，如何根据任务的需求自动实现分类模型的设计也成为学术界和工业界关注的问题。最近，神经网络结构搜索（neural architecture search, NAS）开始受到研究人员的关注。目前，通过神经网络结构搜索得到的深度网络在图像物体分类、检测等领域的性能已经超过了人工设计的深度模型。

神经网络结构搜索本质上属于自动机器学习（automated machine learning, AutoML）的子领域，与超参数优化和元学习等领域也有着较为密切的关系。NAS 的原理是确定一个搜索空间内的候选神经网络结构集合，用某种策略从中搜索出最优网络结构。神经网络结构的优劣，即性能用某些指标（如精度、速度）来度量，称为性能评估，结构的性能评估将返回到搜索策略。在搜索过程的每次迭代中，从搜索空间产生“样本”即得到一个神经网络结构，称为“子网络”。在训练样本集上训练子网络，然后在验证集上评估其性能。逐步优化网络结构，直至找到最优的子网络。

神经网络结构搜索的研究可以归纳为3个维度：搜索空间、搜索策略和性能评估策略[105]。

(1) 搜索空间原则上定义了网络架构。对于一个任务，引入典型的与网络特性相关的先验知识可以缩小搜索空间的范围并简化搜索过程。当然，这一过程同样也有可能引入了人类的知识偏见，进而妨碍发现超越当前人类知识的新颖架构模块。

(2) 搜索策略详细定义了如何探索这个搜索空间。这一过程需要快速找到最佳性能的网络结构，同时避免过早收敛到次优结果的空间中。

(3) 神经网络结构搜索的目的是找到在未知数据上获得最优性能的网络结构，而性能评估策略需要在过程中评估网络结构的性能。最简单的方式是设置标准的训练集和测试集对网络结构的性能进行评估。然而，这对于神经网络结构搜索任务来讲代价太大。因此，也有部分研究工作将注意力集中到探索降低评估成本的方法上。

从搜索策略来看，比较有代表性的NAS方法包括基于强化学习的方法和进化算法[106]。基于强化学习方法的核心思想是通过一个控制器在搜索空间(search space)中得到一个子网络结构(child network)，然后用这个子网络结构在数据集上训练，在验证集上测试得到准确率，再将准确率回传给控制器，控制器继续优化得到另一个网络结构，如此反复进行直到得到最佳的结果。进化学习(evolutionary algorithms, EA)是为了达到自动寻找高性能的神经网络结构的目的，需要进化一个模型簇(population)。每一个模型，也就是个体(individual)，都是一个训练过的结构。模型在单个验证数据集上的准确率就是度量个体质量或适应性的指标。在进化过程中[107]，工作者(worker)随机从模型簇中选出两个个体模型；根据优胜劣汰对模型进行识别，不合适的模型会立刻从模型簇中被剔除，即代表该模型在此次进化中的消亡；而更优的模型则成为母体(parent model)，进行繁殖；通过这一过程，工作者实际上是创造了一个母体的副本，并让该副本随机发生变异。研究人员把这一修改过的副本称为子代(child)；子代创造出来后，经过训练并在校验集上对它进行评估之后，把子代放回到模型簇中。此时，该子代则成为母体继续进行上述几个步骤的进化。

尽管研究者提出了一系列神经网络结构搜索的方法，但是在这一领域仍然存在这些问题。首先，目前的神经网络结构搜索算法仍然使用手工设计的结构和模块，神经网络结构搜索仅仅是将这些模块进行堆叠或组合。人工痕迹太过明显，并且不能自行设计网络架构。NAS 需要更广泛的搜索空间，寻找真正有效率的架构，这也对搜索策略和性能评估策略提出了更高的要求。其次，目前的神经网络结构搜索算法对计算资源的要求过高。有研究[108]提出的方法在使用800 块 GPU 情况下需要耗时 28 天，其后续工作[109]使用 450 块 GPU 耗时 4 天生成简单的搜索空间。这些问题都值得进一步探索。

4.3 物体检测

物体检测是计算机视觉研究中的核心任务之一，它的目的是通过计算模型对属于某些特定类别（如人、车、狗等）的物体实例的位置进行判断。通俗地讲，物体检测在计算机视觉中回答“what objects are where”的问题[26]。作为视觉理解的基础问题，物体检测也在复杂、高层的计算机视觉任务中，如场景理解、实例分割[110]、视觉描述[111-112]、物体跟踪[113]、行为分析[114]等发挥着重要的作用。最近几年，深度学习[77]取得了突飞猛进的进展，而通过与深度学习相结合，物体检测领域也取得了重大的突破，并且受到了前所未有的关注。由于物体检测的方法日渐趋于成熟，它在一系列真实的场景中得到了广泛的应用，如自动驾驶、视频监控、人机交互、电子产品和机器人视觉等。

在通常情况下，物体检测可以分为两类[115]：通用物体检测（generic object detection）和特例物体检测（specific object detection）。通用物体检测的任务旨在探索如何通过一种统一的框架来对多种预先定义的视觉物体进行检测。而特例物体检测的目的针对某一特定类别物体的不同实例进行检测，如行人检测[116-117]、人脸检测[118-120]、车辆检测[121]等。早期的物体检测研究以特例物体检测为主，主要关注某一类或某几类物体（人脸、行人）。随着时间的推移，研究者们将目光转移到更具有挑战性的通用物体检测任务上，并研究通用的检测框架来模拟人类的视觉和认知过程。与特例物体检测相比，通用物体检测任务更侧重于对广泛的自然物体类别进行检测。在一般情况下，物体的位置信息是由矩形检测框来确定的[32, 122-123]。此外，也可以使用精确的像素级（pixel-level）的分割掩码[115]或近似的边缘[35, 115]来表示。目前对物体检测算法进行评估时，矩形检测框仍然是最常用的一种方式。值得注意的是，随着研究向着更高层、更精细化的方向深入，在像素级层面进行定位也许会在物体检测领域慢慢普及。

这里有必要将物体检测和与物体检测相关的任务之间的联系和区别予以介

绍。物体分类任务对图像或视频中是否出现某些特定类别的物体进行判断,不需要给出物体的位置信息。而物体定位则是用检测框给出图像或视频中的物体位置信息。物体检测可以看成是物体分类和物体定位任务的组合,在给出物体检测框的同时,给每一个检测框的物体打上类别标签。一般来说,物体识别可以涵盖物体分类和物体检测任务。此外,物体检测和语义分割任务也有一定的关联性,区别在于语义分割针对每一个像素给出相应的语义类别标签。

4.3.1 物体检测的发展历程

物体检测研究在过去的 20 年里取得了重大突破,这里对其发展历程进行简要梳理,并对一部分里程碑式的工作进行回顾,也推荐读者参考相关物体检测综述[124-126]来获取更多详细的内容。

学术界一般将物体检测的发展分为两个阶段:传统物体检测(traditional object detection)阶段和基于深度学习的物体检测(deep learning based detection)阶段。在传统物体检测阶段,物体检测算法主要依赖于手工特征的设计。由于缺乏有效的特征表达方法,如何设计各种复杂的特征表达方式,充分利用有限的计算资源来提升检测的性能是当时的研究者所关注的问题。

成分识别(recognition-by-components)[13]是一种重要的认知理论,在很长一段时间内是物体检测领域研究的核心思想[127-128]。早期的研究者将物体检测任务看成是物体的部件、形状、轮廓等部分的相似度匹配问题[129-130]。这一时期的检测方法更关注物体的几何结构[131-132],研究的对象也以结构性很强的刚性物体为主,如人脸。尽管这些研究对后续的发展起到了重要的推动作用,但是受制于当时的条件,这些方法的性能都较为有限。

随后,研究者将目光从物体的几何特性转移到了表观特征设计[133-134]和统计学习方法[135-138]两个方面。而这一时期的目标检测工作也为后续的研究奠定了重要基础。在表观特征设计方面,全局表达的方式逐渐被局部特征表达所代替,寻找对变换、尺寸、旋转、光照变化等因素具有不变性的局部特征成为研究的关注点,代表性的工作包括 SIFT(scale invariant feature transform)特征[41]、Haar-like 特征[137]、shape context 特征[139]、HoG(histogram of gradients)特征[42]、LBP(local binary patterns)特征[43]等。在得到局部特征以后,通过简单的特征拼接或特征池化操作,可以实现物体的特征表达。在统计学习方法上,一系列分类器如神经网络①、SVM、Adaboost 算法也逐渐在物体检测领域得到

① 这一时期的神经网络还是以浅层网络为主。

应用。

这一时期中里程碑式的工作有 Viola - Jones 检测器[140]、方向梯度直方图(HoG)检测器[42]、形变物体检测模型(deformable part-based model, DPM)模型[141]等。本节将对这些工作进行简要介绍。

1. 传统物体检测方法

1) Viola - Jones 检测器

2001 年,Viola 和 Jones 提出了一种实时的人脸检测算法[137],与当时主流的算法相比,该方法在取得相似检测性能的前提下,速度提升了数十甚至上百倍,该检测算法随后也称为 Viola - Jones 检测方法,用于纪念两位研究者对物体检测领域做出的杰出贡献。Viola - Jones 检测方法的思路较为直观,通过滑动窗口(slicing window)的方式在图像的多个尺度上遍历所有的位置,判断每个位置是否包括人脸。尽管这一思路在现在看来非常简单,但是在当时要实现它也远远超出了计算机的计算能力。为了大幅度提升检测的速度,Viola - Jones 检测器使用了 3 种重要的技术:积分图(integral image)、特征选择(feature selection)和级联检测(detention cascades)。

(1) 积分图。积分图是一种加速滤波和卷积计算过程的方法。与当时的物体检测算法一样,Viola - Jones 检测器也使用了哈尔小波(Haar wavelet)特征[142-144]作为图像的特征表达。而积分图使得 Viola - Jones 检测器对所有窗口进行计算时的速度不受窗口尺寸的影响。

(2) 特征选择。与传统的人工特征选择方式不同,Viola - Jones 检测器使用 Adaboost 算法从大量的随机特征中选择一小部分对人脸检测最有帮助的特征。

(3) 级联检测。Viola - Jones 检测器使用了多阶段检测策略,以减少对背景窗口的计算开销,从而更多地关注目标物体。

2) 方向梯度直方图检测器

方向梯度直方图(HoG)描述子[42]是由 Dalal 和 Triggs 在 2005 年提出的非常著名特征描述子。它可以看成是在尺度不变特征转换和形状上下文特征基础上的重要改进。为了平衡特征不变性(尺度、光照等)和特征的非线性程度(决定了特征的判别能力),HoG 描述子在均匀间隔的稠密网格上进行计算,还采用了重叠的局部对比度归一化策略来提高精度。HoG 描述子最早用来解决行人检测问题。在随后的一段时间内,该描述子被广泛应用于各种物体检测任务以及其他计算机视觉任务,成为前深度学习时代计算机视觉研究领域里程碑式的工作。目前,这一工作文章的引用率已经超过 30 000 次。

3）形变物体检测模型

传统物体检测研究的高峰是 Felzenszwalb 等提出的形变部件检测模型(DPM)[141]，该模型在 2007 年、2008 年和 2009 年都取得了“PASCAL VOC 物体检测竞赛”的冠军。最初的 DPM 模型可以看成是 HoG 检测器的一个延伸。随后，Girshick 在早期 DPM 模型的基础上进行了一系列改进[145-148]，使其日臻完善。

DPM 模型循着“分而治之(divide and conquer)”的哲学，把模型的训练过程看作是学习一种合适的方式将物体的多个部件进行分解，随后集成多个部件的检测结果对完整物体位置进行推理的过程。比如，在检测行人时，可以将行人分解为头、躯干、腿等多个部件。在最初的工作中，Felzenszwalb 等采用星形模型(star model)[141]。随后，Girshick 在星形模型的基础上提出了混合模型(mixture model)[145-148]，以更好地应对真实环境中物体的各种显著变化。

一个典型的 DPM 模型一般由一个主体滤波器 (root filter)和多个部件滤波器(part filters)组成。DPM 模型不采用人工方式指定部件滤波器的配置信息(尺寸、位置等)，而是采用弱监督学习的方法，将所有部件的配置信息作为隐变量(latent variables)来自动学习。Girshick 将这种建模方式进一步归纳为多示例学习的一个特例[149]，并采用了一些其他关键策略，如困难样本挖掘(hard example mining)、检测框回归(bounding box regression)等来进一步提升物体检测的准确性。为了提升检测器的速度，Girshick 还将检测器设计成级联的结构，在不牺牲性能的前提下获得了超过 10 倍的速度提升[145, 148]。

尽管现有物体检测方法的性能已经远远超过了 DPM 模型，但是 DPM 模型中的很多宝贵思想对物体检测领域产生了深远的影响，如混合模型、困难样本挖掘和检测框回归等。这也是 DPM 模型能够在物体检测领域获得重要地位的原因。

2. 基于深度学习的检测方法

受制于手工特征自身的局限性，在 DPM 模型被提出之后的一段时间内，物体检测的发展进入了瓶颈期[148]。直到 2012 年，深度学习在物体分类领域取得了巨大成功，而这也给物体检测的研究带来了启示。众所周知，凭借着深层的结构和复杂的非线性变换，深度神经网络可以实现鲁棒的高层图像特征表达。那么，可否借助深度学习的优势来提升物体检测算法的性能呢？2014 年，Girshick 率先提出利用卷积神经网络来实现物体检测[150]。从此以后，物体检测的研究也正式步入了深度学习阶段，并以前所未有的速度发展着。

基于深度学习的物体检测可以分为两类：两阶段检测模型(two-stage

detection framework)和单阶段检测模型(one-stage detection framework)。两阶段检测模型需要以预处理的方式生成物体的候选区域,这一类模型的代表性工作包括 RCNN[150]、SPPNet[151]、Fast RCNN[152]、Faster RCNN[153-154]、RFCN[155]、Mask RCNN[156]等模型。单阶段检测模型直接通过检测框回归的方式来实现物体检测,代表性方法有 YOLO[157]及其改进模型[158]、SSD[159]模型等。下面将对这些内容进行详细介绍。

4.3.2 基于深度学习的物体检测

1. 两阶段检测模型

两阶段检测模型也称为基于区域(region based)的检测模型。两阶段物体检测模型的思路与人脑的视觉注意机制类似:首先对场景进行粗略扫描,随后将注意力聚焦在某些感兴趣的区域(regions of interest, RoIs)。两阶段模型中需要首先生成与类别无关的候选物体区域(region proposal)①。随后,检测模型需要从这些区域中提取相应的特征,并使用特定类别的分类器对候选物体区域的类别做出判断。

1) RCNN 模型

2014 年,受到深度学习在物体分类领域取得成功的启发,美国加州大学伯克利分校的 Girshick 提出了经典的 RCNN 模型[150],第一次成功地将深度学习引入目标检测领域。RCNN 模型是目标检测领域开创性的工作,极大地推动了后续的工作发展,该模型如图 4-20 所示。

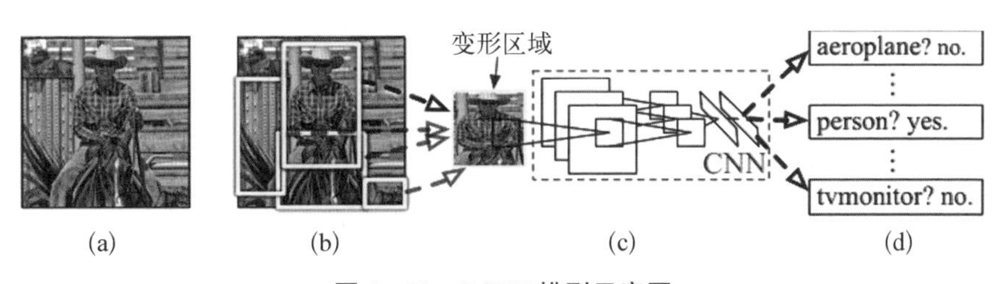

图 4-20 RCNN 模型示意图

(a) 输入图片 (b) 提取候选区域(~2k) (c) 计算 CNN 特征图 (d) 分类区

为了利用深度神经网络强大的特征表达能力,同时弥补目标检测数据库标注稀疏、训练样本不足的问题,RCNN 模型提出了"预训练+微调"(pre-train and fine-tune)策略,即首先在大规模分类数据集上预先训练深度学习模型,随

① 候选物体区域(region proposal, object proposal, or detection proposals),指的是图像或视频中一系列可能含有物体的候选区域或检测框。

后根据检测任务进一步微调模型。在预训练阶段，深度神经网络可以学习到表达能力很强的通用特征。在预训练模型的基础上，利用少量检测样本，对模型参数进一步微调，就可以把通用的图片特征，泛化到检测任务中来，从而得到适合于检测任务的特征表达。

其次，针对传统检测流程中使用滑动窗口策略会产生大量负样本的问题，RCNN 提出可以利用经典的候选区域搜索（selective search）[160]算法①，事先从图像中产生一些"可能是物体"的区域。相较于滑动窗口算法，候选区域搜索算法产生的候选区域数量出现明显下降。相较于从滑动窗口中寻找物体的位置，检测算法从候选区域中确定真正的物体，搜索空间极大地减小，这也意味着深度网络的训练不会受到大量无意义负样本的干扰。

RCNN 算法的具体流程包括了以下 4 个步骤：

（1）候选区域生成。对于每张图像，RCNN 利用经典的选择性搜索算法生成大约 2 000 个类别未知的候选区域。每个候选区域的大小是不固定的，为了方便后续深度网络的训练和特征提取，将每个候选区域的大小归一化到 227×227 的尺寸。

（2）神经网络模型预训练和微调。得到在 ImageNet 数据库上预训练的 AlexNet 模型之后，RCNN 方法在检测数据库上对模型的参数进行进一步微调。首先将预训练模型的最后一层，从 1 000 维的分类层改为 $N+1$ 维的分类层，其中 N 表示检测数据库中物体类别的个数，1 表示背景类，即不属于任何物体类别的区域。在微调时，依据候选区域与真实标注框交并比（intersection over union，IoU）的大小，生成相应的正负训练样本。如果一个候选区域与某个类别物体的标注框之间的 IoU$\geqslant$0.5，那么这个候选区域就被认为是该类别的正样本；如果一个候选区域与各个类别的标注框之间的 IoU$<$0.5，这个候选区域就被认为不属于任何一个物体类别，被判断为背景类。为了保证微调过程中正负样本比例的均衡，在通过随机梯度下降法训练网络时，一个训练批次中的正负样本比例，即物体类别与背景类别的比例，被控制为 1∶3。

（3）支持向量机分类器训练。在微调网络之后，RCNN 模型利用深度神经网络提取每个候选区域的特征。将候选区域图像送入 AlexNet 模型网络之后，RCNN 模型使用网络"fc7"层的响应值作为该候选区域的特征表达。在得到每个候选区域的特征之后，RCNN 模型利用这些特征再次训练用于物体分

① 候选区域搜索方法首先利用图像分割算法将图像划分成若干小区域，随后根据区域的颜色、纹理等信息和其他直观准则，采用自下而上（bottom-up）的聚类策略将某些区域合并，生成可能是物体的区域检测框。

类的一组支持向量机分类器。需要注意的是，在训练支持向量机分类器时，正负样本的划分与第 2 步不同，在这一步中，只有图片中的真实标注框才被当作对应类别的正样本。与标注框的 IoU＜0.3 的候选区域则被当作背景类进行训练。

(4) 检测框回归训练。除了训练支持向量机对候选区域的物体类别进行分类外，RCNN 模型还通过回归的方式对真实的检测框坐标进行预测，以得到更加准确的检测框位置信息。

RCNN 模型在目标检测数据库上取得了非常好的实验性能，在“PASCAL VOC 2012 年物体检测竞赛”中，数据的平均精度均值为 53.3%，超过了经典的 DPM 模型 30%左右[161]。尽管在性能上取得了极大的突破，作为早期的基于深度学习的检测模型，RCNN 模型也存在以下一些问题：

(1) RCNN 模型的训练需要多个步骤，包括微调特征提取网络、训练支持向量机分类器和训练检测框回归预测模型。每一步都是独立训练的，既耗费时间又很难优化。

(2) 由于全连接层的存在，RCNN 模型的特征提取网络只能接受尺寸为 227×227 的输入图像。这就要求 RCNN 模型对所有的候选区域进行尺寸归一化计算，增加了额外的计算时间。此外，对于图像中的每个候选区域，RCNN 都需要将其送入深度模型中提取特征并暂时保存。然而，物体候选区域之间的重叠率是相当高的。这一过程包含大量的重复运算，极大地消耗了时间和存储空间。

(3) 尽管选择性搜索方法可以生成召回率较高的物体候选区域，然而这些候选区域仍然存在着一定的冗余，而且这一步的计算也比较耗时①。

这些不足也引起了研究者的重视。在 RCNN 的基础上，后续的一系列检测算法，包括 SPPNet[151]、Fast RCNN[152]、Faster RCNN[153-154]等模型都针对这些问题提出了相应的改进措施。

2) SPPNet 模型

由于特征提取网络中全连接层的存在，RCNN 必须将所有的候选区域通过仿射变换的形式归一化到统一尺寸，而这种操作可能会给候选区域中的物体带来多余的几何扭曲，尤其是在物体尺寸变化比较大的情况下。这会对物体检测的准确率带来一定的影响。

为了解决上述问题，何恺明等将金字塔空间池化(spatial pyramid pooling, SPM)[16, 162]引入物体检测框架中，并提出了一种全新的卷积神经网络 SPPNet[151]

① 提取 2 000 个候选区域需要花费 2 s 左右的时间，因此较难满足实时性的要求。

模型来实现物体检测任务。SPM 层的基本思想是在不同的尺度上将候选区域图像平均划分成多个部分(分为 1 份、2×2 份、4×4 份)，每一部分提取固定维度的特征，最后将所有的特征拼接得到全局特征。卷积层可以处理任意尺度的输入图像，而在深度神经网络中唯一对图像尺寸有要求的层就是全连接层。因此，SPPNet 模型将 SPM 层添加到“conv5”后面，在输入不同尺寸的候选区域图像时，为后续的全连接层生成固定维度的特征。当图像中存在多个候选区域时，RCNN 需要先将每个候选区域的尺寸归一化，随后将多个候选区域分别送入卷积神经网络中进行训练。而 SPPNet 则是将整幅图像送入网络中，在网络的最后一个卷积层中找到候选区域对应的位置，使用 SPM 层进行特征池化操作。相比于 RCNN 模型，SPPNet 模型仅对图像做一次运算就可以得到所有候选区域的固定尺寸的特征表达，避免了大量的重复计算。在不牺牲计算精度的前提下，SPPNet 模型的速度比 RCNN 模型快了将近 20 倍。

尽管 SPPNet 模型可以显著提升物体检测的精度和速度，但是它仍然存在着一定的不足：

(1) SPPNet 模型采用了与 RCNN 模型几乎同样的多步框架。

(2) 在训练时，SPPNet 模型仅仅能够微调它的全连接层，而在 SPM 层之前的网络参数不能更新。当网络的层数加深时，检测算法的性能会明显下降。

3) Fast RCNN 模型

为了解决 RCNN 和 SPPNet 模型的不足，Girshick 在 2015 年提出了 Fast RCNN 算法[152]，在 RCNN 和 SPPNet 模型的基础上，进一步提升了检测算法的速度和精度。为了实现物体检测，RCNN 和 SPPNet 模型需要分别训练 Softmax 分类器、支持向量机分类器、检测框回归器，而 Fast RCNN 模型提出以多任务学习的方式同步进行物体分类和检测框回归训练，以一种更简单的方式实现了可端到端学习的物体检测框架。

Fast RCNN 模型的框架如图 4-21 所示。与 SPPNet 模型的思路类似，Fast RCNN 将整幅图像送入特征提取网络，在卷积特征图上确定候选区域的对应位置，使用兴趣区域(region of interest, RoI)池化①得到每个候选区域的固定

① Fast RCNN 模型用到了兴趣区域池化层。Fast RCNN 模型将整张图像送入网络进行特征提取，得到整张图像的卷积特征图。随后将各个候选框映射到整张图像的卷积特征图上，提取各候选区域的特征。由于候选区域的大小是不一致的，而后续的处理需要候选区域的特征尺寸固定，因此需要兴趣区域池化操作来解决这一问题。假设第 i 个候选区域的特征图长宽尺寸为 $h_i \times w_i$，要确保该区域输出特征的尺寸为 $h \times w$，那么就要将候选区域的特征图分成 $h \times w$ 格子，每个格子的大小为 $(h_i/h) \times (w_i/w)$，然后对每个格子进行最大池化操作，就可以得到尺寸为 $h \times w$ 的特征图。值得注意的是，这一步有小数的存在，兴趣区域池化直接采取了“四舍五入”的办法。当然，这一办法也会造成一定的误差。

长度的特征表达。在这里,RoI 池化也可以看成是一层金字塔池化,可以算作 SPM 层的一个特例。候选区域的特征在经过若干全连接层之后分成两个分支,分别用于计算物体类别的概率和检测框偏移量的预测。在 Fast RCNN 模型中,除了区域推荐网络之外,所有的参数都可以以多任务学习的方式端到端地训练

$$L(p, u, t^u, v)=L_{cls}(p, u)+\lambda[u \geqslant 1]L_{loc}(t^u, v) \tag{4-12}$$

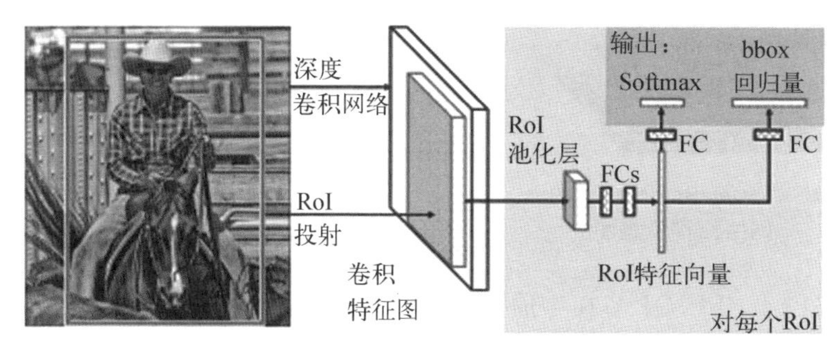

图 4-21 Fast RCNN 示意图

式中,$L_{cls}(p, u)=-\log p_u$ 计算网络预测物体类别的分类损失;$L_{loc}(t^u, v)$ 由预测的偏移量 $t^u=(t_x^u, t_y^u, t_w^u, t_h^u)$ 和真实标注回归框 $v=(v_x, v_y, v_w, v_h)$ 共同决定,其中 x、y、w、h 指的是检测框的中心坐标、长度以及宽度。每一个 t^u 通过对长宽进行对数空间变换及尺度不变性变换来描述物体推荐区域。函数 $[u \geqslant 1]$ 的目的是忽略所有的背景 RoIs。为了更好地应对离群点,同时消除对梯度爆炸的敏感性,Fast RCNN 模型使用了平滑 L_1 损失函数来实现检测框回归预测训练

$$L_{loc}(t^u, v)=\sum_{i \in x, y, w, h} \text{smooth}_{L_1}(t_i^u-v_i) \tag{4-13}$$

式中,

$$\text{smooth}_{L_1}(x)=\begin{cases}0.5x^2, & 若 |x|<1 \\ |x|-0.5, & 其他\end{cases} \tag{4-14}$$

在 Fast RCNN 模型中,除了区域推荐网络之外,网络的剩余部分都可以以多任务学习的方式在一个阶段内完成训练,这样节省了大量的存储空间。其次,相比于 RCNN 模型、SPPNet 模型,Fast RCNN 模型的效率大幅度提升,在训练和测试阶段的速度提升了 3~10 倍。

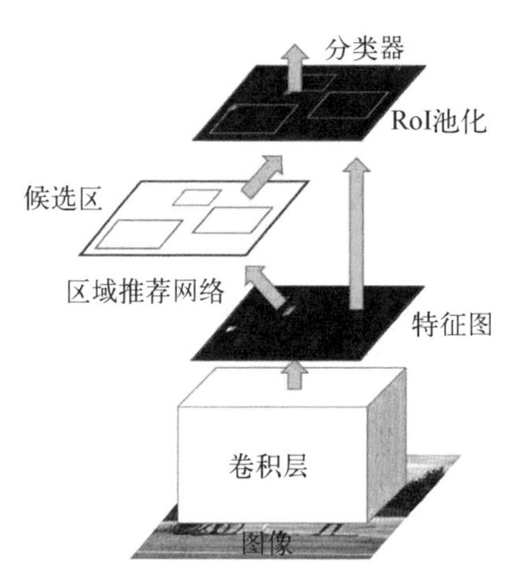

图 4-22 Faster RCNN 模型的网络结构示意图

4) Faster RCNN 模型

Faster RCNN 模型的网络结构如图 4-22 所示。相较于更早的方法，Fast RCNN 模型的计算效率已经取得了大幅度的提升。然而，Fast RCNN 模型仍然需要选择搜索来获得候选物体框。选择搜索需要利用图片的底层特征，计算超像素块，然后再通过多次融合聚类得到最终的候选区域，这一过程成为影响 Fast RCNN 模型速度的瓶颈。研究表明，卷积神经网络中的卷积层有着强大的物体定位的能力[78, 163-165]，而这一能力恰恰是全连接层所不具备的。因此，传统的候选区域推荐方法可以被更快速的卷积神经网络所替代。而 Faster RCNN[153]模型通过提出区域推荐网络(region proposal network，RPN)成功地解决了这一问题。在 Faster RCNN 模型中，RPN 网络与其他模块共享主干网络，RPN 网络和 Fast RCNN 网络使用主干网络的最后一层卷积层来分别实现区域推荐任务和区域分类任务。

RPN 模型的网络结构如图 4-23 所示。RPN 首先在特征图的每个像素点事先定义若干尺度和长宽比不同的锚点(anchor)。而图像中的物体可以被这些大小不同、长宽比不同的锚点框所包含。锚点的位置与图像的内容无关，而根据锚点所提取的特征反映了图像的内容信息。RPN 使用类似于滑动窗口的方式遍历卷积特征图的位置。随后，每一个锚点被映射成为低维度的向量，并送入两个平行的 FC 层，分别用于实现分类和回归。这些操作通过一个 $n \times n$ 尺寸的卷

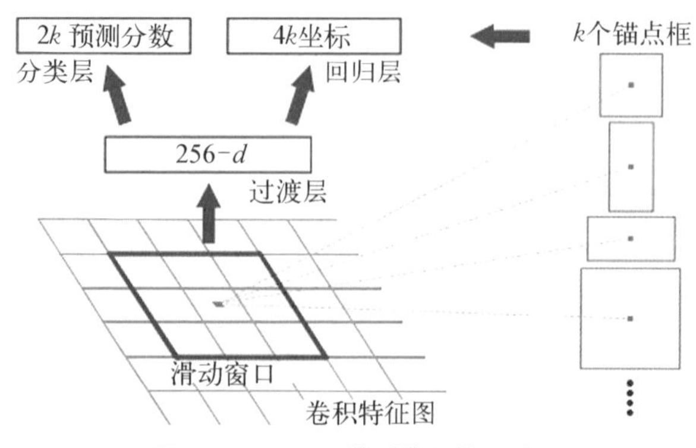

图 4-23 RPN 模型的网络示意图

积层和两个 1×1 的卷积层来实现。根据产生的候选窗口与标注框之间 IoU 的大小,确定出真正的物体类窗口与背景类窗口。对于每个锚点,如果它和图像中的某个物体框的 IoU 大于某个阈值,则认为它属于这一类,否则会被认定为背景。

RPN 模型网络和 Fast RCNN 模型网络共享主干网络,而且 RPN 网络本质上属于全卷积网络[166],在 Faster RCNN 模型中也不再需要手动提取特征的环节,因此可以保证较高的计算效率。使用 VGG 作为主干网络,使用一块 GPU 的 Faster RCNN 模型在测试阶段可达到 5FPS 的速度。此外,让深度网络自己"学习"到的候选区域,比使用选择搜索通过底层特征对不同像素块进行融合得到的候选区域,表现出更好的实验性能。这一优势不仅体现在最终的检测结果上,还体现在一个图像中候选窗口的数量上。为了能够"找到"图像中物体所在的位置,选择搜索需要 2 000 个候选窗口才能达到不错的召回率;而对于 RPN 模型来讲,每张图像只需要 300 个候选窗口就能找到物体的准确位置。这说明通过深度网络的学习,RPN 模型产生的候选窗口的质量更高。

5) RFCN 模型

相比于 Fast RCNN 模型,Faster RCNN 模型在计算速度上提升了一个量级。然而在 Faster RCNN 模型中,区域子网络仍然需要针对每个兴趣区域进行单独计算。考虑到上述因素,Dai 等提出了 RFCN(region based fully convolutional network)检测算法[155],将全连接层的操作全部替换为卷积操作,使得几乎所有的计算都可以在整张图像上共享。RFCN 模型与 Faster RCNN 模型的唯一不同之处在于兴趣区域子网络。在 Faster RCNN 模型中,兴趣区域池化层之后的计算无法共享。因此,RFCN 模型全部使用卷积层来构建共享的兴趣区域池化层。兴趣区域池化层从最后一层卷积层上提取特征,并进行预测。值得注意的是,Dai 等发现这种直观的设计会导致检测结果大幅度下降,因此推测更深的卷积层对类别语义信息更为敏感,对变换则不敏感。而物体检测恰恰需要反映平移不变性(translation invariance)的定位表达。根据这一观察,Dai 等在全卷积层之上添加了一组专门的卷积层来得到一系列位置敏感的特征图,并在这之上添加了位置敏感的兴趣区域池化层。实验结果表明,以 ResNet - 101[73] 为主干网络的 RFCN 模型可以用更快的运行速度实现与 Faster RCNN 模型相当的精度。

6) Mask RCNN 模型

在 RCNN、Fast RCNN 和 Faster RCNN 模型的基础上,研究人员继续对物体检测方法展开研究。为了解决像素级的实例分割问题,He 等在 Faster

RCNN 模型的基础上提出了 Mask RCNN 模型[156]。Mask RCNN 模型采用了与 Faster RCNN 相同的两阶段策略，并且使用了相同的区域推荐网络。两者的不同之处在于，Mask RCNN 模型在类别预测分支和检测框回归分支之外添加了第 3 个分支来预测每个兴趣区域的掩模。掩模分支是通过在卷积特征图上添加全卷积网络的方式来实现的。为了避免兴趣区域池化层所带来对齐误差，Mask RCNN 模型提出了兴趣区域对齐层（RoI align layer）来保留像素级的空间对应，如图 4－24 所示。

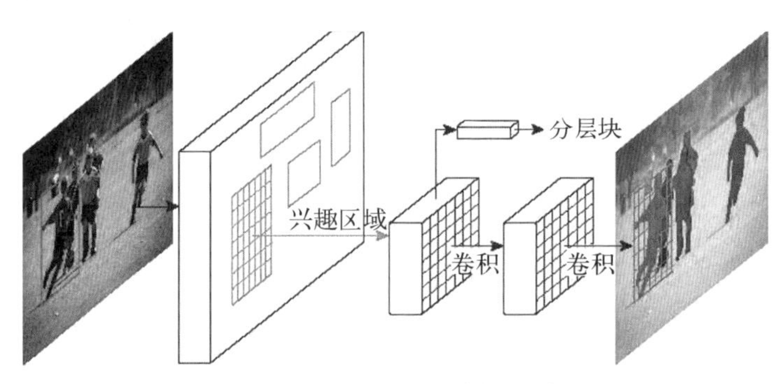

图 4－24 Mask RCNN 模型示意图

为了保证算法的效率，Fast RCNN 模型将整张图像送入主干网络，并在最后一个卷积层上根据每个候选区域的位置，从卷积层上进行特征裁剪。随后通过池化操作，得到候选区域的特征。需要注意的一点是，在深度网络当中，输入图片通过多次卷积以及池化操作，其尺寸是在不断减小的。比如，在 7 层的 AlexNet 模型当中，当图片传到最后一个卷积层时，图片的尺寸已经缩小为原图的 1/8。在这种情况下，为了能在卷积层裁剪候选区域，候选区域所对应的坐标，也应该相应地缩小为原始坐标的 1/8。候选区域的坐标经过缩小之后，自然会出现小数点，而卷积层的坐标值都是整数。为了能够顺利地提取候选区域的特征，Fast RCNN 模型把候选区域经过缩小之后的小数点坐标进行了“四舍五入”，然后利用“四舍五入”之后的整数坐标，从卷积层中裁剪特征。除此之外，为了将每个兴趣区域特征转化为固定大小的维度时，在对特征图进行分块操作时，再一次采用了取整数的操作。简言之，由于兴趣区域池化层的存在，Faster RCNN 模型在提取特征时会产生较为粗糙的空间量化。由此导致兴趣区域和相应特征无法对齐的问题。

对于分类任务来讲，因为取整而造成偏移对于结果的影响可能不大，但是对于检测任务，或者是更精确的分割任务来说，由于“四舍五入”造成的偏移就可能对结果造成比较大的影响。为了解决这一问题，Mask RCNN 模型使用了兴趣区域对齐层来代替兴趣区域池化层。具体来说，在卷积层裁剪候选区域特征时，不再进行"四舍五入"的量化操作，而是保留了候选区域经过缩小的小数点坐标，然后利用双线性差值的办法，从原始的整数坐标的卷积特征中，准确计算小数点坐标对应的特征。通过这种简单的策略，Mask RCNN 模型修正了在 Fast RCNN 模型中由于"四舍五入"带来的误差，从而进一步地提升了检测的性能，而且这一策略带来的额外计算代价也不明显。

2. 单阶段物体检测模型

相比于滑动窗口这种穷举的方法[137, 146, 167-168]，基于候选区域推荐的方法减少了大量的计算，同时在性能上也有很大的提高。利用候选区域推荐的结果，结合基于卷积神经网络的 RCNN 模型，物体检测的性能取得了质的飞跃。同时，基于 RCNN 模型发展出来的 Fast RCNN、Faster RCNN 以及 Mask RCNN 模型，证明了"区域推荐＋分类"的方法在物体检测领域的有效性。然而，两阶段检测模型通常由若干模块组成，包括候选区域生成、特征提取、分类以及检测框回归等。尽管 Faster RCNN 模型已经可以实现端到端的训练，但是候选区域网络和检测网络仍然需要以交替的方式训练。因此，计算速度仍然是两阶段模型走向实时应用、移动端的瓶颈。

相比于 RCNN 模型关注在性能方面的提升，还有一些方法更加关注如何提升物体检测的速度。他们不再依赖两阶段模型，而是提供了另外一种思路，即将物体检测问题转化为回归问题。当给定输入的图像时，这类方法直接在图像的多个位置上回归出目标的检测框及物体类别。因为这类方法不再依赖于候选区域推荐，因此被称为单阶段物体检测方法。比较有代表性的单阶段检测模型包括 YOLO[157-158]、SSD[159]等模型。

1) YOLO 模型

YOLO(you only look once)模型[157]是 Redmon 等提出的单阶段目标检测方法。YOLO 模型直接把物体检测问题当成了回归问题，利用单一网络的特征直接预测物体类别和检测框位置。YOLO 模型的主要特点在于端到端的训练和实时检测，相比于两阶段物体检测模型，YOLO 模型最大的优势就是其算法的实时性。事实上，目标检测的本质就是回归，因此一个实现回归功能的神经网络并不需要过于复杂的设计过程。YOLO 模型的框架如图 4-25 所示。

YOLO 模型将输入图像划分为 $S \times S$ 的网格，每个网格负责预测中心位于这个网格的目标。每个网格输出 B 个检测框(bounding box)，每个检测框包括 x、y、w、h 和置信度(confidence)5 个元素。x、y 表示检测框中心相对于网格的坐标；w、h 为检测框相对于全图的尺寸；置信度则表示边界框包含目标的概率。

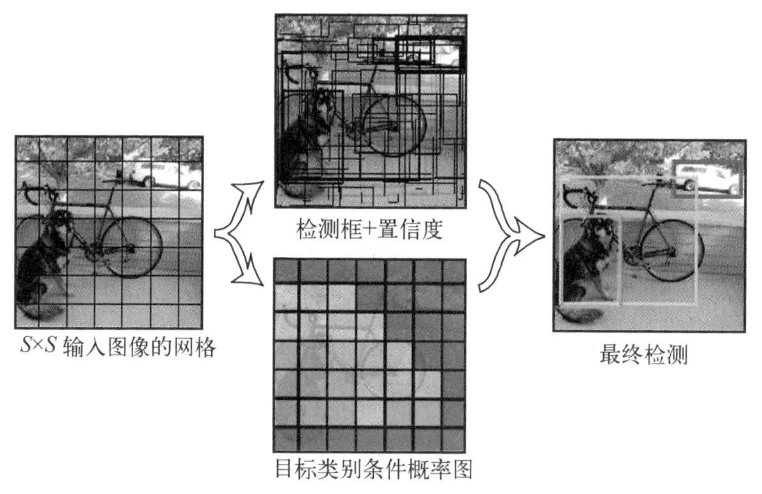

图 4-25 YOLO 模型框架

每个网格输出 C 个目标类别的条件概率。由于每个检测框对应着(x, y, w, h)和置信度 5 个数值,每个网格对应 B 个检测框和 C 个目标类别的条件概率,再加上共有 $S \times S$ 网格,所以网络的最终输出就是一个 $S \times S \times (5 \times B + C)$ 维度的张量。在测试的时候,将每个网格预测的类别信息和检测框的置信度相乘,得到每个检测框中相应类别的置信度,可以表示为

$$\mathrm{Pr}(\mathrm{Class_i} \mid \mathrm{Object}) \times \mathrm{Pr}(\mathrm{Object}) \times \mathrm{IOU}_{\mathrm{pred}}^{\mathrm{truth}} = \mathrm{Pr}(\mathrm{Class_i}) \times \mathrm{IOU}_{\mathrm{pred}}^{\mathrm{truth}} \tag{4-15}$$

由于完全把检测任务转化成了回归任务,YOLO 模型在训练过程中采用平方误差计算损失函数

$$\begin{aligned}
&\lambda_{\mathrm{coord}} \sum_{i=0}^{S^2} \sum_{j=0}^{B} 1_{ij}^{\mathrm{obj}} (x_i - \hat{x}_i)^2 + (y_i - \hat{y}_i)^2 + \\
&\lambda_{\mathrm{coord}} \sum_{i=0}^{S^2} \sum_{j=0}^{B} 1_{ij}^{\mathrm{obj}} (\sqrt{w_i} - \sqrt{\hat{w}_i})^2 + (\sqrt{h_i} - \sqrt{\hat{h}_i})^2 + \\
&\sum_{i=0}^{S^2} \sum_{j=0}^{B} 1_{ij}^{\mathrm{obj}} (C_i - \hat{C}_i)^2 + \\
&\lambda_{\mathrm{noobj}} \sum_{i=0}^{S^2} \sum_{j=0}^{B} 1_{ij}^{\mathrm{noobj}} (C_i - \hat{C}_i)^2 + \\
&\sum_{i=0}^{S^2} 1_{ij}^{\mathrm{obj}} \sum_{c \in \mathrm{classes}} (p_i(c) - \hat{p}_i(c))^2
\end{aligned} \tag{4-16}$$

式中，$\lambda_{\text{coord}}\sum_{i=0}^{S^2}\sum_{j=0}^{B}1_{ij}^{\text{obj}}(x_i-\hat{x}_i)^2+(y_i-\hat{y}_i)^2+\lambda_{\text{coord}}\sum_{i=0}^{S^2}\sum_{j=0}^{B}1_{ij}^{\text{obj}}(\sqrt{w_i}-\sqrt{\hat{w}_i})^2+(\sqrt{h_i}-\sqrt{\hat{h}_i})^2$ 项用于实现物体检测框的坐标回归，其中 1_{ij}^{obj} 判断第 i 个网格中的第 j 个物体检测框是否对应当前的物体；$\sum_{i=0}^{S^2}\sum_{j=0}^{B}1_{ij}^{\text{obj}}(C_i-\hat{C}_i)^2$ 对含有物体的检测框的目标类别进行回归预测；$\lambda_{\text{noobj}}\sum_{i=0}^{S^2}\sum_{j=0}^{B}1_{ij}^{\text{noobj}}(C_i-\hat{C}_i)^2$ 对不含有物体的检测框的背景置信度进行回归预测；$\sum_{i=0}^{S^2}1_{ij}^{\text{obj}}\sum_{c\in\text{classes}}(p_i(c)-\hat{p}_i(c))^2$ 对物体中心落入网格 i 中的物体类别进行预测。为了平衡正负样本不均衡的问题，损失函数中引入了 λ_{coord} 和 λ_{noobj} 来调节位置回归误差和负样本分类误差在损失函数中的比重；同时为了解决边界框尺寸不同的影响，使用尺寸的平方根参与计算。在匹配过程中，如果某个网格确定包含目标，则只有与真实标签有最大重合的边界框参与损失函数的计算，这样使得每组检测单元都有其最佳的匹配尺寸和纵横比。

由于不再使用候选区域推荐，YOLO 模型可以以 45FPS 的速率运行，而 Fast YOLO 模型的速度更是达到了 155FPS。YOLO 模型直接选用整张图像训练模型，这样可以更好地描述物体的上下文信息，较少地做出假阳性的误判。相比之下，采用区域推荐训练方式的 Fast RCNN 模型常常把背景区域误检为特定目标。另外，由于 YOLO 模型相对粗糙的网格划分方式以及每个网格只包括一个物体的设定，使得其对小目标和相邻目标的检测效果较差，容易出现漏检的情况；此外，由于对检测框位置、尺寸和长宽比粗糙的划分以及较多的降采样操作，YOLO 模型的定位误差也高于 Fast RCNN 模型。

在 YOLO 模型的基础上，Redmon 和 Farhadi 提出了改进模型 YOLOv2[158]。首先，YOLOv2 模型将经典的 GoogleNet 模型替换为更简单的 DarkNet19 模型，添加了批标准化(batch normalization)[169]、去掉了全连接层。YOLOv2 模型采用了锚点目标框(anchor box)的方式生成边界框，使得边界框更加紧凑，并且目标框的尺寸和纵横比是利用 K - means 聚类从训练数据集中自动计算得到的，更加符合实际应用的需要。为了能够更好地检测小目标，YOLOv2 模型将两个不同分辨率的卷积输出合并后组成新的特征层。YOLOv2 模型的多项改进使其在保证速度的同时，检测精度能够与性能最好的方法相媲美。

此外，Redmon 和 Farhadi 还提出了一种 YOLO9000 模型[158]，通过组合多源数据的方式在 ImageNet 分类数据集和 COCO 检测数据集上进行协同训练，可以达到实时检测 9 000 种物体类别的能力。YOLO9000 模型这种协同训练的方式可以使其实现弱监督的物体检测。

2) SSD 模型

在 YOLO 模型提出之后，Liu 等在 2016 年提出了 SSD(single shot multi-box detector)检测模型[159]。SSD 模型的速度高于 YOLO 模型，而且其准确率取得了与两阶段检测模型(如 Faster RCNN 模型)相当的效果。SSD 模型将 YOLO 模型的回归思想和 Faster RCNN 模型的锚点目标框(anchor box)机制结合，在不同卷积层的特征图上预测物体区域，输出离散化的多尺度、多比例的坐标。与 YOLO 模型类似，SSD 模型预测固定数量的检测框和物体类别得分，并使用非极大抑制(non-maximum suppression, NMS)来得到最终的检测结果。SSD 模型采用全卷积神经网络模型，低层以 VGG16 模型作为主干网络，使用 VGG16 模型的前面 5 组卷积层，其中 conv4_3 作为特征输出层，然后利用 astrous 算法将 fc6 和 fc7 层转化成两组卷积层。由于最后一层的信息对于精确定位可能过于粗糙。因此，SSD 模型在多个卷积特征图上进行多尺度检测，在每一尺度上都预测物体类别和检测框绝对值的偏移量。图 4－26 所示为 SSD 模型的结构示意图。

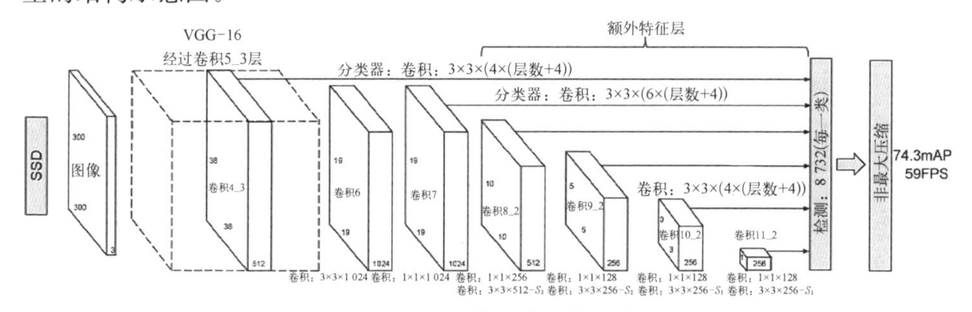

图 4－26 SSD 模型的结构示意图

SSD 模型采用类似于 RPN 模型中的锚点目标框(anchor box)的默认目标框(default box)。每层特征图中的默认目标框有 1～2 个尺度和多个纵横比，每个默认目标框的中心点位于 $[(i+0.5)/f_w, (j+0.5)/f_h]$，其中 f_w 和 f_h 分别为特征图的宽和高；$i \in [0, f_w)$，$j \in [0, f_h)$；默认目标框的尺度和特征层的感受野并非严格对应，而是按照式(4－17)的方式生成

$$s_k = s_{\min} + \frac{s_{\max} - s_{\min}}{m-1}(k-1),\ k \in [1, m] \tag{4-17}$$

式中 $s_{\min}$ 和 $s_{\max}$ 分别为最小检测尺度(典型值 0.2)和最大检测尺度(典型值

0.9)。每个默认目标框计算 C 维度的分类概率和 4 维度的回归误差作为输出。

在实现默认目标框和真实标签匹配时,SSD 模型分两步完成:① 对于每一个真实标签,将与其 IoU 最大的默认目标框作为正样本;② 对于每一个默认目标框,若其与任意一个真实标签的 IoU 大于给定阈值,则作为正样本。这种做法可以增加训练的稳定性,避免了由于阈值设置太高造成的匹配不当。SSD 模型的损失函数与 Fast/Faster RCNN 相似,由分类损失和回归损失两部分组成,其中分类损失为交叉熵损失函数,回归损失为 smooth L_1 损失函数。在计算分类损失时,为了避免正负样本不均衡的问题,SSD 模型采用了困难负样本搜索(hard negative mining)策略,即将负样本按照分类概率从大到小排序,从中选择前几个样本用于损失函数的计算,保证正负样本的比例为 1∶3。

3. *两阶段与单阶段模型的总结和比较*

本节对物体检测领域中的两阶段模型和单阶段模型以及两类模型中的经典方法进行了介绍,这里将对这两类检测框架进行简要的总结和比较。

(1) 当不考虑计算成本的代价时,相比于单阶段检测算法,两阶段检测算法通常可以获得更高的准确率。在一系列著名的检测挑战赛中,绝大部分夺冠算法都是两阶段检测算法,因为两阶段检测算法结构更加灵活、更加适用于基于区域的分类任务。目前来看,被用到最多的检测框架主要包括 Faster RCNN、RFCN 和 Mask RCNN 等模型。

(2) 有研究[170]表明,单阶段 SSD 检测模型与典型的两阶段模型相比,对主干网络质量的敏感性较低。

(3) 单阶段检测模型,如 YOLO 模型、SSD 模型等,通常要比两阶段模型速度更快。速度提升的原因包括多方面,比如不再使用预处理算法,使用轻量化的主干网络,使用更少的候选区域进行预测,使用全卷积网络来实现分类子网络等。当然,两阶段模型也可以通过类似的手段进一步简化,达到实时性的要求。而无论单阶段模型和两阶段模型,最耗时的部分往往来自主干网络(特征提取部分)[153, 171]。

(4) 有研究[157, 159, 170]表明单阶段检测模型,如 YOLO 模型、SSD 模型等,通常在小目标检测上要差于两阶段检测模型,如 Faster RCNN 模型、RFCN 模型等。但是在检测大物体时可以取得与两阶段检测模型相媲美的效果。

(5) 为了设计更好、更快、更加鲁棒的检测算法,目前已经有大量的尝试对检测框架中的每个模块进行改进。然而,无论是单阶段检测模型还是两阶段检测模型,主要改进策略大致集中在若干关键设计的选择上,包括使用全卷积网络、利用和检测相关任务的信息(Mask RCNN)、滑动窗口策略、融合主干网络不同层的特征等。

4.3.3 物体检测的发展方向

1. 不同监督信息下的物体检测

1）弱监督物体检测

现阶段的物体检测模型已经取得了非常好的效果。然而需要注意的是，主流的检测算法通常以监督学习的方式进行训练。而监督学习需要大量的人工标注，不但非常耗时，而且成本代价非常高，效率低下。此外，基于监督学习的目标检测方法严重依赖于目标标注的准确性，而图像标注的结果又很容易受到标注人员主观判断的影响。随着深度学习的不断发展，数据库的规模越来越大，数据集标注的成本也变得越来越高。因此，如何利用低成本的图像标注取得良好的检测结果也成了研究者的关注点之一。而这也就是弱监督物体检测（weakly supervised object detection）所要解决的问题，即不再利用检测框标注，仅根据图像级别的标注信息来进行检测器的学习。

多示例学习（multiple instance learning）[149, 172]是解决弱监督物体检测的一种重要思路[165, 173-174]。与传统方法对每一个示例进行标注不同，在多示例学习中，数据被表示成“包”（bag）的形式，每一个包中都包含多个示例。在正包中，至少有 1 个正例，而在负包中，所有的示例都是负例。对于物体检测任务而言，1 个正包就是包含物体的 1 张图像，每个可能包含目标物体的候选矩形框都可以看作是 1 个示例，而不包含目标物体的图像就可以看作负包。基于多示例学习的检测方法就是利用包含正包和负包的训练集学习相应的物体检测器。对于多示例学习物体检测算法，往往需要预先获得多个候选矩形框作为示例，因此在模型学习之前，需要通过区域推荐的方式预先获得多个候选矩形框。

有研究[174]提出的基于多示例学习的检测框架（见图 4－27）就是一种非常经典的思路。该方法共分为 3 个步骤：① 候选区域推荐；② 区域特征提取；③ 区域信息挖掘。在没有先验知识的情况下，一张图像中可能存在大量的区域框。因此，研究首先使用选择性搜索算法预先找到那些有可能存在物体的区域。在得到候选区域以后，接下来是区域特征的提取。特征提取的方式有很多种，研究使用了卷积神经网络。在得到候选区域的特征表达之后，就可以通过多示例学习的方法来实现区域信息的挖掘。为了减少正样本图像可能存在的歧义，研究在标准多示例学习的基础上提出了一种 bag-splitting 的算法，迭代地从正样本包中生成新的负样本包。此方法在同时期的弱监督物体检测方法中取得了最好的效果，也可以与同时期基于监督学习的物体检测算法相媲美。当然，该方法也存在着一定的缺点。由于是比较早期的算法，该方法并没有使用端到端的训练方式。此外，该方法直接选择得分最大的实例作为整个图像的分类结果，这种做法也较为粗糙。

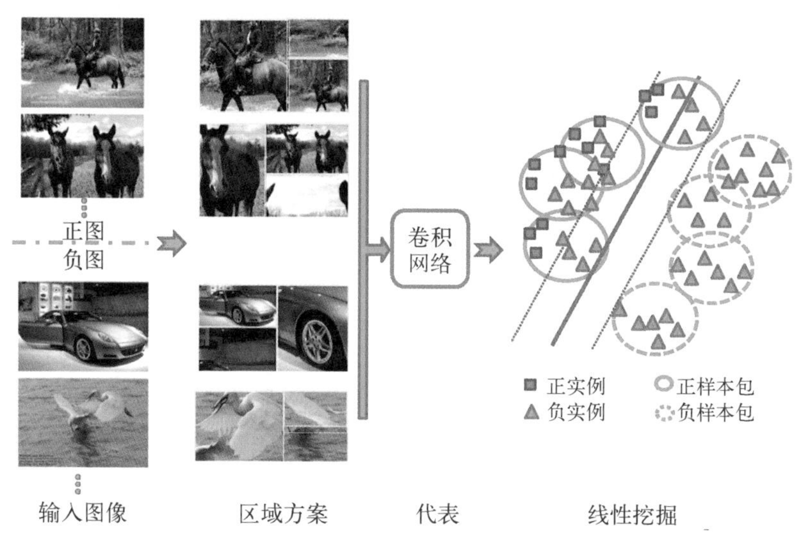

图 4-27 基于多示例学习的弱监督物体检测框架[174]

类别激活图[78](class activation map)是另一种比较有代表性的弱监督物体检测算法[175-176]。类别激活图的研究表明，卷积神经网络不但有很强的特征表达能力和迁移能力，而且对于仅带有图像类别标签的样本同样具有很好的目标定位能力。类别激活图的计算方式如下：假设 $f_k(x, y)$ 代表位于 (x, y) 位置的第 k 个单元的激活值，对于第 k 个单元，通过全局平均池化操作，可以得到该单元在所有位置上的平均响应 $F^k = \sum_x^y f_k(x, y)$。随后，对于给定的类别 c 的响应，可以对所有的 F^k 加权求和而得到 $S_c = \sum_k w_k^c F_k$，其中 w_k^c 代表每个单元 k 对应类别 c 的权重。当把这一权重 w_k^c 加入 $F^k = \sum_x^y f_k(x, y)$ 之中后，就可以得到每个类别的激活图 $M_c(x, y) = \sum_x^y w_k^c f_k(x, y)$。利用类别激活图就可以识别与特定类别最相关的图像区域。类别激活图方法在弱监督检测领域取得了非常惊艳的效果，但是它在本质上是一种基于分类问题的可视化技术，让我们看到神经网络在分类时关注点在哪里。

除了上述提到的方法之外，有研究者[177]将弱监督物体检测建模成推荐排序的过程，选择信息最强的区域，然后使用图像级的标注对这些区域进行训练。另一种比较简单的方法[178]是屏蔽输入图像的部分内容，如果预测得分下降比较大，那么被覆盖的区域中很有可能包含物体。此外，还有一部分方法[173]采用交互式的标注方式，在训练的过程中考虑人类的反馈信息以提升检测的结果。

2）混合监督物体检测

在物体检测中，基于充分监督的物体检测方法容易取得很好的效果。但是，这类方法通常需要依赖大量、精确的检测框标注，获得这些检测框会耗费大量的代价。每当出现新的物体类别时，就对该类别的物体进行新的标注，这是一件不现实的事情。而这一问题也为高性能的物体检测算法在现实中的应用带来了极大的挑战。

另一方面，弱标注的数据更容易通过互联网等形式得到。因此，弱监督物体检测方法可以通过更小的标注代价来完成任务。但这也并不意味着弱监督物体检测的方法就是完美的。弱监督检测的一大问题在于，检测模型非常容易将与物体同时出现的干扰项混淆成物体，这些干扰项可能是物体的部件，也有可能是上下文信息。而导致这一问题的原因在于弱监督检测中缺少示例的精确标注信息，因此，弱监督检测方法更像是在优化一个分类模型，而不是在优化一个检测模型，而这也是导致弱监督方法性能出现瓶颈的原因。图 4 - 28 展示了两个弱监督检测中出现的失败案例。

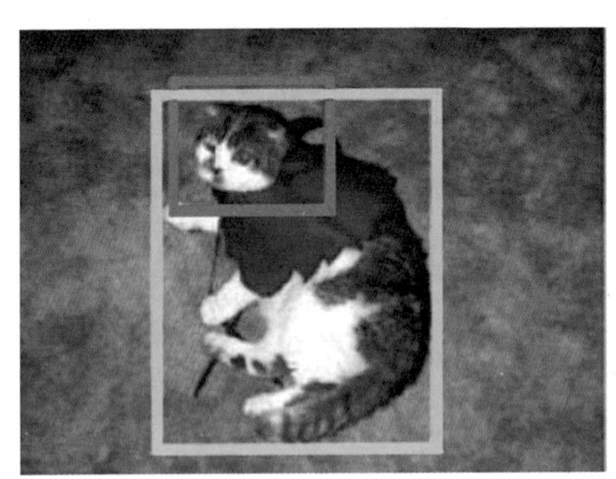

图 4 - 28　弱监督检测中出现的失败案例

基于充分监督的物体检测会取得优异的结果，而弱监督物体检测在实际中有着更广泛的应用前景。那么，这两种物体检测方法是否能在某种程度上进行融合，仅利用部分精确标注的物体检测框来学习通用的知识，进而提升没有足够监督信息的弱监督物体检测方法的性能呢？解决方法就是基于混合监督的物体检测方法[179]。混合物体监督的训练集分成了两部分，其中一部分类别称为“强”

类别，这些类别的物体有检测框和物体类别的标注，而另一部分类别称为"弱"类别，这一类别的物体仅有物体类别的标注，并且"强"类别和"弱"类别在物体种类上没有重复。研究人员指出，这种混合监督的设定区别于传统的半监督检测方法。在传统的半监督检测中，每一个类别中既有"强"标注的样本，又有"弱"标注的样本。

研究人员提出[179]了一种有效的解决混合监督物体检测的方法，由两阶段组成：① 首先通过充分标注的物体类别样本学习域不变性(domain-invariant)知识；② 将学到的知识有效迁移至"弱"标记的物体类别中。为此，研究人员提出了一种鲁棒的物体性(objectness)迁移网络，如图 4-29 所示。在学习物体性时，网络需要使用强标注类别中的物体检测框来学习物体性预测器(objectness predictor)。在这一部分，首先通过选择性搜索方法生成物体候选区域，然后将候选区域送入神经网络判断该区域是否存在物体。这一步的目的是使网络具备判断物体与非物体的能力。此外，研究人员将"强"标注类别物体和"弱"标注类别物体的检测框送入网络中训练一个域分类器，判断目标检测框属于强类别还是弱类别。这里需要对域分类器的梯度进行翻转，以实现域不变性，使得网络不具备区分不同域("强"类别和"弱"类别)的能力，从而能学到通用性的物体知识。在学到的物体性知识后，通过多示例学习的方法来进一步对物体和干扰项的区别进行建模。通过这种方式，检测模型可以在识别真正的物体类别之外对干扰类别也进行有效的判断。

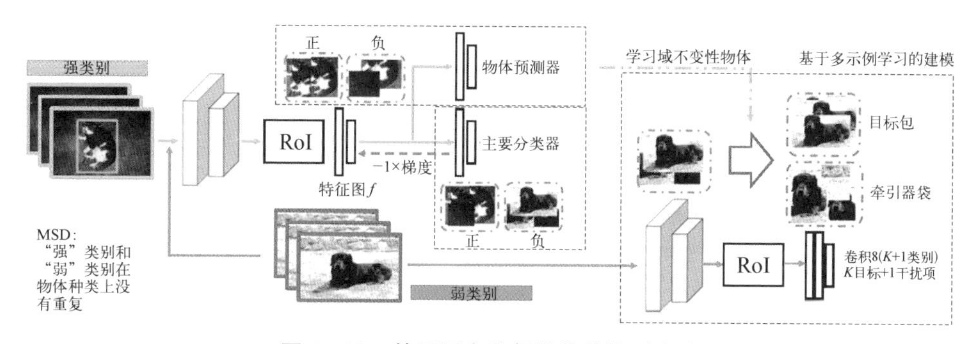

图 4-29　基于混合监督的物体检测方法

2. 基于对抗学习的物体检测

生成对抗网络(generative adversarial networks, GAN)[180]由 Goodfellow 等于 2014 年提出，并在随后引起了学术界的大量关注。一个典型的生成对抗网络由两部分组成：生成网络和判别网络，这两个网络在极大-极小优化的过程中互相竞争。一般来讲，生成器从隐藏空间中学习特定感兴趣数据的分布情况；而判别器的目的是区分从真实数据分布中提取的样本和通过生成器生成的样本。GAN广泛应用于多种计算机视觉任务中，包括图像生成[181]、图像风格迁移[182]，图像超分辨[183]等问题。近几年来，生成对抗网络也用于物体检测领域，尤其用来提升小目标和遮挡目标的检测结果。

在一些研究[184-185]中，生成对抗网络通过缩小小物体和大物体之间的特征表达来提升小目标检测的结果。为了提升遮挡物体检测的结果，研究[186]采用对抗训练的方式生成物体遮挡掩模。在研究中，对抗网络没有直接在像素空间生成对抗样本，而是通过改变特征的表达的方式来模拟遮挡过程。

在上述基于生成对抗学习的检测方法之外，对抗攻击[187](adversarial attack)也逐渐受到了研究者的关注。对抗攻击的目的是研究如何使用对抗样本来攻击物体检测算法。这一研究在自动驾驶等领域尤为重要，因为此类领域对算法的鲁棒性有着极高的要求。

3. 检测与分割任务的融合

物体检测和语义分割都属于计算机视觉领域的重要任务。近几年来，随着相关研究的推动以及相关数据库的完善，这两个任务之间的鸿沟也逐渐被打破。在一些任务中，物体检测和语义分割的方法被有机地结合在一起，协同解决某些特定的问题，如实例分割。其中最具有代表性的工作就是Mask RCNN，不但通过使用经典的两阶段检测框架有效解决了像素级的实例分割问题，而且在COCO物体实例分割和物体检测的任务中都取得了最好的效果。这也证明通过与语义分割任务相结合，物体检测的性能可以得到进一步的提升，而有研究[124]对其原因也进行了详细的分析：

(1) 分割有助于物体识别。边界和边缘构成了人类知觉认知的基本要素[188-189]。在计算机视觉中，object(如车辆、行人等)与stuff(天空、水、草地)的区别在于前者拥有封闭的、明确的边界，而后者往往不具备这一特点。因为语义分割的特征可以有效地描述物体的边界，所以语义分割也许会对物体识别提供一定的帮助。

(2) 分割有助于物体定位。在物体检测中，一个物体的真实检测框是由其轮廓边界决定的。对于一些具有特殊形状(形状极度不规则)的物体，很难准确预测与真实检测框IoU较高的区域。而边界信息可以有效编码在语义分割的特征中，因此分割任务的学习也有助于实现精确的物体定位。

(3) 分割可以编码上下文信息。日常生活中的物体通常被各种各样的背景所包围，如天空、水、草地等，这些因素共同构成了物体的上下文信息。将通过语义分割学到的上下文信息整合到物体检测的框架中，有助于提升物体检测的性能，比如一架飞机更容易出现在天空中，而不是出现在水里。

目前，通过分割的方式来提升物体检测的思路主要有两种：① 对更丰富特征的挖掘；② 对多任务损失函数的学习。最直接的方法就是将分割网络看成一个固定的特征提取器，并将其作为额外特征聚合至检测框架之中[190-192]。这种方法的优点在于易于实现，缺点是分割网络可能带来大量的额外计算。还有一种方法是在原始检测框架的基础上引入一个额外的分割分支，并使用包括分割损失和检测损失的多任务损失函数[156, 191]来共同训练网络。在大多数情况下，分割分支会在推理的阶段被移除。这类方法的优点在于检测速度不会受到太大影响，但缺点是需要像素级的图像标注。为此，一部分研究者也仿照了弱监督学习的理念，即不再使用像素级的分割掩码作为监督信息，而是仅使用边界框的标注来训练分割分支[100, 193]。

参考文献

[1] Marr D. Vision: A computational investigation into the human representation and processing of visual information [J]. The Quarterly Review of Biology, 1983, 58(2).

[2] Marr D. Representing visual information: A computational approach [C]//Lectures on Mathematics in the Life Science, 1978, 10: 61 - 80.

[3] Flynn P J, Jain A K. BONSAI: 3D object recognition using constrained search [J]. IEEE Transactions on Pattern Analysis and Machine Intelligence, 1991, 13(10): 1066 - 1075.

[4] Cyr C M, Kimia B B. 3D object recognition using shape similiarity-based aspect graph [C]//IEEE International Conference on Computer Vision, 2001, (1): 254 - 261.

[5] Shimshoni I, Ponce J. Probabilistic 3D object recognition [C]//Computer Vision. Kluwer Academic Publishers, 2000.

[6] Treisman A M, Gelade G. A feature-integration theory of attention [J]. Cognitive Psychology, 1980, 12(1): 97 - 136.

[7] Itti L, Koch C, Niebur E. A model of saliency-based visual attention for rapid scene analysis [J]. IEEE Transactions on Pattern Analysis and Machine Intelligence, 2002, 20(11): 1254 - 1259.

[8] Itti L, Baldi P. Bayesian surprise attracts human attention [J]. Vision Research, 2009, 49(10): 1295 - 1306.

[9] 龙甫荟，郑南宁. 一种引入注意机制的视觉计算模型[J]. 中国图象图形学报，1998(7): 592 - 595.

[10] 张鹏，王润生. 由底向上视觉注意中的层次性数据竞争[J]. 计算机辅助设计与图形学

学报,2005(8): 1667 - 1672.

[11] Mcclelland J L, Rumelhart D E. An interactive activation model of context effects in letter perception: I. An account of basic findings [J]. Readings in Cognitive ence, 1988, 88(88): 580 - 596.

[12] Zorzi M, Houghton G, Butterworth B. Two routes or one in reading aloud? A connectionist "dual-process" model [J]. Journal of Experimental Psychology Human Perception & Performan, 1998, 24(4): 1131 - 1161.

[13] Biederman I. Recognition-by-components: a theory of human image understanding [J]. Psychological Review, 1987, 94(2): 115 - 47.

[14] Li F, Fergus R, Torralba A. Recognizing and Learning Object Categories [C]//IEEE International Conference on Computer Vision, 2005.

[15] Sudderth E B, Torralba A, Freeman W T, et al. Learning hierarchical models of scenes, objects, and parts [C]//IEEE International Conference on Computer Vision, 2005, 1(2): 1331 - 1338.

[16] Lazebnik S, Schmid C, Ponce J. Beyond bags of features: spatial pyramid matching for recognizing natural scene categories [C]//Computer Vision and Pattern Recognition, 2006 IEEE Computer Society Conference on. IEEE, 2006: 2169 - 2178.

[17] http://en.wikipedia.org/wiki/Gestalt_psychology.

[18] Bileschi S M, Wolf L. Image representations beyond histograms of gradients: The role of Gestalt descriptors[C]//IEEE Conference on Computer Vision and Pattern Recognition. IEEE, 2007: 1 - 8.

[19] Zhu S C. Embedding gestalt laws in Markov random fields [J]. Pattern Analysis and Machine Intelligence IEEE Transactions on, 1999, 21(11): 1170 - 1187.

[20] Chen L. Topological structure in visual perception [J]. Science, 1982, 218(4573): 699 - 700.

[21] Zhuo Y, Zhou T G, Rao H Y, et al. Contributions of the visual ventral pathway to long-range apparent motion [J]. Science, 2003, 299(5605): 417 - 420.

[22] Klein F C. A comparative review of recent researches in geometry [J]. Bulletin of the American Mathematical Society, 2008, 2(10): 215 - 249.

[23] Serre T, Wolf L, Bileschi S, et al. Robust object recognition with cortex-like mechanisms [J]. IEEE Transactions on Pattern Analysis and Machine Intelligence, 2007, 29: 411 - 426.

[24] Serre T, Oliva A, Poggio T. A feedforward architecture accounts for rapid categorization [J]. Proceedings of the National Academy of ences of the United States of America, 2007, 104(15): 6424 - 6429.

[25] Marr D. Vision: A Computational Investigation into the Human Representation and

Processing of Visual Information[M]. Cambridge: The MIT Press, 2010.

[26] Russakovsky O, Deng J, Su H, et al. ImageNet large scale visual recognition challenge[J]. International Journal of Computer Vision, 2014,115(3): 211 - 252.

[27] 黄凯奇,任伟强,谭铁牛. 图像物体分类与检测算法综述[J]. 计算机学报,2014,37(6): 1225 - 1240.

[28] Lecun Y, Bottou L. Gradient-Based Learning Applied to Document Recognition [J]// Proceedings of the IEEE. 1998, 86(11): 2278 - 2324.

[29] Ferrari V, Frédéric Jurie, Schmid C. From Images to Shape Models for Object Detection [J]. International Journal of Computer Vision, 2010, 87(3): 284 - 303.

[30] Krizhevsky A, Hinton G. Learning multiple layers of features from tiny images [J]. Handbook of Systemic Autoimmune Diseases, 2009, 1(4).

[31] L F, Fergus R, Perona P. Learning generative visual models from few training examples: An incremental Bayesian approach tested on 101 object categories [J]. Computer Vision and Image Understanding, 2007, 106(1): 59 - 70.

[32] Griffin, Gregory and Holub et al. Caltech-256 Object Category Dataset [J/OL] https://resolver. caltech. edu/CaltechAUTHORS: CNS-TR-2007 - 001.

[33] Everingham M, Gool L V, Williams C K I, et al. The Pascal Visual Object Classes (VOC) Challenge [J]. International Journal of Computer Vision, 2010, 88 (2): 303 - 338.

[34] Xiao J, Hays J, Ehinger K A, et al. SUN database: large-scale scene recognition from abbey to zoo [C]//Computer Vision and Pattern Recognition. IEEE, 2010: 3485 - 3492.

[35] Deng J, Dong W, Socher R, et al. ImageNet: A large-scale hierarchical image database [C]//IEEE Conference on Computer Vision and Pattern Recognition. IEEE, 2009.

[36] Lin T Y. Microsoft COCO: Common objects in context [M]//Computer Vision-ECCV 2014. Springer International Publishing, 2014: 740 - 755.

[37] Kuznetsova A, Rom H, Alldrin N, et al. The open images dataset V4 [J]. International Journal of Computer Vision, 2020: 1 - 26.

[38] Krizhevsky A, Sutskever I, Hinton G. ImageNet classification with deep convolutional neural networks [C]//Advances in Neural Information Processing Systems 25, 2012: 1097 - 1105.

[39] Lewis D. Naive (Bayes) at Forty: The independence assumption in information retrieval [C]//European Conference on Machine Learning. Springer, Berlin, Heidelberg, 1998.

[40] Csurka G. Visual categorization with bags of keypoints [C]//Workshop on Statistical Learning in Computer Vision, European Conference on Computer Vision, 2004,

1: 22.

[41] Lowe D. Distinctive Image features from scale-invariant keypoints [J]. International Journal of Computer Vision, 2004, 20: 91 - 110.

[42] Dalal N, Triggs B. Histograms of oriented gradients for human detection [C]// 2005 IEEE Computer Society Conference on Computer Vision and Pattern Recognition, 2005, 1: 886 - 893.

[43] Ojala T, Pietikainen M, Maenpaa T. Multiresolution gray-scale and rotation invariant texture classification with local binary patterns [J]. IEEE Transactions on Pattern Analysis & Machine Intelligence, 2002, 24(7): 971 - 987.

[44] Sivic, Zisserman. Video Google: A text retrieval approach to object matching in videos [C]//IEEE International Conference on Computer Vision, 2003: 1470 - 1477.

[45] Vangemert J C, Geusebroek J M, Veenman C J, et al. Kernel codebooks for scene categorization [C]//European Conference on Computer Vision, 2008, 5304: 696 - 709.

[46] Olshausen B A, Field D J. Sparse coding with an over-complete basis set: A strategy employed by V1? [J]. Vision Research, 1998, 37(23): 3311 - 3325.

[47] Wang J, Yang J, Yu K, et al. Locality-constrained linear coding for image classification[C]//Computer Vision & Pattern Recognition. IEEE, 2010: 3360 - 3367.

[48] Huang Y, Huang K, Yu Y, et al. Salient coding for image classification [C]//IEEE Conference on Computer Vision and Pattern Recognition, Colorado Springs, CO, USA, 20 - 25 June 2011. IEEE, 2011: 1753 - 1760.

[49] Daniilidis K, Maragos P, Paragios N. Improving the fisher kernel for large-scale image classification [C]//European Conference on Computer Vision, Berlin, Heidelberg, 2010: 143 - 156.

[50] Hearst M A, Dumais S T, Osman E, et al. Support vector machines [J]. IEEE Intelligent Systems, 1998, 13(4): 18 - 28.

[51] Keller J M, Gray M R, Givens J A. A fuzzy K-nearest neighbor algorithm [J]. IEEE Transactions on Systems Man & Cybernetics, 2012, SMC-15(4): 580 - 585.

[52] Freund Y, Iyer R D, Schapire R E, et al. An efficient boosting algorithm for combining preferences [J]. Journal of Machine Learning Research, 2003, 4(6): 933 - 969.

[53] Freund Y, Mason L. The alternating decision tree learning algorithm [C]// International Conference on Machine Learning, 1999: 124 - 133.

[54] Yang J, Yu K, Gong Y, et al. Linear spatial pyramid matching using sparse coding for image classification[C]//IEEE Conference on Computer Vision and Pattern

Recognition, 20 - 25 June 2009, Miami, Florida, USA. IEEE, 2009: 1794 - 1801.

[55] Wang C, Huang K. How to use bag-of-words model better for image classification [J]. Image and Vision Computing, 2015, 28: 65 - 74.

[56] Rumelhart D E, Hinton G E, Williams R J. Learning representations by back-propagating errors [J]. Nature, 1988, 323(6088): 696 - 699.

[57] Rumelhart D E, Hinton G E, Williams R J. Reducing the dimensionality of data with neural networks [J]. Science, 2006, 313(5786): 504 - 507.

[58] Bengio Y, Lamblin P, Popovici D, et al. Greedy layer-wise training of deep networks [C]//Advances in Neural Information Processing Systems 19, DBLP, 2007.

[59] Nguyen G, Dlugolinsky S, Martin B, et al. Machine learning and deep learning frameworks and libraries for large -scale data mining: a survey [J]. Artificial Intelligence Review, 2019, 52(1): 77 - 124.

[60] Strigl D, Kofler K, Podlipnig S. Performance and scalability of GPU-based convolutional neural networks [C]//Euromicro International Conference on Parallel. IEEE, 2010: 317 - 324.

[61] Oh K S, Jung K. GPU implementation of neural networks [J]. Pattern Recognition, 2004, 37(6): 1311 - 1314.

[62] John N. Scalable Parallel Programming with CUDA [J]. Queue, 2008, 6(2): 1 - 9.

[63] Lindholm E. NVIDIA Tesla: a unified graphics and computing architecture [J]. IEEE Micro, 2008, 28: 39 - 55.

[64] Cireşan Dan, Meier U, Schmidhuber J. Multi-column deep neural networks for image classification [C]//IEEE Conference on Computer Vision and Pattern Recognition, 2012: 3642 - 3649.

[65] Bourlard H, Kamp Y. Auto-association by multilayer perceptrons and singular value decomposition [J]. Biological Cybernetics, 1988, 59(4 - 5): 291 - 294.

[66] Smolensky P. Information processing in dynamical systems: Foundations of harmony theory [J]. Parallel Distributed Processing: Explorations in the Microstructure of Cognition, 1986, 1: 194 - 281.

[67] Hinton G E, Osindero S, Teh Y W. A fast learning algorithm for deep belief nets [J]. Neural Computation, 2006, 18(7): 1527 - 1554.

[68] Vincent P, Larochelle H, Bengio Y, et al. Extracting and composing robust features with denoising autoencoders [C]//International Conference on Machine Learning. ACM, 2008: 1096 - 1103.

[69] Coates A, Ng A Y, Lee H. An analysis of single-layer networks in unsupervised feature learning [J]. Journal of Machine Learning Research, 2011, 15: 215 - 223.

[70] Lin M, Chen Q, Yan S. Network in Network [J]. Computer Ence, 2013.

[71] Simonyan K, Zisserman A. Very deep convolutional networks for large-scale image recognition [C]//ICLR: International Conference on Learning Representations, 2015.

[72] Szegedy C, Liu W, Jia Y, et al. Going deeper with convolutions [C]//IEEE Conference on Computer Vision and Pattern Recognition, 2015: 1 - 9.

[73] He K, Zhang X, Ren S, et al. Deep residual learning for image recognition [C]// IEEE Conference on Computer Vision & Pattern Recognition. IEEE Computer Society, 2016: 770 - 778.

[74] Huang G, Liu Z, Maaten L V D, et al. Densely connected convolutional networks [C]//IEEE Conference on Computer Vision and Pattern Recognition, 2017, 2261 - 2269.

[75] Lecun Y, Kavukcuoglu K, Farabet C. Convolutional networks and applications in vision [C]//International Symposium on Circuits and Systems. IEEE, 2010: 253 - 256.

[76] Hu J, Shen L, Sun G. Squeeze-and-excitation networks [C]//IEEE Conference on Computer Vision and Pattern Recognition, 2018: 7132 - 7141.

[77] Lecun Y, Bengio Y, Hinton G. Deep learning [J]. Nature, 2015, 521(7553): 436.

[78] Zhou B, Khosla A, Lapedriza A, et al. Learning deep features for discriminative localization [C]//IEEE Conference on Computer Vision and Pattern Recognition, 2016: 2921 - 2929.

[79] Hu Y, Wen G, Luo M, et al. Competitive inner-imaging squeeze and excitation for residual network [J/OL]. 2018. https://arxiv.org/pdf/1807.08920.pdf.

[80] Mikolov T, Karafiát M, Burget L, et al. Recurrent neural network based language model [C]//Interspeech, Conference of the International Speech Communication Association, Makuhari, Chiba, Japan, September. DBLP, 2015: 1045 - 1048.

[81] Sundermeyer M, Schlüter R, Ney H. LSTM neural networks for language modeling [C]//Interspeech. 2012: 194 - 197.

[82] Wang, Fei, Jiang, et al. Residual attention network for image classification [C]// IEEE Conference on Computer Vision and Pattern Recognition, 2017: 6450 - 6458.

[83] Salakhutdinov R, Hinton G. An effienicent learning procedure for deep Boltzman Machines[J]. Neural Compatation, 2012, 24(8): 1967 - 2006.

[84] Goh H, Thome N, Cord M, et al. Top-down regularization of deep belief networks [C]//Advances in Neural Information Processing Systems 26, 2013: 1878 - 1886.

[85] Jaderberg M, Simonyan K, Zisserman A, et al. Spatial transformer networks [C]// International Conference on Neural Information Processing Systems, 2015: 2017 - 2025.

[86] Xin L, Bing L, Lam W, et al. Transformation networks for target-oriented sentiment

classification [C]//Annual Meeting of the Association for Computational Linguistics. 2018, 1: 946 - 956.

[87] Woo S, Park J, Lee J Y, et al. CBAM: Convolutional block attention module [C]// European Conference on Computer Vision, 2018: 3 - 19.

[88] Han S, Mao H, Dally W J. Deep compression: compressing deep neural networks with pruning, trained quantization and Huffman coding [C]//International Conference on Learning Representations, 2016.

[89] Mao H, Han S, Pool J, et al. Exploring the regularity of sparse structure in convolutional neural networks [J/OL]. 2017. https://arxiv.org/pdf/1705.08922.pdf

[90] Liu Z, Li J, Shen Z, et al. Learning efficient convolutional networks through network slimming [C]//IEEE International Conference on Computer Vision, 2017: 2755 - 2763.

[91] Luo J H, Wu J, Lin W. ThiNet: A filter level pruning method for deep neural network compression [C]//IEEE International Conference on Computer Vision, 2017.

[92] Wen W, Wu C, Wang Y, et al. Learning structured sparsity in deep neural networks [C]//Proceedings of the 30th International Conference on Neural Information Processing Systems, 2016: 2074 - 2082.

[93] Zhang X, Zou J, He K, et al. Accelerating very deep convolutional networks for classification and detection [J]. IEEE Transactions on Pattern Analysis and Machine Intelligence, 2016, 38(10): 1943 - 1955.

[94] Lebedev V, Ganin Y, Rakhuba M, et al. Speeding-up convolutional neural networks using fine-tuned CP-decomposition [C]//International Conference on Learning Representations, 2015.

[95] Wu J, Cong L, Wan Y, et al. Quantized convolutional neural networks for mobile devices [C]//IEEE Conference on Computer Vision and Pattern Recognition, 2016: 4820 - 4828.

[96] Hu Q, Wang P, Cheng J, et al. From hashing to CNNs: training binary weight networks via hashing. [C]//AAAI-18 AAAI Conference on Artificial Intelligence, 2018: 3247 - 3254.

[97] Zagoruyko S, Komodakis N. Paying more attention to attention: Improving the performance of convolutional neural networks via attention transfer [C]//International Conference on Learning Representations, 2017.

[98] Iandola F N, Han S, Moskewicz M W, et al. SqueezeNet: AlexNet-level accuracy with 50x fewer parameters and <0.5MB model size [J]. Computer Vision and Pattern Recognition, 2017.

[99] Gholami A, Kwon K, Wu B, et al. SqueezeNext: hardware-aware neural network design [C]//CVPRW. IEEE, 2018: 1638 - 1647.

[100] Howard A G, Zhu M, Chen B, et al. MobileNets: Efficient convolutional neural networks for mobile vision applications [J/OL]. 2017. https://arxiv. org/pdf/1704. 04861. pdf.

[101] Sandler M, Howard A, Zhu M, et al. MobileNetV2: inverted residuals and linear bottlenecks [C]//IEEE Conference on Computer Vision and Pattern Recognition, 2018: 4510 - 4520.

[102] Zhang X, Zhou X, Lin M, et al. ShuffleNet: an extremely efficient convolutional neural network for mobile devices [C]//IEEE/CVF Conference on Computer Vision and Pattern Recognition, 2018: 6848 - 6856.

[103] Zhang X, Zhou X, Lin M, et al. ShuffleNet V2: practical guidelines for efficient CNN architecture design [C]//European Conference on Computer Vision, 2018: 122 - 138.

[104] Szegedy C, Vanhoucke V, Ioffe S, et al. Rethinking the inception architecture for computer vision [C]//IEEE Conference on Computer Vision and Pattern Recognition, 2016: 2818 - 2826.

[105] Elsken T, Metzen J H, Hutter F. Neural architecture search: A survey [J]. Machine Learning Research, 2019, 20(55): 1 - 21.

[106] Wistuba M, Rawart A, Pedapati T. A survey on neural architecture Search [J/OL]. 2019. https://arxiv. org/pdf/1905. 01392. pdf.

[107] Real E, Moore S, Selle A, et al. Large-scale evolution of image classifiers [C]// International Conference on Machine Learning, 2017, 70: 2902 - 2911.

[108] Zoph B, Quoc V L. Neural architecture search with reinforcement learning [C]// International Conference on Learning Representations, 2017.

[109] Zoph B, Vasudevan V, Shlens J, et al. Learning transferable architectures for scalable image recognition [C]//IEEE Conference on Computer Vision and Pattern Recognition, 2018.

[110] Dai J, He K, Sun J. Instance-aware semantic segmentation via multi-task network cascades [C]//IEEE Conference on Computer Vision and Pattern Recognition, 2016: 3150 - 3158.

[111] Karpathy A, Li F F. Deep visual-semantic alignments for generating image descriptions [J]. IEEE Transactions on Pattern Analysis and Machine Intelligence, 2017, 39(4): 664 - 676.

[112] Wu Q, Shen C, Wang P, et al. Image captioning and visual question answering based on attributes and external knowledge[J]. IEEE Transactions on Pattern Analysis and

Machine Intelligence, 2017, 40(6): 1367 - 1381.
[113] Li B, Yan J, Wu W, et al. High performance visual tracking with siamese region proposal network [C]//IEEE Conference on Computer Vision and Pattern Recognition, 2018: 8971 - 8980.
[114] Cao Z, Simon T, Wei S E, et al. Realtime multi-person 2D pose estimation using part affinity fields [C]//IEEE Conference on Computer Vision and Pattern Recognition, 2017: 1302 - 1310.
[115] Zhang X, Yang Y H, Han Z, et al. Object class detection: a survey [J]. Acm Computing Surveys, 2013, 46(1).
[116] Zhang L, Lin L, Liang X, et al. Is faster R-CNN doing well for pedestrian detection? [C]//European Conference on Computer Vision, 2016: 443 - 457.
[117] Hosang J, Omran M, Benenson R, et al. Taking a deeper look at pedestrians [C]// IEEE Conference on Computer Vision and Pattern Recognition, 2015: 4073 - 4082.
[118] Li H, Lin Z, Shen X, et al. A convolutional neural network cascade for face detection [C]//Computer Vision and Pattern Recognition. IEEE, 2015: 5325 - 5334.
[119] Hu P, Ramanan D. Finding tiny faces [C]//IEEE Conference on Computer Vision and Pattern Recognition, 2017: 1522 - 1530.
[120] Chen D, Ren S, Wei Y, et al. Joint cascade face detection and alignment [C]// European Conference on Computer Vision. Springer International Publishing, 2014: 109 - 122.
[121] Zhou Y, Liu L, Shao L, et al. DAVE: a unified framework for fast vehicle detection and annotation [C]//European Conference on Computer Vision, 2016: 278 - 293.
[122] Russakovsky O, Deng J, Su H, et al. ImageNet large scale visual recognition challenge [J]. International Journal of Computer Vision, 2015, 115(3): 211 - 252.
[123] Russell B C, Torralba A, Murphy K P, et al. LabelMe: a database and web-based tool for image annotation [J]. International Journal of Computer Vision, 2008, 77(1 - 3).
[124] Zou Z X, Shi Z W, Guo Y H, et al. Object detection in 20 years: a survey [J/OL]. 2019. https://arxiv.org/pdf/1905.05055.pdf.
[125] Zhao Z Q, Zheng P, Xu S T, et al. Object detection with deep learning: a review [J]. IEEE Transactions on Neural Networks and Learning Systems, 2019, 30(11): 3212 - 3232.
[126] Liu L, Ouyang W, Wang X, et al. Deep learning for generic object detection: a survey [J]. International Journal of Computer Vision, 2020, 128(2): 261 - 318.
[127] Fischler M A, Elschlager R A. The representation and matching of pictorial structures [J]. IEEE Trans Computers C, 1973, 22(1): 67 - 92.

[128] Leibe B, Leonardis A, Schiele B. Robust object detection with interleaved categorization and segmentation [J]. International Journal of Computer Vision, 2008, 77(1-3): 259-289.

[129] Gavrila D M, Philomin V. Real-time object detection for "smart" vehicles [C]//IEEE International Conference on Computer Vision, 1999, 1: 87-93.

[130] Wu B, Nevatia R. Detection of multiple, partially occluded humans in a single image by Bayesian combination of edgelet part detectors [C]//IEEE International Conference on Computer Vision, 2005, 1(1): 90-97.

[131] Mundy J L. Object recognition in the geometric era: a retrospective [C]//Toward Category-level Object Recognition. DBLP, 2006: 3-28.

[132] Ponce J, Hebert M, Schmid C, et al. Toward Category-Level Object Recognition (Lecture Notes in Computer Science) [M]. Springer Berlin Heidelberg, 2006, 4170.

[133] Murase H, Nayar S K. Learning and recognition of 3D objects from appearance [C]//Proceedings IEEE Workshop on Qualitative Vision, 1993: 39-50.

[134] Schmid C, Mohr R. Local grayvalue invariants for image retrieval [J]. IEEE Transactions on Pattern Analysis and Machine Intelligence, 2010, 19(5): 530-535.

[135] Rowley H A, Baluja S, Kanade T. Neural network-based face detection [J]. IEEE Transactions on Pattern Analysis and Machine Intelligence, 1998, 20: 23-38.

[136] Osuna E. Training support vector machines: an application to face detection [C]// IEEE Conference on Computer Vision and Pattern Recognition, 1997: 130-136.

[137] Viola P A, Jones M J. Rapid object detection using a boosted cascade of simple features [C]//IEEE Conference on Computer Vision and Pattern Recognition, 2001, 1: 511-518.

[138] Xiao R, Zhu L, Zhang H J. Boosting chain learning for object detection [C]//IEEE International Conference on Computer Vision, Computer Society, 2003: 709-715.

[139] Belongie S J, Malik J M, Puzicha J. Shape matching and object recognition using shape contexts [J]. IEEE Transactions on Pattern Analysis and Machine Intelligence, 2002, 24(2): 509-522.

[140] Viola P A, Jones M J. Robust real-time face detection [C]//IEEE International Conference on Computer Vision, 2001, 57(2): 137-154.

[141] Felzenszwalb P, McAllester D, Ramanan D. A discriminatively trained, multiscale, deformable part model [C]//IEEE Conference on Computer Vision and Pattern Recognition. 2008: 1-8.

[142] Papageorgiou C P, Oren M, Poggio T. A general framework for object detection [J]. 1998: 555-562.

[143] Papageorgiou C, Poggio T. A trainable system for object detection [J]. International Journal of Computer Vision, 2000, 38(1): 15 - 33.

[144] Mohan A, Papageorgiou C, Poggio T. Example-based object detection in images by components [J]. IEEE Transaction on Pattern Analysis and Machine Intelligence, 2001, 23(4): 349 - 361.

[145] Felzenszwalb P F, Girshick R B, Mcallester D A. Cascade object detection with deformable part models [C]//2010 IEEE Computer Society Conference on Computer Vision and Pattern Recognition, 2010: 2241 - 2248.

[146] Girshick R B, Felzenszwalb P F, McAllester D A, et al. Object Detection with Discriminatively Trained Part-Based Models [J]. IEEE Transactions on Pattern Analysis & Machine Intelligence, 2010, 32(9): 1627 - 1645.

[147] Girshick R B, Felzenszwalb P F, McAllester D A. Object detection with grammar models [C]//Advances in Neural Information Processing Systems, 2011, 24: 442 - 450.

[148] Girshick R B. From Rigid Templates to Grammars: Object Detection with Structured Models[M]. University of Chicago, 2012.

[149] Andrews S. Support vector machines for multiple-instance learning [J]. Advances in Neural Information Processing Systems, 2002: 577 - 584.

[150] Girshick R, Donahue J, Darrell T, et al. Rich feature hierarchies for accurate object detection and semantic segmentation [C]//IEEE Conference on Computer Vision and Pattern Recognition, 2014: 580 - 587.

[151] He K, Zhang X, Ren S, et al. Spatial pyramid pooling in deep convolutional networks for visual recognition [J]. IEEE Transactions on Pattern Analysis & Machine Intelligence, 2014, 37(9): 1904 - 1916.

[152] Girshick R. Fast R-CNN [C]//IEEE International Conference on Computer Vision, 2015: 1440 - 1448.

[153] Ren S, He K, Girshick R, et al. Faster R-CNN: towards real-time object detection with region proposal networks [J]. IEEE Transactions on Pattern Analysis & Machine Intelligence, 2015, 39(6): 91 - 99.

[154] Ren S, He K, Girshick R, et al. Faster R-CNN: towards real-time object detection with region proposal networks [J]. IEEE Transactions on Pattern Analysis & Machine Intelligence, 2017, 39(6): 1137 - 1149.

[155] Dai J, Li Y, He K, et al. R-FCN: object detection via region-based fully convolutional networks [C]//International Conference on Neural Information Processing Systems, 2016: 379 - 387.

[156] He K, Gkioxari G, Piotr Dollár, et al. Mask R-CNN [C]//IEEE International

Conference on Computer Vision，2017：2980 - 2988.

[157] Redmon J，Divvala S，Girshick R，et al. You only look once：unified，real-time object detection [C]//IEEE Conference on Computer Vision and Pattern Recognition，2016：779 - 788.

[158] Redmon J，Farhadi A. YOLO9000：better，faster，stronger [C]//IEEE Conference on Computer Vision and Pattern Recognition，2017：6517 - 6525.

[159] Liu W，Anguelov D，Erhan D，et al. SSD：single shot multibox detector [C]//European Conference on Computer Vision. Springer International Publishing，2016：21 - 37.

[160] Uijlings J R R，Sande V D，Gevers T，et al. Selective search for object recognition [J]. International Journal of Computer Vision，2013，104(2)：154 - 171.

[161] Girshick R B，Felzenszwalb P F，McAllester D. Discriminatively trained deformable part models，release 5 [J/OL]. http://people.cs.uchicago.edu/rbg/latentrelease5/.

[162] Grauman K，Darrell T. The pyramid match kernel：discriminative classification with sets of image features [C]//IEEE International Conference on Computer Vision，2005，1(2)：1458 - 1465.

[163] Zhou B，Khosla A，Lapedriza A，et al. Object detectors emerge in deep scene CNNs. [C]//International Conference on Learning Representations，2015.

[164] Oquab M，Bottou L，Laptev I，et al. Is object localization for free? — weakly-supervised learning with convolutional neural networks [C]//IEEE Conference on Computer Vision and Pattern Recognition，2015：685 - 694.

[165] Cinbis R G，Verbeek J，Schmid C. Weakly supervised object localization with multi-fold multiple instance learning [J]. IEEE Transactions on Pattern Analysis & Machine Intelligence，2017，39(1)：189 - 203.

[166] Long J，Shelhamer E，Darrell T. Fully convolutional networks for semantic segmentation [J]. IEEE Transactions on Pattern Analysis & Machine Intelligence，2015，39(4)：640 - 651.

[167] Vedaldi A，Gulshan V，Varma M，et al. Multiple kernels for object detection [C]//Computer Vision，2009 IEEE 12th International Conference on. IEEE，2009：606 - 613.

[168] Harzallah H，Jurie F，Schmid C. Combining efficient object localization and image classification [C]//IEEE International Conference on Computer Vision，2009：237 - 244.

[169] He K，Zhang X，Ren S，et al. Delving deep into rectifiers：surpassing human-level performance on ImageNet classification [C]//IEEE International Conference on Computer Vision，2015：1026 - 1034.

[170] Huang J, Rathod V, Sun C, et al. Speed/accuracy trade -offs for modern convolutional object detectors [C]//IEEE Conference on Computer Vision and Pattern Recognition, 2017: 3296 - 3297.

[171] Law H, Deng J. CornerNet: detecting objects as paired keypoints [J]. International Journal of Computer Vision, 2020, 128(3): 642 - 656.

[172] Thomas G. Dietterich and Richard H. Lathrop and Tomás Lozano-Pérez. Solving the multiple instance problem with axis-parallel rectangles [J]. Artificial Intelligence, 1997, 89(1): 31 - 71.

[173] Huang J, Rathod V, Sun C, et al. Speed/accuracy trade -offs for modern convolutional object detectors [C]//IEEE Conference on Computer Vision and Pattern Recognition, 2016: 854 - 863.

[174] Ren W, Huang K, Tao D, et al. Weakly supervised large scale object localization with multiple instance learning and bag splitting [J]. IEEE Transactions on Pattern Analysis & Machine Intelligence, 2016, 38(2): 405 - 416.

[175] Zhu Y, Zhou Y, Ye Q, et al. Soft proposal networks for weakly supervised object localization [C]//IEEE International Conference on Computer Vision, 2017: 1859 - 1868.

[176] Diba A, Sharma V, Pazandeh A, et al. Weakly supervised cascaded convolutional networks [C]//IEEE Conference on Computer Vision and Pattern Recognition, 2017: 5131 - 5139.

[177] Bilen H, Andrea Vedaldi. Weakly supervised deep detection networks [C]//IEEE Conference on Computer Vision and Pattern Recognition, 2016: 2846 - 2854.

[178] Bazzani L, Bergamo A, Anguelov D, et al. Self-taught object localization with deep networks [C]//IEEE Winter Conference on Applications of Computer Vision, 2016: 1 - 9.

[179] Li Y, Zhang J, Huang K, et al. Mixed supervised object detection with robust objectness transfer [J]. IEEE Transactions on Pattern Analysis & Machine Intelligence, 2018: 1 - 1.

[180] Goodfellow I J, Abadie J P, Mirza M, et al. Generative adversarial nets [J]. Advances in Neural Information Processing Systems, 2014, 27: 2672 - 2680.

[181] Radford A, Metz L, Chintala S. Unsupervised representation learning with deep convolutional generative adversarial networks [C]//International Conference on Learning Representations, 2016.

[182] Zhu J Y, Park T, Isola P, et al. Unpaired image-to-image translation using cycle-consistent adversarial networks [C]//IEEE International Conference on Computer Vision, 2017: 2242 - 2251.

[183] Ledig C, Theis L, Huszar F, et al. Photo-realistic single image super-resolution using a generative adversarial network [C]//IEEE Conference on Computer Vision and Pattern Recognition, 2017: 105 - 114.

[184] Li J, Liang X, Wei Y, et al. Perceptual generative adversarial networks for small object detection [C]//IEEE Conference on Computer Vision and Pattern Recognition, 2017: 1951 - 1959.

[185] Bai Y, Zhang Y, SOD-MTGAN: Small Object Detection via Multi-Task Generative Adversarial Network [C]//European Conference on Computer Vision, 2018: 210 - 226.

[186] Wang X L. A-Fast-RCNN: hard positive generation via adversary for object detection [C]//IEEE Conference on Computer Vision and Pattern Recognition, 2017: 3039 - 3048.

[187] Chen S T, Cornelius C, Martin J, et al. Robust physical adversarial attack on faster R-CNN object detector [J/OL]. 2018. https://arxiv.org/pdf/1804.05810.pdf.

[188] Olshausen B, Field D. Emergence of simple-cell receptive field properties by learning a sparse code for natural images [J]. Nature, 1996. 6583(381): 607 - 609.

[189] Bronold M, Kubala S, Pettenkofer C, et al. The "independent components" of natural scenes are edge filters [J]. Vision Research, 1997, 37(23): 3327 - 3338.

[190] Gidaris Spyros, Komodakis N. Object detection via a multi-region and semantic segmentation-aware CNN model [C]//IEEE International Conference on Computer Vision, 2015: 1134 - 1142.

[191] Brahmbhatt S, Christensen H I, Hays J. StuffNet: using stuff to improve object detection [C]//IEEE Winter Conference on Applications of Computer Vision, 2017: 934 - 943.

[192] Shrivastava A, Gupta A. Contextual priming and feedback for faster R-CNN [C]//European Conference on Computer Vision. Springer, Cham, 2016: 330 - 348.

[193] Zhang Z, Qiao S, Xie C, et al. Single-shot object detection with enriched semantics [C]//IEEE Conference on Computer Vision and Pattern Recognition, 2018: 5813 - 5821.

5 视频分析与理解

彭宇新

彭宇新，北京大学王选计算机研究所，电子邮箱：pengyuxin@pku.edu.cn

5.1 引言

随着网络和多媒体技术的迅速发展,视频已经成为大数据的主要组成部分。美国 CISCO 公司 2017 年的统计报告表明,2016 年全球视频流量已占据互联网流量的 73%,当时预计 2021 年视频流量所占比例将达到 82%。举例来说,如果一个用户想要看完互联网上一个月所传输的视频则需要花费 5 003 年的时间。同时互联网视频用户规模也日益庞大。据 CNNIC《中国互联网络发展状况统计报告》统计,我国互联网视频用户规模于 2019 年 6 月达到 7.59 亿人,占中国互联网用户总体规模的 88.8%。

视频作为一种重要的视觉信息载体,如何全面、准确、高效地分析和理解海量视频中的内容并获取有用的信息,对于满足用户庞大的信息获取需求、实现互联网视频大数据的利用价值至关重要,具有重要的理论研究意义和实际应用价值。在国家规划层面,我国《国家中长期科学与技术发展规划纲要(2006—2020年)》将开发"数字媒体内容平台"作为优先主题,强调研发以视、音频信息服务为主体的数字媒体内容处理关键技术。2017 年国务院印发的《新一代人工智能发展规划》将视频、图像分析识别技术列为社会综合治理、新型犯罪侦查等迫切需求的关键技术,彰显了视频分析与理解技术的重要性。在市场需求上,IBM、Facebook、百度、腾讯等著名企业纷纷展开了视频、图像分析技术的研发,并应用于视频图像标注、相似检索、人脸识别、视频图像描述生成等。在学术研究上,视频分析与理解一直是多媒体内容理解[1]和视觉信息处理的研究热点之一,每年在 CVPR、ICCV、ACM MM、NeurIPS、TPAMI、TIP、TMM、TCSVT 等国际顶级会议和期刊上都有大量论文发表,彰显了视频分析与理解技术的前沿性。

视频分析与理解的研究还面临着诸多挑战,主要体现在以下 3 个方面:① 视频数据具有很高的复杂性。视频时空结构复杂、种类繁多,容易受到视角、光照、背景噪声等环境因素的影响,分析和理解的难度很大;② 缺乏精细标注的视频数据。受人工标注成本的限制,视频分析与理解缺乏精细标注的数据集,限制了视频语义分析复杂模型的构建,在一定程度上成为视频分析与理解研究发展的瓶颈;③ 大数据背景下视频计算的高效率问题。在大规模视频检索、视频分析等应用领域,往往需要对海量视频数据进行实时处理,这对视频分析与理解算法的效率提出了很高的要求,也是视频分析与理解技术投入实际应用急需解决的难题。近年来,随着硬件计算能力的提升和深度学习技术的发展,一些研究方向成为前沿热点，受到了研究者的广泛关注，包括视频和图像分类、视觉目标检测、视频检索、视频描述与生成、跨媒体分析与检索等。

在视频和图像分类上，面对数据规模的剧增和语义类别的细化，如何建模视频的时空依存结构以及图像的辨识性区域，使计算机准确理解视频、图像的语义成为研究热点；在视觉目标检测上，如何学习更具辨识力的特征，实现视角变化、遮挡、形变、低分辨率等复杂条件下的目标检测成为一个重要且极具挑战的任务；在视频检索上，如何对视频的语义和内容进行鉴别性视觉表达以及如何建立高效的视频索引结构，实现对视频数据库快速准确的检索，是急需解决的关键问题，具有重要的研究意义；在视频描述与生成上，如何让计算机真正理解视频的时序演化关系，为视频生成自然语言描述，甚至根据单张图像或文本内容自主"创造"视频，实现对视频内容的高层语义认知与自然表达，成为跨越计算机视觉与自然语言理解两大研究领域的前沿问题；在跨媒体分析与检索上，如何借鉴人脑感知认知的跨媒体特性，跨越语言、视觉、听觉等不同类型的媒体数据，将单媒体分析扩展到跨媒体协同处理，对于计算机感知与认知客观世界具有重要意义，越来越受到国内外研究者的关注。

本章将从上述 5 个研究方向出发，分别阐述其研究背景、最新进展与代表性方法，展示视频分析和理解的研究前沿，为研究者提供最新的方法和技术参考。

5.2 视频和图像分类

视频和图像分类是多媒体和计算机视觉领域的基本问题，长期以来受到研究者的广泛关注。面对规模庞大、类别众多的视频、图像数据，如何高效地分析识别其语义内容并进行分类具有重要的研究意义和应用价值，可广泛应用于互联网特定信息识别、智能安防等。近年来，随着大规模数据集、高效计算平台以及深度学习技术的出现和发展，视频和图像分类也取得了突破性进展。2012 年以来，深度卷积神经网络(convolution neural networks, CNN)不断在 ImageNet 等大规模视觉识别挑战赛中取得突破，甚至在 ImageNet 数据集上已取得了超越人类水平的分类性能。然而，视频和图像内容复杂、语义抽象、类别动态增长，导致分类的难度很大。本节将分别针对视频和图像分类的研究进展和趋势进行介绍。

5.2.1 视频分类

视频分类旨在让计算机自动识别视频内容的语义类别，它是视频检索、视频理解等技术的基础，在智能监控、视频推荐和人机交互等领域发挥着重要作用。视频是空间外观信息和时序动态信息的综合载体，具有复杂的结构、内容和庞大的数据量，这给视频分类带来了巨大挑战。一方面，视频容易受到低分辨率、视角、相机运动等因素的影响，导致难以进行分类；另一方面，一个数分钟的短时视频往往也含有成百上千个视频帧，导致视频分类计算开销大，因此对算法效率提出了很高的要求。

在过去的几十年中，研究者对视频分类展开了广泛的研究，近年来深度学习技术的兴起更是极大地促进了这一研究方向的发展，许多新颖的方法相继被提出，不断推动着视频分类取得新的进展。下面将首先介绍基于手工特征的视频分类，然后介绍基于深度特征的视频分类进展和研究趋势，最后介绍视觉注意力方法在视频分类中的应用，它是近期视频分类的一类重要方法。

1. 基于手工特征的视频分类

在深度学习兴起之前，传统视频分类方法利用手工特征进行视频表示，然后利用支持向量机（support vector machine，SVM）等传统分类器完成视频分类。这类方法的关键在于提取具有辨识性和鲁棒性的视频特征，下面针对视频分类任务中的手工特征进行介绍。

研究者通常从描述局部区域或三维空间块的视觉模式出发提取视频特征，如尺度不变特征转换（scale-invariance feature transform，SIFT）[2]就是一种常用的局部特征描述子，它能够描述视频帧局部区域的位置、尺度等空间特征。研究者也将视频抽象为包含二维平面和一维时序的三维立体结构，在三维空间中对视频特征进行检测和描述。如 3D Harris 检测子[3]通过检测视频空域和时域中变化显著的局部区域，用时空兴趣点描述视频局部三维结构对视频进行表示。

此外，研究者也将视频内容分为静态信息和运动信息，前者通常用视频帧表示，后者通常用光流（optical flow）表示。光流概念由美国心理学家 James J. Gibson 于 1950 年提出，它产生于物体与观察者之间的相对运动，可用于表达图像序列中物体在时间域的变化等运动信息。研究者利用帧和光流分别对视频静态和运动信息进行显式建模，并以此提取表示静态和运动信息的特征，例如，方向梯度直方图（histograms of oriented gradient，HoG）[4]通过计算和统计视频帧局部区域梯度方向的直方图以描述视频的静态信息；光流直方图（histograms of optical flow，HoF）[5]通过计算和统计光流方向的直方图以描述视频的运动信息；运动边界直方图（motion boundary histograms，MBH）[5]通过计算和统计水平、垂直方向光流分量灰度图的方向梯度直方图以描述视频的运动信息。

上述HoG、HoF和MBH特征针对视频静态或运动信息进行单独描述，但彼此之间存在互补性，因此以特征融合的方式增强特征描述能力也是研究者常用的方法。稠密轨迹(dense trajectories, DT)特征[6]及其改进型IDT(improved dense trajectories)特征[7]是两种经典的由多种特征融合得到的特征。DT特征提取算法包括以下4个部分：① 特征点稠密采样，首先将视频帧划分成网格，在多个空间位置和尺度上对特征点进行稠密采样，采样得到的特征点在帧序列中构成了连续的轨迹；② 轨迹跟踪，首先计算像素自相关矩阵的特征值，通过设置阈值得到变化显著的特征点，然后计算特征点邻域内的光流场中值以得到后续帧中对应的特征点坐标，实现对特征点的跟踪；③ 基于轨迹的特征提取，选取特征点的 $N \times N$ 邻域，沿着轨迹构建三维时空体(volume)，对三维时空体进行网格划分并对网格区域提取HoG、HoF和MBH特征，同时特征点轨迹本身也作为一种特征以描述视频的运动信息；④ 特征编码，利用词袋模型(bag of feature, BoF)对上述特征进行编码即得到DT特征。

IDT特征是DT特征的改进型特征描述子，两者算法流程基本一致，但IDT特征从无关运动估计和特征编码方面对算法进行了改进：① 在无关运动估计方面，IDT特征通过估计相机运动以消除背景光流。相机运动会导致背景也产生光流，根据背景光流计算得到的特征点轨迹、HoF和MBH包含噪声，会对视频分类任务造成干扰。因此经过相机运动估计优化后，算法能够得到更加鲁棒的特征点轨迹、HoF和MBH特征；② 在特征编码方面，IDT特征采用费雪向量(fisher vector,FV)模型代替DT特征中的BoF模型，进一步提升特征的描述能力。

DT特征和IDT特征是视频分类任务中广泛应用的手工特征，其中IDT特征经常被用来与基于深度特征的视频分类方法结合以提升后者的分类准确率。但这两种特征的提取算法复杂度较高、计算效率较低，限制了它们在大规模视频数据上的应用。

除了上述描述视频局部视觉模式的特征，研究者也利用属性、高层语义概念等构建视频特征。Wang等[8]提出了运动原子(motion atom)和运动短语(motion phrase)两种描述子来表示视频中的复杂动作，前者由聚类算法得到，用于描述短时尺度的简单动作，后者表示为多个运动原子的组合，建模了运动原子之间的时序结构，用于描述长时尺度的复杂动作。Liu等[9]构建了基于属性的视频描述子，首先利用信息论方法从训练数据中学习视频属性，然后通过含隐变量的SVM方法学习每个属性对于视频类别的重要性，以此构建视频语义描述。

Sun 等[10]将视频语义事件抽象为一系列隐式概念的组合，采用隐马尔可夫模型(hidden Markov model, HMM)建模隐式概念间的时序转换关系，并通过费雪向量模型得到固定长度的向量，作为视频语义的特征描述。Zhang 等[11]提出了一种结构化的轨迹学习方法，通过稀疏约束的低秩近似算法提取人群运动模式之间的连贯性，并利用支持向量回归(support vector regression)模型构建高层人群行为描述子，建模人群行为的情感语义信息。

2. 基于深度特征的视频分类

深度网络具有强大的逐层抽象能力，能够从大规模原始数据中学习具有高辨识力的深度特征。得益于硬件计算能力和算法上的突破，深度网络在大规模图像分类、目标检测和语音识别等问题上都取得了显著的效果。这激励了研究者探索深度特征在视频分类上的应用，推动了视频分类的发展。

基于深度特征的视频分类的一种直接思路是将视频分解为一系列视频帧，然后利用卷积神经网络逐帧提取特征，最后利用 SVM 等分类器完成视频分类。基于这种思路，Zha 等[12]系统地研究了如何利用 CNN 的不同网络层和卷积核提取视频帧特征以提升视频分类的准确率。然而上述方法提取单个视频帧的特征，对视频时序动态信息的建模能力不足，其视频分类准确率尚不及 IDT 等手工特征。之后研究者致力于构建新的深度网络以更好地建模视频的空间、时序结构以及帧、光流、音频等视频中包含的多种信息。

根据网络构建方式的不同，基于深度特征的视频分类方法主要可以分为以下两类：一类是将视频内容分解为帧、光流、音频等多种信息，进而组合多个深度网络对上述信息进行分别建模。使用这种构建方式的深度网络主要包括双路卷积神经网络及其衍生网络；另一类则直接从帧序列中建模视频时空结构，同步提取视频空间和时间两个维度的信息。使用这种构建方式的深度网络主要包括三维卷积神经网络以及卷积-循环神经网络模型。在近期的研究中，上述两种方式也开始呈现出交叉融合的趋势。

1) 双路卷积神经网络及其衍生网络

Simonyan 等[13]于 2014 年提出双路卷积神经网络。如图 5-1 所示，该网络包括空域 CNN 和时域 CNN 两个分支，分别以预先计算得到的视频帧和光流图像作为输入，独立地提取视频中的静态和运动信息。空域 CNN 与常用的面向图像分类的 CNN 结构一致，因此可以在大规模 ImageNet 数据集上进行预训练，然后使用视频数据进行精细调整(fine-tune)以更好地学习视频特征。时域 CNN 以堆叠光流为输入，无法在图像数据集上进行预训练。为了避免时域 CNN 在训练过程中出现过拟合，Simonyan 等[13]采用多任务学习策略，使用多个视频数据集训练时域 CNN。双路卷积神经网络在国际标准数据集 UCF101 和 HMDB51 上首次取得了高于手工特征的分类准确率,启发了一系列后续工作。

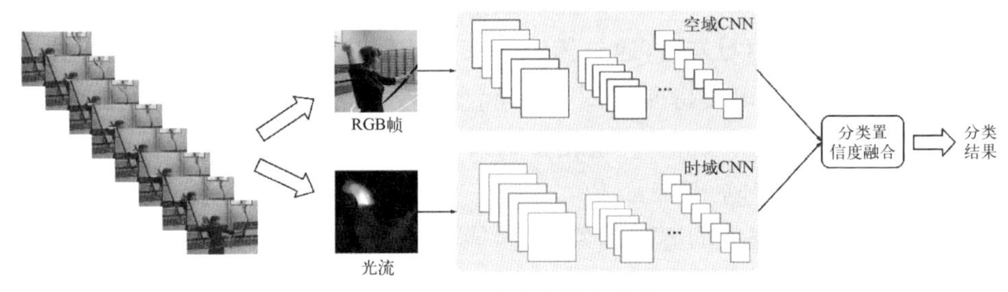

图 5-1 双路卷积神经网络

上述双路卷积神经网络只对单个视频帧和短时堆叠光流进行处理,无法准确获取长时的时序信息。针对这个问题,Wang 等[14]提出了时域分割网络(temporal segmentation network, TSN),以视频片段为处理对象以获取长时的时序信息。TSN 将输入视频均匀划分为若干个片段,对每个片段隔帧采样后用卷积神经网络提取特征,最后将若干视频片段进行特征融合以得到视频特征。TSN 具有以下优势:① 视频片段的时间尺度较大,可以建模长时时序结构;② 隔帧采样节省计算资源,提高了运算效率;③ 多视频片段进行融合提高了分类容错性。此外,TSN 还扩展了网络输入的形式,其网络输入不仅包括视频帧和光流图像,还包括相邻帧差分图像以及变换光流图像,提高了分类准确率。

除了视频帧和光流,视频中还存在音频等其他信息,这些信息之间存在互补性。为了充分利用视频中上述多种信息的互补性,Wu 等[15]提出了混合深度网络模型,通过多个深度网络分别从视频帧、光流、音频中提取特征,并构建规约网络对提取的特征进行融合,以此提高视频分类准确率。

2) 三维卷积神经网络

三维卷积神经网络(3D CNN)的设计思想简单直观:将应用于图像处理的 2D CNN 卷积层和池化层扩展到三维,通过三维卷积处理连续的帧序列,建模视频的时空结构。3D CNN 的卷积层通过三维卷积核进行三维卷积操作,得到三维的输出。二维和三维卷积操作的示意图如图 5-2 所示,其中 H、W、L 分别表示输入数据的高、宽和时间尺度,K、D 分别表示卷积核的空间尺度和时间尺度。二维卷积核接受空间二维输入,卷积输出结果是二维形式;而三维卷积核接受时空三维输入即连续的视频帧,在空间维度和时间维度上进行卷积操作,输出结果仍是三维形式。3D CNN 的一个典型实例是 Tran 等[16]提出的 C3D 网络。C3D 网络由 11 个堆叠的三维卷积层构成,采用 3×3×3 的三维卷积核,其实验数据表明三维卷积比二维卷积更适合建模视频时空结构。然而，3D CNN 将稠密堆叠的视频帧作为输入，计算复杂度高，且三维卷积核的初始化依赖大量有标注的视频数据，因此受计算资源和标注数据的限制较大。

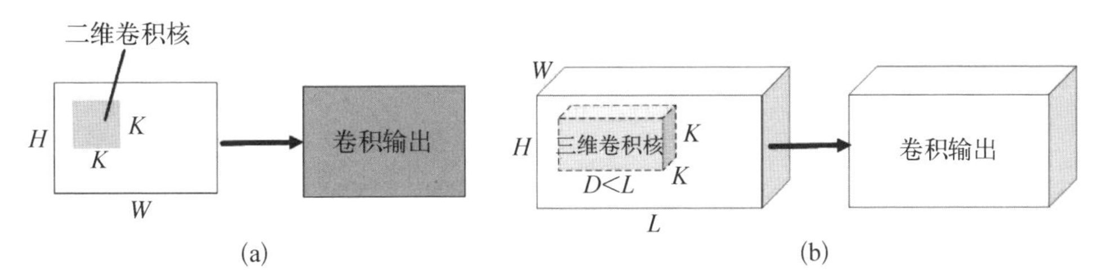

图 5-2　二维和三维卷积操作示意图

(a) 二维卷积　(b) 三维卷积

为了突破 3D CNN 的上述限制，Qiu 等[17]提出了伪三维卷积，并构建了伪三维残差网络(pseudo-3D residual networks)。该网络深度达 199 层，在 UCF101 和 ActivityNet 等国际标准数据集上取得了明显的分类效果提升。伪三维卷积是伪三维残差网络的核心操作，其基本思想是将 3×3×3 的三维卷积分解为一个 1×3×3 的二维空域卷积和一个 3×1×1 的一维时域卷积，然后将两种卷积结构连接起来形成伪三维卷积结构。通过上述分解，伪三维残差网络相比于同等深度的二维残差网络仅增加了一定数量的一维卷积结构，在参数量方面不会产生过度增长，避免了对大量计算资源的需求。同时，伪三维结构中的二维卷积核可以使用相对容易获取的图像数据进行预训练，减轻了网络对于视频训练数据的依赖。

Qiu 等[17]探索了 3 种不同连接方式的伪三维卷积结构：P3D-A、P3D-B 和 P3D-C，对其特征学习和分类效果进行了实验比较。这 3 种结构如图 5-3 所示，其中 S 表示二维空域卷积核，T 表示一维时域卷积核。

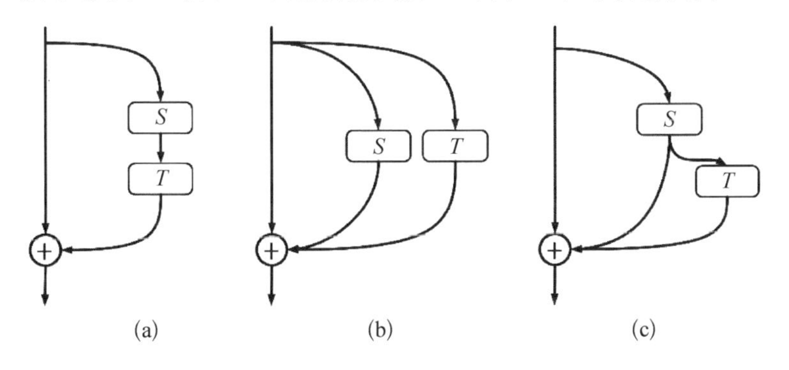

图 5-3　3 种伪三维卷积结构

(a) PSD-A　(b) PSD-B　(c) PSD-C

在 P3D－A 结构中，空域卷积核和时域卷积核以串联方式连接，依次执行两种卷积操作，其运算的形式化表示为

$$\mathrm{Res}_{\mathrm{out}} = T(S(x)) + x \tag{5-1}$$

在 P3D－B 结构中，空域卷积核和时域卷积核以并联方式连接，并行执行两种卷积操作，卷积结果在多个单元之间累加，其运算的形式化表示为

$$\mathrm{Res}_{\mathrm{out}} = T(x) + S(x) + x \tag{5-2}$$

P3D－C 结构是对前两种结构的折中，空域卷积核和时域卷积核既构成了串联结构又构成了并联结构，其运算形式化表示为

$$\mathrm{Res}_{\mathrm{out}} = T(S(x)) + S(x) + x \tag{5-3}$$

Carreira 等[18]结合双路卷积神经网络的架构以及三维卷积结构，提出了双路 I3D 网络（two-stream inflated 3D ConvNet）。该网络基于 GoogleNet 中的 Inception－V1 模块，将二维卷积层和池化层通过参数复制方式扩展到三维。通过参数复制，双路 I3D 网络可以使用预训练的 2D CNN 参数进行初始化，避免了重新训练，因此提高了训练效率。他们还构建了 Kinetics－400 视频动作识别数据集，包含 400 个人类动作类别，每个类别包含超过 400 个视频片段，在一定程度上缓解了大规模有标注视频分类数据集匮乏的情况，促进了视频分类任务上深度网络方法的发展。进一步，他们利用该数据集预训练双路 I3D 网络，并通过迁移学习将预训练的网络用于 UCF101、HMDB51 等数据集上的视频分类任务。实验数据表明，双路 I3D 网络取得了明显的分类准确率提升，这说明基于大规模视频数据的预训练策略对深度网络的性能具有明显的增益作用。

3）卷积-循环神经网络模型

三维卷积网络利用三维卷积核在视频空间和时间维度上同时进行卷积操作，以此隐式地建模视频内容的空间和时序信息。但三维卷积核忽略了视频空间、时序信息的差异性，这是三维卷积神经网络的不足之处。近年来，循环神经网络在自然语言处理、语音识别等序列分析领域取得了一系列成功，于是研究者也探索使用循环神经网络（recurrent neural network，RNN）建模视频时序信息。基于这种建模方式，研究者通常用 CNN 提取视频帧特征，然后将视频帧特征按时间顺序输入 RNN 网络中，形成卷积-循环神经网络（CNN－RNN）模型。长短时记忆（long shot-term memory，LSTM）网络是 RNN 的一种，具有良好的建模长时依赖关系的能力，因此被研究者用于视频序列分析问题中。Ng 等[19]利用 LSTM 网络和特征池化方法对视频帧和光流特征进行融合，并通过实验验

证了 LSTM 网络对光流噪声具有鲁棒性，也表明了利用 LSTM 网络进行特征融合的有效性。

4）其他神经网络模型

除了上述 3 种广泛应用的深度网络架构之外，研究者还提出了其他类型的深度网络。Wang 等[20]提出了面向视频分类的 ARTNet(appearance-relation network)模型。ARTNet 旨在从视频帧序列中直接学习时空特征，不依赖光流信息以提高计算效率。ARTNet 借鉴了双路卷积神经网络显式建模空间、时序信息的思想，采用 SMART(simultaneously model appearance and relation)作为基本构成模块。如图 5-4 所示，SMART 模块包含两个分支，其中空域建模分支使用二维卷积从单个视频帧中建模视频空间信息，而时域建模分支使用三维卷积从帧序列中建模视频时序关系，两个分支的输出在经过拼接、降维和非线性激活操作后输入到下一个 SMART 模块。为了更好地建模时序关系，SMART 模块在时域分支的卷积操作中使用了乘法运算，代替了标准卷积操作中的线性组合运算。Wang 等[20]的理论分析指出，乘法运算可以求解耦帧内的空间内容信息和相邻帧间的时序转换信息，使两者在计算过程中尽可能地相互独立、避免干扰，由此更好地建模时序关系信息。ARTNet 由多个级联的 SMART 模块构成，可以层次化地学习视频中的时空信息，其中底层 SMART 模块学习局部的、短时尺度的时空特征，高层 SMART 模块通过级联方式逐层学习整体的、长时尺度的时空特征。

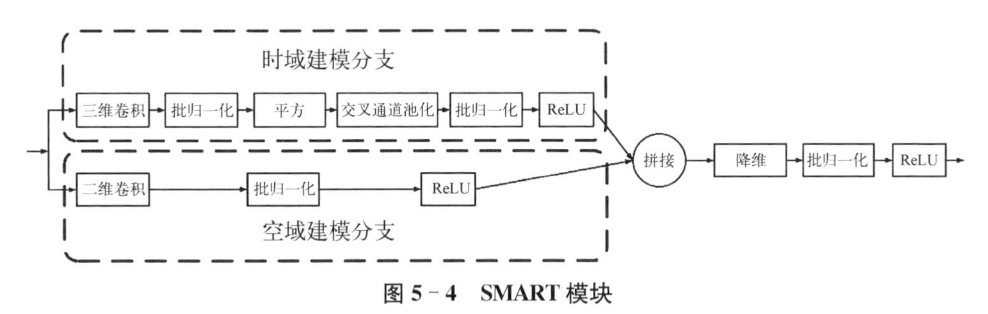

图 5-4 SMART 模块

另外也有研究者指出，一般的 CNN 网络通过局部连接进行卷积和池化运算，而逐层池化过程中损失了大量的信息，因此建模视频全局特征的能力有限。基于此观点，研究者提出了一种基于非局部计算模块的 CNN 网络[21]，旨在对帧序列的长范围时序依赖进行建模，弥补局部卷积操作在全局信息建模方面的不足。借鉴图像去噪方法中的非局部平均(non-local means)算法，非局部计算模块的核心是定义一个像素级函数，建模当前位置信号与全局候选信号的关系，数学形式为

$$y_i = \frac{1}{C(x)} \sum_{\forall j} f(x_i, x_j) g(x_j) \tag{5-4}$$

式中，x_i 表示当前位置的信号；x_j 表示全局候选信号。函数 f 定义了两者之间的关系，函数 g 计算 j 位置输入信号的特征表示。基于上述公式，定义非局部计算模块的计算公式为

$$z_i = \boldsymbol{W}_z y_i + x_i \tag{5-5}$$

式中，y 表示非局部计算；$\boldsymbol{W}_z$ 表示参数矩阵。上述非局部模块可以嵌入卷积神经网络的底层网络层中，由此能够方便地构建层次化的非局部特征学习网络模型。

Wang 等[22]利用图卷积神经网络进行视频分类。他们提出将视频看作时空区域图(space-time region graphs)，用图结构建模视频中人、物的时序变化以及人、物之间的交互关系，进而提出利用图卷积神经网络(graph convolutional networks, GCN)对上述图结构进行计算并进行视频分类。

3. 基于视觉注意力的视频分类

视觉注意力学习是近期图像视频分析中的常用方法，能够建模图像视频显著性区域以指导特征学习。视频中的注意力包括两个方面：空域注意力和时域注意力。空域注意力关注视频帧的显著区分性区域，而时域注意力关注具有显著区分性的视频帧。

视频帧可以划分为显著区域和非显著区域，前者包含对视频类别有显著区分作用的物体和运动模式，后者表示与视频类别信息相关性较小的背景区域。空域注意力能够定位视频帧的显著区域，促进视频特征学习并提高视频分类效果。Karpathy 等[23]和 Jaderberg 等[24]利用卷积神经网络建模空域注意力，前者构建了一种多分辨率卷积神经网络，认为空域注意力聚焦于视频帧的中心位置，然而这种方法固定了显著区域的位置，缺乏灵活性和鲁棒性；后者在卷积神经网络的相邻卷积层之间引入仿射变换，并利用软注意力学习机制计算每个空间位置的权重，以此学习更有效的特征。

视频中不同的帧对于视频语义表示的作用是有差异的，有些帧提供了重要的、有明显区分性的关键信息，而有些帧则可能表达了与视频语义无关的噪声信息，甚至会影响视频分类效果。视频时域注意力能够选择具有较强区分性的视频帧来学习更具辨识力的视频特征，促进视频分类效果。Zhao 等[25]利用视觉词汇的交叉熵计算时域注意力，设定固定阈值选取帧序列中具有关键信息的视频帧，然后利用关键局部运动特征表示选取的显著视频帧进行视频

分类。Liu 等[26]通过 AdaBoost 模型建模时域注意力，首先检测视频中的兴趣点，提取金字塔运动特征构成特征池，然后利用 AdaBoost 模型从特征池中选取得分最高的视频帧作为显著区分性的关键帧，进而用关键帧的特征进行视频分类。

上述方法通常分离建模视频空域注意力和时域注意力，然而视频空域、时域注意力信息是紧密联系、相互依存的，两者需要联合建模以学习全面有效的视频时空注意力信息。针对此问题，Peng 等[27]提出了时空注意力协同学习(two-stream collaborative learning with spatial-temporal attention, TCLSTA)，同时学习视频空域注意力和时域注意力，在联合训练过程中使得两者相互促进，弥补了上述方法分离建模视频空域、时域注意力的不足。TCLSTA 首先构建双路神经网络，分别以视频帧和光流作为输入，利用 CNN－LSTM 结构对时空注意力进行联合建模，通过视频帧显著区域定位以及显著视频帧选择，学习显著性的静态特征和运动特征；进而构建协同网络，对静态、运动特征进行协同学习，通过交替训练机制使得静态、运动特征互为指导以进行特征优化，并自适应地区分静态、运动信息对于视频语义类别的不同作用，充分利用两者的互补性提高视频分类的准确率。

如图 5－5 所示，TCLSTA 包含两个子模型：空域-时域注意力模型和静态-运动协同学习模型。空域-时域注意力模型针对视频帧显著区域在时序上变化明显的特点，利用时域注意力去引导空域注意力的学习；同时空域注意力通过选择的显著区分性区域增强时域注意力的学习。空域-时域注意力模型包括 3 个组成部分：空域注意力网络用于定位视频帧的显著区域；时域注意力网络用于选择帧序列中具有显著区分性的视频帧；连接网络根据学习得到的空域注意力和时域注意力学习全局时空显著性特征。空域-时域注意力模型通过联合学习视频空域、时域显著性，促进了两者之间的相互提升。

静态-运动协同学习模型则是对视频中的静态、运动信息进行联合建模，通过协同学习充分挖掘静态、运动信息之间的互补性。该模型利用交替训练机制实现静态、运动信息的协同学习，并通过自适应学习机制学习静态、运动信息之间的融合权重提高分类准确率。静态-运动协同学习模型包含两个相互级联的子模块：协同学习网络模块和自适应权重学习模块。协同学习网络模块以空域-时域注意力模型提取的时空特征作为输入，利用对称的网络结构使得静态信息(视频帧特征)和运动信息(光流特征)在交替训练中互为指导，以此完成特征学习优化。假定在 t 时刻的光流特征为 $\mathbf{V}^m=[v_1^m, v_2^m, \cdots, v_N^m]$，交替训练机制的算法为

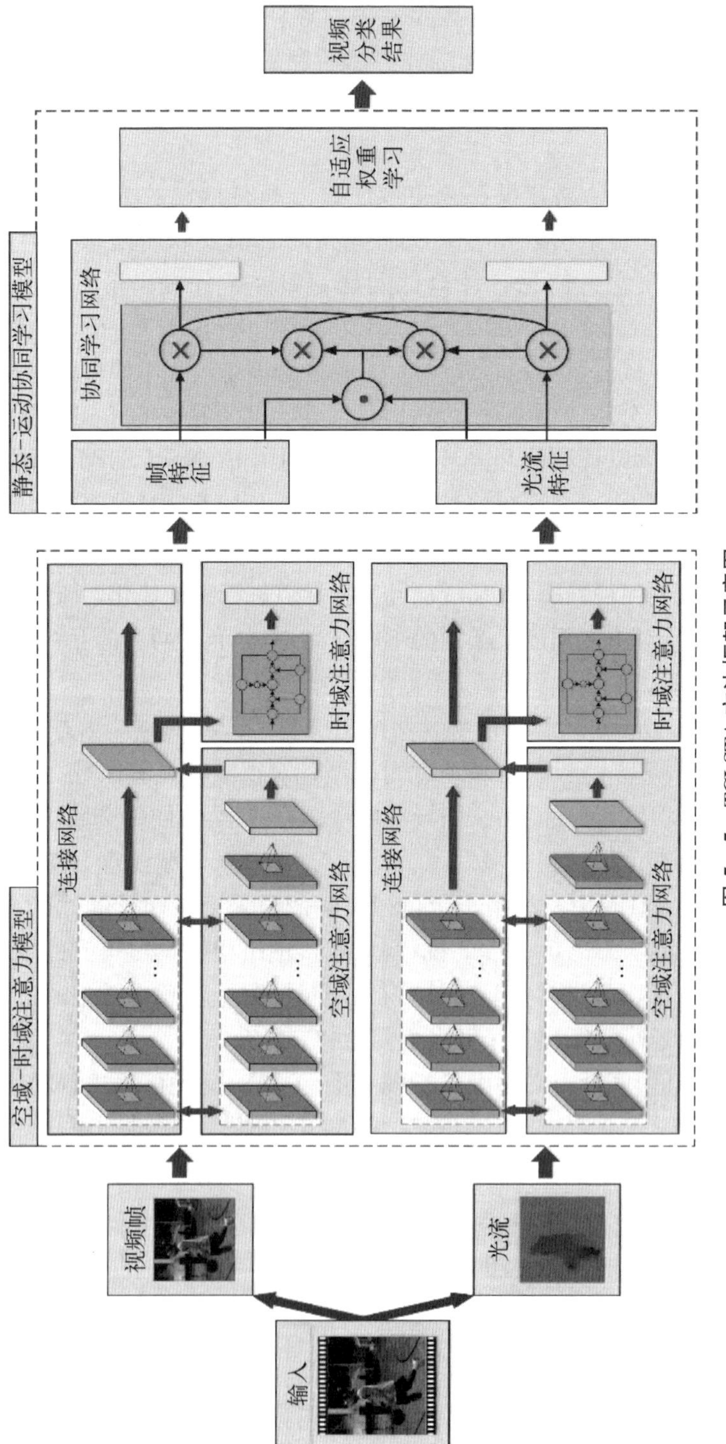

图 5-5 TCLSTA 方法框架示意图

$$H = \tanh(\boldsymbol{W}^m \boldsymbol{V}^m + \boldsymbol{W}_o^s O^s \mathbf{1}^{\mathrm{T}}) \tag{5-6}$$

$$z^m = \mathrm{Softmax}(\boldsymbol{W}_h^{m\mathrm{T}} H) \tag{5-7}$$

$$O^m = \sum z_i^m v_i^m \tag{5-8}$$

式中，O^s 表示由 $t-1$ 时刻的帧特征融合得到的视频特征；$\mathbf{1}^{\mathrm{T}}$ 表示单位向量；z^m 表示基于光流特征学习得到的优化系数；O^m 表示由 t 时刻的光流特征融合得到的视频特征；$\boldsymbol{W}$ 表示协同网络参数。交替训练机制能够有效利用视频中静态、运动信息之间的互补性对特征学习进行优化。在通过协同学习网络得到优化的帧特征（静态信息）和光流特征（运动信息）之后，自适应权重学习模块将对静态、运动信息学习类别相关的权重，以区分两者对于不同视频类别的作用，利用静态和运动信息之间的协同互补性有效地提升了对视频分类的准确率。

5.2.2 图像分类

图像分类是指识别图像的语义类别。对象分类（object classification）是其中的一个重要方向，其目标是判断图像中是否包含某类对象（如狗、车等），是解决目标跟踪和分割、场景理解等复杂视觉问题的基础[28]。与一般的对象分类不同，细粒度图像分类是对粗粒度的大类（如犬类）进行细粒度的子类识别（如阿拉斯加犬、哈士奇犬等）。细粒度图像分类在学术界和工业界都得到了广泛关注，有着重要的实际应用，如无人驾驶、动植物保护、癌症检测等。本节主要对细粒度图像分类进行介绍。

细粒度图像分类的挑战在于相同类别的图像差异大、不同类别的图像差异小。如图 5-6 所示，第一行的图像同属于“黑脚信天翁”，但是由于其视角、姿态等变化导致差异较大；而第二行的图像外观相似但却分别属于“沼泽鷦鹩”“岩鷦鹩”和“冬鷦鹩”3 种不同类别。细粒度图像分类中不同类别的差异主要存在于细小的部件中，如头、身体、脚等。因此，如何检测并有效表达对象的关键部件成为研究重点。大部分细粒度图像分类方法分为两个步骤：① 检测对象区域（如狗）及其部件区域（如头、身体、脚等）；② 对检测的区域提取特征以完成分类器的训练，并对该检测区域进行分类预测。

随着深度学习在计算机视觉领域取得的巨大进展，现有的细粒度图像分类方法多基于深度学习，主要分为强监督细粒度图像分类和弱监督细粒度图像分类。

图 5-6 细粒度图像示例

1. 强监督细粒度图像分类

强监督细粒度图像分类方法是指在训练阶段，不仅使用图像级别的类别标注，还使用了对象（bounding box）、部件（parts location）等额外人工标注信息，标注成本巨大。

如前所述，细粒度图像分类的关键在于对象和部件的检测及其特征表达，Zhang 等[29]提出了 part-based RCNN 方法，利用 RCNN[30]检测图像中具有辨识性的候选部件，然后通过几何约束筛选候选部件并将其用以训练分类器。如图 5-7 所示，该方法首先采用对象和部件人工标注信息来训练相应的检测器，接着使用选择搜索算法（selective search[31]）为每一张图像生成候选区域，使用已训练的检测器对候选区域进行评分，并根据评分值高低筛选出高分值对应的对象和部件。但是，这样筛选出的不同部件会出现重叠等现象，因此进一步提出了一种对检测区域的约束方法。具体约束方法可用式(5-9)表示，其中 x_0 表示对象的位置；x_1 到 x_n 表示 n 个部件的位置；当部件区域 x_i 超出对象区域 x_0 一定像素点时，$c_{x_0}(x_i)$ 为 0，否则为 1；$\delta_i(x_i)$ 为对区域 x_i 计算在训练数据上的混合高斯模型的值。该约束要求所有部件区域不能超出对象区域的某个阈值，同时利用训练数据对区域位置进行约束保证其可靠性。

$$\Delta_{\text{geometrix}}(X)=\Big(\prod_{i=1}^{n} c_{x_0}(x_i)\Big)\Big(\prod_{i=0}^{n}\delta_i(x_i)\Big)^{\alpha} \tag{5-9}$$

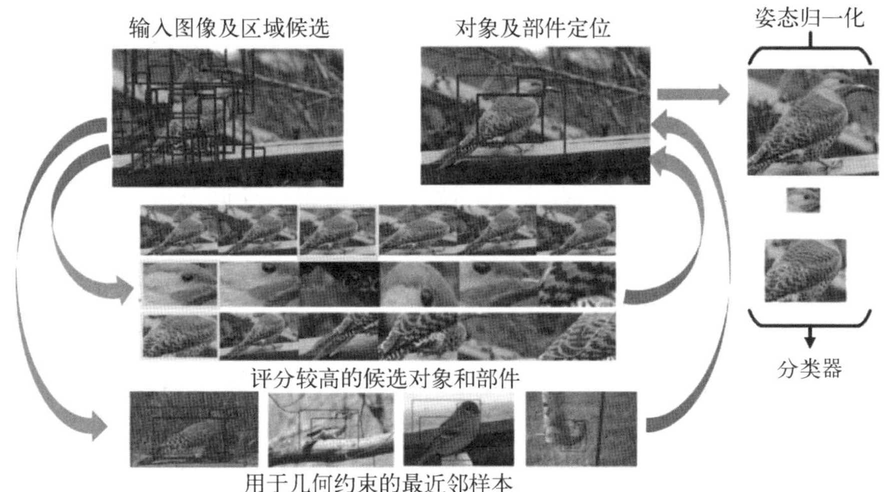

图 5-7 part-based RCNN 方法[29]

Huang 等[32]提出了一种端到端的 PSCNN(part-stacked CNN)方法，在定位对象和部件区域之后，提取对象和部件的卷积特征并融合进行分类。该方法首先利用标注的对象对输入图像进行裁剪，接着利用全卷积网络生成特定部件的显著图，最后对显著图进行高斯滤波去噪并生成特征图作为部件定位的结果。部件的位置计算如式(5-10)所示，其中 G 为高斯核函数；(h, w) 为坐标位置；c 为通道值；当阈值大于 μ 时认为包含该部件，(h_c^*, w_c^*) 为该部件的位置，否则不包含该部件。完成部件定位后，PSCNN 设计了一种基于两种输入流的方法，分别是对象流和部件流。为加快分类速度，方法对不同的部件共享卷积层参数，这使得分类时只需要提取一次卷积特征即可。最后两个流的卷积特征进行拼接，输入全连接层并完成分类任务。

$$(h_c^*, w_c^*)=\begin{cases}\underset{h, w}{\operatorname{argmax}} \operatorname{Softmax}(h, w, c) * G, & \text{如果 } \operatorname{Softmax}(h_c^*, w_c^*, c) * G>\mu \\ (-1, -1), & \text{其他}\end{cases} \tag{5-10}$$

除了上述方法之外，还有很多强监督细粒度图像分类方法[33-34]依赖于对象、部件等人工标注信息，都取得了不错的效果。但是考虑到实际应用的需要，如何仅使用图像级别的类别标注而不依赖于这些人工标注的强监督信息，成为细粒度图像分类问题的难点。

2. 弱监督细粒度图像分类

弱监督细粒度图像分类方法是指在训练阶段，仅使用图像级别的类别标注，不依赖于耗时耗力的对象、部件等人工标注信息。该类方法已经成为细粒度图像分类的研究重点。

Xiao 等[35]提出了对象-部件两级注意力模型，这是首个在训练和测试两个阶段均不使用对象、部件等人工标注的工作，并且取得了不错的图像细分类效果。受到该工作的启发，其他弱监督细粒度图像分类方法陆续被提出[36-37]。如图 5-8 所示，该模型主要包含两个部分：① 对象级注意力模型，该模型筛选对象级图像块并进行分类，首先通过选择搜索算法产生候选区域，然后自动筛选出与类别相关的区域并用来训练对象级分类器；② 部件级注意力模型，该模型自动检测出包含对象不同部件的图像块并进行分类，首先对于对象级注意力模型中特定卷积层的检测器生成相似度矩阵，并通过对相似度矩阵的谱聚类生成隐含不同部件语义信息的检测器组。然后利用检测器组自动检测训练图像和测试图像的部件，并利用训练图像的部件训练部件级分类器，将对象级分类器得分和部件级分类器得分进行加权融合得到最后分类得分。对象-部件两级注意力模型能够在仅使用图像级别的类别标注情况下获得不错的分类结果。

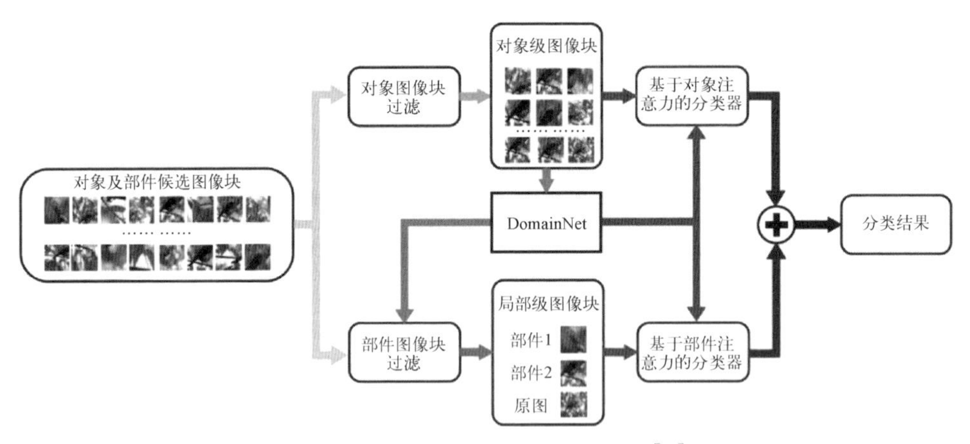

图 5-8 对象-部件两级注意力模型[35]

在 Xiao 等提出的对象-部件两级注意力模型的基础上，Peng 等[38]进一步研究了分类模型优化。在对象级注意力模型上，提出了显著性驱动的对象区域自动定位方法，通过卷积神经网络的全局平均池化(global average pooling, GAP)提取每一幅图像的类别显著图。对于给定的输入图像，用 $f_k(x, y)$ 表示最后一层卷积网络上神经元 k 对于空间位置 (x, y) 的激活响应，ω_k^c 表示类别 c 对于神经元 k 的权值，类别显著图定义为

$$M_c(x, y) = \sum_k \omega_k^c f_k(x, y) \tag{5-11}$$

根据类别显著图进行前景和背景分析处理获得图像的视觉对象区域。在部件级注意力模型上，提出了对象-部件空间约束方法，目的是选择更具辨识性的部件。优化目标函数如式(5－12)，其中当部件 p_i 区域和对象区域的 IoU (intersection-over-union)大于阈值时，$f_b(p_i)$ 为1，否则为0；A_U、A_I、A_O 分别表示所有部件的联合区域、相交区域和超出对象的区域；M_{ij} 表示像素位置 (i, j) 的显著图中的值。通过对象、部件位置关系以及显著性的联合建模能够获得更好的辨识性部件。该方法取得了更好的对象和部件的检测效果，提升了图像细分类结果。

$$\Delta(P) = \Delta_{\text{box}}(P)\Delta_{\text{part}}(P)$$

$$\Delta_{\text{box}}(P) = \prod_{i=1}^{n} f_b(p_i)$$

$$\Delta_{\text{part}}(P) = \log_2(A_U - A_I - A_O) + \log_2\left(\frac{1}{|A_U|}\sum_{(i, j)\in A_U} M_{ij}\right) \tag{5-12}$$

但是前述方法采用辨识性区域定位和特征学习两个分离步骤而无法统一学习，而且定位辨识性区域过程较慢，限制了这类方法的实际应用。为了解决上述问题，He 等[39]在只使用图像级别的类别标注的情况下，提出了显著性引导的区域快速定位方法，在取得更高分类准确率的同时加快了分类速度。首先，通过显著性提取网络自动提取图像的显著性区域，在不依赖于对象、部件等人工标注信息的前提下指导辨识性区域定位学习。其次，通过显著性提取网络(saliency extraction network, SEN)和基于 Faster RCNN 检测网络的联合学习实现细粒度分类与辨识性区域定位的协同促进，构建端到端的网络同时实现分类与定位，不仅提升了细粒度图像的分类准确率，而且加快了分类速度。根据实验结果，通过该方法的弱监督策略训练得到的 Faster RCNN，比直接使用对象人工标注训练得到的 Faster RCNN 取得了更好的图像细分类效果，这是因为该方法提取的显著图可以更好地定位辨识性的区域，去除对象区域的无效部分。

除上述介绍的方法，还有很多弱监督细粒度图像分类方法，如 Wang 等[40]通过 1×1 的卷积核来学习图像中的辨识性区域，以提高细分类准确率。He 等[41]通过强化学习序列式地定位图像中的对象及其辨识性区域。Cui 等[42]利用迁移学习将从大数据集学习到的知识迁移到小数据集，并取得不错的细分类准确率。

通过上述方法检测到的部件并不一定都有助于细分类，但是与图像相关的文本信息可以明确指出图像中具有区分性的部件，并与视觉信息互相补充，从而促进特征的学习。He 等[43]引入文本描述，提出了视觉-文本联合建模的图像细粒度表示方法，其中视觉流学习对象的卷积特征，文本流基于文本信息学习图像中的辨识性部件和特征，两者的互补促进了细分类效果的提升。更进一步，He 等[44]建立了第一个包含 4 种媒体类型（图像、文本、视频和音频）的细粒度跨媒体检索公开数据集和评测基准 PKU FG - XMedia，并提出了一种能够同时学习 4 种媒体统一表征的深度网络模型，有助于推动细粒度分类与跨媒体检索的融合与应用。如何利用文本、视频、音频等多模态信息促进细粒度分析，也成为一个重要的研究方向。

虽然细粒度图像分类在效果和速度方面已经取得了不错的成绩，但仍需要继续探索具有更好辨识性的部件检测方法和特征表示方法以及进一步研究在自然场景下的细粒度图像分类方法。

5.3 视频目标检测

视频目标检测是指计算机自动识别视频中的感兴趣目标并对目标区域进行定位，这是计算机视觉领域中一个重要且极具挑战性的任务，具有广阔的应用前景，如智能视频监控、机器人、无人驾驶等。视频目标检测对于目标分割、跟踪、场景理解等相关任务也具有极大的促进作用，是视频内容分析与识别的基础，具有重要的研究意义和应用价值。然而，视频中的目标容易受到视角变化、遮挡、形变、低分辨率、运动模糊等复杂因素的影响，导致视频目标检测面临巨大挑战。

视频中的目标除了一般的场景物体（如汽车、猫等）外，还包含了一些特定目标，如标志、行人、文字、人脸等。这些特定目标类型众多、特性差异大，采用通用目标检测算法取得的检测效果不好，因此每类特定目标的检测都可作为一个独立的研究问题。本节将重点针对视频中特定目标的检测技术进行介绍。

5.3.1 标志检测

标志检测是指识别视频中是否包含某种标志（如商品标志、交通标志）并对标志进行定位，具有广泛的应用前景，如版权保护中的商品标志检测、无人驾驶中的交通标志检测。其挑战在于：① 拍摄角度的不同，导致同一标志在不同视频中的大小、位置、形态等差异较大；② 自然场景下的遮挡、背景及光照变化等复杂因素加大了标志检测的难度；③ 标志种类繁多、大小不一、风格各异，进一步加大了标志检测的难度。现有方法分为基于手工特征的标志检测和基于深度学习的标志检测两类。

1. 基于手工特征的标志检测

基于手工特征的标志检测主要是基于关键点的局部特征匹配，分为 3 个步骤：① 检测视频帧和目标标志样本的关键点，并提取 SIFT[2] 等局部特征；② 比较两者的局部特征，找到匹配的关键点；③ 根据匹配的关键点计算两者的相似度，并根据相似度判定视频帧是否包含标志。基于关键点局部特征匹配的检测方法对尺度、旋转、光照等变化具有较强的鲁棒性，影响其效果的最大因素在于关键点的误匹配。为了解决上述问题，研究者聚焦于增强特征描述能力和优化特征匹配。

有效的特征描述需要具备较强的区分能力，同时又对视角、尺度、旋转等变化具有良好的鲁棒性。常见的特征包括 SIFT[2]、SURF[45] 等。为了增强单个关键点的描述能力并减少误匹配，Kalantidis 等[46]提出了一种邻域编码算法，首先将邻域内的关键点聚合成三元组，然后对三个顶点之间的角度关系进行编码。Zhou 等[47]提出了一种空间编码算法以描述多个关键点之间的位置关系。上述方法主要研究全局视频帧的匹配，这种策略对于小尺度的标志检测效果较差，Bhattacharjee 等[48]提出了一种基于对象候选块的特征描述方法以取得更加具有区分性的特征，从而提高小尺度标志的检测效果。该方法提出了一种对象候选块的特征描述方法 EdgeBoW，首先提取对象候选块的结构化边缘的关键点特征，然后利用词袋模型对特征进行量化拼接得到最后的特征描述。该方法虽然具有较好的特征描述能力，但是在匹配过程中忽略了相邻特征之间的拓扑关系，而这种拓扑关系可用于优化特征匹配以取得更好的检测效果。Tang 等[49]提出了一种极角拓扑约束与特征选择相结合的标志检测方法以降低错误匹配，方法流程如图 5-9 所示。首先在标志训练样本上提取局部特征，并进行量化得到视觉词表示，将每个特征点对应到一个视觉词。然后使用互信息进行特征选择，互信息计算式为

$$I(t,\ c)=\sum_{i=0}^{1}\sum_{j=0}^{1}\frac{N_{ij}}{N}\log_2\frac{NN_{ij}}{(N_{i0}+N_{i1})(N_{0j}+N_{1j})} \tag{5-13}$$

式中，c 表示正样本所属类别；t 表示正样本中的一个视觉词；N 表示所有的正样本；$N_{ij}=\{I\mid f(I,\ t)=i,\ g(I,\ c)=j,\ I\in N\}$，$f(I,\ t)=1$ 表示样本 I 包

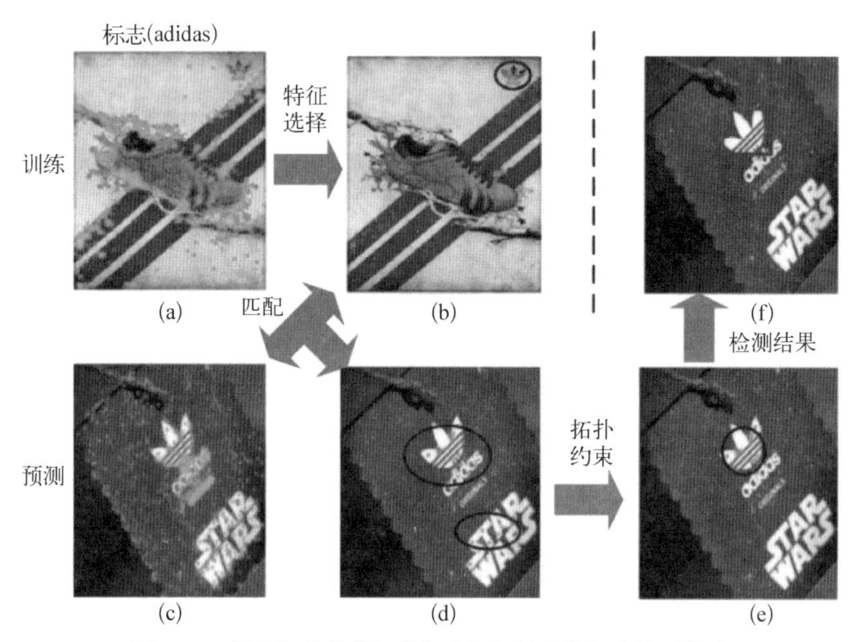

图 5-9 极角拓扑约束与特征选择相结合的标志检测方法

含视觉词 t,反之不包含;$g(I,c)=1$ 表示该样本包含类别 c 的标志,反之不包含。最后选取所有正样本中互信息最大的 k 个视觉词作为特征。利用互信息特征选择过滤掉大量与标志相关性较低的局部特征,在降低错误匹配概率的同时提高了匹配速度。在此基础上,该方法考虑邻域内的关键点在形变和仿射变换中具有的极角拓扑相对不变性,极角拓扑约束方法提高了局部特征的匹配精度,在一定程度上缓解了现有方法的误匹配问题。假设视频帧和正样本之间有若干个匹配点对,这些匹配点对的 k 近邻分别为 kNN_q 和 kNN_t,然后对于每个近邻特征点以匹配点为中心添加一个对称点,使得 kNN_q 和 kNN_t 加倍,设为 kNN'_q 和 kNN'_t。然后按照 Gregor 等[50]提出的动态规划算法计算其最长循环公共子序列 LCS(kNN'_q, kNN'_t),接着按照式(5-14)计算匹配点之间的匹配度,最后利用投票机制确定视频帧的检测结果,其中 $\#(x)$ 表示序列 x 的长度。

$$r=\frac{\text{Length of LCS}(kNN'_q,\ kNN'_t)}{\min\{\#(kNN'_q),\ \#(kNN'_t)\}} \tag{5-14}$$

2. 基于深度学习的标志检测

得益于卷积神经网络在计算机视觉领域中的广泛应用,标志检测在近几年中也取得了很大的进步。Oliveira 等[51]提出了一种基于 Fast RCNN[52]和迁移学习的标志检测方法，具体步骤如下：① 使用卷积神经网络在 ImageNet 数据集[53]上进行预训练，预训练的网络模型可以加快标志数据集上的训练过程，同时提高模型的训练效果；② 对标志数据集进行扩增，通过对标志训练样本的形态、色彩等变换以及 Selective Search[31]方法提取区域候选块两种方式扩增训练集；③ 将第一步预训练的模型参数迁移至 Fast RCNN 的卷积层，并利用扩增后的训练集进行训练，从而使得模型更加鲁棒。该方法利用迁移学习和数据扩增使得 Fast RCNN 在规模较小的标志数据集上取得了不错的检测效果。

面对实际应用场景，Yang 等[54]提出了一种实时的标志检测方法。首先利用手工特征和 SVM 获取标志候选框，然后使用卷积神经网络对候选框进行分类，在保证速度的同时获得了很好的性能。如图 5-10 所示，具体步骤如下：① 提取视频帧的颜色概率特征并生成相应灰度图；② 利用 MSER 方法[55]对灰度图提取具有良好仿射不变性的候选区域；③ 利用预先训练好的 SVM 分类器对候选区域进行分类得到标志区域位置；④ 截取标志区域，并利用卷积神经网络对其进行分类验证。该方法有效地结合了手工特征和卷积神经网络，在保证标志检测准确率的情况下，取得了比当时主流方法快 20 倍的速度。

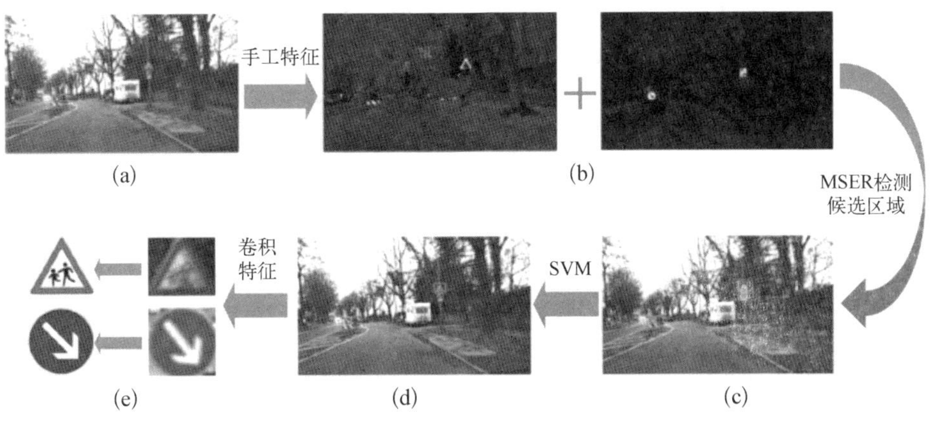

图 5-10　一种实时的标志检测方法

针对小尺度标志的检测问题，Zhu 等[56]设计了一种端到端的卷积神经网络，如图 5-11 所示，在第 6 个卷积层后分为 3 路，引申至边框层、像素层和标签层，其中边框层约束标志区域的位置，像素层表示一个 4×4 的像素区域包含相应标志的概率，标签层辅助学习分类信息以保证检测效果。为了提高标志检测的鲁棒性，该方法在训练时对数量较少的标志类别的训练样本进行旋转、缩放等操作实现训练数据扩增。

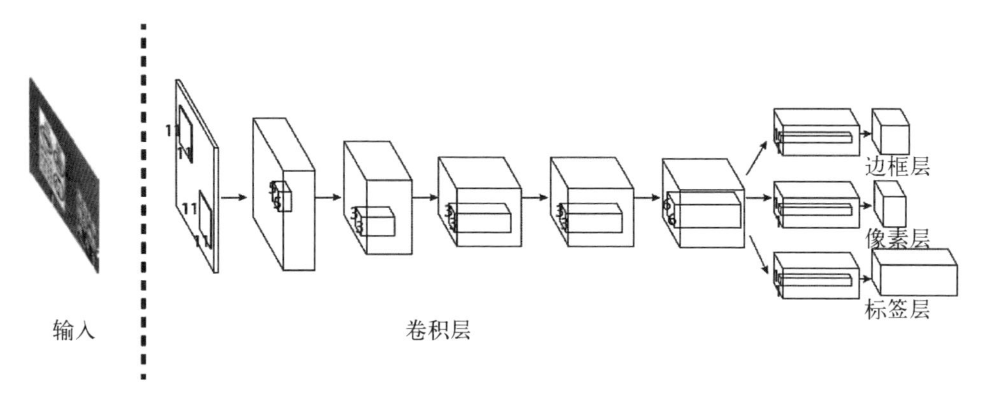

图 5-11 一种端到端的标志检测方法

5.3.2 行人检测

在实际应用场景中,行人一直都是重要的关注目标之一,具有重要的应用价值,如智能安防监控、机器人视觉、车辆自动导航、智能交通等。近年来,行人检测问题吸引了研究者大量的关注。行人兼具刚性和柔性物体的特性,其检测主要有以下几个难点:① 姿态变化丰富,行人本身具备不同的姿态,如站、跑、跳、蹲等,同时采集视频的摄像头可能拍摄到行人的正面、侧面或背面;② 光照变换多样,天气阴晴变化和光线明暗等都会影响到最终输出视频的质量;③ 遮挡严重,行人与行人、行人与物体之间的遮挡加大了行人检测问题的难度;④ 场景复杂,监控摄像头多放置在人员密集的场所,如商城、机场、街道等,行人和背景相互混淆,不易区分;⑤ 尺度不同,不同行人高矮不同,即使是同一个行人也会因为距离变化使得其在视频中呈现出不同的尺度,造成特征上的巨大差异,从而加大了检测难度。下面从基于手工特征的行人检测和基于卷积神经网络的行人检测两个方面进行介绍。

1. 基于手工特征的行人检测

Zhu 等[57]提出了一种隐含语义特征学习方法,将隐含语义学习建模为特定的稀疏编码问题,使得学习出的特征具有更高层次的语义信息,能更好地应对复杂情况下的行人检测。该方法在隐含语义特征学习中引入最大间隔准则[58],使得来自同一类别(类别表现为候选框区域是否为行人)的特征相互靠近,来自不同类别的特征则相互远离,因而具备更强的分类鉴别力。最后将学习得到的特征结合到 boosting 检测框架中完成行人检测。

针对行人遮挡问题,Zhu 等[59-60]将不同遮挡程度下的行人检测看作一系列不同但互相关联的任务，以局部去相关通道特征(LDCF)方法[61]作为基础检测框架，提出了一种增强的多任务模型，同时考虑不同任务之间的区别与联系。首先采用多任务学习算法将不同遮挡程度下的行人样本映射到一个共同子空间中，使得不同遮挡模型在这个子空间中都共享同一组有效样本特征，然后基于共享样本特征在共享子空间中训练一个增强的级联检测器，对不同遮挡程度下的行人进行检测。具体地，首先根据遮挡程度将行人检测问题分为两个子任务：针对遮挡不超过35%的行人检测任务 T_1 和针对遮挡不超过80%的行人检测任务 T_2。然后采用贪心方式遍历搜索所有可能的多任务基本决策树，选择分类误差最小的多任务基本决策树。最后，可将传统 AdaBoost 算法扩展为多任务形式以学习多任务 LDCF 检测器模型得到效果更好的强分类器。

针对行人低分辨率问题，Zhu 等[62]提出了一种基于分组代价敏感 boosting 的多分辨率行人检测方法，通过在 boosting 过程中对不同分辨率样本进行分组并赋予不同的代价权重，使得低分辨率样本分组获得更大的权重，同时易漏检样本也被赋予较大权重，从而使低分辨率样本取得更好的检测效果。Costea 等[63]提出了利用语义分割信息进行检测，首先借鉴 ACF(aggregate channel features)检测器[63-64]将图像分为10个通道，然后对不同尺度的图像在这些通道上进行过滤，再使用全连接条件随机场(dense CRF)[65]提取语义分割信息(如天空、建筑、路、树、车、行人等)，最后将分割的结果作为先验信息训练级联分类器进行行人检测。

2. 基于卷积神经网络的行人检测

卷积神经网络具有强大的特征表达能力，能够显著提升目标检测性能。一个最直接的基于卷积神经网络的行人检测思路是：首先利用网络提取候选区域的特征，然后利用传统方法学习分类器。Zhang 等[66]提出了 RPN(region proposal network)和 BF(boosted forests)相结合的行人检测方法，取得了明显的效果提升，流程如图5-12所示。Zhang 等认为以 Faster RCNN[67]为代表的深度目标检测算法不能解决行人检测中的两个问题：① 小尺度，常规场景下的行人一般都是小尺度的，对于小尺度的行人，Faster RCNN 的感兴趣区域池化(RoI pooling)层提取的特征不具有较强的区分性，从而降低了分类器性能；② 难分样本，行人检测问题的错误检测一般是由难分样本导致的，而 Faster RCNN 方法中难分样本没有进行特殊处理，导致行人检测效果差。该方法首先利用 Faster RCNN 的 RPN 获取候选框以及其卷积特征，然后将这些卷积特征输入级联的 BF 中训练分类器。一方面，由于该方法在 RPN 产生候选框之后不像 Faster RCNN 一样输入全连接层限制其特征维度，而是通过调整卷积核的步长获取不同尺度的卷积特征，这使得该方法对不同尺度的行人具有很好的鲁棒性。另一方面，该方法利用级联的 BF 方法执行有效的难分样本挖掘，使得其可以有效地降低误检。该方法结合了卷积特征和传统分类方法的优点，有效地解决了上述两个问题，取得了很好的行人检测效果。

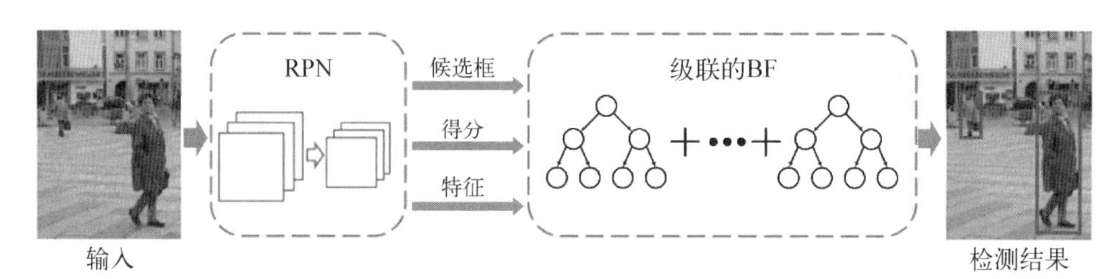

图 5-12　RPN 和 BF 相结合的行人检测方法图

在行人检测问题中，大尺度行人实例与小尺度行人实例有着明显不同的视觉特征，如大尺度行人实例有着丰富的身体骨骼信息，小尺度行人实例往往边框模糊。为了利用多种尺度实例的不同特征，Li 等[68]提出了 SAF RCNN(scale-aware fast RCNN)方法，采用分治思想，针对不同尺度训练多个子网络，最后进行加权融合得到检测结果，网络架构如图 5-13 所示。首先该方法利用 ACF 检测器[64]生成行人候选框，然后输入网络(包括大尺度和小尺度两个子网络)中，再根据候选框的高度计算尺度感知权重(scale-aware weighting)，如式(5-15)所示，其中 ω_l 和 ω_s 分别表示大尺度子网络和小尺度子网络的权重；h 表示给定候

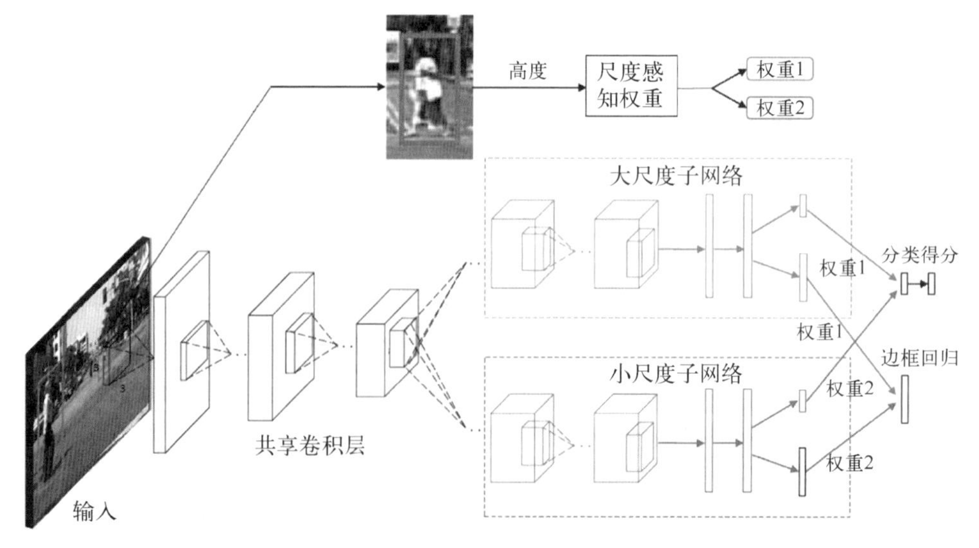

图 5-13　SAF RCNN 网络框架

选框的高度；$\bar{h}$ 表示训练集中行人标注框的平均高度；α 和 β 是两个可学习的系数。显然，尺度感知权重实现了对各种尺度的鲁棒性：当行人尺度较大时，大尺度子网络分配较高的权重；当行人尺度较小时，小尺度子网络分配较高的权重，最后对两个子网络的得分加权融合，该方法可以针对不同的行人尺度选择合适的子网络从而提升检测效果。

$$\omega_l = \frac{1}{1 + \alpha \exp(h - \bar{h})/\beta}, \ \omega_s = 1 - \omega_l \tag{5-15}$$

Zhang 等[69]利用卷积神经网络处理行人检测的遮挡问题。他们认为卷积神经网络能从行人样本的可见部分提取出有用的语义信息，而被遮挡部分会带来负面影响。因此，他们将注意力机制应用到卷积神经网络特征图的各个通道(channel)上，通过增大可见部分特征的权重，降低被遮挡部分特征的权重，来降低被遮挡部分的负面影响，以此提高行人检测的效果。

5.3.3 文字检测与识别

视频文字与视频内容密切相关，包含视频相关的事件、人物、时间、地点等信息，对于视频内容的自动理解和标注具有重要意义。视频文字可以分为字幕文字和场景文字两类。其中，字幕文字是指人工添加到原始视频中的文字，具有规则的颜色和形状；而场景文字是指视频物体或场景中原有的文字(如横幅上的文字)，具有差异性大、易形变、背景复杂等特点[70]，相比较字幕文字，场景文字更加难以识别。视频文字检测与识别方法可以分为两个大类：基于单帧的文字检测与识别，基于多帧的文字检测与识别[71]。

1. 基于单帧的文字检测与识别

基于单帧的视频文字检测与识别专注于单个视频帧，一般包括 3 个阶段：文字检测、文字分割和文字识别。

1) 文字检测

文字检测是指定位视频中文字区域的位置，通常包含定位和验证两个阶段。通过文字定位能够获得大量文字候选区域，再利用文字验证过滤掉错误的文字候选区域，得到最终的文字检测结果。

现有文字定位方法分为基于连通性分析的方法和基于区域分析的方法两类。基于连通性分析的方法主要通过聚类等方法对文字的几何特征进行分析，挑选出文字区域。Yi 等[72]提出了一种基于彩色聚类的文字检测方法，首先在 YUV 颜色空间中，利用 Sobel 算子在多个方向上分别进行边缘检测得到累计边缘图。然后利用累计边缘图对原图 RGB 色彩空间进行处理得到彩色边缘图,并通过近邻传播聚类算法,把彩色边缘图中的点分解到若干边缘子图,从而实现彩色边缘的分层。最后,通过边缘子图的水平和垂直投影确定文字区域。

上述方法对颜色均匀、间距统一的字幕文字有较好的效果,但并不适合色彩复杂、文字倾斜的场景文字。针对场景文字,Neumann 等[73]通过最稳定极值区域检测器得到大量候选区域,并利用预训练的字符分类器来判断候选区域是否包含文字字符。Epshtein 等[74]发现同一候选区内的文本基本具有相同的笔画宽度,提出了用笔画宽度变换算法来实现场景文字的检测。此外,Tang 等[75]提出了一种结合 MSER[55]和卷积神经网络的框架,利用 MSER 实现候选区域的选取,然后通过卷积神经网络实现候选区域的过滤和字符的分割。He 等[76]提出将文字区域看作一个泛型实体,利用全卷积网络(FCN)实现文字定位。

基于区域分析的方法主要通过训练一个二分类器,基于滑动窗口内提取的各种特征,如颜色、边缘、梯度方向、纹理特征等来判断该窗口是否包含文字。Ji 等[77]使用了由 24 种特征融合而成的混合特征,利用多 SVM 的投票机制实现了对文字的检测。Jaderberg 等[78]利用卷积网络作为特征提取器,同样取得了较好的效果。

由于图片中存在大量噪声,上述方法提取的文字区域往往包含大量非文字区域。因此,需要对选取的文字区域进行二次验证。常见的文字验证方法有基于规则的方法和基于特征判别器的方法。基于规则的方法主要通过对颜色、大小、空间约束等信息制订相应规则来实现文字区域的验证。Liang 等[79]利用边缘特征区域在文字区域中的比重并结合文字区域块的宽高进行验证。在文献[80-82]中,投影轮廓、字符间距、笔画和边缘密度信息均被用于文字验证。基于特征判别器的方法则通过包含结构、强度值、形状等信息的特征来训练分类器实现文字的验证。Ye 等[83]首先提取全局的 Wavelet 和交叉线特征,然后通过前向搜索算法来挑选最有效的特征,最后训练 SVM 分类器以实现文字验证。Chen 等[84]使用边缘、梯度和纹理特征,并利用多层感知机实现文字验证。

2) 文字分割

文字分割是指通过文字二值化、文字行分割和文字个体分割等方法,对提取的文字区域进行处理,为下一步的文字识别提供干扰小、轮廓清晰的文字,以提高文字识别效果。

文字二值化是一种提取文字像素、删除背景无关像素的方法,主要有自适应阈值法、概率模型法和聚类方法。自适应阈值法通过分析局部特征和动态选取阈值来分割背景和文字[85]。概率模型法[86]借鉴了条件随机场在图像分割上的应用方法，利用能量最小化的思想实现每个像素点的标注。聚类方法通过聚类实现文字和背景的分离，对低质量的视频能做到较好的效果[87]。

文字行分割是将多行文字分解成单行文字，而文字个体分割是将一行文字分割为单个文字。基于投影轮廓的方法[88]通过文字特征在水平和竖直方向的投影密度实现分割。然而投影轮廓方法并不适用于倾斜的文字，Shivakumara等[82]提出了骨架分析方法，通过对连通区域的骨架特征结构分析来进行文字行分割。类似于文字行分割，文字个体分割也同样有基于投影轮廓的阈值方法。此外，Phan 等[89]通过优化路径代价的方法实现了较好的文字个体分割。

3）文字识别

文字识别是将图像形式的文字通过识别转化为字符形式的文字。文字识别按照识别的层次分为字符识别和单词识别。字符识别每次只针对一个字符，而单词识别会结合识别上下文，通过先验知识来进行更好的识别。

字符识别的普遍做法是基于常见特征，结合简单的线性分类器来实现识别。但字符通常扭曲且具有噪声，使得简单的线性分类器效果不佳。Coates 等[90]提出非监督的字符对齐方法，Liu 等[91]提出图像矫正算法，在不同程度上提高了字符识别的效果。对于场景文字，Sheshadri 等[92]提出了基于样本 SVM 的多层级分类方法，实现了对文字的细分类识别。Yao 等[93]提出了一种基于学习的 Strokelet 特征，能够捕获从局部特征到整体字符的多尺度结构化特征，能够获得较好的场景文字识别效果。

单词识别主要利用识别的上下文，结合先验的语言模型对当前的识别结果进行修正，能够解决场景文字因为扭曲变形或者字体的差异造成的单字符识别歧义。Weinman 等[94]提出了一种基于条件推断的方法，结合了相似度度量、先验语言知识、词汇判断来实现对场景文字的识别。有研究[95]结合字符识别（自下而上）和语言先验（自上而下）进行文字识别，通过使用滑动窗口分类器得到局部的字符探测结果，然后利用条件随机场模型判断探测结果的相关性和可能性，从而得到最终识别结果。Shi 等[96]提出了一种基于注意力的序列化模型，通过编码器-解码器结构得到识别结果的分布概率，结合字典树选取后验条件概率最大的结果作为最终识别结果。

此外，考虑到视频文字中常出现的扭曲模糊等情况，文字增强方法常用来提高识别的准确率。基于单帧的文字增强方法通常借鉴图像修复技术实现文字的清晰化。Cho 等[97]借鉴了反卷积在图像去模糊中的应用，通过引入辅助图像来增强反卷积对于文字局部特性的保持，提高了反卷积方法对于文字的增强效果。Caner 等[98]通过训练模型学习模糊文字和清晰文字之间的关联，并利用这种关联来实现高清晰度的文字生成。

2. 基于多帧的文字检测与识别

基于多帧的视频文字检测与识别考虑到了视频文字具有时间维度上的信息,能够用于提高检测与识别的准确率。根据方法目的的不同,我们从文字追踪、文字检测和文字识别 3 个方面进行介绍。

1）文字追踪

文字追踪是指检测相同文字的区域和位置,作为基于多帧的文字检测和识别方法的输入,以提高文字检测和识别的准确率。文字追踪的方法主要包括基于模板匹配的方法、基于粒子滤波器的方法、基于检测的方法和基于压缩域的方法。基于模板匹配的方法通过提取文字区域的特征,通过计算特征相似性来跟踪相同文本区域。例如,Tanaka 等[99]提出使用离散余弦变化提取文字区域特征,并使用累计直方图计算相似性。基于粒子滤波器的方法通过粒子滤波器采样来观察和追踪相同文本区域,对此 Merino 等[100]提出结合粒子滤波器和 SIFT 特征匹配,实现了在画面晃动下更为鲁棒的追踪。基于检测的方法通过建立检测到的文本区域的关联,以实现文本的追踪,相关工作包括 Wolf 等[101]提出的基于文本区域重叠信息的追踪方法,以及 Mi 等[102]提出的同时利用文本区域位置和边缘图相似性来追踪相同文本的区域等。基于压缩域的方法考虑了视频通常以压缩格式存储,因此直接利用了压缩域中的信息实现文本的追踪,其中 Gargi 等[103]提出了基于位移矢量的追踪方法,Crandall 等[104]提出了基于离散余弦变化系数的文字检测和追踪方法。

2）文字检测

基于多帧的文字检测结合了文字追踪方法,充分利用了视频中的时空信息,能取得更加鲁棒的效果。Lienhart 等[105]提出利用文字区域出现时长来过滤错误的文字区域。此外,一些工作提出了基于融合的文字检测方法。Wang 等[106]提出将当前视频帧与前后视频帧进行平均融合后再进行文字检测,Gomez 等[107]提出通过比较新检测到的文字区域与已经追踪到的文字区域来确定是否为新的文字区域,能够解决文字区域暂时消失的问题。

3）文字识别

基于多帧的文字识别结合了文字检测和文字追踪的结果,主要采用多帧融合的方法,以获取更加干净的背景、更高的对比度和分辨率,并提高文字识别准确率。Yi 等[108]提出了通过多帧平均融合方法减小文字区域的噪声,采用最小值融合方法简化背景和提高对比度。考虑到多帧平均融合方法会导致边缘模糊与对比度下降,Mi 等[102]提出了多帧边缘融合方法,通过计算每个像素作为边缘的概率并构建边缘分布直方图，最后通过阈值方法将边缘分布直方图转化为文字笔画图。此外，一些方法提出通过融合识别结果以获得更高的识别准确率。Mita 等[109]提出了通过挑选识别得到的单字并组合得到最终的句子。Rong 等[110]提出两种融合模型，其中多数投票模型通过挑选出现最多的结果作为识别结果，而条件随机场模型结合了语法约束来融合多帧的文字预测概率，并取得了较好的效果。

5.3.4 人脸检测与识别

人脸是人体重要的生物特征之一，因其具有唯一性和不易复制性，可以通过人脸的比对达到身份鉴别的目的。人脸识别技术旨在通过分析人脸的视觉信息进行身份鉴别，在刑事侦破、信息安全、金融消费、公共监控等众多方面有着广泛的应用。随着网络视频和监控视频数量的飞速增长，人们对视频人脸识别的需求也日益增长，如何实现准确快速的视频人脸识别就成了国内外研究机构和企业广泛关注的问题。

近年来，图像人脸识别技术取得了快速的发展。然而与图像中的人脸不同，一方面，视频中的人脸存在更加复杂的光照、角度、表情多变、分辨率低等问题；另一方面，视频中的人脸往往出现在连续的帧序列上，并且具有不同的表情和旋转角度。如何减小视频中人脸光照、角度以及表情变化对识别结果造成的影响以及如何有效利用人脸序列进行人脸匹配，对于视频人脸识别的准确性非常关键。视频人脸检测与识别主要分为人脸序列生成、人脸特征提取以及人脸序列匹配 3 个关键步骤，下面将分别进行阐述。

1. 人脸序列生成

人脸序列是指同一张人脸的连续图像。在视频人脸检测与识别中，首先需要进行人脸序列的生成，主要包括视频人脸检测和视频人脸追踪两个步骤。

(1) 视频人脸检测首先需要对视频进行关键帧提取，即按照一定的时间采样间隔从视频中提取多个视频帧，然后对每一帧进行人脸检测。Viola 等[111]提出 Viola - Jones 方法，使用 Haar 特征并通过 AdaBoost 多尺度级联分类器对视频帧图像进行快速检测，过滤掉大量不包含人脸的视频帧，成功实现了对人脸的实时检测。Wu 等[112]基于 Real AdaBoost 算法提出一种旋转不变的多角度人脸检测方法，提升了不同角度的人脸检测效果。Sun 等[113]提出深度卷积网络串联(deep convolutional network cascade)方法，通过三级卷积神经网络对人脸面部点(左眼中心、右眼中心、鼻子、左嘴角、右嘴角)进行检测，去掉无法检测到面部点位置的图像，图 5 - 14 为人脸面部点的检测结果示例。Li 等[114]提出了一种级联的卷积神经网络结构，其中图像分辨率和网络复杂度逐级增加，低分辨率图像和简单网络用于快速滤掉非人脸区域，高分辨率图像和复杂网络用于提高人脸检测精度。

图 5－14　人脸面部点检测

(2) 视频人脸追踪是指根据上述人脸检测结果，对视频中的同一人脸进行追踪，得到一个人的连续多张人脸图像并最终生成人脸序列。Bicego 等[115]联合利用生理特征和行为特征，通过隐式马尔可夫模型对视频中的人脸进行追踪。Oritz 等[116]提出了一种快速人脸追踪方法，通过计算相邻不同人脸图像区域的重合度和颜色直方图差异进行人脸追踪。Parkhi 等[117]提出了一种基于费雪向量表示(fisher vector representation)的人脸追踪描述子，通过特征压缩和硬量化(hard quantization)以达到快速追踪不同角度的人脸图像的目的。

2. 人脸特征提取

人脸特征提取旨在对人脸区域提取具有区分能力的特征向量，是构建人脸视觉表示的基础。在早期工作中，LBP 特征和 SIFT 特征等传统特征均在人脸识别领域被广泛采用[118-120]。近年来随着深度学习技术的发展，基于深度神经网络模型的人脸特征已经成为主流。Taigman 等[121]提出 DeepFace 方法，利用三维的人脸建模来重现人脸对齐和表示两个步骤，并通过深度神经网络提取最终的人脸特征表示。Schroff 等[122]提出 FaceNet 方法，输入为三元组数据，通过三重损失函数直接优化深度卷积神经网络，从而将人脸图像映射到可以直接度量相似度的欧式空间。Sun 等提出的 DeepID 系列方法[123-125]，利用卷积神经网络提取人脸特征取得了良好效果。DeepID[123]的网络结构如图 5－15 所示，首先对人脸图像提取出 10 个不同的区域块，并转化成 3 种尺度的灰度图像与彩色图像，因此每个人脸图像会被处理为 60 个不同尺度且不同区域的图像。这 60 个图像分别输入不同的卷积神经网络进行训练，再将所有卷积神经网络的最后一个隐藏层输出进行拼接，作为最终的人脸特征表示。DeepID2 方法[124]在

DeepID 方法的基础上增加了对人脸类间差异的考虑，通过在目标函数中添加约束类间差异的验证信号进行训练，实现了特征表达能力的提升。DeepID2＋方法[125]在 DeepID2 方法的基础上进一步改进了网络结构，增大了网络层的宽度和验证信号的层数，提升了人脸特征的表达能力和鲁棒性。Wang 等[126]针对人脸识别设计了一种新的损失函数：增强边缘余弦损失函数(large margin cosine loss)，通过最小化类内差异并最大化类间差异，增强了所学习到的人脸特征的辨识能力。He 等[127]提出了动态特征匹配方法，将全卷积网络与稀疏表示分类进行结合，以支持任意尺寸的人脸图像识别。

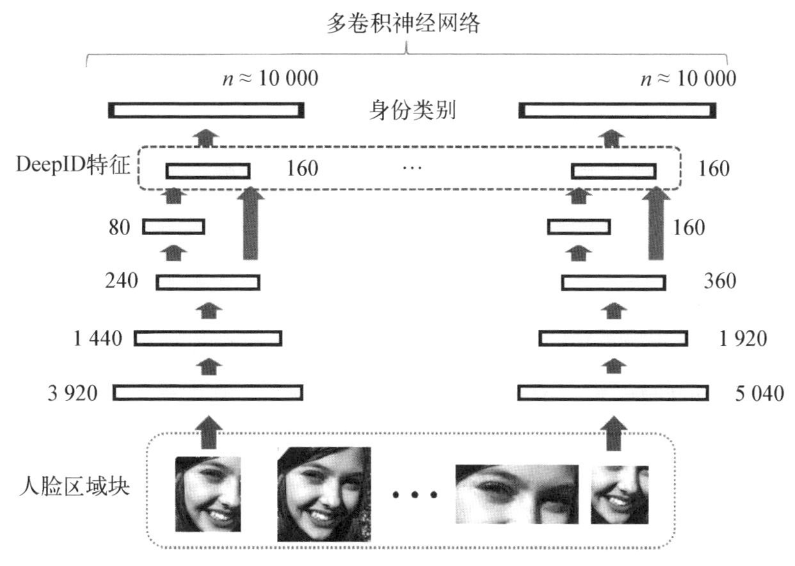

图 5－15　DeepID 人脸特征提取过程示意

3. 人脸序列匹配

在上述人脸序列生成和人脸特征提取两个步骤后，视频被转化成了人脸序列的视觉特征。人脸序列匹配旨在利用得到的人脸序列特征进行匹配，最终实现视频人脸识别。视频人脸序列匹配包括两种形式：人脸验证(face verification)和人脸鉴别(face identification)[128]。人脸验证是指一对一(one-to-one)的匹配，将查询人脸样例和单个已知人脸进行比对，判断两个人脸是否属于同一个人；人脸鉴别是指一对多(one-to-many)的匹配，在查询人脸身份未知的情况下，将查询人脸和数据库中所有身份已知的人脸进行匹配，以判断查询人脸的身份。

视频人脸序列匹配方法主要可分为 4 个大类。第 1 类方法利用视频中的代表人脸图像的特征进行匹配，如 Taigman 等[121]和 Schroff 等[122]对视频人脸序列进行随机抽样匹配计算相似度;Wolf 等[129]提出在视频人脸序列中选择“最正人脸”(偏转角度最小的人脸)作为代表人脸,再将“最正人脸”的视觉特征作为该人脸序列的视觉表示。Nguyen 等[130]首先将视频平均分成长度相等的 K 段,然后将每段视频最靠近中间的人脸作为该段的代表人脸。

第 2 类方法利用视频中所有人脸图像的特征进行匹配,如 McKenna 等[131]对视频进行 PCA(principal component analysis)降维,得到视频在低维空间中的表示,并使用高斯混合模型来表示每个人脸。Yamaguchi 等[132]对视频中的人脸序列分别建立 PCA 特征子空间,通过计算两个特征子空间的余弦距离得到两个人脸序列之间的相似度。Li 等[133]利用 LDA(linear discriminant analysis)对视频进行线性降维,然后利用 K - means 方法对降维后的视频进行聚类,每个类别用聚类中心和聚类权重来表示,最后采用 EMD(earth mover's distance)作为相似性度量进行人脸识别。Yang 等[134]提出一种神经聚合网络(neural aggregation network),利用注意力机制对视频人脸序列图像自适应地赋予权重,从而通过所有人脸序列图像融合后的特征进行匹配。Rao 等[135]提出一种判别聚合网络(discriminative aggregation network),通过结合度量学习和对抗学习,从视频帧序列中生成合成图像进行匹配。Li 等[136]通过概率弹性部件模型对所有视频帧图像信息进行整合,生成代表人脸序列高维特征表示并利用降维之后的特征进行匹配。

第 3 类方法利用概率密度函数刻画视频中的人脸。Arandjelovic 等[137]采用 GMM(gaussian mixture model)模型学习不同姿态和光照条件下的人脸分布,首先利用 GMM 模型对输入人脸视频和数据库中的人脸视频进行建模,然后采用 K - L 散度(Kullback-Leibler divergence)作为人脸之间的相似性度量。

第 4 类方法利用视觉词汇编码表示视频中的人脸。如 Liu 等[138]将视频切割成一系列帧图像,然后使用视觉词袋(bag of visual words, BoVW)进行编码,将每张帧图像表示成直方图向量。这些直方图向量在时间坐标轴上形成流形,能够通过计算流形之间的相似度进行人脸匹配。Ortiz 等[116]利用稀疏表示(sparse coding representation)方法将人脸序列表示成稀疏编码,通过计算两个人脸序列之间的稀疏编码距离完成人脸匹配的过程。

近年来人脸检测与识别技术不断发展,各种新的算法不断涌现,并且已经投入广泛应用。然而,人脸检测与识别技术还存在诸多难点需要解决,如在复杂条件下的识别问题、人的年龄变化影响、大规模人脸识别问题等,所以人脸检测和识别技术还需要不断地完善和优化才能更好地应用到人们的生活中,给人们带来更多的安全和便利。

5.4 视频检索

随着互联网和多媒体技术的迅猛发展，视频的数据量呈爆炸式增长。例如，在视频分享网站 Youtube 上，每分钟有长度超过 300 小时的视频被上传，而用户每天在该网站上观看视频的总时长达到 10 亿小时。面对海量的视频和庞大的用户群体，如何准确、快速地检索出用户感兴趣的视频，不仅成为用户的迫切需求，也成为研究和应用中备受关注的问题。然而，视频检索存在着两大挑战：一方面，视频的底层特征表示与人类语义理解之间存在着“语义鸿沟”，导致视频准确检索的难度很大；另一方面，如何在大数据环境下实现海量数据的快速检索，也是急需解决的关键问题。本节针对上述两大挑战，主要介绍视频语义检索和图像与视频哈希方法的研究进展。

5.4.1 视频语义检索

早期的视频检索以基于关键词的检索为主，该方式依赖于对视频的文本标注信息，虽然具有简单、快速等优势，但是由于关键词描述能力有限、主观性强、手工标注耗费人力等原因，已经无法满足海量视频的检索需求。20 世纪 90 年代开始出现了基于内容的视频检索技术，该技术主要利用视频本身具有的视觉特征和时空上下文关系，通过相似性度量等方法实现视频检索。然而，人类与计算机对语义的理解存在差异，底层特征和高层语义概念之间的“语义鸿沟”成为导致视频检索结果与用户检索需求不符合的主要挑战。

为了解决这个问题，研究者开始探索视频语义检索方法。视频语义检索主要研究如何获得视频的高层语义信息以及如何高效精准地对视频语义信息进行检索，自动检索到符合人类语义的相关视频。凭借检索结果准确、可扩展性强和用户交互友好等优势，基于语义的视频检索在智能化搜索、个性化推荐和智慧城市等领域有着广阔的应用前景。视频语义检索的查询条件可以分为镜头关键帧图像和视频片段两种，其主要步骤包括视频结构化分析、特征提取、语义信息建模以及相似性度量，下面将分别进行介绍。

1. 视频结构化分析

视频由连续的图像序列组成，这些图像序列存在时间上的先后关系。为了有效地进行视频检索，首先需要对视频数据进行有效的组织。通常，一段视频可以划分为几个场景，每个场景包含一个或多个镜头，而每个镜头又由一系列连续的图像帧组成。因此,原始视频可以按照由粗到细的顺序划分为 4 个层次结构:视频、场景、镜头和图像帧。视频和图像帧是视频本身就具有的结构,而镜头和场景是人为分离出来的结构。镜头一般是由摄像机一次摄像的开始到结束的所有帧构成,表示一个物理概念。而场景是指一连串语义相关的镜头,它们一般发生在相同的时间和地点,包含相同的人物或事件[139]。通过视频结构化分析技术提取出镜头和场景,可以用一帧或几帧来表示它们,这样用户检索需要的视频查询例子,可以通过关键帧的非线性浏览来快速定位查询的内容,无须从头到尾地查看一段视频。同时,视频结构化分析作为视频语义检索方法中的数据预处理步骤,也直接影响到视频检索的效果。

2. 特征提取

对视频进行结构化分析后,还需要对各个关键帧图像进行特征提取以建立视频特征表示。在这个步骤中,通过提取关键帧图像的颜色、纹理、运动以及其他高级语义特征,形成描述关键帧图像的特征空间,并以此作为视频检索的基础。视频特征主要分为静态特征和动态特征两类,其中静态特征主要包括颜色、纹理和形状特征等;动态特征反映了视频数据的时域变化,主要包括光流直方图(histograms of optical flow)、运动边界直方图(motion boundary histograms)、稠密轨迹(dense trajectories)等。

3. 语义信息建模

视频的底层视觉特征直接源于原始视频数据,而语义概念则是从认知角度对视频语义的描述,如事件、场景和执行动作的实体对象等。底层特征和语义概念之间具有异质性,导致视觉特征和高层语义之间存在巨大的“语义鸿沟”。如何构建从底层视频特征到高层语义信息的桥梁,是视频语义检索面临的重要挑战。

视频语义信息建模主要分为概率统计方法、统计学习方法、基于规则推理的方法和结合特定领域特点的方法。概率统计方法旨在基于概率模型构建语义对象提取器,并借助模式分类减小“语义鸿沟”。该类方法利用视频中的语义对象在时域、空域以及多种模态之间存在随机性的特点,将提取的特征向量看作随机变量,通过贝叶斯决策理论、隐马尔可夫模型和加权图等建立底层特征和高层语义信息之间的联系。此外,一些基于统计学习的方法如支持向量机等,也用于视频语义信息建模。概率统计方法和统计学习方法都基于模式分类来实现对视频语义的建模,其分类依据一般由模型以数据驱动方式学习得到。而基于规则推理的方法则引入领域知识(如专家经验等),根据这些先验知识构建推理规则,实现语义概念分类器的构建并得到语义特征。另外,结合特定领域特点的方法针对视频种类多样导致语义特征提取难度增大的问题，通过限制特定领域的方式缩小语义概念的范围，将视频划分为特定的类(如新闻视频、不同种类的影片等)，有针对性地设计语义特征提取方法减小解空间的规模，提升语义特征的表达效果。

4. 相似性度量

相似性度量是视频语义检索研究的关键技术，旨在将查询条件与视频数据库中的视频进行相似性度量并得到检索结果。查询条件通常分为镜头关键帧图像(镜头检索)和视频片段(片段检索)两种，下面将对镜头检索和片段检索分别进行介绍。

镜头检索是指以镜头关键帧图像作为查询条件进行视频检索。早期方法通过将视频数据抽帧后转变为图像数据库，将镜头检索转变为图像检索，然而这种方法忽略了视频本身具有的时间信息，因此降低了检索准确率。Ngo 等[140]利用视频运动特征提取同一场景的代表关键帧，并利用背景信息检测场景变化，通过场景的代表关键帧进行相似性度量。Sivic 等[141]对查询镜头中的物体通过视角不变区域描述子(viewpoint invariant region descriptors)进行表示，利用视频的时间一致性度量不同视角下的相同物体。Zhu 等[142]考虑到查询镜头与视频数据库的非对称性，提出了查询自适应的非对称差异方法，提升了镜头检索的效果。Araujo 等[143]提出了一种大规模镜头检索方法，通过一种新的视频描述子能够使视频与图像直接进行度量，与基于帧图像的度量方法相比没有损失准确率，从而提升了镜头检索的可扩展性。Xu 等[144]提出子空间二进制编码方法(binary subspace coding)，在图像和图像位于视频子空间的正交投影之间定义了相似度保留距离矩阵(similarity-preserving distance metric)，将检索问题转变为最大内积搜索问题，并提出了两种非对称哈希方法以提高检索效率，该方法框架如图 5-16 所示。

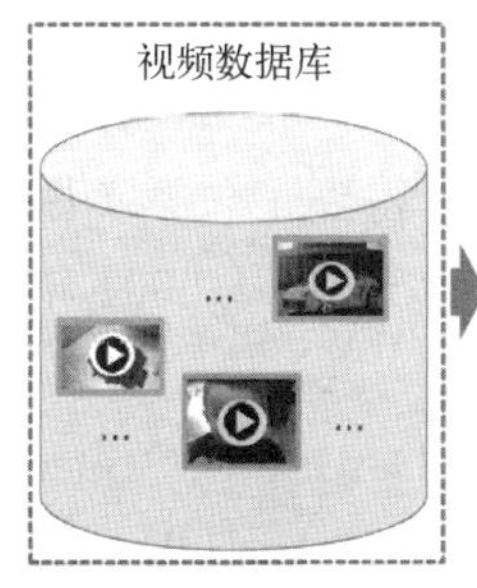

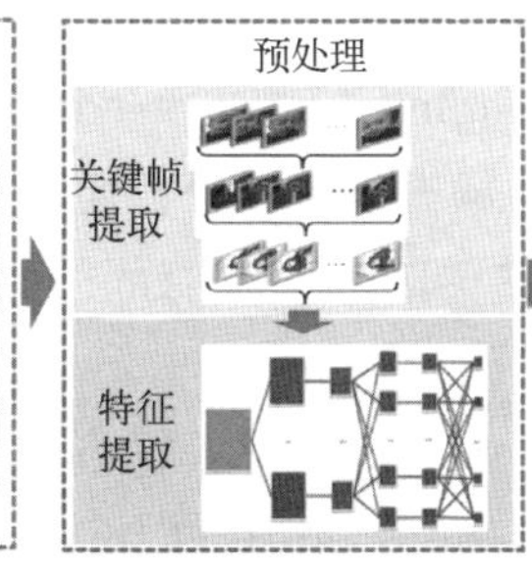

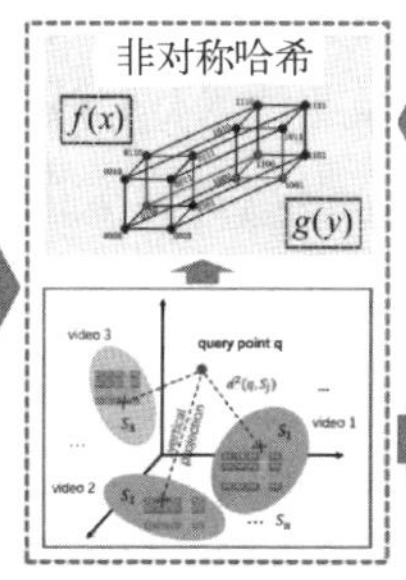

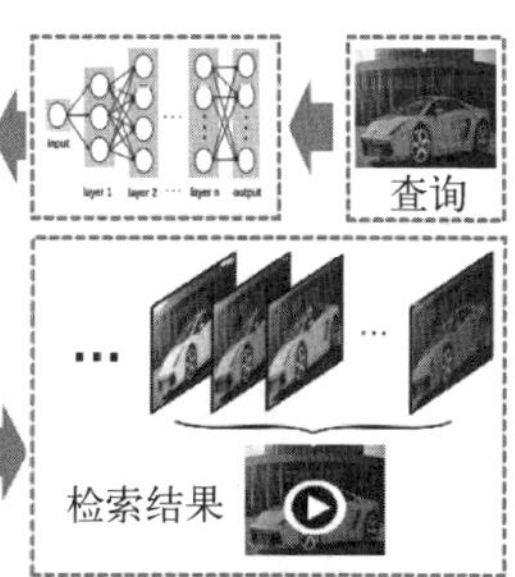

图 5-16 子空间二进制编码方法框架

视频片段检索是指以一段视频作为查询条件进行检索，与镜头检索相比，片段检索的相似性度量方法更加复杂。Peng 等[145]提出了结合二分图的最大匹配和最优匹配的分层检索框架，通过最大匹配去除不相关的片段，并通过最优匹配进行相似性排序，提升了片段检索的效果。Douze 等[146]提出了循环时间编码技术，通过对视频在傅里叶频域上进行分析，实现对视频片段的快速检索。Yu 等[147]利用注意力机制提出了一种视频生成文字模型，并通过生成的文字对视频片段进行检索。Gu 等[148]针对视频检索问题提出一种有监督的循环哈希方法(supervised recurrent Hashing)，通过长短时记忆网络(LSTM)建模视频结构特性，并通过最大池化层将视频帧表示为定长的特征，输入有监督的哈希损失函数中以学习得到哈希编码。该方法框架如图 5-17 所示。

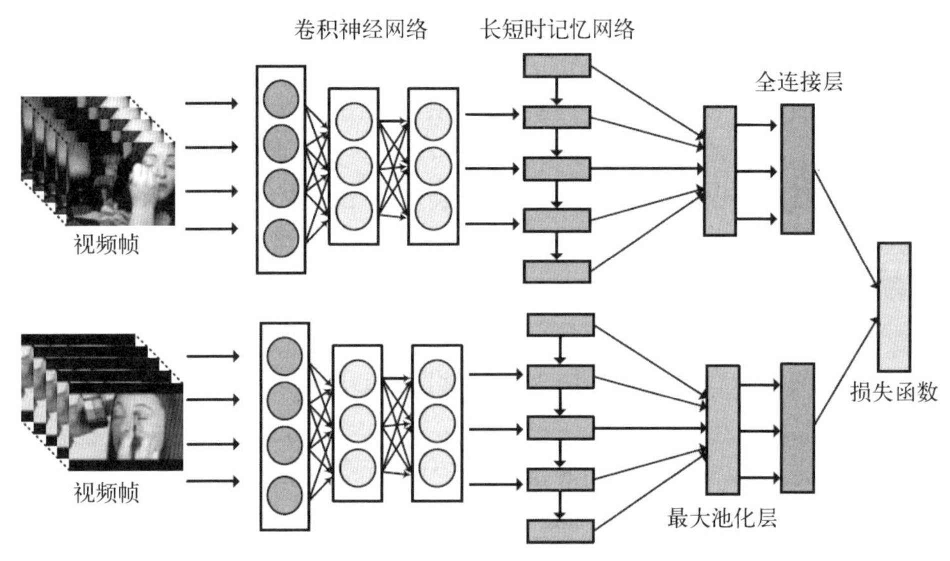

图 5-17 有监督的循环哈希方法框架

5. 国际评测

在与视频检索技术相关的国际评测与比赛中，最具影响力的当属 TRECVID[149]。TRECVID 由美国国家标准技术局(National Institute of Standards and Technology，NIST)举办，是迄今为止影响力最大的全球视频内容分析比赛，得到了包括美国国防部高级研究计划局(DARPA)在内的美国多个政府部门的支持，从 2001 年起每年举办一次。TRECVID 的项目包括 Instance Search、Ad-hoc Video Search、Multimedia Event Detection、Surveillance Event Detection、Video Hyperlinking 和 Video to Text Description 等，其中的 Instance Search 即为视频语义搜索比赛。

Instance Search 的比赛内容是如何在人物、物体等图像查询条件下搜索语义相关的视频。如 2016 年和 2017 年 TRECVID 的 Instance Search 比赛[150]数据集来自 BBC 的 464 小时视频内容，共包含 47 万多个视频镜头。NIST 定义了 30 个语义事件，每个语义事件包括人物和场景两个查询条件，要求在比赛数据集中搜索出包含这些语义事件的视频。由于需要同时满足人物和场景两方面的查询条件，而且数据量大，比赛具有很大的挑战性。Instance Search 比赛包括计算机自动搜索和交互式搜索 2 项测评，最终成绩会根据这 30 个语义事件的总测评结果得出。

北京大学王选计算机研究所（简称北大王选所）多媒体信息处理研究室团队是 Instance Search 比赛众多参赛队伍中的代表性团队之一，截至 2017 年该团队在 TRECVID Instance Search 比赛中 6 次参赛均获得第一名。图 5－18 为该团队在 TRECVID 2017 年的 Instance Search 比赛中使用的方法示意图[151]，该方法共分为两个阶段：相似性计算阶段和结果重排阶段。相似性计算阶段采用两种检索策略：场景检索和人物检索。在场景检索上，提取 AKM(approximate K － means)和 DNN(deep neural networks)特征，并将两种特征进行加权融合计算得到场景检索的结果。在人物检索上，综合利用人脸识别方法和基于文本的人物检索方法得到人脸检索的结果。然后将场景检索和人物检索结果进行融合，

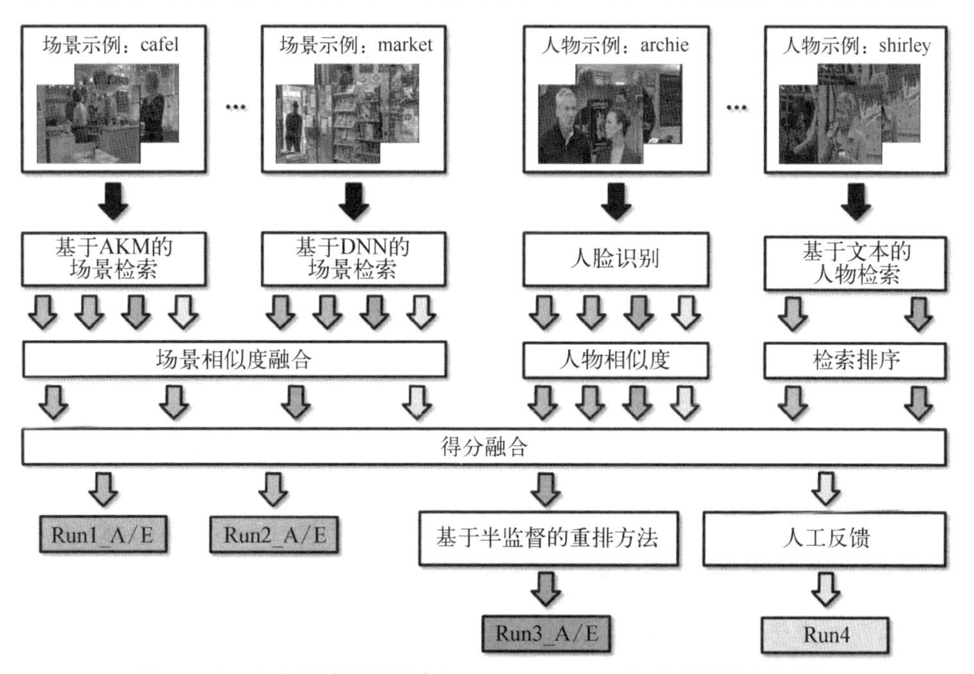

图 5－18　北大王选所团队参加 Instance Search 比赛使用的方法框架

得到包含特定的人出现在特定场景的结果。在结果重排阶段，通过基于半监督的重排方法，对相似性计算阶段的结果排序进行调整以过滤错误结果，提高最终的检索精度。

在历年比赛中，其他团队也提出了不同方法以提高检索结果。如在 2016 年 TRECVID Instance Search 比赛中，Zhao 等[152]使用的方法流程如下：先执行场景检索和人物检索，然后对两种检索结果进行融合，以得到最终的语义事件检索结果。在场景检索上，该方法基于 Hessian - Affine、MSER 检测子的 RootSIFT 描述子特征和从深度网络卷积层提取的特征作为局部特征，以深度网络全连接层提取的特征作为全局特征，对查询图像和视频帧内容进行描述，最后采用特征融合的方式进行场景检索。在人物检索上，该方法采用了基于人脸检测的检索方法，首先在多尺度视频帧上进行人脸检测，然后利用 VGG - Face[153] 和 Openface[154]模型对检测出的人脸提取特征并进行 L_2 归一化，最后采用查询自适应融合方法[155]融合人脸特征并进行人物检索。在场景和人物检索结果融合上，该方法采用两种排序策略，一方面设置场景阈值选取与场景查询相关性大的视频帧，并根据人物检索结果对这些视频帧进行排序，另一方面设置人物阈值选取与人物查询相关性大的视频帧，并根据场景检索结果对这些视频帧进行排序，最后融合两个排序结果得到最终的检索结果。

Zhang 等[156]针对图像中的非刚性等空间变换，提出了一种弹性空间验证方法，利用关键点的拓扑排列进行非线性空间变换，通过改善关键点匹配效果提升了 Instance Search 的检索精度。具体地，采用三角剖分图（triangulated graph）对图像间的拓扑空间一致性进行验证，而空间拓扑强调关键点的相对位置而非绝对坐标。首先通过三角剖分图对空间拓扑进行描绘，以图的边表示相应关键点的拓扑布局。然后通过不同图像的三角剖分图之间的公共边数量来衡量空间一致性，从而提高了对图像复杂空间变换的建模效果，增强了对于运动和视角变化的鲁棒性。

尽管目前视频语义检索已经取得了一定进展，但仍面临许多问题和挑战，例如，如何获得更有效的语义特征表示、如何进行复杂场景下的大规模视频检索等。同时，视频检索的实际应用尚需推进，如何将其应用于视频大数据环境下仍有待探索。

5.4.2 图像与视频哈希方法

针对图像与视频的快速检索需求，研究者提出了基于哈希的检索方法，将图像与视频数据的高维特征映射成二进制汉明编码。一方面，汉明编码的相似性度量可以通过位计算高效实现，进一步通过哈希表的组织形式能够达到常数级别的检索时间复杂度，这样使得效率很高；另一方面，汉明编码也能够节省大量的存储空间。因此基于哈希的方法在近年来受到学术界和工业界的广泛关注。由于视频是由连续的图像帧组成，图像哈希方法与视频哈希方法之间具有共性特点。下面将首先介绍图像哈希方法，在此基础上进一步介绍视频哈希方法的研究进展。

1. 图像哈希方法

给定一批图像，哈希方法的总体目标是学习一组哈希函数，将每一张图像映射为二进制的哈希编码，使得相似的图像能够映射为相似的哈希编码。得到哈希编码后，可以利用哈希表等技术在汉明空间中进行快速检索。哈希方法根据其使用监督信息的区别，可以分为无监督哈希方法和有监督哈希方法。近年来，受到深度学习在图像分类、目标检测等问题上成功应用的启发，研究人员又提出了深度哈希方法。本节分别介绍图像哈希方法中的无监督方法、有监督方法和深度方法。

1）无监督哈希方法

无监督哈希方法不依赖于数据的标注信息，只利用训练图像的内容来学习哈希函数。在无监督方法中，根据是否需要分析训练数据的性质，可以进一步分为数据独立的无监督方法和数据依赖的无监督方法。数据独立的无监督方法不依赖于训练数据性质的分析，哈希函数对于不同的数据集都是适用的。而数据依赖的无监督方法则通过分析训练数据的某些性质，如数据分布，学习得到更加有效的哈希函数。

在数据无关方法中，局部敏感哈希(locality sensitive Hashing, LSH)[157]方法及其扩展是典型的代表。LSH 方法的目的是将原始特征空间中相近的数据映射到相同的哈希桶中，保持原始数据的局部性质(局部敏感)，通过汉明空间的哈希编码实现检索。一些扩展工作，如 LSH 森林[158]实现了在不需要额外存储开销和查询开销的前提下提高检索效率。然而，LSH 这类方法忽略了数据本身的性质，其哈希函数的参数都是随机生成的，难以实现有效的图像检索。

与 LSH 这类方法不同，数据相关方法通过分析训练集数据上的某种性质(如数据分布、流形结构等)，学习得到更加有效的哈希函数。例如，SH(spectral Hashing)[159]设计哈希函数，使得原始空间中相邻的数据在汉明空间中也相邻，同时使得哈希编码保持均衡和不相关。具体地，SH 的目标函数为

$$\min \sum \frac{1}{2}\boldsymbol{A}_{ij} \| y_i - y_j \| = \frac{1}{2}\mathrm{tr}\{\boldsymbol{Y}^{\mathrm{T}}\boldsymbol{L}\boldsymbol{Y}\}$$
$$\text{s.t. } \boldsymbol{Y}^{\mathrm{T}}\boldsymbol{Y} = n\boldsymbol{I}_{k\times k},\ \boldsymbol{1}^{\mathrm{T}} y_k = 0,\ \boldsymbol{Y} \in \{-1,\ 1\}^{n\times k} \tag{5-16}$$

式中，$\boldsymbol{A}=\{A_{ij}\}_{i,j=1}^{N}$ 是一个相似度矩阵；$A_{ij}=1$ 表示两个数据在原始空间中相邻，$A_{ij}=0$ 表示不相邻；$\boldsymbol{L}$ 是通过 $L=\text{diag}\{A1\}-A$ 计算得到的拉普拉斯矩阵；约束 $\mathbf{1}^{\mathrm{T}}y_k=0$，保证了第 k 个哈希编码是一个均衡的分布，即 1 和 −1 的数量是一致的；约束 $\boldsymbol{Y}^{\mathrm{T}}\boldsymbol{Y}=nI_{k\times k}$，使得哈希编码之间是正交的，以去除哈希编码之间的信息冗余。然而即使是在 $K=1$ 的情况下，上述问题等价于 NP 难的平衡图划分问题。因此 SH 方法对上述约束进行松弛，去掉 $\boldsymbol{Y}\in\{-1,1\}^{n\times k}$ 的约束，使得上述目标函数的解为拉普拉斯矩阵的前 K 个特征向量。

除了上述介绍的 SH 之外，在数据相关的方法上还有一些类似的其他工作，如 AGH（anchor graph Hashing）[160]、TDH（tensor decomposition Hashing）[161]、Manifold Hashing [162]、ITQ（iterative quantization Hashing）[163] 等。这些方法通过分析数据不同方面的性质，学习更加有效的哈希函数。

2）有监督哈希方法

有监督哈希方法利用数据的标注信息来学习更加有效的哈希函数。根据监督信息使用方式的不同，有监督方法可以进一步分为基于点标注信息的(pointwise)、基于成对标注信息的（pairwise)、基于三元组标注信息的(tripletwise)和基于序列标注信息的(listwise)哈希方法。

基于点标注信息的哈希方法[164-165]直接利用单个数据的标注信息学习哈希函数。由于哈希函数的目的通常在于检索，更关注的是排序信息，因此这类方法较少。基于成对标注信息的哈希方法则利用成对的关系信息，指导哈希函数的学习。这类方法的代表包括 BRE(binary reconstructive embedding)[166]、KSH (kernel-based supervised hashing)[167] 等。其中，BRE 方法的思想是最小化原始空间度量距离和汉明空间度量距离的误差，它定义哈希函数为

$$h_k(x)=\text{sgn}\Big[\sum_{q=1}^{s}\boldsymbol{W}_{\mathrm{kq}}k(x_{\mathrm{kq}},x)\Big] \tag{5-17}$$

式中，$\{x_{kq}\}$，$q=1,2,\cdots,s$ 是从训练集中随机选取的子集；$k(\cdot)$ 是一个预定义的核函数；$\boldsymbol{W}$ 是待学习的映射矩阵。BRE 通过最小化下列距离度量的误差，实现参数的学习

$$\boldsymbol{W}^*=\underset{\boldsymbol{W}}{\text{argmin}}\sum_{(x_i,x_j)\in N}[d_M(x_i,x_j)-d_H(x_i,x_j)]^2 \tag{5-18}$$

式中，d_M 是欧氏空间的距离度量函数；d_H 是汉明空间的距离度量函数。

在此基础上，KSH 方法进一步利用汉明距离与向量内积之间的等价性，避免了直接对非连续的汉明距离进行优化。同时 KSH 提出了一种贪心算法以优

化新的目标函数，代替了 BRE 中基于梯度下降的算法，求解速度更快。除了上述介绍的代表性方法以外，基于成对有标注信息的哈希方法还有其他相关研究，如 metric learning based Hashing [168]、MLH(minimal loss Hashing) [169]等。

基于三元组标注信息的哈希方法根据数据的标注信息，将其组织成三元组 x_i、x_i^+、x_i^- 的形式

$$\varepsilon = \{(x_i, x_i^+, x_i^-) \mid \mathrm{sim}(x_i, x_i^+) > \mathrm{sim}(x_i, x_i^-)\} \tag{5-19}$$

式中，sim(•)表示某种距离度量方法；三元组 (x_i, x_i^+, x_i^-) 表示 x_i 与 x_i^+ 的距离比 x_i 与 x_i^- 的距离更近。这类方法中的一个代表性工作是 CGHash(column generation Hashing)[170]，它通过学习一个带权汉明距离函数以保持上述三元组信息。除了 CGHash 之外，hamming metric learning[171]、OPH(order preserving hashing)[172]等工作同样利用了三元组标注信息实现了哈希函数的学习。

基于序列标注信息的哈希方法可以视为三元组监督信息的扩展，如 RSH (ranking-based supervised Hashing)[173]将序列标注信息转化为一个三元组的张量矩阵，使得映射后的哈希编码在汉明空间中能够维持这种排序信息。

3) 深度哈希方法

近年来，随着深度学习在图像分类、目标识别、自然语言翻译等领域取得的进展[174]，一系列深度哈希方法也被相继提出。深度哈希方法结合了卷积神经深度网络对于图像特征学习的优势，能够取得比非深度方法更好的结果。

CNNH(convolutional neural network Hashing)[175]是首个基于卷积神经网络的深度哈希方法。CNNH 分为 2 个阶段，第 1 阶段是训练集的哈希编码生成，第 2 阶段是哈希函数学习。具体地，给定一个训练集 $I = \{I_1, I_2, \cdots, I_n\}$，在第 1 阶段中通过优化下列目标函数生成训练集上的哈希编码

$$\min \left\| \boldsymbol{S} - \frac{1}{q} \boldsymbol{H}\boldsymbol{H}^{\mathrm{T}} \right\|_F^2 \tag{5-20}$$

式中，$\| \cdot \|_F^2$ 表示 Frobenius 范数；$\boldsymbol{S}$ 表示一个图像对之间的相似度矩阵；$S_{ij} = 1$ 表示 I_i 和 I_j 语义上相似；$S_{ij} = -1$ 表示两者不相似。$\boldsymbol{H} \in \{-1, 1\}^{n \times q}$ 表示待学习的哈希编码，CNNH 采用了与 KSH 相似的求解方法来得到 $\boldsymbol{H}$；在第 2 阶段，CNNH 利用卷积神经网络来学习哈希函数。具体地，CNNH 采用了 AlexNet 模型作为基础网络结构，在其之上设计了一个采用 Softmax 激活函数的输出哈希层，同时利用第一阶段得到的哈希编码作为标签，通过多标签的 Softmax 损失函数来训练整个网络，直到顶层 Loss 降到一个预先设定的值时结束训练。

CNNH 的两阶段策略导致深度特征和哈希编码不能同时训练，因此限制了检索的准确率。为改进这一局限，后续一系列方法也被提出，如 NINH(network in network Hashing)[176]将特征表示学习和哈希编码学习集成在了一个统一的框架中。而 BS-DRSCH(bit-scalable deep Hashing)[177]进一步在哈希层之后提出了一个新的 element-wise 层，能够训练得到对应哈希函数的权重，从而根据权重灵活选择哈希函数的位数。

上述深度哈希方法都是有监督方法，完全依赖于有标注数据进行哈希学习，但一方面数据标注过程费时费力，现实应用中难以大量获取有标注数据，另一方面深度网络需要大量训练数据，因此如何结合大量未标注数据有效进行深度哈希学习是一个值得研究的问题。针对上述问题，Zhang 等[178]提出了 SSDH(semi-supervised deep Hashing)方法，将半监督学习引入深度哈希学习中，通过建模有标注数据的语义信息和未标注数据隐含的局部几何结构，同时利用有标注和未标注数据训练深度哈希网络，缓解了现有深度哈希方法依赖大量有标注训练数据的不足，取得了更好的泛化性和检索准确率。此外，Yang 等[179]提出将哈希函数学习与分类任务结合，Song 等[180]提出了 BGAN(binary generative adversarial networks)，利用生成式对抗网络实现了无监督哈希编码学习。

2. 视频哈希方法

视频哈希方法可以分为基于特征的方法和深度方法。基于特征的视频哈希方法以视频关键帧特征为输入，通过建模视频的空间和时序信息学习哈希函数；深度视频哈希方法则以视频原始数据为输入，通过循环神经网络学习视频哈希函数。下面分别介绍这两类方法。

1) 基于特征的视频哈希方法

在基于特征的视频方法中，早期工作将视频看作多张视频关键帧的集合，通过借鉴图像哈希方法学习视频的哈希函数，最终通过视频帧集合的相似性计算进行检索。multiple feature Hashing(MFH)[179,181]是一个具有代表性的基于特征的视频哈希方法。对于每张关键帧，MFH 会提取 v 种不同的特征，学习得到 s 个哈希函数。具体地，与图像哈希类似，MFH 通过优化如下目标函数来实现第 g 个哈希函数的学习

$$\begin{aligned}\min_{y^g,\boldsymbol{Y},W,b}&\sum_{g=1}^{v}\sum_{p,q=1}^{n}(\boldsymbol{A}^g)_{pq}\|(y^g)_p-(y^g)_q\|_F^2\\&+\gamma\sum_{g=1}^{v}\sum_{t=1}^{n}\|y_t-(y^g)_t\|_F^2\\&+\alpha\sum_{p=1}^{s}\Big(\sum_{t=1}^{n}\|h_p(\boldsymbol{x}_t)-y_{tp}\|_F^2+\beta\Omega(h_p)\Big)\end{aligned}\tag{5-21}$$

$$\text{s.t. } y_t \in \{-1, 1\}^s, (y^g)_t \in \{-1, 1\}^s, \boldsymbol{Y}\boldsymbol{Y}^{\mathrm{T}} = I$$

式中，$\boldsymbol{x}_t = [(\boldsymbol{x}^1)_t^T, (\boldsymbol{x}^2)_t^T, \cdots, (\boldsymbol{x}^v)_t^T]^{\mathrm{T}} \in \mathbf{R}^{d\times 1}$ 是第 t 个训练数据所有 v 种特征的拼接；d 是 v 种特征维度之和，其中 $(\boldsymbol{x}^g)_t \in \mathbf{R}^{d_g \times 1}$ 表示第 t 张关键帧的第 g 个特征的向量；d_g 是特征的维度；$\{h_1(\cdot), \cdots, h_S(\cdot)\}$ 表示 s 个哈希函数；y_t 表示第 t 张关键帧的全局哈希编码；y_{tp} 表示第 t 张关键帧的全局哈希编码的第 p 位；$(y^g)_t$ 表示第 t 张关键帧的第 g 种特征对应的特征哈希编码；$\boldsymbol{A}^g$ 是一个度量矩阵；$(A^g)_{pq} = 1$，表示特征 $(x^g)_p$ 在 $(x^g)_q$ 的 k 近邻中，或者特征 $(x^g)_q$ 在 $(x^g)_p$ 的 k 近邻中；$(A^g)_{pq} = 0$ 表示 $(x^g)_p$ 与 $(x^g)_q$ 两个互不为 k 近邻（k 为选择的参数）；$\Omega(h_p)$ 是函数 h_p 的正则化项。

上述目标函数中的第 1 项，通过约束特征之间对应的哈希编码，使得哈希编码能够保持原始特征中的相似关系。目标函数中的第 2 项，通过约束全局哈希编码和特征哈希编码之间的关系，使得全局哈希编码能够与特征哈希编码 $y_t^g |_{g=1}^v$ 保持一致。目标函数的第 3 项，利用全局哈希编码训练得到 s 个哈希函数，使得第 p 个哈希函数能够保持训练集中全局哈希编码第 p 位的性质。此外通过约束 $\boldsymbol{Y}\boldsymbol{Y}^{\mathrm{T}} = I$，能够避免得到平凡解。在检索阶段，通过学习得到的 s 个哈希函数，能够对查询视频的关键帧进行哈希编码，进而实现视频之间的相似度计算。

然而，上述方法忽略了视频时序信息，因此后续一些工作[182-184]进一步对如何利用视频在时空上的特性进行了研究。例如 Ye 等[182]提出通过考虑视觉一致性和时间一致性等结构性信息来学习视频哈希函数，Li 等[183]将视频看作三阶张量，通过多线性子空间投影来得到哈希编码。Cao 等[184]提出的方法是考虑时序信息的代表性工作之一，他们提出了时间域内的视频特征池化方法和基于图算法的特征选择策略，实现了多场景长视频的检索。该方法首先通过对视频帧特征进行聚类，从中提取场景信息。然后根据视频帧和场景的关联度，给予不同的权重。具体而言，对于一个有 T 帧的视频，每帧的特征表示为 x_t，则视频有关场景 k 的池化特征可以表示为

$$z^k = \sum_{t=1}^{T} p_t^k x_t \tag{5-22}$$

式中，p_t^k 表示第 t 帧视频帧对场景 k 的贡献程度；同时满足 $\sum_k p_t^k = 1$。p_t^k 则是由视频帧的 GIST 特征计算得到。首先对所有训练数据的视频帧的 GIST 特征，利用 K - means 算法将其聚为 C 类，聚类中心表示为 $\{gc^1, gc^2, \cdots, gc^C\}$，这些聚类中心可视为不同的场景。通过提取视频第 t 帧的 GIST 特征 g_t，p_t^k 可以通过下面

的方式计算得到

$$p_t^k = \frac{\frac{1}{(d_t^k)^3}}{\sum_{l=1}^{C} \frac{1}{(d_t^l)^3}} \tag{5-23}$$

式中，d_t^k 表示了 gc^k 与 g_t 的欧氏距离，而上述定义满足 $\sum_k p_t^k = 1$ 约束。通过上述公式能够加强靠近聚类中心的特征权重，从而弱化噪声等异常特征带来的影响，使得融合特征更加可靠。得到每个视频关于每一个场景的池化特征 z^k 后，可利用图像哈希方法对应生成哈希编码。

该方法进一步提出了基于图的特征选择方法。首先利用得到的哈希编码构造一张图，其顶点代表了不同哈希编码，边权值定义为哈希编码的相似性度量值。此外，加入一个以较小的常数作为边权，并与所有点相连的特殊节点 s。定义选取特征对应的顶点集合为 A，同时定义 $u_A(i) \in [0, 0]$

$$\begin{aligned} u_A(i) &= \frac{1}{d_i} \sum_{j \in N(i)} w_{ij} u_A(j) \\ u_A(i) &= 1, \text{若 } i \in A \text{ , } u_A(s) = 0 \end{aligned} \tag{5-24}$$

式中，$N(i)$ 表示 i 的邻居集合；$d_i = \sum_{j \in N(i)} w_{ij}$。$u_A(i)$ 显示了选取的集合 A 对于非集合 A 内的节点 i 的影响程度大小。m 个节点选择的原则是最大化目标函数 $\Omega(A)$

$$\max_{A \subset V} \Omega(A) := \sum_{i \in N} u_A(i) \tag{5-25}$$

式中，V 是整体顶点集合；N 是整体顶点集合去掉集合 A 和顶点 s 后的剩余顶点集合。集合 A 的选取可通过贪心算法进行，这样选取的特征集合能够代表非集合中的特征，从而具有对全部特征的代表性。

2) 深度视频哈希方法

深度视频哈希方法一方面借鉴了文本领域中用来处理序列信息的循环神经网络(RNN)模型，实现对视频时序信息的利用。另一方面，也利用了卷积神经网络(CNN)对于视觉内容的有效建模能力。

self-supervised temporal Hashing(SSTH)[185]是一个代表性的深度视频哈希方法。SSTH 采用了基于 RNN 的编码器-解码器结构，以利用视频帧的时序信息，实现基于自监督的哈希编码学习。如图 5 - 19 所示，在离线模型训练阶

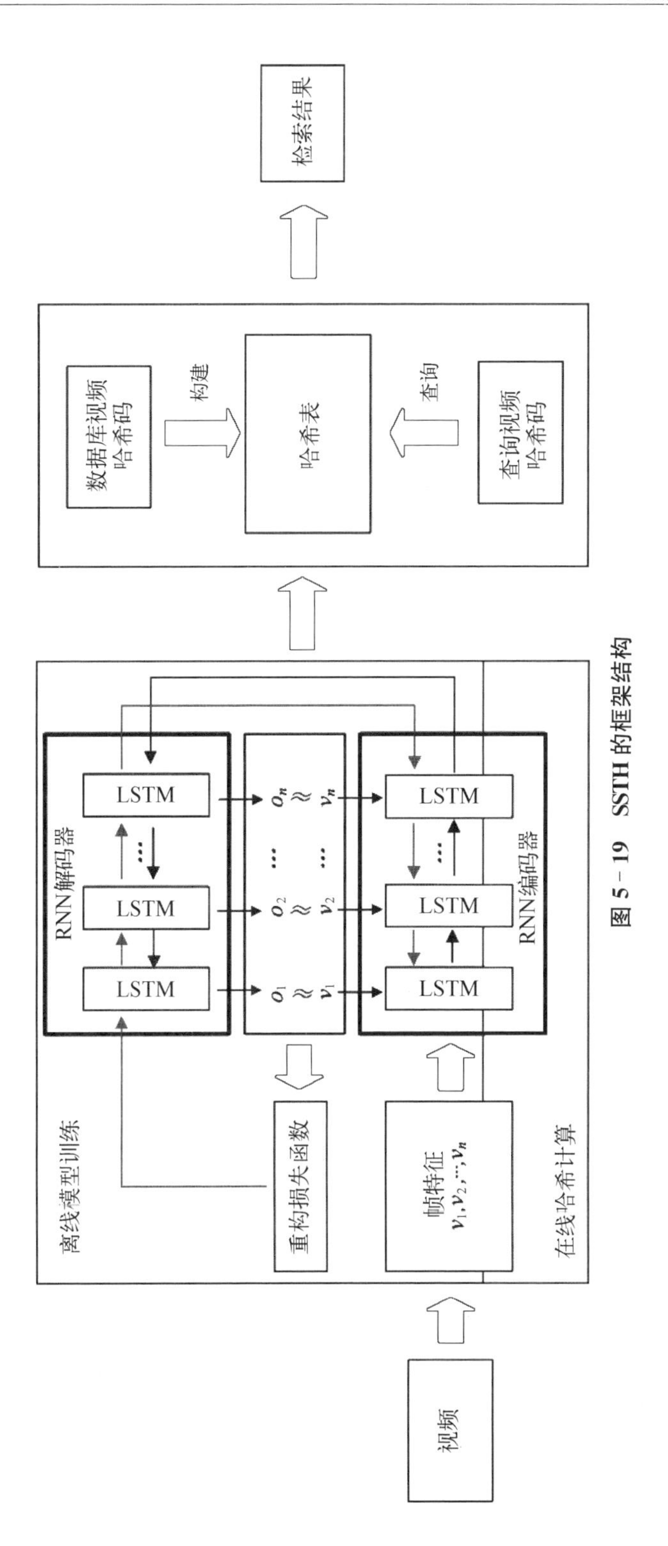

图 5-19 SSTH 的框架结构

段，首先通过如 CNN 等的特征提取方法，获得视频帧的特征序列。特征序列通过 RNN 编码器生成一组关于视频的哈希编码，而基于 RNN 的解码器将哈希编码重构为每一帧的特征，其中包括正向的和反向的序列重构(粗箭头)。在优化阶段，通过计算重构特征与原特征的重构损失函数，利用基于梯度下降的反向传播算法实现整个编码器-解码器结构的训练(细箭头)。通过基于序列特征重构损失的优化，训练得到的编码器模型可视为具有时空感知能力的哈希函数。在检索阶段中，利用编码器将查询视频转换成哈希编码，并利用哈希表进行高效的查询。此外，基于深度学习的视频哈希还有一些其他相关工作，如 Chen 等[186]提出在视频哈希中同时考虑视频帧间的结构信息以及视频间的非线性关系，Liong 等[187]提出利用深度网络框架直接建模时间域信息和差异性信息，Song 等[188]提出端到端的模型建模视频的时间信息等。

5.5 视频描述与生成

视频描述与生成是一类视频高层语义理解任务，旨在实现对视频内容的高层语义认知与自然表达，主要包括视频文本描述(video captioning)、视频预测(video prediction)、视频生成(video generation)。视频文本描述是跨越计算机视觉与自然语言理解两大研究领域的崭新研究方向，通过挖掘视觉和语言两种模态信息之间的多层次语义关联，让计算机自动生成与视频内容相符的自然语言描述，实现对视频内容的计算机表达与人类认知理解的基本统一。视频预测与视频生成旨在让计算机“创造”视频，其中视频预测将观察到的视频帧作为基础，根据这些已知视频帧的特征预测后续视频帧；而视频生成的目的是让计算机能够不依赖已有视频帧，在一定先验条件下从头开始生成一段完整的视频。然而，由于视频内容变化错综复杂、易受噪声影响，导致视频描述与生成面临巨大挑战。本节将重点针对上述 3 个主要任务进行介绍。

5.5.1 视频文本描述

视频文本描述是指用自然语言对一段视频进行内容描述，能够促进视频智能应用的发展。在人机交互、基于内容的视频检索、帮助视障人员理解视频内容等方面具有重要的应用价值。然而“一幅图胜过千言万语”，由于视频具有信息量大、复杂度高等特点，且难以根据视频的前后时序关系对内容进行描述，导致视频文本描述面临不小的挑战。

现有视频文本描述方法主要分为以下 2 类：基于模板的语言模型（template-based language model）和序列学习模型（sequence learning model）。基于模板的语言模型使用预先定义好的语言模板，根据具体语法规则将语句的各个部分与视频内容对齐，这样生成的语句较为固定。基于序列学习的方法利用机器翻译领域常用的序列学习模型，构建基于编码器-解码器（encoder-decoder）的结构进行端到端（end-to-end）学习，将视频内容直接翻译成自然语句。这样生成的语句结构较为灵活，能够更加自然、流畅地描述视频内容。

基于模板的语言模型首先检测出视频中的对象、动作、场景和属性等，然后将其与一个形式固定的预定义语言模板进行匹配，例如 SVO（subject、verb、object）、SOV（subject、object、verb）、VSO（verb、subject、object）等，进而生成高度依赖于语言模板的语句，整体框架如图 5－20 所示。这种方法需要预先标注视频中的物体、动作、场景和属性等类别信息，因此需要耗费大量人力。同时，由于预定义的语言模板形式固定，具有较大的局限性，生成的语句无法自然、流畅地描述视频中丰富的信息，与人工标注的语句描述有较大的差别。

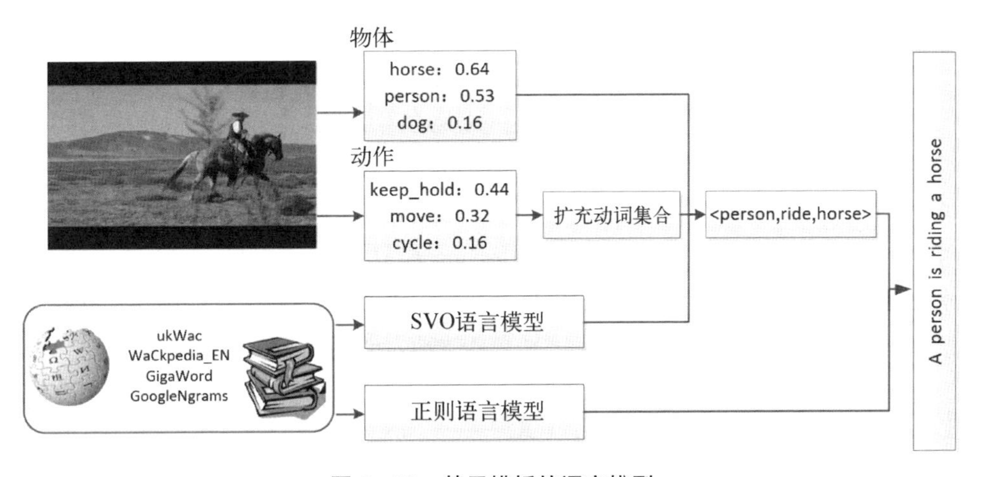

图 5－20 基于模板的语言模型

Kojima 等[189]提出了一种基于行为的层次化概念以对视频中的人类活动进行文本描述，利用语义原语（semantic primitives）对事件或者人类行为的概念进行分类，并将这些概念与从视频帧中提取的语义特征进行对应，确定适当的句法成分，如动词、宾语等，最终形成自然语句。Thomason 等[190]首先使用预训练好的视觉检测器获取视频中存在的物体、动作和场景，然后提出因素图（factor graph）模型将视觉检测结果与从文本语料挖掘的概率知识相结合，估计最有可能的主语、谓语、宾语和地点，从而生成视频的文本描述。Rohrbach 等[191]提出通过学习条件随机场(conditional random field,CRF)模拟视觉输入中不同组件之间的关系,生成视频中的对象和行为等视觉内容的语义表示。然后,利用统计机器翻译的方法将语义表示作为源语言,将生成的语句作为目标语言,进而实现视频文本描述。

序列学习模型受神经网络机器翻译(neural machine translation)的启发,构建基于编码器-解码器的结构,将视频帧序列视为源语言并编码为特征向量,然后使用循环神经网络(recurrent neural network, RNN)将其解码成文本描述。与上述基于模板的语言模型不同,序列学习模型通过对视频帧序列和文字序列的联合建模,能够学习视觉内容和文本语句在共同空间中的概率分布,生成具有灵活语法结构的新语句,更符合人类的语言习惯。目前这一类方法已经在视频文本描述任务上取得了重要进展,尤其是基于卷积神经网络(convolutional neural network, CNN)和长短时记忆网络(long short-term memory, LSTM)的模型,在多个数据集上都获得了较好的效果。

Venugopalan 等[192]使用 RNN 进行视频文本描述,首先通过 CNN 分别提取单个视频帧的特征,平均池化后作为整个视频的特征表示,然后将得到的特征向量输入 LSTM 以生成文本描述。这种方法的主要缺点是仅仅将图像文本描述扩展为视频文本描述,忽视了视频的连续性。针对上述问题,Donahue 等[193]使用 LSTM 网络对输入视频帧序列逐一编码,学习能够有效编码视频中潜在活动、对象等信息的 LSTM 隐层语义表示,然后使用条件随机场获取活动、对象等的语义元组,最后通过 LSTM 网络将语义元组翻译成句子。随后,Venugopalan 等[194]首次将机器翻译中的序列到序列(sequence to sequence)模型应用到视频文本描述任务中,提出构建双层 LSTM 的语言生成模型,如图 5-21 所示,对视频帧序列编码和文字解码进行联合学习。具体地,使用堆叠的 LSTM 读取视频帧

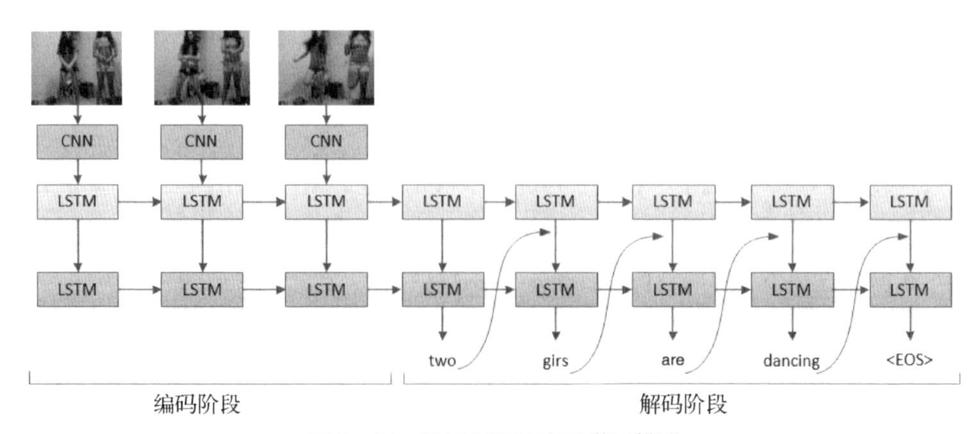

图 5-21 双层 LSTM 序列学习模型

序列，编码为一个具有丰富高层语义知识的特征向量，然后将这个特征向量作为解码 LSTM 的起始隐藏状态，最后生成相应的文本描述。

后续一些工作也采用这种框架并进行改进，Yao 等[195]在语句解码器中加入软注意力机制(soft-attention)，采用一个在动作识别视频集上训练过的三维 CNN 提取视频特征，能够更好地捕获视频中的时间和空间的特征信息，然后利用软注意力机制得到 LSTM 的输入特征向量，最终解码生成视频文本描述。Pan 等[196]提出了基于 LSTM 的视觉-语义嵌入模型，通过联合挖掘视觉内容与文本语义之间的关联关系，生成更加准确的视频文本描述。也有研究者在此框架上加入外部辅助信息，如 Venugopalan 等[197]研究如何从大型文本语料中挖掘语言知识来辅助生成视频的文本描述，将在大型文本语料库上训练的神经语言模型和语义分布融合到基于 LSTM 的视频文本描述框架中。此外，Rohrbach 等[198]从文本语句标注中学习强鲁棒性的视觉分类器，然后使用 LSTM 生成文本描述。Yu 等[199]提出了一个包含语句和段落生成器的分层模型：语句生成器产生一个简单的短句用来描述一个特定的短视频片段，并利用时间和空间的注意力机制选择性地关注生成过程中的视觉元素；段落生成器可以捕捉句子间的依赖关系并生成一系列相关的连续语句。Pan 等[200]重点研究了视频编码阶段，提出分层循环视频编码器，首先将视频切分成较短的视频片段，每个视频片段输入底层的 LSTM 中生成特征表示，然后将一系列连续视频片段的特征表示输入高层的 LSTM 中，从而在更长的时间范围内挖掘视频的时序信息，最终生成文本描述。Zhang 等[201]提出了一种层次化视觉-语言对齐方法，将视觉内容和文本描述之间多种粒度的语义一致性关系嵌入编码器-解码器结构中，指导生成文本描述。Wang 等[202]采用分治策略，将文本描述语句分割成多个文本片段，提出了分层的强化学习方法，首先生成每一个文本片段，然后将文本片段组合成完整的语句。Zhang 等[203]则针对视频中多个细粒度对象的时序演化过程进行建模和描述，通过构建时序方向和逆时序方向的两个时序图建模对象的时序轨迹，并利用局部特征聚合方法为每一个对象进行表征学习，进而提高了生成的文本描述的准确率。此外，Li 等[204]提出的视频评论(video commenting)方法被认为是视频文本描述的变体或扩展，其将视觉情感信息、视频内容和文本评论共同建模到一个深度多视角的嵌入空间，进而自动生成视频评论。Krishna 等[205]提出了 dense-captioning events 任务，针对长视频的多个事件分别进行描述，具体包括事件时序定位和文本描述生成两个子任务。

视频文本描述作为跨越自然语言理解与计算机视觉两大研究领域的新兴研究方向，需要在理解视频中大量不同动作、对象和场景等相互关系的同时，更深层次地整合自然语言和视觉语义，并将视觉内容描述与人类情感、逻辑思维等因素紧密关联，实现视频内容表达与人类认知理解的自然统一。

5.5.2 视频预测

视频预测旨在通过对视频的内容和动态演化进行精确建模，进而预测视频中未来帧的图像。视频预测在计算机视觉中有着广阔的应用前景。例如，机器人可以通过预测人类的动作更好地规划交互方式；交互方式推荐系统可以通过预测人类的行为来更准确、快速地做出决策；在异常事件检测与监控系统中，视频预测同样可以实现对异常行为的感知和预报，有效降低潜在的危害。视频预测的关键是挖掘已知视频帧中包含的内容以及相邻视频帧之间的时序依赖关系，实现对视频后续帧演化过程的预测。

美国麻省理工学院的 Yuen 等[206]对视频预测进行了早期的探索，将视频表示为关键点的轨迹时序序列，通过检索和聚类的方法在较大规模数据中找出包含相似运动模式的视频及其显著表征，进而依靠条件概率模型在单帧图像中实现局部运动信息的预测。Walker 等[207]基于中层(mid-level)视觉表征，在局部范围内捕捉物体的时空运动信息实现无监督的视频预测。具体地，将由中层特征表示的图像块视为候选运动区域，通过数据驱动方式学习一个运动变换概率矩阵以及一个奖励函数(reward function)，对局部运动信息进行建模，从而实现单帧内的物体运动轨迹预测。

随着深度学习的发展，循环神经网络与卷积神经网络开始广泛应用于视频预测中。Michalski 等[208]将双线性模型扩展成循环神经网络的形式，提出了用金字塔结构对复杂时间序列进行建模的方法，通过对视频帧序列之间的变换进行预测学习的方式来完成模型训练，能够充分利用深度网络学习层次性结构表征的优势，层次化地学习序列数据之间的变换，而不必对视频帧中大量的低层次冗余特征进行学习。Mathieu 等[209]构建多尺度卷积神经网络，同时首次将对抗学习引入视频帧预测问题中，在传统均方误差(mean squared error，MSE)预测损失函数的基础上，增加图像梯度差异(image gradient difference)损失函数，两者共同组成最终的多模态损失函数，有效地缓解了预测的帧图像模糊的问题。同样为了解决预测视频帧图像模糊的问题，Amersfoort 等[210]认为对相邻帧之间的转换关系进行学习及预测比直接处理像素的预测问题更有效，为此提出了一种基于仿射变换(affine transformation)的序列预测模型，它具有将已知视频帧之间的仿射变换序列作为训练集，让模型学习从已有变换序列到未知变换序列的预测能力。由于最终的视频帧图像是由所预测的仿射变换作用于帧像素上得到的，所以可得到锐化的视频帧图像。此外，还有研究提出了一种新的质量评估方法，将不同方法所生成的帧图像输入一个由真实帧训练的视频分类器，分类性能的高低即可代表视频帧质量的优劣。

更进一步，一些工作尝试将卷积神经网络的特征提取能力和循环神经网络的序列建模能力相结合。例如，Villegas 等[211]基于 CNN 和 LSTM 网络以及残差学习方法，提出了一种将视频内容和运动信息分开编码的视频帧预测模型，首先通过内容编码器(content encoder)和运动编码器(motion encoder)分别提取视频的静态和动态特征，然后经过解码器实现视频帧的预测。其中，内容编码器由卷积网络构成，以视频最后一帧图像作为输入；而运动编码器由基于卷积的长短时记忆网络(convolutional LSTM network，ConvLSTM)构成，将相邻视频帧图像之间的差值序列作为输入。为了降低池化操作造成的信息损失，该方法使用了多尺度的残差连接，将编码器中各层的静态和动态特征分别与解码器中的相应层特征组合起来。同时，使用了上述 Mathieu 等[209]提出的多模态损失函数，以优化预测的视频帧的质量。Lotter 等[212]受到神经科学中“可预测编码(predictive coding)”的启发，模拟生物智能具有的对场景变化做出持续预测的能力，构建了深度模型 PredNet。该模型由若干个基本模块组成，每个基本模块包含输入卷积层、循环表示层、预测层和错误表示层，通过模仿生物体视觉系统中用预测误差控制神经元激活率的机制，让预测误差沿着水平和垂直方向进行传播。在车载视频上的实验表明，PredNet 模型不仅可以捕获观察者(车载相机)自身的运动信息，同时还可以捕获场景内物体的运动信息。从效果来看，预测的帧图像和真实的帧图像相差较小，对长范围时序依赖的预测准确率提升显著。与上述方法利用卷积神经网络提取高层语义特征不同，Kalchbrenner 等[213]提出了一种概率预测模型 VPN(video pixel network)，对视频底层原始像素值之间的离散联合概率分布进行建模，将视频表示为四元张量形式 $\boldsymbol{x}_{t,i,j,c}$，其中第一个维度 t 表示帧所在的时序位置，i 和 j 表示第 t 帧内的像素坐标，c 表示该像素的颜色通道。通过基于条件概率的链式法则，将视频的似然估计分解为一系列条件概率的乘积，每项乘积借助 PixelRNN 模型[214]求解，实现底层像素级别的视频帧预测。

上述方法均以直接预测视频帧图像为目的，即在像素空间中进行视频预测。为了对具有更高语义信息的视频属性进行预测，同时提高视频预测的鲁棒性，Vondrick 等[215]提出了无监督的视频表征预测方法。如图 5-22 所示，首先基于深度神经网络提取视频特征，然后通过最小化二范数预测损失，实现了对未来 1～5 s 内的视频表征预测。在动作识别等任务上，实验验证了对视频语义表征

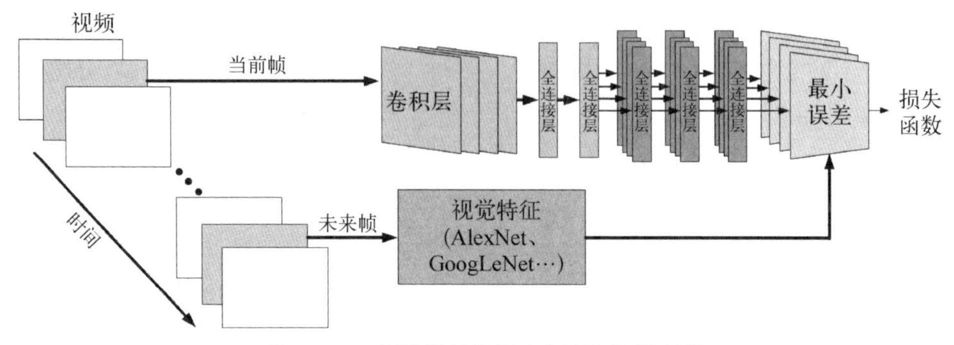

图 5-22 无监督的视频表征预测网络结构

的预测比直接对帧图像进行预测要更加鲁棒，同时表明了高层次的视频表征可以用于较长时间（超过 1 s）的动作预测。此后，Vondrick 等[216]认为在像素空间中的预测约束太弱，而用固定长度向量表示的视频表征的预测约束太强。为了缓解这一问题，通过学习由过去时间的像素到未来时间的像素之间的转换实现视频预测。由于过去的视频帧图像和未来的帧图像之间往往是很相似的，让模型记忆过去的视频语义会增加预测的复杂性。而通过学习转换的方式进行预测，可以有效地避开对过去复杂语义的记忆，使模型专注于对相邻视频帧之间的时序依赖进行建模。该方法利用对抗学习实现基于无标注的大规模数据集的无监督学习，同时提高所生成帧图像的真实度。常规的视频预测方法都是将预测结果限制为确定的帧图像。近年来，Babaeizadeh 等[217]认为这种问题定义方式与视频的复杂性和不确定性不相符，为此提出了一种基于随机变分方法的视频预测模型 SV2P（stochastic variational video prediction），旨在让模型学会预测多样化的视频帧图像。这些视频帧图像只需要符合分布要求即可，而不必满足特定的预设值。通过重建损失和条件变分估计，取值不同的隐变量（latent variables）可以生成多样且符合实际的预测视频帧图像。Liu 等[218]提出了基于动态原子的预测模型 DYAN（dynamical atoms-based network），利用给出的连续视频帧图像，使用基于动态原子的编码器捕捉每个像素并生成一组稀疏特征矩阵，然后传递给解码器来重建给定的帧并预测下一帧，该网络具有参数少、易于训练、帧预测准确、质量高、速度快等特点。Fei-Fei Li 团队[219]提出了结合结构化概率模型和深度网络的视频预测生成模型 DDPAE（decompositional disentangled predictive auto-encoder），首先将要预测的高维视频自动地分解成组件，如视频帧中的主要对象，然后自动解开每个组件，使其具有更容易预测的低维时序动态，如对象的外观和位置等，实现了在给定输入视频帧序列的条件下对未来的视频帧进行预测。

视频预测是迈向视频高层语义理解的一个重要研究方向，在人机交互等领域的广阔应用前景也激发了研究人员对其的广泛探索。目前的预测方法取得了令人鼓舞的成果，但是如何实现准确的长时预测仍是一项极具挑战的研究任务。

5.5.3 视频生成

与视频预测不同，视频生成旨在不依赖已有视频帧，在一定先验条件下从头开始生成一段完整的视频，能够对先验条件所包含的语义信息进行完整的呈现。近年来图像生成问题取得了突破性的进展，如 Reed 等[220]借助条件生成式对抗网络(conditional generative adversarial networks, cGAN)根据文本生成了效果逼真且符合语义描述的图像。与图像生成以及前述的视频预测任务相比，视频生成任务更加困难，其需要在少量先验条件下，自主生成具有时序相关性的连续视频帧图像，这使得一些成功的图像生成模型难以直接扩展到视频生成任务上。随着近来变分自编码器(variational autoencoder, VAE)与生成式对抗网络(generative adversarial networks, GAN)等深度生成模型的兴起，视频生成取得了一系列进展。

麻省理工学院的 Vondrick 等[221]首次将 GAN 引入了视频生成任务中，提出了 VGAN(video GAN)模型，利用大规模无标注视频数据学习场景的动态表征，将视频片段视为隐空间中的离散点，借助 GAN 学习从隐空间到视频片段的一个映射。具体地，将图像中的生成式对抗网络结构扩展到视频中，借鉴了视频分类中的双路(two-stream)模型，使用时空三维卷积 GAN 将前景和背景分开进行建模，如图 5-23 所示，一路集中处理静态的背景，另一路负责处理动态的前景，旨在让模型捕捉视频中的物体和场景的动态变化特征。VGAN 的优势是可

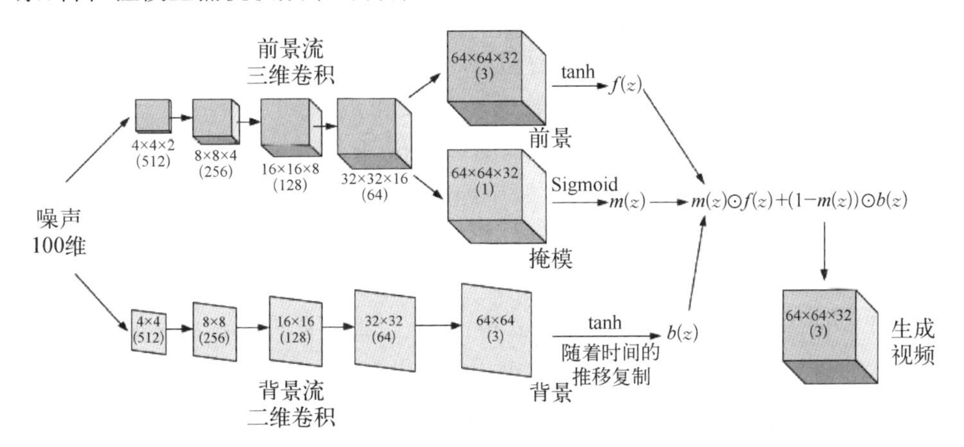

图 5-23 VGAN 模型

以从无标注、无约束的(in-the-wild)视频数据中进行学习。为了更好地生成尽量真实的视频,他们通过场景分类过滤掉了一部分噪声视频,并为每个类别单独训练一个模型。此外,他们还分别对比了从头开始(即没使用任何之前的帧作为条件)和以单个帧作为条件的视频生成。相比于过去生成单一视频帧的方法,该模型可以生成超过一秒(32 帧)的短视频。然而,该方法受限于固定的特征编码模式,只能生成固定长度的视频,其分辨率有限(64×64 像素),而且模型训练时间过长,十分消耗计算资源。Saito 等[222]也利用 GAN 进行视频生成,提出了一个新的生成式框架 tGAN(temporal GAN),其中的生成器包括时序生成器和图像生成器,而不像常规的 GAN 模型那样只有一种生成器。其中,时序生成器输入一个单一的隐变量,输出一系列的隐变量;图像生成器负责将这些隐变量转换成连续的视频帧。此外,他们采用 Wasserstein GAN 以使得模型的训练更加稳定。

Tulyakov 等[223]认为视频中的视觉信号可以解耦成内容和运动两种信号。其中,内容信号指定了视频中的运动实体,而运动信号则描述了这些实体的动态信息。基于这一假设,他们提出了 mocoGAN(motion and content decomposed GAN)模型。不同于 vGAN 对视频隐空间的建模方法,mocoGAN 对图像的隐空间进行建模,并通过遍历图像隐空间中的点生成视频片段。同时,图像隐空间被解耦成内容和运动两个子空间,分别描述视频的时域和空域信息。mocoGAN 将 GAN 和 RNN 结合起来,通过将一系列随机向量映射到一系列视频帧的方法生成视频。其中,随机向量由两部分构成,分别对应内容和运动信息。这种解耦式学习过程由对抗学习实现且具有更强的灵活性,使得生成的视频对运动模式具有更强的鲁棒性,例如通过固定内容向量而改变运动向量,可以生成同一物体对象不同运动方式的视频。

上述方法主要是由随机变量进行视频生成,还有一部分方法是以图像作为条件进行视频生成。Xue 等[224]提出了一种交叉卷积网络(cross convolutional network),用特征图(feature map)编码图像,用卷积核建模运动信息,并将基于图像的视频生成任务形式化为条件概率问题。具体而言,将基于已有图像生成新的图像看作是从一个复杂的条件概率分布中进行采样,采用条件变分自编码器实现。Chao 等[225]首次提出了根据单个 RGB 图像进行三维人体姿势预测的模型 3D-PFNet(3D pose forecasting network),将现有的二维人体姿势估计方法和序列预测模型结合起来,实现三维人体姿势的预测。他们设计了一种三步训练策略,充分利用了包括图像、视频和三维动作捕捉(3D motion capture, MoCap)数据在内的多元训练数据。类似地,Chen 等[226]也提出了基于单帧图像进行视频生成的方法，利用对抗学习和无监督学习生成相邻帧之间的变换，而不是直接生成视频。通过将这些变换作用到原始的帧图像，生成一系列新的视频帧图像，进而组成连续的视频。此外，针对生成模型评估的困难性，他们提出了一个新的评估标准 RIQA(relative image quality assessment)。RIQA 借鉴了一种盲图质量评估(blind image quality assessment, BIQA)方法 BRISQUE[227]，通过输入和输出相减的方式消除场景差异造成的干扰。

Walker 等[228]将 VAE 和 GAN 结合起来，用于解决视频中人体姿势生成问题。他们首先利用 VAE 在人体姿势空间中生成对未来姿势的预测，然后将预测的姿势信息作为条件，利用条件生成式对抗网络 cGAN 在像素空间中生成预测的视频。通过这种分步生成的方式，可以将包含在动作视频中的人体姿势信息作为监督信号，有效地提升原始 GAN 框架直接生成视频帧的性能。同时，这种 VAE 和 GAN 的组合模式也为视频无监督表示学习提供了可借鉴的思路。

为了用语义先验控制视频的生成，一些学者研究如何根据自然语言文本描述生成连续的视频序列，旨在用动态视觉内容表达文本描述的语义。其难点主要包括文本-视觉语义一致性建模、视频时空连续性建模以及如何实现两种建模过程的有机统一。同样得益于变分自编码器和生成式对抗网络这两种生成模型的不断成熟，文本生成视频取得了令人鼓舞的进展。印度理工大学的 Mittal 等[229]将变分自编码器用于文本生成视频任务，将注意力机制和循环变分自编码器(recurrentVAE, rVAE)相结合，设计了一种多帧同步的 Sync - DRAW 模型来实现视频生成。该模型由 3 个部分组成：读机制、rVAE 和写机制。其中，读机制是指循环编码器从等间隔的视频帧中挑选空间兴趣区域(region of interest, RoI)；rVAE 负责从所选择的兴趣区域中学习视频数据的一个隐式分布；写机制是指循环解码器从隐式分布中采样并解码来生成重点集中于兴趣区域的连续视频帧图像。真实环境下的视频可以是任意长的，但是目前的视频生成方法得到的视频时长都十分有限。为此，Marwah 等[230]还尝试由文本生成任意长度的视频，将基于文本的视频生成形式化为条件概率问题— 假设 T 为文本，V 为视频帧序列，则 $P(V \mid T)$ 表示将文本 T 作为条件生成视频 V 的概率，文本生成视频可转化为最大化概率似然问题。基于这一基本假设，他们分别构建了短时上下文 $S_k = g(V_{k-1}, T)$ 和长时上下文 $L_k = h(V_{k-1}, \cdots, V_1, T)$，并将两者同时用于视频生成的建模，上述条件概率分布表示为

$$P(V \mid T) = P(V \mid S, L) = \prod_{i=1}^{n} P(V_i \mid S_i, L_i) \tag{5-26}$$

为了对这一复杂的多模态分布进行表示和求解,他们采用了变分自编码器为基础的模型,并设计了依靠单一隐变量循环生成连续帧的方法,从而实现任意长度的视频生成。

除了变分自编码器之外,生成式对抗网络也用于从文本到视频的生成。Pan 等[231]提出了一种基于条件生成式对抗网络的文本生成视频框架 TGANs - C(temporal GANs conditioning on captions)。为了利用文本信息,TGANs - C 使用 LSTM 对文本描述进行编码得到语义特征向量,将其与高斯噪声向量拼接之后输入生成器中,借助三维卷积实现连续视频帧的生成。为了衡量所生成的视频与文本信息之间的匹配程度,该方法设计了 3 种判别器:视频判别器、帧判别器和运动判别器。其中,视频判别器和帧判别器分别负责在视频全局层次和单帧层次判断所生成的视频真实度,同时也在这两个层次上对所生成内容是否与文本信息相匹配进行衡量;运动判别器通过判断生成的视频中相邻帧之间的动态变化模式是否和真实视频相一致,以此来捕捉蕴含在真实视频中的时序连贯性信息。具体地,视频判别器和帧判别器通过三维卷积和二维卷积分别对视频和单帧图像进行特征提取,之后将得到的视觉特征与文本表征向量进行级联用于后续的判别过程;运动判别器则基于相邻帧特征向量之间的差值来实现对运动信息的建模。

Li 等[232]将变分自编码器和生成式对抗网络结合起来,提出了一种混合式框架用于视频生成。首先由条件变分自编码器(C - VAE)根据文本信息对视频的主体特征进行建模,生成一张表示视频背景颜色、物体轮廓等主要信息的"概要"(gist)图像,然后将该图像和文本作为条件,借助条件生成式对抗网络(cGAN)实现视频生成。同时提出了一种由文本特征构造滤波器的方法 Text2Filter,对"概要"图像进行卷积操作,获得视觉-文本联合特征。在 Text2Filter 方法中,首先用 RNN 编码器获得文本特征,然后对其进行三维全卷积[233]操作,得到一个卷积滤波器用于后续的视觉特征提取。从本质上看,这种特征融合方式其实是将文本特征中包含的信息用于对视觉特征加权,使得所生成的视频运动模式更加符合语义描述。Yamamoto 等[234]提出了一种基于动作外观描述的条件流和纹理 GAN (CFTGAN)的视频生成方法,通过两阶段文本编码方式为视频中的每帧生成一个描述动作的光流图和一个描述外观的纹理图。Gupta 等[235]提出了一种组合检索和融合的网络模型(Craft),由布局编辑器、实体检索器和背景检索器这 3 个部分组成,通过给出一段具体的文本描述,Craft 能够从视频数据库中按顺序组成一个场景布局并检索实体创建出一段复杂的视频。Deng 等[236]提出了基于互信息约束的递归卷积生成网络方法 IRCGAN,将 LSTM 记忆单元融合于二维反卷积层内部，并通过互信息内省（mutual-information introspection）计算视频和文本之间的语义相似度，能够生成连续性更好的视频，同时提高视频与给定文本之间的语义一致性。

文本生成视频是一个极具挑战性的任务，有关该领域的研究还比较初步。相信随着视觉-文本的跨模态分析和深度生成模型等的不断发展，文本生成视频可以取得更大的进展。

5.6 跨媒体分析与检索

随着多媒体、计算机视觉和网络技术的不断发展，信息的传播已经从单一媒体形式发展到包括视频、图像、文本、音频等的跨媒体形式。国际数据公司（IDC）于 2012 年发布的《2020 年的"数字宇宙"》报告中指出，从 2005 年至 2020 年，以视频、图像等为主的多媒体大数据的数量增长了 300 倍，数据总量以每两年翻一倍的速度从 130 EB 增加到 40 000 EB，即 40 多万亿 GB。然而这些数据由于缺乏有效的分析手段难以发挥其价值，因此急需对海量多媒体信息进行分析与理解以实现大数据的有效利用。

认知科学表明，人脑对外界的认知过程是跨越多种感官信息的融合处理。视频作为一种集视觉、听觉和语言等多种模态为一体的综合性数据，其本身的不同模态相互关联，存在天然的互补性，能够为视频内容理解提供更多、更全面的线索。在当今的互联网环境中，视频、图像、文本、音频等不同媒体之间也存在广泛的语义关联关系，呈现出跨媒体语义协同的发展态势，对这些关联信息的分析是发挥多媒体大数据价值的关键。传统单媒体分析技术因为信息有限难以实现语义抽取的目标，因而如何实现跨媒体分析与检索就成了研究和应用的关键问题，受到国内外研究者的广泛关注[237]。本节主要从两个方面介绍跨媒体分析与检索的前沿进展：视频多模态分析和跨媒体检索。

5.6.1 视频多模态分析

与图像、文本、音频等数据不同，视频可以看作是一种集视觉（图像）、听觉（音频）和语言（文本）等多种模态信息为一体的综合性数据。这些不同模态的信息从多种角度描述视频内容，呈现出时序关联共生特性。因此，在视频内容分析中，不仅需要对视觉、音频、文本等每种模态信息分别进行处理，而且需要挖掘多模态关联关系，综合利用其中蕴含的丰富互补线索，实现高效而全面的视频语义理解。下面首先分别简要介绍视觉、音频、文本这 3 种模态信息的分析方法，然后介绍多模态综合分析方法。

1. 视觉信息分析

与静态图像不同，视频是由连续视频帧组成的时序数据，包括关键帧、镜头、片段等多个层次。视觉信息分析的目的是通过处理视频中的关键帧、镜头以及片段等来提取视觉特征表示。现有的特征表示方法可以分为手工特征和深度特征两大类。

视频手工特征的设计主要以图像手工特征为基础。一些方法将图像的检测算子扩展到视频的时空检测算子，同时提取视频的空域与时域信息。例如 Laptev 等[238]改进了 Harris 和 Forstner 检测子，将在图像局部区域和时间轴上均有显著变化的点作为时空兴趣点，同时使检测器能够自适应时空尺度变化。Scovanner 等[239]和 Kläser 等[240]分别将传统的二维 SIFT 算子和方向梯度直方图(histogram of oriented gradient, HoG)扩展到三维形式，提出了 3D - SIFT 算子和 HoG3D 描述子。此外，另一些方法尝试将视频的空域和时域信息分别建模，例如 Sun 等[241]提出一种分层的时空上下文模型，通过比较连续两个视频帧的 SIFT 点来进行轨迹追踪，并同时考虑特征点、轨迹内部以及轨迹之间多层级的上下文信息。Wang 等[242]提出一种基于密集采样特征点的方法，首先在光流场中获得密集特征点的轨迹，再沿着轨迹提取特征并加以编码，获得视频的特征表示。

由于深度学习在图像分析上取得了巨大成功，许多方法也开始利用深度网络对视频中的视觉信息进行分析。Karpathy 等[23]使用卷积神经网络(convolutional neural network, CNN)在时间维度上对视频帧进行多种不同的融合操作并提取视频特征。Simonyan 等[13]提出了一种两路的深度网络结构，分别对视频的图像和光流训练卷积神经网络模型，最后通过后期融合方法将两路网络中学习得到的视频空域与时域信息进行结合。Donahue 等[193]联合使用卷积神经网络和长短时记忆(long short-term memory, LSTM)网络处理视频数据，首先使用卷积神经网络提取视频帧的视觉特征，然后利用 LSTM 学习视频的时序信息，在多个视频任务中取得了较好的效果。上述方法中的卷积神经网络都是针对视频帧进行处理的，而 Tran 等[16]提出了一种 C3D 网络，将原本 CNN 网络对图像的二维卷积操作改进为对视频的三维卷积操作，使得提取的 CNN 特征同时包含视频的空域和时域信息。进一步，针对上述三维卷积网络计算成本和模型存储过大的问题，Qiu 等[17]提出了 Pseudo - 3D 残差网络(P3D ResNet)，在时间和空间上进行卷积操作，利用 1×3×3 的二维空间卷积和 3×1×1 的一维时域卷积来代替 3×3×3 的三维卷积，同时结合残差学习的思想提出了不同的P3D 残差单元，定义了多种空间卷积和时域卷积之间的关系，在多种视频识别任务上取得了性能上的提升。此外，Wang 等[22]提出为视频建立一个图结构，图中的结点对应视频中的物体，同时定义了两种关系，即相似性关系和时空关系，最后使用图卷积神经网络来对图的特征进行训练，从而对视频中的物体以及物体之间的关系在时间上的变化情况进行充分建模，提升了视频表示学习的效果。

2. 音频信息分析

随着视频内容分析技术的发展，研究者们意识到只依靠视觉信息不能充分获取视频所表达的语义。作为视频的一个重要组成部分，音频中也包含了丰富的信息，是分析和理解视频内容的重要依据。不同类型的视频往往拥有不同风格和特点的音频，例如新闻类、体育类的视频在音频上具有明显的区分度，而篮球、足球等不同内容的体育视频，其包含的背景音频也往往不同。因此，研究者们也通过对视频所包含的音频进行处理实现视频的语义分析。

音频特征的提取一般可以在时域和频域上进行。时域上的特征提取是针对音频信号的波形，利用平均过零率、自相关函数、能量等指标进行度量和表示。频域上的特征提取首先需要将音频信号转换成频谱表示形式，再利用短时傅里叶分析、同态卷积分析或小波变换等方法进行处理。主流的音频特征包括音频信号的幅度、基频、频率中心点等物理特征以及响度、音调等感觉特征。Liu 等[243]提取视频的音频特征来训练隐马尔可夫模型(hidden Markov model，HMM)，并对未知类型的视频进行分类。Moncrieff 等[244]通过检测和区分电影中出现的不同风格的音频，例如惊吓音效或警告音效来判断电影是否是恐怖电影。除了背景音频外，一些视频如访谈类节目中也包含不同人的语音。通过对这些说话人的语音进行分析识别，可以进一步对视频进行分类或分割[245]。随着深度学习的发展，一些方法也利用深度神经网络来提取音频数据的特征。Abdel-Hamid 等[246]将 CNN 网络与 HMM 相结合构建了用于语音识别的深度模型，并在标准语音库上进行实验，验证了 CNN 模型在语音识别任务中的作用。Thomas 等[247]同样使用 CNN 网络联合学习音频的空域与时域特性，并应用到语音活动检测任务中。Takahashi 等[248]同样使用卷积神经网络建模音频输入，同时结合数据增广策略进一步提升了音频事件检测的效果。

3. 文本信息分析

由于“语义鸿沟”的存在，通过视频的视觉或者音频特征往往很难获得一些高层的语义信息。而视频中包含的文本信息往往与人类认知较为接近，这提供了视频内容与高层语义相关联的线索。

视频中的文本一般包括两种：字幕文字和场景文字。其中，字幕文字是指后期人工添加到视频中的文本，往往具有规则的颜色和形状。对于这种文本，首先需要通过文字定位、文字验证等步骤进行字幕区域检测，再通过文字增强方法提高字幕清晰度，最后通过文字分割和OCR识别得到字幕文本。在提取出字幕文本之后，即可以通过文本分析的方法获得其中的语义内容。然而，大量的视频并不包含字幕，这时场景文字就显得至关重要。场景文字是指视频物体或场景本身带有的文字(如墙上的标志)，它们往往颜色不一、形状多变，且存在遮挡、分辨率低以及噪声干扰等问题，相比字幕文字更加难以处理。对于场景文字，除了与字幕文字类似的文字检测、增强与识别等步骤，还需要通过骨架分析、笔画宽度分析等方法解决文字扭曲、背景复杂带来的识别难题。相关方法的详细介绍可参考5.3节。

视频中的文本信息与视频所描述事件的相关性一般比较明显，为视频内容的分析提供了重要的线索，而且与视觉和音频信息相互关联和补充，通过综合分析可以更加准确地理解视频的语义。

4. 多模态综合分析

视频中同时包含视觉、音频和文本等多种模态信息，不同模态之间存在一定的时序和语义联系，通过多角度挖掘语义信息能够实现视频的综合利用。因此，视频多模态分析思想被应用在多个视频内容分析任务上，以提高视频内容理解的准确性和全面性。

Boreczky等[249]利用HMM框架统一处理视觉信息和音频信息，据此进行视频分割。Qi等[250]综合利用图像和音频分析技术、OCR技术和自然语言处理技术，研发了一个基于视频内容的记录和浏览系统。具体地，通过图像和音频分析结果识别新闻片段，然后利用视频OCR技术检测视频画面中的文字作为文本内容补充，最后通过自然语言处理技术实现新闻内容的自动归类。Babaguchi等[251]提出了一种联合处理视觉流、音频流和文本流的方法，通过模态间协同学习考虑不同模态之间的语义关联，提升视频内容分析的可靠性和效率，实现基于事件的视频索引。Snoek等[252]提出了一种时间间隔多媒体事件(time interval multimedia event, TIME)模型，利用上下文和同步关系，将视频中多种模态信息结合起来表示同一语义信息，进行视频语义事件的分类。Ye等[253]通过构造二分图，将视觉特征和音频特征集中到二分图中进行统一编码，再通过聚类和量化形成一个特征来表示整个视频数据。Westerveld等[254]先分别学习视觉信息和文本信息各自的生成概率模型，然后再通过学习到的两个概率值计算出最终的概率，并以此判断某个概念是否出现过。

随着深度学习的兴起，很多方法利用深度网络来建模视频中的多模态数据。Kahou 等[255]针对视频中的每种模态数据分别设计深度网络，包括利用深度卷积网络识别视频帧中的面部表情、利用深度信念网络处理音频信息、利用关系型自动编码器学习时空特征来捕获人物的行动以及利用一个浅网络提取人物嘴部的特征等，最后将不同模型得到的结果进行融合获得情感识别结果。Mroueh 等[256]构造了一个双模态的深度网络，提取音频和视觉特征分别输入两个深度网络中进行建模，再将两个网络的输出通过一个新的深度网络进行融合来作为最终的视频特征表示，并以此特征表示进行识别。Wu 等[257]提出了一个多流网络来处理视频多分类问题。如图 5－24 所示，利用多路网络分别提取视频的多模态特征，包括视频帧特征、光流特征以及音频特征并进行预测，最后将每一路的预测值进行加权融合作为最终的分类预测值。通过对视频不同模态信息的综合利用，能够获得比单一模态更多更全面的线索，进而提升视频内容理解的准确性。更进一步，Jiang 等[258]在建模静态视频帧和动态光流图的基础上，在深度网络框架中结合了音频以及语义上下文关系，通过混淆矩阵建模了语义概念之间的共存关系，有效地指导视频静态和运动的视觉表征学习，提升了视频分类的准确性。

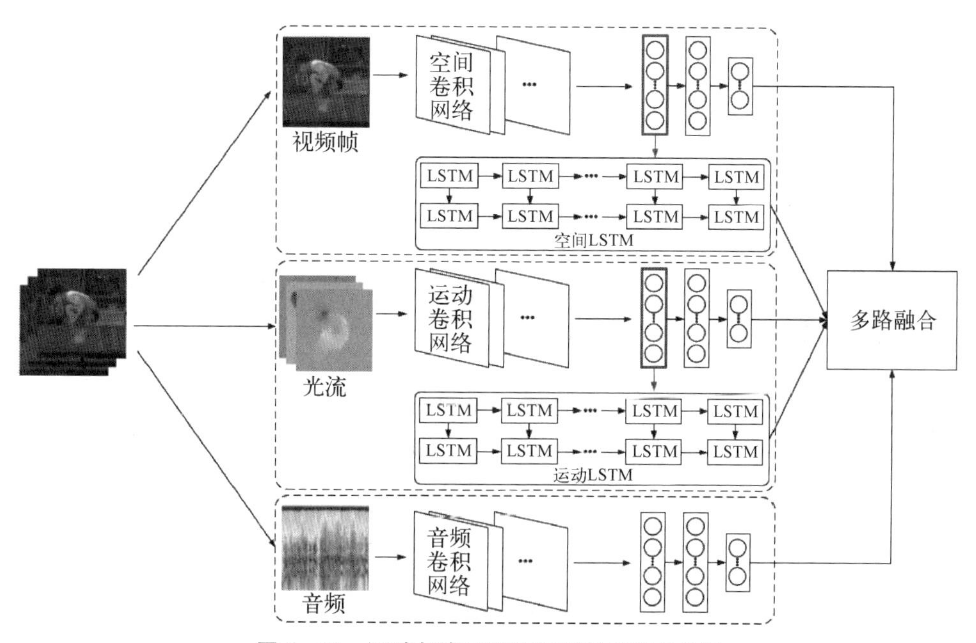

图 5－24　通过多路网络进行视频多模态分析

5.6.2 跨媒体检索

随着计算机和互联网技术的发展，视频、图像、文本、音频等多媒体数据日益增多，如何满足用户日益增长的信息检索需求成为研究和应用的一个关键问题。不同媒体的数据从不同角度描述同一个语义概念时存在相关性和互补性等关联关系，相比单一媒体能更加全面准确地进行语义表达。然而，目前常用的信息检索方式还是单媒体检索，如以文搜文、以图搜图等，它们往往局限于某一种媒体类型，因而限制了信息检索的全面性和灵活性。这就需要一种能够跨越不同媒体类型的新型检索方法，可以通过任意媒体作为查询，检索到具有相似语义而媒体类型不同的数据，这就是跨媒体检索[259]。跨媒体检索能够克服传统单媒体检索信息有限、媒体类型单一的问题，更加符合人脑的多模态感知认知方式，对于提高用户的信息获取效率和检索体验具有重要意义。

如图 5－25 所示，用户任意给定一种或几种媒体查询，跨媒体检索系统能够自动检索出与查询主题相关的所有媒体数据，包括视频、图像、文本、音频等。例如，用户输入“北京大学”关键词作为查询，不仅能够得到有关北京大学的文本描述，也能检索到北京大学的校园照片、视频介绍、音频资料等，从而能够获取“北京大学”的各种媒体类型资料，增强搜索体验和结果的全面性。

图 5－25　跨媒体检索举例示意图

由于不同媒体存在“异构鸿沟”问题，彼此的特征表示不一致，这使得传统的检索方法无法实现跨越不同媒体的相似性度量，这也成为跨媒体检索面临的主要挑战。然而,不同媒体虽然表示异构,语义却相互关联,往往能够表达同一高层语义,使得跨媒体检索成为可能。现有方法通过分析跨媒体数据之间的关联信息来跨越“异构鸿沟”,主要包括跨媒体统一表征方法和跨媒体相似性度量方法。其中,跨媒体统一表征方法通过构建一个可度量的共同子空间,对不同媒体数据进行统一表征和检索;跨媒体相似性度量方法则通过分析已知的跨媒体数据关联信息,不用统一表征而直接实现跨媒体相似性的计算。下面从这两个方面对现有的跨媒体检索方法进行阐述。

1. 跨媒体统一表征

跨媒体统一表征是现有跨媒体检索研究的主要方法,其核心思想是通过分析跨媒体关联关系来构建共同空间,为不同媒体数据生成同构的统一表征,突破“异构鸿沟”造成的相似性不可度量的问题。例如,关于“鸟”的图像和文本虽然底层特征表示不一致,但都描述了“鸟”这一语义概念,因此在高层语义空间中会彼此接近。当不同媒体数据都被映射为统一表征之后,即可利用通用的距离度量方法进行语义相似性计算,实现跨媒体检索。这里主要介绍 3 类方法:传统方法、深度学习方法和跨媒体哈希方法。

1)传统方法

传统方法以统计分析和线性映射为主,其中的一个代表性方法是典型相关分析[260](canonical correlation analysis, CCA),它通过分析两组不同媒体特征的关联关系,学习一个能够最大化成对相关性的共同空间,使得不同媒体可以被映射为相同维度的向量表示,实现跨媒体统一表征。CCA 在跨媒体分析中应用广泛,也有着多种扩展和变种。如 Rasiwasia 等[261]首先使用 CCA 得到图像和文本的共同空间,接着使用逻辑斯蒂回归实现语义概念的分类;Gong 等[262]提出了多视角典型相关分析方法,不但针对两种媒体特征的相关性进行分析,而且将语义标签信息作为第 3 种视角进行学习;Ranjan 等[263]提出了多标签的典型相关分析,使得模型具备处理多标签跨媒体数据的能力。除了 CCA 之外,跨模态因子分析(cross-modal factor analysis, CFA)[264]也通过分析跨媒体数据的成对关联,实现统一表征映射学习。与 CCA 不同,CFA 的优化目标并非是相关性最大化,而是直接通过最小化成对数据在共同空间中的 Frobenius 范数学习统一表征,在跨媒体检索中取得了比 CCA 更好的效果。

上述方法由于只进行两种媒体的成对关联分析,一次只能为两种媒体生成统一表征,无法同时实现更多媒体类型的交叉检索。为突破这一限制,研究者们引入了图规约的思路,利用图模型在关联表达上的灵活性进行多种媒体的统一表征学习。Zhai 等[265]提出了统一图规约的异构度量学习(joint graph regularized heterogeneous metric learning, JGRHML)方法,利用度量空间中的数据表征构建联合图规约项,首次将图规约方法应用于跨媒体统一表征问题,但只针对两种媒体生成统一表征。他们的后续工作[266]提出了统一表示学习方法(joint representation learning, JRL),首次将统一表征的媒体类型从 2 种提升到 5 种。下面详细介绍 JRL 方法。

JRL 为每种媒体构建一张独立的关联图,其顶点代表了标注数据与未标注数据,边代表了数据之间的关联关系。对于第 i 种媒体的带标注数据,设其原始特征维数为 d_i,数量为 n_i,那么一种媒体的带标注数据可以表示为一个 $n_i \times d_i n_i \times d_i$ 的矩阵,记作 $\boldsymbol{X}^{(i)}$。类似地,假设一共有 c 个语义概念,则一种媒体所有数据的标注可以表示为一个 $c \times n_i$ 的矩阵,记作 $\boldsymbol{Y}^{(i)}$。令 $\boldsymbol{P}^{(i)}$ 为第 i 种媒体的统一表征映射矩阵,$\boldsymbol{X}_{mij}^{(i)}$ 表示第 i 种媒体与第 j 种媒体属于同一语义概念的数据构成的矩阵,s 为媒体类型的数目,则损失函数定义为

$$\underset{P^{(1)},\cdots,P^{(s)}}{\operatorname{argmin}} \sum_{i=1}^{s}\sum_{j=i+1}^{s} \|\boldsymbol{P}^{(i)^{\mathrm{T}}}\boldsymbol{X}_{mij}^{(i)} - \boldsymbol{P}^{(j)^{\mathrm{T}}}\boldsymbol{X}_{mij}^{(j)}\|_F^2 + \sum_{i=1}^{S}(\|\boldsymbol{P}^{(i)^{\mathrm{T}}}\boldsymbol{X}^{(i)} - \boldsymbol{Y}^{(i)}\|_F^2 + \lambda(\Omega(\boldsymbol{P}^{(i)}) + \|\boldsymbol{P}^{(i)}\|_{2,1})) \tag{5-27}$$

式中,$\sum_{i=1}^{s}\sum_{j=i+1}^{s} \|\boldsymbol{P}^{(i)^{\mathrm{T}}}\boldsymbol{X}_{mij}^{(i)} - \boldsymbol{P}^{(j)^{\mathrm{T}}}\boldsymbol{X}_{mij}^{(j)}\|_F^2$ 一项使得相同语义概念标注的每种媒体的数据在共同空间中尽可能接近;$\sum_{i=1}^{s} \|\boldsymbol{P}^{(i)^{\mathrm{T}}}\boldsymbol{X}^{(i)} - \boldsymbol{Y}^{(i)}\|_F^2$ 一项使得每种媒体的统一表征和其语义概念标注尽可能接近;$\Omega(\boldsymbol{P}^{(i)})$ 为图规约项(半监督规约项),该项考虑了每种媒体的所有数据在共同空间中的分布,并且利用了未标注数据提供的半监督信息;$\|\boldsymbol{P}^{(i)}\|_{2,1}$ 为稀疏规约项,使得映射矩阵具有稀疏性并减少噪声。下面重点介绍图规约项 $\Omega(\boldsymbol{P}^{(i)})$ 的计算方法:对于任意一种媒体的所有数据建立一个 k - NN 图,其中

$$w^{(i)}(p, q) = \begin{cases} 1, & x_p^{(i)} \in N_k(x_q^{(i)}) \text{ 或 } x_q^{(i)} \in N_k(x_p^{(i)}) \\ 0, & \text{其他} \end{cases} \tag{5-28}$$

$N_k(x)$ 表示 x 的 k 近邻,则其拉普拉斯矩阵为

$$\boldsymbol{L}^{(i)} = \boldsymbol{I} - \boldsymbol{D}^{-\frac{1}{2}}\boldsymbol{W}^{(i)}\boldsymbol{D}^{-\frac{1}{2}} \tag{5-29}$$

式中,$\boldsymbol{I}$ 为单位矩阵;$\boldsymbol{D}$ 为顶点度数的对角矩阵,从而

$$\Omega(\boldsymbol{P}^{(i)}) = \operatorname{tr}(\boldsymbol{P}^{(i)^{\mathrm{T}}}\boldsymbol{X}_a^{(i)}\boldsymbol{L}^{(i)}\boldsymbol{X}_a^{(i)^{\mathrm{T}}}\boldsymbol{P}^{(i)}) \tag{5-30}$$

式中，$\boldsymbol{X}_a^{(i)}$ 指第 i 种媒体的所有数据(包括未标注数据)。该项考虑了每种媒体的所有数据在共同空间中的分布，并且利用了未标注数据提供的半监督信息。

上述损失函数联合考虑了标注数据与未标注数据，将不同类型媒体的稀疏规约、半监督规约等方面统一建模为一个联合优化问题。最终通过迭代求解使得损失函数最小化，同时学习每种媒体到共同空间的映射。

JRL 为不同媒体构建独立的图，而 Peng 等[267]进一步提出了局部关联超图规约的统一表征方法，能够将所有媒体类型的数据建模在同一张超图中，使得不同媒体类型相互补充与促进。同时，该方法也将媒体数据分割为局部分块进行处理，从而能够在统一表征学习过程中充分利用细粒度的补充信息。除了上述工作，还有一些其他的统一表征方法，如度量学习[265]通过挖掘数据间的相似/不相似关系，学习异构数据相似性度量函数；排序学习[268,269]通过分析跨媒体数据的排序信息，实现跨媒体相关性排序；字典学习[270]将数据分解为字典矩阵和稀疏系数两个部分，通过不同媒体稀疏系数的相互转换实现跨媒体检索。

2）深度学习方法

近年来，深度学习在物体识别[271]和文本生成[272]等多媒体应用中展现出强大的能力和潜力。如何利用深度神经网络对非线性关系的抽象能力，促进跨媒体关联分析和统一表征学习也成为近期的研究热点。Ngiam 等[273]基于深度玻耳兹曼机构建了双模态深度自编码器，使不同媒体数据通过一个共享编码层，在保持编码可重构性的同时学习跨媒体关联，以此生成跨媒体统一表征。受此启发，后续一些工作如[274]构建了相似的深度网络结构。深度典型相关分析(deep CCA)[275]可以看作是典型相关分析的非线性扩展，能够学习得到两种媒体的特征到共同空间的非线性变换。Feng 等[276]提出了关联自编码器方法，包含两个独立的自编码器，它们各自的编码层通过损失函数的约束相互联系，在统一表征学习的过程中能够同时考虑重构损失和关联损失。

Peng 等[277]提出了跨媒体多深度网络(cross-media multiple deep networks, CMDN)，同时考虑媒体内和媒体间的信息，为每种媒体独立地构造两种互补表示，并通过层次化融合学习得到统一表征，其网络结构如图 5-26 所示。该方法分为 2 个阶段：① 在单媒体表示学习阶段，一方面利用栈式自编码器，对媒体内的语义信息进行抽象得到单媒体语义表示，另一方面利用多模态深度信念网络挖掘媒体间的关联关系，得到单媒体关联表示；② 在跨媒体表示学习阶段，构建深层的两级统一表征学习网络，首先使用联合受限玻耳兹曼机，融合同种媒体的单媒体语义表示和单媒体关联表示，得到包含媒体内部语义信息和媒体间关联信息的单媒体中间表示；之后构建多模态自编码器，以层叠式学习的方法同时建

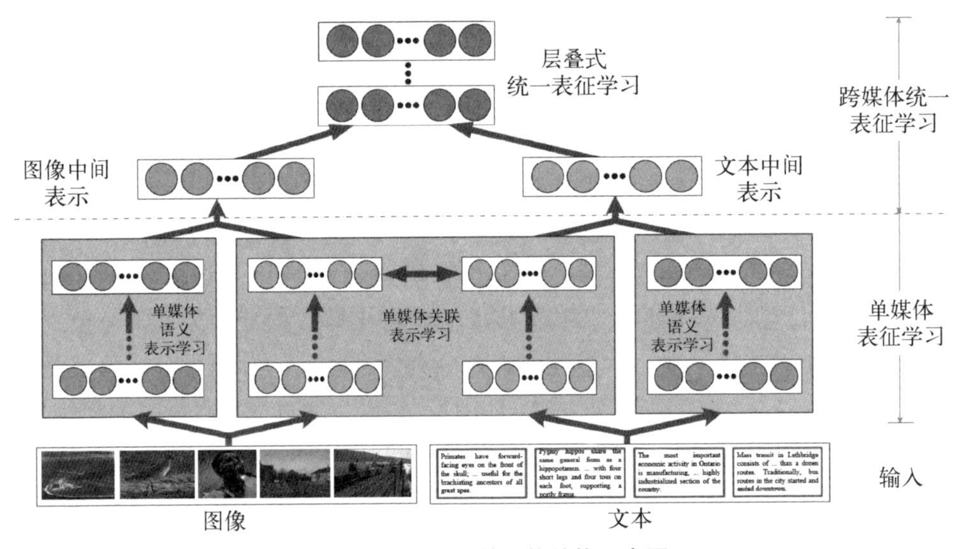

图 5-26 CMDN 的网络结构示意图

模跨媒体数据的重构误差和关联关系，得到不同媒体的统一表征。

上述工作主要以传统手工特征作为输入进行统一表征学习，而后续工作[278-279]则采用 CNN 直接以原始图像像素作为输入进行表征学习，验证了卷积神经网络在跨媒体检索中的潜力和能力。与传统方法相比，基于深度学习的方法利用深度神经网络的非线性的逐层抽象机制，使得对复杂跨媒体关联的分析能力得到增强，提高了跨媒体统一表征的检索效果。此外，Wang 等[280]将对抗学习的思想引入统一表征中。在该方法中，统一表征学习网络作为生成器，生成不同媒体的统一表征；媒体分类器作为判别器，判断统一表征来自哪种媒体。这样生成器和判别器形成对抗学习结构，在对抗训练的过程中不断缩小“异构鸿沟”。Gu 等[281]则将跨媒体生成模型与统一表征学习模型相结合，通过图像、文本的跨媒体生成网络，学习图像和文本的局部关联信息，并与全局表征相结合，增强了统一表征的检索准确率。为研究跨媒体训练数据标注成本巨大的问题，Huang 等[282]引入迁移学习思想，提出了深度跨媒体迁移学习方法，能够从已有的大规模跨媒体数据集中迁移知识，促进了新的小规模数据集上的模型训练与检索。

3）跨媒体哈希方法

随着跨媒体数据的大量增长，跨媒体检索的速度成为实际应用中需要考虑的一个关键因素。在单媒体检索中，哈希方法是加速检索的有效手段之一，能够通过将高维特征转换为二进制哈希编码，利用高效的汉明距离度量提高检索速度。与单媒体哈希不同，跨媒体哈希需要为多种媒体类型的数据生成哈希编码，将其映射到一个共同的汉明空间中。现有的跨媒体哈希方法可以分为无监督方法、有监督方法和深度方法。

无监督方法的主要思想是通过哈希映射，将不同媒体数据映射到共同汉明空间中，并在该空间内维持原有的跨媒体成对关联信息，但不使用语义概念标注。例如，Song 等[283]以媒体内和媒体间的一致性关联作为约束，实现共同汉明空间的学习；Long 等[284]通过学习关联最大化映射，将不同媒体数据映射到一个同构潜在空间，并结合混合量化器(composite quantizers)将同构潜在空间中的特征转化为哈希编码，实现了跨媒体哈希检索。

有监督方法常利用标注的语义概念信息来指导哈希函数学习，因此往往能取得比无监督方法更好的检索效果。Bronstein 等[285]提出了跨模态相似性敏感哈希方法，利用 boosting 方法实现哈希函数的学习；Wei 等[286]提出了异构转换哈希方法，通过学习得到的转换器，将不同汉明空间中的跨媒体数据进行对齐以实现哈希检索；Lin 等[287]通过将语义信息矩阵转化为概率的分布，并利用最小化 KL 散度的方法，使得不同媒体的数据在汉明空间中具有近似的分布。

此外，受深度网络在多媒体领域的广泛应用启发，基于深度网络的哈希方法也得到了广泛的关注。如 Zhuang 等[288]利用神经网络的抽象学习能力，通过维持媒体内的差异性和媒体间的成对关联信息实现了哈希函数学习；Zhang 等[289]则借鉴了对抗学习的思想，提出了无监督跨媒体生成式对抗哈希方法(UGACH)，利用生成式对抗网络(generative adversarial networks, GAN)建模跨媒体数据中隐含的流形结构。UGACH 方法首先构建跨媒体生成式对抗哈希网络，包括生成模型和判别模型。其中，生成模型将跨媒体数据映射到汉明空间中，同时利用一种媒体数据(如图像)去拟合另外一种媒体数据(如文本)的流形结构，目的是在另一种媒体数据中选择相似的数据生成跨媒体数据对(如图像-文本对)。具体地，对于给定的一个查询(如图像 q)，生成器会通过如下定义在另外一种媒体中选择相似的数据 x^u

$$P_\theta(x^u \mid q) = \frac{\exp(-\| h(q) - h(x^u) \|^2)}{\sum_{x^u} \exp(-\| h(q) - h(x^u) \|^2)} \tag{5-31}$$

式中，$h(\cdot)$是学习得到的哈希函数，能够将不同媒体数据映射到共同汉明空间。

UGACH 的判别模型则利用关联图模型来辨别生成的数据和真实处于同一

流形结构中的数据,并对生成的跨媒体数据对计算相关性得分,以此作为生成模型的奖励以更新网络参数。具体地,对于查询 q 和生成的数据 x,其相关性得分 $D(x \mid q)$ 定义为

$$D(x \mid q)=\frac{\exp(f_{\phi}(x, q))}{1+\exp(f_{\phi}(x, q))} \tag{5-32}$$

$$f_{\phi}(x, q)=\max(0, m+\| h(q)-h(x^{M}) \|^{2}-\| h(q)-h(x) \|^{2}) \tag{5-33}$$

式中,x^{M} 是利用关联图获得的与询问 q 相似的跨媒体数据;m 是三元排序损失函数 f_{ϕ} 的超参数。

在训练阶段,生成模型与判别模型通过对抗式训练策略互相促进。具体地,通过基于梯度策略的优化方法,判别模型试图最大化目标函数,生成模型则试图最小化目标函数,因此是对如下目标函数进行迭代优化

$$\begin{aligned} v(G, D)=\min_{\theta} \max_{\phi} \sum_{j=1}^{n} (&E_{x \sim P_{\text{true}}(x^{M} \mid q^{j})}(\log(D(x^{M} \mid q^{j}))) \\ &+E_{x \sim P_{\theta}(x^{G} \mid q^{j})}(\log(1-D(x^{G} \mid q^{j})))) \end{aligned} \tag{5-34}$$

式中,P_{θ} 是生成器学习到的概率分布;P_{true} 是原始数据中的概率分布。经过多轮迭代训练,辨别器能够更好地学习原始数据的流形结构,因此提高了跨媒体哈希的检索准确率。

2. 跨媒体相似性度量

跨媒体相似性度量方法旨在直接计算不同媒体数据的相似性,而不通过统一表征。因为不涉及跨媒体统一表征生成,跨媒体相似性无法利用直接的距离度量得到,需要通过已知的媒体数据及其关联关系作为桥梁进行推断。

现有方法主要以图模型为基础,其最直观的构图思路是以图中的顶点代表媒体数据,以边代表数据之间的关联关系。在完成图的构建之后,可采用相似性传递[290]、约束融合[291]等方法得到检索结果。如 Tong 等[291]为不同媒体类型构建一个独立的图,再利用线性融合等方法将各个图进行联合,得到跨媒体数据的相似性。Zhuang 等[290]则为所有跨媒体数据构造了一个统一的跨媒体关联图,图中边的权值取决于单媒体数据的相似性和共存关系。Zhai 等[292]考虑到现有方法只考虑了正相关传递,提出同时将跨媒体的正相关、负相关关联关系进行传递,利用负相关的补充信息提高了检索准确率。除了上述工作之外,一些方法的主要关注点在于如何通过近邻分析方法进行相似性度量。如 Zhai 等[293]通

过分析跨媒体数据对的 K 近邻中属于同一语义概念的数据量来估计它们属于同一个语义概念的概率，以此作为跨媒体相似性进行检索。

然而，现有基于图模型的方法一般都需要大量时间和空间。在实际应用中，已知关联信息往往不完备且具有大量的噪声，这也成为跨媒体相似性度量方法面临的一大挑战。

参考文献

[1] 彭宇新，綦金玮，黄鑫. 多媒体内容理解的研究现状与展望[J]. 计算机研究与发展，2019,56(1)：183 - 208.

[2] Lowe D. Distinctive image features from scale-invariant keypoints [J]. International Journal of Computer Vision, 2004, 60(2): 91 - 110.

[3] Laptev I. On Space-time interest points [J]. International Journal of Computer Vision, 2005, 64(2 - 3): 107 - 123.

[4] Dalal N, Triggs B. Histograms of oriented gradients for human detection [C]//IEEE Conference on Computer Vision and Pattern Recognition, 2005: 886 - 893.

[5] Dalal N, Triggs B, Schmid C. Human detection using oriented histograms of flow and appearance [C]//European Conference on Computer Vision, 2006: 428 - 441.

[6] Wang H, Klser A, Schmid C, et al. Dense trajectories and motion boundary descriptors for action recognition [J]. International Journal of Computer Vision, 2013, 103(1): 60 - 79.

[7] Wang H, Schmid C. Action recognition with improved trajectories [C]//IEEE International Conference on Computer Vision, 2014: 3551 - 3558.

[8] Wang L, Qiao Y, Tang X. Mining motion atoms and phrases for complex action recognition [C]//IEEE International Conference on Computer Vision, 2013: 2680 - 2687.

[9] Liu J, Kuipers B, Savarese S. Recognizing human actions by attributes [C]//IEEE Conference on Computer Vision and Pattern Recognition, 2011: 3337 - 3344.

[10] Sun C, Nevatia R. Active: Activity concept transitions in video event classification [C]//IEEE International Conference on Computer Vision, 2013: 913 - 920.

[11] Zhang Y, Qin L, Ji R, et al. Exploring coherent motion patterns via structured trajectory learning for crowd mood modeling [J]. IEEE Transactions on Circuits and Systems for Video Technology, 2017, 27(3): 635 - 648.

[12] Zha S, Luisier F, Andrews W, et al. Exploiting image-trained CNN architectures for unconstrained video classification [C]//British Machine Vision Conference, 2015: 60. 1 - 60. 13.

[13] Simonyan K, Zisserman A. Two-stream convolutional networks for action recognition in videos [C]//Annual Conference on Neural Information Processing Systems, 2014: 568 - 576.

[14] Wang L, Xiong Y, Wang Z, et al. Temporal segment networks: Towards good practices for deep action recognition [C]//European Conference on Computer Vision, 2016: 20 - 36.

[15] Wu Z, Wang X, Jiang Y G, et al. Modeling spatial-temporal clues in a hybrid deep learning framework for video classification [C]//ACM International Conference on Multimedia, 2015: 461 - 470.

[16] Tran D, Bourdev L, Fergus R, et al. Learning spatio-temporal features with 3D convolutional networks [C]//IEEE International Conference on Computer Vision, 2015: 4489 - 4497.

[17] Qiu Z, Yao T, Mei T, et al. Learning spatio-temporal representation with Pseudo - 3D residual networks [C]//IEEE International Conference on Computer Vision, 2017: 5533 - 5541.

[18] Carreira J, Zisserman A. Quo vadis, action recognition? A new model and the kinetics dataset [C]//IEEE Conference on Computer Vision and Pattern Recognition, 2017: 6299 - 6308.

[19] Ng Y H, Hausknecht M, Vijayanarasimhan S, et al. Beyond short snippets: Deep networks for video classification [C]//IEEE Conference on Computer Vision and Pattern Recognition, 2015: 4694 - 4702.

[20] Wang L, Li W, Li W, et al. Appearance and relation networks for video classification [C]//IEEE Conference on Computer Vision and Pattern Recognition, 2018: 1430 - 1439.

[21] Wang X, Girshick R, Gupta A, et al. Non-local neural networks [C]//IEEE Conference on Computer Vision and Pattern Recognition, 2018: 7794 - 7803.

[22] Wang X, Gupta A. Videos as space-time region graphs[C]//European Conference on Computer Vision, 2018: 339 - 417.

[23] Karpathy A, Toderici G, Shetty S, et al. Large-scale video classification with convolutional neural networks [C]//IEEE Conference on Computer Vision and Pattern Recognition, 2014: 1725 - 1732.

[24] Jaderberg M, Simonyan K, Zisserman A. Spatial transformer networks [C]//Annual Conference on Neural Information Processing Systems, 2015: 2017 - 2025.

[25] Zhao Z, Elgammal A. Information theoretic key frame selection for action recognition [C]//British Machine Vision Conference, 2008: 1 - 10.

[26] Liu L, Shao L, Rockett P. Boosted key-frame selection and correlated pyramidal

motion-feature representation for human action recognition [J]. Pattern Recognition, 2013, 46(7): 1810 - 1818.

[27] Peng Y, Zhao Y, Zhang J. Two-stream collaborative learning with spatial-temporal attention for video classification [J]. IEEE Transactions on Circuits and Systems for Video Technology, 2019, 29(3): 773 - 786.

[28] 黄凯奇,任伟强,谭铁牛. 图像物体分类与检测算法综述[J]. 计算机学报,2014,37(6): 1225 - 1240.

[29] Zhang N, Donahue J, Girshick R, et al. Part-based R-CNNs for fine-grained category detection [C]//European Conference on Computer Vision, 2014: 834 - 849.

[30] Girshick R, Donahue J, Darrell T, et al. Region-based convolutional networks for accurate object detection and segmentation [J]. IEEE Transactions on Pattern Analysis and Machine Intelligence, 2016, 38(1): 142 - 158.

[31] Uijlings J R R, Sande V D, Gevers T, et al. Selective search for object recognition [J]. International Journal of Computer Vision, 2013, 104(2): 154 - 171.

[32] Huang S, Xu Z, Tao D, et al. Part-stacked CNN for fine-grained visual categorization [C]//IEEE Conference on Computer Vision and Pattern Recognition, 2016: 1173 - 1182.

[33] Krause J, Jin H, Yang J, et al. Fine-grained recognition without part annotations [C]//IEEE Conference on Computer Vision and Pattern Recognition, 2015: 5546 - 5555.

[34] Zhou F, Lin Y. Fine-grained image classification by exploring bipartite graph labels [C]//IEEE Conference on Computer Vision and Pattern Recognition, 2016: 1124 - 1133.

[35] Xiao T, Xu Y, Yang K, et al. The application of two-level attention models in deep convolutional neural network for fine-grained image classification [C]//IEEE Conference on Computer Vision and Pattern Recognition, 2015: 842 - 850.

[36] He X, Peng Y. Weakly supervised learning of part selection model with spatial constraints for fine-grained image classification [C]//AAAI Conference on Artificial Intelligence, 2017: 4075 - 4081.

[37] Reed S, Akata Z, Lee H, et al. Learning deep representations of fine-grained visual descriptions [C]//IEEE Conference on Computer Vision and Pattern Recognition, 2016: 49 - 58.

[38] Peng Y, He X, Zhao J. Object-part attention model for fine-grained image classification [J]. IEEE Transactions on Image Processing, 2017, 27(3): 1487 - 1500.

[39] He X, Peng Y, Zhao J. Fine-grained discriminative localization via saliency guided

Faster R-CNN [C]//ACM International Conference on Multimedia, 2017: 627 - 635.
[40] Wang Y, Morariu V I, Davis L S. Learning a discriminative filter bank within a CNN for fine-grained recognition [C]//IEEE Conference on Computer Vision and Pattern Recognition, 2018: 4148 - 4157.
[41] He X, Peng Y, Zhao J. Which and how many regions to gaze: Focus discriminative regions for fine-grained visual categorization [J]. International Journal of Computer Vision, 2019. 127(9): 1235 - 1255.
[42] Cui Y, Song Y, Sun C, et al. Large scale fine-grained categorization and domain-specific transfer learning [C]//IEEE Conference on Computer Vision and Pattern Recognition, 2018: 4109 - 4118.
[43] He X, Peng Y. Fine-grained image classification via combining vision and language [C]//IEEE Conference on Computer Vision and Pattern Recognition, 2017: 5994 - 6002.
[44] He X, Peng Y. A new benchmark and approach for fine-grained cross media retrieval [C]//ACM International Conference on Multimedia, 2019: 1740 - 1748.
[45] Bay H, Tuytelaars T, Gool L V. SURF: Speeded up robust features [C]//European Conference on Computer Vision, 2006: 404 - 417.
[46] Kalantidis Y, Pueyo L G, Trevisiol M, et al. Scalable triangulation-based logo recognition [C]//International Conference on Multimedia Retrieval, 2011. ACM, 2011: 1 - 7.
[47] Zhou W, Lu Y, Li H, et al. Spatial coding for large scale partial-duplicate web image search [C]//ACM International Conference on Multimedia, 2010: 511 - 520.
[48] Bhattacharjee S D, Yuan J, Tan Y P, et al. Query-adaptive small object search using object proposals and shape-aware descriptors [J]. IEEE Transactions on Multimedia, 2016, 18(4): 726 - 737.
[49] Tang P, Peng Y. Exploiting distinctive topological constraint of local feature matching for logo image recognition [J]. Neurocomputing, 2017, 236(MAY2): 113 - 122.
[50] Gregor J, Thomason M G, et al. Dynamic programming alignment of sequences representing cyclic patterns [J]. IEEE Transactions on Pattern Analysis and Machine Intelligence, 1993, 15(2): 129 - 135.
[51] Oliveira G, Frazo X, André Pimentel, et al. Automatic graphic logo detection via fast region-based convolutional networks [C]//International Joint Conference on Neural Networks, 2016: 985 - 991.
[52] Girshick R. Fast R CNN [C]//IEEE International Journal of Computer Vision, 2015: 1440 - 1448.
[53] Deng J, Dong W, Socher R, et al. ImageNet: A large-scale hierarchical image

database [C]//IEEE Conference on Computer Vision and Pattern Recognition, 2009: 248 - 255.

[54] Yang Y, Luo H, Xu H, et al. Towards real-time traffic sign detection and classification [J]. IEEE Transactions on Intelligent Transportation Systems, 2016, 17(7): 2022 - 2031.

[55] Matas J, Chum O, Urban M, et al. Robust wide baseline stereo from maximally stable extremal regions [J]. Image and Vision Computing, 2004, 22(10): 761 - 767.

[56] Zhu Z, Liang D, Zhang S, et al. Traffic-sign detection and classification in the wild [C]//IEEE Conference on Computer Vision and Pattern Recognition, 2016: 2110 - 2118.

[57] Zhu C, Peng Y. Discriminative latent semantic feature learning for pedestrian detection [J]. Neurocomputing, 2017, 238(MAY17): 126 - 138.

[58] Li H, Jiang T, Zhang K. Efficient and robust feature extraction by maximum margin criterion [J]. IEEE Transactions on Neural Networks, 2006, 17(1): 157 - 165.

[59] Zhu C, Peng Y. A boosted multi-task model for pedestrian detection with occlusion handling[C]//AAAI Conference on Artificial Intelligence, 2015: 3878 - 3884.

[60] Zhu C, Peng Y. A boosted multi-task model for pedestrian detection with occlusion Handling [J]. IEEE Transactions on Image Processing, 2015, 24(12): 5619 - 5629.

[61] Nam W, Dollar P, Han J H. Local decorrelation for improved pedestrian detection [C]//Annual Conference on Neural Information Processing Systems, 2014: 424 - 432.

[62] Zhu C, Peng Y. Group cost sensitive boosting for multi resolution pedestrian detection [C]//AAAI Conference on Artificial Intelligence, 2016: 3676 - 3682.

[63] Costea A D, Nedevschi S. Semantic channels for fast pedestrian detection [C]//IEEE Conference on Computer Vision and Pattern Recognition, 2016: 2360 - 2368.

[64] Dollar P, Appel R, Belongie S, et al. Fast feature pyramids for object detection [J]. IEEE Transactions on Pattern Analysis and Machine Intelligence, 2014, 36(8): 1532 - 1545.

[65] Krhenbühl, Philipp, Koltun V. Efficient inference in fully connected CRFs with gaussian edge potentials [C]//Annual Conference on Neural Information Processing Systems, 2011: 109 - 117.

[66] Zhang L, Lin L, Liang X, et al. Is faster R-CNN doing well for pedestrian detection? [C]//European Conference on Computer Vision, 2016: 443 - 457.

[67] Ren S, He K, Girshick R, et al. Faster R-CNN: Towards real-time object detection with region proposal networks [J]. IEEE Transactions on Pattern Analysis and Machine Intelligence, 2017, 39(6): 1137 - 1149.

[68] Li J, Liang X, Shen S M, et al. Scale-aware fast R-CNN for pedestrian detection [J]. IEEE Transactions on Multimedia, 2018, 20(4): 985-996.

[69] Zhang S, Yang J, Schiele B. Occluded pedestrian detection through guided attention in CNNs [C]//IEEE Conference on Computer Vision and Pattern Recognition, 2018: 6995-7003.

[70] Long S, He X, Yao C. Scene text detection and recognition: The deep learning era [J]. International Journal of Computer Vision, 2021, 129(1): 161-184.

[71] Yin X C, Zuo Z Y, Tian S, et al. Text detection, tracking and recognition in video: A comprehensive survey [J]. IEEE Transactions on Image Processing, 2016, 25(6): 2752-2773.

[72] Yi J, Peng Y, Xiao J. Color-based clustering for text detection and extraction in image [C]//ACM International Conference on Multimedia, 2007: 847-850.

[73] Neumann L, Matas J. A method for text localization and recognition in real-world images [C]//Asian Conference on Computer Vision, 2010: 770-783.

[74] Epshtein B, Ofek E, Wexler Y. Detecting text in natural scenes with stroke width Transform [C]//IEEE Conference on Computer Vision and Pattern Recognition, 2010: 2963-2970.

[75] Tang Y, Wu X. Scene text detection and segmentation based on cascaded convolution neural networks [J]. IEEE Transactions on Image Processing, 2017, 26(3): 1509-1520.

[76] He W, Zhang X Y, Fei Y, et al. Multi-oriented and multi-lingual scene text detection with direct regression [J]. IEEE Transactions on Image Processing, 2018, 27(11): 5406-5419.

[77] Ji Z, Wang J, Su Y T. Text detection in video frames using hybrid features [C]// International Conference on Machine Learning and Cybernetics, 2009, 318-322.

[78] Jaderberg M, Vedaldi A, Zisserman A. Deep features for text spotting [C]//European Conference on Computer Vision, 2014: 512-528.

[79] Liang J, Dementhon D, Doermann D. Geometric rectification of camera-captured document images [J]. IEEE Transactions on Pattern Analysis and Machine Intelligence, 2008, 30(4): 591-605.

[80] Shivakumara P, Huang W, Tan C L. Efficient video text detection using edge features [C]//IEEE International Conference on Pattern Recognition, 2008: 1-4.

[81] Shivakumara P, Huang W, Phan T Q, et al. Accurate video text detection through classification of low and high contrast images [J]. Pattern Recognition, 2010, 43(6): 2165-2185.

[82] Shivakumara P, Phan T Q, Tan C L. A laplacian approach to multi-oriented text

detection in video [J]. IEEE Transactions on Pattern Analysis and Machine Intelligence, 2011, 33(2): 412 - 419.

[83] Ye Q, Huang Q, Gao W, et al. Fast and robust text detection in images and video frames [J]. Image and Vision Computing, 2005, 23(6): 565 - 576.

[84] Chen D, Odobez J M, Hervé Bourlard. Text detection and recognition in images and video frames [J]. Pattern Recognition, 2004, 37(3): 595 - 608.

[85] Lyu M R, Song J, Cai M. A comprehensive method for multilingual video text detection, localization, and extraction [J]. IEEE Transactions on Circuits and Systems for Video Technology, 2005, 15(2): 243 - 255.

[86] Mishra A, Alahari K, Jawahar C V. An MRF model for binarization of natural scene text [C]//IEEE International Conference on Document Analysis and Recognition, 2011: 11 - 16.

[87] Wakahara T, Kita K. Binarization of color character strings in scene images using K-means clustering and support vector machines [C]//IEEE International Conference on Document Analysis and Recognition, 2011: 3183 - 3186.

[88] Ye Q, Gao W, Wang W, et al. A robust text detection algorithm in images and video frames [C]//International Conference on Information, Communications and Signal Processing and the Fourth Pacific-Rim Conference On Multimedia, 2003: 802 - 806.

[89] Phan T Q, Shivakumara P, Su B, et al. A gradient vector flow-based method for video character segmentation [C]//IEEE International Conference on Document Analysis and Recognition, 2011: 1024 - 1028.

[90] Coates A, Carpenter B, Case C, et al. Text detection and character recognition in scene images with unsupervised feature learning [C]//IEEE International Conference on Document Analysis and Recognition, 2011: 440 - 445.

[91] Liu J, Li H, Zhang S, et al. A novel italic detection and rectification method for Chinese advertising images [C]//IEEE International Conference on Document Analysis and Recognition, 2011: 698 - 702.

[92] Sheshadri K, Divvala S K, Exemplar driven character recognition in the wild [C]//British Machine Vision Conference, 2012: 1 - 10.

[93] Bai X, Yao C, Liu W. Strokelets: A learned multi-scale mid-level representation for scene text recognition [J]. IEEE Transactions on Image Processing, 2016, 25(6): 2789 - 2802.

[94] Weinman J J, Learnedmiller E, Hanson A R, et al. Scene text recognition using similarity and a Lexicon with sparse belief propagation [C]//IEEE Transactions on Pattern Analysis and Machine Intelligence, 2009, 31(10): 1733 - 1746.

[95] Jawahar C V. Top-down and bottom-up cues for scene text recognition [C]//IEEE

Conference on Computer Vision and Pattern Recognition, 2012: 2687 - 2694.

[96] Shi B, Wang X, Lyu P, et al. Robust scene text recognition with automatic rectification[C]//IEEE Conference on Computer Vision and Pattern Recognition, 2016: 4168 - 4176.

[97] Cho H, Wang J, Lee S. Text image deblurring using text-specific properties [C]// European Conference on Computer Vision, 2012: 524 - 537.

[98] Caner G, Haritaoglu I. Shape-DNA: Effective character restoration and enhancement for arabic text documents [C]//International Conference on Pattern Recognition, 2010: 2053 - 2056.

[99] Tanaka M, Goto H. Autonomous text capturing robot using improved DCT feature and text tracking [C]//IEEE International Conference on Document Analysis and Recognition, 2007: 1178 - 1182.

[100] Merino C, Mirmehdi M. A framework towards realtime detection and tracking of text [C]//International Workshop on Camera-Based Document Analysis and Recognition, 2007: 10 - 17.

[101] Wolf C, Jolion J M, Chassaing F. Text localization, enhancement and binarization in multimedia documents [C]//International Conference on Pattern Recognition, 2002: 1037 - 1040.

[102] Mi C, Xu Y, Lu H, et al. A novel video text extraction approach based on multiple frames [C]//International Conference on Information Communication and Signal Processing, 2005: 678 - 682.

[103] Gargi U, Crandall D, Antani S, et al. A system for automatic text detection in video [C]//IEEE International Conference on Document Analysis and Recognition, 1999: 29 - 32.

[104] Crandall D, Antani S, Kasturi R. Extraction of special effects caption text events from digital video [J]. International Journal on Document Analysis and Recognition, 2003, 5(2 - 3): 138 - 157.

[105] Lienhart R, Wernicke A. Localizing and segmenting text in images and videos [J]. IEEE Transactions on Circuits and Systems for Video Technology, 2002, 12 (4): 256 - 268.

[106] Wang B, Liu C, Ding X, et al. A research on video text tracking and recognition [C]//Imaging and Printing in a Web 2.0 World Ⅳ, 2013, 8664: 99 - 108.

[107] Gomez L, Karatzas D. MSER-based real-time text detection and tracking [C]// International Conference on Pattern Recognition, 2014: 3110 - 3115.

[108] Yi J, Peng Y, Xiao J. Using multiple frame integration for the text recognition of Video [C]//IEEE International Conference on Document Analysis and Recognition,

2009: 71 - 75.

[109] Mita T, Hori O. Improvement of video text recognition by character selection [C]// IEEE International Conference on Document Analysis and Recognition, 2001: 1089 - 1093.

[110] Rong X, Yi C, Yang X, et al. Scene text recognition in multiple frames based on text tracking [C]//IEEE International Conference on Multimedia and Expo, 2014: 1 - 6.

[111] Viola P, Jones M J. Robust real-time face detection [J]. International Journal of Computer Vision, 2004, 57(2): 137 - 154.

[112] Wu B, Ai H, Huang C, et al. Fast rotation invariant multi-view face detection based on real Adaboost [C]//IEEE International Conference on Automatic Face and Gesture Recognition, 2004: 79 - 84.

[113] Sun Y, Wang X, Tang X. Deep convolutional network cascade for facial point detection [C]//IEEE Conference on Computer Vision and Pattern Recognition, 2013: 3476 - 3483.

[114] Li H, Lin Z, Shen X, et al. A convolutional neural network cascade for face detection [C]//IEEE Conference on Computer Vision and Pattern Recognition, 2015: 5325 - 5334.

[115] Bicego M, Grosso E, Tistarelli M. Person authentication from video of faces: A behavioral and physiological approach using pseudo hierarchical hidden Markov models [C]//International Conference on Biometrics, 2006: 113 - 120.

[116] Ortiz E G, Wright A, Shah M. Face recognition in movie trailers via mean sequence sparse representation-based classification [C]//IEEE Conference on Computer Vision and Pattern Recognition, 2013: 3531 - 3538.

[117] Parkhi O M, Simonyan K, Vedaldi A, et al. A compact and discriminative face track descriptor [C]//IEEE Conference on Computer Vision and Pattern Recognition, 2014: 1693 - 1700.

[118] Ahonen T, Hadid A, Pietikainen M. Face description with local binary patterns: application to face recognition [C]//IEEE Transactions on Pattern Analysis and Machine Intelligence, 2006, 28(12): 2037 - 2041.

[119] Ivind Due Trier, Jain A K, Taxt T. Feature extraction methods for character recognition-a survey [J]. Pattern Recognition, 1995, 29(4): 641 - 662.

[120] Zhai X, Peng Y, Xiao J. PDSS: patch-descriptor-similarity space for effective face verification [C]//ACM International Conference on Multimedia, 2012: 961 - 964.

[121] Taigman Y, Yang M, Ranzato M, et al. DeepFace: Closing the gap to human-level performance in face verification [C]//IEEE Conference on Computer Vision and Pattern Recognition, 2014: 1701 - 1708.

[122] Schroff F, Kalenichenko D, James P J. Facenet: A unified embedding for face recognition and clustering [C]//IEEE Conference on Computer Vision and Pattern Recognition, 2015: 815 - 823.

[123] Sun Y, Wang X, Tang X. Deep learning face representation from predicting 10, 000 classes [C]//IEEE Conference on Computer Vision and Pattern Recognition, 2014: 1891 - 1898.

[124] Sun Y, Wang X, Tang X. Deep learning face representation by joint identification verification [C]//Annual Conference on Neural Information Processing Systems, 2014, 27: 1988 - 1996.

[125] Sun Y, Wang X, Tang X, Deeply learned face representations are sparse, selective, and robust [C]//IEEE Conference on Computer Vision and Pattern Recognition, 2015: 2892 - 2900.

[126] Wang H, Wang Y, Zhou Z, et al. CosFace: Large margin cosine loss for deep face recognition [C]//IEEE Conference on Computer Vision and Pattern Recognition, 2018: 5265 - 5274.

[127] He L, Li H, Zhang Q, et al. Dynamic feature learning for partial face recognition [C]//IEEE Conference on Computer Vision and Pattern Recognition, 2018: 7054 - 7063.

[128] Barr J R, Bowyer K W, Flynn P J, et al. Face recognition from video: A review [J]. International Journal of Pattern Recognition and Artificial Intelligence, 2012, 26(5): 1 - 56.

[129] Wolf L, Hassner T, Maoz I. Face recognition in unconstrained videos with matched background similarity [C]//IEEE Conference on Computer Vision and Pattern Recognition, 2011: 529 - 534.

[130] Nguyen T N, Ngo T D, Le D, et al. An efficient method for face retrieval from large video datasets [C]//ACM International Conference on Image and Video Retrieval, 2010: 382 - 389.

[131] McKenna S, Gong S, Raja Y. Face recognition in dynamic scenes [C]//British Machine Vision Conference, 1997: 140 - 151.

[132] Yamaguchi O, Fukui E, Maeda K. Face recognition using temporal image sequence [C]//IEEE International Conference on Automatic Face and Gesture Recognition, 1998: 318 - 323.

[133] Li J L, Wang Y H, Tan T N, et al. Video-based face recognition using earth mover's distance [C]//International Conference on Audio and Video Based Biometric Person Authentication, 2005: 229 - 238.

[134] Yang J, Ren P, Zhang D, et al. Neural aggregation network for video face recognition

[C]//IEEE Conference on Computer Vision and Pattern Recognition, 2017: 5216 - 5225.

[135] Rao Y, Lin J, Lu J, et al. Learning discriminative aggregation network for video-based face recognition [C]//IEEE International Conference on Computer Vision, 2017: 3781 - 3790.

[136] Li H, Hua G, Shen X, et al. Eigen-PEP for video face recognition [C]//Asian Conference on Computer Vision, 2014: 17 - 33.

[137] Arandjelovic O, Cipolla R. Face recognition from face motion manifolds using robust kernel resistor-average distance [C]//IEEE Conference on Computer Vision and Pattern Recognition, 2005: 88 - 93.

[138] Liu Y, Jang Y, Woo W, et al. Video-based object recognition using novel set-of-sets representations [C]//IEEE Conference on Computer Vision and Pattern Recognition, 2014: 519 - 526.

[139] Lin T, Ngo C W, Zhang H J, et al. Integrating color and spatial features for content-based video retrieval [C]//IEEE International Conference on Image Processing, 2001: 592 - 595.

[140] Ngo C W, Pong T C, Zhang H J. Motion-based video representation for science change detection [J]. International Journal of Computer Vision, 2002, 50(2): 127 - 142.

[141] Sivic J, Zisserman A. Efficient visual search of videos cast as text retrieval [J]. IEEE Transactions on Pattern Analysis and Machine Intelligence, 2009, 31(4): 591 - 606.

[142] Zhu C Z, Hervé J, Satoh S. Query-adaptive asymmetrical dissimilarities for visual object retrieval [C]//IEEE International Conference on Computer Vision, 2013: 1705 - 1712.

[143] Araujo A, Girod B. Large-scale video retrieval using image queries [J]. IEEE Transactions on Circuits and Systems for Video Technology, 2017: 1406 - 1420.

[144] Xu R, Yang Y, Shen F, et al. Efficient binary coding for subspace-based query-by-image video retrieval [C]//ACM International Conference on Multimedia, 2017: 1354 - 1362.

[145] Peng Y, Ngo C W. Clip-based similarity measure for query-dependent clip retrieval and video summarization [J]. IEEE Transactions on Circuits and Systems for Video Technology, 2006, 16(5): 612 - 627.

[146] Douze M, Revaud J, Verbeek J, et al. Circulant temporal encoding for video retrieval and temporal alignment [J]. International Journal of Computer Vision, 2016, 119(3): 291 - 306.

[147] Yu Y, Ko H, Choi J, et al. End-to-end concept word detection for video captioning,

retrieval, and question answering [C]//IEEE Conference on Computer Vision and Pattern Recognition, 2017: 3261 - 3269.

[148] Gu Y, Ma C, Yang J. Supervised recurrent hashing for large scale video retrieval [C]//ACM International Conference on Multimedia, 2016: 272 - 276.

[149] http://trecvid.nist.gov/.

[150] Awad G, Butt A, Fiscus J, et al. Trecvid 2017: Evaluating ad-hoc and instance video search, events detection, video captioning and hyperlinking [C]//TREC Video Retrieval Evaluation, 2017.

[151] Peng Y, Huang C, Qi J, et al. PKU-ICST at TRECVID 2017: Instance Search Task [C]//TREC Video Retrieval Evaluation, 2017.

[152] Zhao Z, Wang M, Xiang R, et al. BUPT MCPRL at TRECVID 2016 [C]//TREC Video Retrieval Evaluation, 2016.

[153] Parkhi O M, Vedaldi A, Zisserman A. Deep face recognition [C]//British Machine Vision Conference. 2015, 1(3): 1 - 12.

[154] Amos B, Ludwiczuk B, Satyanarayanan M. Openface: A general-purpose face recognition library with mobile applications [J]. CMU School of Computer Science. 2016.

[155] Zheng L, Wang S, Tian L, et al. Query-adaptive late fusion for image search and person re -identification [C]//IEEE Conference on Computer Vision and Pattern Recognition, 2015: 1741 - 1750.

[156] Zhang W, Ngo C W. Topological spatial verification for instance search [J]. IEEE Transactions on Multimedia, 2015, 17(8): 1236 - 1247.

[157] Gionis A, Indyk P, Motwani R. Similarity search in high dimensions via hashing [C]//International Conference on Very Large Data Bases, 1999: 518 - 529.

[158] Bawa M, Condie T, Ganesan P. LSH forest: Self-tuning indexes for similarity search [C]//International conference on World Wide Web, 2005: 651 - 660.

[159] Weiss Y, Torralba A, Fergus R. Spectral hashing [C]//Annual Conference on Neural Information Processing Systems, 2008: 1753 - 1760.

[160] Liu W, Wang J, Kumar S, et al. Hashing with graph[C]//International Conference on Machine Learning, 2011: 1 - 8.

[161] Tang Z, Chen L, Zhang X, et al. Robust image hashing with tensor decomposition [J]. IEEE Transactions on Knowledge and Data Engineering, 2018: 31 (3): 549 - 560.

[162] Shen F, Shen C, Shi Q, et al. Inductive hashing on manifolds [C]//IEEE Conference on Computer Vision and Pattern Recognition, 2013: 1562 - 1569.

[163] Gong Y, Lazebnik S, Gordo A, et al. Iterative quantization: A procrustean approach

to learning binary codes [C]//IEEE Conference on Computer Vision and Pattern Recognition, 2011: 817 - 824.

[164] Shakhnarovich G, Viola P, Darrell T. Fast pose estimation with parameter-sensitive hashing [C]//Computer Vision, 2003. IEEE Conference on Computer Vision and Pattern Recognition, 2003: 750 - 757.

[165] Rastegari M, Farhadi A, Forsyth D. Attribute discovery via predictable discriminative binary codes [C]//European Conference on Computer Vision, 2012: 876 - 889.

[166] Kulis B, Darrell T. Learning to hash with binary reconstructive embeddings [C]// Annual Conference on Neural Information Processing Systems, 2009: 1042 - 1050.

[167] Liu W, Wang J, Ji R, et al. Supervised hashing with kernels [C]//IEEE Conference on Computer Vision and Pattern Recognition, 2012: 2074 - 2081.

[168] Kulis B, Jain P, Grauman K. Fast similarity search for learned metrics [J]. IEEE Transactions on Pattern Analysis and Machine Intelligence, 2009, 31 (12): 2143 - 2157.

[169] Norouzi M E, Fleet D J. Minimal loss hashing for compact binary codes [C]// International Conference on Machine Learning, 2011: 353 - 360.

[170] Li X, Lin G, Shen C, et al. Learning hash functions using column generation [C]// International Conference on Machine Learning, 2013: 142 - 150.

[171] Norouzi M, Fleet D J, Salakhutdinov R, et al. Hamming distance metric learning [C]//Annual Conference on Neural Information Processing Systems, 2012: 1061 - 1069.

[172] Wang J, Wang J, Yu N, et al. Order preserving hashing for approximate nearest neighbor search [C]//ACM International Conference on Multimedia, 2013: 133 - 142.

[173] Wang J, Liu W, Sun A X, et al. Learning hash codes with listwise supervision [C]// IEEE International Journal of Computer Vision, 2013: 3032 - 3039.

[174] Lecun Y, Bengio Y, Hinton G. Deep learning [J]. Nature, 2015, 521(7553): 436 - 444.

[175] Xia R, Pan Y, Lai H, et al. Supervised hashing for image retrieval via image representation learning [C]//AAAI Conference on Artificial Intelligence, 2014: 2156 - 2162.

[176] Lai H, Pan Y, Liu Y, et al. Simultaneous feature learning and hash coding with deep neural networks [C]//IEEE Conference on Computer Vision and Pattern Recognition, 2015: 3270 - 3278.

[177] Zhang R, Lin L, Zhang R, et al. Bit-scalable deep hashing with regularized similarity learning for image retrieval and person re-identification [J]. IEEE Transactions on

Image Processing, 2015, 24(12): 4766 - 4779.

[178] Zhang J, Peng Y. SSDH: Semi-supervised deep hashing for large scale image retrieval [J]. IEEE Transactions on Circuits and Systems for Video Technology, 2017, 29(1): 212 - 225.

[179] Yang H F, Lin K, Chen C S. Supervised learning of semantics-preserving hash via deep convolutional neural networks [J]. IEEE Transactions on Pattern Analysis and Machine Intelligence, 2018, 40(2): 437 - 451.

[180] Song J, He T, Gao L, et al. Binary generative adversarial networks for image retrieval [C]//AAAI Conference on Artificial Intelligence, 2018: 394 - 401.

[181] Song J, Yang Y, Huang Z, et al. Multiple feature hashing for real-time large scale near-duplicate video retrieval [C]//International Conference on Multimedea, 2011: 423 - 432.

[182] Ye G, Liu D, Wang J, et al. Large-scale video hashing via structure learning [C]// IEEE International Conference on Computer Vision, 2013: 2272 - 2279.

[183] Li M, Monga V. Robust video hashing via multilinear subspace projections [J]. IEEE Transactions on Image Processing, 2012, 21(10): 4397 - 4409.

[184] Cao L, Li Z, Mu Y, et al. Submodular video hashing: A unified framework towards video pooling and indexing [C]//ACM International Conference on Multimedia, 2012: 299 - 308.

[185] Zhang H, Wang M, Hong R, et al. Play and rewind: Optimizing binary representations of videos by self-supervised temporal hashing [C]//ACM International Conference on Multimedia, 2016: 781 - 790.

[186] Chen Z, Lu J, Feng J, et al. Nonlinear structural hashing for scalable video search [J]. IEEE Transactions on Circuits and Systems for Video Technology, 2018, 28 (6): 1421 - 1433.

[187] Liong V E, Lu J, Tan Y P, et al. Deep video hashing [J]. IEEE Transactions on Multimedia, 2017, 19(6): 1209 - 1219.

[188] Song J, Zhang H, Li X, et al. Self-supervised video hashing with hierarchical binary auto encoder [J]. IEEE Transactions on Image Processing, 2018, 27(7): 3210 - 3221.

[189] Kojima A, Tamura T, Fukunaga K. Natural language description of human activities from video images based on concept hierarchy of actions [J]. International Journal of Computer Vision, 2002, 50(2): 171 - 184.

[190] Thomason J, Venugopalan S, Guadarrama S, et al. Integrating language and vision to generate natural language descriptions of videos in the wild [C]//International Conference on Computational Linguistics. 2014: 1218 - 1227.

[191] Rohrbach M, Qiu W, Titov I, et al. Translating video content to natural language descriptions [C]//IEEE International Conference on Computer Vision, 2013: 433 - 440.

[192] Venugopalan S, Xu H, Donahue J, et al. Translating videos to natural language using deep recurrent neural networks [C]//North American Chapter of the Association for Computational Linguistics, 2014: 1494 - 1504.

[193] Donahue J, Hendricks L A, Guadarrama S, et al. Long-term recurrent convolutional networks for visual recognition and description [C]//IEEE Conference on Computer Vision and Pattern Recognition, 2015: 2625 - 2634.

[194] Venugopalan S, Rohrbach M, Donahue J, et al. Sequence to sequence-video to tex [C]//IEEE International Conference on Computer Vision, 2015: 4534 - 4542.

[195] Yao L, Torabi A, Cho K, et al. Describing videos by exploiting temporal structure [C]//IEEE International Conference on Computer Vision, 2015: 4507 - 4515.

[196] Pan Y, Mei T, Yao T, et al. Jointly modeling embedding and translation to bridge video and language [C]//IEEE Conference on Computer Vision and Pattern Recognition, 2016: 4594 - 4602.

[197] Venugopalan S, Hendricks L A, Mooney R, et al. Improving LSTM-based video description with linguistic knowledge mined from text [C]//Conference on Empirical Methods in Natural Language Processing. 2016: 1961 - 1966.

[198] Rohrbach A, Rohrbach M, Schiele B. The long-short story of movie description [C]//German Conference on Pattern Recognition, 2015: 209 - 221.

[199] Yu H, Wang J, Huang Z, et al. Video paragraph captioning using hierarchical recurrent neural networks [C]//IEEE Conference on Computer Vision and Pattern Recognition, 2016: 4584 - 4593.

[200] Pan P, Xu Z, Yang Y, et al. Hierarchical recurrent neural encoder for video representation with application to captioning [C]//IEEE Conference on Computer Vision and Pattern Recognition, 2016: 1029 - 1038.

[201] Zhang J, Peng Y. Hierarchical vision language alignment for video captioning [C]// International Conference on MultiMedia Modeling, 2019: 42 - 54.

[202] Wang X, Chen W, Wu J, et al. Video captioning via hierarchical reinforcement learning [C]//IEEE Conference on Computer Vision and Pattern Recognition, 2018: 4213 - 4222.

[203] Zhang J, Peng Y. Object-aware aggregation with bidirectional temporal graph for video captioning [C]//IEEE Conference on Computer Vision and Pattern Recognition, 2019: 8327 - 8336.

[204] Li Y, Yao T, Mei T, et al. Share-and-chat: Achieving human-level video

commenting by search and multi-view embedding[C]//ACM International Conference on Multimedia, 2016: 928 - 937.

[205] Krishna R, Hata K, Ren F, et al. Dense-captioning events in videos [C]//IEEE International Conference on Computer Vision, 2017: 706 - 715.

[206] Yuen J, Torralba A. A data-driven approach for event prediction [C]//European Conference on Computer Vision, 2010: 707 - 720.

[207] Walker J, Gupta A, Hebert M. Patch to the future: unsupervised visual prediction [C]//IEEE Conference on Computer Vision and Pattern Recognition, 2014: 3302 - 3309.

[208] Michalski V, Memisevic R, Konda K. Modeling deep temporal dependencies with recurrent "grammar cells" [C]//Annual Conference on Neural Information Processing Systems, 2014: 1925 - 1933.

[209] Mathieu M, Couprie C, Lecun Y. Deep multi-scale video prediction beyond mean square error [C]//International Conference on Learning Representations, 2016.

[210] Van Amersfoort J, Kannan A, Ranzato M A, et al. Transformation based models of video sequences [J/OL]. https://arxiv. org/pdf/1701. 08435. pdf, 2017.

[211] Villegas R, Yang J, Hong S, et al. Decomposing motion and content for natural video sequence prediction [C]//International Conference on Learning Representations, 2017.

[212] Lotter W, Kreiman G, Cox D D, Deep predictive coding networks for video prediction and unsupervised learning [C]//International Conference on Learning Representations, 2017.

[213] Kalchbrenner N, Simonyan K, Danihelka I, et al. Video pixel networks [C]// International Conference on Machine Learning, 2017: 1771 - 1779.

[214] Van Oord A, Kalchbrenner N, Kavukcuoglu K. Pixel recurrent neural networks [C]//International Conference on Machine Learning, 2016: 1747 - 1756.

[215] Vondrick C, Pirsiavash H, Torralba A. Anticipating visual representations from unlabeled video [C]//IEEE Conference on Computer Vision and Pattern Recognition, 2016: 98 - 106.

[216] Vondrick C, Torralba A. Generating the future with adversarial transformers [C]// IEEE Conference on Computer Vision and Pattern Recognition, 2017: 2992 - 3000.

[217] Babaeizadeh M, Finn C, Dumitru E, et al. Stochastic variational video prediction [J/OL]. https://arxiv. org/pdf/1710. 11252. pdf, 2018.

[218] Liu W, Sharma A, Camps O, et al. DYAN: A dynamical atoms based network for video prediction [C]//European Conference on Computer Vision. 2018: 170 - 185.

[219] Hsieh J T, Liu B, Huang D A, et al. Learning to decompose and disentangle

representations for video prediction [C]//Annual Conference on Neural Information Processing Systems, 2018: 517 - 526.

[220] Reed S, Akata Z, Yan X, et al. Generative adversarial text to image synthesis [C]// International Conference on Machine Learning, 2016: 1060 - 1069.

[221] Vondrick C, Pirsiavash H, Torralba A. Generating videos with scene dynamics [C]//Annual Conference on Neural Information Processing Systems, 2016: 613 - 621.

[222] Saito M, Matsumoto E, Saito S. Temporal generative adversarial nets with singular value clipping [C]//IEEE International Conference on Computer Vision, 2017: 2830 - 2839.

[223] Tulyakov S, Liu M Y, Yang X, et al. MoCoGAN: Decomposing motion and content for video generation [C]//IEEE Conference on Computer Vision and Pattern Recognition, 2018: 1526 - 1535.

[224] Xue T, Wu J, Bouman K L, et al. Visual dynamics: Probabilistic future frame synthesis via cross convolutional networks [C]//Annual Conference on Neural Information Processing Systems, 2016: 9199 - 2016.

[225] Chao Y W, Yang J, Price B, et al. Forecasting human dynamics from static images [C]//IEEE Conference on Computer Vision and Pattern Recognition, 2017: 548 - 556.

[226] Chen B, Wang W, Wang J. Video imagination from a single image with transformation generation [C]//ACM International Conference on Multimedia, 2017: 358 - 366.

[227] Mittal A, Moorthy A K, Bovik A C. No-reference image quality assessment in the spatial domain [J]. IEEE Transactions on Image Processing, 2012, 21 (12): 4695 - 4708.

[228] Walker J, Marino K, Gupta A, et al. The pose knows: Video forecasting by generating pose futures [C]//IEEE International Conference on Computer Vision, 2017: 3332 - 3341.

[229] Mittal G, Marwah T, Balasubramanian V N. Sync-DRAW: Automatic video generation using deep recurrent attentive architectures [C]//ACM International Conference on Multimedia, 2017: 1096 - 1104.

[230] Marwah T, Mittal G, Balasubramanian V N. Attentive semantic video generation using captions [C]//IEEE International Conference on Computer Vision, 2017: 1426 - 1434.

[231] Pan Y, Qiu Z, Yao T, et al. To create what you tell: Generating videos from captions [C]//ACM International Conference on Multimedia, 2017: 1789 - 1798.

[232] Li Y, Min M R, Shen D, et al. Video generation from text [C]//AAAI Conference

on Artificial Intelligence，2018：7065－7072.

[233] Long J，Shelhamer E，Darrell T. Fully convolutional networks for semantic segmentation [J]. IEEE Transactions on Pattern Analysis and Machine Intelligence，2015：3431－3440

[234] Yamamoto S，Tejero A P，Ushiku Y. et al. Conditional video generation using action-appearance captions [J/OL]. 2018. https://arxiv.org/pdf/1812.01261.pdf.

[235] Gupta T，Schwenk D，Farhadi A，et al. Imagine this! Scripts to compositions to videos [C]//European Conference on Computer Vision，2018：610－626.

[236] Deng K，Fei T，Huang X，et al. IRC－GAN：Introspective recurrent convolutional GAN for text to video generation [C]//International Joint Conference on Artificial Intelligence，2019：2216－2222.

[237] Peng Y X，Zhu W W，Zhao Y，et al. Cross-media analysis and reasoning：advances and directions [J]. Frontiers of Information Technology and Electronic Engineering，2017，18(1)：44－57.

[238] Laptev I，Lindeberg. Space-time interest points [C]//IEEE International Conference on Computer Vision，2003：432－439.

[239] Scovanner P，Ali S，Shah M. A 3－dimensional SIFT descriptor and its application to action recognition [C]//ACM International Conference on Multimedia，2007：357－360.

[240] Kläser A，Marszalek M，Schmid C. A spatio-temporal descriptor based on 3D-gradients [C]//British Machine Vision Conference，2008：1－10.

[241] Sun J，Wu X，Yan S，et al. Hierarchical spatio-temporal context modeling for action recognition [C]//IEEE Conference on Computer Vision and Pattern Recognition，2009：2004－2011.

[242] Wang H，Schmid C，Chenglin L. Action recognition by dense trajectories [C]//IEEE Conference on Computer Vision and Pattern Recognition，2011：3169－3176.

[243] Liu Z，Huang J C，Wang Y. Classification TV programs based on audio information using hidden Markov model [C]//IEEE International Workshop on Multimedia Signal Processing，1998：27－32.

[244] Moncrieff S，Venkatesh S，Dorai C. Horror film genre typing and scene labeling via audio analysis [C]//IEEE International Conference on Multimedia and Expo，2003：193－196.

[245] Patel N V. Video classification using speaker identification [C]. Storage and Retrieval for Image and Video Databases，1997，3022：218－225.

[246] Abdel-Hamid O，Mohamed A R，Hui J，et al. Convolutional neural networks for speech recognition [J]. IEEE/ACM Transactions on Audio，Speech and Language

Processing, 2014, 22(10): 1533 - 1545.

[247] Thomas S, Ganapathy S, Saon G, et al. Analyzing convolutional neural networks for speech activity detection in mismatched acoustic conditions [C]//International Conference on Acoustics, Speech, and Signal Processing, 2014: 2519 - 2523.

[248] Takahashi N, Gygli M, Gool L V. Aenet: Learning deep audio features for video analysis [J]. IEEE Transactions on Multimedia, 2018, 20(3): 513 - 524.

[249] Boreczky J S, Wilcox L D. A hidden Markov model framework for video segmentation using audio and image features [C]//International Conference on Acoustics, Speech, and Signal Processing, 1998: 3741 - 3744.

[250] Qi W, Gu L, Jiang H, et al. Integrating visual, audio and text analysis for news video [C]//International Conference on Image Processing, 2000: 520 - 523.

[251] Babaguchi N, Kawai Y, Kitahashi T. Event based indexing of broadcasted sports video by intermodal collaboration [J]. IEEE Transactions on Multimedia, 2002, 4 (1): 68 - 75.

[252] Snoek C G M, Worring M. Multimedia event-based video indexing using time intervals [J]. ACM International Conference on Multimedia Retrieval, 2005, 7(4): 638 - 647.

[253] Ye G, Jhuo H, Liu D, et al. Joint audio visual bimodal codewords for video event detection [C]//ACM International Conference on Multimedia, 2012.

[254] Westerveld T, Arjen P. de Vries. A probabilistic multimedia retrieval model and its evaluation [J]. Eurasip Journal on Advances in Signal Processing, 2003. 2003(2): 186 - 198.

[255] Kahou S E, Bouthillier X, Lamblin P, et al. EmoNets: Multimodal deep learning approaches for emotion recognition in video [J]. Journal on Multimodal User Interfaces, 2016, 10(2): 99 - 111.

[256] Mroueh Y, Marcheret E, Goel V. Deep multimodal learning for audio-visual speech recognition [C]//IEEE International Conference on Acoustics, Speech and Signal Processing, 2015: 2130 - 2134.

[257] Wu Z, Jiang Y G, Wang X, et al. Multi-stream multi-class fusion of deep networks for video classification [C]//ACM International Conference on Multimedia, 2016: 791 - 800.

[258] Jiang Y G, Wu Z, Tang J, et al. Modeling multimodal clues in a hybrid deep learning framework for video classification [J]. IEEE Transactions on Multimedia, 2018: 3137 - 3147.

[259] Peng Y, Huang X, Zhao Y. An overview of cross-media retrieval: Concepts, methodologies, benchmarks and challenges [J]. IEEE Transactions on Circuits and

Systems for Video Technology, 2017, 28(9): 2372 - 2385.

[260] Hotelling H. Relations between two sets of variates [J]. Biometrika, 1935, 28: 321 - 377.

[261] Rasiwasia N, Pereira J C, Coviello E, et al. A new approach to cross-modal multimedia retrieval [C]//ACM International Conference on Multimedia, 2010: 251 - 260.

[262] Gong Y, Ke Q, Isard M, et al. A multi-view embedding space for modeling internet images, tags, and their Semantics [J]. International Journal of Computer Vision, 2012, 106(2): 210 - 233.

[263] Ranjan V, Rasiwasia N, Jawahar C V. Multi-label cross-modal retrieval [C]//IEEE International Conference on Computer Vision, 2015: 4094 - 4102.

[264] Li D, Dimitrova N, Li M, et al. Multimedia content processing through cross-modal association [C]//ACM International Conference on Multimedia, 2003: 604 - 611.

[265] Zhai X, Peng Y, Xiao J. Heterogeneous metric learning with joint graph regularization for cross media retrieval [C]//AAAI Conference on Artificial Intelligence, 2013: 1198 - 1204.

[266] Zhai X, Peng Y, Xiao J. Learning cross-media joint representation with sparse and semisupervised regularization [J]. IEEE Transactions on Circuits and Systems for Video Technology, 2014, 24(6): 965 - 978.

[267] Peng Y, Zhai X, Zhao Y, et al. Semi-supervised cross-media feature learning with unified patch graph regularization [J]. IEEE Transactions on Circuits and Systems for Video Technology, 2016, 26(3): 583 - 596.

[268] Grangier D, Bengio S. A discriminative kernel-based approach to rank images from text queries [J]. IEEE Transactions on Pattern Analysis and Machine Intelligence, 2008, 30(8): 1371 - 1384.

[269] Wu F, Lu X, Zhang Z, et al. Cross-media semantic representation via bi-directional learning to rank [C]//ACM International Conference on Multimedia, 2013: 877 - 886.

[270] Zhuang Y, Wang Y, Wu F, et al. Supervised coupled dictionary learning with group structures for multi-modal retrieval [C]//AAAI Conference on Artificial Intelligence, 2013: 1070 - 1076.

[271] Frome A, Corrado G S, Shlens J, et al. Devise: A deep visual-semantic embedding model [C]//Annual Conference on Neural Information Processing Systems, 2013: 2121 - 2129.

[272] Kiros R, Salakhutdinov R, Zemel R S, Multimodal neural language models [C]// International Conference on Machine Learning, 2014: 595 - 603.

[273] Ngiam J, Khosla A, Kim M, et al. Multimodal deep learning [C]//International Conference on Machine Learning, 2011: 689 - 696.

[274] Srivastava N, Salakhutdinov R. Multimodal learning with deep Boltzmann machines [C]//Annual Conference on Neural Information Processing Systems, 2012: 2222 - 2230.

[275] Andrew G, Arora R, Bilmes J, et al. Deep canonical correlation analysis [C]// International Conference on Machine Learning, 2013: 3408 - 3415.

[276] Feng F, Wang X, Li R. Cross-modal retrieval with correspondence autoencoder [C]//ACM International Conference on Multimedia, 2014: 7 - 16.

[277] Peng Y, Huang X, Qi J. Cross-media shared representation by hierarchical learning with multiple deep networks [C]//International Joint Conference on Artificial Intelligence, 2016: 3846 - 3853.

[278] Wei Y, Zhao Y, Lu C, et al. Cross-modal retrieval with CNN visual features: A new baseline [J]. IEEE Transactions on Cybernetics, 2017, 47(2): 449 - 460.

[279] Huang X, Peng Y, Yuan M. Cross-modal common representation learning by hybrid transfer network [C]//International Joint Conference on Artificial Intelligence, 2017: 1893 - 1900.

[280] Wang B, Yang Y, Xu X, et al. Adversarial cross modal retrieval [C]//ACM International Conference on Multimedia, 2017: 154 - 162.

[281] Gu J, Cai J, Joty S, et al. Look, Imagine and match: Improving textual-visual cross-modal retrieval with generative models [C]//IEEE Conference on Computer Vision and Pattern Recognition, 2018: 7181 - 7189.

[282] Huang X, Peng Y. TPCKT: Two-level progressive cross-media knowledge transfer [J]. IEEE Transactions on Multimedia, 2019, 21(11): 2850 - 2862.

[283] Song J, Yang Y, Yang Y, et al. Inter media hashing for large scale retrieval from heterogeneous data sources [C]//ACM SIGMOD International Conference on Management of Data, 2013: 785 - 796.

[284] Long M, Cao Y, Wang J, et al. Composite correlation quantization for efficient multimodal retrieval [C]//International ACM SIGIR Conference on Research and Development in Information Retrieval, 2016: 579 - 588.

[285] Bronstein M M, Bronstein A M, Michel F, et al. Data fusion through cross-modality metric learning using similarity-sensitive hashing [C]//IEEE Conference on Computer Vision and Pattern Recognition, 2010: 3594 - 3601.

[286] Wei Y, Song Y, Zhen Y, et al. Scalable heterogeneous translated hashing [C]// ACM SIGMOD International Conference on Knowledge Discovery and Data Mining, 2014: 791 - 800.

[287] Lin Z, Ding G, Hu M, et al. Semantics-preserving hashing for cross-view retrieval [C]//IEEE Conference on Computer Vision and Pattern Recognition, 2015: 3864 - 3872.

[288] Zhuang Y, Yu Z, Wang W, et al. Cross-media hashing with neural networks [C]// ACM International Conference on Multimedia, 2014: 901 - 904.

[289] Zhang J, Peng Y, Yuan M. Unsupervised generative adversarial cross-modal hashing [C]//AAAI Conference on Artificial Intelligence, 2018: 539 - 546.

[290] Zhuang Y T, Yang Y, Wu F. Mining semantic correlation of heterogeneous multimedia data for cross-media retrieval [J]. IEEE Transactions on Multimedia, 2008, 10(2): 221 - 229.

[291] Tong H, He J, Li M, et al. Graph based multi-modality learning [C]//AAAI International Conference on Multimedia, 2005: 862 - 871.

[292] Zhai X, Peng Y, Xiao J. Cross-modality correlation propagation for cross-media retrieval [C]//International Conference on Acoustics, Speech, and Signal Processing, 2012: 2337 - 2340.

[293] Zhai X, Peng Y, Xiao J. Effective heterogeneous similarity measure with nearest neighbors for cross-media retrieval [C]//International Conference on Multimedia Modelling, 2012: 312 - 322.

6 三维场景几何和语义重建

申抒含　崔海楠

申抒含，中国科学院自动化研究所，电子邮箱：shshen@nlpr.ia.ac.cn
崔海楠，中国科学院自动化研究所，电子邮箱：hncui@nlpr.ia.ac.cn

基于图像的三维重建旨在通过多视角二维图像恢复场景三维结构，可以看作相机成像的逆过程。最早的三维重建理论在 1982 年由 Marr 在其视觉计算理论[1]中提出，Marr 认为人类视觉的主要功能是复原三维场景的可见几何表面，即三维重建问题，同时 Marr 还提出了从初始略图到物体 2.5 维描述，再到物体三维描述的完整计算理论和方法。Marr 认为这种从二维图像到三维几何结构的复原过程是可以通过计算完成的，这一视觉计算理论是最早的三维重建理论。从 1990 年至 2000 年，以射影几何为基础的分层重建理论的提出，使三维重建算法的鲁棒性得到了有效提高。分层重建理论构建了从射影空间到仿射空间，再到欧氏空间的计算方法，具有明确的几何意义和较少的未知变量，是现代三维重建算法的基础理论。近年来，随着大规模三维重建应用需求的不断提升，三维重建的研究开始面向大规模场景和海量图像数据，主要解决大场景重建过程中的鲁棒性和计算效率问题。

三维重建理论和方法是伴随着诸多领域的应用需求不断发展的，如机器人环境地图构建和导航、城市级航拍三维建模、文化遗产三维数字化保护等。相比于使用激光雷达、激光扫描仪、结构光成像等主动三维信息获取装置，基于图像的三维重建具有成本低、使用灵活、采集效率高等优势，成为许多大规模复杂场景三维重建应用的首选。比如在地理信息领域，基于航拍倾斜摄影的三维建模已经在很多场合替代了传统的航空激光雷达建模。近年来，随着图像三维重建算法鲁棒性和计算效率的进一步提高，其在室内建模与导航、无人驾驶高精地图构建等领域的应用也在不断拓展。此外，在获取三维场景几何结构的基础之上，进一步实现场景中基本几何基元（如点云、面片等）的语义类别理解也日益成为诸多应用的共性需求。

近年来，随着深度学习方法的快速发展，深度学习也开始在三维重建领域发挥作用，包括从单目图像恢复深度、单幅图像焦距推断、端到端相机位姿估计等。但目前这类基于学习的三维重建方法还无法达到几何视觉方法的精度和鲁棒性，因此在三维重建领域，深度学习目前更多地起到提高数据鲁棒性和提高内点率的作用，如通过基于学习的特征描述、特征匹配、图像检索、立体匹配等算法提高几何重建算法对光照变化、弱纹理等情况的计算鲁棒性。本章将沿用几何视觉的思路来介绍图像三维重建的主要流程和基本方法，以期为读者展现这一领域的经典理论方法。

6.1 背景知识

6.1.1 图像三维重建的基本流程

传统的图像三维重建通常是指场景的三维几何重建，即根据输入的二维图像，通过特征提取和匹配获取图像间的特征对应关系，并使用多视图几何方法，根据这些特征对应计算场景和相机的三维几何信息，包括场景的稀疏或者稠密的三维点云、相机内参数（焦距、主点、畸变参数等）和外参数（相机位置、朝向）。除了通过多视角二维图像计算场景三维几何结构外，计算机视觉领域还发展了一系列通过图像明暗、光度、纹理、焦点等信息恢复场景三维结构的方法，一般统称为 shape-from-x[2]。从明暗恢复形状（shape from shading）的方法[3]通过建立物体表面形状与光源、图像之间的反射图方程，并在场景表面平滑性约束的假设下，通过单幅图像的灰度明暗来计算三维形状；从光度立体恢复形状（shape from photometric stereo）的方法[4]同样基于反射图方程，但使用多个可控光源依次改变图像明暗，从而构造多个约束方程，可以使三维形状的计算更加精准可靠；从纹理恢复形状（shape from texture）的方法[5]利用图像中规则且重复的纹理基元在射影变换下产生的尺寸、形状、梯度等变化情况来推断场景结构，但该方法受限于场景纹理先验，在实际应用中使用较少；从焦点恢复形状（shape from focus）的方法[6]利用透镜成像中物体离开聚焦平面引起的图像模糊（散焦）现象，利用聚焦平面、物体的运动以及图像中检测到的清晰成像点，来推断每个像素点到相机光心的距离。

由于图像中存在弱纹理、重复纹理、特征匹配外点等干扰影响，从图像重建的三维点云通常不可避免地存在缺失、外点、噪声等。同时，海量的三维点云也给数据存储、传输、漫游、渲染等带来了本质困难。因此，对很多应用而言，稀疏或稠密的三维点云并不是场景三维模型的理想表达方式，而通常会采用点云网格化方法将其转化为封闭的三角网格模型，一方面减少数据体积，另一方面起到去除外点、封闭孔洞的目的。

在获取了场景的三维点云或三维网格表达后，针对场景三维感知和理解的具体需求，通常会为三维模型中的每一个几何基元（三维点、三角面片）赋予语义类别属性，实现对场景的三维几何和语义表达。同时，对于一些特定的应用领域，如三维地理信息（3D GIS）、建筑信息建模（BIM）、无人系统高精地图（HD map)等，通常需要进一步把特定的语义部件转化为更加紧致和标准化的矢量模型，如建筑物的单体矢量模型、室内基本部件的矢量模型、高精地图的车道线级矢量模型等。

如同计算机视觉中的很多问题一样，图像三维建模也是一项典型的应用驱动型研究。除了其背后较为完备的多视几何理论外，根据应用需求的发展其研究内容和研究对象也在不断地延展和深化。其共性目的都是为不同的应用领域提供低成本、高精度、高完整度、高度语义化和高度矢量化的基础三维信息。因此从这个意义上讲，一个典型的基于图像的三维场景几何和语义重建系统如图 6－1 所示。

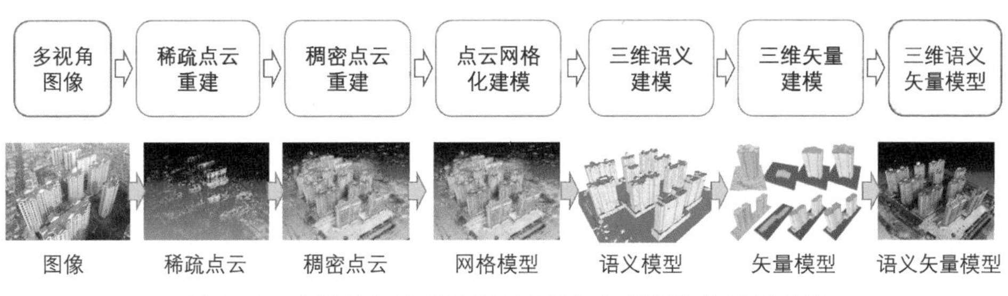

图 6－1　典型的基于图像的三维场景几何和语义重建系统

6.1.2　多视图几何与分层重建

多视图几何是计算机视觉研究中几何视觉(geometric computer vision)所使用的基本数学理论，也是图像三维重建所使用的基本理论工具。多视图几何主要研究在射影变换下，不同视角二维图像对应点之间以及图像点与三维场景、相机模型之间的几何约束理论和计算方法，进而实现通过二维图像恢复场景的三维几何属性。多视图几何建立在严格的代数和几何理论之上，并发展出了一系列解析计算方法和非线性优化算法，是三维重建、视觉 SLAM、视觉定位等三维几何视觉问题所使用的基本数学理论。多视图几何研究的代表人物包括澳大利亚国立大学的 Richard Hartley、英国牛津大学的 Andrew Zisserman、法国国家信息与自动化研究所的 Olivier Faugeras 等学者，2000 年由 Richard Hartley 和 Andrew Zisserman 合著的著作 *Multiple View Geometry in Computer Vision*[7] 对这方面的研究工作做出了比较系统的总结。可以说，多视图几何的理论研究在 2000 年左右已基本完善。

多视图几何主要研究两张图像对应点之间的对极几何约束(epipolar geometry)、3 张图像对应点之间的三焦张量约束(tri-focal tensor)、空间平面点到图像点或多张图像点之间的单应约束(homography)等。多视图几何的核心算法包括三角化、八点法估计基本矩阵、五点法估计本质矩阵、多视图因式分解法、基于 Kruppa 方程的相机自标定等解析计算方法以及以捆绑调整(bundle adjustment)为代表的迭代优化方法。多视图几何中最核心的理论是在 1990—2000 年建立起来的分层重建理论。分层重建的基本思想是在从图像到三维欧氏空间的重建过程中,先从图像空间得到射影空间下的重建(11 个未知数),然后将射影空间下的重建提升到仿射空间(3 个未知数),最后将仿射空间下的重建提升到欧氏空间(5 个未知数)。在分层重建理论中,从图像对应点进行射影重建,就是确定射影空间下每张图像对应的投影矩阵的过程;从射影重建到仿射重建,在于确定无穷远平面在射影重建下(某个特定射影坐标系)的对应坐标向量;从仿射重建到度量重建,本质上在于确定相机的内参数矩阵,即相机的自标定过程。由于任何一个几何视觉问题最终都可以转化为一个多参数非线性优化问题,而非线性优化的困难在于找到一个合理的初值。待优化的参数越多,一般来说解空间越复杂,寻找合适的初值越困难。所以,一个优化问题如果能将参数分组分步优化,则一般可以大大简化优化问题的难度。分层重建理论由于每一步重建过程中涉及的未知变量少,几何意义明确,因此算法的鲁棒性得到了有效提高。

多视图几何和分层重建是计算机视觉发展历程中的一个重要理论成果,其本身的理论框架已经构建得比较完善。随着相机制作水平的提高,传统小孔成像模型下的相机内参数通常可以简化为只有焦距一个内参数需要标定,且焦距的粗略数值通常可以从图像的 EXIF 头文件中读出,因此相机的内参数通常可以认为是已知的。此时基于两张图像之间的本质矩阵约束,通过五点法[8]可以求解两张图像之间的外参数(旋转和平移向量),进而直接进行三维重建,而不再需要分层进行重建。尽管如此,多视图几何和分层重建由于其理论的优美性和数学的完备性,其在计算机视觉尤其是几何视觉领域仍然是不可或缺的。

6.1.3 射影空间与相机模型

以射影几何为基础的多视图几何是三维重建的理论基础,是现代三维计算机视觉的基础。在射影几何空间,坐标的表达方式为齐次坐标,比相应的欧式空间坐标多一维。比如二维欧氏空间中的点 $[\boldsymbol{x}, \boldsymbol{y}]^{\mathrm{T}}$ 在二维射影空间中的齐次坐标表达为 $[\boldsymbol{x}, \boldsymbol{y}, \mathbf{1}]^{\mathrm{T}}$,三维欧氏空间中的点 $[\boldsymbol{x}, \boldsymbol{y}, \boldsymbol{z}]^{\mathrm{T}}$ 在三维射影空间中的表达为 $[\boldsymbol{x}, \boldsymbol{y}, \boldsymbol{z}, \mathbf{1}]^{\mathrm{T}}$。需要注意的是,齐次坐标点在相差一个非零尺度因子的情况下是等价的，即$[\boldsymbol{x}, \boldsymbol{y}, \boldsymbol{z}, \boldsymbol{1}]^{\mathrm{T}}=\lambda[\boldsymbol{x}, \boldsymbol{y}, \boldsymbol{z}, \boldsymbol{1}]^{\mathrm{T}}$，$\lambda \neq 0$。射影空间和齐次坐标的引入主要是为了处理欧式空间中存在但不参与计算的无穷远元素，如一维空间的无穷远点，二维空间的无穷远直线，三维空间的无穷远平面等，这些无穷远元素对于相机标定等几何问题至关重要，因此需要可以参与计算的表达方式。以三维射影空间为例，在齐次坐标下无穷远点可以表达为$[\boldsymbol{x}, \boldsymbol{y}, \boldsymbol{z}, \boldsymbol{0}]^{\mathrm{T}}$，这些点都位于一个半径为无穷大的球面上(即无穷远平面)。

对于几何重建问题而言，其输入为二维图像，输出为相机内外参数和稀疏点云，因此需要首先建立输入和输出量之间的数学关系。假设相机模型为小孔成像，则三维空间点和其二维图像点之间满足投影对应关系。在射影空间中，小孔相机模型的投影方程可以表达为

$$\begin{bmatrix}\boldsymbol{x}\\ \boldsymbol{1}\end{bmatrix}=\boldsymbol{K}[\boldsymbol{R} \mid \boldsymbol{t}]\begin{bmatrix}\boldsymbol{X}\\ \boldsymbol{1}\end{bmatrix} \tag{6-1}$$

式中，$\boldsymbol{x}=[\boldsymbol{u}, \boldsymbol{v}]^{\mathrm{T}}$为二维图像点坐标；$\boldsymbol{X}=[\boldsymbol{x}, \boldsymbol{y}, \boldsymbol{z}]^{\mathrm{T}}$为三维空间点坐标。$\boldsymbol{R}$是一个$3\times3$矩阵，表示相机在世界坐标系中的朝向，有三个自由度，可以使用欧拉角、轴角、四元数等形式表达；$\boldsymbol{t}$是一个3×1向量，表示相机坐标系原点与世界坐标系原点之间的平移，同样有三个自由度；$[\boldsymbol{R} \mid \boldsymbol{t}]$统称为相机的外参数矩阵，即相机的空间六自由度位姿；$\boldsymbol{K}$为相机的内参数矩阵，包含以像素为单位的相机焦距、主点等信息，通常定义为一个上三角阵

$$\boldsymbol{K}=\begin{bmatrix}f_u & s & u_0\\ 0 & f_v & v_0\\ 0 & 0 & 1\end{bmatrix} \tag{6-2}$$

式中，f_u和f_v为以像素为单位相机焦距，计算方法为相机的物理尺寸焦距除以每一个感光元的实际宽度和高度；$s=\tan(\beta)$表示感光元的歪斜系数，β为感光元相邻两边的夹角；(u_0, v_0)为相机主点，是相机光轴与成像平面的交点。现代相机通常可以保证感光元为严格正方形，即$f_x=f_y$，$s=0$，因此内参数矩阵$\boldsymbol{K}$的常见形式为

$$\boldsymbol{K}=\begin{bmatrix}f & 0 & u_0\\ 0 & f & v_0\\ 0 & 0 & 1\end{bmatrix} \tag{6-3}$$

式(6-3)中$\boldsymbol{K}$有3个未知量，在重建精度要求不太高的应用中，可以进一步将主点假设为图像的中心

$$\boldsymbol{K}=\begin{bmatrix} f & 0 & W/2 \\ 0 & f & H/2 \\ 0 & 0 & 1 \end{bmatrix} \tag{6-4}$$

式中,W 和 H 为图像的宽和高(像素单位)。此时,$\boldsymbol{K}$ 只包含一个未知量 f。式(6-1)使用齐次坐标,因此等号两边在相差一个尺度因子下是相等的。在非齐次坐标下(等号两边严格相等),式(6-1)转化为

$$\boldsymbol{x}=\frac{(\boldsymbol{K}(\boldsymbol{RX}+\boldsymbol{t}))_{1:2}}{(\boldsymbol{K}(\boldsymbol{RX}+\boldsymbol{t}))_{3}} \tag{6-5}$$

式中,$(\cdot)_{1:2}$ 和 $(\cdot)_3$ 分别表示矩阵的前 2 行和第 3 行。事实上,除了式(6-5)中包含的相机内外参数 $(\boldsymbol{K},\ \boldsymbol{R},\ \boldsymbol{t})$ 外,相机的畸变参数也是在相机成像模型中需要考虑的未知量。畸变参数的直观影响是空间直线的图像投影成了一条曲线,这一点在广角和鱼眼相机中尤其明显。畸变的存在是由于相机镜头是由一个或一组透镜构成,虽然我们将其等效为小孔成像模型(光沿直线传播),但其固有的透镜折射效应使得成像畸变是不可避免的。常见的镜头畸变包括径向和切向畸变两种,径向畸变的产生是由于透镜越靠近中心区域曲率越大,切向畸变的产生是由于透镜本身与相机传感器平面(成像平面)不平行。现代的光学相机中切向畸变的影响是比较小的,因此在成像模型中我们通常只考虑径向畸变,其数学表达为

$$\begin{bmatrix} \hat{u} \\ \hat{v} \end{bmatrix}=f_k\left(\begin{bmatrix} u \\ v \end{bmatrix}\right)=\begin{bmatrix} u(1+k_1r^2+k_2r^4+k_3r^6+\cdots) \\ v(1+k_1r^2+k_2r^4+k_3r^6+\cdots) \end{bmatrix} \tag{6-6}$$

式中,$(u,\ v)$是小孔相机模型下的图像坐标;$(\hat{u},\ \hat{v})$是畸变相机模型下的图像坐标;$r^2=(u-u_0)^2+(v-v_0)^2$,表示图像点到主点的像素距离。对于大多数相机而言,我们只需要保留一阶和二阶畸变系数(即 k_1 和 k_2),对于一些特殊镜头(如鱼眼镜头),则需要更复杂的畸变模型。将畸变方程添加到式(6-5)的投影方程中可得

$$\begin{aligned}\boldsymbol{x}&=f_k\left(\frac{(\boldsymbol{K}(\boldsymbol{RX}+\boldsymbol{t}))_{1:2}}{(\boldsymbol{K}(\boldsymbol{RX}+\boldsymbol{t}))_{3}}\right)\\&=\gamma(\boldsymbol{K},\ \boldsymbol{R},\ \boldsymbol{t},\ \boldsymbol{X},\ k)\end{aligned} \tag{6-7}$$

式中,$\gamma(\boldsymbol{K},\ \boldsymbol{R},\ \boldsymbol{t},\ \boldsymbol{X},\ k)$ 表示三维点的投影函数,这是一个关于三维点和相机内外参数以及畸变系数的非线性函数,表达了三维空间点和二维图像点之间的

非线性映射关系。

由于三维空间点到二维图像点的投影成像过程是一个信息压缩的过程(丢失了深度信息),因此通过单幅图像是无法进行三维重建的①。当我们获取了同一场景的多幅图像,并且建立了图像间的点匹配关系,即已知 $x_1, x_2, \cdots, x_n$ 对应同一三维空间点 X_i,则可以将稀疏重建问题表达为一个三维空间点重投影误差最小化问题

$$\min \sum_{i=1}^{N} \sum_{j=1}^{M} \delta_{ij} \| \boldsymbol{x}_{ij} - \gamma(\boldsymbol{K}_i, \boldsymbol{R}_i, \boldsymbol{t}_i, \boldsymbol{X}_j, k_i) \|_2 \tag{6-8}$$

式中,i 为图像序号;N 为图像总数量;j 为三维点序号;M 为三维点总数量;$(\boldsymbol{K}_i, \boldsymbol{R}_i, \boldsymbol{t}_i, k_i)$ 为第 i 个相机的内外参数和畸变参数。如果第 j 个三维点 $\boldsymbol{X}_j$ 在第 i 幅图像中可见,则 $\delta_{ij}=1$,其对应的图像点为 $\boldsymbol{x}_{ij}$,否则 $\delta_{ij}=0$。对于几何重建问题,我们已知的信息只有图像特征点 $\boldsymbol{x}_{ij}$,而 $\boldsymbol{K}_i$、$\boldsymbol{R}_i$、$\boldsymbol{t}_i$、k_i、$\boldsymbol{X}_j$ 均为未知量。其中 $\boldsymbol{K}_i$ 包含 3 个未知量,$\boldsymbol{R}_i$ 有 3 个未知量,$\boldsymbol{t}_i$ 有 3 个未知量,k_i 有 2 个未知量,$\boldsymbol{X}_j$ 有 3 个未知量,因此未知量总数为 $(3+3+3+2)\times N+3\times M$。通常在大场景三维重建中,我们有成百上千甚至数万的图像,有成千上万甚至数百万的三维点,因此这是一个典型的高维非线性最小二乘问题。在三维几何视觉中,求解这一问题的数值优化方法称为捆绑调整(bundle adjustment, BA),这是一种启发式的高斯牛顿法,其收敛效率介于 1 阶算法(如梯度下降法)和 2 阶算法(如牛顿法)之间,关于其实现细节可以参考相关文献[9]。BA 是迭代式的数值优化算法,其有效性来源于两点,一是图像特征点匹配中包含尽量少的外点;二是为未知量提供有效的初始值。针对外点问题,可以使用鲁棒误差函数,如用 Huber 范数替换式(6-8)中的 L_2 范数,或者在每次优化后剔除重投影误差较大的三维点。针对初始值问题,内参数矩阵 $\boldsymbol{K}_i$ 和畸变参数 k_i 可以提前通过相机标定的方式获取,如无法提前标定相机(如网络搜索的图像或变焦相机拍摄的图像),可以假设畸变初始值为 0,主点初始值为图像中心,焦距初始值可从图像 EXIF 信息中读取或根据经验值给出。当相机的初始位姿 $(\boldsymbol{R}_i, \boldsymbol{t}_i)$ 已知时,三维点 $\boldsymbol{X}_j$ 初始值可通过特征匹配点三角化获取。因此,初始值问题归结为如何给定相机位姿的初始值,这也是现有各类稀疏重建算法的主要区别。

① 虽然目前基于学习的单张图像三维重建是一个热点研究领域,但不在本章的讨论范围内。

6.2 稀疏点云重建

稀疏点云重建是三维重建系统的第 1 个模块,其目的是根据输入的多视角二维图像数据计算每张图像拍摄时的相机内参数(焦距、主点、畸变参数)、相机六自由度空间位姿(光心位置、朝向)以及图像特征匹配点对应的空间三维点云。由于在这一步中,我们只计算图像中特征点对应的空间点位置,因此得到的三维点云是比较稀疏的,故通常简称为稀疏重建。稀疏重建问题也可以称为从运动恢复结构问题(structure-from-motion, SfM),事实上 SfM 这一称呼源于早期几何视觉的研究者[10],更严格地应当称为结构和运动的估计(structure and motion estimation),因为在这一过程中三维结构(点云)和运动(相机位姿)是交织在一起同步计算出来的。本节统一将这类问题简称为稀疏重建,以体现其在整个三维重建系统中的作用和特点。

稀疏重建算法的基本流程包含 4 个步骤:图像特征点检测与匹配、相机初始值计算、点云三角化、全局捆绑调整。在相机初始值计算部分,根据相机位姿的计算方式不同,稀疏重建方法主要分为 3 类:增量式、全局式和混合式。

6.2.1 增量式稀疏重建

增量式稀疏重建首先从用于重建的图像集合中选取若干张图像(通常为 2 幅)作为种子图像,通过估计并分解本质矩阵的方式恢复种子图像之间的相对旋转与相对平移,进而通过三角化获取种子图像稀疏重建的初值,在此基础上通过捆绑调整对种子图像的相机参数以及稀疏点云进行优化,得到初始重建的结果。初始重建在整个增量式稀疏重建的过程中起着重要的作用,这是由于初始重建结果是后续增量重建的基准,如果初始重建结果陷入局部极小值的话,即使进行后续的优化也很难对重建结果进行修正。在种子图像初始重建的基础之上,增量式稀疏重建通过循环迭代的方式依次对其他图像进行重建。循环内部主要包括 3 个子步骤:基于透视 n 点的相机定位(perspective-n-point, PnP)[11],基于三角化的场景扩展,以及基于捆绑调整的相机参数与场景点云的优化。该迭代过程循环进行直至所有相机均成功定位或者无相机可继续定位。在增量式稀疏重建的迭代过程中存在一个关键问题:以何种顺序添加图像,即下一最优视图(next best view)[12]的选取问题。图像添加顺序也在较大程度上影响着增量式稀疏重建的精度以及鲁棒性。在增量式稀疏重建过程得到了所有相机参数与场景稀疏点云的初始估计后，将上述结果作为初值，通过全局捆绑调整进一步优化，即可得到最终的场景重建结果。

增量式稀疏重建最具代表性的工作是 Snavely 等提出的 Bundler 系统[13]，并在其提出的 10 年后获得了 ICCV2019 Helmholtz Prize Award。Bundler 系统主要针对从网络上搜索得到的海量图像进行场景重建。首先，在重建初始图像对时，该方法基于如下 2 个准则进行初始图像对的选取：① 图像对之间的特征点匹配对数足够多；② 基线(相机光心之间的距离)足够长。满足这 2 个准则的图像对可实现鲁棒的两视图重建。该方法选取初始图像对的具体做法是：首先选取那些特征点匹配不能通过单应变换进行描述的图像对构成候选集合，然后从集合中选择图像特征匹配数量最多的 1 对。单应可以描述 2 种几何配置下 2 张图像投影点之间的几何关系：场景为 1 个纯平面或者 2 张图像拍摄时相机光心重合(朝向不同)。因此，如果不能通过 1 个单应对 2 张图像之间的特征点匹配的几何关系进行有效描述，则说明两个相机之间有一定距离且它们存在公共可见的场景结构。具体来说，该方法采用 RANSAC 方法估计图像对之间的单应，并记录符合此单应变换的匹配内点数量。接着，在至少拥有 100 对特征匹配点的图像对中选取单应匹配内点比例最低的图像对作为初始图像对。在选取完初始图像对后，通过“五点”算法[8]估计图像对之间的本质矩阵，并对本质矩阵进行分解获取图像对之间的相对旋转与相对平移，然后通过三角化的方式获取初始图像对中公共可见点的三维坐标，用作初始三维点集合。在此基础上，该方法采用 SBA 工具包[14]进行捆绑调整，用于优化初始图像对的相机内外参数以及初始稀疏重建结果。

在添加新图像与空间点时，Bundler 的图像选取准则是：选取能观测到已重建的三维空间点数量最多的相机进行新图像添加。为获取相机位姿，该方法首先采用基于 RANSAC 的 DLT 算法估计相机投影矩阵 $\boldsymbol{P}$，并通过 QR 分解来计算相机的内参矩阵 $\boldsymbol{K}$ 与相机位姿 $\boldsymbol{R}$、$\boldsymbol{t}$；然后将上述估计的参数值作为初值，通过捆绑调整对相机参数进行优化。在优化过程中，仅允许改变新添加相机的参数，重建模型的其他部分均固定不变；接下来，该方法将新添加相机观测到的点引入优化过程。引入新点的条件包括 2 个：① 该点至少有 2 个可见相机；② 通过对该点三角化可获取该点的良态估计。该方法通过考察三角化新添加点时所有视线对中的夹角最大值 $\theta_{\max}$ 来评价该点的三角化状况。如果 $\theta_{\max} > 2°$，则对该点进行三角化并将其引入优化过程中。一旦添加了新的点，则对目前已重建的整个模型通过捆绑调整进行优化。上述初始化相机，三角化空间点以及捆绑调整优化模型的过程迭代进行，每次一个相机，直至剩余相机没有足够的可见点为止（该方法中的可见点数量需要大于 20）。另外，为提升算法鲁棒性以及效率，该方法在上述流程的基础上还做了以下两部分的改进工作。

第 1 个改进用来应对二维图像特征点匹配中不可避免的误匹配现象。误匹配对重建算法有着很大的影响，会导致重建结果出现错误。因此，如何以一种较为鲁棒的方式处理匹配外点十分重要。在每次进行捆绑调整优化后，Bundler 系统通过空间点反投影误差来判断该点对应的图像投影点中是否存在误匹配的情况，并将反投影误差较大的空间点从捆绑调整优化的过程中去除。在滤除外点后，重新进行捆绑调整并迭代直至检测不到外点为止。

第 2 个改进是在添加相机时，Bundler 系统不会在每添加一个相机后就进行优化，而是在添加多个相机之后一起进行优化。在选择所要添加的相机时，首先获取与已重建三维空间点对应二维图像点最多的相机，点数记为 M，然后将所有与已重建三维空间点对应二维图像点数超过 $0.75M$ 的相机均进行添加。每次添加多个相机可减少捆绑调整次数，进而提升重建效率。

图 6－2 所示为 Bundler 系统的部分大规模场景稀疏重建结果示例，图中的黑色三角锥表示标定出的相机空间位姿。

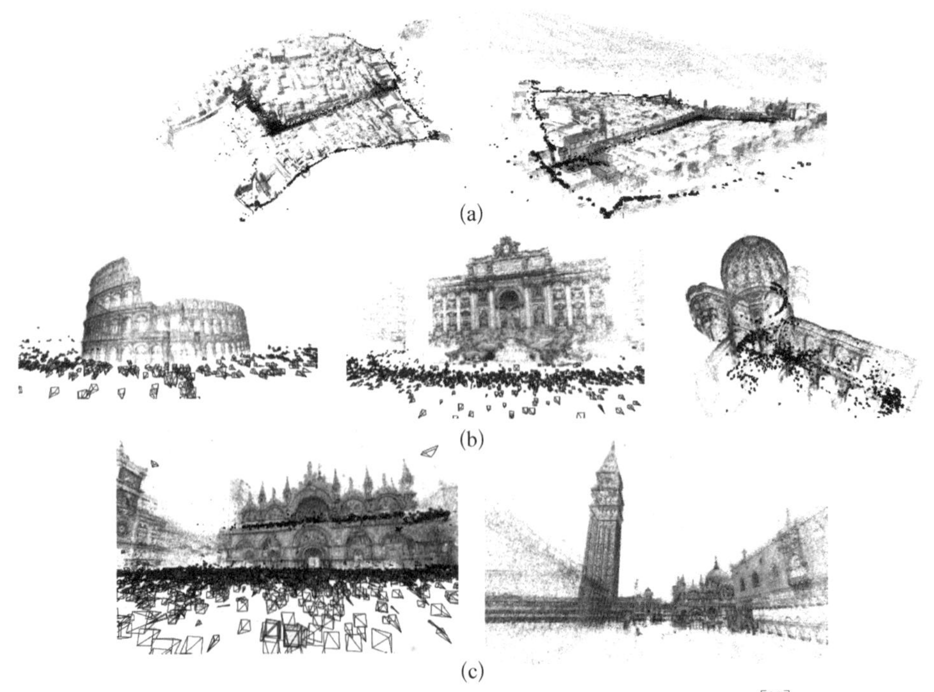

图 6－2　Bundler 系统的部分大规模场景稀疏重建结果示例[13]

影响 Bundler 系统鲁棒性的因素主要来自两方面，一是如何选择合适的种子图像；二是如何选择后续图像的添加顺序，这两方面也是后续诸多方法的主要改进点。由于在图像匹配过程中，一般首先要采用 RANSAC 技术鲁棒地估计两两图像之间的本质矩阵和单应关系。由于 RANSAC 对于阈值的选择比较敏感，Moulon 等[15]提出了一种根据误差分布自适应确定阈值的方法，不仅提高了模型估算(比如本质矩阵估计)的精度，也使得重建的精度得到了提升。Sweeney 等[16]提出初始种子图像应选取那些有足够多的特征匹配点，但是却包含较少的单应匹配点的图像对，从而减少纯平面场景带来的建模误差。对于图像增加顺序的问题，由于增量式稀疏重建系统是一步一步地添加图像，计算新图像的拍摄位姿和三维点云，因此它在本质上容易出现因误差累积而导致的场景漂移。虽然 Bundler 系统在添加图像的过程中反复进行捆绑调整，但误差累积现象仍然是一个很严重的问题。对于图像添加准则，Haner 等[17]给出了一种基于协方差传播的图像添加方法。该方法认为一张好的待添加图像不仅应该具备较低的重投影误差，还需要有较小的协方差。Schönberger 等[18]为了提高相机添加的鲁棒性，根据可见场景点在图像中的投影特征点的空间分布，优先添加分布较均匀的图像。当由于纹理不丰富或者移动过快导致可见场景点数目不足时，Zheng 等[19]提出利用原始的二维匹配点进行填充，提高相机位姿求解的成功率。Wu 等[20]提出当相机进行迭代添加过程中场景点的可见图像不断增多时，可以通过对特征点轨迹进行重复三角化来减少误差的累积。

在诸多针对 Bundler 的改进系统中，Schönberger 等提出的 Colmap 系统[18]是目前广泛使用的一个代表性增量式稀疏重建系统。该方法的基本原理以及主要流程与 Bundler 系统类似，主要在外极几何图增强、下一最优视图选取以及鲁棒高效三角化三个方面对传统增量式稀疏重建方法进行了改进。

在外极几何图增强方面，Colmap 提出了一种基于多模型几何验证的策略来进行外极几何图增强。首先，该方法根据两两图像的匹配点同时进行基本矩阵、本质矩阵、单应矩阵三种几何模型的估计，并为每个通过几何验证的图像对指定类型标签(常规、纯旋转或纯平面)。由于在进行初始重建时不能使用纯旋转的图像对，而更倾向于使用光心距离大的图像对，上述类型标签可以较为高效、鲁棒地进行初始重建。

在下一最优视图选取方面，Colmap 认为相比于 Bundler 系统所使用的已重建三维点在二维图像上的可见点数量的准则，这些点在图像中的分布形式更为重要。这是由于通常情况下用于相机定位的 2D - 3D 点对的数量都是冗余的，而这些点对中二维图像点较为均匀的分布可使得相机参数估计更为可靠。为此，该方法提出了一种基于多尺度分析的下一最优视图选取方法，用于选取可见点数量多且分布均匀的图像。

在鲁棒高效三角化方面，为避免基线过短导致的三角化结果不可靠问题，常见的做法是将图像对之间的特征点匹配通过跨视图连接的方式生成特征点轨迹(feature tracks)，并对特征点轨迹进行三角化以获取更为精确的三维点空间坐标。对于特征点轨迹中不可避免的匹配外点，Colmap 提出了一种高效的、基于 RANSAC 的特征点轨迹三角化方法，通过综合衡量视线夹角(三角化点和两相机光心连线夹角)、空间点相对深度(三角化点在两个相机坐标系的深度)和重投影误差(三维点的图像投影点和特征点的像素误差)选择一个最优的观测量支撑集，以此提高三角化的内点率和三维点计算精度。

图 6-3 所示为 Colmap 系统的大规模场景稀疏重建结果示例。

图 6-3 Colmap 系统的大规模场景稀疏重建结果示例[18]

除了 Bundler 和 Colmap 这类基于“种子”图像的增量式稀疏重建方法，还有一些增量式稀疏重建算法采取基于“代表图像”的重建模式，主要基于图论或者聚类的方法选取能代表场景结构的图像[21-24]。Li 等[21]利用图像聚类的方法，将输入图像集聚成一部分代表图像，仅对聚类中心图像做增量式稀疏重建，然后对于其他图像利用多个 2D-3D 对应匹配点求解相机位姿，待所有图像添加完毕后，进行整体捆绑调整，得到最终的相机位姿和三维点云。基于图论中的最大支撑树的理论，Snavely 等[22]提出首先找出外极几何图的“骨架”集，先对这些图像子集进行增量式稀疏重建，然后再对其他图像求解 2D-3D 匹配点的对应问题，进而通过 PnP 计算这些相机的位姿。Shah 等[23]提出一种多阶段的稀疏重建方法，首先利用每张图像的大尺度的 SIFT 特征点建立初始的粗糙点云模型，再根据三维点对应的二维特征点计算每个三维点的平均 SIFT 描述子作为三维点的描述，然后进行剩余图像与当前粗糙点云模型 2D-3D 的匹配，计算其他图像的位姿，并且利用捆绑调整来优化已有三维点云。Farenzena 等[24]基于图像之间的覆盖程度将图像聚类成一棵层级树，树中的每个叶节点都是一张图像，从叶节点开始逐步向上进行增量式三维重建。

增量式稀疏重建方法的优势在于通过反复剔除外点以及对场景结构的反复捆绑调整优化，使得重建系统对外点鲁棒。然而，反复的捆绑调整操作十分耗时，难以满足大场景重建的效率需求。同时，增量式重建引起的误差累积在大场景重建时容易导致场景的漂移。

6.2.2 全局式稀疏重建

全局式稀疏重建与增量式稀疏重建的主要区别是在初始化相机位姿时，不借助增量捆绑调整进行优化，而利用相机之间的相对位姿直接计算各相机的绝对位姿。在此基础上，通过一次全局捆绑调整对相机位姿以及三维空间点坐标进行优化。全局式相机位姿计算时由于一次性求取了所有相机的空间位姿，不需要反复地调用捆绑调整优化，因此计算速度快，并且可以将误差均匀地分布在整个外极几何图上，避免了误差累积造成的场景漂移等问题。全局式稀疏重建主要包括 3 个部分：① 旋转平均化（rotation averaging）；② 平移平均化（translation averaging）；③ 全局捆绑调整优化。

旋转平均化与平移平均化均在外极几何图上进行操作。对于旋转平均化来说，已知相对旋转集合 $\{\boldsymbol{R}_{ij}\}$，对相机的绝对旋转集合 $\{\boldsymbol{R}_i\}$ 进行求解。在理想情况下，相对旋转与绝对旋转满足

$$\boldsymbol{R}_{ij}=\boldsymbol{R}_j\boldsymbol{R}_i^{\mathrm{T}} \tag{6-9}$$

因此，通常通过求解如下优化问题进行旋转平均化

$$\min\sum_{\boldsymbol{R}_{ij}\in\{\boldsymbol{R}_{ij}\}} d^{\boldsymbol{R}}(\boldsymbol{R}_{ij},\ \boldsymbol{R}_j\boldsymbol{R}_i^{\mathrm{T}})^p \tag{6-10}$$

式中，$d^{\boldsymbol{R}}(\boldsymbol{R}_{ij},\ \boldsymbol{R}_j\boldsymbol{R}_i^{\mathrm{T}})^p$ 为 $SO(3)$ 空间上的某一距离度量，如角距离、弦距离、四元数距离等；$p=1,\ 2$，表示在距离度量时采用 L_1 或者 L_2 范数作为代价函数。

平移平均化与旋转平均化类似，已知相对平移集合 $\{\boldsymbol{t}_{ij}\}$，对相机的绝对平移集合 $\{\boldsymbol{t}_i\}$ 进行求解。在理想情况下，相对平移与绝对平移满足

$$\lambda_{ij}\boldsymbol{t}_{ij}=\boldsymbol{R}_j(\boldsymbol{t}_i-\boldsymbol{t}_j) \tag{6-11}$$

因此，对于平移平均化问题，通常通过如下优化问题进行求解

$$\min\sum_{\boldsymbol{t}_{ij}\in\{\boldsymbol{t}_{ij}\}} d^{t}\left[\boldsymbol{t}_{ij},\ \frac{\boldsymbol{R}_j(\boldsymbol{t}_i-\boldsymbol{t}_j)}{\|\boldsymbol{R}_j(\boldsymbol{t}_i-\boldsymbol{t}_j)\|}\right]^p \tag{6-12}$$

式中，$d^t(\boldsymbol{t}_i, \boldsymbol{t}_j)^p$ 为$\boldsymbol{P}^3$ 上的某一距离度量，如欧氏距离、角距离、弦距离等；$p=1, 2$，表示在距离度量时采用 L_1 或者 L_2 范数。需要注意的是，由于平移具有尺度不确定性 λ_{ij}，且通过分解本质矩阵得到的相对平移的精度较差。因此，相比于旋转平均化，平移平均化问题更为复杂。全局式稀疏重建的研究都是围绕如何鲁棒地求取旋转平均问题[式(6-10)]和平移平均问题[式(6-12)]。

针对旋转平均问题，Martinec 等[25]给出了一种基于 L_2 范数求解绝对旋转矩阵的方法。该方法首先将旋转矩阵过参数化(旋转矩阵为 3 个自由度，用 9 个参数来表示)，通过在 L_2 范数下的误差最小化估计参数。为了保证旋转矩阵的正交性，将求解得到的旋转矩阵进行 SVD 分解，在以矩阵 $\boldsymbol{F}$ 范数最小化的准则下将求取得到的过参数化的旋转矩阵转化为正交的旋转矩阵。Hartley 等[26]提出了一种基于 Weiszfeld 算法[27]的 L_1 范数下求解绝对旋转矩阵的方法，其后续的拓展算法[28]进一步提出了解决 L_q 范数下的旋转平均。Chatterjee 等[29]提出了一种基于 L_1 范数的 IRLS 优化求取旋转矩阵的方法，该方法首先将旋转矩阵映射到 $SO(3)$空间，用角轴模式进行三自由度表示，矩阵之间的相乘变成了角轴模式对应向量的相加，矩阵的转置变成了角轴模式下取负，从而将相对旋转矩阵与绝对旋转矩阵之间的非线性关系转化成了线性关系，可以直接在 L_1 范数下线性求解得到旋转矩阵初始值。由于采用角轴模式求解，所以这种方法内在地保证了求解时旋转矩阵的正交性。基于 L_1 范数下误差最小化求解得到的结果，利用迭代加权方法对这初始值进行再次优化，得到最终的绝对旋转矩阵。Hartley 等在研究[30]中对利用各种目标函数求取旋转矩阵的方法进行了总结，详细阐述了不同目标函数下计算绝对旋转矩阵时所对应的几何含义。

在得到相机的绝对旋转矩阵之后，下一步需要计算相机的绝对位置。由于外极几何图上的相对平移方向已经根据匹配点对求出，许多研究利用相对平移与相机绝对位置之间的关系来求取相机的绝对位置。然而，由于特征点匹配误差的存在，导致求取的外极几何图中边上的相对关系可能出现错误。研究者[31-34]利用一致性的约束(如三视图的环路约束：成环的相对旋转矩阵连乘应等于单位阵)来进行误差边的删除。Wilson 等[31]提出一种类似于哈希映射的方法，将三维的相对平移方向向量向多个一维的方向轴上进行投影，根据相机位置左右方位关系在不同投影情况下应该保持一致性的约束，利用图论中 MFAS(minimum feedback arc set)方法[20]在外极几何图边的方向向量中找出最大一致子集，将其他不在一致子集中的边删去。经过对外极几何边的挑选后，对相对方向与绝对位置之间的误差在 L_2 范数下最小化得到最终的相机位置。Jiang 等[32]给出了一种根据外极几何图中的三视图中边之间的夹角关系对相机位置进行线性约束的方法。每个三视图可以得到 9 个线性方程,可以求解三视图中相机的位置,然后再反推该三视图边上的相对关系是否正确,只保留相对关系正确的三视图。最后根据这些优化后的三视图对应方程,利用 SVD 分解线性求取相机的绝对位置。然而,进行 SVD 线性求解时结果很容易受到外点的影响,为此 Cui 等[33]将研究[32]进行了扩展,通过匹配点轨迹与图像的可见性关系来构成三视图约束求解相机的位置。这样的引入本质上加强了图像之间的连接关系,不再需要对外极几何图中的顶点进行删除,使得在线性求解时求解出的相机位置更加准确,重建的场景也更加完整。Moulon 等[34]利用三视图计算得到的三焦张量来检测外极几何图中边的外点,然后利用无穷范数最小化相机绝对位置与外极几何边上相对平移关系之间的约束,同时求取平移向量的尺度因子和相机的绝对位置。

与上述只进行外极几何边的剔除不同,有研究[35-37]重新利用原始的匹配点对以及已知的绝对旋转矩阵来优化求取新的相对平移方向后,再进行相机绝对位置的求取。Sweeney 等[35]利用三视图中任意两张视图中匹配点在第 3 视图中对应的两条外极线的交点即为在第 3 视图中匹配点的原理,对初始求取的本质矩阵进行优化,得到外极几何图中边的新相对平移方向,然后利用研究[31]中提出的优化方法,求取相机的绝对位置。这种方法主要基于在互联网图像中,大量图像对应的相机拍摄位姿分布比较任意,总有一些图像会满足外极线相交的假设。然而,在有些拍摄过程中(如街景车图像),三视图中对应点的外极线大部分处于平行或者重合状态,无法采用这种方法进行外极几何关系的优化。Cui 等[36]首先对外极几何图中每一条边都进行局部的捆绑调整操作,通过由两视图进行局部三维重建而得到的相机位置来计算新的相对平移方向;然后利用匹配点轨迹在不同可见视图中的深度比值,得到外极几何图相邻边的长度比值,进而根据这些比值求取外极几何图每条边的绝对长度(尺度因子)。有了绝对长度之后,利用相对平移与绝对位置的关系,可以得到最终的相机绝对位置。Ozyesil 等[37]首次将平行刚体[38-39]的概念引入三维重建,仅对外极几何图中满足平行刚性的边和点进行重建操作,并重新利用匹配点对,在固定绝对相机旋转矩阵情况下对边上的平移关系进行优化。在得到新的相对平移关系后,利用非平方最小化方式得到相机的初始绝对位置。

另外,通过直接矩阵分解的方法也可以直接计算相机位姿。Tomasi 等[40]针对仿射相机模型进行了研究,后来由 Sturm 等[41]推广到透视相机。但是对于大场景三维重建而言,大量的数据缺失和匹配外点是必然存在的,使得这两种方法对于这样的问题不存在闭合解。Kahl 等[42]通过将该问题转化为无穷范数下的最小化问题,利用二阶锥规划(second order cone programming)方法给出一种闭合近似解，在已知相机绝对旋转矩阵的情况下，可以同时求解相机的平移向量和三维点位置。但是在无穷范数误差目标函数下进行优化对错误的特征点匹配非常敏感，有时甚至一个错误的外点就会导致重建失败。对于大场景重建来说，匹配外点、外极几何图边上外点是不可避免的，使得该方法在实际应用中较难取得理想的重建结果。

除此之外，还有一些算法采用混合式方法融合了增量式和全局式两种模式的优点。如 Cui 等[43]利用自适应分组的方式求取全局式旋转矩阵，然后以此作为相机的初始姿态，利用增量式方法求取相机位置。Zhu 等[44]将外极几何图进行聚类，每个分类内部采用增量式建模的方法来获取匹配对之间外极几何关系，然后采用分布式运动平均的算法处理大规模场景的稀疏重建。

全局式稀疏重建的优点主要在于：① 一次性求取所有相机位姿，避免了误差的累积；② 仅一次捆绑调整，提高了场景重建的效率。然而，全局式方法过分依赖外极几何关系的准确程度，尤其是相机位置的求取容易受到尺度因子和相对平移外点的双重影响。因此在大场景三维重建时，全局式方法的鲁棒性无法得到保证。针对这一问题，一些方法采取融合 GPS、IMU 等传感器信息的方式来辅助进行全局式场景重建，以提高相机位姿估计的鲁棒性。Carceroni 等[45]将 GPS 信息转化为相机位置，根据三视图中的多个本质矩阵约束求取相机旋转矩阵。Pollefeys 等[46]将 GPS 和 IMU 信息转化为相机初始位姿，构建了一套城市级航拍三维重建系统。Klingner 等[47]基于广义相机模型和 GPS 信息，提出了一套基于街景图像的三维重建系统。然而这些方法对传感器的精度要求很高，无法在消费级设备上使用。对于消费级传感器，Irschara 等[48]融合 GPS 和 IMU 信息，通过视锥与地平面相交获取潜在的图像匹配对，大大地提高了图像匹配的速度。Strecha 等[49]基于 GPS 信息，以一种基于概率的模型求解相机位姿。Crandall 等[50]基于 MRF 进行传感器信息融合，将相机位姿的连续求解问题转化为相机朝向和位置的离散标签问题，利用 BP 算法[51]迭代求取离散朝向和位置后再进行连续优化。Cui 等[52]提出了一种潜在内点的划分方法，迭代地融合 GPS 信息求取相机位姿。融合传感器信息的重建方法需要所有图像的先验信息均满足一定的精度，因此它们通常是全局式重建方法的补充，在图像拍摄有先验信息时可以给场景重建提供一定的约束。

6.2.3 深度学习与稀疏重建

尽管深度学习在计算机视觉领域中取得了突破性进展，许多经典算法均已被基于深度学习的方法取代。但在稀疏重建算法中，由于不可以避免的特征匹配外点的存在,在两视图基本矩阵估计、本质矩阵估计、单应估计、PnP 位姿解算、空间三角化等步骤中,都大量依赖鲁棒估计方法来剔除外点,如 RANSAC。而目前深度学习方法无法内嵌诸如 RANSAC 类的误匹配剔除模块,从而导致任何图像特征间的误匹配均会传输到最终的输出结果中,从而导致重建错误。因此,在稀疏重建领域,目前深度图学习更多地起到提高算法输入数据可靠性的作用。例如在特征提取和特征描述中,相比于 SIFT[53],基于深度学习的特征描述子 L2 - Net[54]、HardNet[55]、ContextDesc[56]、SuperPoint[57]、D2 - Net[58]、R2D2[59]等,对光照、季节变化具有更高的鲁棒性。此外,在特征匹配阶段,基于图神经网络的特征匹配方法,如 SuperGlue[60]等,也显示了超越传统方法的匹配内点率,并在稀疏重建、SLAM、视觉定位等领域开始发挥作用。

6.3 稠密点云重建

在获得每张图像的相机内外参数后,三维重建系统使用多视图立体视觉(multiple view stereo, MVS)方法计算图像中每一像素点对应的空间坐标,进而获得场景可视表面的稠密空间点云。传统的 MVS 方法分为 3 类:第 1 类是基于体素的方法,该方法把三维空间离散化为均匀划分的立体网格体素,并在立体网格上定义能量函数,之后通过能量最小化方法标记物体表面所在的体素;第 2 类是基于特征点扩散的方法,该方法首先重建图像纹理较丰富区域的特征点,之后将特征点扩散到弱纹理区域;第 3 类是基于深度图融合的方法,该方法首先根据双目或多目立体视觉方法在每幅图像上计算深度图,之后根据可见性和深度一致性约束将深度图融合为完整的稠密点云。近年来,基于深度学习的稠密点云重建方法(后简称为稠密重建)不断涌现,其基本思想大多是利用端到端的方式推断参考图像上的深度图,后续的过滤和融合流程和传统几何方法基本一致,因此也可以归类为基于深度图融合的方法。

在各类稠密重建算法中,图像一致性(photo consistency)都是大多数算法所使用的核心信息。假设 I_i 和 I_j 是两幅图像,p 是其公共可见的一个三维点。根据已知的相机内外参,可以获取 p 在两幅图像上的投影点 $\pi_i(p)$ 和 $\pi_j(p)$。在 I_i 和 I_j 中,可以设定 $\pi_i(p)$ 和 $\pi_j(p)$ 的支撑区域 $\Omega(\pi_i(p))$ 和 $\Omega(\pi_j(p))$,$\Omega(x)$ 通常为以 x 中心的一个小正方形区域,或者根据 p 的空间位置和空间法向计算其在 I_i 和 I_j 上的一个局部投影区域。基于上述定义,空间点 p 在图像 I_i 和 I_j 上的图像一致性定义为

$$C_{ij}(p)=\rho(I_i(\Omega(\pi_i(p))),\ I_j(\Omega(\pi_j(p)))) \tag{6-13}$$

式中，$I_i(x)$表示图像点 x 在图像 I_i 上的灰度值。常用的度量方法包括绝对误差和算法(sum of absolute differences，SAD)、误差平方和算法(sum of squared differences，SSD)、归一化互相关(normalized cross correlation，NCC)等，分别定义为

$$\rho_{\mathrm{SAD}}(\boldsymbol{f},\ \boldsymbol{g})=\|\boldsymbol{f}-\boldsymbol{g}\|_1 \tag{6-14}$$

$$\rho_{\mathrm{SSD}}(\boldsymbol{f},\ \boldsymbol{g})=\|\boldsymbol{f}-\boldsymbol{g}\|_2 \tag{6-15}$$

$$\rho_{\mathrm{NCC}}(\boldsymbol{f},\ \boldsymbol{g})=\frac{(\boldsymbol{f}-\bar{\boldsymbol{f}})(\boldsymbol{g}-\bar{\boldsymbol{g}})}{\sigma_f\sigma_g} \tag{6-16}$$

式中，$\boldsymbol{f}$ 和 $\boldsymbol{g}$ 分别表示图像上 $\Omega(\pi_i(p))$和 $\Omega(\pi_j(p))$对应图像块灰度值组成的向量；$\bar{\boldsymbol{f}}$ 和σ_f 分别表示 $\boldsymbol{f}$ 的均值和标准差。相比于 ρ_{SAD} 和 ρ_{SSD}，ρ_{NCC} 对光照变化具有更好的鲁棒性，但计算量更大。ρ_{SAD} 和 ρ_{SSD} 更适合连续视频帧间的一致性度量以及一些对实时性有需求的计算。无论采用哪种图像一致性度量方式，对弱纹理区域和重复纹理区域都不具备很好的区分性，进而容易导致重建点云的缺失和错误，这也是制约目前图像稠密重建算法性能的主要瓶颈。

6.3.1 基于体素的稠密重建

体素(volume pixel，voxel)是三维空间分割上的最小单位，把三维空间离散化为均匀划分的立体网格，则网格中的每一个立方体就是一个体素。基于体素的多视图立体重建方法在立体网格上定义能量函数，并通过各类能量最小化方法标记物体表面所在的体素。Seitz 等[61]提出一种称为体素着色(voxel coloring)的重建方法，通过在空间中由近及远的依次度量每一体素在图像投影的纹理一致性，将一致性高的体素标记为物体表面并将其对应的图像像素点去除，最终获得一个完整的三维表面。体素着色方法可以用于所有相机位于物体一侧的情况，但不适合相机环绕物体拍摄时的重建。为了解决这一问题，Kutulakos 等[62]在体素着色算法的基础上提出了空间分割法(space carving)。空间分割法通过依次选择满足体素着色约束的相机并从不同方向对体素空间进行分割来完成表面提取，可以有效处理相机环绕拍摄时的重建。体素着色法和空间分割法的主要局限在于没有使用物体表面的空间一致性信息，而将纹理一致性和空间一致性相结合的有效方法是将空间网格描述为马尔可夫随机场(MRF)，并使用图割(graph cut)[63-66]或有环置信传播(loopy belief propagation)[67]来求解最优重建

表面。Kolmogorov 等[63]首次将图割方法用于多视图表面重建，Vogiatzis 等[64-65]将这一方法推广到了空间体素上。这一方法以图像纹理一致性和空间表面平滑性为目标函数，使用图割方法从空间网格中抽取连续体素构成物体表面。

在各类基于体素的稠密重建中，基于体素图割优化(volumetric graph-cuts)的稠密重建是这类算法的典型代表[65]。确定场景的空间区域后，根据所需分辨率将区域划分为规则体素，则问题转换为将体素标记为“内”和“外”两类的 0-1 规划问题，内外体素的交界区域可以认为是物体的表面。假设 k_v 是某一个体素 v 的标签值，则体素标记问题可以表示为如下的一个能量最小化问题：

$$E(k_v)=\sum_v \Phi(k_v)+\sum_{(v,\ w)\in N}\Psi(k_v,\ k_w) \tag{6-17}$$

式中，第 1 项为体素标签值在整个空间的能量总和；$\Phi(k_v)$表示将体素 v 赋予标签 k_v 后的能量代价；第 2 项 $\Psi(k_v,\ k_w)$是所有空间邻接的体素构成的能量项；N 为空间中所有邻接体素的集合。这是一个典型的马尔可夫随机场(Markov random field, MRF)能量优化问题，其中 $\Phi(k_v)$通常称为一元项或数据项，$\Psi(k_v,\ k_w)$称为二元项或平滑项。

图 6-4 展示了一个相机及其对应的深度图，其中黄色的部分为深度图所在空间位置，即物体的可见表面。理论上，所有位于相机和物体表面之间的体素都应该标记为“外”，如标记为“内”则应在 $\Phi(k_v)$中给一个较大的惩罚能量。反之，所有位于物体表面后部的体素都应标记为“内”，否则 $\Phi(k_v)$应给一个较大的惩罚能量。$\Psi(k_v,\ k_w)$可以设置为一个简单的平滑约束，即当 $k_v=k_w$ 时

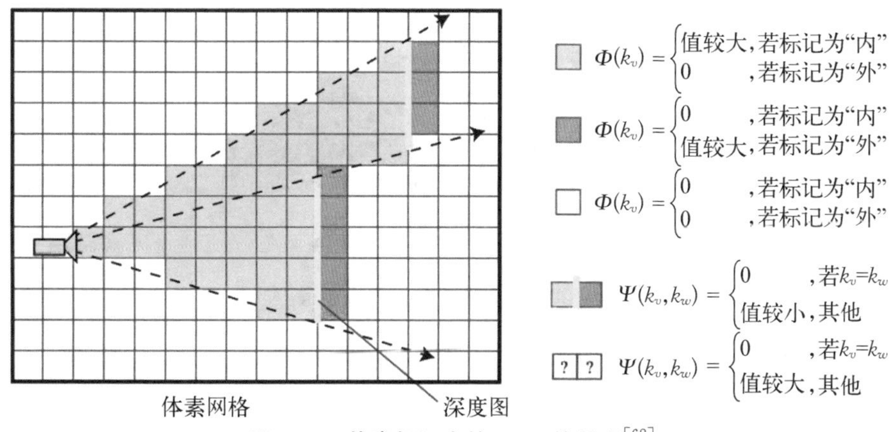

图 6-4 体素标记中的 MRF 能量项[68]

设为 0,当 $k_v \neq k_w$ 时设为一个惩罚能量。同时,$\Psi(k_v, k_w)$在物体表面区域的惩罚能量应该是较小的,因为物体表面处的邻接体素的标签在很大概率上是不同的。

在实际重建过程中,物体表面位置是未知的,因此二元项 N 通常成为数据信息的唯一来源。当 $k_v \neq k_w$ 时,$\Psi(k_v, k_w)$的能量大小通常以 v 和 w 两个体素中心连线中点在可见图像上的投影一致性来度量,图像投影一致性越高(越有可能位于物体表面),则 $\Psi(k_v, k_w)$越小。这个二元项的设计直观上就是期望把相邻的体素都标记为同样的“内”或“外”,只有在位于物体表面(在不同图像上投影一致性较高)时,才允许把相邻体素标记为不同标签。

在通常情况下,图像一致性是一个强约束,其构成的二元项 $\Psi(k_v, k_w)$可以提供优化方程的充足信息,因此一元项通常会定义为一个简单的常量约束,通常称为膨胀力(ballooning force)

$$\Phi(k_v) = \omega_s(p) = \begin{cases} 0, & \text{若标记为“内”} \\ \alpha, & \text{若标记为“外”} \end{cases} \tag{6-18}$$

这里设置一个常量 α 的目的是避免优化时得到一个平凡解(当 $\alpha = 0$ 时,把所有体素都标记为同一个标签总能使能量为 0)。

式(6-17)定义的马尔可夫能量优化问题是一个典型的 0-1 标记问题,可以非常高效地通过图割算法(graph-cuts)求取全局最优解。图 6-5 所示为这一方法得到的重建结果示例。

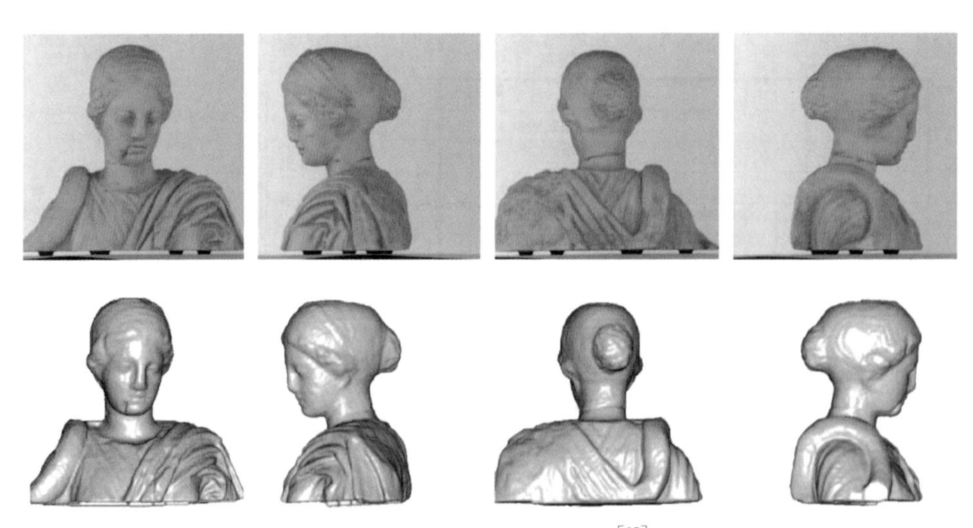

图 6-5 体素重建结果示例[65]

基于体素方法的重建精度与空间网格的划分有密切关系，网格越小，则重建的表面精度越高，但过小的网格划分会急剧增加计算量。针对这一问题，后续产生了一系列建立在多分辨率空间划分基础上的大场景体素标记的方法。例如 Sinha 等[69]提出一种由粗到细的自适应空间划分方法。该方法从比较粗略的空间网格开始，根据图像纹理一致性判断物体表面位置，并在可能存在物体表面的区域对网格进行细化。Hernandez 等[70]使用了与 Sinha 类似的多分辨率空间网格划分方法，在空间中以八叉树存储图像纹理一致性信息，并相应地对体素进行细化或合并，从而有效提高了计算效率。

6.3.2 基于特征点扩散的稠密重建

基于特征点扩散的方法首先重建图像纹理较丰富区域的特征点，之后将特征点扩散到弱纹理区域。Lhuillier 等[71]首先在两张图像上进行特征点匹配重建稀疏三维点云，之后通过无约束传播获得准稠密视差图，最后通过重采样使点云稠密化。Goesele 等[72]提出一种通过网络图片进行重建的方法，该方法首先重建图像中的 SIFT 特征点，之后从这些特征点向邻域进行扩散。该方法的特点在于通过选择全局和邻域图像组来提高点云扩散的完整性和精度。Furukawa 等[73]提出的特征点扩散算法 PMVS(patch-based multiple view stereo)是一种广泛使用的重建方法。该方法首先在图像中检测 Harris 和 DoG 特征点并对其进行三角化，之后根据纹理一致性约束和全局可见性约束对特征点进行扩散和过滤。PMVS 以带有方向的小面片对三维点建模，在连续域内对小面片空间位置和法向进行优化，最终获得的点云具有很高的空间精度。Wu 等[74]在 PMVS 算法架构之上提出一种基于张量的重建算法 TMVS(tensor-based multiple view stereo)，这一方法使用张量投票(tensor voting)方法将纹理一致性、可见性和几何一致性纳入统一框架，其求得的面片法向精度更高。

在基于特征点扩散的稠密重建算法中，PMVS[73]由于其细致的设计、较好的重建效果以及开源系统获得了三维重建领域的广泛使用，并在其提出十余年后获得了 CVPR 2020 PAMI Longuet-Higgins Award。该方法将每一个空间点 p 定义为一个平面块模型(patch model)，即认为空间中每一个 p 都位于场景表面的一个局部切平面上，这个切平面由中心 $\boldsymbol{c}(p)$ 与法向 $\boldsymbol{n}(p)$ 唯一确定。基于平面块模型的假设，在使用 NCC 度量点 p 的图像一致性时，其图像投影点 $\pi(p)$周边的支撑区域 $\Omega(\pi(p))$可以根据这一局部切平面来构造。具体而言，根据两相机位姿和空间平面方程，可以构造空间平面上点在两张图像上的对应关系，称为空间平面诱导的单应 $\boldsymbol{H}$。 相比于在两张图像中选择两个同样大小的正方形支撑区域进行图像一致性计算，通过空间平面诱导的单应可以更加准确地构造图像间的块匹配，所衡量的图像一致性更加合理，如图 6－6 所示。

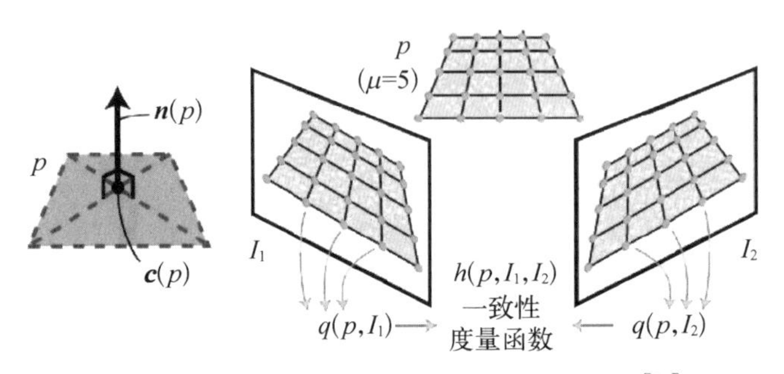

图 6－6　空间点的平面块模型及其图像投影[73]

基于定义的平面块参数 $[\boldsymbol{c}(p), \boldsymbol{n}(p)]$ 和图像一致性函数(ρ_{NCC})，重建平面块的过程即通过优化平面块参数(位置、法向)来最大化该函数。初看之下，该函数有 5 个待优化参数，这是由于空间位置与法向的自由度分别为 3 和 2。然而，在进行平面块优化的过程中，平面块只能沿视线方向(由光心指向图像点的空间射线)移动，导致 $\boldsymbol{c}(p)$ 只有 1 个自由度，因此平面块优化过程中仅有 3 个待优化参数。

除了平面块模型外，PMVS 还定义了一个像元(image cell)的概念来辅助算法中的领域图像块搜索、一致性约束等操作。具体来说，该方法对每张图像 I_i 进行网格划分，划分的网格即为一个像元 $C_i(x, y)$，其大小为 $\beta\times\beta$(文中使用 $\beta=2$ 个像素)。如图 6－7 所示，给定一个空间平面块 p 及其可视图像集合 $V(p)$，根据相机内外参数将 p 投影到 $V(p)$ 中的每张图像上。当所有空间平面块都投影完毕后，每一个像元 $C_i(x, y)$ 都记录了其对应的平面块集合 $Q_i(x, y)$。这样，一些空白的像元(没有图像块投影到其区域内)在后续的计算中可以根据

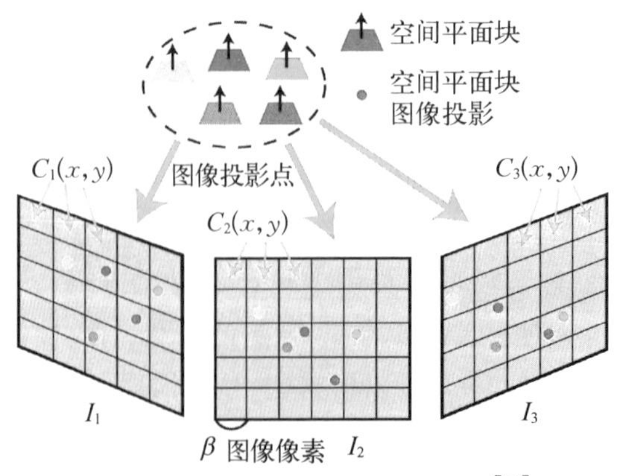

图 6－7　空间平面块的像元投影[73]

其邻居像元的可视性信息来寻找潜在的可见图像。

PMVS 的计算过程主要包含 3 步：初始特征匹配、平面块扩展、平面块过滤。其中，初始特征匹配步骤的目的是生成稀疏的平面块集合；而平面块扩展与过滤步骤是迭代进行的(通常迭代 3 次)，用以生成更为稠密的平面块集合以及过滤错误的平面块。

初始特征匹配采用高斯差分检测器(difference of gaussian，DoG)以及 Harris 角点检测器在各输入图像中检测局部特征。对于图像 I_i 中检测到的每个特征点 f，该方法在其他图像的对级线上搜索其对应匹配点 f'，并通过三角化获取平面块空间位置 $\boldsymbol{c}(p)$，并将图像块法向初始化为 $\boldsymbol{n}(p)=\boldsymbol{c}(p)\boldsymbol{O}(I_i)/|\boldsymbol{c}(p)\boldsymbol{O}(I_i)|$，即初始法向与视线方向重合。图像块 p 的初始可视图像集合 $V(p)$ 根据视线夹角选择邻近的 5 张图像构成。之后，以 p 在 $V(p)$ 上的投影一致性最大化为目标函数，通过非线性优化对 p 的位置和法向进行局部优化，并去除 $V(p)$ 中与 I_i 图像一致性低于一定阈值的图像。通过这一流程，可以产生初始的空间点云。

初始匹配后，每张图像中的部分像元都已获取了其对应的平面块。但由于特征检测的稀疏性，还有大量的像元为空。因此，第 2 步平面块扩展的目的是为每一个像元 $C_i(x, y)$ 至少重建出一个空间平面块。为实现这一目的，PMVS 迭代地从已有的平面块出发，在其附近的空白空间生成新的平面块。对于每一个为空的像元 $C_i(x, y)$，如果其邻居像元已有平面块，则使用邻居平面块参数作为 $C_i(x, y)$ 平面块 p' 的初始参数，并通过非线性优化调整 p' 的平面块参数和可视图像集合 $V'(p)$。如果优化后的 p' 图像一致性高于一定阈值，且 $V'(p)$ 包含了超过 3 张图像，则认为 p' 是稳定的，并将其记录为 $C_i(x, y)$ 对应的平面块。这一扩展过程在每张图像上迭代进行，直到没有新的空白像元可以扩展为止。

平面块扩展的计算过程采取类似贪婪算法的流程，同时计算过程中主要依赖单个平面块的图像一致性度量，因此在扩展的点云中不可避免地会存在外点，因此第 3 步平面块过滤的目的是进一步去除错误的平面块。平面块过滤主要依赖两种过滤方法：可视性过滤和规整性过滤。在可视性过滤中，对于一个平面块 p，定义 $U(p)$ 为 p 的不一致平面块集合，即 $p'\in U(p)$ 与 p 存储在同一个像元中，但其空间位置或空间法向差异较大。如果此时 p 的图像一致性满足如下条件时，则认为其是一个外点，需要被剔除。

$$|V(p)|(1-C(p))<\sum_{p_i\in U(p)}(1-C(p_i)) \tag{6-19}$$

式中，$C(p)$ 表示 p 在可见图像上的平均图像一致性。直观上，当 p 是一个外点时，其一般都是空间的孤立点，$1-C(p)$ 和 $V(p)$ 的数值都会比较小，此时的 p

应当去掉。关于外点 p 可能存在的直观形态如图 6-8 所示。

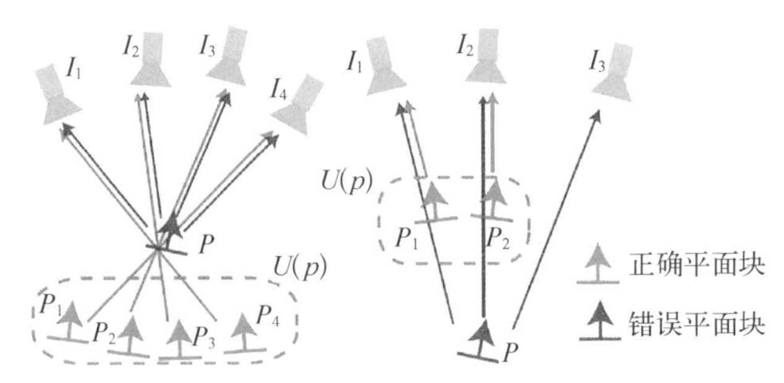

图 6-8　平面块过滤中两种外点形态[73]

图 6-9 所示为 PMVS 得到的稠密重建结果示例。基于特征点扩散的方法需要同时读入所有图像来重建完整的三维模型，因此在图像规模较大时难以整体处

图 6-9　PMVS 稠密重建结果示例[73]

理。针对这一问题，一些研究采用了对图像进行分组重建再融合的方法[75]进行改进，但对于包含大量高分辨率图像的大场景而言，这类方法的计算复杂度仍然很高。

6.3.3 基于深度图融合的稠密重建

基于深度图融合的稠密重建首先根据双目或多目立体视觉方法在每张图像上计算深度图，之后根据可见性和深度一致性约束将深度图融合为一个完整的三维模型。Goesele 等[76]在每一张图像上使用归一化互相关(normalized cross correlation, NCC)进行多目立体匹配重建深度图，并通过基于体素融合[77]的方法将深度图合并为一个空间网格。Strecha 等[78]在深度图计算中使用隐马尔可夫随机场对深度和可见性进行建模，并使用期望最大化算法(expectation maximization, EM)对其进行优化。Merrell 等[79]首先通过非常简单快速的立体视觉方法在图像上建立深度图，之后将深度图融合为包含大量噪声和外点的三维点云，最后根据三维点的可见性约束获取完整物体表面。Zach 等[80]同样使用低精度深度图进行融合，通过使用全变分正则化(total variation regularization)和 L_1 范数数据项将融合问题表达为一个凸问题求取全局最优解。Bradley 等[81]使用尺度可变匹配窗口进行双目立体重建，并用自适应点滤波来融合点云。Campbell 等[51]在每一个图像点上存储多个深度备选值，并根据空间一致性约束使用离散马尔可夫随机场计算真实深度值。Liu 等[82]使用变分光流法计算深度图，并在变分过程中使用多分辨率深度图初值获取物体表面各层次细节，最终获得高质量的重建结果。该方法需要一个很好的初值(如 visual hull)来避免变分陷入局部极值，因此不适合室外大场景的重建。Li 等[83]使用 DAISY[84]特征进行稠密匹配生成深度图，并使用两阶段捆绑调整(bundle adjustment)的方法优化点云位置和法向。Tola 等[85]同样通过匹配 DAISY 特征计算深度图，并通过在邻域视图上的一致性检测来对深度图进行融合。在立体视觉领域，在借鉴图像编辑领域经典方法 PatchMatch[86]思想的基础上，Bleyer 等提出了 PatchMatch Stereo 算法[87]。该方法基于随机采样思想，首先完全随机地生成视差图，并根据图像区域一致性度量，在整个图像区域采取邻域传播和随机扰动的搜索策略，以提高每个像素点最优视差值的搜索效率，并潜在地保持了邻域平滑性的约束。Shen 等[88]将 PatchMatch Stereo 拓展到了多视图立体视觉领域，提出了基于 PatchMatch 的稠密重建算法。

以 PatchMatch 为主要思想的稠密重建算法是目前大规模场景稠密重建领域的主要方法，也是目前这一领域主要的开源系统，如 OpenMVS[89]、Colmap[90]

等所使用的基本思想。以 OpenMVS 为例，基于 PatchMatch 的稠密重建算法包括邻居图像选择、深度图计算、深度图过滤融合 3 个步骤。

邻居图像选择的目的是为每一张参考图像选择一张或多张具有公共可视区域的相邻图像，构成立体图像对或立体图像组来计算参考图像上的深度图。这一选择流程一般会同时考虑视线夹角、公共可见点数量等因素。因为根据立体视觉计算原理，两幅图像的基线（相机光心距离）越大，空间点计算精度越高。但基线加大会带来公共可见区域的减少，导致重建的深度图产生更大缺失，因此一般需要在视线夹角、公共可见点数量间进行权衡。

给定一张参考图像 R 以及一组邻居图像集合 N，邻居图像集合中每幅图像 $I \in N$ 的有效性得分可以表达为

$$g_R(I) = \sum_{p \in F_R \cap F_I} \omega_\alpha(p)\omega_s(p)\omega_c(p) \tag{6-20}$$

式中，F_X 是图像 X 中可见的稀疏点（在稀疏重建步骤计算得到）；$\omega_\alpha(p)$ 是视角权重；$\omega_s(p)$ 是尺度权重；$\omega_c(p)$ 是覆盖度权重。

视角权重定义为

$$\omega_\alpha(p) = \min\left(\frac{\angle I,\ R(p)}{\alpha_{\max}},\ 1\right)^{1.5} \cdot \prod_{J \in N/I,\ p \in F_I \cap F_J} \min\left(\frac{\angle I,\ J(p)}{\beta_{\max}},\ 1\right) \tag{6-21}$$

式中，$\angle I,\ X(p)$ 是图像 I 和 X 的相机光心与空间点 p 构成的视线夹角，$\alpha_{\max}$ 一般设为 35°，$\beta_{\max}$ 一般设为 15°。视角权重倾向于选择与参考图像 R 的视线夹角大于 $\alpha_{\max}$，且邻居图像间视线夹角大于 $\beta_{\max}$ 的邻居图像集合。

尺度权重定义为

$$\omega_s(p) = \begin{cases} 0, & r > 1.8 \\ r^2, & 1 < r \leqslant 1.8 \\ 1, & 1/1.6 < r \leqslant 1 \\ \left(\dfrac{1.6}{r}\right)^2, & \text{其他} \end{cases} \tag{6-22}$$

式中，$r = s_R(p)/s_I(p)$，$s_X(p)$ 为空间点 p 在图像 X 中的尺度，一般可设置为空间点 p 处一个单位圆在图像上的投影范围。因此 $r>1$ 表示点 p 在图像 I 上的分辨率大于图像 R。

覆盖度阈值定义为

$$\omega_c(p)=\frac{r_I^*(p)}{r_I^*(p)+\sum\limits_{J\in N/I,\ p\in F_I\cap F_J} r_J^*(p)} \tag{6-23}$$

式中，$r_I^*(p)=\min(s_R(p)^2/s_X(p)^2,\ 1)$。覆盖度阈值倾向于选择稀疏点在图像上均匀分布的图像作为邻居图像。

根据式(6-20)定义的邻居图像有效性度量指标，选择使 $g_R(I)$最大的邻居图像集合 N 是一个 0-1 规划问题，这是一个 NP-hard 问题，通常采取贪心法进行求解[72,91]，即迭代地向 N 中添加图像，每次只添加一张能够使 $g_R(I)$最大的邻居图像，直到达到设定的邻居图像数上限。

对于每一张参考图像 R，给定其邻居图像集合后，其深度图计算过程就是为每一个像素点寻找其最优的空间平面块参数，这里所使用空间平面块与 PMVS 中的定义是类似的。如图 6-10 所示，每个像素点对应的平面块参数由 X_i 和$\boldsymbol{n}_i$ 构成，共 3 个自由度(沿视线的 1 个深度自由度和法向的 2 个自由度)。假设平面块深度参数为 λ，法向参数为 $f=\{\theta,\ \phi\}$，则 X_i 和 $\boldsymbol{n}_i$ 可以表示为

$$X_i=\lambda K_i^{-1}p \tag{6-24}$$

$$\boldsymbol{n}_i=\begin{bmatrix}\cos\theta\sin\phi\\ \sin\theta\sin\phi\\ \cos\phi\end{bmatrix} \tag{6-25}$$

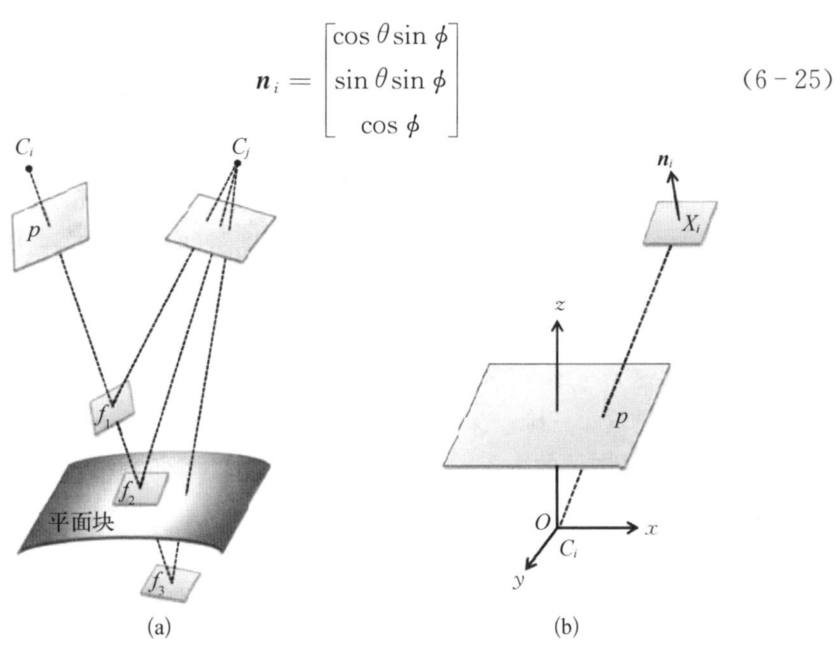

图 6-10 (a) 对于目标图像中的某个像素，可能估计出的 3 个空间平面块 f_1、f_2、f_3，显然位于物体表面的 f_2 具有最好的图像一致性；(b) 由相机坐标系下的三维点及其法向表示的空间平面块[88]

在随机初始化过程中,每个像素点的深度 λ 初始化为参考图像可见稀疏点的深度范围 $\lambda \in [\lambda_{min}, \lambda_{max}]$ 内的随机深度,θ 初始化为$[0°, 360°]$范围内的随机角度,ϕ 初始化为$[0°, 60°]$范围内的随机角度。经上述初始化以后,参考图像 R 中的每个像素均对应着一个随机的空间平面块。然后,通过领域传播和随机扰动的方式进行平面块参数优化,共进行 3 次迭代。在第 1 次迭代中,从左上角像素开始,按行主序遍历,直至到达右下角像素;在第 2 次迭代中,该方法翻转方向,由右下角像素开始,按行主序遍历,到左上角像素结束;第 3 次迭代中的遍历顺序与第 1 次一致。

在每次迭代中,对各像素进行如下两个操作:领域传播与随机扰动。其中,领域传播用于比较和传播当前像素与邻居像素的空间平面块参数。在第 1 和第 3 次迭代中,邻居像素为当前像素的左边以及上边的邻居像素,而在第 2 次迭代中,邻居像素为当前像素的右边及下边的邻居像素。将当前像素 p 的邻居像素记为 p_N,其对应的三维平面记为 f_{p_N}。若 $\rho_{NCC}(p, f_{p_N}) > \rho_{NCC}(p, f_p)$,则将 f_{p_N} 传播至当前平面,即 $f_p \leftarrow f_{p_N}$。这一领域传播流程的有效性源于概率论中的大数定律,即场景中通常都具有局部深度和法向的连续性,深度和法向相似的局部区域在随机初始化过程中即使只有很少数点随机产生了合理的平面块参数,在 3 次传播中也可以很快地传播到相邻像素中。同时,对于高分辨率图像,深度和法向相似的局部区域所占据的像素数更多,随机得到有效参数的概率更大。

为进一步提高传播的有效性和平面块参数的精度,每个像素点在领域传播后,在其深度 λ 和法向$\{\theta, \phi\}$附近会再进行若干次随机扰动,并根据图像一致性是否提升来更新当前像素点参数。

由于弱纹理、重复纹理等因素的影响,基于上述 PatchMatch 方法得到深度图不可避免地存在误差和外点,因此最后一步深度图过滤融合步骤通过邻居图像上的深度图交叉验证来剔除外点,并将所有深度图融合为整体的三维空间稠密点云。深度图过滤的主要依据是:当前图像上某一个像素对应的三维点如果是可靠的,那么这个三维点在邻居图像上的投影深度应该与邻居图像上记录的深度是一致的,与这个三维点深度一致的邻居图像越多,这个三维点越稳定。如果深度一致的邻居图像数小于一定阈值(一般设为 2~3 张),则认为这个三维点是不可靠的,将从深度图中剔除。深度图过滤后,可以直接反投到三维空间进行融合,也可以将邻居一致的多个三维点进行平均,或根据图像一致性进行加权平均来实现深度图的融合。图 6-11 所示为上述方法获取的原始深度图、过滤后的深度图、融合后的深度图示例。

基于上述 PatchMatch 稠密重建思路,后续也产生了很多改进算法。Bailer 等[91]使用了与之前研究[88]类似的思想进行重建,但在深度图计算过程中通过使

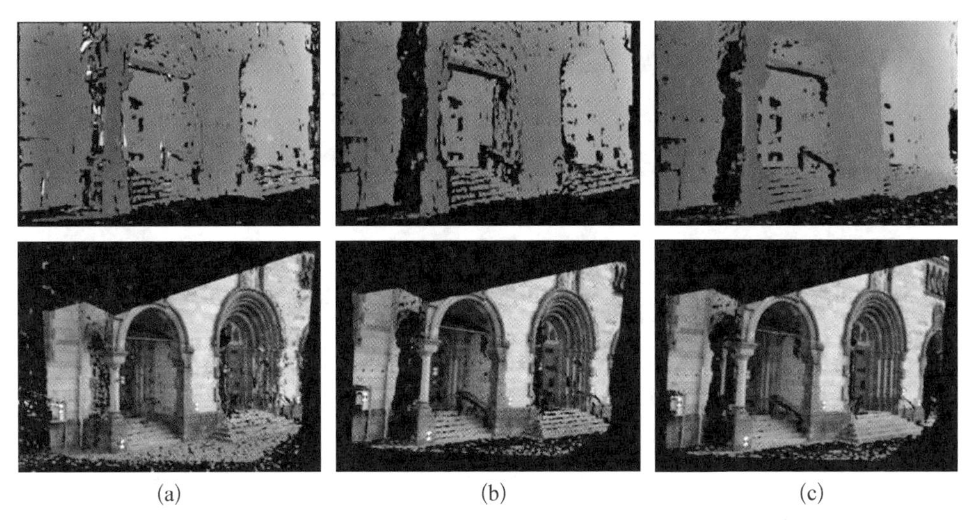

(a) (b) (c)

图 6－11　原始深度图(a)，过滤后的深度图(b)，融合后的深度图(c)[88]

用多张邻居图像提高了计算精度，并在融合过程中对点云位置进行了进一步优化。在计算深度图[72，91]的过程中，每张参考图像的邻居图像都是事先选择的。但在严格意义上讲，只有当场景几何信息已知的前提下，才能够根据几何可视性选择合适的邻居图像，但场景几何本身就是稠密重建的求解目标，因此这就构成了一个“chicken-and-egg”的悖论问题。为解决这一问题，Zheng 等[92]提出了一种在几何计算过程中选择邻居图像的方法，将像素点的深度计算和像素的可视邻居图像选择转化为一个变分近似（variational approximation）问题，并通过期望最大化（expectation maximization）算法近似求解。在 E 步骤，保持深度值不变，通过前向-后向算法（forward-backward algorithm）推断像素可视性；在 M 步骤，固定可视性信息，用 PatchMatch 更新像素深度。Schönberger 等[90]进一步对之前的研究[92]进行了扩展，对像素对应的空间平面块法向也进行了计算，同时加入了几何先验和局部平滑约束，以提高计算鲁棒性和计算效率。这一方法也集成于三维视觉领域开源系统 Colmap 中，图 6－12 所示为 Colmap 系统的部分稠密重建结果。

6.3.4　基于深度学习的稠密重建

近年来，基于深度学习的稠密重建方法不断涌现，如 MVSNet[93]、RMVSNet[94]、DeepMVS[95]等，其基本思想都是借鉴了经典的平面扫描法（planc sweeping）[96]。首先利用共享权重的卷积神经网络来提取图像的特征，然后利用平行平面假设，将从邻居图像中提取出的特征通过单应性矩阵转换到当前图像不同深度的前平面，随后通过计算不同深度之间的方差将不同深度的特征融合在一起，再通过三

图 6-12 Colmap 系统的部分稠密重建结果[90]

维卷积进行深度求精，最后得到当前图像的深度图。相比于传统稠密重建算法，基于深度学习的稠密重建在深度图完整性方面具有较明显的优势，但其所使用的平行平面（frontal-parallel）假设会导致场景中一些大倾角平面的缺失。图 6-13 所示为 MVSNet 所使用的网络结构。

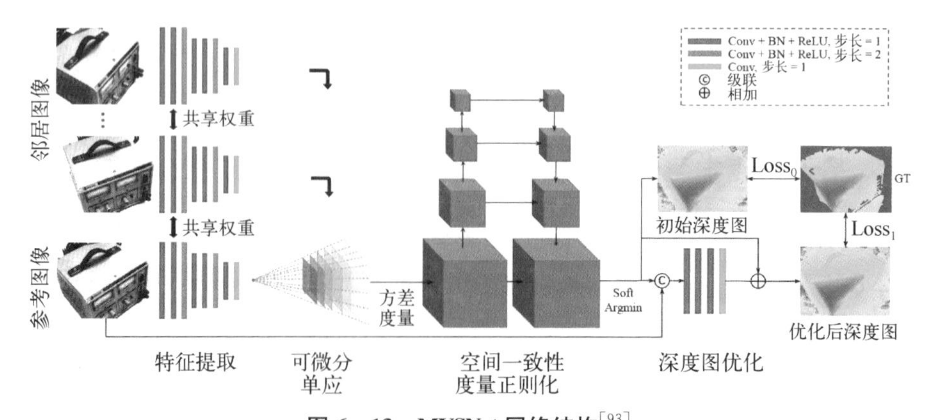

图 6-13 MVSNet 网络结构[93]

6.4 点云网格化建模

相比于稠密点云模型，点云网格化模型是一种更加精简和紧致的表达方式，同时也可以实现对有噪、有缺失的点云模型进一步精简化和完整化，是目前在渲染、浏览、存储、碰撞检测等领域最常用的三维表达方式。因此，点云网格化模块旨在将有噪、有缺失的稠密点云转换为封闭的紧致三角网格模型。泊松表面重建[97,98]是一种被广泛应用的利用点云进行网格重建的算法。该方法将表面重建问题转化为空间泊松问题，定义了一个可以用来表示表面模型的指标函数，并且通过求解泊松方程获取表面模型。另一种传统的方法是移动立方体法[99]，该方法使用了一种“分而治之”的策略，将表面定位到多个立方体中并逐个处理。对于每一个立方体，该方法通过线性插值求出曲面交点，并用三角形逼近等值面提取出一个多边形网格。基于该方法，也产生了许多变体[100-103]。此外，还有一些基于图像的表面重建方法，其中最具代表性的是以 Delaunay 三角测量[104]为基础的全局优化算法[105-109]。该类方法首先利用输入的三维点构造 Delaunay 四面体，之后定义能量函数并利用三维点到相机的可视性信息设置和更新权重，最后将四面体转化为有向图，并利用图割算法使能量函数最小化，从而将四面体标记为内部或外部。提取处于内部与外部四面体之间的三角面片可以得到最终的重构曲面。在此基础上，Feng 等[110]提出了一种用最优 Delaunay 三角剖分构建表面网格的方法，有效提高了重建结果的灵活性和准确性。

在处理大规模点云时，传统的表面重建方法由于运行时间和内存消耗的急速增加而失去了良好的实用性。针对该问题，目前也有许多相关的研究。Wiemann 等[111]以移动立方体法结果为基础，利用基于八叉树的优化数据结构和基于 MPI 的分布式正态估计，实现了对大规模数据的有效处理。他们在处理中增加了并行化并提出了一种网格融合方法，通过动态添加新单元来填充缺失的三角形。之后，Wiemann 等[112]改进了这种方法，他们摒弃了八叉树结构，使用了一种无碰撞的哈希函数来管理哈希映射中的体素。在特定条件下，该方法可以直接提取出邻近单元。在数据处理时，他们将数据序列化成几何相关的块，然后将分块发送到不同的节点中进行并行重建。不足之处是这种方法生成的网格中往往包含了许多冗余的三角形，需要进一步进行压缩。

与上述处理大规模点云的方法不同，Gopi 等[113]提出了一种基于投影的快速增量插值表面生成方法。该方法具有线性的时间性能，但不能很好地处理曲率急剧变化之处。之后，Marton 等[114]解决了之前研究[113]中的部分问题，该方法以增量曲面生长方法[115]为基础，不需要插值运算且可以保留所有的点。然而，这是一种贪心算法，不能保证得到与全局最优解相同的结果。之后，Li 等[116]提出了一种新的方法，使用原始数据作为约束，利用可见复杂度(witness complexes)方法[117]对数据进行了下采样和重构。经过下采样后，数据规模可以大大缩小，但是对于不同的数据集，采样率是难以精确估计的，从而影响了重建的最终效果。此外，Ummenhofer 等[118]和 Fuhrmann 等[119]也对大规模的表面重建进行了研究。前者提出了一个全局的能量消耗函数，并在平衡八叉树上通过能量最小化提取曲面。后者提出了一种无参数的局部方法。Mostegel 等[120]提出了一种具有扩展性并可以将大规模点云重建为水密性网格的方法。该方法使用八叉树划分数据，局部运行网格生成算法，然后利用图割算法，通过提取重复的三角形和填充空洞来得到最终曲面。但八叉树的数据结构使其需要大量的重复计算来获得足够多的重复三角形，这无疑增加了时间和内存消耗。

利用点云进行表面重建是计算机图形学中的一个经典问题，详细的方法总结和评估可以在一些研究[121-123]中找到。在诸多点云网格化方法中，泊松表面重建、基于 Delaunay 和 MRF 的点云网格化、分布式点云网格化是 3 种不同思路算法的典型代表，本节对这 3 种方法进行简要介绍。

6.4.1 泊松表面重建

泊松表面重建[97-98]的核心思想是将物体表面的离散样本点转化到连续的表面函数上，通过一种隐式的拟合方式，得到物体表面的平滑估计。给定目标物体 M 及其边界 ∂M，指示函数 X_M: $R^3 \rightarrow \{0, 1\}$，满足物体内部时取值为 1，外部时取值为 0。通过在 X_M 上提取合适的等值面就可以获得物体的重建表面。指示函数的计算可以转化为对其梯度算子的求解，即希望找到一种 X，其梯度 ∇X 可以最大限度拟合由数据样本点所定义的向量场 $\mathbf{V}$，公式可表示为

$$\min_{X} \| \nabla X - \mathbf{V} \| \tag{6-26}$$

泊松重建的直观理解如图 6-14 所示。该算法的输入是一系列包含点位置与每个点向内法向量的表面样本点集 S，目标是通过估计模型的指示函数 X 并提取等值面来获得最终重建结果。由于 X_M 的不连续性，显式计算其梯度场将会在表面边界出现无界取值。因此需要使用平滑滤波函数 $\tilde{F}$ 对 X_M 实现平滑。通过散度定理可证明，平滑后的指示函数的梯度等价于平滑后的表面法向量场

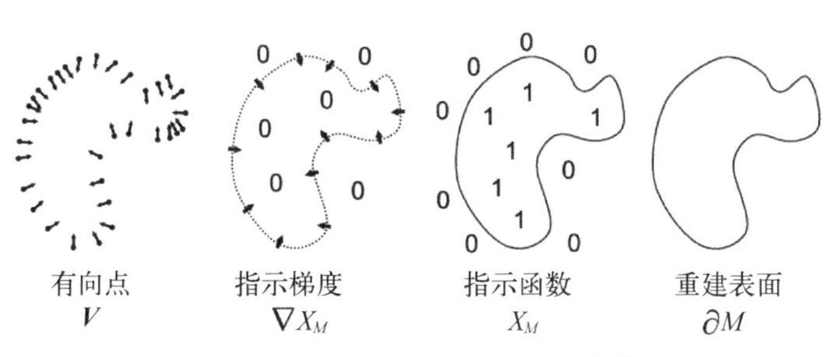

图 6-14 泊松重建的直观理解[97]

$$\nabla(X_M\widetilde{F})(q_0)=\int_{\partial M}\widetilde{F}_p(q_0)\mathbf{N}_{\partial M}(p)\mathrm{d}p \tag{6-27}$$

对其分段近似后的结果为

$$\nabla(X_M\widetilde{F})(q)=\sum_{s\in S}\int_{\wp_s}\widetilde{F}_p(q)\mathbf{N}_{\partial M}(p)\mathrm{d}p\approx\sum_{s\in S}|\wp_s|\widetilde{F}_{s.p}(q)s.\mathbf{N}\equiv\mathbf{V}(q) \tag{6-28}$$

式中，$\mathbf{N}_{\partial M}(p)$ 表示边界∂M 上的点 p 处的法向量；$\widetilde{F}_p(q)$表示沿 p 方向的位移；$\wp_s\in\partial M$ 表示 s 处的小区域；$s.p$ 和 $s.\mathbf{N}$ 则分别表示 s 处的位置和法向量。需要注意的是，平滑函数 $\widetilde{F}$ 不能因选取过大而造成对数据的过度平滑，也不能因选取太小而使得积分近似不够准确，一种常见的选择是高斯滤波。

在获得对向量场 $\mathbf{V}$ 的离散近似后，考虑到最终求解的问题 $\nabla\widetilde{X}=\mathbf{V}$ 中，$\mathbf{V}$ 往往不可积，直接求解来获得 $\widetilde{X}$ 是不可行的，因此需要转化为对其最小二乘解的求取。首先应用散度算子获得泊松等式

$$\Delta\widetilde{X}=\nabla\mathbf{V} \tag{6-29}$$

具体求解时，常将待解空间划分为自适应的八叉树$\aleph$，其满足物体表面附近的采样分辨率较高。给定八叉树的最大深度 D，每个样本点均应落入深度为 D 的叶节点中。对每一个叶节点定义一个基函数 F_o，则有

$$F_o(q)=F\left(\frac{q-o.c.}{o.w.}\right)\frac{1}{o.w.^3} \tag{6-30}$$

$$F(q)=\widetilde{F}\left(\frac{q}{2^D}\right) \tag{6-31}$$

式中，o 表示八叉树的叶节点；$o.c.$ 和 $o.w.$ 分别表示叶节点 o 的中心位置和宽

度。由基函数便可张开成函数空间$\mathfrak{F}_{\aleph,F} \equiv \mathrm{Span}\{F_o\}$。将$\Delta\widetilde{X}$，$\nabla\mathbf{V}$投影到基函数上，问题转化为找到合适的$X$来最小化

$$\sum_{o\in\aleph} \|\langle \Delta\widetilde{X} - \nabla\mathbf{V},\ F_o\rangle\|^2 = \sum_{o\in\aleph}\|\langle\Delta\widetilde{X},\ F_o\rangle - \langle\nabla\mathbf{V},\ F_o\rangle\|^2 \quad (6-32)$$

令$\widetilde{X}=\sum_o x_o F_o$，$v_o=\langle\nabla\mathbf{V},\ F_o\rangle$，$\boldsymbol{L}$为$F_o$的拉普拉斯矩阵，上述问题用矩阵形式可简化为

$$\min_{x\in R^{|\aleph|}} \|\boldsymbol{L}x - v_o\|^2 \quad (6-33)$$

通过求解x可以间接获得指示函数X，之后便可利用移动立方体等方法提取表面等值面，最终获得重建表面。图6-15所示为泊松表面重建的结果示例。

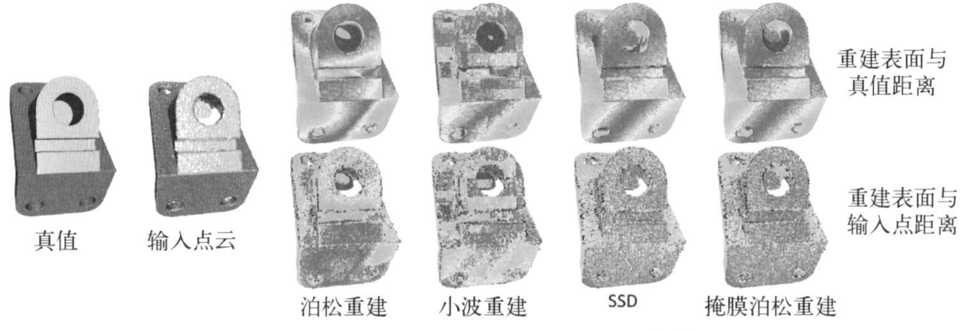

图6-15　泊松表面重建的结果示例[98]

6.4.2　基于Delaunay和MRF的点云网格化

以Delaunay三角测量为基础的全局优化算法以稠密三维点云、点云可视性和相机位姿作为输入，通过全局的Delaunay三角化和图割算法获得最终的重建表面[109]。Delaunay三角剖分所产生的三角网满足网格中任意一个三角形的外接圆范围内不会有其他点存在的空圆特性以及唯一性。在散点集可能形成的三角剖分中，Delaunay三角剖分所形成的三角形的最小角最大。因此，Delaunay三角网也是“最接近于规则化的”的三角网。基于以上优良特性，在实际使用中，常使用增量方式构建三维点云的Delaunay四面体网络。具体来说，每次迭代添加新的点时，首先需要找到已有四面体网络中距离该点最近的邻居，然后计算两点的最大重投影误差。当误差大于给定阈值时，该点将被插入网络中。否则将拒绝该点的插入，仅更新其最近顶点的关键点列表信息，使用更新后的列表重新计算点的位置并对网络做相应修正(如图6-16)。迭代不断进行直到所有点被

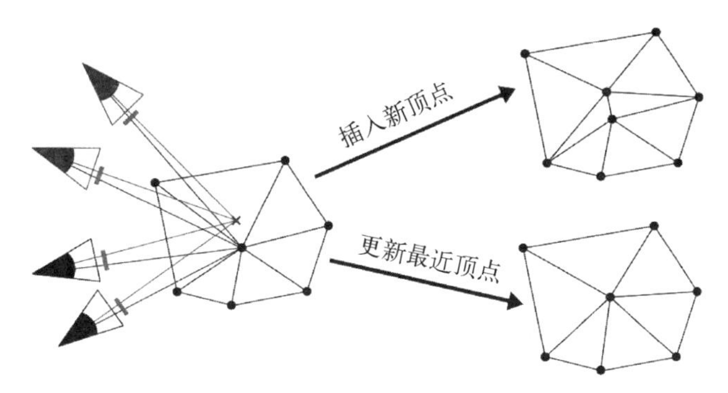

图 6-16 增量式 Delaunay 三角化

处理完毕，至此便获得了三维点云的 **Delaunay** 四面体网络。

为了获得最终的重建结果，需要将 Delaunay 三角化后的每一个四面体单元标记为目标内部或外部(用 0 或 1 表示)。提取位于内部与外部四面体间的面片便可以获得重建表面 S。该问题常通过利用图割算法实现的全局标签优化方法来解决。首先，构造 Delaunay 四面体网络的对偶图，网络中的每个四面体对应图中的顶点，每个三角面片对应图中的边，且每个顶点都与一个源端 s 和汇端 t 连接。构造能量函数 $E(S)$，通过图割算法标记每个顶点为 0 或 1 以最小化能量函数，找到图中的最小割便可以提取出相应的重建表面。能量函数 $E(S)$的组成为

$$E(S)=E_{\text{vis}}(S)+\lambda_{\text{photo}}E_{\text{photo}}(S)+\lambda_{\text{area}}E_{\text{area}}(S) \tag{6-34}$$

式中，λ_{photo} 和 λ_{area} 为权重因子。该能量函数分别考虑了可视性、相机一致性和表面平滑性。对于基于图像稠密重建得到的点云，四面体网络中的每个顶点都包含了这个点的可视相机信息。如果某顶点位于最终的表面上，则该顶点在产生其的所有视角中都应是可见的，即从该顶点到对应相机中心的射线所穿过的四面体应被标记为外部，而该顶点之后的四面体应被标记为内部。若射线穿过了被标记为内部的四面体，则认为该射线会产生冲突。如图 6-17 所示，只有 q_2 应被标记为内部，其余四面体应被标记为外部。基于该原则，给定可视性项

$$E_{\text{vis}}(S)=\lambda_{\text{vis}}\#\{\text{ray\_conflicts}\} \tag{6-35}$$

式中，#{ray_conflicts}表示产生冲突的射线数量。全局可视性项将所有顶点投射的射线的所有贡献相加，给出了每个四面体被标记为内部或外部的“投票”分布。

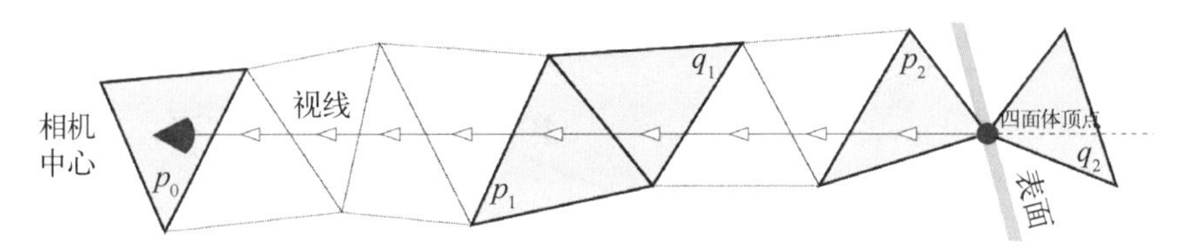

图 6－17　Delaunay 四面体的相机可视性约束

相机一致性项衡量了表面 S 在不同拍摄图像下的一致性程度。它被定义为整个表面上相机一致性度量 $\rho \geqslant 0$ 处的总和

$$E_{\text{photo}}(S)=\int_{s}\rho \mathrm{d}S=\sum_{T\in S}\rho(T)A(T) \tag{6-36}$$

式中，T 表示表面 S 上的三角面片；$\rho(T)$表示该面片的相机一致性度量；$A(T)$表示该面片的面积。具体求解时，仅考虑面片 T 的三个顶点均可见的相机参与一致性计算。

表面平滑项用来鼓励具有较小面积的表面生成，具体公式为

$$E_{\text{area}}(S)=A(S)=\int_{s}\mathrm{d}S=\sum_{T\in S}A(T) \tag{6-37}$$

为进一步提高网格化结果的精度，有研究[109]进一步根据三角面片在可见图像上的光度一致性，使用变分法对网格进行迭代优化，可以获取更精细的网格结构。图 6－18 所示为该方法[109]获取的点云网格化重建结果示例。

图 6－18　基于 Delaunay 和 MRF 的点云网格化结果示例。从左到右：输入图像、稠密点云、MRF 求解的网格、光度一致性优化后的网格[109]

6.4.3　分布式点云网格化

基于 Delaunay 三角化的全局表面重建方法由于其全局优化特性，难以在有

限的时间和内存消耗下处理大规模场景。针对这一问题，分布式表面重建[120]以其为基础进行扩展与改进，从而能够有效完成大规模点云的重建，该方法包括数据划分与重建、一致性网格提取以及补洞 3 个步骤。

为了有效处理大规模场景，首先需要利用空间八叉树划分输入点云，划分深度应满足叶结点中包含的点数量不超过给定阈值。定义体素子集为共享角点、边和面的体素集合。该定义限制了体素子集中最多包含 8 个体素网格，如图 6－19 所示。

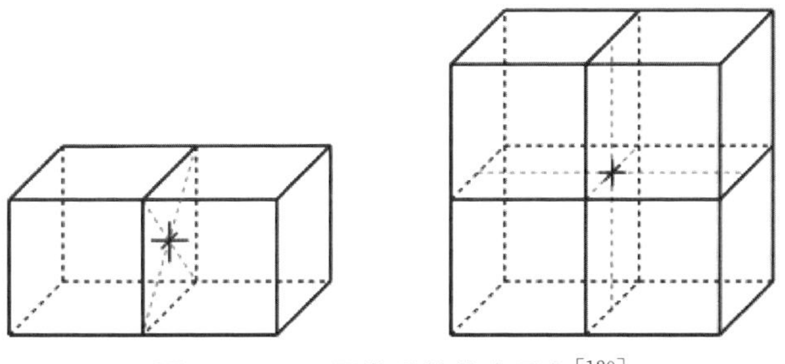

图 6－19　不同类型的体素子集[120]

对于每个体素子集，计算其局部 Delaunay 三角化并提取表面假设。由于体素子集间具有高度的重复性，所获得的表面假设在大多数区域也是相互重叠的，只有在体素边界处会产生较多的不一致三角面片。

针对上述产生的表面假设，首先收集每个体素网格中局部表面提取所获得的共享三角面片以构成初始解，然后提取跨越两个体素且包含这两个体素的所有体素子集下的局部解的三角面片。该步骤获得的初始表面解在体素边界会存在许多空洞，接下来需要找到边连接的连通三角形（称为“补丁”）以尽可能填补空洞。具体来说，在未被选择的剩余三角面片子集中首先剔除违背二流形（two-manifoldness）和与已有初始解产生交叉的三角形，然后在每个体素子集内聚类剩余面片为不同的边连通子集补丁。计算每个补丁的质量（以中心性 centricity 度量）并依次排序，优先选择高质量补丁添加到初始解中以填补空洞。补丁 p 的质量定义为

$$\text{centricity}(p) = 1 - \min_{i \in I_p} \frac{\| c_p - i \|}{r_p} \tag{6-38}$$

式中，c_p 是补丁 p 的中心；I_p 是补丁 p 所在的体素子集中的内点集合；r_p 是内点到 c_p 所在体素的角点的最远距离。该定义鼓励位于前景的补丁被优先选择。

依次遍历所有的补丁并将满足要求的补丁添加到初始解中可以获得空洞数量大大减少的重建表面。

为了处理场景中局部 Delaunay 三角化非常不一致的区域，需要继续处理上述获得的表面以进一步填补空洞。该问题是通过对表面补丁应用图割算法以最小化外部网格边界的总长度来实现的。首先，按照补丁质量对候选补丁进行排序。对每个补丁，提取表面解中与其有共享边的所有三角形，并命名为集合 T_h，定义这些共享边构成的封闭空间为旨在关闭或最小化的“洞”。该部分的目标是在补丁的三角面片集合 T_p 中，提取最优子集 T_* 以使外边界长度最小化

$$T_* = \arg\min_{T_i \in T_p} \sum_{e \in E_i} \| e \| \tag{6-39}$$

式中，E_i 为 T_i 的外边界集合。

该最小化通过图割算法来实现。具体来说，将 T_h 和 T_p 中的每个三角面片视为图中的顶点，以无穷大权重连接 T_h 中的三角面片和源端 s 以强制要求这些面片位于最终解中。T_h 和 T_p 中的相邻面片以及 T_p 中的相邻面片均以共享边的长度为权重有向连接。邻居数量少于阈值的面片以其外边界的和为权重与汇端 t 相连，示例如图 6-20 所示。最优图割后，与源端 s 相连的面片被添加到表面解中。依次处理所有补丁来补洞，最终获得重建表面。图 6-21 所示为获取的分布式点云网格化重建结果示例。

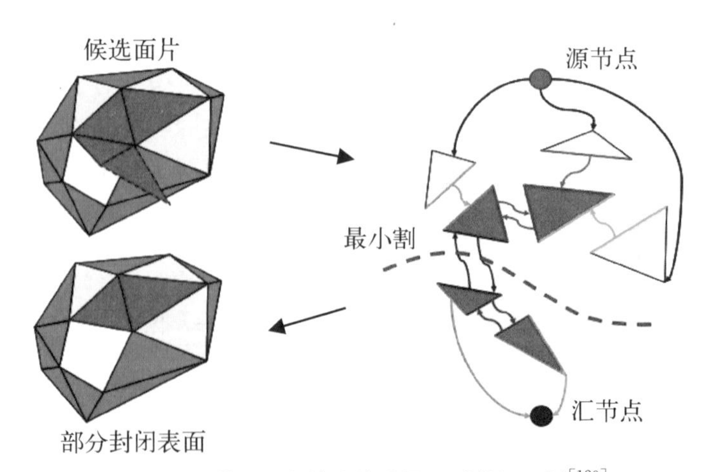

图 6-20 基于图割算法的边界区域补洞示例[120]

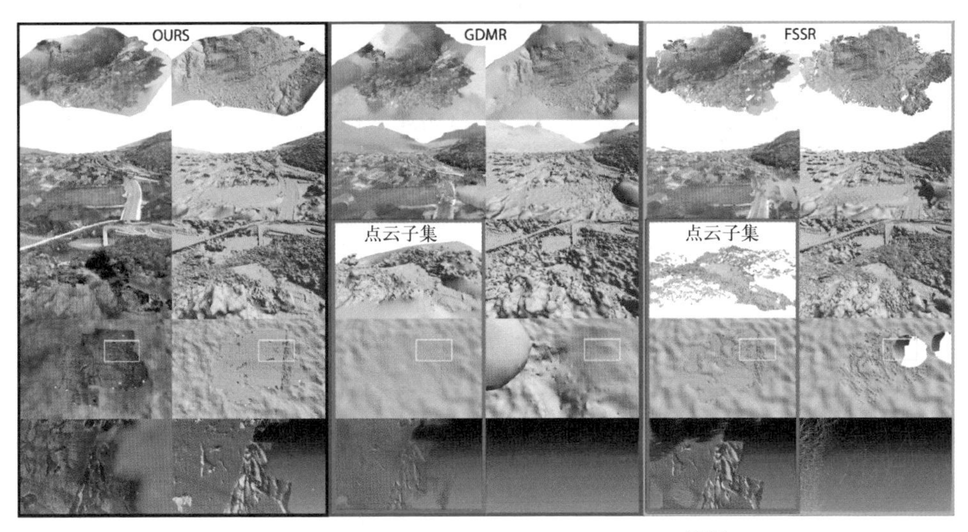

图 6－21 分布式点云网格化重建结果示例[120]

6.5 三维语义建模

通过图像重建算法得到的场景三维模型仅包含场景的空间几何信息，而没有任何语义类别信息。因此，三维语义建模的主要目的是获取三维模型中每一个几何基元（点云/面片）的语义类别信息，实现对场景几何和语义的透彻感知。场景的三维理解有两种基本思路：一是直接在三维模型上对基本几何基元进行分割；二是首先在二维图像上分割，之后在三维模型上对分割结果进行融合。

6.5.1 三维几何基元的识别与分割

早期的三维分割方法主要针对场景中的基本几何基元进行分割，如平面、圆柱、球形等。Lafarge 等[124]开创性地提出了一种城市场景的混合建模方法，将三维模型表示为基于网格的曲面和几何三维基本体的组合。其中网格描述诸如装饰品和雕像之类的细节，而三维基本体则编码诸如墙壁和圆柱之类的常规形状。首先通过点云网格化获取三角网格模型，然后计算网格模型每一面片的主曲率和主方向，并通过马尔可夫随机场能量优化得到网格模型的分片几何类别，对每一个单独的类别区域拟合成其对应的基本几何原形，之后将其插入表面中。这种策略允许引入语义知识，在简化模型的同时可以部分纠正重建过程产生的错误。

对于更高层次的语义分割，通常需要三维模型以外的信息来帮助分割，如

Armeni 等[125]提出了一种针对大型建筑的室内三维点云进行语义解析的方法。该方法以模板匹配为基础，首先将室内点云分块并使用体素来表示，然后使用基本几何物体的参数化模板(如桌子、椅子等)来匹配体素化的室内场景，将其解析为语义上有意义的部件并且对齐到规范的参考坐标系空间，最后将空间解析为基本结构和建筑元素(如墙壁、圆柱等)。该方法将原始点云解析为不相交的空间，并能够在参考坐标系中提取丰富的、有区别的、低维的特征，有助于将空间解析为它们的组成元素，从而对人造结构进行更深入的分析(见图6-22)。近年来，通过卷积网络直接从图像中推断三维基元的方法也逐步出现，如 Liu 等[126]提出了一种从单幅 RGB 图像分段重构平面深度图的深度神经网络 Plane Net，该网络是基于 Dilated Residual Networks 及 Deeplab 网络模型进行构建的，既能够解决图像分类问题，又能够灵活地适用于图像分割任务，通过端到端的学习方式，最终输出一个高分辨率的特征图，并为 3 个预测任务构造了 3 个输出分支(平面参数、分割掩膜、非平面深度图)，推动了单一图像深度预测任务的发展。其改进算法[127]提出了一种新的深度神经网络架构 Plane RCNN，可以从单张 RGB 图像检测并重建出分段的平面。该网络基于 Mask RCNN 构建平面检测网络，可以提取任意数量的平面区域并预测三维平面的参数及其分割掩膜，之后再经精细化网络将所有检测到的平面区域一起进行优化。最后，为了精细化分割掩膜、提高平面参数及深度图的精度，提出了一个变换损失模块来增强邻近视角之间的一致性。

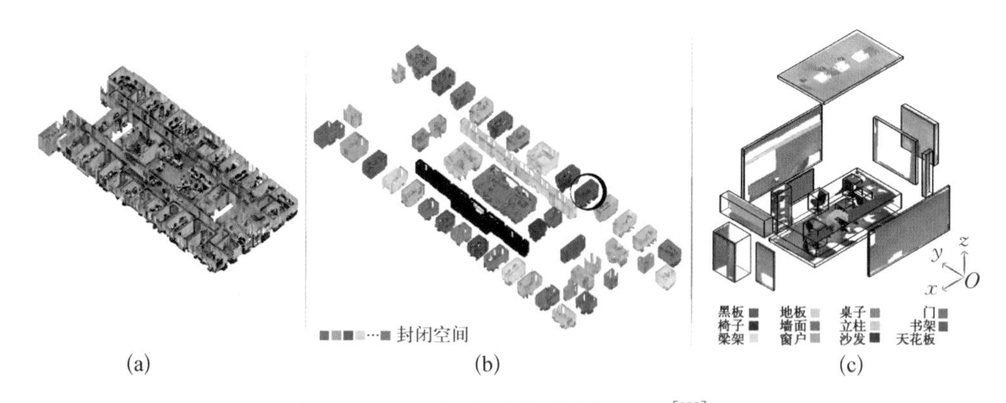

图 6-22 三维几何基元识别与分割[125]

(a) 原始点云 (b) 场景分解和三维空间对齐
(c) 建筑部件检测

6.5.2 三维语义分割

上述几何基元识别和分割主要用于获得场景中的基本几何结构，为了获取场景中点云/面片的语义类别信息，一种直观的方法是构造针对三维点云的分类器，近年来不断涌现的三维卷积神经网络是实现这一思路的主要途径。由 Qi 等[128]提出的 PointNet 是首个直接输入三维点云输出分割结果的深度学习网络，其基本思想是采用多层感知机(MLP)来提取每个三维点的特征。此外，针对点云的旋转性和无序性，该网络分别提出了三维空间变换矩阵预测网络 T-Net(三维的 STN 可以通过学习点云本身的位姿信息学习到一个最有利于网络进行分类或分割的旋转矩阵，可以保证模型对特定空间转换的不变性，该网络采用了两次，分别实现了原始点云数据的对齐和特征的对齐)和 max pooling(在特征空间的维度上进行，可以提取出点云的全局特征向量)，最终达到了非结构化点云识别和分割的目的(见图 6-23)。但 PointNet 只是对所有点云数据提取了一个全局的特征，而丢失了每个点的局部信息。为解决该问题，Qi 等又提出了 PointNet++[129]，该网络采用了分层抽取特征的思想，通过引入采样和组合的操作，实现了在不同尺度下对局部特征的提取，对于点云密度不均的情况仍能保证较好的特征提取能力。具体做法为首先采用 FPS(farthest point sampling)最远点采样法抽取出一些相对较为重要的关键点，然后在这些中心点的某个范围内寻找 k 个近邻点，最后再将这 k 个点作为一个局部点云采用 PointNet 网络来提取局部特征。Li 等[130]提出了一种分层卷积神经网络 Point CNN 来处理三维点云的分类和分割任务，其核心是采取 χ 空间变换矩阵，利用

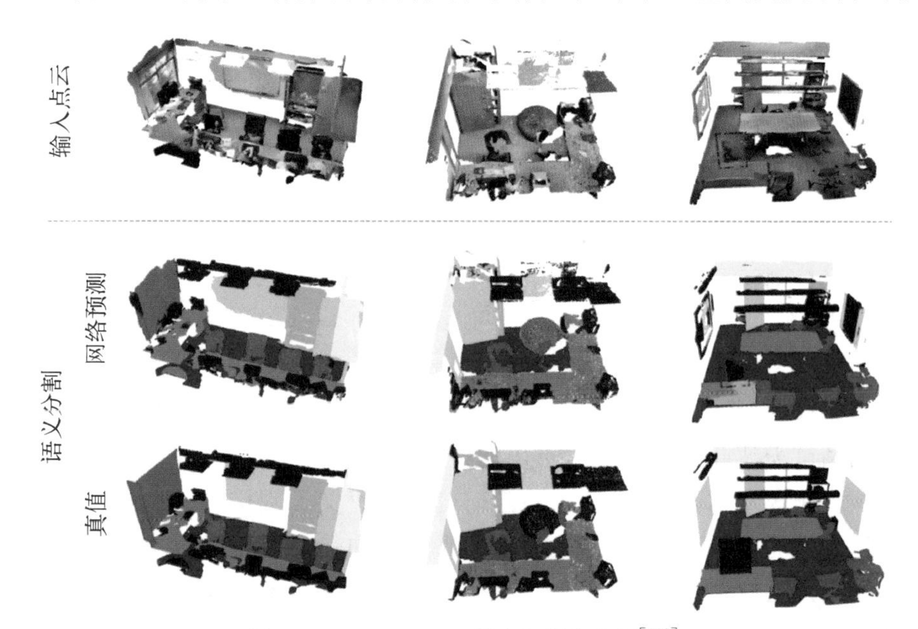

图 6-23 PointNet 三维点云语义分割[128]

它同时对输入特征进行加权和排序,然后对变换后的特征进行卷积,既可以保持点集形状,又可以消除输入点顺序的影响,该网络同时使用了层级式的卷积来提取不同尺度的特征。Wang 等[131]提出了一个基于八叉树的卷积神经网络 O-CNN 来分析三维形状,该方法在八叉树的叶子节点上存储三维模型的平均法向量,并在三维形状表面所占据的八叉树上进行三维 CNN 操作。这种数据结构表示将计算限制在 3D 曲面占用的八分圆上,节省了内存和计算开销,能够处理更高分辨率的模型。其后续工作[132]提出了一种基于自适应八叉树的卷积神经网络 Adaptive O-CNN,以用于高效的三维形状的编解码任务。该方法可以将三维形状自适应地分解到不同层的八叉树结点中,从而具有更稀疏、更紧致的三维表达。Adaptive O-CNN 编码器以平面法线和位移作为输入,仅在八叉树节点上进行三维卷积,同时该解码器预测空间如何剖分以生成自适应八叉树并估计每个八叉树的最佳平面法线和位移。Adaptive O-CNN 不仅大幅降低了 GPU 内存开销和计算成本,而且比现有三维 CNN 方法具有更好的形状生成能力。Dai 等[133]提出了 Scan Complete,将场景的不完整三维扫描作为输入,并预测完整的三维模型以及每个体素的语义标签(模型补全+语义分割)。该方法设计了一个完全卷积生成式三维 CNN 模型,其滤波器内核相对于整体场景大小来说具有不变性,允许处理空间范围不同的大型场景,可在场景子卷上进行训练,理论上可以处理任意大小的场景。另外,该方法采用从粗到精的推理策略,能在产生高分辨率的输出的同时利用较大范围的输入上下文信息。

6.5.3 二维与三维融合的语义分割

使用三维 CNN 对三维模型进行分割需要大量的训练数据,而三维标注数据是比较少见且难以获取的,因此另一种处理思路是首先在二维场景图像上进行语义分割,再根据三维重建中获取的相机内外参数,将二维分割结果反投到三维模型上进行融合,间接获取三维模型的分割结果。这一思路的主要优势在于可以充分利用成熟的二维语义分割网络,同时在三维融合时可以充分利用几何模型的三维约束进行联合优化。Häne 等[134-135]认为三维重建和语义分割问题可为彼此的任务提供有用的信息,提出了分割和重建的联合优化框架。该方法的基本假设是,一方面几何模型的语义类别信息可以提供关于空间平面法向的度量,另一方面几何上的平面法向信息可以反过来辅助语义分割的结果。因此在空间体素(voxel)的表达下,该方法将几何和语义类别(即同时标记空间体素是否属于场景表面以及其语义类别)进行联合优化,可以同时提升语义标注的精度以及几何重建的精度和完整性。在这一优化过程中，可以同时利用空间几何的平滑约束、语义类别的平滑约束等信息提高重建的质量。该方法的输出同时包括了体素表达的几何点云以及每个点云的语义类别（建筑、地面、植物、其他），如图6－24 所示。Valentin 等[136]提出了一种面向室内外场景的三维语义建模方法，首先根据多视角深度图（RGBD 或立体视觉）构建场景的三角网格模型，并在网格上定义了一个条件随机场（conditional random field, CRF）来对三角面片进行语义分割。该方法在优化过程中同时使用了从三维网格获取的物体几何特征以及从图像中获取的纹理特征来进行三角面片的语义标注。Rouhani 等[137]采用了与之前研究[136]类似的思想，引入了一种基于马尔可夫随机场能量优化的方法，通过监督学习方法将通过稠密重建和网格化生成的纹理网格划分为不同语义类别。该方法首先将输入网格划分为小的面片聚类，称为超面片（superfacets），并以此作为几何和光度特征的最小计算单元。然后，该方法训练了一个随机森林分类器，以预测每个超面片的类别及其与相邻超面片的相似性。最后超面片相似性作为平滑项的度量纳入马尔可夫随机场全局优化框架，对超面片的语义类别进行全局优化。McCormac 等[138]提出的 Semantic Fusion 将二维语义分割和 RGBD SLAM 系统 Elastic Fusion[139]相结合，从而同时获取场景三维几何和语义信息。该方法

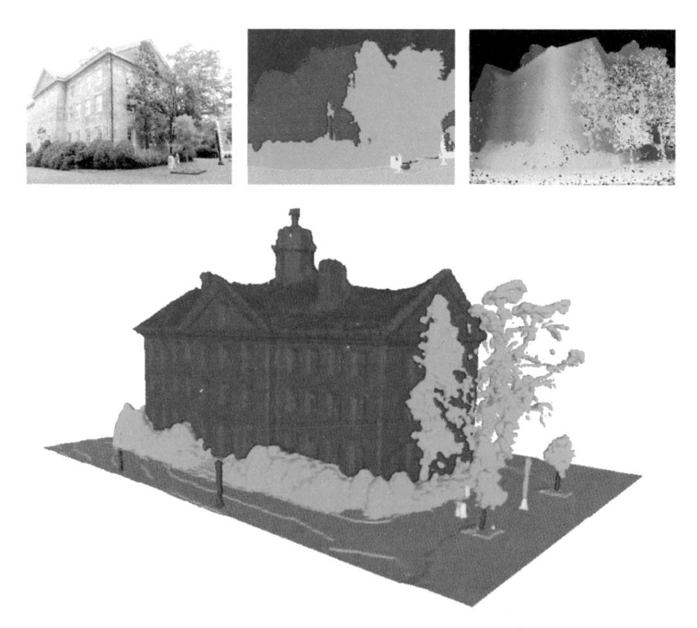

图 6－24 二维与三维融合语义分割[135]

利用图像上二维语义分割获取的每个像素的类别概率分布以及三维地图与不同视角图像之间的对应关系，将来自多个视点的图像语义预测概率融合到三维地图上，并使用条件随机场对 Elastic Fusion 中的基本几何基元(surfel)进行全局规整化。Blaha 等[140]提出了一种联合细化三维网格的几何结构和语义分割的方法。该方法采用交替更新的方式来进行几何细化和语义分割。在几何细化的步骤采用变分能量最小化的方式驱动网格进行演化，使其能够同时最大化光度一致性和在可见图像上的语义类别一致性。在语义分割的步骤中，通过马尔可夫随机场能量优化对网格标签进行重新分配，并且在能量函数构造中同时包含了图像语义信息与几何形状信息。Zhou 等[141]提出了一种基于主动学习的针对大规模三维模型进行精细语义标注的方法。该方法采用迭代的方式，从一个小的经过标注的图像集开始，用不断扩大的标注图像集逐步微调二维语义分割网络。之后将像素标签反投影到三维模型上进行融合，并引入了几何约束和马尔可夫随机场来进行优化，最终为三维模型的每个面片分配一个最可能的语义标签。在该方法的迭代过程中，生成的语义三维模型可以作为一个可靠的监督，自动选择一批对分割影响最大的图像(难分样本)进行手工标注，以主动学习方式提高在下一次迭代中语义分割网络的性能，重复几次后三维模型的标签分配即可达到稳定。该方法可以在不损失三维模型分割质量的前提下，显著减少人工标注的图像数量。

6.6 三维矢量建模

矢量化表达是三维场景最高层级的表达方式，其目的是以高度压缩的矢量化几何基元(直线、曲线、平面、曲面、柱面等)表达复杂场景中的基本语义部件。三维矢量化模型是智能机器人、无人驾驶、智慧城市等诸多领域的共性需求。在三维地理信息(3D GIS)领域，不同地物的精确和规范化的三维模型是土地确权、数字城市、国土资源管理等所需的基础三维地理数据；在建筑信息建模(BIM)领域，建筑物各组成部件的矢量三维结构及其拓扑关系是建筑物全生命周期数字化管理的基础信息；在无人系统高精地图(HD Map)领域，车道线级三维矢量地图是无人系统进行路径规划和定位导航所需的基础三维数据。在这些应用领域中，其共性需求都是期望构建高精度、高度语义化和高度矢量化的三维表达，并且符合不同行业的规范和标准，如图 6-25 显示了 CityGML 规范[142]下的 LOD_0～LOD_3 级矢量模型。

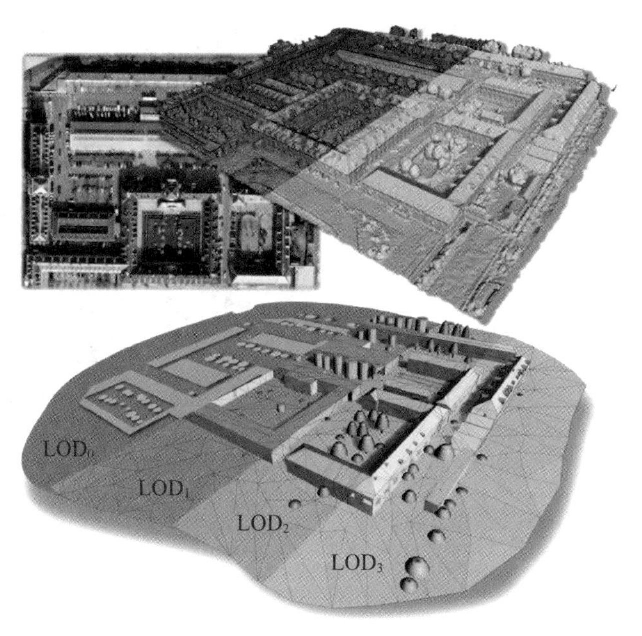

图 6-25 从三维几何模型获取的符合 CityGML 规范的不同 LOD 等级矢量模型[143]

6.6.1 立面建模

在大规模城市场景的数据采集中,街景车(包括车载图像和车载雷达)是主要的地面采集手段,而建筑物立面是街景车采集时的主要可见部分,也是城市中信息的主要来源(如店铺、商户、写字楼等主要结构,文字、广告等信息都出现在建筑立面上),因此立面的矢量化建模在城市建模中占有重要地位,也产生了一系列的专用方法和系统。对建筑立面的重建一般包括语义分割、结构分割以及矢量化模型生成等步骤。很多方法针对立面图像(facade imagery)进行分析,试图分割出不同的元素(如门、窗户)或者找到更高阶的元素(如对称、重复)等。如 Müller 等[144]从一个简单的归整立面图像分割中抽取规则,该方法将立面图像同步地切分为各个楼层以及每一层中的块,以此来减少无法用规则描述的区域,并从该切分中拟合语法规则(grammar)。由于该方法只适用于直线分布的立面,Gool 等[145]将其拓展到透视投影图像中来找到连续的相似性并找到语法规则。Koutsourakis 等[146]在校正后的立面图像上找到层级式的属性语法规则。在该方法基础上,Teboul 等[147]结合自顶向下的风格规则的一致性检测,提出在超像素上自底向上的分割。在随后的工作中,他们使用强化学习[148-149]来提升效果,如图 6-26(a)所示。单个建筑物的立面结构规则性较强,相对容易分析。

但用同一个结构来描述城市场景中所有建筑物是比较困难的，因此有些方法采用了半自动交互式方法[150]来提高不同类型建筑物立面的建模质量，如图 6－26(b)所示。

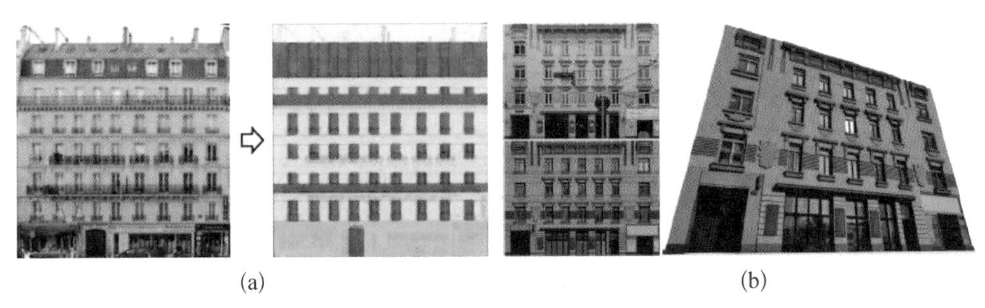

(a) (b)

图 6－26 立面建模示例

(a) 基于图像的立面结构分析 (b) 交互式建模[149-150]

6.6.2 建筑物建模

由于建筑物是城市中最重要的管理要素，且具有明显的结构化属性，因此针对单体建筑物的三维矢量化建模是数字城市所需的基础三维数据。随着航拍倾斜摄影技术的发展，通过无人机多视角航拍已经可以方便快捷地获取大规模城市级场景三维几何模型，因此用全自动的方式将建筑物几何模型(点云、网格)提升至三维矢量化模型成为三维重建领域的一项重要的研究内容。在建筑物矢量建模的研究中，按照方法思路的不同，大概可以分成以下 3 类方法。

包围盒切分和选择[143,151-152]是一种建模的常见思路。Verdie 等[143]和 Li 等[151]都是将建筑物所在的包围盒空间通过检测到的主要结构平面切分成多面体，并将建模问题转化成多面体属于建筑物内/外的分类标记问题，最后将所有标记为内部的多面体连接起来获取整个建筑模型。与 Verdie 等的研究[143]相比，Li 等的研究[151]受限于曼哈顿世界，因此切分的单元格都是规则的长方体。与选择多面体的方法不同，Nan 等[152]在切分后的多面体中选择那些在建筑物外壳上的面，并使用整数线性规划来求解。通过限制每条边只有两个相邻面，该方法输出模型可以确保流形性。然而随着结构复杂度上升，求解问题的变量也会增加，整数线性规划变得难以求解，在有些情况下会导致算法失败。Holzmann 等[153]在水平方向上将场景切分成层级的形式，堆叠起来形成类似的三维空间的切分，不同之处在于进行 MRF 标记的时候融合图像中的线段信息，部分改善了模型的边界区域。在这些方法中，Verdie 等的研究是一项代表性工作，可以重建出不同 LOD 细节级别的矢量化表达，其算法分为语义分类、几何抽象和 LOD

构建三步。在分类阶段，根据几何属性和语义规则，通过马尔可夫随机场能量优化将场景分为地面、树木、建筑立面、建筑顶面 4 个类别。在几何抽象步骤检测并规范建筑物上的平面结构，并对有噪的几何基元进行几何过滤和简化。在 LOD 构建阶段，以几何抽象的基本几何基元为输入，通过图割算法进行全局优化，获取封闭的建筑物 LOD 模型。如图 6－27 所示为该方法生成的不同 LOD 级别的矢量建筑模型。

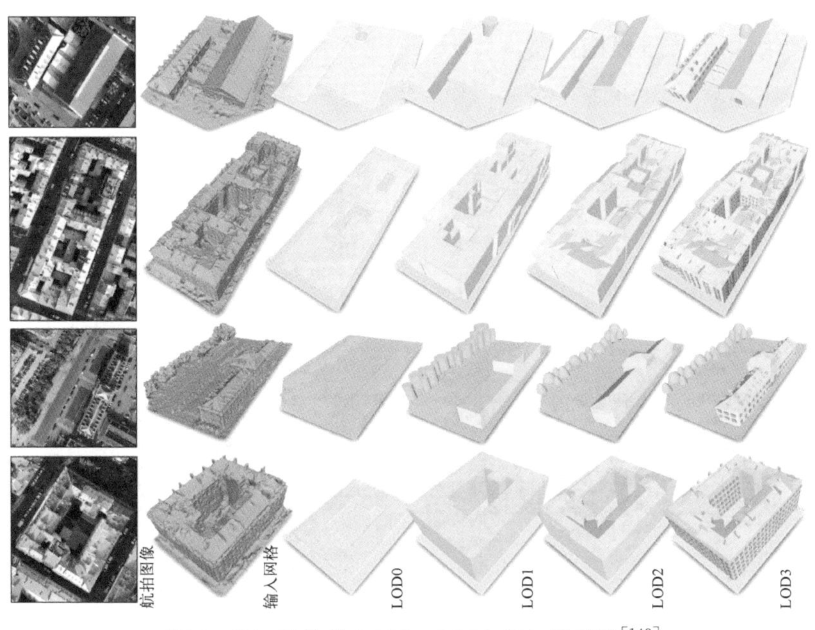

图 6－27　建筑物 LOD0～LOD3 级矢量建模[143]

轮廓拉伸是另一类处理思路[154-158]。Li 等[154]通过简化投影在高度图上的顶面边缘，将轮廓提升到顶面平面就可以得到建筑模型。与垂直拉伸的思路不同，Kelly 等[157]通过检测立面的形状，找到拉伸在垂直于地面方向的走向，最后输入专门的程序拉升(procedural extrusion)算法中，可以得到细节丰富的模型。虽然生成的模型视觉效果非常好，但该算法需要街景图像、GIS 建筑物地基轮廓图以及精细网格模型等数据，而这些数据并不容易获取。Zhu 等[155]针对城市场景矢量化重建中的平面几何基元检测的问题，提出了一种基于变分的平面提取方法，并在其基础上重建出细节程度到 LOD2 的建筑模型。该方法在通用的变分网格分割算法中加入城市场景中的高度及跨度约束，首先将三角网格进行几何结构分割，找到建筑物的主要平面结构；然后将垂直平面投影到地面上成为线段，从中抽取建筑物的多边形外轮廓；最后将建筑物顶面和立面分开进行建模，得到混合表达的模型。在其后续的改进算法中[158]，利用了城市场景的 2.5D 特性，首先将输入网格模型进行正射投影采样，将原始三维纹理模型转换成二维图像表示的正射影像、高度图以及法向图；然后在正射影像上进行语义分割后，对于每栋建筑物，通过在以上采样的 3 种异质数据上统一检测线段来勾画顶面形状的轮廓；最后赋予这些线段组成的多边形对应的顶面平面，就可以得到建筑物模型。由于从俯视正射的角度将三维空间数据转换成了二维图像数据，该方法可以显著提升建模效率和速度。如图 6－28 所示为该方法生成的不同 LOD 级别的城市级场景矢量模型。

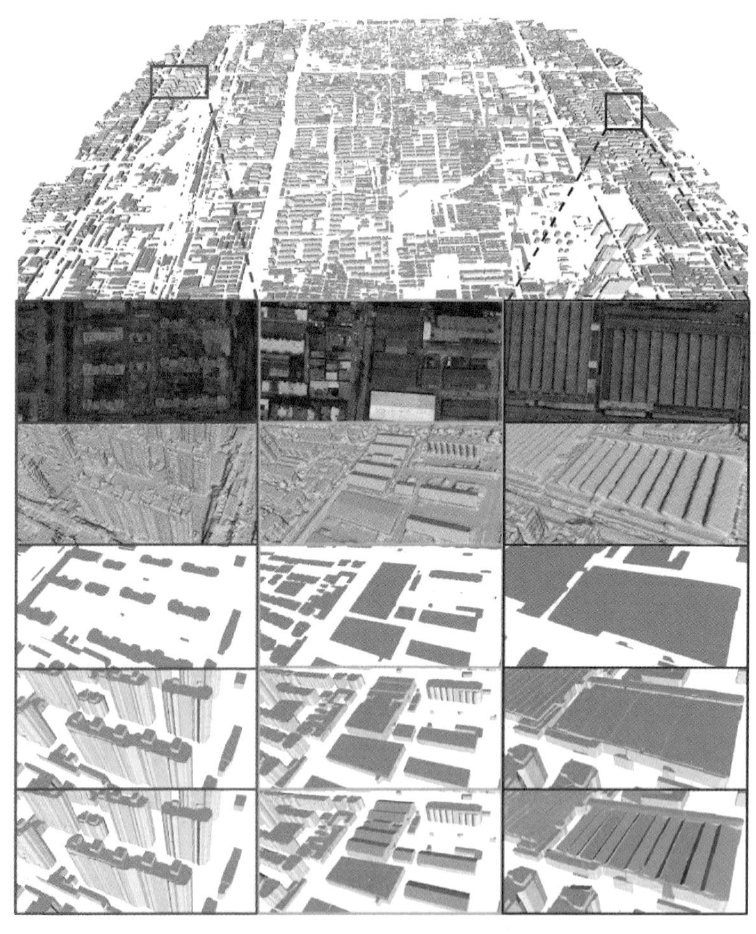

图 6－28 不同 LOD 级别的城市级场景矢量模型[158]

近年来，在矢量建模中使用深度学习方法成为趋势，如 Zeng 等[159]使用神经网络来推理程序建模语法中的参数，最后从三维点云中生成 CAD 质量的模型。然而受限于语法规则，该方法只能适用于特定类型的居民住宅。Esri[160]通过从航拍激光点云中使用 Mask R-CNN 来检测建筑物不同结构的单体并通过模板进行匹配。该算法包含了 7 种预定义的屋顶类型：flat、gable、hip、shed、mansard、vault、dome。但这一方法只适合与训练集类似的建筑物，难以泛化到其他类型场景的矢量建模。

6.7 三维场景重建的应用

从二维图像还原和感知周边的三维世界，一方面源于对人类视觉能力模拟的期望，另一方面也是很多实际应用的需求。目前，基于图像的三维几何和语义重建已在智慧城市、机器人环境地图构建和导航、文化遗产三维数字化保护、AR/VR 等领域发挥了重要作用，也催生了一系列技术的落地应用。本节将对文化遗产三维数字化、视觉定位地图构建、无人驾驶高精地图构建 3 个具有代表性的典型应用进行简要介绍。

6.7.1 文化遗产三维数字化

中国古代建筑与欧洲建筑和伊斯兰建筑并称为世界三大建筑体系。从单体建筑到院落组合，中国古代建筑是世界上历史最悠久、体系最完整的建筑体系。中国古代建筑是唯一以木结构为主的建筑体系，虽然体现了其独特的建筑美感，但是与石质建筑相比，更易遭受水火雷电等自然灾害的摧毁。随着时间的推移，木质结构也可能倒塌。因此，作为中华文明象征之一的中国古代建筑，对其进行三维数字化是"延长古代建筑寿命、传承中华文明"的有效手段之一。

对建筑物进行三维数字化一直是计算机视觉和计算机图形学领域的一个研究热点，以激光扫描为主要手段的三维数字化方法也得到了普遍的应用。中国古代建筑讲究"亭台楼阁"，注重建筑群的概念，同时木质结构可以打造出更加复杂的几何结构，如斗拱、飞檐等。加之长期以来中国封建社会推行的"废黜百家，独尊儒术"之国策，很多有价值的古代建筑，如我国著名的四大佛教圣地、四大道教圣地等，都分布在高山峻岭之上。这些中国古代建筑的独到特点都凝聚了大场景复杂结构三维数字化技术的挑战性。对于这些位于高山峻岭中的古建筑物，目前普遍使用激光扫描的方式进行三维数字化，但激光扫描会受到设备搬运不便、站点架设受限、无法近距离扫描等限制，同时高功率激光可能会对古建筑物的材质和色彩造成不可预知的损害。另外，中国古建筑物特有的梁架和斗拱等复杂结构存在严重的自遮挡和互遮挡问题，使得激光扫描难以获取完整的三维结构。相比之下，图像传感器小巧灵活、不受距离限制，非常适合中国古建筑物这类复杂结构的数据采集。同时，相比于使用激光扫描仪时图像采集是被动采集，图像传感器不会对文物造成损伤。因此，基于图像三维重建技术已开始在中国古建筑物三维数字化保护领域发挥作用。如图 6－29 所示为一个基于图像的中国古建筑物三维重建示例，共使用了 1 100 张无人机航拍图像和 6 800 张地面单反相机图像。

图 6－29 中国古建筑物三维数字化重建

6.7.2 视觉定位地图构建

随着三维重建和视觉定位技术的发展，基于图像的大规模室内外场景视觉定位技术日益成为诸多应用领域的迫切需求，也带动了很多实际的落地应用。在室外环境中（如无人驾驶），虽然利用差分 GNSS（global navigation satellite system，泛指 GPS、北斗、Galileo 等卫星导航系统）和惯性导航系统可以获得高精度的位置信息，但视觉定位通常是 GNSS 信号丢失时的重要补充，同时也比基于雷达的定位具有明显的成本优势。在室内环境中（AR 导航、服务机器人等），目前常用的室内定位技术，如 WiFi、蓝牙等通常只能达到米级定位精度，并且只有位置信息，而没有朝向信息，难以满足实际应用的需求，因此视觉定位也成为许多室内位置服务应用的必然选择。

在视觉定位过程中，如果场景的三维几何结构没有提前构建，那么通常会采取同步定位与地图构建技术（simultaneous localization and mapping，SLAM）来同步重建场景三维结构和求取机器人位姿。如果场景三维地图已经提前构建，那么视觉定位则转化为一个重定位问题，即在地图不变的前提下只求取相机位姿，这种先构图再重定位的流程也是目前绝大多数智能机器人（无人车、服务机器人等）系统所采用的定位方式。在场景的三维几何结构已知的前提下，通过单张图像获取相机在场景中六自由度位姿所使用的基本数学工具是建立在 2D－3D 点对应基础上的 PnP(perspective-n-point)算法[11]。理论上,最小需要 3 组二维图像点-三维地图点的对应关系即可计算相机位姿。在实际应用中,为避免匹配外点的影响,通常使用基于 RANSAC 的 PnP 算法进行鲁棒计算。

大规模室内外场景视觉定位的鲁棒性和精度取决于多个因素,包括三维定位地图的精度、图像点和三维点的特征匹配精度和内点率、特征匹配和 PnP 计算中对外点的鲁棒性等,其中三维定位地图的精度、完整度以及构建和更新成本等是关键的影响因素。由于图像采集的低成本、高分辨率、包含丰富语义信息等优势,因此在目前的机器人定位、AR 导航等很多领域中,以街景车图像、手机图像、全景图像等方式采集和构建大规模室内外场景定位地图成为很多实际落地应用中的首选方式。如 Google 发布的视觉定位服务 Google VPS(visual positioning service)是这一应用的典型代表,其通过手机拍摄的图像,在云端与 Google 街景地图进行匹配,为用户返回在场景中的六自由位姿,实现无 GPS 情况下的定位导航,如图 6－30 所示。

图 6－30 Google VPS 视觉定位

6.7.3 三维数字城市

三维数字城市是借助计算机视觉、多媒体、地理信息等多种技术,对城市进行多种类、多尺度、多分辨率的三维描述,借助先进的技术通过网络数字化来展现城市的过去、现在以及将来的发展。其中,构建大规模城市场景的精细三维模型是数字城市构建的重要因素,也是加载其他城市数字信息的基本载体。

在三维数字城市的构建过程中，从数据采集成本、建模成本以及后续更新维护成本考虑，使用航空摄影技术和图像三维建模技术进行三维重构，是目前大规模城市级场景数字化构建的主要手段。近年来，航空摄影测量领域的数据获取装备研制取得了巨大进展，特别是作为对传统垂直航空摄影技术变革的倾斜航摄技术的出现为城市场景的三维重建提供了新的技术手段，使得获取城市三维模型的时间和成本都得到了极大的降低。倾斜摄影技术通过在同一飞行平台上搭载多台传感器，同时从垂直和倾斜多个不同的观测角度采集数据，突破了传统垂直航空摄影只能获取正视影像的局限。倾斜航摄技术不仅能获得垂直影像，还能同时获得带有地物目标立面信息的倾斜影像，可以通过多角度来帮助更好地观察地物的空间位置信息及顶面纹理信息以及地物侧面纹理信息，可以更好地反映场景的细节特征，弥补了正射影像的不足。同时，通过应用其配套设施和软件，能够直接通过影像来对其面积、角度、坡度以及高度和长度进行测量。

基于倾斜摄影的三维重建一方面需要获取城市场景的精确三维几何结构和纹理细节，达到全局浏览、漫游、展示的目的。另一方面所生成的模型需要具备丰富的语义类别属性，实现不同地物类别的单体化分割和精细化管理。同时，针对一些关键城市部件，如建筑、道路、桥梁等，还需要进一步将其转换为符合规范标准的正则化和矢量化模型，实现全局的快速加载以及其他城市传感数据的一体化接入。在这一流程中，基于图像的三维几何和语义重建技术都发挥了重要作用，是实现全自动、高效率、高精度、高完整性的三维数字城市构建的核心技术。如图 6-31 所示为基于倾斜摄影构建的城市场景三维几何、语义、矢量模型示例。

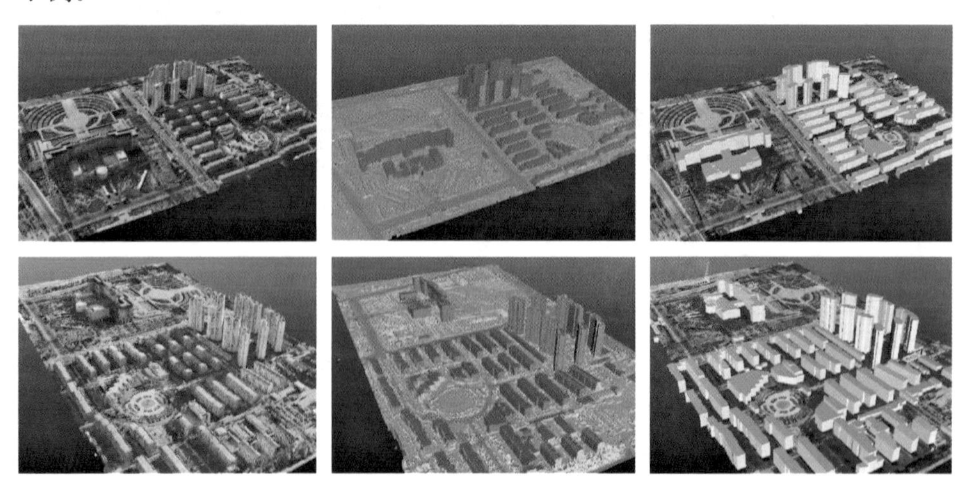

图 6-31　基于倾斜摄影的城市场景三维几何、语义、矢量模型

6.8 未来发展趋势

基于图像的三维重建是计算机视觉领域的一个经典研究问题,也是从计算机视觉成为一门独立学科开始就长期存在的本质问题。以多视图几何为基础的几何视觉理论已经较为成熟,它具有严密的数学几何逻辑,是几何视觉算法准确性和可靠性的理论保证。但这一套理论方法的有效性是建立在可靠的数据输入基础之上的,如可靠稳健的特征点、准确的匹配对应关系等,显然这些要求在大规模开放环境下是很难保证的。因此,在图像三维重建的未来发展中,这一领域的发展趋势将集中在理论方法和传感手段两个方面。在理论方法层面,在图像三维重建中发展几何与学习的深度融合,构建几何视觉和学习视觉之间的桥梁是一项长期的研究任务。在传感手段方面,发展多种主被动传感器融合的三维重建系统和方法则是实际应用的重要趋势。本节将对这两方面的趋势进行简述。

6.8.1 几何与学习深度融合的三维重建

在计算机视觉四十余年的发展历程中,基于几何视觉的三维表达方式一直是场景三维感知的重要手段。这一思路源于计算机视觉的开创者 Marr 提出的"sketch→2. 5D→3D"的视觉计算框架,并由 Faugeras、Hartley 等在射影几何意义下进行了完备的数学解释。虽然以今天的观点看,这一视觉计算框架和算法与人类视觉并不一致,但其所构建的严密数学逻辑和一系列鲁棒计算方法仍然在三维计算机视觉领域中占有重要地位。与此同时,以深度学习为代表的基于学习的方法也开始在三维视觉中发挥作用,但与在二维视觉中的全面替代不同,深度学习在三维视觉中更多地起到提升数据鲁棒性的作用,场景三维表达的完整性、精确性、真实性仍然主要依靠几何视觉来实现。这一方面源于现有的三维几何视觉算法具有严密的数学逻辑,相比于黑盒深度学习模型,其白盒性质使其在各种应用中更具鲁棒性和可解释性;另一方面,几何视觉算法在大规模场景三维表达的精确性和完整性方面远超人类视觉能力,使智能机器人可以发展出远超人类的全局感知和精准操控能力。现有的三维场景感知中几何与学习的结合方法主要存在两种思路:一种思路是将学习算法融入某些几何计算步骤,如特征匹配中的语义一致性、视觉定位中的语义 RANSAC、语义和几何联合 Voxel 优化等;另一种思路是完全端到端的几何推断,如单幅图像深度推断、三维结构推断、端到端位姿估计等。但这两种思路都缺乏几何和学习的系统性融合，其所起到的作用通常也都是局部且有限的，难以支撑真实复杂场景中的实际应用。因此，探索图像二维感知和场景三维几何的深度融合方法，实现以二维语义提升三维几何精度和完整性、以三维几何提升二维语义自主学习能力的双向反馈和联合优化机制，是当前三维场景感知领域的重要科学问题，也是实现智能体对周边环境三维透彻感知的理论保障。

6.8.2 多传感器融合的三维重建

图像传感器具有分辨率高、成本低、采集效率高、包含丰富语义信息等优势，但图像三维重建和视觉定位算法的精度在很大程度上源于底层图像特征提取和匹配的精度。因此，当场景中存在弱纹理或重复纹理区域时，底层特征提取和匹配的精度会显著降低，进而导致三维重建和视觉定位结果中出现错误、缺失、漂移等问题。近年来，随着传感器技术的发展，如结构光、TOF、LIDAR、IMU 等主动传感器日益小型化和低成本化，发挥各种传感器的优势，融合图像和其他主动传感器进行三维重建和视觉定位成为三维视觉领域未来的一个重要发展方向。一方面，相比于图像传感器，结构光、TOF、LIDAR 等主动设备不易受到纹理、光照、天气等因素的影响，惯导设备 IMU 可以提供较为可靠的空间朝向和运动信息，这些传感器的综合使用可以有效避免由于图像底层信息不可靠和不稳定带来的问题。另一方面，图像传感器可以提供丰富的场景细节信息和语义信息，能够有效补充主动传感设备在这方面的不足，并且降低对高成本主动传感设备的依赖。因此，多传感器融合的三维重建和视觉定位是在保证成本可控的前提下，提升算法鲁棒性和精度的有效手段。现有的多传感器融合方法大多建立在传感器严格同步，且相对位姿已预先标定的前提下。但由于相机、LIDAR、IMU 等传感器的数据采集速率差异很大，很难在硬件层面做到严格的数据同步。此外，不同模态传感器的相对位姿标定通常也比较复杂，并且标定精度通常难以保证。因此，无论从实际应用需求出发，还是从通用算法框架的角度考虑，多传感器融合三维重建和视觉定位都需要研究传感器在非同步和无标定情况下的鲁棒计算方法，构造统一的计算框架，从而对多源信息进行有效融合。这一框架的构建主要面临 3 方面挑战：① 如何构造多模传感数据的特征级对应，实现不同模态传感器之间的数据关联；② 如何将图像重投影误差、三维点空间配准误差、传感器位姿信息等纳入统一优化函数，实现多传感器联合内外参数优化；③ 如何处理不同传感器固有的误差、外点、缺失等问题，实现三维场景结构的完整准确计算。

参考文献

[1] Marr D. Vision: a computational investigation into the human representation and processing of visual information [J]. The Quarterly Review of Biology, 1983, 58(2).

[2] Szeliski R. Computer Vision-Algorithms and Applications [M]. Texts in Computer Science. Springer, 2011.

[3] Zhang R, Tsai P-S, Cryer J E, et al. Shape-from-shading: A survey [J]. IEEE transactions on pattern analysis and machine intelligence, 1999, 21(8): 690-706.

[4] Ackermann J, Goesele M. A survey of photometric stereo techniques[J]. Foundations and Trends® in Computer Graphics and Vision, 2015, 9(3-4): 149-254.

[5] Lobay A, Forsyth D A. Shape from texture without boundaries [J]. International Journal of Computer Vision, 2006, 67(1): 71-91.

[6] Nayar S K, Nakagawa Y. Shape from focus [J]. IEEE Transactions on Pattern analysis and machine intelligence, 1994, 16(8): 824-831.

[7] Hartley R, Zisserman A. Multiple View Geometry in Computer Vision [M]. Cambridge University Press, 2000.

[8] Nistér D. An efficient solution to the five-point relative pose problem [J]. IEEE Transactions on Pattern Analysis and Machine Intelligence, 2004, 26(6): 756-770.

[9] Triggs B, McLauchlan P F, Hartley R I, et al. Bundle adjustment — a modern synthesis[C]//Proceedings of International Workshop on Vision Algorithms, 1999.

[10] Ullman S. The interpretation of structure from motion[C]//Proceedings of the Royal Society of London [J]. Series B. Biological Sciences, 1979, 203(1153): 405-426.

[11] Gao X-S, Hou X-R, Tang J, et al. Complete solution classification for the perspective-three-point problem [J]. IEEE Transactions on Pattern Analysis and Machine Intelligence, 2003, 25(8): 930-943.

[12] Dunn E, Frahm J-M. Next best view planning for active model improvement [J/OL]. In BMVC, 2009: 1-11.

[13] Snavely N, Seitz S M, Szeliski R. Modeling the world from internet photo collections [J]. International Journal of Computer Vision, 2008, 80(2): 189-210.

[14] Lourakis M, Argyros A. The design and implementation of a generic sparse bundle adjustment software package based on the levenberg-marquardt algorithm [R]. Institute of Computer Science-FORTH, Heraklion, Crete, 2004.

[15] Moulon P, Monasse P, Marlet R. Adaptive structure from motion with a contrario model estimation [C]//Asian Conference on Computer Vision, Springer, 2012: 257-270.

[16] Sweeney C, Hollerer T, Turk M. Theia: a fast and scalable structure-from-motion

library[C]//Proceedings of the 23rd ACM International Conference on Multimedia, 2015: 693 - 696.

[17] Haner S, Heyden A. Covariance propagation and next best view planning for 3D reconstruction [C]//European Conference on Computer Vision, Springer, 2012: 545 - 556.

[18] Schönberger J L, Frahm J-M. Structure-from-motion revisited[C]//Proceedings of the IEEE Conference on Computer Vision and Pattern Recognition, 2016: 4104 - 4113.

[19] Zheng E, Wu C. Structure from motion using structure-less resection [C]// Proceedings of the IEEE International Conference on Computer Vision, 2015: 2075 - 2083.

[20] Baharev A, Schichl H, Neumaier A, et al. An exact method for the minimum feedback arc set problem [J]. University of Vienna, 2015, 10: 35 - 60.

[21] Li X, Wu C, Zach C, et al. Modeling and recognition of landmark image collections using iconic scene graphs[C]//European Conference on Computer Vision, Springer, 2008: 427 - 440.

[22] Snavely N, Seitz S M, Szeliski R. Skeletal graphs for efficient structure from motion [C]//2008 IEEE Conference on Computer Vision and Pattern Recognition, IEEE, 2008: 1 - 8.

[23] Shah R, Deshpande A, Narayanan P J. Multistage sfm: revisiting incremental structure from motion[C]//2014 2nd International Conference on 3D Vision, IEEE, 2014, 1: 417 - 424.

[24] Farenzena M, Fusiello A, Gherardi R. Structure-and-motion pipeline on a hierarchical cluster tree [C]//2009 IEEE 12th International Conference on Computer Vision Workshops, ICCV Workshops, IEEE, 2009: 1489 - 1496.

[25] Martinec D, Pajdla T. Robust rotation and translation estimation in multiview reconstruction [C]//2007 IEEE Conference on Computer Vision and Pattern Recognition, IEEE, 2007: 1 - 8.

[26] Hartley R, Aftab K, Trumpf J. L1 rotation averaging using the weiszfeld algorithm [C]//IEEE Conference on Computer Vision and Pattern Recognition, 2011: 3041 - 3048.

[27] Weiszfeld E. Sur le point pour lequel la somme des distances de n points donnés est minimum [J]. Tohoku Mathematical Journal, First Series, 1937, 43: 355 - 386.

[28] Aftab K, Hartley R, Trumpf J. Generalized weiszfeld algorithms for lq optimization [J]. IEEE Transactions on Pattern Analysis and Machine Intelligence, 2014, 37(4): 728 - 745.

[29] Chatterjee A, Govindu V M. Efficient and robust large-scale rotation averaging[C]//

Proceedings of the IEEE International Conference on Computer Vision, 2013: 521 - 528.

[30] Hartley R, Trumpf J, Dai Y, et al. Rotation averaging. International Journal of Computer Vision [J]. 2013, 103(3): 267 - 305.

[31] Wilson K, Snavely N. Robust global translations with 1dsfm [C]//European Conference on Computer Vision, Springer, 2014: 61 - 75.

[32] Jiang N, Cui Z, Tan P. A global linear method for camera pose registration[C]// Proceedings of the IEEE International Conference on Computer Vision, 2013: 481 - 488.

[33] Cui Z, Jiang N, Tang C, et al. Linear global translation estimation with feature tracks [C]// Proceedings of British Machine Vision Conference. Swansea, UK: BMVA, 2015.

[34] Moulon P, Monasse P, Marlet R. Global fusion of relative motions for robust, accurate and scalable structure from motion[C]//Proceedings of the IEEE International Conference on Computer Vision, 2013: 3248 - 3255.

[35] Sweeney C, Sattler T, Hollerer T, et al. Optimizing the viewing graph for structure-from-motion[C]//Proceedings of the IEEE International Conference on Computer Vision, 2015: 801 - 809.

[36] Cui Z, Tan P. Global structure-from-motion by similarity averaging[C]// Proceedings of IEEE International Conference on Computer Vision. Santiago, Chile: IEEE, 2015.

[37] Ozyesil O, Singer A. Robust camera location estimation by convex programming[C]// In Proceedings of the IEEE Conference on Computer Vision and Pattern Recognition, 2015: 2674 - 2683.

[38] Eren T, Whiteley W, Belhumeur P N. Using angle of arrival (bearing) information in network localization[C]//Proceedings of the 45th IEEE Conference on Decision and Control. IEEE, 2006: 4676 - 4681.

[39] Kennedy R, Daniilidis K, Naroditsky O, et al. Identifying maximal rigid components in bearing-based localization [C]//2012 IEEE/RSJ International Conference on Intelligent Robots and Systems, IEEE, 2012: 194 - 201.

[40] Tomasi C, Takeo Kanade. Shape and motion from image streams under orthography: a factorization method [J]. International Journal of Computer Vision, 1992, 9(2): 137 - 154.

[41] Sturm P, Triggs B. A factorization based algorithm for multi-image projective structure and motion[C]//European Conference on Computer Vision, Springer, 1996: 709 - 720.

[42] Kahl F, Hartley R. Multiple-view geometry under the l_∞ - norm [J]. IEEE

Transactions on Pattern Analysis and Machine Intelligence, 2008, 30(9): 1603 - 1617.

[43] Cui H, Gao X, Shen S, et al. Hsfm: hybrid structure-from-motion[C]//Proceedings of the IEEE Conference on Computer Vision and Pattern Recognition, 2017: 1212 - 1221.

[44] Zhu S, Zhang R, Zhou L, et al. Very large-scale global sfm by distributed motion averaging[C]//Proceedings of the IEEE Conference on Computer Vision and Pattern Recognition, 2018: 4568 - 4577.

[45] Carceroni R, Kumar A, Daniilidis K. Structure from motion with known camera positions[C]//2006 IEEE Computer Society Conference on Computer Vision and Pattern Recognition (CVPR'06), IEEE, 2006, 1: 477 - 484.

[46] Pollefeys M, Nistér D, Frahm J-M, et al. Detailed real-time urban 3d reconstruction from video [J]. International Journal of Computer Vision, 2008, 78(2 - 3): 143 - 167.

[47] Klingner B, Martin D, Roseborough J. Street view motion-from-structure-from-motion[C]//Proceedings of the IEEE International Conference on Computer Vision, 2013: 953 - 960.

[48] Irschara A, Hoppe C, Bischof H, et al. Efficient structure from motion with weak position and orientation priors[C]//IEEE Conference on Computer Vision and Pattern Recognition, 2011: 21 - 28.

[49] Strecha C, Pylvanäinen T, Fua P. Dynamic and scalable large scale image reconstruction[C]//IEEE Computer Society Conference on Computer Vision and Pattern Recognition, 2010: 406 - 413.

[50] Crandall D J, Owens A, Snavely N, et al. Sfm with mrfs: discrete-continuous optimization for large-scale structure from motion[C]//IEEE Transactions on Pattern Analysis and Machine Intelligence, 2012, 35(12): 2841 - 2853.

[51] Felzenszwalb P F, Huttenlocher D P. Efficient belief propagation for early vision [J]. International journal of Computer Vision, 2006, 70(1): 41 - 54.

[52] Cui H, Shen S, Gao W, et al. Efficient large-scale structure from motion by fusing auxiliary imaging information [J]. IEEE Transactions on Image Processing, 2015, 24(11): 3561 - 3573.

[53] Lowe D G. Distinctive image features from scale-invariant keypoints [J]. International Journal of Computer Vision, 2004; 60(2): 91 - 110.

[54] Tian Y, Fan B, Wu F. L2 - net: deep learning of discriminative patch descriptor in euclidean space[C]//Proceedings of the IEEE Conference on Computer Vision and Pattern Recognition, 2017: 661 - 669.

[55] Mishchuk A, Mishkin D, Radenovic F, et al. Working hard to know your neighbor's margins: local descriptor learning loss [J]. Advances in Neural Information Processing Systems, 2017: 4826 - 4837.

[56] Luo Z, Shen T, Zhou L, et al. Contextdesc: local descriptor augmentation with cross-modality context[C]//Proceedings of the IEEE Conference on Computer Vision and Pattern Recognition, 2019: 2527 - 2536.

[57] DeTone D, Malisiewicz T, Rabinovich A. Superpoint: self-supervised interest point detection and description [C]//Proceedings of the IEEE Conference on Computer Vision and Pattern Recognition Workshops, 2018: 224 - 236.

[58] Dusmanu M, Rocco I, Pajdla T, et al. D2 - net: a trainable cnn for joint description and detection of local features[C]//Proceedings of the IEEE Conference on Computer Vision and Pattern Recognition, 2019: 8092 - 8101.

[59] Revaud J, Souza C D, Humenberger M, et al. R2d2: reliable and repeatable detector and descriptor [C]//Advances in Neural Information Processing Systems, 2019: 12405 - 12415.

[60] Sarlin P-E, DeTone D, Malisiewicz T, et al. Superglue: learning feature matching with graph neural networks[C]//IEEE Conference on Computer Vision and Pattern Recognition, 2020.

[61] Seitz S M, Dyer C R. Photorealistic scene reconstruction by voxel coloring [J]. International Journal of Computer Vision, 1999, 35(2): 151 - 173.

[62] Kutulakos K N, Seitz S M. A theory of shape by space carving [J]. International Journal of Computer Vision, 2000, 38(3): 199 - 218.

[63] Kolmogorov V, Zabih R. Multi-camera scene reconstruction via graph cuts [C]// European Conference on Computer Vision, Springer, 2002: 82 - 96.

[64] Vogiatzis G, Torr P HS, Cipolla R. Multi-view stereo via volumetric graphcuts[C]// 2005 IEEE Computer Society Conference on Computer Vision and Pattern Recognition (CVPR'05), IEEE, 2005, 2: 391 - 398.

[65] Vogiatzis G, Esteban C H, Torr P H S, et al. Multiview stereo via volumetric graph-cuts and occlusion robust photo-consistency [J]. IEEE Transactions on Pattern Analysis and Machine Intelligence, 2007, 29(12): 2241 - 2246.

[66] Sinha S N, Pollefeys M. Multi-view reconstruction using photo-consistency and exact silhouette constraints: a maximum-flow formulation[C]//Tenth IEEE International Conference on Computer Vision (ICCV'05), IEEE, 2005, 1: 349 - 356.

[67] Sun J, Zheng N-N, Shum H-Y. Stereo matching using belief propagation [J]. IEEE Transactions on Pattern Analysis and Machine Intelligence, 2003, 25(7): 787 - 800.

[68] Furukawa Y, Hernández C. Multi-view stereo: a tutorial [J]. Foundations and

Trends® in Computer Graphics and Vision, 2015, 9(1-2): 1-148.

[69] Sinha S N, Mordohai P, Pollefeys M. Multi-view stereo via graph cuts on the dual of an adaptive tetrahedral mesh[C]//2007 IEEE 11th International Conference on Computer Vision, IEEE, 2007: 1-8.

[70] Hernandez C, Vogiatzis G, Cipolla R. Probabilistic visibility for multi-view stereo [C]//2007 IEEE Conference on Computer Vision and Pattern Recognition, IEEE, 2007: 1-8.

[71] Lhuillier M, Quan L. A quasi-dense approach to surface reconstruction from uncalibrated images [J]. IEEE Transactions on Pattern Analysis and Machine Intelligence, 2005, 27(3): 418-433.

[72] Goesele M, Snavely N, Curless B, et al. Multi-view stereo for community photo collections[C]//2007 IEEE 11th International Conference on Computer Vision, IEEE, 2007: 1-8.

[73] Furukawa Y, Ponce J. Accurate, dense, and robust multiview stereopsis [J]. IEEE Transactions on Pattern Analysis and Machine Intelligence, 2009, 32(8): 1362-1376.

[74] Wu T P, Yeung S K, Jia J, et al. Quasi-dense 3D reconstruction using tensor-based multiview stereo[C]//2010 IEEE Computer Society Conference on Computer Vision and Pattern Recognition, IEEE, 2010: 1482-1489.

[75] Furukawa Y, Curless B, Seitz S M, et al. Towards internet-scale multi-view stereo [C]//2010 IEEE Computer Society Conference on Computer Vision and Pattern Recognition, IEEE, 2010: 1434-1441.

[76] Goesele M, Curless B, Seitz S M. Multi-view stereo revisited[C]//2006 IEEE Computer Society Conference on Computer Vision and Pattern Recognition (CVPR'06), IEEE, 2006, 2: 2402-2409.

[77] Curless B, Levoy M. A volumetric method for building complex models from range images[C]//Proceedings of the 23rd Annual Conference on Computer Graphics and Interactive Techniques, 1996: 303-312.

[78] Strecha C, Fransens R, Gool L V. Combined depth and outlier estimation in multi-view stereo[C]//2006 IEEE Computer Society Conference on Computer Vision and Pattern Recognition (CVPR'06), IEEE, 2006, 2: 2394-2401.

[79] Merrell P, Akbarzadeh A, Wang L, et al. Real-time visibility-based fusion of depth maps[C]//2007 IEEE 11th International Conference on Computer Vision, IEEE, 2007: 1-8.

[80] Zach C, Pock T, Bischof H. A globally optimal algorithm for robust tv-l 1 range image integration[C]//2007 IEEE 11th International Conference on Computer Vision,

IEEE, 2007: 1 - 8.

[81] Bradley D, Boubekeur T, Heidrich W. Accurate multi-view reconstruction using robust binocular stereo and surface meshing [C]//2008 IEEE Conference on Computer Vision and Pattern Recognition, IEEE, 2008: 1 - 8.

[82] Liu Y, Cao X, Dai Q. Continuous depth estimation for multi-view stereo [C]// 2009 IEEE Conference on Computer Vision and Pattern Recognition, IEEE, 2009: 2121 - 2128.

[83] Li J, Li E, Chen Y, et al. Bundled depth-map merging for multi-view stereo[C]// 2010 IEEE Computer Society Conference on Computer Vision and Pattern Recognition, IEEE, 2010: 2769 - 2776.

[84] Tola E, Lepetit V, Fua P. Daisy: an efficient dense descriptor applied to wide-baseline stereo[C]//IEEE Transactions on Pattern Analysis and Machine Intelligence, 2009, 32(5): 815 - 830.

[85] Tola E, Strecha C, Fua P. Efficient large-scale multi-view stereo for ultra high-resolution image sets [J]. Machine Vision and Applications, 2012, 23(5): 903 - 920.

[86] Barnes C, Shechtman E, Adam Finkelstein, et al. Patchmatch: A randomized correspondence algorithm for structural image editing [J]. ACM Trans. Graph, 28 (3): 24, 2009.

[87] Bleyer M, Rhemann C, Rother C. Patchmatch stereo-stereo matching with slanted support windows[C]//BMVC, 2011, 11: 1 - 11.

[88] Shen S. Accurate multiple view 3D reconstruction using patch-based stereo for large-scale scenes[C]//IEEE Transactions on Image Processing, 2013, 22(5): 1901 - 1914.

[89] Cernea D. OpenMVS: Multi-view stereo reconstruction library. [OB/L]. http://cdcseacave. github. io/operMVS/. 2020.

[90] Schönberger J L, Zheng E, Pollefeys M, et al. Pixelwise view selection for unstructured multi-view stereo[C]//European Conference on Computer Vision, 2016.

[91] Bailer C, Finckh M, Lensch H P A. Scale robust multi view stereo [C]//European Conference on Computer Vision, 2012: 398 - 411.

[92] Zheng E, Dunn E, Jojic V, et al. Patchmatch based joint view selection and depthmap estimation[C]//Proceedings of the IEEE Conference on Computer Vision and Pattern Recognition, 2014: 1510 - 1517.

[93] Yao Y, Luo Z, Li S, et al. Mvsnet: depth inference for unstructured multi-view stereo [C]//Proceedings of the European Conference on Computer Vision, 2018: 767 - 783.

[94] Yao Y, Luo Z, Li S, et al. Recurrent mvsnet for high-resolution multi-view stereo depth inferencep[C]//Proceedings of the IEEE Conference on Computer Vision and

Pattern Recognition，2019：5525－5534.

[95] Huang P-H，Matzen K，Kopf J，et al. Deepmvs：learning multi-view stereopsis[C]//In Proceedings of the IEEE Conference on Computer Vision and Pattern Recognition，2018：2821－2830.

[96] Collins R T. A space-sweep approach to true multi-image matching[C]//IEEE Conference on Computer Vision and Pattern Recognition，1996：358－363.

[97] Kazhdan M，Bolitho M，Hoppe H. Poisson surface reconstruction[C]//Proceedings of the Fourth Eurographics Symposium on Geometry Processing，2006：7.

[98] Kazhdan M，Hoppe H. Screened poisson surface reconstruction [J]. ACM Transactions on Graphics (ToG)，2013，32(3)：1－13.

[99] Lorensen W E，Cline H E. Marching cubes：a high resolution 3D surface construction algorithm [J]. ACM Siggraph Computer Graphics，1987，21(4)：163－169.

[100] Hill S，Roberts J C. Surface models and the resolution of n-dimensional cell ambiguity [J]. In Graphics gems V，Elsevier，1995：98－106.

[101] Chernyaev E. Marching cubes 33：construction of topologically correct isosurfaces [R]. Technical Report，1995.

[102] Lewiner T，Lopes H，Vieira A W，et al. Efficient implementation of marching cubes' cases with topological guarantees [J]. Journal of Graphics Tools，2003，8(2)：1－15.

[103] Nielson G M. Mc/sup* ：star functions for marching cubes[C]//IEEE Visualization，2003. VIS 2003，IEEE，2003：59－66.

[104] Delaunay B. Sur la sphère vide. a la mémoire de georges vorono [J]. Bulletin de l'Académie des Sciences de l'URSS. Classe des Sciences Mathématiques et Naturelles，1934，6：793.

[105] Labatut P，Pons J P，Keriven R. Efficient multi-view reconstruction of large-scale scenes using interest points，delaunay triangulation and graph cuts[C]//2007 IEEE 11th International Conference on Computer Vision，IEEE，2007：1－8.

[106] Jancosek M，Pajdla T. Multi-view reconstruction preserving weakly-supported surfaces[C]//IEEE Conference on Computer Vision and Pattern Recognition，2011：3121－3128.

[107] Chen Z，Wang W，Lévy B，et al. Revisiting optimal delaunay triangulation for 3D graded mesh generation [J]. SIAM Journal on Scientific Computing，2014，36(3)：A930－A954.

[108] Labatut P，Pons J P，Keriven R. Robust and efficient surface reconstruction from range data[J/OL]. Computer Graphics Forum，Wiley Online Library，2009，28：2275－2290.

[109] Vu H H, Labatut P, Pons J, et al. High accuracy and visibility-consistent dense multiview stereo [J]. IEEE Transactions on Pattern Analysis and Machine Intelligence, 2011, 34(5): 889 - 901.

[110] Feng L, Alliez P, Busé L, et al. Curved optimal delaunay triangulation [J]. ACM Transactions on Graphics, 2018, 37(4CD): 61.1 - 61.16.

[111] Wiemann T, Mrozinski M, Feldschnieders D, et al. Data handling in large-scale surface reconstruction [J]. Intelligent Autonomous Systems 13, Springer, 2016: 499 - 511.

[112] Wiemann T, Mitschke I, Mock A, et al. Surface reconstruction from arbitrarily large point clouds[C]//2018 Second IEEE International Conference on Robotic Computing, 2018: 278 - 281.

[113] Gopi M, Krishnan S. A fast and efficient projection-based approach for surface reconstruction[C]//Proceedings of XV Brazilian Symposium on Computer Graphics and Image Processing, IEEE, 2002: 179 - 186.

[114] Marton Z C, Rusu R B, Beetz M. On fast surface reconstruction methods for large and noisy point clouds[C]//2009 IEEE International Conference on Robotics and Automation, IEEE, 2009: 3218 - 3223.

[115] Mencl R, Muller H. Interpolation and approximation of surfaces from three-dimensional scattered data points [C]//Scientific Visualization Conference (dagstuhl'97), IEEE, 1997: 223.

[116] Li E, Zhang X, Chen Y. Sampling and surface reconstruction of large scale point cloud[C]//Proceedings of the 13th ACM SIGGRAPH International Conference on Virtual-Reality Continuum and its Applications in Industry, 2014: 35 - 41.

[117] Guibas L J, Oudot S Y. Reconstruction using witness complexes [J]. Discrete & Computational Geometry, 2008, 40(3): 325 - 356.

[118] Ummenhofer B, Brox T. Global, dense multiscale reconstruction for a billion points [C]//Proceedings of the IEEE International Conference on Computer Vision, 2015: 1341 - 1349.

[119] Fuhrmann S, Michael Goesele. Floating scale surface reconstruction [J]. ACM Transactions on Graphics (ToG), 2014, 33(4): 1 - 11.

[120] Mostegel C, Prettenthaler R, Fraundorfer F, et al. Scalable surface reconstruction from point clouds with extreme scale and density diversity[C]//Proceedings of the IEEE Conference on Computer Vision and Pattern Recognition, 2017: 904 - 913.

[121] Berger M, Tagliasacchi A, Seversky L M, et al. A survey of surface reconstruction from point clouds [J/OL]. Computer Graphics Forum, Wiley Online Library, 2017, 36: 301 - 329.

[122] Wiemann T, Annuth H, Lingemann K, et al. An evaluation of open source surface reconstruction software for robotic applications [C]//International Conference on Advanced Robotics, IEEE, 2013: 1-7.

[123] Berger M, Tagliasacchi A, Seversky L, et al. State of the art in surface reconstruction from point clouds [J/OL]. https://hal. inria. frlhal - 01017700, 2014.

[124] Lafarge F, Keriven R, Brédif M. Insertion of 3D-primitives in mesh-based representations: towards compact models preserving the details [J]. IEEE Transactions on Image Processing, 2010, 19(7): 1683-1694.

[125] Armeni I, Sener O, Zamir A R, et al. 3D semantic parsing of large-scale indoor spaces[C]//Proceedings of the IEEE Conference on Computer Vision and Pattern Recognition, 2016: 1534-1543.

[126] Liu C, Yang J, Ceylan D, et al. Planenet: piecewise planar reconstruction from a single rgb image[C]//Proceedings of the IEEE Conference on Computer Vision and Pattern Recognition, 2018: 2579-2588.

[127] Liu C, Kim K, Gu J, et al. Planercnn: 3D plane detection and reconstruction from a single image[C]//Proceedings of the IEEE Conference on Computer Vision and Pattern Recognition, 2019.

[128] Qi C R, Su H, Mo K, et al. Pointnet: deep learning on point sets for 3d classification and segmentation[C]//Proceedings of the IEEE conference on computer vision and pattern recognition, 2017: 652-660.

[129] Qi C R, Yi L, Su H, et al. Pointnet++: deep hierarchical feature learning on point sets in a metric space [J]. Advances in Neural Information Processing Systems, 2017: 5099-5108.

[130] Li Y, Bu R, Sun M, et al. Pointcnn: convolution on x-transformed points [J]. In Advances in Neural Information Processing Systems, 2018: 820-830.

[131] Wang P S, Liu Y, Guo Y X, et al. O-CNN: octree-based convolutional neural networks for 3d shape analysis [J]. ACM Transactions on Graphics (TOG), 2017, 36(4): 1-11.

[132] Wang P-S, Sun C Y , Liu Y, et al. Adaptive o-cnn: a patch-based deep representation of 3d shapes [J]. ACM Transactions on Graphics (TOG), 2018, 37(6): 1-11.

[133] Dai A, Ritchie D, Bokeloh M, et al. Scancomplete: large-scale scene completion and semantic segmentation for 3D scans[C]//Proceedings of the IEEE Conference on Computer Vision and Pattern Recognition, 2018: 4578-4587.

[134] Häne C, Zach C, Cohen A, et al. Joint 3D scene reconstruction and class

segmentation[C]//Proceedings of the IEEE Conference on Computer Vision and Pattern Recognition, 2013: 97 - 104.

[135] Häne C, Zach C, Cohen A, et al. Dense semantic 3D reconstruction [J]. IEEE Transactions on Pattern Analysis and Machine Intelligence, 2016, 39(9): 1730 - 1743.

[136] Valentin J, Sengupta S, Warrell J, et al. Mesh based semantic modelling for indoor and outdoor scenes[C]//Proceedings of the IEEE Conference on Computer Vision and Pattern Recognition, 2013: 2067 - 2074.

[137] Rouhani M, Lafarge F, Alliez P. Semantic segmentation of 3D textured meshes for urban scene analysis [J]. ISPRS Journal of Photogrammetry and Remote Sensing, 2017, 123: 124 - 139.

[138] McCormac J, Handa A, Davison A, et al. Semanticfusion: dense 3D semantic mapping with convolutional neural networks[C]//2017 IEEE International Conference on Robotics and Automation (ICRA), IEEE, 2017: 4628 - 4635.

[139] Whelan T, Salas-Moreno R F, Glocker B , et al. Elasticfusion: real-time dense slam and light source estimation [J]. The International Journal of Robotics Research, 2016, 35(14): 1697 - 1716.

[140] Blaha M, Rothermel M, Oswald M R, et al. Semantically informed multiview surface refinement[C]//Proceedings of the IEEE International Conference on Computer Vision, 2017: 3819 - 3827.

[141] Zhou Y, Shen S, Hu Z. Fine-level semantic labeling of large-scale 3D model by active learning[C]//2018 International Conference on 3D Vision (3DV), IEEE, 2018: 523 - 532.

[142] Gröger G, Plümer L. Citygml-interoperable semantic 3D city models [J]. ISPRS Journal of Photogrammetry and Remote Sensing, 2012, 71: 12 - 33.

[143] Verdie Y, Lafarge F, Alliez P. LOD generation for urban scenes [J]. ACM Transactions on Graphics, 2015, 34(3): 30.

[144] Müller P, Zeng G, Wonka P, et al. Image-based procedural modeling of facades [J]. ACM Trans. Graph. 2007, 26(3): 85.

[145] Gool L V, Zeng G, Borre F V, et al. Towards mass-produced building models[M]// International Archives of Photogrammetry, Remote Sensing and Spatial Information Sciences, 2007, 36.

[146] Koutsourakis P, Simon L, Teboul O, et al. Single view reconstruction using shape grammars for urban environments[C]//2009 IEEE 12th International Conference on Computer Vision, IEEE, 2009: 1795 - 1802.

[147] Teboul O, Simon L, Koutsourakis P, et al. Segmentation of building facades using

procedural shape priors[C]//2010 IEEE Computer Society Conference on Computer Vision and Pattern Recognition, IEEE, 2010: 3105 - 3112.

[148] Teboul O, Kokkinos I, Simon L, et al. Shape grammar parsing via reinforcement learning[C]//IEEE Conference on Computer Vision and Pattern Recognition, 2011: 2273 - 2280.

[149] Teboul O, Kokkinos I, Simon L, et al. Parsing facades with shape grammars and reinforcement learning[C]//IEEE Transactions on Pattern Analysis and Machine Intelligence, 2012, 35(7): 1744 - 1756.

[150] Musialski P, Wimmer M, Wonka P. Interactive coherence-based façade modeling [J/OL]. In Computer Graphics Forum, Wiley Online Library, 2012, 31: 661 - 670.

[151] Li M, Wonka P, Nan L. Manhattan-world urban reconstruction from point clouds [C]//In European Conference on Computer Vision (ECCV), 2016: 54 - 69.

[152] Nan L, Wonka P. PolyFit: polygonal surface reconstruction from point clouds[C]// IEEE International Conference on Computer Vision (ICCV), 2017: 2372 - 2380.

[153] Holzmann T, Fraundorfer F, Bischof H. Regularized 3D modeling from noisy building reconstructions[C]//IEEE International Conference on 3D Vision (3DV), 2016: 528 - 536.

[154] Li M, Nan L, Smith N, et al. Reconstructing building mass models from UAV images [J]. Computers and Graphics, 2016, 54: 84 - 93.

[155] Zhu L, Shen S, Hu L, et al. Variational building modeling from urban MVS meshes [C]//IEEE International Conference on 3D Vision (3DV), 2017: 318 - 326.

[156] Li M, Rottensteiner F, Heipke C. Modelling of buildings from aerial LiDAR point clouds using TINs and label maps [J]. ISPRS Journal of Photogrammetry and Remote Sensing, 2019, 154: 127 - 138.

[157] Kelly T, Femiani J, Wonka P, et al. BigSUR: Large-scale structured urban reconstruction [J]. ACM Transactions on Graphics, 2017, 36(6): 204.

[158] Zhu L, Shen S, Gao X, et al. Large scale urban scene modeling from MVS meshes [C]//In European Conference on Computer Vision (ECCV), 2018: 614 - 629.

[159] Zeng H, Wu J, Furukawa Y. Neural procedural reconstruction for residential buildings [C]//European Conference on Computer Vision (ECCV), 2018: 737 - 753.

[160] Esri. Reconstructing 3D buildings from aerial lidar with deep learning [R]. ArcGIS API for Python.

索　引

Q

R

S

T

W